建筑结构设计指导与实例精选系列丛书

# 砌体结构设计指导与实例精选

徐　建　孙惠镐　编

中国建筑工业出版社

图书在版编目(CIP)数据

砌体结构设计指导与实例精选/徐建，孙惠镐编. —北京：中国建筑工业出版社，2007
(建筑结构设计指导与实例精选系列丛书)
ISBN 978-7-112-09612-1

Ⅰ.砌… Ⅱ.①徐… ②孙… Ⅲ.TU375 Ⅳ.TU375

中国版本图书馆 CIP 数据核字(2007)第 142661 号

本书为“建筑结构设计指导与实例精选系列丛书”之一。

本书内容包括：无筋砌体构件、配筋砌体构件、圈梁、过梁、墙梁、挑梁、砌体结构房屋的静力设计、多层砌体房屋的抗震设计、底部框架及多层内框架砖房的抗震设计、配筋砌块砌体剪力墙房屋的抗震设计、单层砖柱厂房和单层空旷房屋的抗震设计、多层砌体房屋的隔震设计、砌体特种结构设计。

本书主要供结构设计人员使用，并可供高校师生参考。

* * *

责任编辑：咸大庆 郭 栋
责任设计：董建平
责任校对：刘 钰 张 虹

建筑结构设计指导与实例精选系列丛书
砌体结构设计指导与实例精选
徐 建 孙惠镐 编
*
中国建筑工业出版社出版、发行(北京西郊百万庄)
各地新华书店、建筑书店经销
北京天成排版公司制版
北京市书林印刷有限公司印刷
*
开本：787×1092毫米 1/16 印张：22¼ 字数：540千字
2008年1月第一版 2009年4月第二次印刷
印数：3501—5000册 定价：**37.00**元
ISBN 978-7-112-09612-1
(16276)

# 建筑结构设计指导与实例精选系列丛书
## 编　委　会

# 出 版 说 明

建筑工程设计和标准应用过程中，会有许多问题需要进一步解释或商榷，为此中国建筑工业出版社组织国内有关设计单位和高等院校的工程技术人员编写了这套丛书。其目的是帮助工程设计人员能够正确使用国家有关标准和规范，并对工程设计中常见问题进行指导。

本系列丛书编写的特点是：“力求实用、重在指导、清晰简捷、结合实际”。本书除了阐述设计方法外，还附有大量的工程实例，对于工程设计人员正确理解规范、掌握设计的基本原理和方法具有积极的作用。

系列丛书包括：混凝土结构、钢结构、砌体结构、地基与基础、钢与混凝土组合结构的设计指导与实例精选，随着工程设计人员的需要，我们将对系列丛书不断地进行扩充。

**丛书编委会**

# 前言

本书根据现行国家有关标准和规范，针对砌体各类结构构件和结构体系，阐述了有关的设计概念、计算方法和构造规定，并结合工程设计附有大量的计算实例，可供结构设计人员在工程设计和采用软件分析时参考和应用。本书重点阐述设计的方法，关注设计中常见和疑难的问题，具有简明实用、可读性和可操作性强的特点。

本书第一、二、三、五、八章由徐建编写，第四、六、七、十章由孙惠镐编写，第九章由田杰、苏经宇编写。王卓琦、冀筠、孙忱、高惠贤、刘梅、张维佳、王栋、刘国臣、胡明霞、王晓林等同志也参加了本书的编写工作。

编者对中国建筑工业出版社咸大庆对本书在编写过程中提出的许多宝贵建议，对本书编写过程中所引用资料的原作者表示深深的感谢！

本书不当之处，敬请指正。

编　者

# 目　录

# 第一章　无筋砌体构件

## 第一节　构件高厚比验算

### 一、砌体构件的高厚比

砌体墙、柱的高厚比，是指其计算高度与墙厚或矩形柱较小边长的比值。墙、柱的高厚比越大，其稳定性越差，容易产生倾斜和变形，甚至倒塌，因此高厚比的验算是保证砌体结构稳定、满足正常使用极限状态要求的重要构造措施之一。

在结构工程中，墙、柱的实际支承情况并不是完全的铰接或固定，因此工程中确定墙、柱的计算高度时，采用基于构件的实际情况作出某些简化并根据理论分析结构和工程实践经验确定。受压构件的计算高度 $H_0$ 可按表 1-1 采用。

**受压构件的计算高度 $H_0$**　　　　**表 1-1**

| 房屋类别 | | | 柱 | | 带壁柱墙或周边拉结的墙 | | |
|---|---|---|---|---|---|---|---|
| | | | 排架方向 | 垂直排架方向 | $s>2H$ | $2H\geqslant s>H$ | $s\leqslant H$ |
| 有吊车的单层房屋 | 变截面柱上段 | 弹性方案 | $2.5H_u$ | $1.25H_u$ | $2.5H_u$ | | |
| | | 刚性、刚弹性方案 | $2.0H_u$ | $1.25H_u$ | $2.0H_u$ | | |
| | 变截面柱下段 | | $1.0H_l$ | $0.8H_l$ | $1.0H_l$ | | |
| 无吊车的单层和多层房屋 | 单　跨 | 弹性方案 | $1.5H$ | $1.0H$ | $1.5H$ | | |
| | | 刚弹性方案 | $1.2H$ | $1.0H$ | $1.2H$ | | |
| | 多　跨 | 弹性方案 | $1.25H$ | $1.0H$ | $1.25H$ | | |
| | | 刚弹性方案 | $1.10H$ | $1.0H$ | $1.10H$ | | |
| | 刚　性　方　案 | | $1.0H$ | $1.0H$ | $1.0H$ | $0.4s+0.2H$ | $0.6s$ |

注：1. 表中 $H_u$ 为变截面柱的上段高度，$H_l$ 为变截面的下段高度，$H$ 为墙体或柱的高度；

2. 对于上端为自由端的构件 $H_0=2H$；

3. 独立砖柱、当无柱间支撑时，柱在垂直排架方向的 $H_0$ 应按表中数值乘以 1.25 后采用；

4. $s$ 为房屋横墙间距；

5. 自承重墙的计算高度应根据周边支承或拉接条件确定。

变截面柱的高厚比可按上、下截面分别计算。对有吊车的房屋，当荷载组合不考虑吊车作用时，变截面柱上端的计算高度可按表 1-1 的规定采用；变截面柱下段的计算高度可按下列规定采用：

(1) 当$\dfrac{H_u}{H}\leqslant\dfrac{1}{3}$时，取无吊车房屋的 $H_0$。

(2) 当$\frac{1}{3}<\frac{H_u}{H}<\frac{1}{2}$时，取无吊车房屋的 $H_0$ 乘以修正系数 $\mu$，$\mu=1.3-0.3I_u/I_l$，$I_u$ 为变截面柱上段的惯性矩，$I_l$ 为变截面柱下段的惯性矩。

(3) 当$\frac{H_u}{H}\geqslant\frac{1}{2}$时，取无吊车房屋的 $H_0$，但在确定值 $\beta$ 时，应采用上柱截面。

## 二、砌体构件的允许高厚比

砌体构件的允许高厚比 $[\beta]$ 主要取决于一定时期内材料的质量和施工水平，影响砌体构件允许高厚比的主要因素有：

(1) 砂浆强度等级：墙、柱的稳定性与刚度有关，刚度与弹性模量 $E$ 有关，而砂浆的强度直接影响砌体的弹性模量，砂浆强度高，允许高厚比 $[\beta]$ 大些；砂浆强度低，则 $[\beta]$ 小些。

(2) 砌体类型：毛石墙砌体较实心砖墙刚度差，$[\beta]$ 值应降低；组合砖砌体刚度好，$[\beta]$ 值相应提高。

(3) 横墙间距：横墙间距小，墙体的稳定性和刚度好；反之，横墙间距大则稳定性和刚度差。在验算高厚比时，用改变墙体计算高度 $H_0$ 的方法来考虑这一因素。

(4) 支承条件：刚性方案房屋的墙、柱在屋(楼)盖处假定为不动铰支座，支承处变位小，$[\beta]$ 值可提高；而弹性和刚弹性方案，墙、柱的 $[\beta]$ 值应减小，这一因素也用计算高度 $H_0$ 来考虑。

(5) 砌体的截面形式：有门窗洞口的墙，即变截面墙，墙体的稳定性较无洞口的墙要差。规范规定，允许高厚比 $[\beta]$ 应乘修正系数 $\mu_2$ 予以折减。

(6) 构件重要性和房屋使用情况：非承重墙属次要构件，且荷载为墙体自重，$[\beta]$ 值可提高；使用时有振动的房屋，$[\beta]$ 值应酌情降低。

砌体构件的允许高厚比，可按表 1-2 采用。

**墙、柱的允许高厚比 $[\beta]$ 值　　表 1-2**

| 砂浆强度等级 | 墙 | 柱 |
| --- | --- | --- |
| M2.5 | 22 | 15 |
| M5.0 | 24 | 16 |
| ≥M7.5 | 26 | 17 |

注：1. 毛石墙、柱允许高厚比应按表中数值降低 20%；

2. 组合砖砌体构件的允许高厚比，可按表中数值提高 20%，但不得大于 28；

3. 验算施工阶段砂浆尚未硬化的新砌砌体高厚比时，允许高厚比对墙取 14，对柱取 11。

## 三、砌体构件的高厚比验算

1. 矩形截面墙、柱的高厚比验算

矩形截面墙、柱高厚比可按下式验算：

$$\beta=\frac{H_0}{h}\leqslant\mu_1\mu_2[\beta] \tag{1-1}$$

式中　$H_0$——墙、柱的计算高度，按表 1-1 采用；

$h$——墙厚或矩形柱与 $H_0$ 相对应的边长；

$\mu_1$——自承重墙允许高厚比的修正系数。$h=240$mm，$\mu_1=1.2$；$h=90$mm，$\mu_1=1.5$；240mm>$h$>790mm，$\mu_1$ 可按插入法取值。上端为自由端墙的允许高厚比，除按上述规定提高外，尚可提高 30%。对厚度小于 90mm 的墙，当双面用不低于 M10 的水泥砂浆抹面、包括抹面层的墙厚不小于 90mm 时，可按墙厚等于 90mm 验算高厚比；

$\mu_2$——有门窗洞口的修正系数，按下式计算：

$$\mu_2=1-0.4\frac{b_s}{s} \tag{1-2}$$

$s$——相邻窗间墙之间或壁柱之间的距离；

$b_s$——在宽度 $s$ 范围内的门窗洞口总宽度(图 1-1)。

当按式(1-2)算得的 $\mu_2$ 值小于 0.7 时，应采用 0.7。当洞口高度等于或小于墙高的 1/5 时(图 1-2)，可取 $\mu_2$ 等于 1.0。

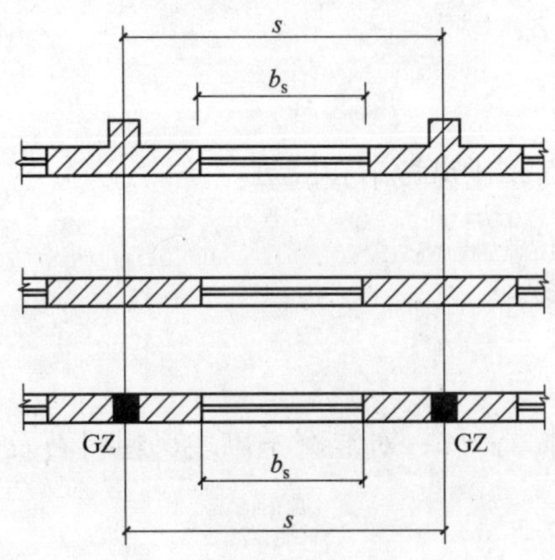


图 1-1 门窗洞口宽度示意图

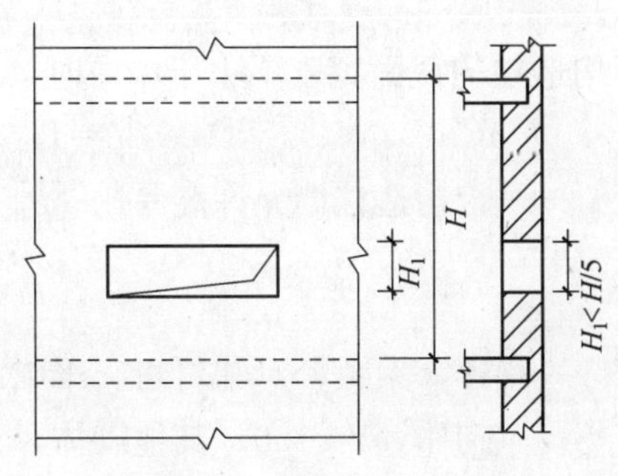


图 1-2 墙上洞口高度

当与墙连接的相邻两横墙间的距离 $s\leqslant\mu_1\mu_2[\beta]h$ 时，墙的高度可不受高厚比限制；变截面柱的高厚比可按上、下截面分别验算，其计算高度可按表 1-1 的规定采用。验算上柱的高厚比时，墙、柱的允许高厚比可按表 1-2 的数值乘以 1.3 后采用。

2. 带壁柱墙的高厚比验算

带壁柱墙应进行整片墙的高厚比验算和壁柱间墙的高厚比验算。

(1) 整片墙的高厚比验算

把带壁柱墙视作厚度为 $h_T$ 的一片墙，按下式进行验算：

$$\beta=\frac{H_0}{h_T}\leqslant\mu_1\mu_2[\beta] \tag{1-3}$$

式中 $H_0$——带壁柱墙的计算高度，按表 1-1 采用，计算 $H_0$ 时，墙体的长度 $s$ 取相邻横墙的距离(图 1-3)；

$h_T$——带壁柱墙的折算厚度，$h_T=3.5i$；

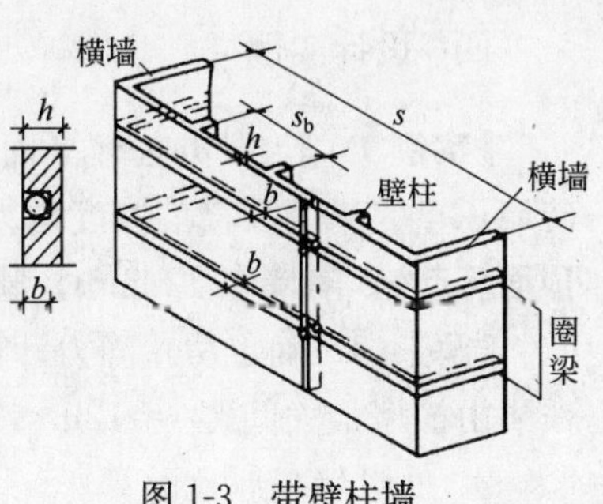


图 1-3 带壁柱墙

$i$——带壁柱墙截面的回转半径，$i=\sqrt{\frac{I}{A}}$；

$I$、$A$——分别为带壁柱墙截面的惯性矩和截面面积。

计算 $I$ 和 $A$ 时，墙体计算截面翼缘宽度 $b_f$ 按下列规定采用：多层房屋，当有门窗洞口时，取门或窗间墙的宽度；无门窗洞口时，每侧翼墙宽度可取壁柱高度的 1/3；单层房屋，取 $b_f=b+\frac{2}{3}H$（$b$ 为壁柱宽度，$H$ 为墙高），但不大于窗间墙宽度或相邻壁柱间的距离。

(2) 壁柱间墙的高厚比验算

壁柱间墙的高厚比，可按式(1-1)进行验算，式中墙厚为 $h$，壁柱看作墙的侧向不动铰支点，$H_0$ 的计算按刚性方案考虑。有钢筋混凝土圈梁的带壁柱墙，当 $b/s_b \geqslant 1/30$ 时（$b$ 为圈梁宽度，$s_b$ 为相邻壁柱间的距离），圈梁可看作壁柱墙的不动铰支点。如果圈梁宽度受限制时，可按等刚度原则（墙体平面外刚度相等），增加圈梁刚度，满足壁柱间墙不动铰支点的要求。

3. 带构造柱墙的高厚比验算

(1) 整片墙的高厚比验算

当构造柱的截面宽度不小于墙厚时，墙体的高厚比可按下式验算：

$$\beta=H_0/h \leqslant \mu_1\mu_2\mu_c[\beta] \tag{1-4}$$

式中　$\mu_c$——带构造柱墙允许高厚比 $[\beta]$ 提高系数；

$$\mu_c=1+\gamma\frac{b_c}{l}$$

$\gamma$——计算系数，对细料石、半细料石砌体，$\gamma=0$；对混凝土砌块、粗料石及毛石砌体，$\gamma=1.0$；其他砌体，$\gamma=1.5$；

$b_c$——构造柱沿墙长方向的宽度；

$l$——构造柱的间距。

当 $b_c/l>0.25$ 时，取 $b_c/l=0.25$；当 $b_c/l<0.05$ 时，取 $b_c/l=0$。

式(1-4)中，$h$ 可取墙厚，确定 $H_0$ 时，$s$ 应取相邻横墙间的距离。

(2) 构造柱间墙高厚比验算

构造柱间墙的高厚比仍可按式(1-3)验算，验算时可将构造柱视为构造柱间墙的不动铰支座。在计算 $H_0$ 时，$s$ 取构造柱间距，而且不论带构造柱墙体的静力计算方案计算时属何种计算方案，一律按刚性方案考虑。

## 四、设计实例

**【实例 1-1】** 某办公楼平面布置如图 1-4 所示，采用装配式钢筋混凝土楼盖，MU10 砖墙承重。纵墙及横墙厚度均为 240mm，混合砂浆强度等级 M5，底层墙高 4.5m（从基础顶面算起），隔墙厚 120mm，验算底层各墙体高厚比。

**【解】** 1. 确定房屋静力计算方案

由横墙最大间距 $s=12\text{m}<32\text{m}$ 和楼盖类型，可判断为刚性方案。

2. 外纵墙高厚比验算

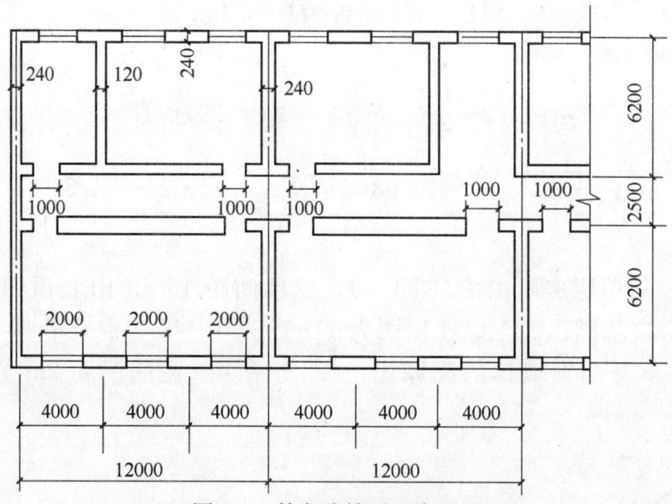

图 1-4　某办公楼平面布置图

计算高度 $H_0$，$s=12\text{m}>2H=2\times4.5=9\text{m}$，由表 1-1 得：

$$H_0=1.0H$$

由表 1-2 得允许高厚比：

$$[\beta]=24$$

$$\mu_2=1-0.4\frac{b_s}{s}=1-0.4\times\frac{2}{4}=0.8>0.7$$

$$\beta=\frac{H_0}{h}=\frac{4.5}{0.24}=18.75<\mu_2[\beta]=0.8\times24=19.2$$

满足要求。

3. 内纵墙高厚比验算

内纵墙 $s=12\text{m}$，在 $s$ 范围内门窗洞口 $b_s=2\text{m}$

$$\mu_2=1-0.4\frac{b_s}{s}=1-0.4\times\frac{2}{12}=0.933>0.7$$

$$\beta=\frac{H_0}{h}=\frac{4.5}{0.24}=18.75<\mu_2[\beta]=0.933\times24=22.4$$

满足要求。

4. 承重横墙高厚比验算

因 $s=6.2\text{m}$，$H=4.5\text{m}<s<2H=9\text{m}$，则

$$H_0=0.4s+0.2H=0.4\times6.2+0.2\times4.5=3.38\text{m}$$

$$\beta=\frac{H_0}{h}=\frac{3380}{240}=14.08<[\beta]=24$$

满足要求。

5. 隔墙高厚比验算

因隔墙上端在砌筑时，一般用斜放立砖顶住楼板，故可按顶端为不动铰支点考虑。设隔墙与纵墙咬槎拉结，则

$$s=6.2\text{m},\ 2H=9\text{m}>s>H=4.5\text{m}$$

由表 1-1 得：

$$H_0=0.4s+0.2H=3.38\text{m}$$

由隔墙是非承重墙

$$\mu_1=1.2+\frac{1.5-1.2}{240-90}\times(240-120)=1.44$$

$$\beta=\frac{H_0}{h}=\frac{3380}{240}=14.08<\mu_1[\beta]=1.44\times24=34.56$$

满足要求。

**【实例 1-2】** 某单层房屋山墙(图 1-5)，纵墙间距 15m，山墙顶和屋盖系统拉结，带壁柱墙的高度(自基础顶面至壁柱顶面为 11m，采用 M2.5 混合砂浆，壁柱截面见图 1-6。验算：(1)不开门窗墙体的高厚比；(2)开有 4m 宽的门和 2m 宽的窗墙体的高厚比。

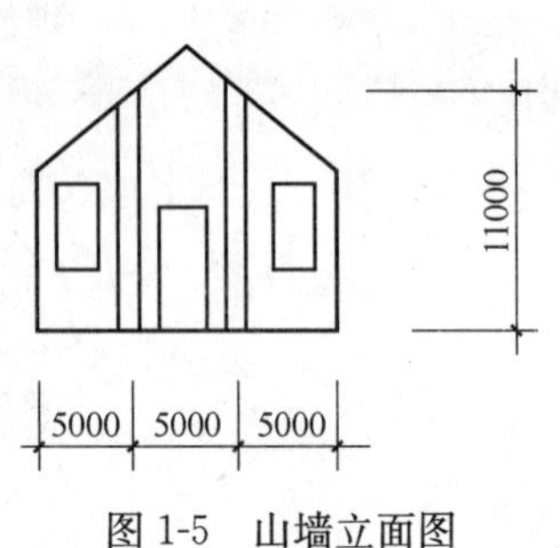


图 1-5 山墙立面图

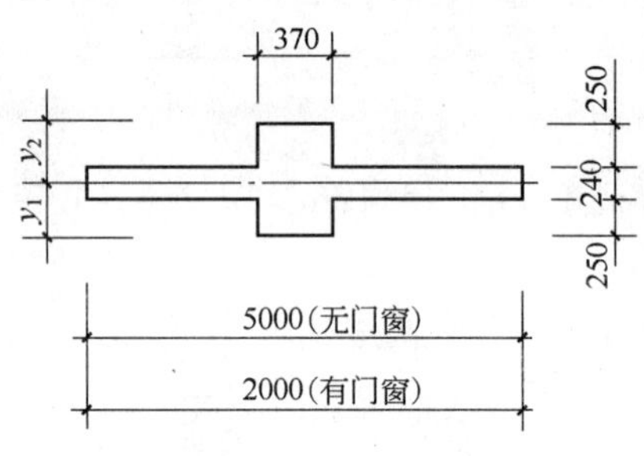


图 1-6 壁柱墙截面图

**【解】** 1. 不开门窗墙体高厚比验算

(1) 求壁柱墙截面的几何特征(图 1-6)

$$A=370\times740+240(5000-370)=1.385\times10^6\text{mm}^2$$

$$y_1=y_2=370\text{mm}$$

$$I=\frac{1}{12}\times370\times740^3+\frac{1}{12}(5000-370)\times240^3$$
$$=1.783\times10^{10}\text{mm}^4$$

$$i=\sqrt{\frac{I}{A}}=\sqrt{\frac{1.783\times10^{10}}{1.385\times10^6}}=113.46\text{mm}$$

$$h_T=3.5i=3.5\times113.46=397.11\text{mm}$$

(2) 确定计算高度 $H_0$

$$s=15\text{m}，H=11\text{m}，所以，H=11\text{m}<s=15\text{m}<2H=22\text{m}$$

查表 1-1 得：$H_0=0.4s+0.2H=0.4\times15+0.2\times11=8.2\text{m}$

(3) 壁柱墙高厚比验算

采用 M2.5，查表 1-2 得：$[\beta]=22$，$\mu_1=\mu_2=1.0$

$$\beta=\frac{H_0}{h_T}=\frac{8.2\times1000}{397.11}=20.65<[\beta]=22$$

满足要求。

2. 开有门窗洞口墙体的高厚比验算

(1) 求壁柱截面的几何特征(图 1-6)

窗间墙的宽度 $$b_f=5000-\frac{4000}{2}-\frac{2000}{2}=2000\text{mm}$$

$$A=370\times740+240\times(2000-370)=6.65\times10^5\text{mm}^2$$

$$y_1=y_2=370\text{mm}$$

$$I=\frac{1}{12}\times370\times740^3+\frac{1}{12}(2000-370)\times240^3$$

$$=1.44\times10^{10}\text{mm}^4$$

$$i=\sqrt{\frac{I}{A}}=\sqrt{\frac{1.44\times10^{10}}{6.65\times10^5}}=147.15\text{mm}$$

$$h_T=3.5i=3.5\times147.15=515.03\text{mm}$$

(2) 计算高度 $H_0$

与不开门窗时的情况相同，$H_0=8.2\text{m}$。

(3) 验算整片壁柱墙的高厚比

门窗洞的修正系数 $\mu_2=1-0.4\frac{b_s}{s}=1-0.4\times\frac{(2000+1000)}{5000}=0.76$，$\mu_1=1.0$

$$\beta=\frac{H_0}{h_T}=\frac{8.2\times1000}{515.03}=15.92<\mu_1\mu_2[\beta]=0.76\times22=16.72$$

(4) 验算壁柱间墙的高厚比

$s=5\text{m}$，$H=11\text{m}$，$s=5\text{m}<H=11\text{m}$，查表 1-1 得：$H_0=0.6s=0.6\times5=3\text{m}$，门窗洞修正系数 $\mu_2=1-0.4\frac{b_s}{s}=1-0.4\times\frac{4000}{5000}=0.68<0.7$，采用 $\mu_2=0.7$。

$$\beta=\frac{H_0}{h}=\frac{3\times1000}{240}=12.5<\mu_1\mu_2[\beta]=0.7\times22=15.4$$

满足要求。

## 第二节 无筋砌体受压构件承载力计算

### 一、轴心受压及单向偏心受压构件

无筋砌体轴心受压及单向偏心受压构件的承载力，应按下式验算：

$$N\leqslant\varphi fA \tag{1-5}$$

式中 $N$——轴向力设计值；

$\varphi$——高厚比 $\beta$ 和轴向力的偏心距 $e$ 对受压构件承载力的影响系数；

$f$——砌体抗压强度设计值；

$A$——截面面积，对各类砌体均应按毛截面计算。

设计时，应注意以下问题：

1. 轴向力 $N$ 和弯矩 $M$ 的计算，应取下列公式的最不利组合

$$N_1=\gamma_0\left(1.2N_{Gk}+1.4N_{Q1k}+\sum_{i=2}^{n}\gamma_{Qik}\psi_{ci}N_{Qik}\right) \tag{1-6}$$

$$N_2=\gamma_0\left(1.35N_{Gk}+1.4\sum_{i=1}^{n}\psi_{ci}N_{Qik}\right) \tag{1-7}$$

式中　$\gamma_0$——结构重要性系数。对安全等级为一级或设计使用年限为 50 年以上的结构构件，不应小于 1.1；对安全等级为二级或设计使用年限为 50 年的结构构件，不应小于 1.0；对安全等级为三级或设计使用年限为 5 年及以下的结构构件，不应小于 0.9；

$N_{Gk}$——永久荷载的内力标准值；

$N_{Q1k}$——第一个可变荷载的内力标准值，该可变荷载的内力标准值大于其他任意可变荷载的内力标准值；

$N_{Qik}$——第 $i$ 个可变荷载的内力标准值；

$\gamma_{Qi}$——第 $i$ 个可变荷载的分项系数；一般情况下取 1.4；

$\psi_{ci}$——第 $i$ 个可变荷载的组合值系数。一般情况下应取 0.7；对书库、档案库、储藏室或通风机房、电梯机房应取 0.9。

当仅有一个可变荷载时：

$$N_1=\gamma_0(1.2N_{Gk}+1.4N_{Q1k}) \tag{1-8}$$

$$N_2=\gamma_0(1.35N_{Gk}+1.4\psi_{c1}N_{Q1k}) \tag{1-9}$$

2. 高厚比和轴向力对受压构件承载力的影响系数 $\varphi$ 可按下式计算

(1) 轴心受压时

$$\varphi=\varphi_0=\frac{1}{1+\alpha\beta^2} \tag{1-10}$$

式中　$\beta$——构件的高厚比，应按下列规定采用：

对矩形截面　$$\beta=\gamma_\beta\frac{H_0}{h} \tag{1-11}$$

对 T 形截面　$$\beta=\gamma_\beta\frac{H_0}{h_T} \tag{1-12}$$

$\alpha$——与砂浆强度等级有关的系数，应按表 1-3 采用；

**砂浆强度等级影响系数 $\alpha$**　　　　**表 1-3**

| 砂浆强度等级 | $\alpha$ | 砂浆强度等级 | $\alpha$ |
|---|---|---|---|
| ≥M5.0 | 0.0015 | 砂浆强度为 0 时 | 0.009 |
| M2.5 | 0.002 | | |

$\gamma_\beta$——不同砌体材料构件高厚比修正系数，应按表 1-4 采用；

$H_0$——构件计算高度；

$h_T$——T 形截面的折算厚度，可近似按 $3.5i$ 计算；

$i$——截面回转半径，$i=\sqrt{\frac{I}{A}}$，其中 $I$、$A$ 分别为截面的惯性矩和截面面积。

**高厚比修正系数 $\gamma_\beta$**　　　　**表 1-4**

| 砌体材料类别 | $\gamma_\beta$ |
|---|---|
| 烧结普通砖、烧结多孔砖 | 1.0 |
| 混凝土或轻骨料混凝土砌块 | 1.1 |
| 蒸压灰砂砖、蒸压粉煤灰砖、细料石、半细料石 | 1.2 |
| 粗料石、毛石 | 1.5 |

(2) 偏心受压时

$$\varphi=\frac{1}{1+12\left[\frac{e}{h}+\sqrt{\frac{1}{12}\left(\frac{1}{\varphi_0}-1\right)}\right]^2} \tag{1-13}$$

式中 $e$——轴向力的偏心距。

3. 轴向力偏心距 $e$ 按下式计算

$$e=\frac{M}{N} \tag{1-14}$$

式中 $M$——弯矩设计值；

$N$——轴向力设计值。

当梁搁置在墙体上时，梁端轴向力对墙体的偏心距(图 1-7)可按下式计算：

$$e=\frac{h}{2}-0.4a_0 \tag{1-15}$$

式中 $h$——墙体厚度；

$a_0$——梁端有效支承长度。

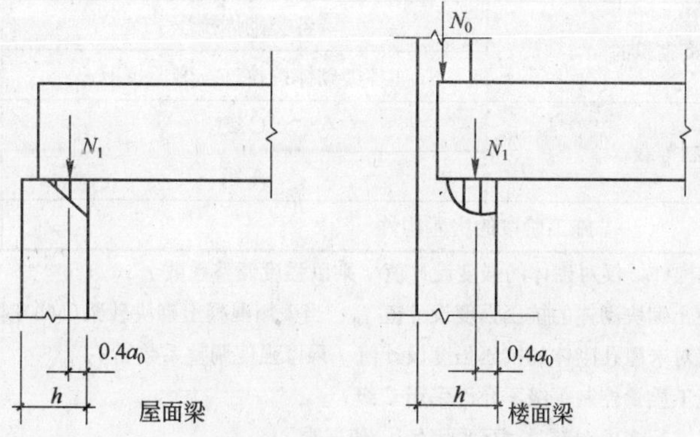


图 1-7 梁端支承压力至墙内边缘的距离

设计时，偏心距 $e$ 应符合下列要求：

$$e\leqslant 0.6y \tag{1-16}$$

式中 $y$——截面重心到轴向力所在方向截面边缘的距离(图 1-8)。

当偏心距 $e>0.6y$ 时，应调整结构方案或采取适当措施减小偏心距(图 1-9)。

4. 砌体截面面积 $A$ 可按下列规定确定

(1) 各类砌体，均按毛截面计算；即对于带孔洞的块体不扣除孔洞的面积，对于墙体

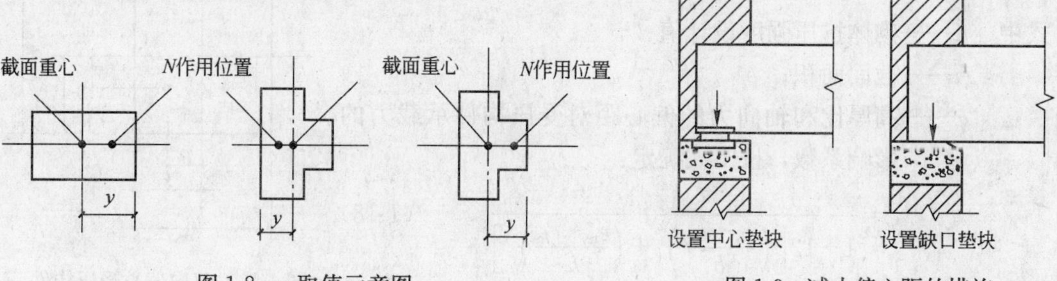


图 1-8 $y$ 取值示意图

图 1-9 减小偏心距的措施

留有的孔洞面积则应扣除。

(2) 对于带壁柱的墙，其翼缘宽度 $b_f$ 可按下列规定取值：

1) 多层房屋，当有门窗洞口时，取窗间墙宽度；当无门窗洞口时，可取相邻壁柱间的距离；

2) 单层房屋，可取壁柱宽加 2/3 墙高，但不大于窗间墙宽度和相邻壁柱间的距离。

5. 砌体强度设计值的调整

砌体强度设计值在下列情况下，应按表 1-5 的要求进行调整。

**砌体强度调整系数 $\gamma_a$** **表 1-5**

| 调整内容 | | $\gamma_a$ |
|---|---|---|
| 有吊车房屋砌体 | | 0.9 |
| $l>9$m 梁下烧结普通砖砌体，$l>7.2$m 梁下烧结多孔砖、蒸压粉煤灰砖、蒸压灰砂砖、混凝土和轻骨料混凝土砌块砌体 | | |
| 无筋砌体构件，$A<0.3\text{m}^2$ | | $A+0.7$ |
| 配筋砌体构件，$A<0.2\text{m}^2$（$A$ 为砌体部分面积） | | $A+0.8$ |
| 当采用水泥砂浆砌筑时 | 各类砌体抗压 | 0.9 |
| | 各类砌体抗拉、抗弯、抗剪 | 0.8 |
| 施工质量控制等级 | C 级 | 0.89 |
| | A 级 | 1.05 |
| 施工阶段的房屋构件 | | 1.1 |

注：1. 对于配筋砌体构件，仅对砌体的强度设计值 $f$ 乘以强度调整系数 $\gamma_a$；

2. 对于灌孔混凝土砌块砌体的抗压强度设计值 $f_g$：当采用混凝土砌块砂浆(Mb)时，不应进行强度调整；其他情况下，仅对未灌孔砌体的抗压强度设计值 $f$ 乘以强度调整系数 $\gamma_a$；

3. 配筋砌体的施工质量控制等级不允许采用 C 级；

4. 当砌体强度需进行多项调整时，可采用各 $\gamma_a$ 值连乘。

6. 对矩形截面构件，当轴向力偏心方向的截面边长大于另一方面的边长时，除按偏心受压计算外，还应对较小边长方向按轴心受压进行验算。

## 二、双向偏心受压构件

1. 双向偏心受压构件承载力(图 1-10)

可按下列公式验算：

$$N \leqslant \varphi f A \tag{1-17}$$

式中 $f$——砌体抗压强度设计值；

$A$——截面面积；

$\varphi$——高厚比和轴向力的偏心距对受压构件承载力的影响系数，按下式确定：

$$\varphi = \frac{1}{1+12\left[\left(\frac{e_b+e_{ib}}{b}\right)^2+\left(\frac{e_h+e_{ih}}{h}\right)^2\right]} \tag{1-18}$$

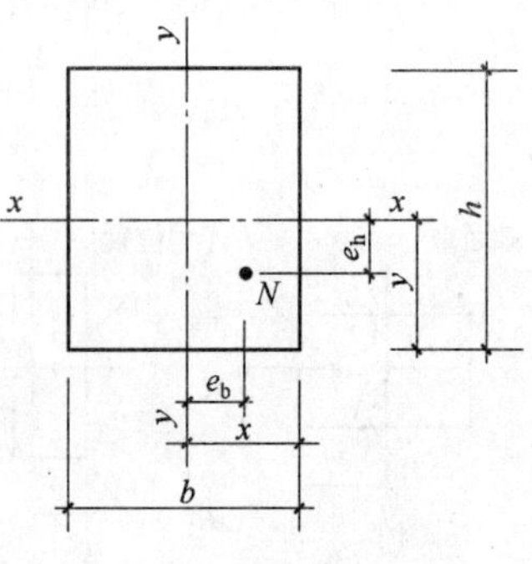

图 1-10 双向偏心受压构件

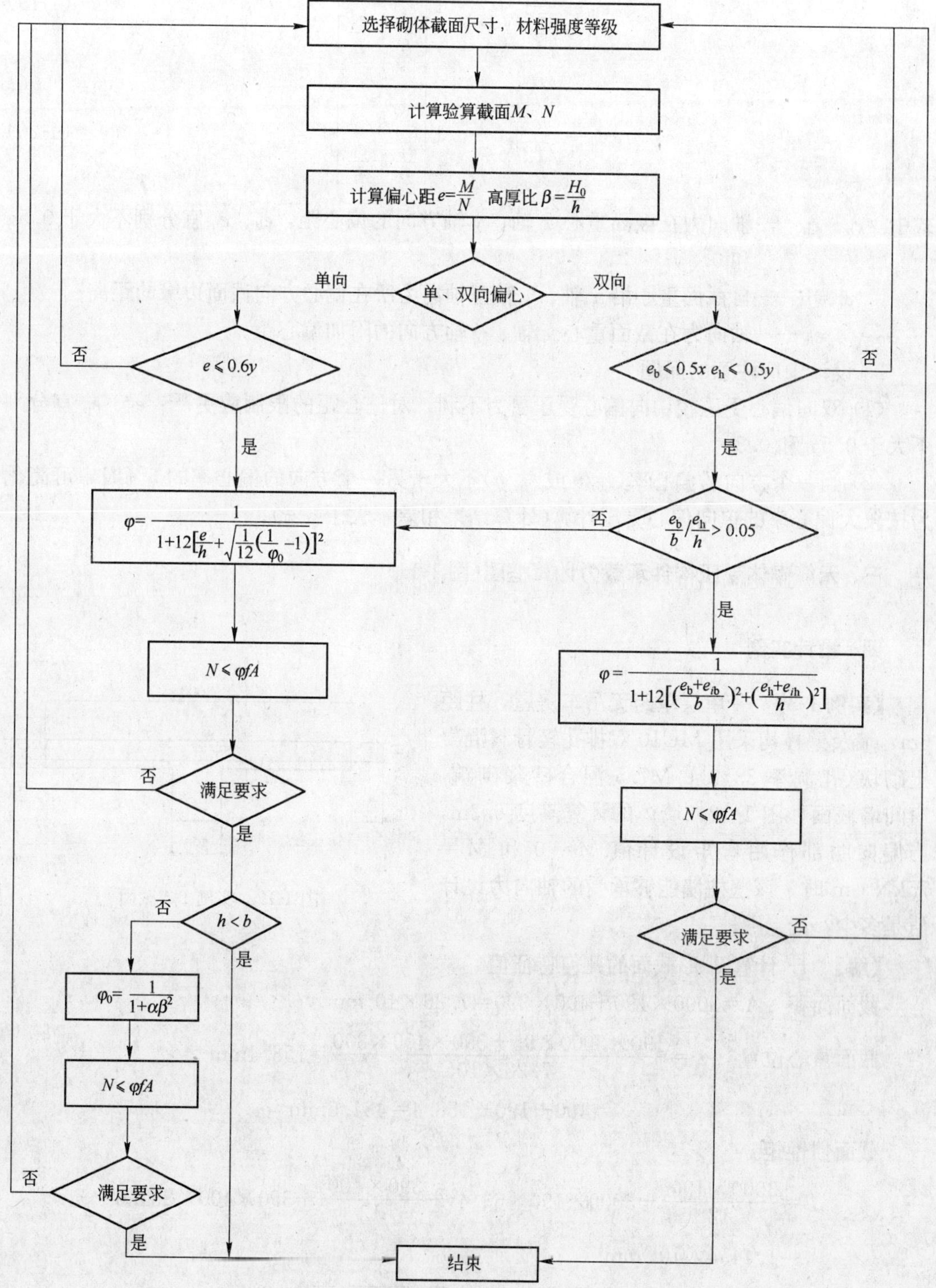


图 1-11 无筋砌体结构受压构件计算框图

$$e_{ib}=\frac{b}{\sqrt{12}}\sqrt{\frac{1}{\varphi_0}-1}\left[\frac{\frac{e_b}{b}}{\frac{e_b}{b}+\frac{e_h}{h}}\right] \tag{1-19}$$

$$e_{ih}=\frac{h}{\sqrt{12}}\sqrt{\frac{1}{\varphi_0}-1}\left[\frac{\frac{e_h}{h}}{\frac{e_b}{b}+\frac{e_h}{h}}\right] \tag{1-20}$$

式中 $e_b$、$e_h$——轴向力在截面重心 $x$ 轴、$y$ 轴方向的偏心距，$e_b$、$e_h$ 宜分别不大于 $0.5x$ 和 $0.5y$；

$x$、$y$——自截面重心沿 $x$ 轴、$y$ 轴至轴向力所在偏心方向截面边缘的距离；

$e_{ib}$、$e_{ih}$——轴向力在截面重心 $x$ 轴、$y$ 轴方向的附加偏心距。

2. 设计中应注意的问题

(1) 双向偏心受压较单向偏心受压更为不利，对偏心距的限制应更严：$e_b$、$e_h$ 宜分别不大于 $0.5x$ 和 $0.5y$。

(2) 当一个方向的偏心率($e_b/b$ 或 $e_h/h$)不大于另一个方向的偏心率的 5%时，可简化为按较大偏心率的单向偏心受压计算(计算结果相差不大于 5%)。

## 三、无筋砌体受压构件承载力计算框图(图 1-11)

## 四、设计实例

**【实例 1-3】** 一单层单跨无吊车房屋，柱距 6m，墙及壁柱均采用 MU10 双排孔轻骨料混凝土砌块(孔洞率 33%)；M7.5 混合砂浆砌筑，窗间墙截面如图 1-12，墙体的计算高度 6.3m，当偏向肋部作用弯矩设计值 $M=0$ 和 $M=75\text{kN}\cdot\text{m}$ 时，该壁柱墙能够承受的轴向力设计值是多少?

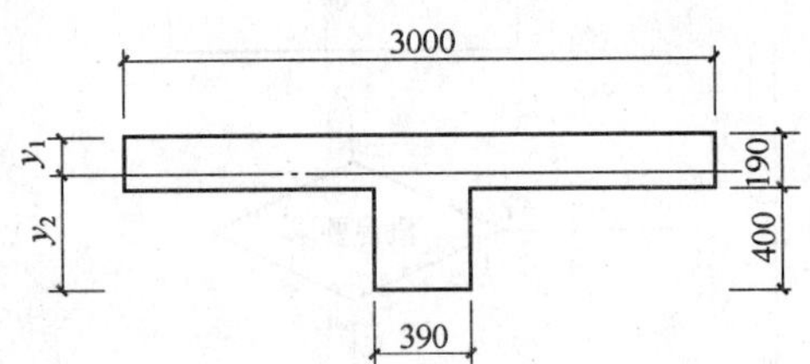


图 1-12 实例 1-3 截面

**【解】** 1. 计算 T 形截面的几何特征值

截面面积 $A=3000\times190+400\times390=7.26\times10^5\text{mm}^2$

截面重心位置 $y_1=\frac{190\times3000\times95+390\times400\times390}{7.26\times10^5}=158.4\text{mm}$

$$y_2=400+190-158.4=431.6\text{mm}$$

截面惯性矩

$$I=\frac{3000\times190^3}{12}+3000\times190\times63.4^2+\frac{390\times400^3}{12}+390\times400\times231.6^2$$

$$=1.4454\times10^{10}\text{mm}^4$$

折算厚度 $h_T=3.5\times\sqrt{\frac{I}{A}}=3.5\times\sqrt{\frac{1.4454\times10^{10}}{7.26\times10^5}}=494\text{mm}$

2. 验算构件高厚比

查表 1-2，得 $[\beta]=26$；$\mu_1=1$，$\mu_2=1-0.4\dfrac{b_s}{s}=1-0.4\times\dfrac{3000}{6000}=0.80$

允许高厚比 $\mu_1\mu_2[\beta]=0.80\times26=20.8$

构件高厚比 $\beta=\dfrac{H_0}{h_T}=\dfrac{6300}{0.494}=12.75<\mu_1\mu_2[\beta]=20.8$，故构件高厚比满足要求。

3. 砌体强度设计值

由《砌体结构设计规范》表 3.2.1-3 得：

$$f=2.76\text{MPa}$$

4. 当 $M=0$ 时，壁柱墙能够承受的轴向力设计值

由 $e/h=0$ $\beta=12.75$ 查《砌体结构设计规范》表 D.0.1-1 得：$\varphi=0.80$

$$\varphi fA=0.8\times2.76\times7.26\times10^5=1603000 \quad N=1603\text{kN}$$

5. 当 $M=75\text{kN}\cdot\text{m}$ 时，壁柱墙能够承受的轴向力设计值

计算公式为：

$$e=\frac{M}{N}$$

$$\varphi=\frac{1}{1+12\left[\dfrac{\dfrac{M}{N}\times1000}{h_T}+\sqrt{\dfrac{1}{12}\left(\dfrac{1}{\varphi_0}-1\right)}\right]^2}=\frac{1}{1+12\left(\dfrac{M}{N}\times2.2\times10^{-3}+0.144\right)^2}$$

$$N\leqslant\varphi fA$$

得：$\dfrac{2.76\times7.26\times10^5}{1+12\times\left(\dfrac{M}{N}\times2.02\times10^{-3}+0.144\right)^2}\geqslant N$

$$1.25N^2+(6.98M\times10^3-2\times10^6)N+48.96\times10^{-6}M^2\leqslant0$$

解得：$N=767\text{kN}$

**【实例 1-4】** 四面开敞的单跨简易厂房，弹性方案，无柱间支撑，承重砖柱截面为 490mm×620mm，采用 MU10 烧结黏土砖，M5 混合砖浆砌筑，柱底截面承受的轴向力设计值为 285kN，沿排架方向的弯矩设计值为 3.65kN·m。试验算该柱的受压承载力是否满足要求。

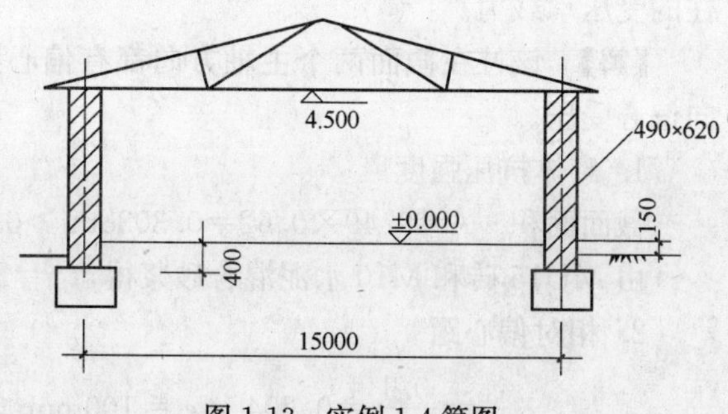


图 1-13 实例 1-4 简图

**【解】** 1. 柱计算高度

根据《砌体结构设计规范》表 5.1.3 规定，无吊车的单层单跨房屋在弹性方案时，排架方向的计算长度为：

$$H_0=1.5H=1.5\times(4.5+0.4)=7.35\text{m}$$

垂直于排架方向的计算长度按独立砖柱考虑，当无柱间支撑时，计算长度为：

$$H_0=1.25H=1.25\times(4.5+0.4)=6.125\text{m}$$

2. 排架方向的承载力计算：

$$e=\frac{M}{N}=\frac{3.65}{285}=0.0128\text{m}$$

$$\frac{e}{h}=\frac{12.8}{620}=0.02$$

$$\beta=\frac{H_0}{h}=\frac{7350}{620}=11.85$$

查《砌体结构设计规范》表 D. 0. 1-1 得：

$$\varphi=0.79$$

$$\varphi fA=0.79\times1.5\times620\times490=360000\text{N}=360\text{kN}>N=285\text{kN}$$

3. 垂直排架方向的承载力

$$\beta=\frac{H_0}{h}=\frac{6.125}{0.49}=12.5$$

$$\frac{e}{h}=0$$

查《砌体结构设计规范》得：

$$\varphi=0.81$$

$$\varphi fA=0.81\times1.5\times620\times490=369.1\text{kN}>N=285\text{kN}$$

**【实例 1-5】** 某矩形截面砖柱(图 1-14)，截面尺寸为 490mm×620mm，用砖 MU15、水泥混合砂浆 M10 砌筑，施工质量控制等级为 B 级。柱的计算高度为 5.2m，作用于柱上的轴向力设计值为 220kN。按荷载设计值计算的偏心距 $e_b=100\text{mm}$，$e_h=150\text{mm}$。试验算该柱的受压承载力。

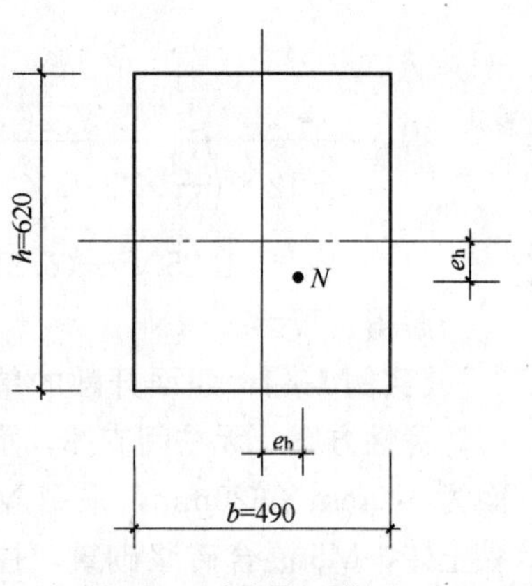

图 1-14 实例 1-5 截面

**【解】** 该柱在截面两个主轴方向都有偏心距，属双向偏心受压。

1. 砌体抗压强度

截面面积 $A=0.49\times0.62=0.3038\text{m}^2>0.3\text{m}^2$

由 MU15 砖和 M10 水泥混合砂浆得，$f=2.31\text{MPa}$

2. 相对偏心距

$$\frac{e_b}{b}=\frac{0.1}{0.49}=0.204\text{，}e_b=100\text{mm}<0.5x=0.5\times\frac{490}{2}=122.5\text{mm}$$

$$\frac{e_h}{h}=\frac{0.15}{0.62}=0.242\text{，}e_h=150\text{mm}<0.5y=0.5\times\frac{620}{2}=155\text{mm}$$

3. 稳定系数

$$\beta_b=\frac{H_0}{b}=\frac{5.2}{0.49}=10.6\text{，}\beta_h=\frac{H_0}{h}=\frac{5.2}{0.62}=8.39$$

$$\varphi_0=\frac{1}{1+0.0015\times10.6^2}=0.86$$

4. 附加偏心距

$$e_{ib}=\frac{b}{\sqrt{12}}\sqrt{\frac{1}{\varphi_0}-1}\left(\frac{e_b/b}{e_b/b+e_h/h}\right)$$

$$=\frac{490}{\sqrt{12}}\sqrt{\frac{1}{0.86}-1}\left(\frac{0.204}{0.204+0.242}\right)$$

$$=490\times0.116\times0.457=26.0\text{mm}$$

$$e_{ih}=\frac{h}{\sqrt{12}}\sqrt{\frac{1}{\varphi_0}-1}\left(\frac{e_h/h}{e_b/b+e_h/h}\right)$$

$$=\frac{620}{\sqrt{12}}\sqrt{\frac{1}{0.86}-1}\left(\frac{0.242}{0.204+0.242}\right)$$

$$=620\times0.116\times0.543=39.1\text{mm}$$

5. 影响系数

$$\varphi=\frac{1}{1+12\left[\left(\frac{e_b+e_{ib}}{b}\right)^2+\left(\frac{e_h+e_{ih}}{h}\right)^2\right]}$$

$$=\frac{1}{1+12\left[\left(\frac{100+26.0}{490}\right)^2+\left(\frac{150+39.1}{620}\right)^2\right]}$$

$$=\frac{1}{1+12(0.066+0.093)}=0.34$$

6. 双向偏心受压承载力

$$\varphi fA=0.34\times2.31\times0.3038\times10^3=238.6\text{kN}>220.0\text{kN}$$

## 第三节　无筋砌体局部受压

### 一、局部均匀受压承载力计算

在砌体的局部面积上均匀的施加压力时，局部受压区砌体的横向变形受到了周围未直接承受压力部分的约束，产生了三向或双向受压应力状态，其局部抗压强度比一般情况下的抗压强度有较大的提高，即“套箍强化”作用。

砌体局部抗压强度主要取决于砌体原有抗压强度和周围砌体对局部受压区的约束程度（图 1-15），当砌体抗压强度为 $f$，砌体局部抗压强度为 $\gamma f$ 时，砌体局部均匀受压时承载力可按下式计算：

$$N_l\leqslant\gamma fA_l \tag{1-21}$$

$$\gamma=1+0.35\sqrt{\frac{A_0}{A_l}-1}\leqslant\gamma_{max} \tag{1-22}$$

式中　$N_l$——局部受压面积上轴向力设计值；

$f$——砌体的抗压强度设计值，当局部受压面积 $A_l<0.3\text{m}^2$ 时，可不考虑强度调整系数 $\gamma_a$ 的影响；但当支承局部受压的砌体面积 $A<0.3\text{m}^2$ 时，$f$ 值应乘

以 $\gamma_a = A + 0.7$；

$A_l$——局部受压面积；

$A_0$——影响砌体局部抗压强度的计算面积；

$\gamma$——砌体局部抗压强度提高系数；

$\gamma_{max}$——砌体局部抗压强度提高系数最大值。

$A_l$、$A_0$ 和 $\gamma_{max}$ 可按表 1-6 确定。

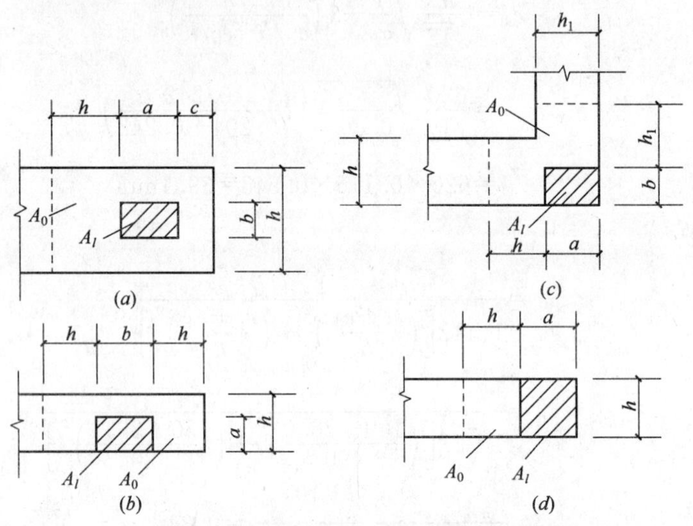


图 1-15　影响局部抗压强度的面积 $A_0$

**影响局压强度的计算面积 $A_0$ 及局压强度提高系数 $\gamma$**　　**表 1-6**

| 部位 | $A_0$ | $\gamma$ | 部位 | $A_0$ | $\gamma$ |
|---|---|---|---|---|---|
| 图 1-15(*a*) | $(a+c+h)h$ | ≤2.5(1.5) | 图 1-15(*c*) | $(a+h)h+(b+h_1-h)h_1$ | ≤1.5 |
| 图 1-15(*b*) | $(b+2h)h$ | ≤2.0(1.5) | 图 1-15(*d*) | $(a+h)h$ | ≤1.25 |

注：表中括号中 $\gamma$ 值仅用于多孔砖和按《砌体结构设计规范》第 6.2.13 条的要求灌孔的砌块砌体，未灌孔混凝土砌块砌体，$\gamma=1.0$。

砌体截面中局部均匀受压计算框图见图 1-16。

## 二、梁端支承处砌体局部受压承载力计算

1. 上部荷载对局部抗压强度的影响

当钢筋混凝土梁搁置在砌体墙上时，梁端传给砌体的压力仅分布在局部区域，使砌体处于非均匀局部受压状态。作用在梁端的砌体所承受的压力，除了梁端支承压力 $N_l$ 外，还有上部荷载产生的轴向力 $N_0$(图 1-17)。当梁上荷载增加时，梁端底部的砌体将产生压缩变形，使梁端顶部与砌体接触面减小，甚至脱开，砌体形成内拱来传递上部荷载给梁端周围砌体，上部荷载 $\sigma_0$ 的扩散对梁端下局部受压的砌体起到了横向约束作用，对砌体的局部受压是有利的。上部荷载 $\sigma_0$ 对梁端下局部受压砌体的影响与 $A_0/A_l$ 比值有关，当 $A_0/A_l \geqslant 3$ 时，可不考虑上部荷载的影响。上部荷载的折减系数 $\psi$ 可按下式计算：

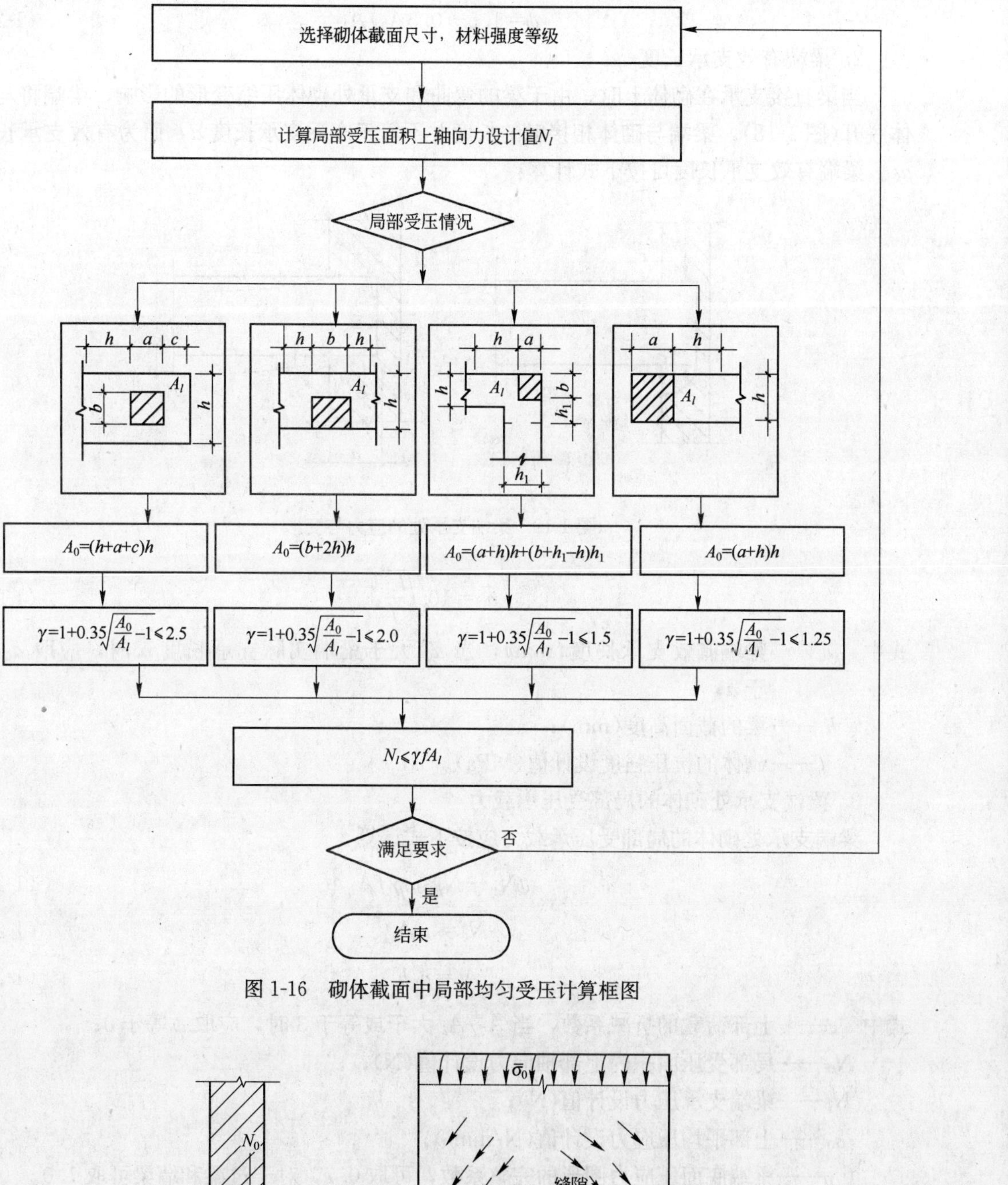

选择砌体截面尺寸，材料强度等级

↓

计算局部受压面积上轴向力设计值$N_l$

↓

局部受压情况

↓

| $A_0=(h+a+c)h$ | $A_0=(b+2h)h$ | $A_0=(a+h)h+(b+h_1-h)h_1$ | $A_0=(a+h)h$ |
|---|---|---|---|
| $\gamma=1+0.35\sqrt{\frac{A_0}{A_l}-1}\leqslant 2.5$ | $\gamma=1+0.35\sqrt{\frac{A_0}{A_l}-1}\leqslant 2.0$ | $\gamma=1+0.35\sqrt{\frac{A_0}{A_l}-1}\leqslant 1.5$ | $\gamma=1+0.35\sqrt{\frac{A_0}{A_l}-1}\leqslant 1.25$ |

↓

$N_l\leqslant\gamma fA_l$

↓

满足要求（否：返回“选择砌体截面尺寸，材料强度等级”；是：结束）

结束

图 1-16　砌体截面中局部均匀受压计算框图

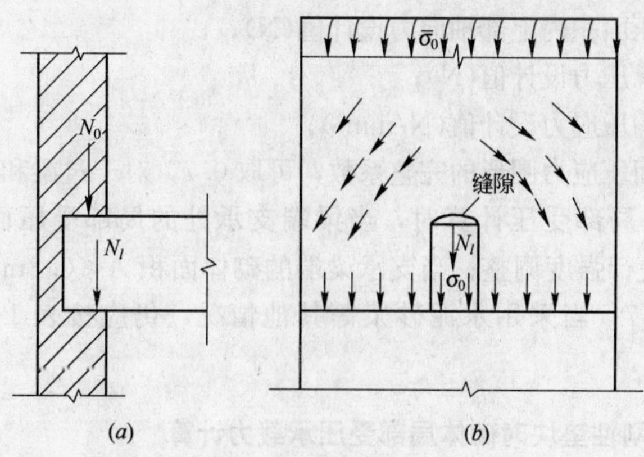


图 1-17　上部荷载对局部抗压强度的影响

$$\psi=1.5-0.5A_0/A_l \quad (1\text{-}23)$$

2. 梁端有效支承长度

当梁直接支承在砌体上时，由于梁的弯曲和支承处砌体压缩变形的影响，梁端将与砌体脱开(图 1-18)，梁端与砌体相接触的长度并不等于实际支承长度 $a$，而为有效支承长度 $a_0$。梁端有效支承长度可按下式计算：

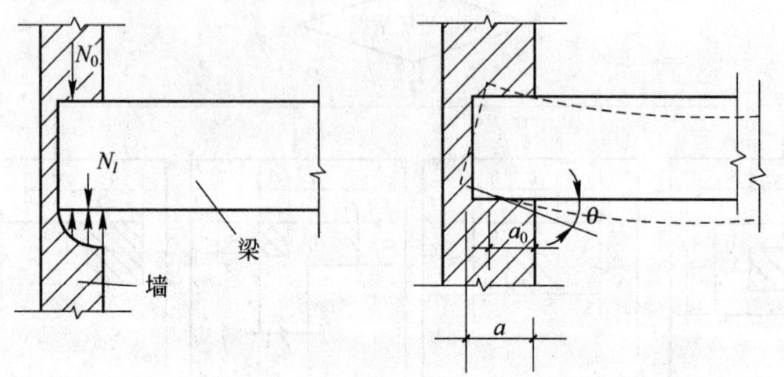


图 1-18 梁端支承处的应力与变形

$$a_0=10\sqrt{\frac{h_c}{f}} \quad (1\text{-}24)$$

式中 $a_0$——梁端有效支承长度(mm)，当 $a_0$ 大于梁端实际支承长度 $a$ 时，应取 $a_0$ 等于 $a$；

$h_c$——梁的截面高度(mm)；

$f$——砌体的抗压强度设计值(MPa)。

3. 梁端支承处砌体的局部受压承载力

梁端支承处砌体的局部受压承载力应按下式计算：

$$\psi N_0+N_l\leqslant\eta\gamma fA_l \quad (1\text{-}25)$$

$$N_0=\sigma_0A_l \quad (1\text{-}26)$$

$$A_l=a_0b \quad (1\text{-}27)$$

式中 $\psi$——上部荷载的折减系数，当 $A_0/A_l$ 大于或等于 3 时，应取 $\psi$ 等于 0；

$N_0$——局部受压面积内上部轴向力设计值(N)；

$N_l$——梁端支承压力设计值(N)；

$\sigma_0$——上部平均压应力设计值($N/mm^2$)；

$\eta$——梁端底面压应力图形的完整系数，可取 0.7，对于过梁和墙梁可取 1.0。

应当注意的是，局部受压计算时，当梁端支承处的局部受压面积 $A_l<0.3m^2$ 时，强度设计值 $f$ 不应进行强度调整；当支承梁端的砌体面积 $A<0.3m^2$ 时，$f$ 应乘以强度调整系数 $\gamma_a=A+0.7$；当采用水泥砂浆等其他情况，仍应按表 1-5 的规定进行强度调整。

## 三、梁端下设有刚性垫块时砌体局部受压承载力计算

梁端下设置刚性垫块不仅增大了局部受压面积，还可以保证梁端支承压力的有效传

递。工程中常采用预制刚性垫块，也可将垫块与梁端现浇成整体。这两种情况的垫块下砌体局部受压性能虽然有所不同，但为简化计算，梁端下设有与梁端现浇成整体的刚性垫块时砌体局部受压承载力的计算，采用与梁端下设有预制刚性垫块时砌体局部受压承载力相同的方法计算。

1. 梁端下设有刚性垫块时，梁端有效支承长度的计算

梁端设有刚性垫块后，梁端有效支承长度与未设垫块时有所不同，这是由于梁端设置垫块时砌体的局压应力大为降低。梁端设有刚性垫块时，梁端有效支承长度，应按下式计算：

$$a_0=\delta_1\sqrt{\frac{h_c}{f}} \tag{1-28}$$

式中 $\delta_1$——刚性垫块的影响系数，可按表1-7采用。

垫块上 $N_l$ 作用点的位置可取 $0.4a_0$ 处。

**系数 $\delta_1$ 值表** **表 1-7**

| $\sigma_0/f$ | 0 | 0.2 | 0.4 | 0.6 | 0.8 |
|---|---|---|---|---|---|
| $\delta_1$ | 5.4 | 5.7 | 6.0 | 6.9 | 7.8 |

注：表中其间的数值可采用插入法求得。

2. 梁端下设有刚性垫块时，砌体局部受压承载力计算

梁端下设有刚性垫块时，垫块底面积以外的砌体对局部受抗强度产生有利影响，但梁端下垫块底面压应力分布不均匀，为了偏于安全，取垫块外砌体面积的有利影响系数 $\gamma_1$ 为局部抗压强度提高系数的0.8倍。刚性垫块下砌体的局部受压接近于偏心受压，因此可以采用砌体偏心受压短柱承载力的公式进行计算：

$$N_0+N_l\leqslant\varphi\gamma_1 fA_b \tag{1-29}$$

$$N_0=\sigma_0 A_b \tag{1-30}$$

$$A_b=a_b b_b \tag{1-31}$$

式中 $N_0$——垫块面积 $A_b$ 内上部轴向力设计值(N)；

$\varphi$——垫块上 $N_0$ 及 $N_l$ 合力的影响系数，应采用当 $\beta$ 小于或等于3时的 $\varphi$ 值；

$\gamma_1$——垫块外砌体面积的有利影响系数，$\gamma_1$ 应为 $0.8\gamma$，但不小于1.0。$\gamma$ 为砌体局部抗压强度提高系数，按公式(1-22)以 $A_b$ 代替 $A_l$ 计算得出；

$A_b$——垫块面积($mm^2$)；

$a_b$——垫块伸入墙内的长度(mm)；

$b_b$——垫块的宽度(mm)。

3. 刚性垫块的构造

应符合下列规定：

刚性垫块的高度不宜小于180mm，自梁边算起的垫块挑出长度不宜大于垫块高度 $t_b$；

在带壁杆墙的壁柱内设刚性垫块时(图1-19)，其计算面积应取壁柱范围内的面积，而不应计算翼缘部分，同时壁柱上垫块伸入翼墙内的长度不应小于120mm；

当现浇垫块与梁端整体浇筑时，垫块可在梁高范围内设置。

4. 梁端下设有垫梁时砌体局部受压承载力计算

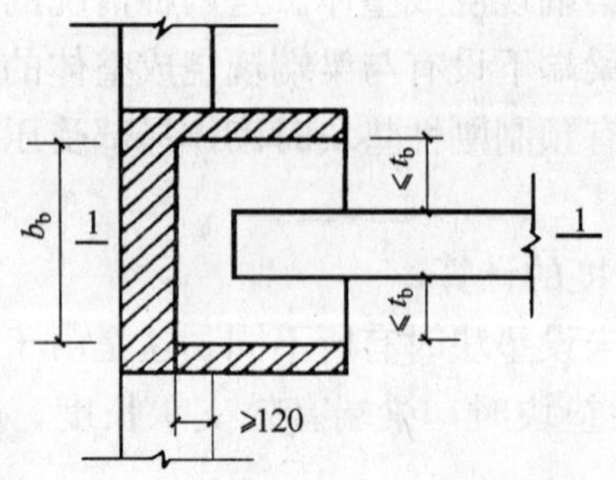
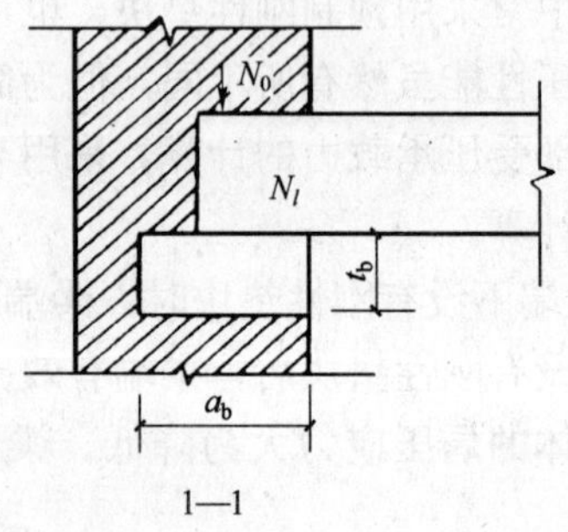


图 1-19 壁柱上设有垫块时梁端局部受压

当梁端支承处的砖墙上设置连续的钢筋混凝土垫梁(如圈梁)时，在梁端集中荷载作用下，垫梁将集中荷载分布在墙体的一定宽度范围内，为了计算方便，假定竖向压应力成三角形分布，分布长度为 $\pi h_0$(图 1-20)。按弹性力学的分析方法并考虑砌体的受力性能，当垫梁长度大于 $\pi h_0$ 时，垫梁下砌体的局部受压承载力可按下式计算：

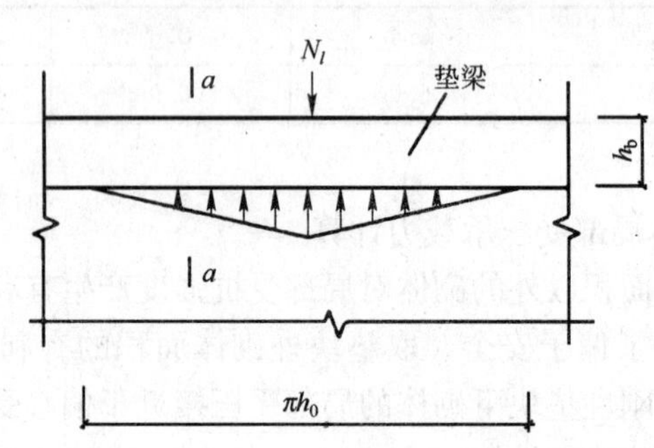

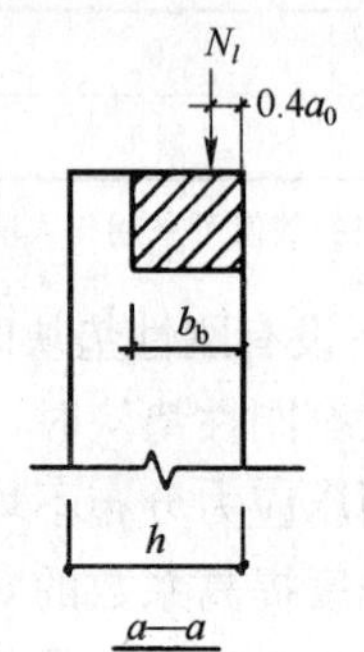


图 1-20 垫梁局部受压

$$N_0+N_l\leqslant 2.4\delta_2 f b_b h_0 \tag{1-32}$$

$$N_0=\pi b_b h_0 \sigma_0/2 \tag{1-33}$$

$$h_0=2\sqrt[3]{\frac{E_b\ I_b}{Eh}} \tag{1-34}$$

式中 $N_0$——垫梁上部轴向力设计值(N)；

$b_b$——垫梁在墙厚方向的宽度(mm)；

$\delta_2$——垫梁底面压应力分布系数，当荷载沿墙厚方向均匀分布时 $\delta_2$ 取 1.0，不均匀时 $\delta_2$ 可取 0.8；

$h_0$——垫梁折算高度(mm)；

$E_b$、$I_b$——分别为垫梁的混凝土弹性模量和截面惯性矩；

$h_b$——垫梁的高度(mm)；

$E$——砌体的弹性模量；

$h$——墙厚(mm)。

垫梁上梁端有效支承长度 $a_0$ 可按公式(1-28)计算。

5. 梁端支承处砌体局部受压承载力计算框图(图 1-21)

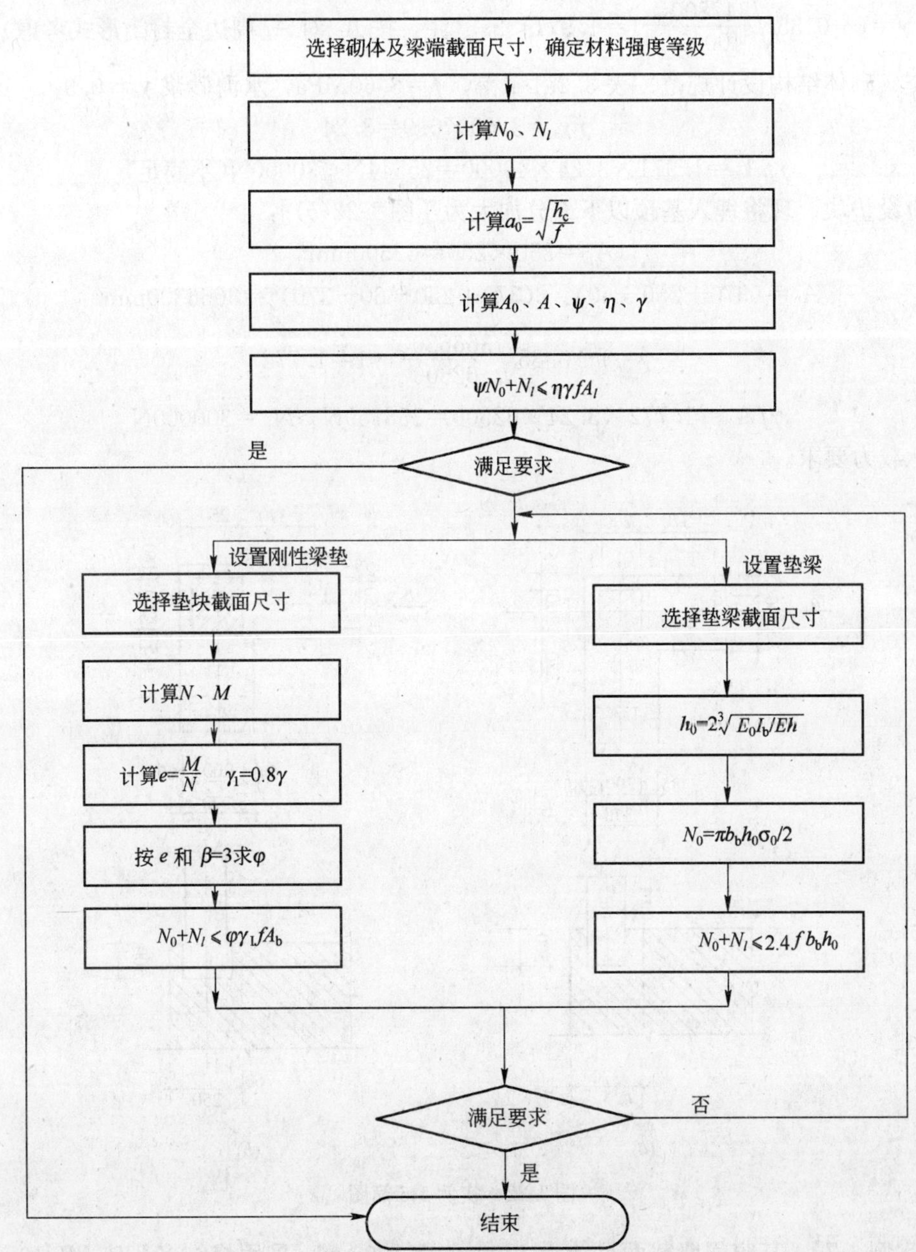

图 1-21 梁端支承处砌体局部受压承载力计算框图

## 四、设计实例

**【实例 1-6】** 某钢筋混凝土柱 $b\times h=200\text{mm}\times200\text{mm}$，支承于砖砌带形基础转角处[图 1-22($a$)]。该基础由 MU25 煤矸石烧结砖和 M15 水泥砂浆砌筑。柱底轴力设计值 $N_l=300\text{kN}$。试验算基础顶面局部受压承载力。

**【解】**

$$A_l=200\times200=40000\text{mm}^2$$

$$A_0=(370+200+85)^2-(370+200+85-370)^2=347800\text{mm}^2$$

$$\gamma=1+0.35\sqrt{\frac{347800}{40000}-1}=1.971<2.5$$（注：按 $A_0$ 对 $A_l$ 周边全封闭形式考虑）

查《砌体结构设计规范》表 3.2.1-1 得，$f=3.60\text{MPa}$，水泥砂浆 $\gamma_a=0.9$

$$f\gamma_a=3.60\times0.9=3.24$$

$$\gamma fA_l=1.971\times3.24\times40000=25544\text{N}<30000\text{N}$$（不满足）

应设垫块。现将埋入基顶以下部分加大为［图 1-22(*b*)］：

$$A_L=250\times250=62500\text{mm}^2$$

$$A_0=(370+250+60)^2-(370+250+60-370)^2=3666300\text{mm}^2$$

$$\gamma=1+0.35\sqrt{\frac{3666300}{62500}-1}=1.772$$

$$\gamma fA_b=1.772\times3.24\times62500=358759\text{N}>N_L=300000\text{N}$$

满足承载力要求。

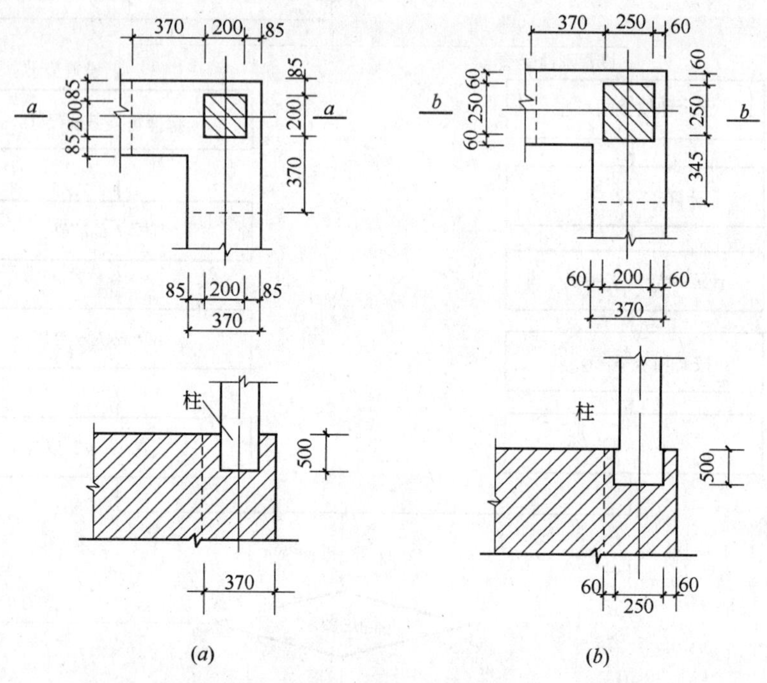


图 1-22　实例 1-6 简图

**【实例 1-7】** 某窗间墙截面尺寸为 1200mm×190mm，采用烧结多孔砖 MU10、水泥混合砂浆 M5 砌筑，施工质量控制等级为 B 级。墙上支承截面尺寸为 250mm×600mm 的钢筋混凝土梁，梁端支承压力设计值为 70kN，上部轴向力设计值为 150kN。试验算梁端支承处砌体的局部受压承载力，并使其符合规定的要求。

**【解】** $f=1.50\text{MPa}$ 因 $A=1.2\times0.19=0.228\text{m}^2<0.3\text{m}^2$，故取 $f=1.39\text{MPa}$

$$A_0=(b+2h)h=(0.25+2\times0.19)\times0.19=0.1197\text{m}^2$$

$$a_0=10\sqrt{\frac{h_c}{f}}=10\sqrt{\frac{600}{1.39}}=208\text{mm}>190\text{mm},$$

取 $a_0=190\text{mm}$

$$A_l=a_0b=0.19\times0.25=0.0475\text{m}^2$$

$\dfrac{A_0}{A_l}=\dfrac{0.1197}{0.0475}=2.52<3.0$，故应考虑上部荷载的影响。按式(1-23)得：

$$\psi=1.5-0.5\frac{A_0}{A_l}=1.5-0.5\times2.52=0.24$$

上部荷载在窗间墙截面上产生的平均压应力为

$$\sigma_0=\frac{150\times10^3}{1200\times190}=0.658\text{MPa}$$

上部荷载作用于局部受压面积 $A_l$ 上的轴向力为

$$N_0=\sigma_0A_l=0.658\times0.0475\times10^3=31.25\text{kN}$$

$$\gamma=1+0.35\sqrt{\frac{A_0}{A_l}-1}=1+0.35\sqrt{2.52-1}=1.43<1.5$$

取 $\eta=0.7$ 得

$\eta\gamma fA_l=0.7\times1.43\times1.39\times0.0475\times10^3=66.1\text{kN}<\psi N_0+N_l=0.24\times31.25+70=77.5\text{kN}$，故梁端支承处砌体局部受压不安全。

为了保证砌体的局部受压承载力，可采取如下措施：

1. 设置 600mm×190mm×190mm 预制混凝土垫块，其尺寸符合刚性垫块的要求。

$$A_0=(b+2h)h=(0.6+2\times0.19)\times0.19=0.1862\text{m}^2$$

$$A_b=a_bb_b=0.19\times0.6=0.114\text{m}^2$$

$$\frac{A_0}{A_b}=\frac{0.1862}{0.114}=1.63$$

垫块面积上由上部荷载设计值产生的轴向力为：

$$N_0=\sigma_0A_b=0.658\times0.114\times10^3=75.0\text{kN}$$

$$N_0+N_l=75.0+70=145.0\text{kN}$$

$N_l$ 的作用点由设有刚性垫块的梁端有效支承长度确定。

$\dfrac{\sigma_0}{f}=\dfrac{0.658}{1.35}=0.47$，由表 2-12，$\delta_1=6.3$

$$a_{0,b}=\delta_1\sqrt{\frac{h_c}{f}}=6.3\sqrt{\frac{600}{1.39}}=130.9\text{mm}$$

$N_0$ 与 $N_l$ 合力的偏心距为

$$e=\frac{70\left(\dfrac{0.19}{2}-0.4\times0.1309\right)}{145}=0.02\text{m}$$

$$\frac{e}{h}=\frac{0.02}{0.19}=0.1$$

按构件高厚比 $\beta\leqslant3$，得 $\varphi=0.89$

$$\gamma=1+0.35\sqrt{\frac{A_0}{A_l}-1}=1+0.35\sqrt{1.63-1}=1.28<2.0$$

$$\gamma_1=0.8\gamma=0.8\times1.28=1.024$$

$\varphi\gamma_1 fA_b=0.89\times1.024\times1.39\times0.114\times10^3=144.4\text{kN}\approx N_0+N_l=145\text{kN}$。故设置预制混凝土刚性垫块后，梁端支承处砌体局部受压安全。

2. 如上述尺寸的垫块与梁端整体现浇，其局部受压计算方法和计算结果与上述相同。

3. 如改为设置钢筋混凝土垫梁。取垫梁截面尺寸等于垫块截块截面尺寸，即为190mm×190mm。混凝土为C20，$E_b=25.5\text{kN/mm}^2$。砌体弹性模量 $E=1600f=1600\times1.39\times10^{-3}=2.224\text{kN/mm}^2$。

$$h_0=2\sqrt[3]{\frac{E_h I_h}{Eh}}=2\sqrt[3]{\frac{25.5\times\frac{1}{12}\times190\times190^3}{2.224\times190}}=374.3\text{mm}$$

因垫梁沿墙长设置，其长度大于 $\pi h_0=1.175\text{m}$，由式(2-64)，

$$N_0=\frac{\pi b_b h_0\sigma_0}{2}=\frac{\pi}{2}\times0.19\times0.3743\times0.658\times10^3=73.55\text{kN}$$

$N_0+N_l=73.55+70=143.55\text{kN}$，荷载沿墙厚方向分布不均匀，取 $\delta_2=0.8$，得：

$2.4\delta_2 fb_b h_0=2.4\times0.8\times1.39\times0.19\times0.3649\times10^3=185.06\text{kN}>143.55\text{kN}$。此时垫梁下的砌体局部受压承载力满足要求。

**【实例1-8】** 某带壁柱墙，截面尺寸如图1-23所示，采用烧结普通砖MU10、水泥混合砂浆M5砌筑，施工质量控制等级为B级。墙上支承截面尺寸为200mm×500mm的钢筋混凝土梁，梁端搁置长度为370mm，梁端支承压力设计值为75kN，上部轴向力设计值为170kN。试验算梁端支承处砌体的局部受压承载力。

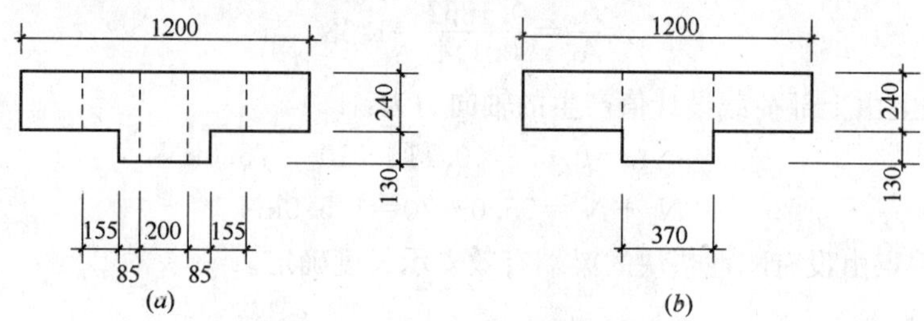


图1-23 实例1-8带壁柱墙截面

**【解】** 砌体抗压强度设计值 $f=1.50\text{MPa}$

$$A_0=0.37\times0.37+2\times0.155\times0.24=0.2113\text{m}^2$$

$$a_0=10\sqrt{\frac{h_c}{f}}=10\sqrt{\frac{500}{1.50}}=182.6\text{mm}$$

$$A_l=0.1826\times0.2=0.036\text{m}^2$$

$$\frac{A_0}{A_l}=\frac{0.2113}{0.036}=5.87>3\text{，取 }\psi=0$$

$$\gamma=1+0.35\sqrt{5.87-1}=1.77<2$$

取 $\eta=0.7$，得

$\eta\gamma fA_l=0.7\times1.77\times1.50\times0.036\times10^3=66.9\text{kN}<75\text{kN}$。故梁端支承处砌体的局部受压不安全。

现设置 370mm×370mm×180mm 的预制混凝土垫块(见图 1-22(*b*))，其尺寸符合刚性垫块的要求，且垫块伸入翼缘内的长度符合要求。

$$A_b=0.37\times0.37=0.1369\text{m}^2$$

$$\sigma_0=\frac{170\times10^3}{(1.2\times0.24+0.37\times0.13)}=0.5\text{MPa}$$

$$N_0=0.5\times0.1369\times10^3=68.4\text{kN}$$

$$N_0+N_l=68.4+75.0=143.4\text{kN}$$

$N_l$ 的作用点由刚性垫块时梁端有效支承长度确定，$\frac{\sigma_0}{f}=\frac{0.5}{1.5}=0.33$，$\delta_1=5.9$

$$a_{0,b}=5.9\sqrt{\frac{500}{1.50}}=107.7\text{mm}$$

$N_0$ 与 $N_l$ 合力的偏心距为

$$e=\frac{75\left(\frac{0.37}{2}-0.4\times0.1077\right)}{143.4}=0.07\text{m}$$

$$\frac{e}{h}=\frac{0.07}{0.37}=0.189\text{，按构件高厚比 }\beta\leqslant3\text{，得 }\varphi=0.70$$

因 $A_0$ 只计壁柱面积(370mm×370mm)，且 $A_0=A_b$，取 $\gamma_1=1.0$

$\varphi\gamma_1 fA_b=0.7\times1.0\times1.50\times0.1369\times10^3=143.7\text{kN}>143.4\text{kN}$。梁端支承处砌体局部受压承载力满足要求。

**【实例 1-9】** 已知一钢筋混凝土大梁截面尺寸为 300mm×600mm，支承在截面尺寸为 490mm×490mm 的砖柱上，柱计算高度 $H_0=3600$mm。如图 1-24 所示。上层由墙体传来的荷载设计值为 65kN，梁端支反力设计值为 180kN，柱用 MU25 页岩砖及 M10 混合砂浆砌筑，试计算此柱。

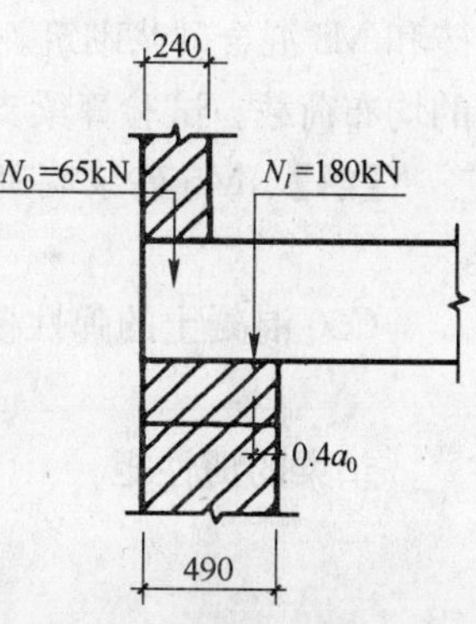

图 1-24 实例 1-9 截面

**【解】** 因柱截面面积 $A=0.49^2=0.2401\text{m}^2<0.3\text{m}^2$

故 $\gamma_a=0.49\times0.49+0.7=0.94$，得 $f=2.98$MPa 砖砌体承载力设计值 $f=2.98\times0.94=2.80$MPa

1. 梁端砌体局部抗压验算

有效支承长度 $a_0=10\sqrt{\frac{h_c}{f}}=10\sqrt{\frac{600}{2.8}}=146.4\text{mm}$

$$A_l=300\times146.4=43920\text{mm}^2\text{，}A_0=490^2=240100\text{mm}^2$$

因 $A_0/A_l=240100/43920=5.467>3$，故取 $\psi=0$

$$\gamma=1+0.35\sqrt{\frac{240100}{43920}-1}=1.74<2\text{，}\eta=0.7$$

所以 $\eta\gamma fA_l=0.7\times1.74\times2.8\times43920=149.79\text{kN}<\psi N_0+N_l=180\text{kN}$，需设梁垫。

令 $A_b=A_0=490\times490=240100\text{mm}^2$，必能满足柱顶砌体局部受压承载力要求，但应考虑设梁垫将引起 $N_l$ 的偏心距增大，对柱受压承载力的影响。

2. 柱受压承载力验算

梁在梁垫上表面的有效支承长度 $a_0$ 及 $N_l$ 的作用点计算：

$$\sigma_0=\frac{65\times10^3}{240100}=0.27\text{MPa},\ \frac{\sigma_0}{f}=\frac{0.27}{2.8}=0.097,$$

$$\delta_1=5.55,\ 则\ a_0=\delta_1\sqrt{\frac{h}{f}}=5.55\times\sqrt{\frac{600}{2.8}}=81\text{mm}。$$

$$0.4a_0=0.4\times81=32.4\text{mm},\ e=\frac{180\times\left(\frac{490}{2}-32.4\right)-65\times\left(\frac{490}{2}-\frac{240}{2}\right)}{180+65}=123\text{mm}$$

$$\beta=\gamma_\beta\frac{H_0}{h}=1\times\frac{3600}{490}=7.347,\ \alpha=0.0015$$

$$\varphi_0=\frac{1}{1+\alpha\beta^2}=\frac{1}{1+0.0015\times7.347^2}=\frac{1}{1.081},\ \frac{1}{\varphi_0}=1.081$$

$$\varphi=\frac{1}{1+12\left[\frac{123}{490}+\sqrt{\frac{1}{12}(1.081-1)}\right]^2}=0.429,\ A=240100\text{mm}^2$$

$$\varphi fA=0.429\times2.8\times240100=288.41\text{kN}>N=65+180=245\text{kN}$$

放置梁垫后，柱顶局部受压及柱受压承载力均能满足。

**【实例 1-10】** 一钢筋混凝土简支梁支承在 240mm 厚砖墙的现浇钢筋混凝土圈梁上，圈梁的截面尺寸为 240mm 宽，180mm 高。混凝土强度等级为 C20，砖墙用 MU10 烧结普通砖和 M5 混合砂浆砌筑。梁支承反力设计值为 $N_l=100\text{kN}$。圈梁上还作用有 $\sigma_0=0.2\text{N/mm}^2$ 的均布荷载。试验算梁支承处垫梁下砌体的局部受压承载力。

**【解】** M5 砂浆墙砌体的弹性模量

$$E=1600f=1600\times1.5=2400\text{MPa}$$

C20 混凝土的弹性模量

$$E=2.55\times10^4\text{MPa}$$

垫梁的惯性矩

$$I_b=\frac{b_bh_b^3}{12}=\frac{240\times180^3}{12}=1.1664\times10^8\text{mm}^4$$

垫梁的折算高度

$$h_0=2\sqrt[3]{\frac{E_bI_b}{Eh}}=2\sqrt[3]{\frac{2.55\times10^4\times1.1664\times10^8}{2.4\times10^3\times240}}=347\text{mm}$$

砌体局部受压承载力公式

$$N_0+N_l\leqslant2.4\delta_2fb_bh_0$$

$$N_0=\pi b_bh_0\sigma_0/2=3.14\times240\times347\times0.2/2\times10^{-3}=28.1\text{kN}$$

$$N_0+N_l=28.1+100=128.1\text{kN}$$

$$2.4\delta_2fb_bh_0=2.4\times0.8\times1.5\times240\times347\times10^{-3}$$

$$=239.8\text{kN}>128.1\text{kN}$$

梁支承处垫梁下的局部受压承载力满足要求。

## 第四节 受拉、受弯和受剪构件

### 一、轴心受拉构件

砌体结构轴心受拉构件，如采用砌体建造的圆形水池或筒仓，在液体或松散物料侧压力下，壁内产生环向拉力(图 1-25)。由于砌体的抗拉性能很差，工程中很少采用轴心受拉砌体构件。砌体轴心受拉构件的承载力，可按下式计算：

$$N_t \leqslant f_t A \tag{1-35}$$

式中 $N_t$——轴心拉力设计值；

$f_t$——砌体轴心抗拉强度设计值。

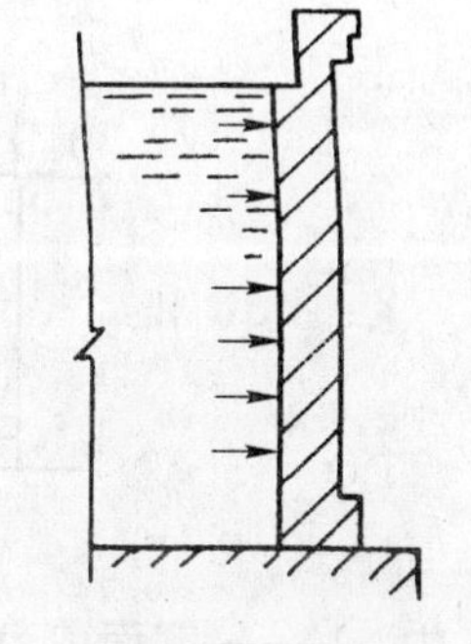

图 1-25 水池壁受拉

### 二、受弯构件

砖砌平拱和砌体挡土墙等属于受弯构件。在弯矩作用下可能产生三种弯曲受拉破坏形态：沿通缝破坏、沿齿缝破坏、沿砖和竖向灰缝截面破坏(图 1-26)。受弯构件除了承受弯矩外，在支座处还存在着较大的剪力，因此砌体受弯构件应当进行受弯承载力和受剪承载力验算。

沿齿缝截面破坏

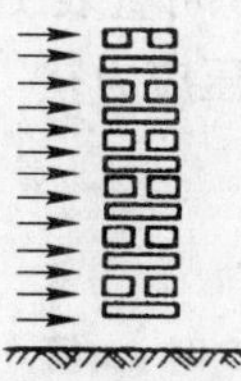

沿通缝截面破坏

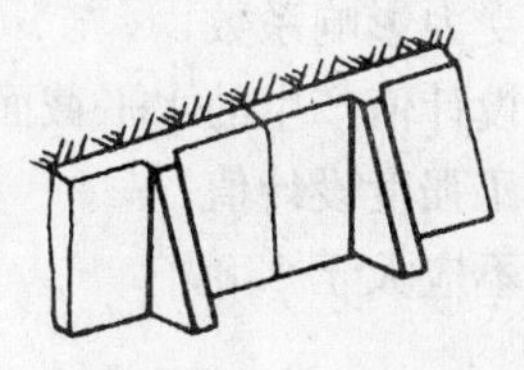

沿砌体与竖向灰缝破坏

沿齿缝截面破坏

图 1-26 砌体受弯构件

1. 受弯构件的承载力，应按下式计算：

$$M \leqslant f_{tm} W \tag{1-36}$$

式中 $M$——弯矩设计值；

$f_{tm}$——砌体的弯曲抗拉强度设计值；

$W$——截面抵抗矩。

2. 受弯构件的受剪承载力应按下式计算：

$$V \leqslant f_v b z \tag{1-37}$$

式中 $V$——剪力设计值。

### 三、受剪构件

无筋砖体受剪构件，如拱的推力使支座受剪(图 1-27)，墙体在竖向压力和水平剪力作用下产生沿水平通缝截面或齿缝截面的受剪破坏(图 1-28)等。砌体的受剪承载力取决于砌

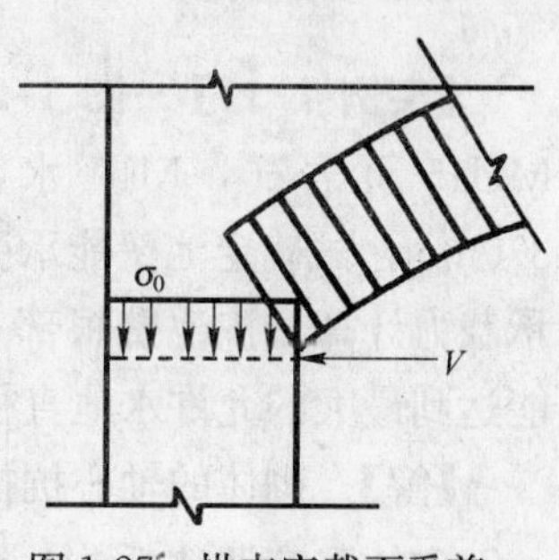


图 1-27 拱支座截面受剪

体沿通缝的抗剪强度和作用在砌体截面上的竖向压应力，可按下列公式进行计算：

$$V \leqslant (f_v + \alpha\mu\sigma_0)A \tag{1-38}$$

当 $\gamma_G = 1.2$ 时

$$\mu = 0.26 - 0.082\frac{\sigma_0}{f} \tag{1-39}$$

当 $\gamma_G = 1.35$ 时

$$\mu = 0.23 - 0.065\frac{\sigma_0}{f} \tag{1-40}$$

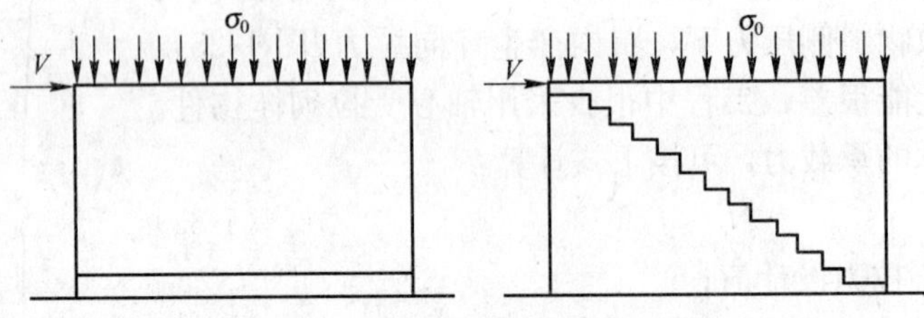


图 1-28　墙体的剪切破坏

式中　$V$——截面剪力设计值；

$A$——水平截面面积。当墙体有孔洞时，取净截面面积；

$f_v$——砌体抗剪强度设计值，对灌孔的混凝土砌块砌体取 $f_{vg}$；

$\alpha$——修正系数。

当 $\gamma_G = 1.2$ 时，砖砌体取 0.60，混凝土砌块砌体取 0.64；

当 $\gamma_G = 1.35$ 时，砖砌体取 0.64，混凝土砌块砌体取 0.66；

$\mu$——剪压复合受力影响系数，$\alpha$ 与 $\mu$ 的乘积可查表 1-8；

$\sigma_0$——永久荷载设计值产生的水平截面平均压应力；

$f$——砌体的抗压强度设计值；

$\sigma_0/f$——轴压比，不应大于 0.8。

**当 $\gamma_G = 1.2$ 及 $\gamma_G = 1.35$ 时 $\alpha\mu$ 值**　　**表 1-8**

| $\gamma_G$ | $\sigma_0/f$ | 0.1 | 0.2 | 0.3 | 0.4 | 0.5 | 0.6 | 0.7 | 0.8 |
|---|---|---|---|---|---|---|---|---|---|
| 1.2 | 砖砌体 | 0.15 | 0.15 | 0.14 | 0.14 | 0.13 | 0.13 | 0.12 | 0.12 |
| | 砌块砌体 | 0.16 | 0.16 | 0.15 | 0.15 | 0.14 | 0.13 | 0.13 | 0.12 |
| 1.35 | 砖砌体 | 0.14 | 0.14 | 0.13 | 0.13 | 0.13 | 0.12 | 0.12 | 0.11 |
| | 砌块砌体 | 0.15 | 0.14 | 0.14 | 0.13 | 0.13 | 0.13 | 0.12 | 0.12 |

## 四、设计实例

**【实例 1-11】**　图 1-29 所示为某圆形水池高 2000mm，采用 MU15 页岩砖，M10 水泥砂浆，按三顺一丁法砌成，池壁厚 370mm，试确定池壁能承受的最大环向拉力。又当按池壁平均受拉承载力计算、按池壁根部 1m 高范围的最不利受拉承载力计算，各能达到最大的允许水池直径是多少？

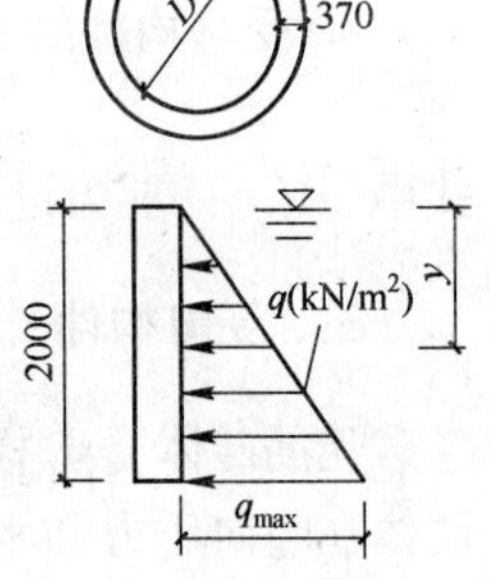


图 1-29　实例 1-11 简图

**【解】**　砌体的轴心抗拉强度设计值 $f_t = 0.19$MPa

砌体强度调整系数 $\gamma_a = 0.8$

调整后的砌体轴心抗拉强度设计值 $f_t=0.19\times0.8=0.152\text{MPa}$

池壁内能够承受的最大环向拉力：

$$N_t=f_tbh=0.152\times370\times2000=112480\text{N}=112.48\text{kN}$$

在池水满载情况下，池壁垂直截面总拉力为

$$N_t=\frac{q_{max}}{2}\cdot\frac{D}{2}\cdot h=\frac{\gamma}{2}\cdot\frac{D}{2}\cdot h=\frac{10\times2}{2}\cdot\frac{D}{2}\cdot2=10D$$

取 $10D=N_t=112.48\text{kN}$ 解得水池最大容许直径为：

$$D=11.248\text{m}$$

**【实例 1-12】** 某悬臂式水池池壁(图 1-30)，壁高 1.5m，采用烧结普通砖 MU15、水泥砂浆 M7.5 砌筑，施工质量控制等级为 B 级。试验算池壁下端截面的承载力。

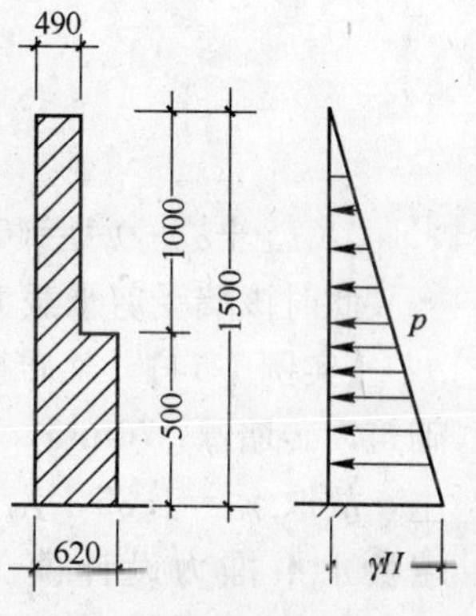

图 1-30　池壁计算简图

**【解】** 沿竖向截取 1m 宽的池壁进行计算。池壁自重产生的垂直压力较小，现忽略不计，且水荷载分项系数取 1.1。该池壁为悬臂受弯构件，应验算受弯和受剪承载力。

1. 受弯承载力

池壁底端的弯矩

$$M=\frac{1}{6}pH^2=\frac{1}{6}\times1.1\times10\times1.5\times1.5^2=6.19\text{kN}\cdot\text{m}$$

$$W=\frac{1}{6}bh^2=\frac{1}{6}\times1\times0.62^2=0.064\text{m}^2$$

池壁沿通缝截面的弯曲抗拉强度设计值　$f_{tm}=0.8\times0.14=0.112\text{MPa}$。

$$f_{tm}W=0.112\times0.064\times10^3=7.2\text{kN}\cdot\text{m}>6.19\text{kN}\cdot\text{m}$$

该池壁受弯承载力满足要求。

2. 受剪承载力

池壁底端的剪力

$$V=\frac{1}{2}pH=\frac{1}{2}\times1.1\times10\times1.5\times1.5=12.4\text{kN}$$

$$f_{v0}=0.8\times0.14=0.112\text{MPa}$$

$$f_{v0}bz=0.112\times1\times\frac{2}{3}\times0.62\times10^3=46.7\text{kN}>12.4\text{kN}$$

该池壁受剪承载力满足要求。

**【实例 1-13】** 某墙截面尺寸为 5600mm×190mm，采用混凝土小型空心砌块 MU10、水泥混合砂浆 Mb5 砌筑，施工质量控制等级为 B 级。由恒荷载标准值作用于墙顶水平截面上的平均压应力为 0.625MPa，作用于墙顶的水平剪力设计值为 160kN(图 1-31)。试核算该墙的受剪承载力。

图 1-31　实例 1-13 简图

$$f_{v0}=0.06\text{MPa}$$

$$f=2.22\text{MPa}$$

当 $\gamma_G=1.2$ 时，$\sigma_0=1.2\times0.625=0.75\text{MPa}$

$$\frac{\sigma_0}{f}=\frac{0.75}{2.22}=0.338$$

$$\mu=0.26-0.082\frac{\sigma_0}{f}=0.26-0.082\times0.338=0.23$$

$$\alpha=0.64$$

$$\alpha\mu=0.64\times0.23=0.15$$

$$(f_{v0}+\alpha\mu\sigma_0)A=(0.06+0.15\times0.75)\times5600\times190\times10^{-3}=183.5\text{kN}>160\text{kN}$$

此时该墙受剪承载力满足要求。

当 $\gamma_G=1.35$ 时，$\sigma_0=1.35\times0.625=0.84\text{MPa}$

$$\frac{\sigma_0}{f}=\frac{0.84}{2.22}=0.38$$

$$\alpha\mu=0.132$$

$$(f_{v0}+\alpha\mu\sigma_0)A=(0.06+0.132\times0.84)\times5600\times190\times10^{-3}=181.8\text{kN}>160\text{kN}$$

此时该墙受剪承载力满足要求。

**【实例 1-14】** 某砖拱楼盖用 MU15 灰砂砖、M10 水泥砂浆砌筑，砖墙厚 370mm，如图 1-32 所示。所有内力均以恒载为主，故取 $\gamma_G=1.35$，$\gamma_Q=1.0$ 的组合为最不利，其拱支座处沿墙长水平推力设计值 $V=55\text{kN/m}$，竖向压力设计值 $N_0=60\text{kN/m}$，试验算支座处的抗剪强度。

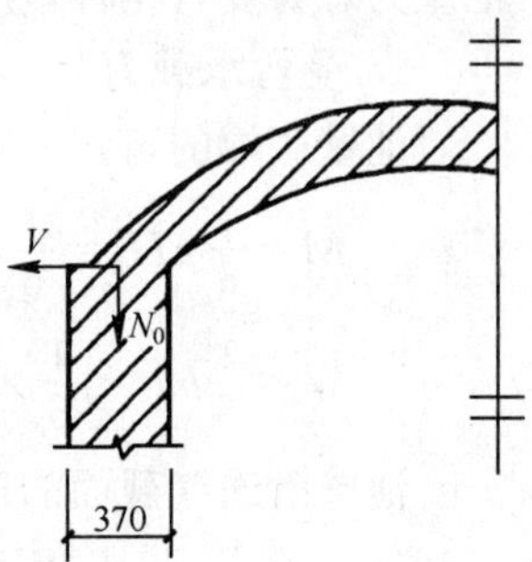

图 1-32 实例 1-14 简图

**【解】** 沿纵向取 1m 宽的拱进行计算。

砌体强度设计值 $f=2.31\text{MPa}$，$\gamma_a=0.9$

$$f_v=0.17\text{MPa},\ \gamma_a=0.8$$

抗剪强度设计值 $f_v=0.17\times0.8=0.136\text{MPa}$

抗压强度设计值 $f=2.31\times0.9=2.079\text{MPa}$

截面面积 $A=1000\times370=3.7\times10^5\text{mm}^2$

$$\sigma_0=\frac{60\times10^3}{3.7\times10^5}=0.162\text{MPa}\qquad \sigma_0/f=\frac{0.162}{2.079}=0.079$$

因 $\gamma_G=1.35$，得剪压复合受力影响系数 $\mu$：

$$\mu=0.23-0.065\times0.079=0.225$$

修正系数 $\alpha=0.64$，（$\gamma_G=1.35$ 砖砌体）

$$\alpha\mu=0.64\times0.225=0.144$$

$$V=(f_v+\alpha\mu\sigma_0)A=(0.136+0.14\times0.162)\times370\times1000$$
$$=58712\text{N}=58.712\text{kN}>55\text{kN}$$

支座处砌体抗剪强度满足要求。

# 第二章 配筋砌体构件

## 第一节 网状配筋砖砌体受压构件

当砖砌体受压构件的承载力不足而截面尺寸又受到限制，轴向力的偏心距未超过截面核心范围(对于矩形截面 $e/h \leqslant 0.17$)，构件的高厚比不超过 16 时，可考虑采用网状配筋砖砌体。网状配筋砖砌体是砖砌体砌筑时，将钢筋网线按一定的设计要求设置在砌体的灰缝内。网状配筋常用形式为：方格钢筋网和连弯钢筋网(图 2-1)。

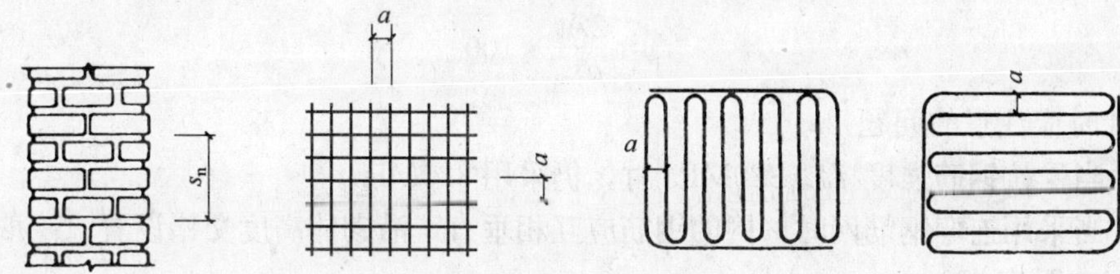


图 2-1 网状配筋砖砌体

### 一、网状配筋砖砌体受压构件承载力计算

网状配筋砖砌体受压构件的承载力按下式计算：

$$N \leqslant \varphi_n f_n A \tag{2-1}$$

式中 $N$——轴向压力设计值；

$A$——截面面积；

$f_n$——网状配筋砖砌体的抗压强度设计值，

$$f_n = f + 2\left(1 - \frac{2e}{y}\right)\frac{\rho}{100} f_y \tag{2-2}$$

$e$——轴向力的偏心距，

$$e = M/N \tag{2-3}$$

$M$——弯矩设计值；

$N$——轴向力设计值；

$y$——截面形心到受压较大边缘的距离；

$h$——偏心方向的截面高度；

$\rho$——体积配筋率，

$$\rho = (V_s/V)100 \tag{2-4}$$

$V_s$，$V$——钢筋和砌体的体积；

$A_s$——钢筋组成方格网的截面面积；

$a$——网格尺寸；

$s_n$——钢筋网的间距；

$f_y$——钢筋的抗拉强度设计值(当 $f_y>320$MPa 时，按 $f_y=320$MPa 采用)；

$\varphi_n$——高厚比、配筋率和轴向压力偏心距对网状配筋砖砌体受压构件承载力的影响系数，

$$\varphi_n=\frac{1}{1+12\left[\frac{e}{h}+\sqrt{\frac{1}{12}\left(\frac{1}{\varphi_{0n}}-1\right)}\right]^2} \tag{2-5}$$

$\varphi_{0n}$——网状配筋砖砌体的稳定系数，

$$\varphi_{0n}=\frac{1}{1+\frac{1+3\rho}{667}\beta^2} \tag{2-6}$$

当采用截面面积为 $A_s$ 的钢筋组成的方格网，网格尺寸为 $a$ 和钢筋网的竖向间距为 $s_n$ 时，有

$$\rho=\frac{2A_s}{as_n}\times 100 \tag{2-7}$$

设计时应注意的问题：

(1) 当受拉钢筋强度 $f_y>320$MPa 时，仍采用 320MPa。

(2) 当采用连弯钢筋网时，网的钢筋应互相垂直，沿砌体高度交错设置，$s_n$ 取同一方向网的竖向距离。

(3) 对于矩形截面构件，当轴向力偏心方向的边长大于另一方向边长时，除按偏心受压计算时，还应对较小边长方向按轴心受压验算。

(4) 当网状配筋砖砌体构件下端与无筋砌体相交时，应验算无筋砌体的局部受压承载力。

网状配筋砖砌体受压构件可按图 2-2 所示框图进行计算。

## 二、网状配筋砖砌体受压构件的构造要求

网状配筋砖砌体除了满足承载力计算要求外，为保证钢筋与砂浆的粘结力，避免钢筋锈蚀，灰缝不致过厚，并能充分发挥钢筋的作用，还应符合下列构造要求：

(1) 网状钢筋的体积配筋率不应小于 0.1%，并不应大于 1%。因为配筋率太小，砌体强度提高有限；配筋率过大，当砌体强度接近块体强度时钢筋的强度不能充分发挥。

(2) 当采用钢筋网时，钢筋的直径宜采用 3～4mm；当采用置于相邻两个灰缝的连弯钢筋网时，钢筋的直径不应大于 8mm。因为钢筋网砌筑在灰缝砂浆内，易于被锈蚀，设置较粗的钢筋比较有利。但是钢筋直径大将使灰缝加厚，对砌体的受力不利。所以要限制钢筋的直径不能过细，也不能过粗。

(3) 钢筋网中钢筋的间距，不应大于 120mm，也不应小于 30mm。钢筋间距太大，钢筋网对砌体的横向变形约束能力降低。钢筋间距太小，砂浆不易密实，影响钢筋与砂浆间的粘结力，也使钢筋更易于被锈蚀。

(4) 钢筋网沿竖向的间距，不应大于 5 皮砖，并不应大于 400mm。因为钢筋网沿竖

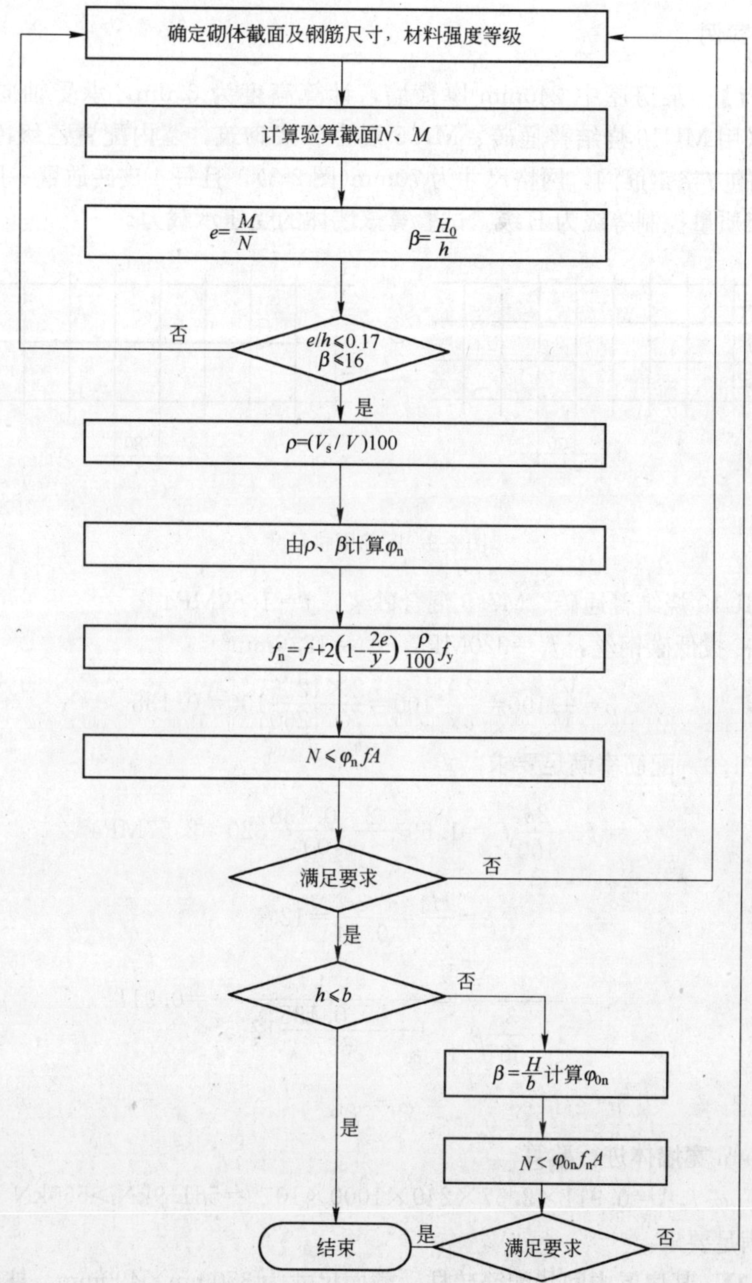


图 2-2 网状配筋砖砌体受压构件计算框图

注：$h$—偏心方向的截面边长；$b$—垂直于偏心方向的截面边长。

向的间距过大，则对砖砌体承载力的提高很有限。

(5) 网状配筋砖砌体中砖的强度等级不应低于 MU10，砂浆的强度等级不应低于 M7.5。有钢筋网的砖砌体灰缝厚度应保证钢筋上下至少各有 2mm 的砂浆层。这样有利于保证钢筋与砂浆的粘结力，并可避免钢筋的锈蚀。

### 三、设计实例

**【实例 2-1】** 某房屋中 240mm 厚横墙，计算高度为 3.0m，承受轴向力设计值为 560kN/m；采用 MU10 烧结普通砖、M7.5 混合砂浆砌筑，墙内配置乙级冷拔低碳钢丝 $\phi^b 4$ 焊接而成的方格钢筋网，网格尺寸为 70mm(图 2-3)，且每 4 皮砖放置一层钢筋网 $s_n$＝260mm，施工质量控制等级为 B 级。试验算该墙体的受压承载力。

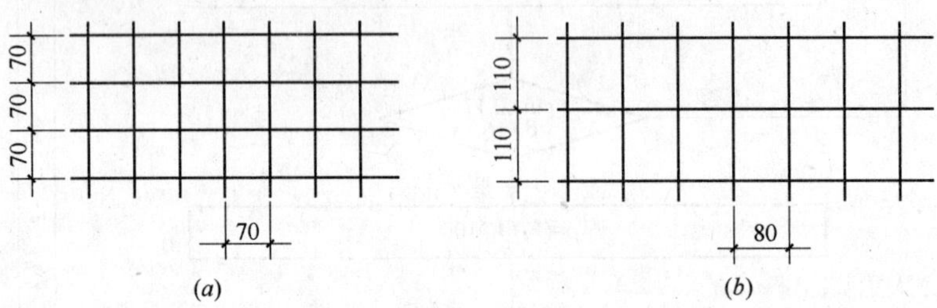


图 2-3 配筋网格尺寸

**【解】** MU10 烧结普通砖、M7.5 混合砂浆：$f=1.69\text{MPa}$

$\phi^b 4$ 乙级冷拔低碳钢丝：$f_y=320\text{MPa}$，$A_s=12.6\text{mm}^2$

配筋率 $$\rho=\frac{V_s}{V}100=\frac{2A_s}{as_n}100=\frac{2\times 12.6}{70\times 260}100=0.138$$

$0.1<\rho<1.0$，配筋率满足要求。

$$f_n=f+\frac{2\rho}{100}f_y=1.69+\frac{2\times 0.138}{100}320=2.57\text{MPa}$$

$$\beta=\frac{H_0}{h}=\frac{3}{0.24}=12.5$$

$$\varphi_{0n}=\frac{1}{1+\frac{3\rho}{667}\beta^2}=\frac{1}{1+\frac{3\times 0.138}{667}12.5^2}=0.911$$

$$\varphi_n=\varphi_{0n}$$

取 1000mm 宽墙体进行验算

$$\varphi_n f_n A=0.911\times 2.57\times 240\times 1000\times 10^{-3}=561.9\text{kN}>560\text{kN}$$

承载力满足要求。

**【实例 2-2】** 某房屋中网状配筋砖柱，截面尺寸为 370mm×490mm，柱的计算高度为 4.2m，承受轴向力设计值为 190.0kN、长边方向的弯矩设计值为 15.0kN·m；采用烧结普通砖 MU15 和水泥砂浆 M7.5 砌筑，在水平灰缝内配置乙级冷拔低碳钢丝 $\phi^b 4$ 焊接而成的方格钢筋网，网格尺寸为 50mm，且每 3 皮砖放置一层钢筋网，$s_n$＝195mm，施工质量控制等级为 B 级。验算该柱的受压承载力。

**【解】** $e=\frac{M}{N}=\frac{15}{190}=0.08\text{m}$

$$\frac{e}{h}=\frac{0.08}{0.49}=0.163<0.17$$

$$\beta=\frac{H_0}{h}=\frac{4.2}{0.49}=8.57<16$$

砌体截面面积 $A=0.37\times0.49=0.181\text{m}^2<0.2\text{m}^2$

采用MU15烧结普通砖，M7.5水泥砂浆：$f=2.07\text{MPa}$，因 $A<0.2$：$\gamma_{a1}=0.8+A=0.8+0.181=0.981$；因采用水泥砂浆 $\gamma_{a2}=0.9$；因此，调整后的砌体抗压强度设计值为：

$$f=0.981\times0.9\times2.07=1.83\text{MPa}$$

采用 $\phi^b4$ 乙级冷拔低碳钢丝：$f_y=320\text{MPa}$，$A_s=12.6\text{mm}^2$

$$\rho=\frac{2A_s}{as_n}100=\frac{2\times12.6}{50\times195}\times100=0.258$$

$$0.1<\rho<1.0 \quad \text{满足要求。}$$

$$f_n=f+2\left(1-\frac{2e}{y}\right)\frac{\rho}{100}f_y$$

$$=1.83+2\left(1-\frac{2\times0.08}{0.245}\right)\times\frac{0.258}{100}\times320$$

$$=1.83+0.57=2.4\text{MPa}$$

$$\varphi_{0n}=\frac{1}{1+\frac{1+3\rho}{667}\beta^2}=\frac{1}{1+\frac{1+3\times0.258}{667}\times8.57^2}=0.83$$

$$\varphi_n=\frac{1}{1+12\left[\frac{e}{h}+\sqrt{\frac{1}{12}\left(\frac{1}{\varphi_{0n}}-1\right)}\right]^2}$$

$$=\frac{1}{1+12\left[0.163+\sqrt{\frac{1}{12}\left(\frac{1}{0.83}-1\right)}\right]^2}=0.49$$

$$\varphi_n f_n A=0.49\times2.4\times0.181\times10^3=212.8\text{kN}>190.0\text{kN}$$

对较小边长方向按轴心受压承载力进行验算：

$$\beta=\frac{4.2}{0.37}=11.35$$

$$\varphi_n=\varphi_{0n}=\frac{1}{1+\frac{1+3\times0.258}{667}\times11.35^2}=0.74$$

$$f_n=f+\frac{2\rho}{100}f_y=1.83+\frac{2\times0.258}{100}\times320=3.48\text{MPa}$$

$$\varphi_n f_n A=0.74\times3.48\times0.181\times10^3=466.1\text{kN}>190.0\text{kN}$$

该砖柱的承载力满足要求。

## 第二节　组合砖砌体受压构件

当无筋砌体的截面尺寸受限制，设计成无筋砌体不经济，或轴向压力偏心距过大时，可采用组合砖砌体。我国当前常用的组合砖砌体是指由砖砌体和钢筋混凝土面层或钢筋砂浆面层组成的组合砖砌体(图2-4)。

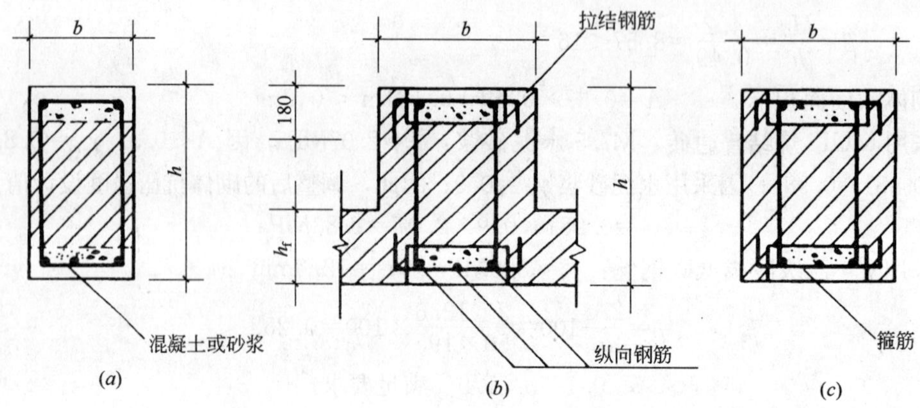


图 2-4　组合砖砌体构件截面

## 一、组合砖砌体受压构件承载力计算

1. 承载力计算的基本规定

(1) 按照现行《砌体结构设计规范》的规定：对于砖墙与组合砌体一同砌筑的 T 形截面构件，可按矩形截面组合砌体构件计算。值得注意的是：当砖墙的翼缘的截面尺寸较大时，按矩形截面组合砌体构件计算的承载力不应小于按 T 形截面无筋砌体计算的承载力。

(2) 构件高厚比验算时，应仍按 T 形截面考虑，其截面的翼缘宽度尚应符合《砌体结构设计规范》第 4.7.8 条的规定。承载力计算时，对于 T 形截面，高厚比按矩形截面计算。

2. 轴心受压构件

组合砖砌体轴心受压构件的承载力应按下式计算：

$$N \leqslant \varphi_{com}(fA + f_c A_c + \eta_s f'_y A'_s) \tag{2-8}$$

式中　$\varphi_{com}$——组合砖砌体构件的稳定系数，可按表 2-1 采用；

**组合砖砌体构件的稳定系数 $\varphi_{com}$**　　　　**表 2-1**

| 高厚比 $\beta$ | 配筋率 $\rho$(%) | | | | | |
|---|---|---|---|---|---|---|
| | 0 | 0.2 | 0.4 | 0.6 | 0.8 | ≥1.0 |
| 8 | 0.91 | 0.93 | 0.95 | 0.97 | 0.99 | 1.00 |
| 10 | 0.87 | 0.90 | 0.92 | 0.94 | 0.96 | 0.98 |
| 12 | 0.82 | 0.85 | 0.88 | 0.91 | 0.93 | 0.95 |
| 14 | 0.77 | 0.80 | 0.83 | 0.86 | 0.89 | 0.92 |
| 16 | 0.72 | 0.75 | 0.78 | 0.81 | 0.84 | 0.87 |
| 18 | 0.67 | 0.70 | 0.73 | 0.76 | 0.79 | 0.81 |
| 20 | 0.62 | 0.65 | 0.68 | 0.71 | 0.73 | 0.75 |
| 22 | 0.58 | 0.61 | 0.64 | 0.66 | 0.68 | 0.70 |
| 24 | 0.54 | 0.57 | 0.59 | 0.61 | 0.63 | 0.65 |
| 26 | 0.50 | 0.52 | 0.54 | 0.56 | 0.58 | 0.60 |
| 28 | 0.46 | 0.48 | 0.50 | 0.52 | 0.54 | 0.56 |

注：组合砖砌体构件截面的配筋率 $\rho = A'_s/bh$。

$A$——砖砌体的截面面积；

$f_c$——混凝土或面层水泥砂浆的轴心抗压强度设计值，砂浆的轴心抗压强度设计值可取为同强度等级混凝土的轴心抗压强度设计值的 70%，当砂浆为 M15 时，取 5.2MPa；当砂浆为 M10 时，取 3.5MPa；当砂浆为 M7.5 时，取 2.6MPa；

$A_c$——混凝土或砂浆面层的截面面积；

$\eta_s$——受压钢筋的强度系数，当为混凝土面层时，可取 1.0；当为砂浆面层时可取 0.9；

$f'_y$——钢筋的抗压强度设计值；

$A'_s$——受压钢筋的截面面积。

3. 偏心受压构件(图 2-5)

(1) 组合砖砌体偏心受压构件的承载力应按下列公式计算：

$$N \leqslant fA' + f_c A'_c + \eta_s f'_y A'_s - \sigma_s A_s \tag{2-9}$$

$$N_{eN} \leqslant fS_s + f_c S_{c,s} + \eta_s f'_y A'_s (h_0 - a'_s) \tag{2-10}$$

此时受压区的高度 $x$ 可按下列公式确定：

$$fS_N + f_c S_{c,N} + \eta_s f'_y A'_s e'_N - \sigma_s A_s e_N = 0 \tag{2-11}$$

$$e_N = e + e_a + (h/2 - a_s) \tag{2-12}$$

$$e'_N = e + e_a - (h/2 - a'_s) \tag{2-13}$$

$$e_a = \frac{\beta^2 h}{2200}(1 - 0.022\beta) \tag{2-14}$$

式中 $\sigma_s$——钢筋 $A_s$ 的应力；

$A_s$——距轴向力 $N$ 较远侧钢筋的截面面积；

$A'$——砖砌体受压部分的面积；

$A'_c$——混凝土或砂浆面层受压部分的面积；

$S_s$——砖砌体受压部分的面积对钢筋 $A_s$ 重心的面积矩；

$S_{c,s}$——混凝土或砂浆面层受压部分的面积对钢筋 $A_s$ 重心的面积矩；

$S_N$——砖砌体受压部分的面积对轴向力 $N$ 作用点的面积矩；

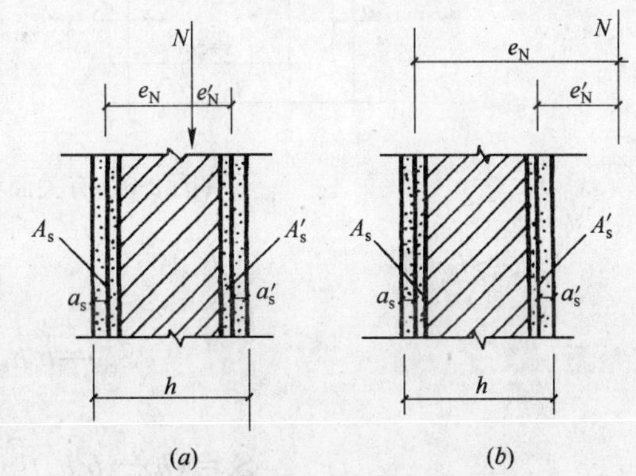


图 2-5 组合砖砌体偏心受压构件
(a)小偏心受压；(b)大偏心受压

$S_{c,N}$——混凝土或砂浆面层受压部分的面积对轴向力 $N$ 作用点的面积矩；

$e_N$，$e'_N$——分别为钢筋 $A_s$ 和 $A'_s$ 重心至轴向力 $N$ 作用点的距离；

$e$——轴向力的初始偏心距，按荷载设计值计算；当 $e$ 小于 $0.05h$ 时，应取 $e$ 等于 $0.05h$；

$e_a$——组合砖砌体构件在轴向力作用下的附加偏心矩；

$h_0$——组合砖砌体构件截面的有效高度，取 $h_0=h-a_s$；

$a_s$，$a'_s$——分别为钢筋 $A_s$ 和 $A'_s$ 重心至截面较近边的距离；

$\beta$——组合砖砌体构件高厚比，对于T形截面仍按矩形截面计算。

(2) 组合砖砌体钢筋 $A_s$ 的应力(单位为MPa，正值为拉应力，负值为压应力)应按下列规定计算：

小偏心受压时，即 $\xi>\xi_b$

$$\sigma_s=650-800\xi \tag{2-15}$$

$$-f'_y\leqslant\sigma_s\leqslant f_y$$

大偏心受压时，即 $\xi\leqslant\xi_b$

$$\sigma_s=f_y \tag{2-16}$$

$$\xi=x/h_0 \tag{2-17}$$

式中 $\xi$——组合砖砌体构件截面的相对受压区高度；

$f_y$——钢筋的抗拉强度设计值。

(3) 组合砖砌体构件受压区相对高度的界限值 $\xi_b$，对于HPB235级钢筋，应取0.55；对于HRB335级钢筋，应取0.425。

(4) 有关面积矩的计算(图2-6)

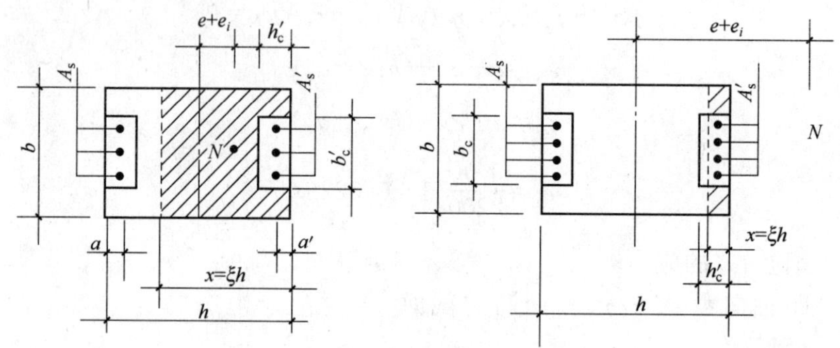


图2-6 有关面积和面积矩计算简图

当 $x>h_c$ 时

$$S_{c,s}=b_ch_c\left(h-a'_s-\frac{h_c}{2}\right) \tag{2-18}$$

$$S_s=(bx-b_ch_c)\left[h-a'_s-\frac{bx^2-b_ch_c^2}{2(bx-b_ch_c)}\right] \tag{2-19}$$

$$S_{c,N}=b_ch_c\left[e+e_i-\left(\frac{h}{2}-\frac{h_c}{2}\right)\right] \tag{2-20}$$

$$S_N=(bx-b_ch_c)\left\{(e+e_i)-\left[\frac{h}{2}-\frac{bx^2-b_ch_c^2}{2(bx-b_ch_c)}\right]\right\} \tag{2-21}$$

当 $x\leqslant h_c$ 时

$$S_{c,s}=b_cx\left(h-a'_s-\frac{x}{2}\right) \tag{2-22}$$

$$S_s=(b-b_c)x\left(h-a'_s-\frac{x}{2}\right) \tag{2-23}$$

$$S_{c,N}=b_c x\left(e+e_i-\frac{h}{2}+\frac{x}{2}\right) \tag{2-24}$$

$$S_N=(b-b_c)x\left(e+e_i-\frac{h}{2}+\frac{x}{2}\right) \tag{2-25}$$

(5) 采用混凝土面层对称配筋时组合砖砌体受压构件承载力计算

1) 大小偏心的判别

$$x=[N-b'_c h'_c(f_c-f)]/(fb) \tag{2-26}$$

当 $x<\xi_b h_0$ 时，为大偏心受压；

当 $x\geqslant\xi_b h_0$ 时，为小偏心受压。

2) 大偏心受压构件

当 $x<h'_c$ 时，重新计算 $x$；

$$x=N/[f(b-b'_c)+f_c b'_c] \tag{2-27}$$

当 $x\geqslant h'_c$ 时，$x$ 按式(2-10)采用；

$$A_s=A'_s=\frac{Ne_N-fS_s-f_c S_{c,s}}{f'_y(h_0-a')} \tag{2-28}$$

3) 小偏心受压构件

首先假定 $x$ 的位置，即 $x<h-h_c$ 或 $x>h-h_c$，由下列公式解联立方程求得 $x$ 和 $A_s=A'_s$：

$$N=fA'+f_c A'_c+A_s(f'_y-\sigma_s) \tag{2-29}$$

$$Ne_N=fS_s+f_c S_{c,s}+f'_y A'_s(h_0-a') \tag{2-30}$$

(6) 非对称配筋时的计算

非对称配筋时，有三个未知量 $x$、$A_s$ 和 $A'_s$，虽然组合砖砌体偏心受压构件有三个计算公式：式(2-9)、式(2-10)、式(2-11)，但其中仅有两个是独立的，因此 $x$、$A_s$ 和 $A'_s$ 有无数组解。为了充分发挥钢筋和砌体的强度，可取 $x=\xi_b h_0$，按以下公式求 $A_s$ 和 $A'_s$：

$$N\leqslant fA'+f_c A'_c+\eta_s f'_y A'_s-\sigma_s A_s \tag{2-31}$$

$$Ne_N\leqslant fS_s+f_c S_{c,s}+\eta_s f'_y A'_s(h_0-a') \tag{2-32}$$

若 $A_s<0$ 或 $A_s<0.1\%bh$，可按构造配筋，取 $A=0.1\%bh$，此时按 $A_s$ 为已知，重新计算 $x$ 和 $A'_s$。

(7) 组合砖砌体受压构件可按图 2-7 所示框图进行计算。

## 二、组合砖砌体受压构件构造要求

组合砖砌体受压构件应符合下述构造要求：

(1) 面层混凝土强度等级宜采用 C20。面层水泥砂浆不宜低于 M10。砌筑砂浆不宜低于 M7.5。

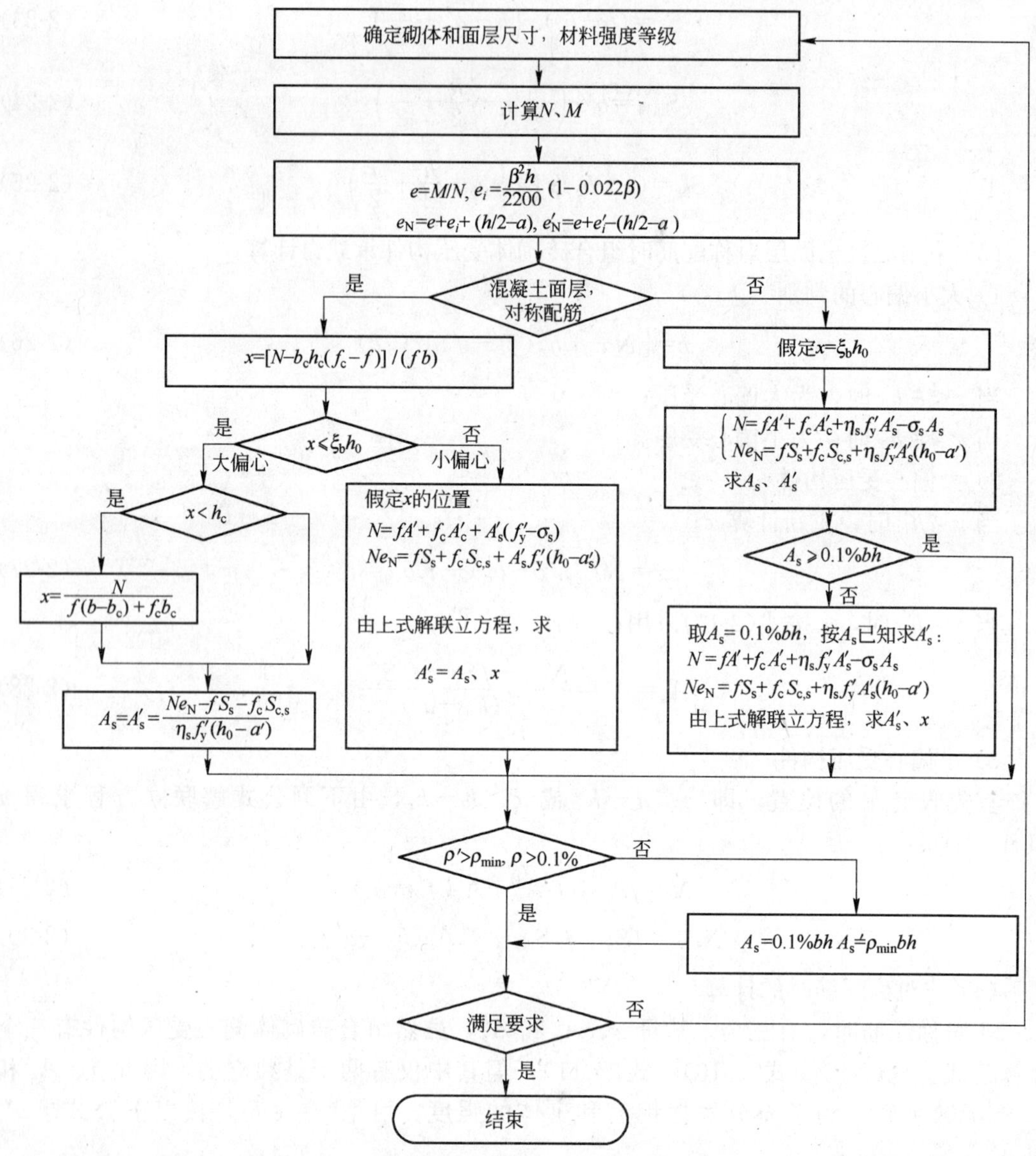


图 2-7 组合砖砌体受压构件计算框图

（2）受力筋保护层厚度，不应小于表 2-2 中的规定。受力钢筋距砖砌体表面的距离，也不应小于 5mm。

**保 护 层 厚 度**(mm) **表 2-2**

| 构件类别 | 环境条件 | |
|---|---|---|
| | 室内正常环境 | 露天或室内潮湿环境 |
| 墙 | 15 | 25 |
| 柱 | 25 | 35 |

注：当面层为水泥砂浆时，对于柱，保护层厚度可减少 5mm。

(3) 采用砂浆面层的组合砖砌体，砂浆面层的厚度可采用 30～45mm；当面层厚度大于 45mm 时，宜采用混凝土。

(4) 竖向受力钢筋宜采用 HPB235 级钢筋，对于混凝土面层，亦可采用 HRB335 级钢筋。受压钢筋的配筋率，一侧不宜小于 0.1%(砂浆面层)或 0.2%(混凝土面层)。受拉钢筋配筋率，不应小于 0.1%。竖向受力钢筋直径不应小于 8mm，钢筋的净间距不应小于 30mm。

(5) 箍筋的直径不宜小于 4mm 及 0.2 倍的受压钢筋直径，也不宜大于 6mm。箍筋间距不应大于 20 倍受压钢筋的直径及 500mm，也不应小于 120mm。

(6) 当组合砖砌体构件一侧的受力钢筋多于 4 根时，应设置附加箍筋或拉结钢筋。对截面长短边相差较大的构件(如墙体等)，应采用穿通墙体的拉结钢筋作为箍筋，同时设置水平分布钢筋。水平分布钢筋的竖向间距及拉结钢筋的水平间距均不应大于 500mm(图 2-8)。

(7) 组合砖砌体构件的顶部及底部，以及牛腿部位，必须设置钢筋混凝土垫块。竖向受力筋伸入垫块的长度，必须满足锚固要求，即不应小于 30 倍钢筋直径。

(8) 组合砌体可采用毛石基础或砖基础。在组合砌体与毛石(砖)基础之间需做一现浇钢筋混凝土垫块(图 2-9)，垫块大小根据 A—A 截面的承载力验算确定；垫块厚度及垫块内配筋数量，根据垫块底面反力及垫块挑出组合砌体长度 $a$ 按受弯计算确定。垫块厚一般为 200～400mm，纵向钢筋伸入垫块的锚固长度不应小于 $30d$($d$ 为纵筋直径)。

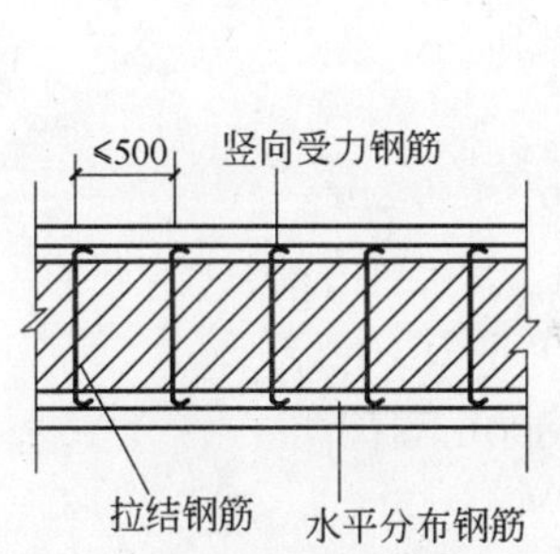

图 2-8　组合砖砌体墙的配筋示意图

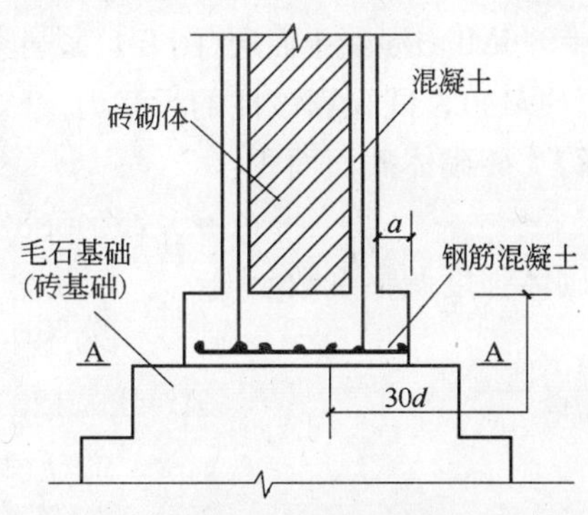

图 2-9　柱底构造图

(9) 纵向钢筋的搭接长度、搭接处的箍筋间距等，应符合现行《混凝土结构设计规范》的要求。

(10) 采用组合砖柱时，一般砖墙与柱应同时砌筑，所以外墙可考虑兼作柱间支撑。在排架分析中，排架柱按矩形截面计算。柱内一般采用对称配筋，箍筋一般采用二肢箍或四肢箍。砖墙基础一般为自承重条形基础，根据地基情况，可在基础顶及墙内适当位置设置钢筋混凝土圈梁。

(11) 组合砖柱的施工方法

在基础顶面的钢筋混凝土达到一定强度后，方可在垫块上砌筑砖砌体，并把箍筋同时砌入砖砌体内，当砖砌体砌至 1.2m 高左右，随即绑扎钢筋，浇筑混凝土并捣实。在第一层混凝土浇捣完毕后，再按上述步骤砌筑第二层砌体至 1.2m 高，再绑扎钢筋，浇捣混凝土。依此循环，直至需要的高度。此外，也可将砖砌体一次砌至需要的高度，然后绑扎钢筋，分段浇灌混凝土。柱的外侧采用活动升降模板，模板用四个螺栓固定(图 2-10)。

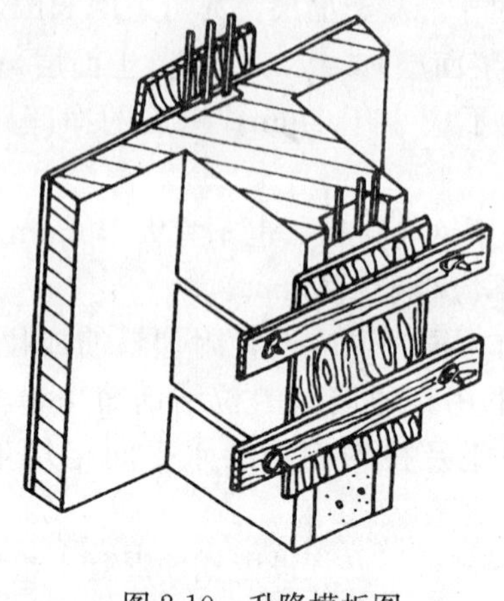
图 2-10　升降模板图

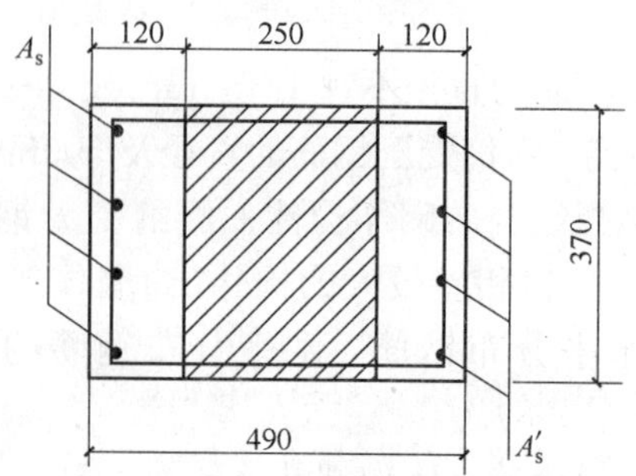

图 2-11　组合砖柱截面

## 三、设计实例

**【实例 2-3】**　截面尺寸为 370mm×490mm 的组合砖柱，柱的计算高度 $H_0=5.7$m，承受的轴向压力设计值 $N=850$kN，采用 MU10 烧结普通砖及 M7.5 混合砂浆砌筑，采用 C20($f_c=9.6$MPa)混凝土面层(图 2-11)，钢筋采用 HPB235($f_y=f'_y=210$MPa)，$A_s=A'_s=615\text{mm}^2$(4$\phi$14)，试验算该柱的承载力。

**【解】**　砖砌体截面面积

$$A=0.25\times0.37=0.0925\text{m}^2<0.2\text{m}^2$$

需考虑砌体强度调整系数 $\gamma_a$

$$\gamma_a=0.8+0.0925=0.892$$

$$A_c=2\times120\times370=88800\text{mm}^2$$

$$f=1.69\text{MPa}$$

$$\beta=\frac{H_0}{h}=\frac{5.7}{0.37}=15.4$$

$$\rho=\frac{A_s}{bh}=\frac{615}{370\times490}=0.339\%$$

$$\beta=15.4,\ \rho=0.339\%$$

$$\varphi_{com}=0.78$$

$$\varphi_{com}(fA+f_cA_c+\eta_s f'_y A'_s)$$
$$=0.78\times(1.69\times0.892\times92500+9.6\times88800+210\times615)\times10^{-3}$$
$$=874.4\text{kN}>850\text{kN}$$

组合砖柱承载力满足要求。

**【实例 2-4】**　有一无吊车房屋的柱，截面为 490mm×740mm 的组合砖砌体(图 2-12)，柱高为 7.4m，此房屋系刚性方案，承受设计轴向力 $N=700$kN，与之相应的偏心距 $e=50$mm。采用 MU10 砖，M7.5 混合砂浆，C20 混凝土，HRB335 级钢筋，求 $A_s$ 及 $A'_s$。

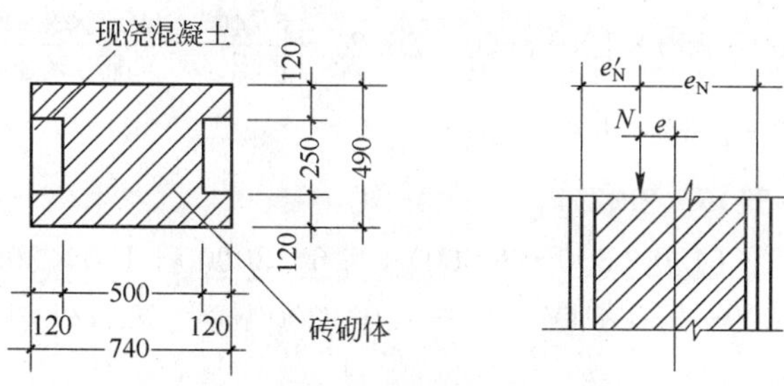


图 2-12　组合柱截面

**【解】** 强度指标：

砌体抗压强度设计值　　$f=1.69\text{MPa}$

混凝土抗压强度设计值　　$f_c=9.6\text{MPa}$

钢筋抗拉强度设计值　　$f_y=300\text{MPa}$

砌体面积　　$A=0.74\times0.49-0.25\times0.24=0.303\text{m}^2>0.2\text{m}^2$

不需对砌体强度进行修正。

计算高度　　$H_0=1.0H=1.0\times7.4=7.4\text{m}$

高厚比　　$\beta=\dfrac{H_0}{h}=\dfrac{7.4}{0.74}=10$

轴向力作用下的附加偏心距

$$e_i=\frac{\beta^2 h}{2200}(1-0.022\beta)=\frac{10^2\times740}{2200}(1-0.022\times10)=26.2\text{mm}$$

对混凝土面层　　$\eta_s=1.0$

根据构造要求，取钢筋保护层厚度 35mm

偏心距　　$e=50\text{mm}>0.05h=37\text{mm}$

$$e_N=e+e_i+\left(\frac{h}{2}-a_s\right)=50+26.2+\left(\frac{740}{2}-35\right)=411.2\text{mm}$$

$$e'_N=e+e_i-\left(\frac{h}{2}-a'_s\right)=50+26.2-\left(\frac{740}{2}-35\right)=-258.8\text{mm}$$

在本题中，有三个未知量，即 $x$、$A_s$ 及 $A'_s$，而用来计算的平衡方程只有两个。为了充分发挥钢筋以及砌体强度，采用 HRB335 级钢筋时，取 $x=0.425h_0=0.425\times(740-35)=300\text{mm}$。

混凝土及砌体受压面积分别为：

$$A'_c=b_c h_c=250\times120=30000\text{mm}^2$$

$$A'=bx-A'_c=490\times300-30000=117000\text{mm}^2$$

混凝土面层和砖砌体受压部分面积对轴向力 $N$ 作用点的面积矩为

$$S_{c,N}=b_c h_c\left[e+e_i-\left(\frac{h}{2}-\frac{h_c}{2}\right)\right]$$

$$=250\times120\left[50+26.2-\left(\frac{740}{2}-\frac{120}{2}\right)\right]=-7014000\text{mm}^3$$

$$S_N=(bx-b_c h_c)\left\{(e+e_i)-\left[\frac{h}{2}-\frac{bx^2-b_c h_c^2}{2(bx-b_c h_c)}\right]\right\}$$

$$=(490\times300-250\times120)\left\{(50+26.2)-\left[\frac{740}{2}-\frac{490\times300^2-250\times120^2}{2(490\times300-120\times250)}\right]\right\}$$

$$=-14124600\text{mm}^3$$

将以上数据代入式(2-31)、(2-32)得

$$\begin{cases}7.0\times10^5=1.69\times(490\times300-30000)+9.6\times30000+1.0\times300A_s'-300A_s\\-1.69\times14124600-9.6\times7014000-1.0\times300A_s'\times258.8-300A_s\times411.2=0\end{cases}$$

简化以上两式得

$$\begin{cases}A_s'-A_s=55\\A_s'+1.589A_s=-1340\end{cases}$$

由此方程可解得 $A_s<0$

根据构造要求，选 $A_s$，2Φ16（$A_s=402\text{mm}^2>0.1\%\quad bh=362\text{mm}^2$）

再按 $A_s$ 已知求 $A_s'$。首先假定构件系小偏心受压情况，即 $\xi>\xi_b$，这时

$$\sigma_s=650-800\xi=650-800\times\frac{x}{740-35}=650-1.135x$$

$$S_{c,N}=250\times120\times\left(50+26.2-\frac{740}{2}+\frac{120}{2}\right)=-7014000\text{mm}^2$$

$$S_N=(490x-250\times120)\left\{(50+26.2)-\frac{740}{2}+\frac{490x^2-250\times120^2}{2(490x-120\times250)}\right\}$$

$$=-143962x+8814000+245x^2-1800000$$

$$=245x^2-143962x+7014000$$

$$7.0\times10^5=1.69\times(490x-30000)+9.6\times30000+1.0\times300A_s'-(650-1.135x)\times402$$

$$1.69\times(245x^2-143962x+7014000)+9.6\times(-7014000)-1.0\times300\times A_s'\times258.5-(650-1.135x)\times402\times411.2=0$$

整理得

$$\begin{cases}A_s'+4.28x=1209\\x^2-134x-393496-187A_s'=0\end{cases}$$

解之，$x_1=521\text{mm}>\xi_bh_0=0.425\times(740-35)=300\text{mm}$，为小偏压

$x_2=-1187\text{mm}$（舍去）

$$A_s'=-1023\text{mm}^2$$

按构造要求，选 4Φ16（$A_s'=804\text{mm}^2>0.2\%\quad bh=724\text{mm}^2$）

**【实例 2-5】** 有一两跨无吊车房屋，边柱截面为 620mm×990mm 的组合砖柱（图 2-13），柱高为 8.0m。此房屋系弹性方案，承受设计轴向力 $N=331\text{kN}$，沿长边方向偏心作用，该轴力的偏心距为 665mm。采用 MU10 砖及 M7.5 混合砂浆砌筑，采用 C20 混凝土，采用 HRB335 级钢筋，求 $A_s$。

**【解】** 强度指标

砌体抗压强度设计值　　　　$f=1.69\text{MPa}$

混凝土抗压强度设计值　　　$f_c=9.6\text{MPa}$

HRB335 钢筋抗拉强度设计值　$f_y=300\text{MPa}$

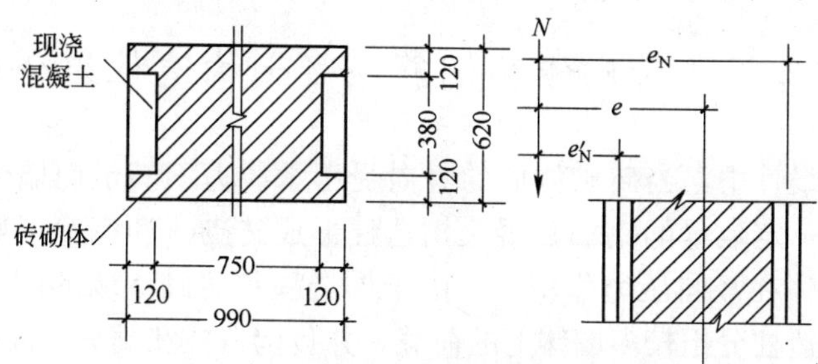


图 2-13　组合柱截面

计算高度　　$H_0=1.25H=1.25\times8=10\text{m}$

高厚比　　$\beta=\dfrac{H_0}{h}=\dfrac{10}{0.9}=10.1$

轴向力作用下的附加偏心距

$$e_i=\frac{\beta^2 h}{2200}(1-0.022\beta)=\frac{10.1^2\times990}{2200}(1-0.022\times10.1)=36\text{mm}$$

对混凝土面层，受压钢筋强度系数　$\eta_s=1.0$

根据构造要求，取钢筋保护层厚度 35mm

偏心距　　$e=665\text{mm}$

$$e_N=e+e_i+\left(\frac{h}{2}-a_s\right)=665+36+\left(\frac{990}{2}-35\right)=1161\text{mm}$$

$$e'_N=e+e_i-\left(\frac{h}{2}-a'_s\right)=665+36-\left(\frac{990}{2}-35\right)=241\text{mm}$$

由于采用对称配筋，令 $A_s=A'_s$，并假定为大偏压(即 $\sigma_s=f_y$)，得：

$$\begin{cases}N=fA'+f_cA'_c\\ fS_N+f_cS_{c,N}+f_yA_s(e'_N-e_N)=0\end{cases}\qquad(1)$$

假设截面受压区高度 $x\leqslant h_c$，则混凝土及砌体受压面积分别为：

$$A'_c=b_cx=380x$$

$$A'=bx-A'_c=620x-380x=240x$$

将 $A'_c$、$A'$ 代入以上方程式(1)，得 $331000=1.69\times240x+9.6\times380x$

解之，得

$$x=81.66\text{mm}<h_c=120\text{mm}$$

$$<0.55h_0=525\text{mm}(\text{大偏压})$$

$$S_{c,N}=b_cx\left(e+e_i-\frac{h}{2}+\frac{x}{2}\right)=380\times81.66\left(665+36-\frac{990}{2}+\frac{81.66}{2}\right)=9210872\text{mm}^3$$

$$S_N=(b-b_c)x\left(e+e_i-\frac{h}{2}+\frac{x}{2}\right)=(620-380)\times81.66\times\left(665+36-\frac{990}{2}+\frac{81.66}{2}\right)$$

$$=5817393\text{mm}^3$$

$$1.69\times5817393+9.6\times9210872+300A_s\times(241-1161)=0$$

解之，得　　$A_s=356\text{mm}^2$

根据构造要求，受压区一侧配筋不应小于 $0.2\%bh=0.002\times620\times990=1227\text{mm}^2$

故，选 $A_s$ 及 $A'_s$ 为 4Φ20($A_s=1250\text{mm}^2$)

## 第三节 砖砌体和钢筋混凝土构造柱组合墙

砖混结构墙体设计中，当砖砌体墙的竖向受压承载力不满足而墙体厚度又受到限制时，在墙体中设置一定数量的钢筋混凝土构造柱形成砖砌体和钢筋混凝土构造柱组合墙(图 2-14)。这种墙体在竖向压力作用下，由于构造柱和砖砌体墙的刚度不同，以及内力重分布的结果，构造柱分担较多墙体上的荷载，并且构造柱和圈梁形成的“构造框架”约束了砖砌体的横向和纵向变形。不但使墙的开裂荷载和极限承载力提高，而且加强了墙体的整体性，提高了墙体的延性，增强了墙体抵抗侧向地震作用的能力。

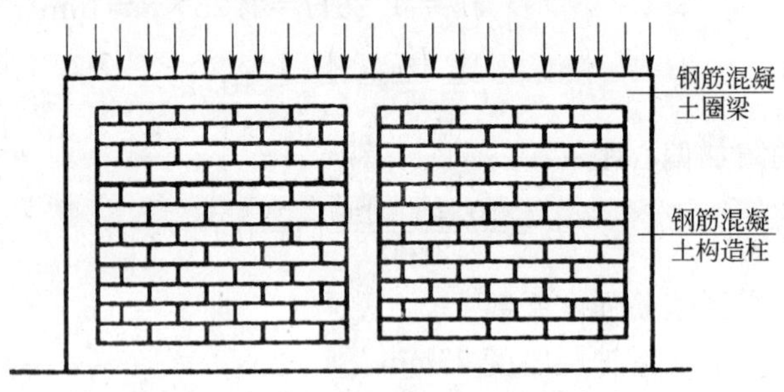


图 2-14 钢筋混凝土构造柱组合墙

### 一、组合墙轴心受压承载力计算

组合墙的轴心受压承载力应按下列公式计算(图 2-15)

$$N \leqslant \varphi_{com}[fA_n + \eta(f_c A_c + f'_y A'_s)] \tag{2-33}$$

$$\eta = \left[\frac{1}{\left(\frac{l}{b_c} - 3\right)}\right]^{\frac{1}{4}} \tag{2-34}$$

式中 $\varphi_{com}$——组合墙的稳定系数；

$\eta$——强度系数，当 $l/b_c$ 小于 4 时取 $l/b_c$ 等于 4；

$l$——沿墙长方向构造柱的间距；

$b_c$——沿墙长方向构造柱的宽度；

$A_n$——砖砌体的净截面面积(即扣除门窗洞口及构造柱面积后的净面积)；

$A_c$——构造柱的截面面积。

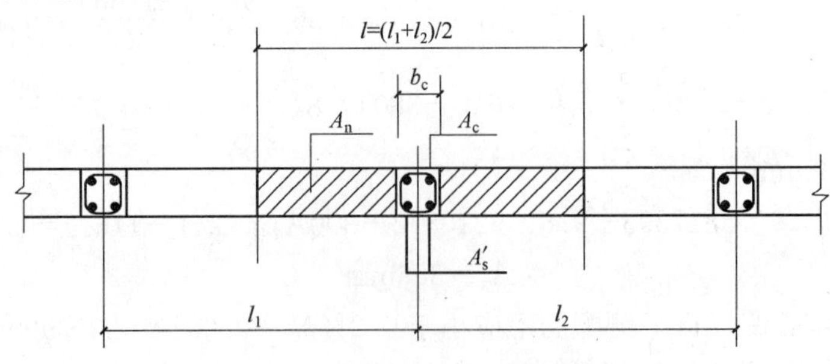


图 2-15 砖砌体和构造柱组合墙截面

## 二、组合墙的构造要求

组合墙的构造要求如下：

（1）砂浆的强度等级不应低于 M5，构造柱的混凝土强度等级不宜低于 C20。

（2）柱内竖向受力钢筋的混凝土保护层厚度，应符合表 2-3 的规定。

（3）构造柱的截面尺寸不宜小于 240mm×240mm，其厚度不应小于墙厚，边柱、角柱的截面宽度宜适当加大。柱内竖向受力钢筋，对于中柱，不宜少于 4$\phi$12；对于边柱、角柱，不宜少于 4$\phi$14。构造柱的竖向受力钢筋的直径也不宜大于 16mm。其箍筋，一般部位宜采用 $\phi$6、间距 200mm，楼层上下 500mm 范围内宜采用 $\phi$6、间距 100mm。构造柱的竖向受力钢筋应在基础梁和楼层圈梁中锚固，并应符合受拉钢筋的锚固要求。

（4）组合砖墙砌体结构房屋，应在纵横墙交接处、墙端部和较大洞口的洞边设置构造柱，其间距不宜大于 4m。各层洞口宜设置在相应位置，并宜上下对齐。

（5）组合砖墙砌体结构房屋应在基础顶面、有组合墙的楼层处设置现浇钢筋混凝土圈梁。圈梁的截面高度不宜小于 240mm。纵向钢筋不宜小于 4$\phi$12，纵向钢筋应伸入构造柱内，并应符合受拉钢筋的锚固要求；圈梁的箍筋宜采用 $\phi$6、间距 200mm。

（6）砖砌体与构造柱的连接处应砌成马牙槎，并应沿墙高每隔 500mm 设 2$\phi$6 拉结钢筋，且每边伸入墙内不宜小于 600mm。

（7）组合砖墙的施工程序应为先砌墙后浇混凝土构造柱。

**混凝土保护层最小厚度**(mm) **表 2-3**

| 构件类别 \ 环境条件 | 室内正常环境 | 露天或室内潮湿环境 |
|---|---|---|
| 墙 | 15 | 25 |
| 柱 | 25 | 35 |

注：当面层为水泥砂浆时，对于柱，保护层厚度可减小 5mm。

## 三、设计实例

**【实例 2-6】** 6m 开间多层砌体房屋，底层从室内地坪至楼层高度为 5.4m，底层墙体承受轴向力设计值 $N$=680kN，墙体厚度为 240mm，采用砖墙与钢筋混凝土构造柱组合墙结构(图 2-16)。墙体采用 MU10 烧结普通砖、M7.5 混合砂浆，构造柱采用 C20 混凝土，边柱及中柱钢筋均为 4$\phi$14。验算该墙体的受压承载力。

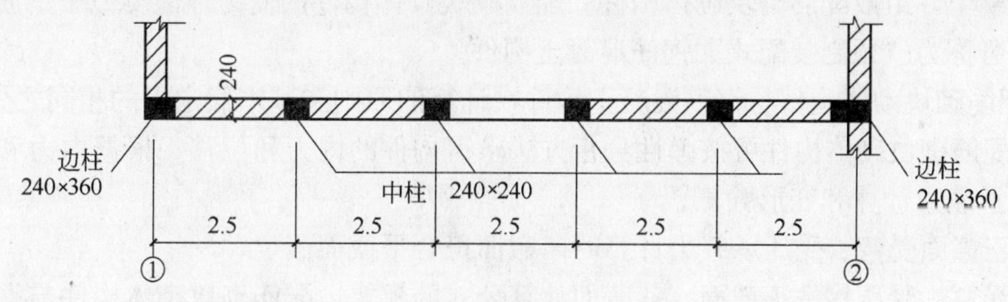


图 2-16 组合墙平面布置图

【解】 强度指标：

砌体抗压强度设计值　$f=1.69\text{MPa}$

混凝土抗压强度设计值　$f_c=9.6\text{MPa}$

钢筋强度设计值　$f_y=300\text{MPa}$　$A_s'=615\text{mm}^2$

1. 高厚比验算

采用 M7.5 混合砂浆 $[\beta]=26$

$$\mu_c=1+\gamma\frac{b_c}{l}=1+1.5\times\frac{240}{2500}=1.144$$

$$[\beta]=1.144\times26=29.744$$

按条件该房屋为刚性方案，组合墙的计算高度 $H_0=1.0H=5.4+0.5=5.9\text{m}$

高厚比　$$\beta=\frac{H_0}{h}=\frac{5.9}{0.24}=24.6<[\beta]=29.744$$

该组合墙高厚比满足要求。

2. 承载力验算

组合墙的配筋率　$$\rho=\frac{A_s'}{bh}=\frac{615}{240\times2500}\times100=0.1\%$$

$$\varphi_{com}=0.538$$

墙体净面积取一个柱距考虑，$A_n=240\times(2500-240)=542400\text{mm}^2$

构造柱面积　$A_c=240\times240=57600\text{mm}^2$

强度系数　$$\eta=\left[\frac{1}{\frac{l}{b_c}-3}\right]^{1/4}=\left[\frac{1}{\frac{2500}{240}-3}\right]^{1/4}=0.606$$

$$\begin{aligned}&\varphi_{com}[fA_n+\eta(f_cA_c+f_y'A_s')]\\&=0.538\times[1.69\times542400+0.606\times(57600\times9.6+300\times615)]\times10^{-3}\\&=733.6\text{kN}>680\text{kN}\end{aligned}$$

该组合墙承载力满足要求。

## 第四节　配筋砌块砌体构件

混凝土小型空心砌块在砌块的孔洞内配置一定数量的竖向钢筋和水平钢筋，并在孔洞中灌注混凝土，组成配筋砌块砌体构件。配筋砌块砌体构件的受力性能类似于钢筋混凝土构件，故可称为“预制装配式”钢筋混凝土构件。

1. 配筋砌块砌体构件与钢筋混凝土构件在计算的原则和基本假定上的相同之处

(1) 配筋砌块砌体构件可按弹性分析方法求得构件的内力和位移，根据内力和位移进行构件的承载力计算和变形验算。

(2) 正截面受弯、受压承载力计算时，截面符合平截面假定。

(3) 受弯、受压构件正截面、斜截面计算公式的模式，配筋砌块砌体构件与钢筋混凝土构件两者基本相同。

2. 配筋砌块砌体构件与钢筋混凝土构件的不同之处

(1) 配筋砌块砌体构件由混凝土小型空心砌块与砂浆砌筑的砌体和混凝土、钢筋三种材料组成，而钢筋混凝土构件由混凝土和钢筋两种材料组成。两者主要差别在构件的受压区，前者考虑砌体受压。

(2) 两种构件具有不同的构造要求。

3. 配筋砌块砌体构件与无筋砌块砌体构件的显著区别

(1) 无筋砌块砌体构件由脆性材料组砌而成，构件破坏呈脆性性质，配有一定数量钢筋的配筋砌块砌体构件，构件破坏呈塑性破坏。

(2) 无筋小砌块墙体用芯柱配置构造钢筋，但在极限荷载作用下，构造钢筋达不到屈服点，对墙体抗侧力增加不大，虽然提高了墙体在抵抗水平作用时的极限水平位移，但没有改变墙体的脆性或剪切破坏的基本特征；而配筋砌块墙体在极限外荷载作用下，钢筋能达到屈服点。因此，在轴力 $N$、弯矩 $M$、剪力 $V$ 作用下，构件承载力计算表达式，无筋小砌块砌体构件与砖砌体相同，而配筋砌块砌体构件则类似于普通钢筋混凝土构件。

必须指出的是：配筋砌块砌体构件受压区有砌块砌体和混凝土。因此，砌体的强度与灌注混凝土的强度应相互匹配，使两种受压的材料应变均匀相同，避免由于砌体和灌注混凝土强度不同、弹性模量不同，导致一种材料在横向出现拉应力，另一种材料在横向出现压应力。这一点设计工作者应给予充分重视。

4. 配筋砌块砌体构件类型

(1) 受弯构件，如配筋砌块砌体梁，见图 2-17。

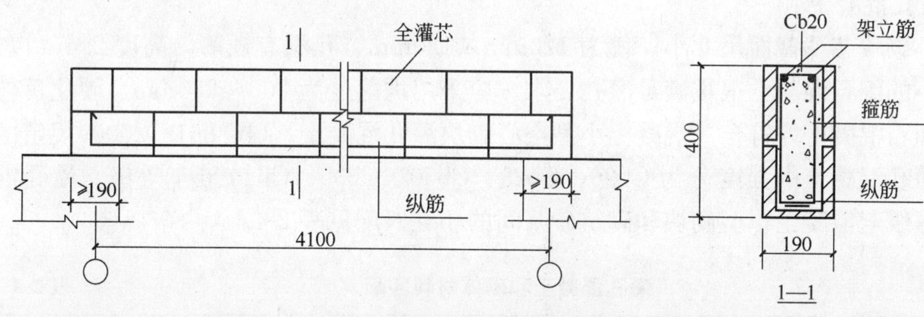


图 2-17 配筋砌块梁

(2) 受压构件，如配筋砌块砌体柱和墙，见图 2-18。

## 一、材料及一般规定

1. 配筋砌块砌体材料

配筋小砌块砌体构件的主要材料有：①小砌块；②砌筑砂浆；③灌孔混凝土；④钢筋。

(1) 混凝土小型空心砌块

配筋砌块砌体构件上使用的普通混凝土小型空心砌块，主规格尺寸为 390mm×190mm×190mm，空心率为 0.42～0.47，砌块强度等级不应低于 MU10，为 MU10、MU15 和 MU20。

(2) 砌筑砂浆

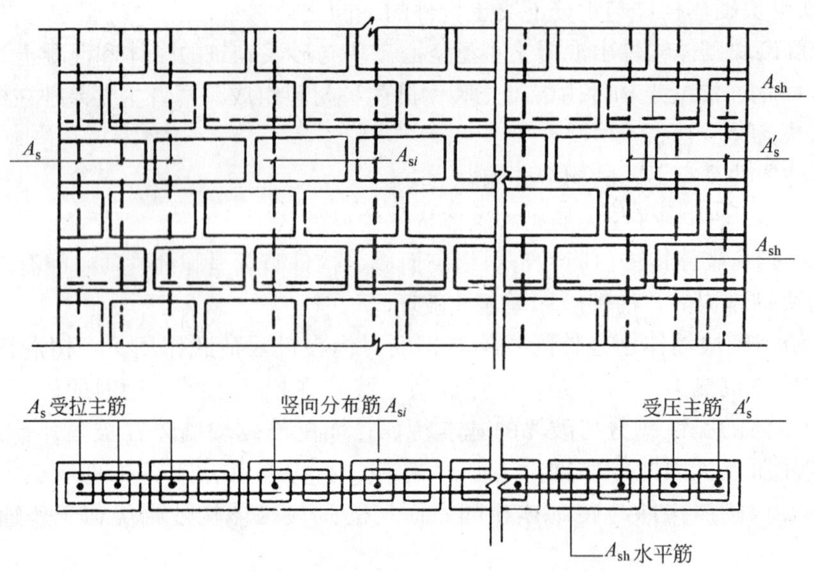


图 2-18　配筋砌块墙

由于混凝土小砌块壁、肋厚度薄(≥30mm)，采用普通砂浆砌筑灰缝不易饱满，砌体抗剪、抗拉强度低。因此，混凝土小型空心砌块应采用砌块专用砂浆砌筑。这种砂浆保水性、黏聚性好，与砌块的粘结性好。专用砂浆的标准为《混凝土小型空心砌块砌筑砂浆》(JC 860—2000)。砂浆的强度等级为 Mb7.5、Mb10、Mb15、Mb20 和 Mb25 等。

(3) 灌孔混凝土

由于小砌块芯孔截面尺寸小，仅为 120mm×120mm，孔洞有插筋，高度 2.4m 以上，用坍落度小的细石混凝土很难满足灌孔要求。应采用坍落度为 200～250mm、硬化后体积微膨胀的细石混凝土，符合《混凝土小型空心砌块灌孔混凝土》(JC 861—2000)规定的技术要求。灌孔混凝土的强度分为 Cb20、Cb25、Cb30、Cb35、Cb40 五个等级。灌孔混凝土的强度等级与混凝土小型砌块和砌筑砂浆间的相互匹配见表 2-4。

**灌孔混凝土和砌体材料匹配**　　**表 2-4**

| 材　料 | 组　配 | | |
|---|---|---|---|
| 混凝土小砌块 | MU10 | MU15 | MU20 |
| 灌孔混凝土 | Cb20 | Cb25～Cb30 | Cb35～Cb40 |
| 砌筑砂浆 | Mb10 | Mb10～Mb15 | ≥Mb15 |

(4) 钢筋

钢筋应采用 HRB400、HRB335、HPB235 等钢号的钢筋。

2. 配筋砌块砌体剪力墙的一般规定

配筋砌块砌体剪力墙结构的内力和位移，可按弹性方法进行计算。应根据结构分析得到的内力，分别按轴心受压、偏心受压或偏心受拉构件进行正截面承载力和斜截面承载力计算，并应根据结构分析所得的位移进行变形验算。

## 二、配筋砌块砌体受弯构件承载力计算

1. 正截面受弯承载力计算(图 2-19)

矩形截面配筋砌块砌体正截面承载力按下列公式进行计算：

$$M \leqslant f_g bx\left(h_0-\frac{x}{2}\right)+f'_y A'_s(h_0-a'_s) \tag{2-35}$$

砌体受压区高度 $x$ 的计算公式为：

$$x=\frac{f_y A_s-f'_y A'_s}{f_g b} \tag{2-36}$$

压区的相对高度应符合：

$$\frac{x}{h_0} \leqslant \xi_b \tag{2-37}$$

$$\xi_b=\frac{0.8}{1+\frac{f_y}{0.003E_s}} \tag{2-38}$$

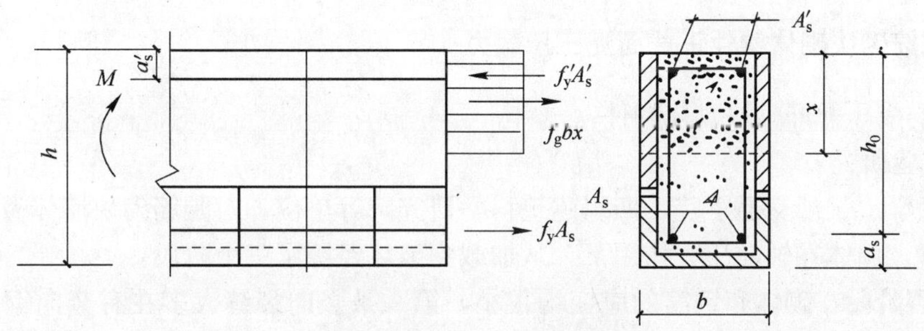


图 2-19 矩形截面受弯构件正截面承载力计算

式中 $M$——弯矩设计值；

$f_g$——灌孔砌体的抗压强度设计值；

$A_s$、$A'_s$——受拉区、受压区纵向钢筋的截面积；

$f_y$、$f'_y$——受拉、受压钢筋的强度设计值；

$h_0$——截面的有效高度；

$a_s$、$a'_s$——纵向受拉、受压纵筋合力点至截面边缘的距离；

$E_s$——钢筋的弹性模量。

当砌体受压区高度 $x<2a'_s$ 时，正截面承载力的计算公式可简化为：

$$M \leqslant f_y A_s(h_0-a'_s) \tag{2-39}$$

当配筋砌块砌体梁的翼缘为现浇混凝土板时，并满足下列条件时：

$$x \leqslant h'_f \tag{2-40}$$

$$f_y A_s \leqslant f_g b'_f h'_f+f'_y A'_s \tag{2-41}$$

式中 $b'_f$——配筋砌块砌体梁的翼缘为现浇混凝土板时受压翼缘的计算宽度，可按《混凝土结构设计规范》的规定采用；

$h'_f$——配筋砌块砌体梁受压翼缘的高度。

该梁的正截面抗弯承载力可取宽度为 $b'_f$ 的矩形截面进行计算。

2. 斜截面受剪承载力计算

矩形、翼缘为混凝土 T 形和倒 L 形配筋砌块砌体，其斜截面受剪承载力可按下式计算：

$$V \leqslant 0.8 f_{vg} b h_0 + f_{yv} \frac{A_{sv}}{s} h_0 \tag{2-42}$$

式中 $V$——构件斜截面上的最大剪力设计值；

$f_{vg}$——灌孔砌体的抗剪验度设计值，$f_{vg}=0.2f_g^{0.55}$；

$b$——矩形截面的宽度，T 形或倒 L 形截面的腹板宽度；

$f_{yv}$——箍筋抗拉强度设计值；

$A_{sv}$——配置在同一截面内箍筋各肢的全部截面面积；

$s$——沿构件长度方向的箍筋间距。

对受力较小的过梁及 $1.5V<0.8f_{vg}bh_0$ 的构件可不配置箍筋。

梁的截面应满足下列要求：

$$V \leqslant 0.25 f_g b h_0 \tag{2-43}$$

## 三、配筋砌块砌体构件正截面受压承载力

1. 轴心受压配筋砌块砌体构件

(1) 试验研究

湖南大学、长沙交通学院、四川建筑科学研究院等单位，对配筋砌块墙体做了很多轴心受压试验，墙体在轴向压力作用下，从加载到破坏经历了三个阶段：

1) 初裂阶段　砌体和钢筋的应变均很小，第一条竖向裂缝大多在有竖向钢筋的附近砌体内出现。墙体的开裂荷载与破坏荷载的比值为 0.4～0.7，随着竖向钢筋配筋率的增加，其比值有所降低，但变化不大。

2) 第二阶段　随着荷载增加，墙体裂缝增多、裂缝长度加长，且大都分布在两竖向钢筋之间的砌体内，形成带条状，由于钢筋的约束，裂缝宽度较小，在水平钢筋处竖向钢筋有转折。

3) 破坏阶段　达极限荷载时墙体竖向裂缝较宽，个别砖被压碎，荷载迅速下降。与无筋砌体相比，配筋砌块砌体裂缝密而细，分布均匀，破坏时砌块被压碎，由于钢筋的约束，墙体仍保持其整体性。

试验表明：配筋砌块砌体与无筋砌块砌体，在砌块强度、砂浆强度基本相同的条件下，砌体轴心抗压强度和弹性模量提高很多。配筋砌块砌体轴心受压破坏时，钢筋与砌体共同工作较好，竖向钢筋达屈服强度。配筋砌块砌体轴心抗压强度起主导作用的是钢筋混凝土芯柱，在芯柱混凝土强度相同时，配筋砌块砌体强度随砂浆强度增加而提高，但增幅不大。

(2) 轴心受压配筋砌体构件承载力计算

轴心受压配筋砌块砌体剪力墙、柱，当配有箍筋或水平分布钢筋时，其正截面受压承载力可按下式计算：

$$N \leqslant \varphi_{0g}(f_g A + 0.8 f'_y A'_s) \tag{2-44}$$

式中 $N$——轴向力设计值；

$f_g$——灌孔砌体抗压强度设计值；

$f'_y$——钢筋的抗压强度设计值；

$A$——构件的毛截面面积；

$A'_s$——全部竖向钢筋的截面面积；

$\varphi_{0g}$——轴心受压构件的稳定系数，按下式计算：

$$\varphi_{0g}=\frac{1}{1+0.001\beta^2} \tag{2-45}$$

式中 $\beta$——构件的高厚比。

当轴心受压配筋砌块砌体剪力墙、柱，无箍筋或水平分布钢筋时，仍可按式(2-44)计算正截面受压承载力，但式中 $f'_yA'_s=0$。

配筋砌块砌体构件的计算高度 $H_0$ 可取层高。

2. 偏心受压配筋砌块砌体构件

(1) 试验研究

根据同济大学、哈尔滨建筑大学、湖南大学、广西建筑科学研究院等单位的试验研究结果：

1) 当高宽比较大时，试件呈延性弯曲破坏，类似于钢筋混凝土剪力墙大偏心受压情况。随着荷载增加，试件在底部几皮出现水平裂缝，由外向内扩展，表现出明显的受弯形态。临近破坏时构件下部几皮出现断断续续的弯剪裂缝，但不会引起弯剪破坏。破坏主裂缝出现在试件最底部的水平灰缝，破坏时，水平裂缝已贯通，且试件产生一定的滑移。压区混凝土酥裂脱落时，柱芯混凝土内部已产生竖向裂缝，说明此时不论是砌体本身还是压区混凝土都已达到极限压应变而破坏。达到极限荷载时，可以认为在 $h_0-1.5x$ 范围内的分布钢筋全部受拉屈服。

2) 当高宽比较小时，试件呈弯剪破坏。加荷时，首先在试件底部产生水平裂缝，随着荷载的增加水平裂缝不断伸展和扩张，在主筋受拉屈服前后，陆续产生了弯剪裂缝，临近破坏时，弯剪裂缝已断断续续的连通起来。破坏时，压区混凝土被压碎，同时墙片上出现弯剪主裂缝。由于构件最先产生水平弯曲裂缝，所以初裂缝荷载的计算与弯曲破坏构件的相同。达到极限荷载时，可以认为在 $h_0-1.5x$ 范围内的分布钢筋全部受拉屈服。

3) 砌块剪力墙经灌芯并配筋后，其受力性能和破坏形态与钢筋混凝土剪力墙的接近。

(2) 基本假定

配筋砌块砌体构件正截面的力学性能与钢筋混凝土构件的性能非常相近，特别在正截面承载力的设计中，配筋砌体采用了与钢筋混凝土完全相同的基本假定和计算模式：

1) 截面应变保持平面；

2) 竖向钢筋与其毗邻的砌体、灌孔混凝土的应变相同；

3) 不考虑砌体、灌孔混凝土的抗拉强度；

4) 根据材料选择砌体、灌孔混凝土的极限压应变，且不应大于 0.003；

5) 根据材料选择钢筋的极限拉应变，且不应大于 0.01。

(3) 矩形截面偏心受压剪力墙

1）大偏心受压

矩形截面大偏心受压配筋砌块砌体剪力墙正截面承载力，可按下式计算［图 2-20（$a$）］：

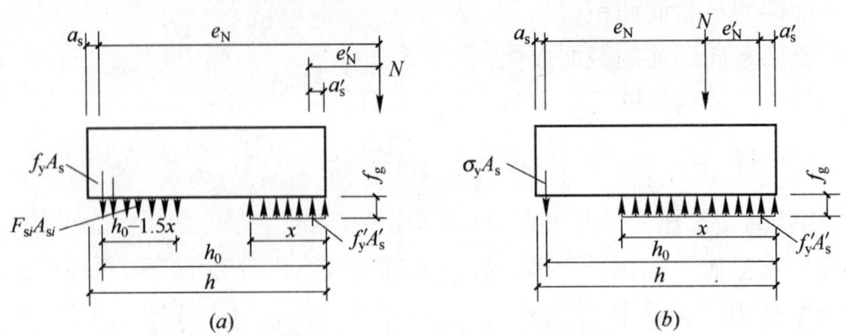

图 2-20　矩形截面偏心受压正截面承载力计算简图

（$a$）大偏心受压；（$b$）小偏心受压

$$N \leqslant f_g bx + f'_y A'_s - f_y A_s - \Sigma f_{si} S_{si} \tag{2-46}$$

$$Ne_N \leqslant f_g bx(h_0 - x/2) + f'_y A'_s (h_0 - a'_s) - \Sigma f_{si} S_{si} \tag{2-47}$$

式中　$N$——轴向力设计值；

$f_g$——灌孔砌体的抗压强度设计值；

$f_y$、$f'_y$——竖向受拉、受压主筋的强度设计值；

$b$——截面宽度；

$f_{si}$——竖向分布钢筋的抗拉强度设计值；

$A_s$、$A'_s$——竖向受拉、受压主筋的截面面积；

$A_{si}$——单根竖向分布钢筋的截面面积；

$S_{si}$——第 $i$ 根竖向分布钢筋对竖向受拉主筋的面积矩；

$e_N$——轴向力作用点到竖向受拉主筋合力点之间的距离，按式(2-12)计算。

当受压区高度 $x < 2a'_s$ 时，其正截面承载力可按下式计算：

$$Ne'_N \leqslant f_y A_s (h_0 - a'_s) \tag{2-48}$$

式中　$e'_N$——轴向力作用点至竖向受压主筋合力点之间的距离，按式(2-13)计算。

2）小偏心受压

矩形截面小偏心受压配筋砌块砌体剪力墙正截面承载力，可按下式计算［图 2-20（$b$）］：

$$N \leqslant f_g bx + f'_y A'_s - \sigma_s A_s \tag{2-49}$$

$$Ne_N \leqslant f_g bx(h_0 - x/2) + f'_y A'_s (h_0 - a'_s) \tag{2-50}$$

$$\sigma_s = \frac{f_y}{\xi_b - 0.8}\left(\frac{x}{h_0} - 0.8\right) \tag{2-51}$$

式中　$\xi_b$——界限相对受压区高度，对 HPB235 级钢筋取 $\xi_b = 0.60$，对 HRB335 级钢筋 $\xi_b = 0.53$；

$x$——截面受压区高度；

$h_0$——截面有效高度。

当受压区竖向受压主筋无箍筋或水平钢筋约束时，可不考虑竖向受压主筋的作用，取 $f_y A'_s=0$。

对于矩形截面对称配筋砌块砌体剪力墙，在小偏心受压时，也可近似按下式计算钢筋截面面积：

$$A_s=A'_s=\frac{Ne_N-\xi(1-0.5\xi)f_g b h_0^2}{f'_y(h_0-a')} \tag{2-52}$$

式中 $\xi$——相对受压区高度，可按下式计算：

$$\xi=\frac{x}{h_0}=\frac{N-\xi_b f_g b h_0}{\dfrac{Ne_N-0.43f_g b h_0^2}{(0.8-\xi_b)(h_0-a'_s)}+f_g b h_0}+\xi_b \tag{2-53}$$

上述小偏心受压计算中未考虑竖向分布筋的作用。

3）大小偏心受压的界限

当 $x\leqslant\xi_b h_0$ 时，为大偏心受压。

当 $x>\xi_b h_0$ 时，为小偏心受压。

当剪力墙采用对称配筋，取 $f_y A_s=f'_y A'_s$，设计时先确定竖向分布钢筋，配筋率为 $\rho_w$，式(2-46)中的 $\Sigma f_{yi}A_{si}=f_{yw}\rho_w(h_0-1.5x)b$，即：

$$x=\frac{N+f_{yw}\rho_w b h_0}{(f_g+1.5f_{yw}\rho_w)b} \tag{2-54}$$

式中 $f_{yw}$——竖向分布钢筋的抗拉强度设计值；

$\rho_w$——竖向分布钢筋的配筋率。

(4) T形、倒L形截面偏心受压构件

T形、倒L形截面偏心受压构件，当翼缘和腹板的相交处采用错缝搭接砌筑和同时设置中距不大于1.2m的钢筋带（截面高度≥60mm，钢筋不少于2$\phi$12时），可考虑翼缘的共同工作，翼缘的计算宽度按表2-5中的最小值采用。

**T形、倒L形截面偏心受压构件翼缘计算宽度 $b'_f$**　　　　**表 2-5**

| 考 虑 情 况 | T 形 截 面 | 倒L形截面 |
|---|---|---|
| 按构件计算高度 $H_0$ 考虑 | $H_0/3$ | $H_0/6$ |
| 按腹板间距 $L$ 考虑 | $L$ | $L/2$ |
| 按翼缘厚度 $h'_f$ 考虑 | $b+12h'_f$ | $b+6h'_f$ |
| 按翼缘的实际宽度 $b'_f$ 考虑 | $b'_f$ | $b'_f$ |

注：构件的计算高度 $H_0$ 可取层高。

T形、倒L形截面偏心受压构件正截面承载力，可按下列规定计算：

1）当受压区高度 $x\leqslant h'_f$ 时，应按宽度为 $b'_f$ 的矩形截面计算。

2）当受压区高度 $x>h'_f$ 时，则应考虑腹板的受压作用，按下列公式计算：

① 大偏心受压(图 2-21)

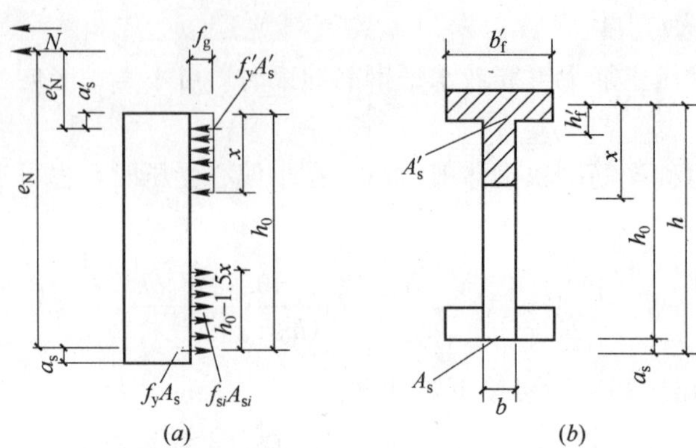


图 2-21　T 形截面偏心受压正截面承载力计算简图

计算公式如下：

$$N \leqslant f_g[bx+(b'_f-b)h'_f]+f'_yA'_s-f_yA_s-\Sigma f_{si}A_{si} \tag{2-55}$$

$$Ne_N \leqslant f_g[bx(h_0-x/2)+(b'_f-b)h'_f(h_0-h'_f/2)]+f'_yA'_s(h_0-a'_s)-\Sigma f_{si}S_{si} \tag{2-56}$$

式中　$b'_f$——T 形或倒 L 形截面受压区的翼缘计算宽度；

$h'_f$——T 形或倒 L 形截面受压区的翼缘高度。

② 小偏心受压

计算公式如下：

$$N \leqslant f_g[bx+(b'_f-b)h'_f]+f'_yA'_s-\sigma_sA_s \tag{2-57}$$

$$Ne_N \leqslant f_g[bx(h_0-x/2)+(b'_f-b)h'_f(h_0-h'_f/2)]+f'_yA'_s(h_0-a'_s) \tag{2-58}$$

**四、配筋砌块砌体剪力墙斜截面受剪承载力**

根据试验结果，配筋灌孔砌块砌体剪力墙的抗剪受力性能与非灌实砌块砌体墙有较大的差别：由于灌孔混凝土的强度较高，砂浆的强度对墙体抗剪承载力的影响较小，墙体的抗剪性能更接近于钢筋混凝土剪力墙。

配筋砌块砌体剪力墙的抗剪承载力除材料强度外，主要与垂直正应力、墙体的高宽比或剪跨比，水平和垂直配筋率等因素有关。

1. 偏心受压

配筋砌块砌体剪力墙，在偏心受压时的斜截面受剪承载力，可按下式计算：

$$V \leqslant \frac{1}{\lambda-0.5}\left(0.6f_{vg}bh_0+0.12N\frac{A_w}{A}\right)+0.9f_{yh}\frac{A_{sh}}{S}h_0 \tag{2-59}$$

$$\lambda=M/(Vh_0) \tag{2-60}$$

式中　$f_{vg}$——灌孔砌体抗剪强度设计值；

$M$、$N$、$V$——计算截面的弯矩、轴向力和剪力设计值，当 $N>0.25f_gbh$ 时，取 $N=0.25f_gbh$；

$A$——剪力墙的截面面积，其中翼缘的有效面积，按表 2-4 的规定确定；

$A_w$——T 形或倒 L 形截面腹板的截面面积，对矩形截面取 $A_w=A$；

$\lambda$——计算截面的剪跨比，当 $\lambda<1.5$ 时取 1.5，当 $\lambda \geqslant 2.2$ 时取 2.2；

$h_0$——剪力墙截面的有效高度；

$A_{sh}$——配置在同一截面内的水平分布钢筋的全部截面面积；

$S$——水平分布钢筋的竖向间距；

$f_{yh}$——水平钢筋的抗拉强度设计值。

2. 偏心受拉

配筋砌块砌体剪力墙，在偏心受拉时的斜截面受剪承载力，可按下式计算：

$$V\leqslant\frac{1}{\lambda-0.5}\left(0.6f_{vg}bh_0-0.22N\frac{A_w}{A}\right)+0.9f_{yh}\frac{A_{sh}}{S}h_0 \tag{2-61}$$

3. 截面要求

偏心受压和偏心受拉配筋砌块砌体剪力墙的截面应满足下列要求：

$$V\leqslant0.25f_gbh \tag{2-62}$$

式中 $V$——剪力墙的剪力设计值；

$b$——剪力墙截面宽度或T形、倒L形截面腹板宽度；

$h$——剪力墙的截面高度。

## 五、配筋砌块砌体剪力墙连梁的承载力

配筋砌块砌体剪力墙连梁的斜截面受剪承载力，应符合下列规定：

(1) 当连梁采用钢筋混凝土时，连梁的承载力按《混凝土结构设计规范》(GB 50010—2001)有关规定进行计算。

(2) 当连梁采用配筋砌块砌体时，应符合下列规定：

1) 连梁斜截面受剪承载力

连梁斜截面受剪承载力，可按下式计算：

$$V_b\leqslant0.8f_{vg}bh_0+f_{yv}\frac{A_{sv}}{S}h_0 \tag{2-63}$$

式中 $V_b$——连梁的剪力设计值；

$b$——连梁的截面宽度；

$h_0$——连梁的截面有效高度；

$S$——沿构件长度方向箍筋的间距；

$A_{sv}$——配置在同一截面内箍筋各肢的全部截面面积；

$f_{vg}$——灌孔砌体抗剪强度设计值；

$f_{yv}$——箍筋的抗拉强度设计值。

2) 连梁的正截面受弯承载力

钢筋混凝土连梁，正截面受弯承载力应按《混凝土结构设计规范》(GB 50010—2001)受弯构件的有关规定进行计算；配筋砌块砌体连梁，除按上述规定外，应采用相应的计算参数和指标。

3) 截面要求

连梁的截面应符合下列要求：

$$V_b\leqslant0.25f_gbh \tag{2-64}$$

配筋砌块砌体构件承载力计算框图见图 2-22。

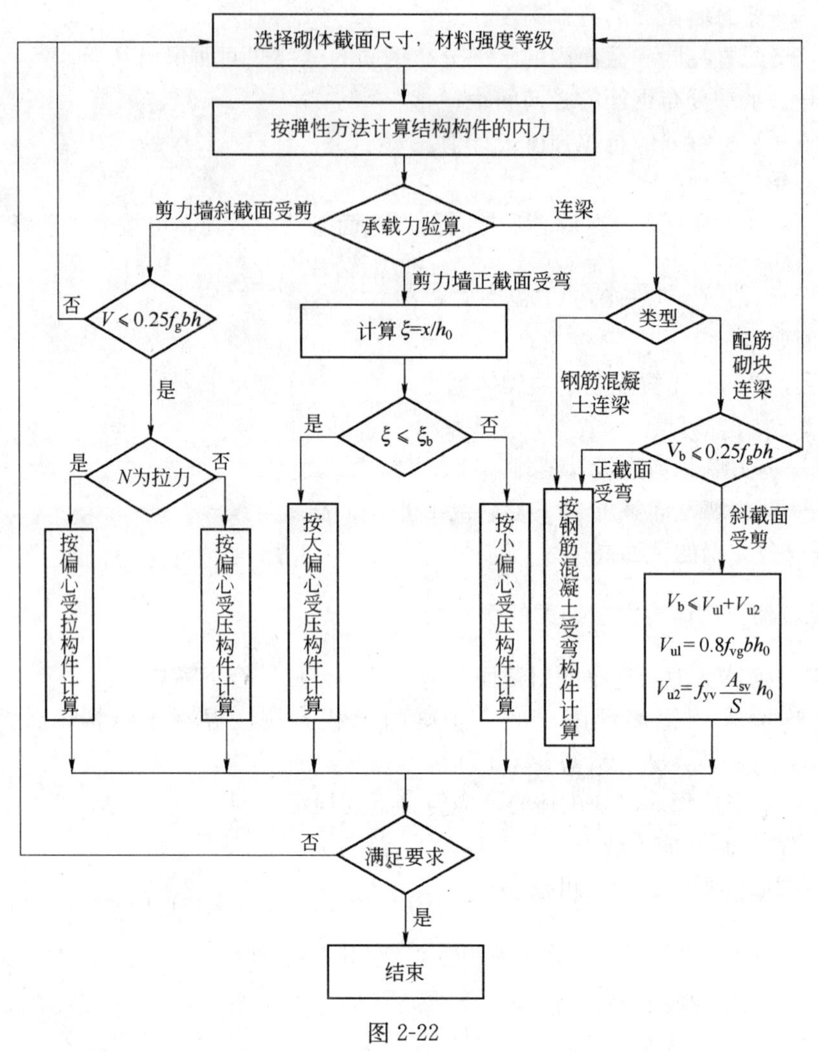


图 2-22

## 六、配筋砌块砌体剪力墙的构造要求

在高层住宅建筑，通常用现浇钢筋混凝土墙体承受竖向荷载和水平荷载，称剪力墙结构。同样，墙体用砌块砌筑，在砌块的竖向和水平方向配一定数量的钢筋称配筋砌块砌体剪力墙。连接两个剪力墙之间的构件称连梁。剪力墙两端称边缘构件见图 2-23。

配筋砌块砌体剪力墙和连梁，目前国内用宽度为 190mm 的承重砌块砌筑，主规格块为 390mm×190mm×190mm。配筋砌块砌体剪力墙、连梁、边缘构件、砌块配筋砌体柱以及钢筋，应满足下述构造要求。

1. 钢筋

（1）钢筋的规格

钢筋的规格受到砌块孔洞尺寸的限制，直径不宜大于 25mm；设置在灰缝中的钢筋，直径不大于 6mm，钢筋网片不应小于 4mm；配置在孔洞或空腔中的钢筋面积，不应大于孔洞或空腔面积的 6%。

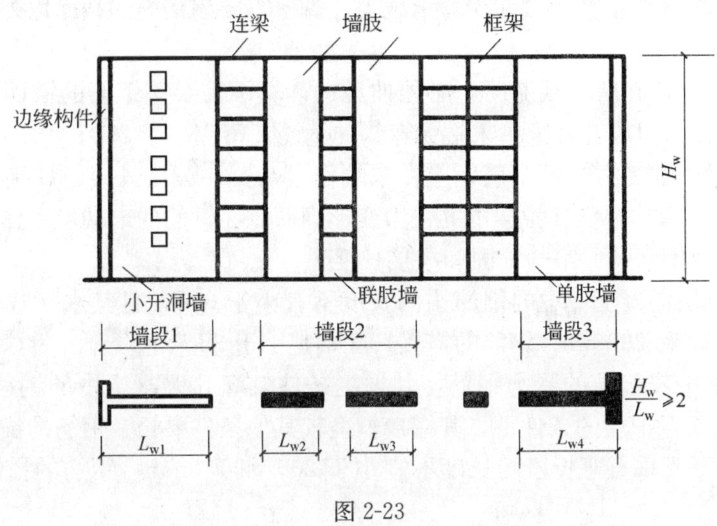


图 2-23

(2) 钢筋的设置

横向和竖向两平行钢筋的净距不应小于 25mm，见图 2-24。柱和壁柱中的竖向钢筋的净距不宜小于 40mm，见图 2-25(包括接头处钢筋间的净距)。

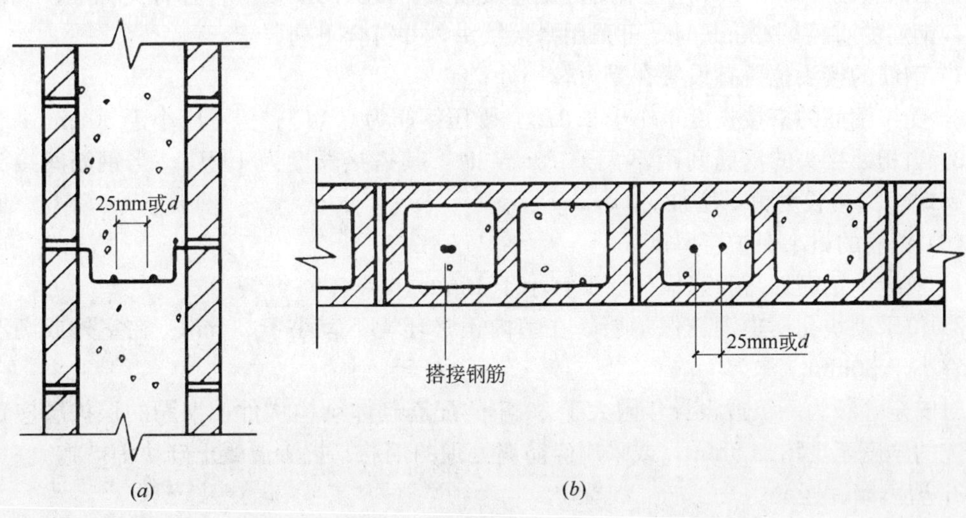


图 2-24

(3) 钢筋在灌孔混凝土中的锚固

1) 当计算中充分利用竖向受拉钢筋时，其锚固长度为 $l_a$，对 HRB335 级钢筋不宜小于 $30d$；对 HRB400 和 RRB400 级钢筋不宜小于 $35d$；在任何情况下，钢筋(包括钢丝)锚固长度不应小于 300mm。

2) 竖向受拉钢筋不宜在受拉区截断。

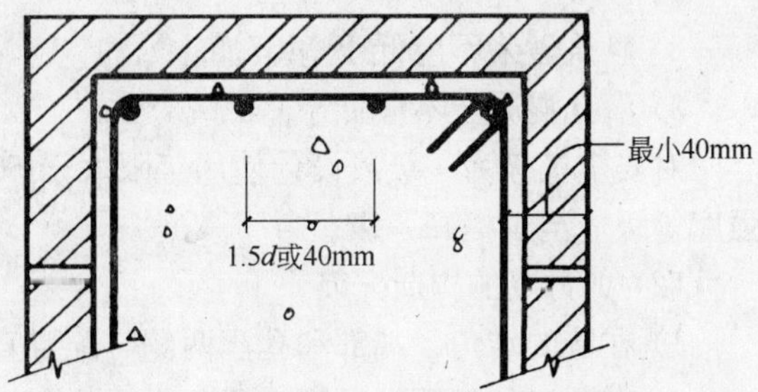


图 2-25　柱钢筋间最小净距和最小保护层

如必须截断时，应延伸至按正截面受弯承载力计算不需要该钢筋的截面以外，延伸的长度不应小于 $20d$。

3）竖向受压钢筋在跨中截断时，必须伸至按计算不需要该钢筋的截面以外，延伸的长度不应小于 $20d$；对绑扎骨架中末端无弯钩的钢筋，不应小于 $25d$。

4）钢筋骨架中的受力光面钢筋，应在末端作弯钩；在焊接骨架、焊接网以及轴心受压构件中，可不作弯钩；绑扎骨架中的受力变形钢筋，在钢筋的末端可不作弯钩。

（4）水平受力钢筋(网片)的锚固和搭接长度

1）在凹槽砌块混凝土带中的钢筋锚固长度不宜小于 $30d$，且其水平或垂直弯折段的长度不宜小于 $15d$ 和 200mm；钢筋的搭接长度不宜小于 $35d$。

2）配置在水平灰缝中的受力钢筋，其握裹条件较灌孔混凝土中的钢筋要差。因此，在保证有足够砂浆保护层的条件下，其搭接长度较其他条件要长。钢筋的锚固长度不宜小于 $50d$，且其水平或垂直弯折段的长度不宜小于 $20d$ 和 150mm；钢筋的搭接长度不宜小于 $55d$。

3）在隔皮或错缝搭接的灰缝中，钢筋的锚固长度为 $50d+2h$，$d$ 为灰缝受力钢筋的直径；$h$ 为水平灰缝的间距。

（5）钢筋的接头

钢筋的直径＞22mm 时，宜采用机械连接接头，接头的质量应符合有关标准、规范的规定；钢筋的直径≤22mm 时，可采用搭接接头，并符合下列要求：

1）钢筋的接头位置宜设置在受力较小处；

2）受拉钢筋的搭接长度不小于 $1.1L_a$，受压钢筋为 $0.7L_a$；但不应小于 300mm；

3）当相邻接头的钢筋间距不大于 75mm 时，其搭接长度为 $1.2L_a$；当钢筋间接头错开 $20d$ 时，搭接长度可不增加。

（6）钢筋的最小保护层厚度

1）灰缝中钢筋外露砂浆保护层不宜小于 15mm。

2）位于砌块孔槽中钢筋保护层，在室内正常环境不宜小于 20mm；在室外或潮湿环境不宜小于 30mm。

对安全等级为一级或设计年限大于 50 年的配筋砌体结构构件，钢筋的保护层应比本条规定的厚度至少增加 5mm，或采用经防腐处理的钢筋、抗渗混凝土砌块等措施。

2. 剪力墙、连梁

（1）材料的强度等级

1）砌块不应低于 MU10；

2）砌筑砂浆不应低于 Mb7.5；

3）灌孔混凝土不应低于 Cb20。

对安全等级为一级或设计使用年限大于 50 年的配筋砌块砌体房屋，所用材料的最低强度等级应至少提高一级。

（2）剪力墙的构造配筋

1）在墙的转角、端部和孔洞两侧，配置直径不宜小于 12mm 的竖向连续钢筋。

2）在洞口的底部和顶部设置不小于 $2\phi10$ 的水平钢筋，伸入墙内的长度不宜小于 $35d$ 和 400mm。

3）在楼(屋)盖所有纵横墙处设置现浇钢筋混凝土圈梁，圈梁的宽度 190mm、高度 200mm，主筋不少于 4$\phi$10，混凝土强度等级不低于同层混凝土块体强度等级的两倍，该层灌孔混凝土强度等级，也不应低于 Cb20 混凝土。

4）剪力墙其他部位的竖向和水平钢筋的间距不应大于墙长、墙高之半，也不宜大于 1200mm。对局部灌孔的砌体，竖向钢筋间距不应大于 600mm。

5）剪力墙沿竖向和水平方向的构造钢筋配筋率，均不宜少于 0.07%。

（3）壁式框架的窗间墙

1）墙宽不小于 800mm，也不宜大于 2400mm，墙净高与墙宽之比不宜大于 5。

2）每片窗间墙中沿全高不应少于 4 根竖向钢筋，沿墙的全截面配置足够的抗弯钢筋，竖向钢筋的含钢率不宜小于 0.2%，也不宜大于 0.8%。

3）窗间墙的水平分布钢筋在墙的端部纵筋处弯 180°标准钩或等效的措施；水平分布筋的间距，在梁边 1 倍墙宽范围内不大于 1/4 墙宽，其余部位不大于 1/2 墙宽；配筋率不宜小于 0.15%。

（4）边缘构件

1）剪力墙端部的砌体作边缘构件

① 在距墙端 3 倍墙厚范围内的孔中设置不小于 $\phi$12 通长的竖向钢筋；

② 当剪力墙端部的设计压应力大于 $0.8f_g$ 时，除按上述要求外，尚应设置间距不大于 200mm、直径不小于 6mm 的水平钢筋(钢箍)，水平钢筋宜设置在灌孔混凝土中。

2）剪力墙端部用混凝土柱作边缘构件

① 柱的截面尺寸，宽度宜等于墙厚，长度宜为 1～2 倍墙厚，且不小于 200mm；

② 柱的混凝土强度等级不宜低于墙体砌块强度等级 2 倍，或墙体灌孔混凝土的强度等级，也不低于 C20；

③ 柱的竖向钢筋不宜小于 4$\phi$12，箍筋 $\phi$6、间距 200mm；墙体中的水平钢筋锚固在柱中，并满足钢筋的锚固长度；

④ 柱的施工顺序宜为先砌砌体墙体，后浇捣混凝土。

（5）钢筋混凝土连梁

连梁的混凝土强度等级不宜低于同层墙体砌块强度等级的 2 倍，或同层墙体灌孔混凝土的强度等级，也不低于 C20；其他构造应符合《混凝土结构设计规范》(GB 50010—2001)的有关规定。

（6）配筋砌块砌体连梁

1）连梁的截面尺寸：连梁的高度不应小于二皮砌块的高度或 400mm；连梁采用 H 形砌块成凹槽砌块组砌，孔洞全部灌注混凝土。

2）连梁的水平钢筋，连梁上、下水平受力钢筋宜对称、通长设置，在灌孔砌体内的锚固长度不小于 $35d$ 或 400mm。

3）连梁的箍筋，箍筋直径不小于 6mm，间距不宜大于 1/2 梁高或 600mm；在距支座等于梁高范围内的箍筋间距不大于 1/4 梁高，距支座表面第 根箍筋间距不大于 100mm；箍筋的面积配筋率不宜小于 0.15%，箍筋宜为封闭式、双肢箍末端弯钩为 135°(图 2-26)，单肢箍末端的弯钩为 180°(图 2-27)，或弯 90°加 12 倍箍筋直径的延长段(图 2-28)。

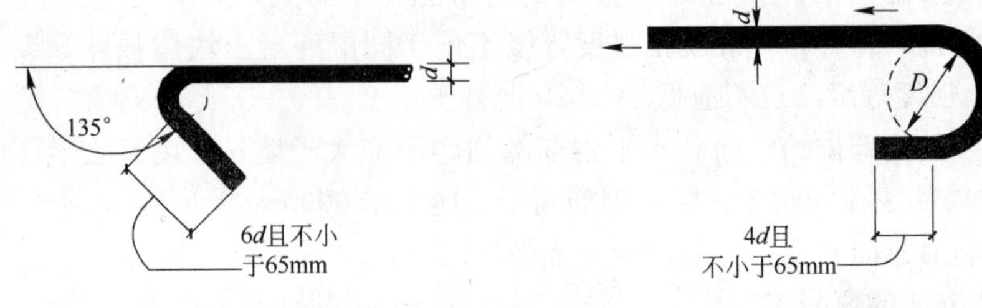


图 2-26 135°箍筋弯钩　　图 2-27 180°标准弯钩

3. 砌体柱

配筋砌块砌体柱，砌块不低于 MU10，砌筑砂浆不低于 Mb7.5，灌孔混凝土不低于 Cb20(图 2-29)。除此之外，尚应符合下列要求：

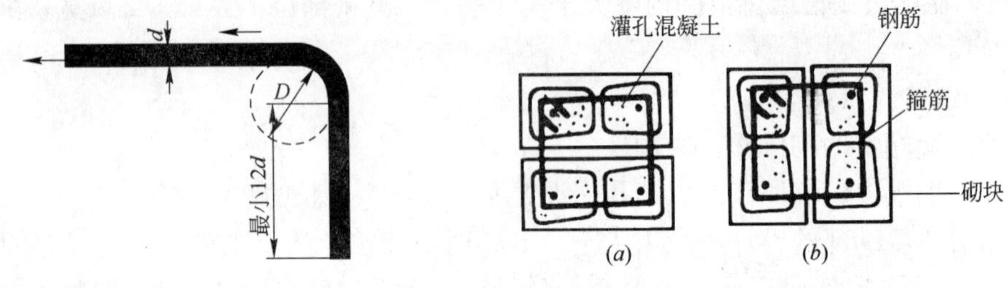


图 2-28 90°标准弯钩

图 2-29 配筋砌块砌体柱截面示意
(a)下皮；(b)上皮

(1) 柱截面边长不宜小于 400mm，柱高度与截面短边之比不宜大于 30。

(2) 柱的纵向钢筋的直径不宜小于 12mm，数量不少于 4 根，全部纵向受力钢筋的配筋率不宜小于 0.2%。

(3) 柱中箍筋的设置：

1) 当纵向配筋率大于 0.25%，且柱承受的轴向力大于受压承载力设计值的 25%时，柱应设箍筋；当配筋率≤25%时，或柱承受的轴向力小于受压承载力设计值的 25%时，柱中可不设箍筋；

2) 箍筋直径不宜小于 6mm；

3) 箍筋的间距不应大于 16 倍箍筋直径、48 倍箍筋直径及柱截面短边尺寸中较小者；

4) 箍筋应封闭，端部有弯钩；

5) 箍筋应设置在灰缝或灌孔混凝土中。

## 七、设计实例

**【实例 2-7】** 已知一配筋砌块砌体梁(图 2-30)，梁宽为 190mm，梁高 800mm，承受弯矩设计值 $M$＝70kN·m，剪力设计值 $V$＝80kN，选用砌块强度 MU10、孔洞率 46%，砂浆强度 Mb7.5，灌孔混凝土强度 Cb20。试配置该梁的钢筋。

**【解】** 1. 灌孔砌体抗压强度设计值 $f_g$

砌块 MU10、砂浆 Mb7.5，查规范表 3.2.1-3 砌块砌体抗压强度设计值 $f$＝2.50MPa

截面面积小于 0.2m$^2$，砌体强度调整系数

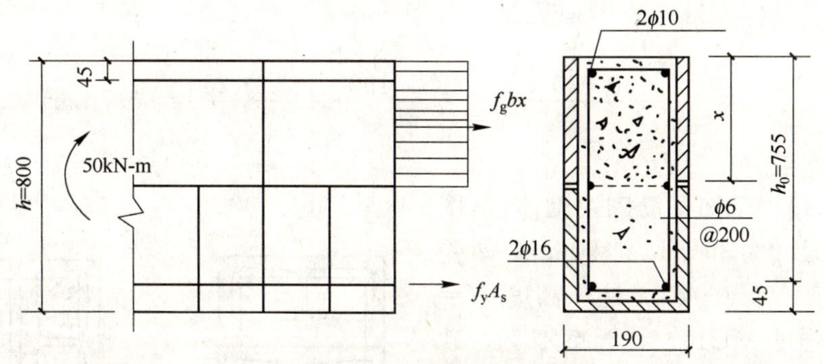


图 2-30　梁截面尺寸

$$\gamma_a = 0.8 + 0.8 \times 0.19 = 0.952$$

灌孔砌体抗压强度设计值

$$\begin{aligned} f_g &= \gamma_a \times f + 0.6\delta\rho f_c \\ &= 0.952 \times 2.50 + 0.6 \times 0.46 \times 100\% \times 9.6 \\ &= 5.03\text{MPa} > 2 \times f \\ &= 5.0\text{MPa} \end{aligned}$$

取 $f_g = 5.0\text{MPa}$

2. 灌孔砌体抗剪强度设计值

$$f_{vg} = 0.2 f_g^{0.55} = 0.2 \times 5.0^{0.55} = 0.485\text{MPa}$$

3. 梁的正截面配筋

受压区高度 $x$ 计算：

$$h_0 = h - 45 = 800 - 45 = 755\text{mm}$$

$$b = 190\text{mm}$$

$$\begin{aligned} x &= h_0 \pm \sqrt{h_0^2 - \frac{2M}{f_g b}} = 755 \pm \sqrt{755^2 - \frac{2 \times 70 \times 10^6}{5.0 \times 190}} \\ &= 105\text{mm} \end{aligned}$$

$$\xi_b = \frac{0.8}{1 + \dfrac{f_y}{0.03E_s}} = \frac{0.8}{1 + \dfrac{300}{0.03 \times 2.0 \times 10^5}} = 0.76$$

$$\frac{x}{h_0} = \frac{105}{755} = 0.139 < 0.76$$

梁的正截面配筋：

$$A_s = \frac{f_g bx}{f_y} = \frac{5.0 \times 190 \times 105}{300} = 332.5\text{mm}^2$$

选择 2Φ16　$A_s = 402\text{mm}^2$

配筋率　$$\rho = \frac{A_s}{bh_0} = \frac{402}{190 \times 755} = 0.28\% > 0.2\%$$

4. 梁的斜截面配筋

$$\begin{aligned} 0.25 f_g b h_0 &= 0.25 \times 5.0 \times 190 \times 755 \\ &= 179.3\text{kN} > V = 80\text{kN} \end{aligned}$$

$$A_{sv}=\frac{(V-0.8f_{vg}bh_0)s}{f_{yv}\times h_0}$$
$$=\frac{(80\times10^3-0.8\times0.485\times190\times755)\times200}{210\times755}=30.7\text{mm}^2$$

配 $\phi6$ 双肢箍 $A_{sv}=57\text{mm}^2$

**【实例 2-8】** 已知配筋砌块砌体柱（图 2-31），截面尺寸为 390mm×390mm，承受轴向力设计值 $N=750\text{kN}$，柱子高度 $H=4.5\text{m}$，砌块强度 MU10、孔洞率 46%，砂浆强度 Mb10，灌孔混凝土强度 Cb20。试配置该柱的钢筋。

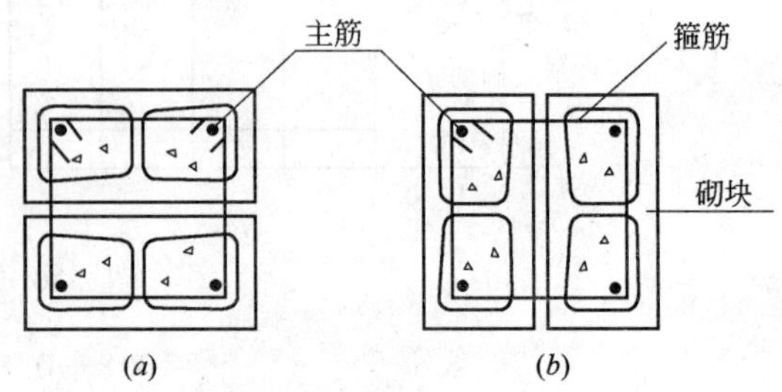

图 2-31 柱截面示意
(a)下皮；(b)上皮

**【解】** 1. 灌孔砌体抗压强度设计值 $f_g$

砌块 MU10、砂浆 Mb10，查规范表 3.2.1-3 砌块砌体抗压强度设计值 $f=2.79\text{MPa}$

截面面积小于 $0.2\text{m}^2$，砌体抗压强度调整系数 $\gamma_a=0.8+0.39\times0.39=0.952$

灌孔砌体抗压强度设计值

$$f_g=\gamma_a f+0.6\delta\rho f_c$$
$$=0.952\times2.79+0.6\times0.46\times100\%\times9.6=5.31\text{MPa}<2f$$
$$=2\times2.79$$
$$=5.58\text{MPa}$$

2. 柱子配筋计算

柱子计算高度 $H_0=H=4.5\text{m}$

高厚比 $\beta=\frac{H_0}{h}=\frac{4.5}{0.39}=11.54$

稳定系数 $\varphi_{0g}=\frac{1}{1+0.001\beta^2}=\frac{1}{1+0.001\times11.54^2}=0.883$

采用 HRB335 级钢筋，$f_y=300\text{MPa}$

$$A'_s=\frac{N-\varphi_{0g}f_gA}{0.8\varphi_{0g}f'_y}=\frac{750\times10^3-0.883\times5.31\times390\times390}{0.8\times0.883\times300}$$
$$=173.86\text{mm}^2$$

按照配筋砌块砌体柱构造规定，柱中纵向钢筋为 4Φ12，$A'_s=452\text{mm}^2$，配筋率 $\rho=\frac{452}{390\times390}\times100\%=0.297\%>0.2\%$，箍筋采用 $\phi6@200\text{mm}$。

**【实例 2-9】** 已知：用砌块砌筑柱子，截面尺寸 390mm×390mm，柱子高度 $H=5.0\text{m}$，用 MU10 砌块、孔洞率 46%、Mb10 砂浆砌筑、Cb20 灌孔混凝土，纵筋 4Φ18、箍筋 $\phi6@200$，施工质量 B 级。求该柱的轴心受压承载力。

**【解】** 1. 灌孔砌体抗压强度设计值

$$\alpha=\delta\rho=0.46\times1.0=0.46$$
$$\text{MU10、Mb10、}f=2.79\text{MPa}$$

砌体强度设计值调整系数

$$\gamma_a = 0.8 + 0.39 \times 0.39 = 0.952$$

灌孔砌体抗压强度设计值

$$f_g = \gamma_a f + 0.6\alpha f_c$$
$$= 0.952 \times 2.79 + 0.6 \times 0.46 \times 9.6 = 5.31\text{MPa}$$

2. 轴心受压构件稳定系数

$$\beta = \frac{H_0}{h} = \frac{5.0}{0.39} = 12.82$$

$$\varphi_{0g} = \frac{1}{1 + 0.001\beta^2} = \frac{1}{1 + 0.001 \times 12.82^2} = 0.859$$

3. 配筋砌块砌体柱轴心受压承载力

$$N = \varphi_{0g}(f_g A + 0.8 f'_y A'_s)$$
$$= 0.859(5.31 \times 390 \times 390 + 0.8 \times 300 \times 1017)$$
$$= 903\text{kN}$$

**【实例 2-10】** 有一个单跨、刚弹性方案排架，采用配筋砌块砌体柱(图 2-32)，柱子高度 $H$=6.0m，承受轴力设计值 $N$=400kN，弯矩设计值 $M$=200kN·m，柱子截面尺寸 390mm×590mm，采用砌块 MU10、孔洞率 46%，砂浆 Mb10，灌孔混凝土 Cb20。试配置该柱子的钢筋面积。

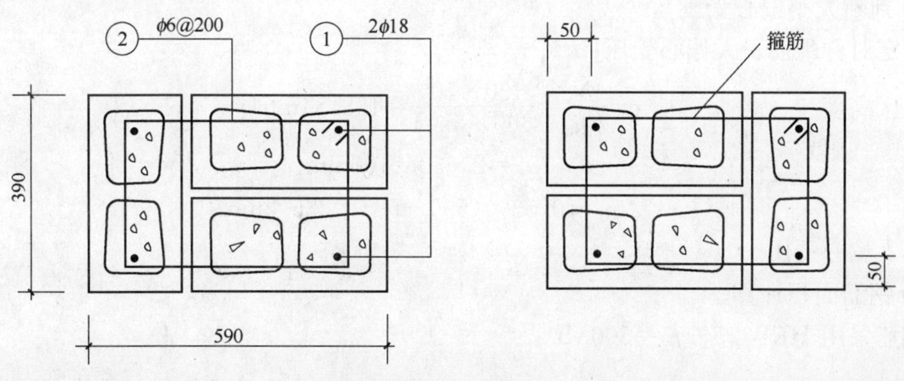


图 2-32 柱子截面尺寸

**【解】** 1. 柱子的计算高度 $H_0$

根据规范表 5.1.3，柱子的计算高度 $H_0$：

排架方向 $H_0 = 1.2H = 1.2 \times 6.0 = 7.2\text{m}$

垂直排架方向 $H_0 = 1.0H = 6.0\text{m}$

2. 灌孔砌体抗压强度设计值

砌块 MU10、砂浆 Mb10，$f$=2.79MPa

柱子截面积 $A = 0.39 \times 0.59 = 0.23\text{m}^2 > 0.2\text{m}^2$

砌体灌孔率 $\rho$－100%

灌孔砌体抗压强度设计值

$$f_g = \gamma_a f + 0.6\delta\rho f_c$$
$$= 1.0 \times 2.79 + 0.6 \times 0.46 \times 1.0 \times 9.6 = 5.44\text{MPa}$$

3. 轴向力附加偏心距

$$\beta=\frac{H_0}{h}=\frac{7.2}{0.59}=12.2$$

$$e_a=\frac{\beta^2 h}{2200}(1-0.022\beta)$$

$$=\frac{12.2^2\times590}{2200}(1-0.022\times12.2)=29.2\text{mm}$$

4. 轴向力 $N$ 至钢筋的距离

钢筋保护层 $a_s=a_s'=50\text{mm}$

偏心距 $e=\frac{M}{N}=\frac{200\times10^6}{400\times10^3}=500\text{mm}$

$N$ 至 $A_s$ 的距离 $e_N=e+e_a+\left(\frac{h}{2}-a_s\right)$

$$=500+29.2+\left(\frac{590}{2}-50\right)=774.2\text{mm}$$

$N$ 至 $A_s'$ 的距离 $e_N'=e+e_a-\left(\frac{h}{2}-a_s\right)$

$$=500+29.2-\left(\frac{590}{2}-50\right)=284.2\text{mm}$$

5. 判断大小偏心受压

假定对称配筋、大偏心受压

压区高度 $x=\frac{N}{bf_g}=\frac{400\times10^3}{390\times5.44}=188.54\text{mm}$

$$x>2a_s'=2\times50=100\text{mm}$$

$$x<\xi_b h_0=0.53\times(590-50)=286.2\text{mm}$$

属大偏心受压。

6. 钢筋面积计算

钢筋采用 HRB335，$f_y=300\text{MPa}$

$$A_s=A_s'=\frac{N\times e_N-f_g b\times\left(h_0-\frac{x}{2}\right)}{f_y'(h_0-a_s')}$$

$$=\frac{400\times10^3\times774.2-5.44\times390\times188.54\left(540-\frac{188.54}{2}\right)}{300(540-50)}$$

$$=894\text{mm}^2$$

选择 4Φ18 $A_s=1017\text{mm}^2$

7. 平面外承载力验算

$$\beta=\frac{H_0}{h}=\frac{6.0}{0.39}=15.38$$

$$\varphi_{0g}=\frac{1}{1+0.001\beta^2}=\frac{1}{1+0.001\times15.38^2}=0.809$$

$$\varphi_{0g}(f_g A+0.8f'_y A'_s)$$
$$=0.809(5.44\times390\times590+0.8\times300\times1017)$$
$$=1210\text{kN}>N=400\text{kN}\quad 满足要求$$

**【实例 2-11】** 已知：剪力墙的平面尺寸为 2400mm×1070mm，墙高 $H=4300$mm，在墙顶部作用垂直荷载 1300kN，砌块 MU10、孔洞率 46%，砌筑砂浆 Mb7.5，灌孔混凝土 Cb20，施工质量控制等级为 B 级。求：墙体截面内的配筋。

**【解】** 1. 墙体灌孔率选择

选择三个灌孔率：$\rho_1=33\%$；$\rho_2=50\%$；$\rho_3=100\%$。

2. 灌孔砌体抗压强度设计值

$\alpha_1=\delta\times\rho_1=0.46\times0.33=0.152$

$\alpha_2=\delta\times\rho_2=0.46\times0.50=0.23$

$\alpha_3=\delta\times\rho_3=0.46\times1.0=0.46$

$f_{g1}=f+0.6\alpha_1 f_c=2.50+0.6\times0.152\times9.6=3.376\text{MPa}$

$f_{g2}=f+0.6\alpha_2 f_c=2.50+0.6\times0.23\times9.6=3.82\text{MPa}$

$f_{g3}=f+0.6\alpha_3 f_c=2.50+0.6\times0.46\times9.6=5.5\text{MPa}$

3. 轴心受压构件的稳定系数

$$\beta=\frac{H_0}{h}=\frac{4300}{190}=22.63$$

$$\varphi_{0g}=\frac{1}{1+0.001\beta^2}=\frac{1}{1+0.001\times22.63^2}=0.66$$

4. 钢筋的选择

选择钢筋 HRB335，$f'_y=300\text{MPa}$

$$A'_{s1}=\frac{N-\varphi_{0g}f_{g1}A}{\varphi_{0g}\times0.8f'_y}=\frac{1300\times10^3-0.66\times3.376\times190\times2400}{0.66\times0.8\times300}$$
$$=1792\text{mm}^2，选择 4\Phi25\quad A'_{s1}=1964\text{mm}^2$$

$$A'_{s2}=\frac{N-\varphi_{0g}f_{g2}A}{\varphi_{0g}\times0.8f'_y}=\frac{1300\times10^3-0.66\times3.82\times190\times2400}{0.66\times0.8\times300}$$
$$=949\text{mm}^2，选择 6\Phi16，A'_{s2}=1206\text{mm}^2$$

$$A'_{s3}=\frac{N-\varphi_{0g}f_{g3}A}{\varphi_{0g}\times0.8\times f'_y}=\frac{1300\times10^3-0.66\times5.15\times190\times2400}{0.66\times0.8\times300}<0，按构造配筋。$$

$$A'_{s3}=\rho_w\times A=0.07\%\times190\times2400=319\text{mm}^2$$

从上述三个砌块墙体灌孔率，得到三个钢筋面积，比较合理的选择是灌孔率 50%、钢筋 $6\Phi16$，$A'_s=1206\text{mm}^2$。

**【实例 2-12】** 已知配筋砌块砌体剪力墙，截面尺寸为 5000mm×190mm，剪力墙高度 $H=4500$mm，采用砌块 MU10、孔洞率 46%，砌筑砂浆 Mb10，灌孔混凝土 Cb20，剪力墙承受轴力设计值 $N=1650$kN，弯矩设计值 $M=1716\text{kN}\cdot\text{m}$，剪力设计值 $V=400$kN，施工质量 B 级。求剪力墙配筋。

**【解】** 1. 灌孔砌体抗压、抗剪强度设计值

剪力墙灌孔率采用 33%

$$\alpha=\delta\rho=0.46\times0.33=0.152$$

灌孔砌体抗压强度设计值

$$f_g = f + 0.6\alpha f_c = 2.79 + 0.6 \times 0.152 \times 9.6 = 3.67\text{MPa}$$

灌孔砌体抗剪强度设计值

$$f_{vg} = 0.2 f_g^{0.55} = 0.2 \times 3.67^{0.55} = 0.409\text{MPa}$$

2. 偏心距计算

(1) 轴向力初始偏心距

$$e = \frac{M}{N} = \frac{1716 \times 10^6}{1650 \times 10^3} = 1040\text{mm}$$

(2) 附加偏心距

$$\beta = \frac{H_0}{h} = \frac{4500}{5000} = 0.9$$

$$e_a = \frac{\beta^2 h}{2200}(1 - 0.022\beta) = \frac{0.9^2 \times 5000}{2200}(1 - 0.022 \times 0.9) = 1.80\text{mm}$$

(3) 轴向力 $N$ 到受拉钢筋重心的距离

$$e_N = e + e_a + \left(\frac{h}{2} - a_s\right) = 1040 + 1.8 + \left(\frac{5000}{2} - 300\right) = 3241.8\text{mm}$$

$$h_0 = h - a_s' = 5000 - 300 = 4700\text{mm}$$

3. 判断大小偏心受压

采用 HRB335 级钢筋、对称配筋，竖向分布筋选用Φ12 配筋率

$$\rho_w = \frac{113.1}{190 \times 600} = 0.099\% > 0.07\%$$

受压区高度

$$x = \frac{N + f_{yw}\rho_w b h_0}{(f_g + 1.5 f_{yw}\rho_w)b} = \frac{1650 \times 10^3 + 300 \times 0.00099 \times 190 \times 4700}{(3.67 + 1.5 \times 300 \times 0.00099) \times 190}$$

$$= 2449\text{mm}$$

$$x > 2a_s' = 2 \times 300 = 600\text{mm}$$

$$x < \xi_b h_0 = 0.53 \times 4700 = 2491\text{mm}$$

故为大偏心受压。

4. 边缘构件受拉、受压主筋

$$A_s = A_s' = \frac{N e_N - f_g b \times \left(h_0 - \frac{x}{2}\right) + \frac{1}{2} f_{yw}\rho_{wb}\left(h_0 - \frac{x}{2}\right)^2}{f_y'(h_0 - a_s')}$$

$$= \frac{1650 \times 10^3 \times 3263.3 - 3.67 \times 190 \times 2449 \times \left(4700 - \frac{2449}{2}\right) + \frac{1}{2} \times 300 \times 0.00099 \times 190\left(4700 - \frac{2449}{2}\right)^2}{300(4700 - 300)}$$

$$< 0$$

选用 3Φ14　$A_s = A_s' = 461\text{mm}^2$

5. 验算剪力墙平面外承载力

剪力墙平面外按轴心受压计算，不考虑竖向钢筋的作用

$$\beta = \frac{H_0}{h} = \frac{4500}{190} = 23.68$$

查规范表 D.0.1-1 得 $\varphi=0.546$

$\varphi f_g A=0.546\times3.67\times190\times5000=1904\text{kN}>N=1650\text{kN}$　满足要求。

6. 剪力墙水平钢筋

(1) 截面校核

$$0.25f_g bh=0.25\times3.67\times190\times5000=872\text{kN}>V=400\text{kN}$$

(2) 截面剪跨比

$$\lambda=\frac{M}{Vh_0}=\frac{1716\times10^6}{400\times10^3\times4700}=0.913<1.5$$

取 $\lambda=1.5$

(3) 斜截面受剪承载力验算

选用 HPB235 级钢筋、2$\phi$10@800，$f_{yh}=210\text{MPa}$

水平配筋率　$\rho_h=\dfrac{2\times78.5}{190\times800}=0.103\%>0.07\%$

$$0.25f_g bh=0.25\times3.67\times190\times5000=872\text{kN}<N=1650\text{kN}$$

$$\frac{1}{\lambda-0.5}\left(0.6f_{vg}bh_0+0.12N\frac{A_w}{A}\right)+0.9f_{yh}\frac{A_{sh}}{S}h_0$$

$$=\frac{1}{1.5-0.5}(0.6\times0.409\times190\times4700+0.12\times872\times10^3)+0.9\times210\times\frac{2\times78.5}{800}\times4700$$

$=498.1\text{kN}>V=400\text{kN}$，满足要求。

**【实例 2-13】** 已知：连梁净跨 $l_n=1.8\text{m}$，截面尺寸 190mm×600mm，弯矩设计值 $M_b=72\text{kN}\cdot\text{m}$，剪力设计值 $V_b=100\text{kN}$，用 MU15 砌块、Mb15 砂浆、Cb25 灌孔混凝土。试配置连梁的钢筋。

**【解】** 1. 灌孔砌体抗压、抗剪强度设计值

MU15、Mb15，砌块砌体抗压强度设计值 $f=4.61\text{MPa}$

砌体强度调正系数

$$\gamma_a=0.8+0.19\times0.6=0.914$$

灌孔砌体抗压强度设计值

$$f_g=\gamma_a\times f+0.6\times\delta\rho f_c$$
$$=0.914\times4.61+0.6\times0.46\times1.0\times11.9=7.50\text{MPa}$$

$$f_g<2f=2\times4.61=9.22\text{MPa}，取\ f_g=7.50\text{MPa}$$

灌孔砌体抗剪强度设计值

$$f_{vg}=0.2f_g^{0.55}=0.2\times7.50^{0.55}=0.606\text{MPa}$$

2. 梁的正截面配筋

截面有效高度　$h_0=h-a_s=600-45=555\text{mm}$

采用对称配筋

$$A_s=\frac{M_b}{f_y(h_0-a_s')}=\frac{72\times10^6}{300(555-35)}=461.5\text{mm}^2$$

采用 2$\Phi$18，$A_s=509\text{mm}^2$

3. 斜截面配筋

$$0.25f_g bh = 0.25\times7.50\times190\times600 = 213.8\text{kN} > V_b = 100\text{kN}$$

$$A_{sv} = \frac{(V_b - 0.8f_{vg}bh_0)S}{f_{yv}\times h_0}$$

$$= \frac{(100\times10^3 - 0.8\times0.606\times190\times555)\times200}{210\times555}$$

$$= 83.87\text{mm}^2$$

采用 $\phi8$ 双肢箍　$A_s = 101\text{mm}^2$

配筋见图 2-33。

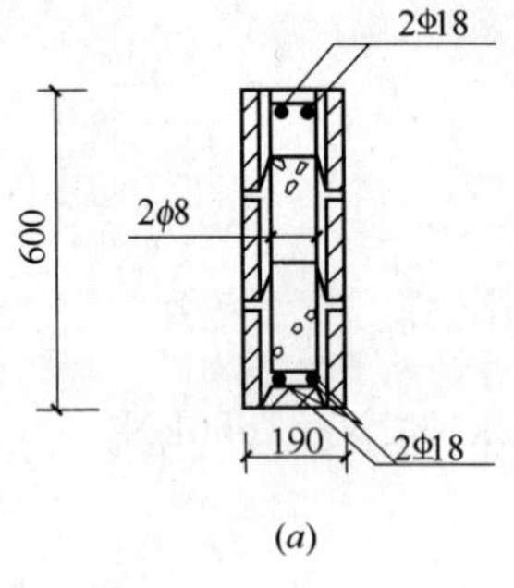


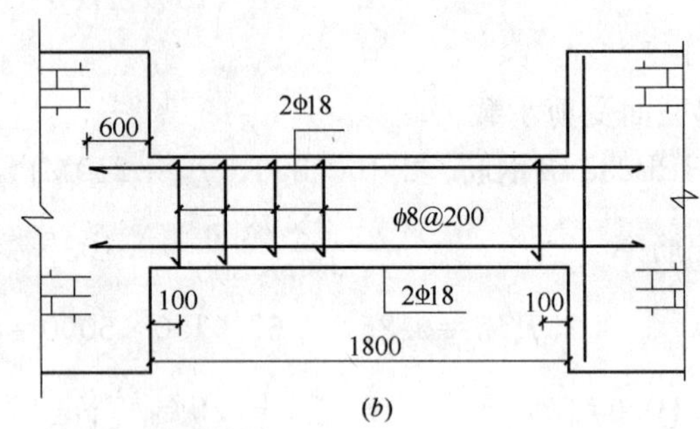


图 2-33　连梁配筋

# 第三章　圈梁、过梁、墙梁、挑梁

## 第一节　圈　　梁

### 一、圈梁设置的要求

为了增强混合结构房屋的整体刚度，防止由于地基的不均匀沉降或较大振动荷载等对房屋引起的不利影响，应在墙中设置现浇钢筋混凝土圈梁。所谓圈梁是指在房屋的檐口、窗顶、楼层、吊车梁顶或基础顶面标高处，沿砌体墙水平方向设置封闭状的按构造配筋的混凝土梁式构件。设在房屋檐口处的圈梁，又称为檐口圈梁。设在基础顶面标高处的圈梁又称为基础圈梁。

圈梁设置的位置和数量通常按房屋的类型、层数、所受的振动荷载以及地基情况等因素来决定。

1. 空旷的单层房屋，应按下列规定设置圈梁：

(1) 砖砌体房屋，檐口标高为 5～8m 时，应在檐口标高处设置圈梁一道；檐口标高大于 8m 时，应增加设置数量。

(2) 砌块及料石砌体房屋，檐口标高为 4～5m 时，应在檐口标高处设置圈梁一道；檐口标高大于 5m 时，应增加设置数量。

(3) 对有吊车或较大振动设备的单层工业房屋，除在檐口或窗顶标高处设置现浇钢筋混凝土圈梁外，尚应增加设置数量；但当振动设备已采取有效的隔振措施时，可不增设。

2. 多层砌体房屋，应按下列规定设置圈梁：

(1) 多层砌体民用房屋，如宿舍、办公楼等，且层数为 3～4 层时，应在底层和檐口标高处设置圈梁一道；当层数超过 4 层时，至少应在所有纵、横墙上隔层设置。

(2) 多层砌体工业房屋，应每层设置现浇钢筋混凝土圈梁。

(3) 设置墙梁的多层砌体房屋应在托梁、墙梁顶面和檐口标高处设置现浇钢筋混凝土圈梁，其他楼盖处应在所有纵横墙上每层设置。

(4) 采用现浇钢筋混凝土楼(屋)盖的多层砌体房屋，当层数超过 5 层时，除在檐口标高处设置一道圈梁外，可隔层设置圈梁，并与楼(屋)面板一起现浇。

3. 建筑在软弱地基或不均匀地基上的砌体房屋，应按下列规定设置圈梁：

(1) 在多层房屋的基础和顶层檐口处各设置一道圈梁，其他各层可隔层设置；必要时也可层层设置。

(2) 单层工业厂房、仓库等，可结合基础梁、连系梁、过梁等酌情设置。

(3) 圈梁应设置在外墙、内纵墙和主要内横墙上。

(4) 在墙体上开洞过大时，宜在开洞部位适当配筋和采用构造柱圈梁加强。

## 二、圈梁的构造要求

(1) 圈梁宜连续地设在同一水平面上，并形成封闭状；当圈梁被门窗洞口截断时，应在洞口上部增设相同截面的附加圈梁。附加圈梁与圈梁的搭接长度不应小于其中到中垂直间距的 2 倍，且不得小于 1m(图 3-1)。

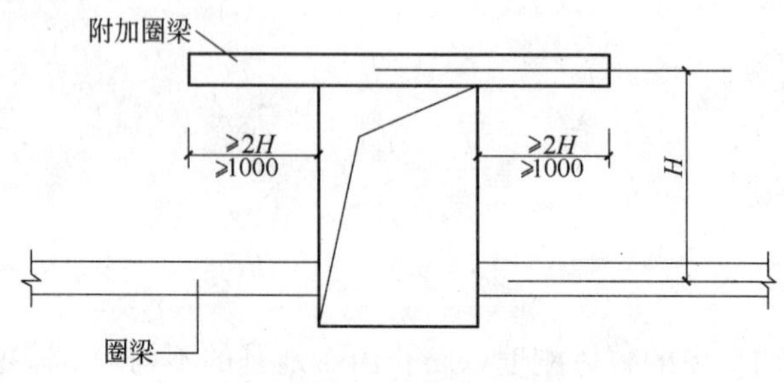


图 3-1　附加圈梁

(2) 纵、横墙交接处的圈梁应有可靠连接(图 3-2)。

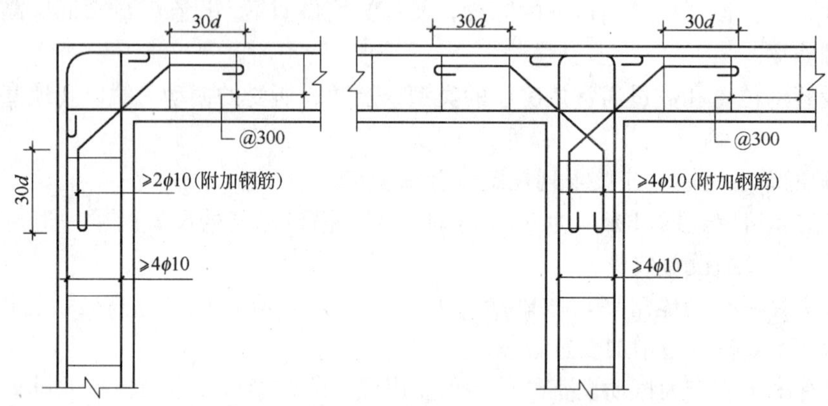


图 3-2　纵、横墙交接处圈梁的配筋构造

(3) 刚弹性和弹性方案房屋，圈梁应与屋架、大梁等构件可靠连接。

(4) 钢筋混凝土圈梁的宽度宜与墙厚相同，当墙厚 $h \geqslant 240$mm 时，其宽度不宜小于 $2h/3$。圈梁高度不应小于 120mm。纵向钢筋不应少于 4$\phi$10，绑扎接头的搭接长度按受拉钢筋考虑，箍筋间距不应大于 300mm。

(5) 由于预制混凝土楼(屋)盖普遍存在裂缝，许多地区采用现浇混凝土楼板。当采用现浇钢筋混凝土楼(屋)盖的多层砌体结构房屋的层数超过 5 层时，除在檐口标高处设置一道圈梁外，可隔层设置圈梁，并与楼(屋)面板一起现浇。未设置圈梁的楼面板嵌入墙内的长度不应小于 120mm，并沿墙长配置不少于 2$\phi$10 的纵向钢筋。

(6) 圈梁兼作过梁时，过梁部分的钢筋应按计算用量另行增配。

# 第二节　过　　梁

## 一、过梁的类型及适用范围

过梁是房屋中用来承受门窗洞口顶面以上砌体自重和上层楼盖梁板传来荷载的构件，

常用的过梁有砖砌过梁和钢筋混凝土过梁，砖砌过梁又可划分为钢筋砖过梁、砖砌平拱（图 3-3）。

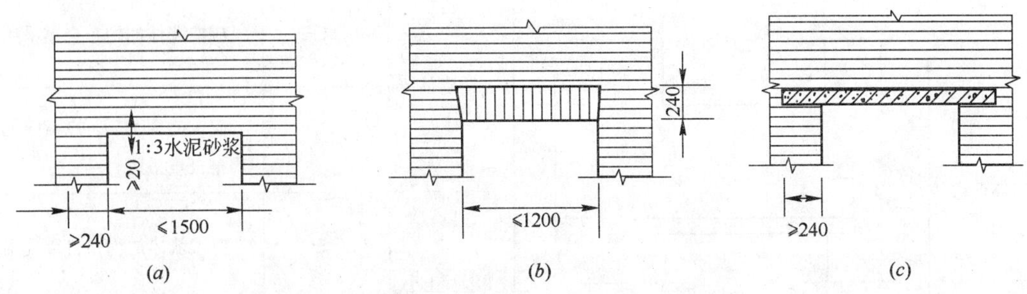


图 3-3　过梁的类型

(a)钢筋砖过梁；(b)砖砌平拱；(c)钢筋混凝土过梁

钢筋砖过梁的跨度不宜超过 1.5m，砖砌平拱的跨度不宜超过 1.2m；有较大振动荷载，可能产生不均匀沉降的房屋和门窗洞口较大时应采用钢筋混凝土过梁。

## 二、过梁的构造要求

1. 砖砌平拱

(1) 计算高度范围内砖的强度等级不应低于 MU10；砂浆强度等级不宜低于 M5。

(2) 用竖砖砌筑部分的高度不应小于 240mm。

2. 钢筋砖过梁

(1) 计算高度范围内砖的强度等级不应低于 MU10；砂浆强度等级不宜低于 M5。

(2) 过梁底面砂浆层的厚度不宜小于 30mm，一般可采用 1∶3 水泥砂浆。

(3) 过梁底面砂浆层内的钢筋直径不应小于 5mm，间距不宜大于 120mm；钢筋伸入支座砌体内的长度不宜小于 240mm，光面圆钢筋应加弯钩。

3. 钢筋混凝土过梁

(1) 过梁端部支承长度不宜小于 240mm。

(2) 当过梁承受除墙体外的其他施工荷载或过梁上墙体在冬季采用冻结法施工时，过梁下面应加设临时支撑。

## 三、过梁上的荷载

1. 墙体荷载

在过梁上砌筑砌体时，当砌体的高度超过一定值时，过梁的变形随墙体的增高而增加极小，这是由于砌体砂浆随时间的增长而逐渐硬化，使砌体和过梁共同工作，可起到拱的卸荷作用，使一部分墙体荷载传递到过梁支座。

2. 梁板荷载

在砌体的高度大于或等于跨度的位置施加荷载时，过梁的变形增加也很微小，这是由于砌体和过梁的组合作用，上部荷载通过组合深梁直接传给过梁支座处的墙体。

过梁上的荷载可按表 3-1 的规定取值。

过梁上的荷载取值　　表 3-1

| 荷载类型 | 简　图 | 砌体种类 | 荷载取值 | |
|---|---|---|---|---|
| 墙体荷载 | 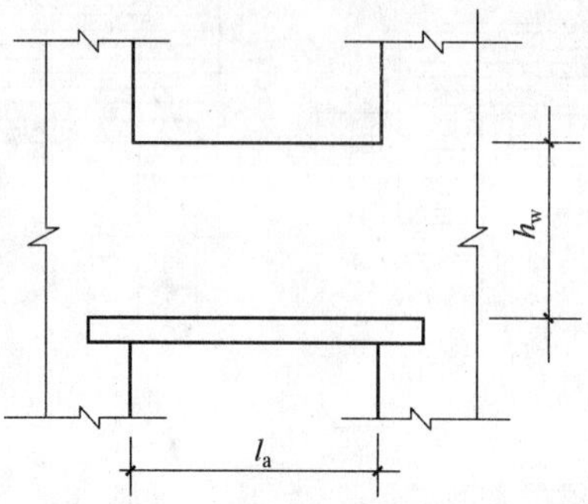 注：$h_w$ 为过梁上墙体高度 | 砖砌体 | $h_w<\frac{l_a}{3}$ | 应按墙体的均布自重采用 |
| | | | $h_w\geqslant\frac{l_a}{3}$ | 应按高度为 $\frac{l_a}{3}$ 的墙体的均布自重采用 |
| | | 混凝土小砌块砌体 | $h_w<\frac{l_a}{2}$ | 应按墙体的均布自重采用 |
| | | | $h_w\geqslant\frac{l_a}{2}$ | 应按高度为 $\frac{l_a}{2}$ 的墙体的均布自重采用 |
| 梁板荷载 | 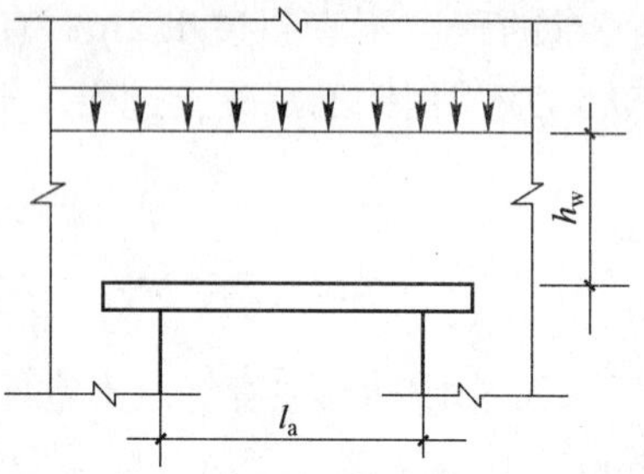 注：$h_w$ 为梁、板下墙体高度 | 砖砌体，混凝土小砌块砌体 | $h_w<l_a$ | 应计入梁、板传来的荷载 |
| | | | $h_w\geqslant l_a$ | 可不考虑梁、板荷载 |

注：$l_a$ 为过梁的净跨。

## 四、过梁承载力的计算

1. 砖砌平拱的计算

(1) 受弯承载力可按下列公式计算：

$$M\leqslant f_{tm}W \tag{3-1}$$

式中　$M$——按简支梁并取净跨计算的过梁跨中弯矩设计值；

$f_{tm}$——砌体沿齿缝截面的弯曲抗拉强度设计值；

$W$——过梁的截面抵抗矩。

注：由于过梁支座水平推力的存在，将延缓过梁沿正截面的弯曲破坏，提高了砌体沿通缝截面的弯曲抗拉强度，不采用沿通缝截面的弯曲抗拉强度而采用沿齿缝截面的弯曲抗拉强度以考虑支座水平推力的有利作用。

(2) 受剪承载力可按下列公式计算：

$$V\leqslant f_v bz \tag{3-2}$$

式中　$V$——按简支梁并取净跨计算的过梁支座剪力设计值；

$f_v$——砌体的抗剪强度设计值；

$b$——过梁的截面宽度，取墙厚；

$z$——内力臂，一般情况下取 $z=I/S$，当矩形截面时，取 $z=2h/3$；

$I$——截面惯性矩；

$S$——截面面积矩；

$h$——过梁的截面计算高度。

2. 钢筋砖过梁的计算

(1) 受弯承载力可按下列公式计算：

$$M \leqslant 0.85 f_y A_s h_0 \tag{3-3}$$

式中 $M$——按简支梁并取净跨计算的过梁跨中弯矩设计值；

$f_y$——钢筋的抗拉强度设计值；

$A_s$——受拉钢筋的截面面积；

$h_0$——过梁截面的有效高度，$h_0=h-a_s$；

$h$——过梁的截面计算高度，取过梁底面以上的墙体高度，但不大于 $l_n/3$；当考虑梁、板传来的荷载时，则按梁、板下的高度采用；

$a_s$——受拉钢筋重心至截面下边缘的距离。

(2) 受剪承载力可按公式(3-2)计算。

3. 钢筋混凝土过梁的计算

(1) 受弯承载力和受剪承载力按钢筋混凝土受弯构件计算。

(2) 过梁支座砌体局部受压承载力验算时，可不考虑上部荷载 $N_0$ 的影响。由于过梁与其上部砌体共同工作，构成刚度很大的深梁，变形很小，其有效支承长度可取过梁的实际支承长度，但不应超过墙厚，应力图形完整系数 $\eta=1$，砌体局部抗压强度提高系数 $\gamma=1.25$。

注：墙梁和过梁试验表明，砌有一定高度墙体的钢筋混凝土过梁是偏心受拉构件，按混凝土受弯构件计算是不合理的。过梁与墙梁并无明确分界定义，主要差别在于过梁支承于平行的墙体上，且相对支承长度较长；一般过梁跨度较小，承受的梁、板荷载较小。当过梁跨度较大或承受较大梁、板荷载时，按墙梁设计是合理的。

4. 过梁的计算框图(图 3-4)。

## 五、设计实例

**【实例 3-1】** 某墙体洞口处立面如图 3-5，窗洞宽 1200mm，外纵墙上搁置长向板，板底距窗上皮 720mm。外纵墙墙厚 370mm(墙面自重设计值为 9.336kN/m$^2$)，传至楼板底面处的荷载设计值为 31.3kN/m。墙体采用 MU10 砖、M5 混合砂浆砌筑，验算砖过梁的承载力是否满足要求。

**【解】** 1. 荷载计算

过梁底面至楼板底墙体的高度 $h_w=13.52-12.80=0.72\text{m}<l_n=1.2\text{m}$，应计入楼板传来的荷载。

墙体高度 $h_w=0.72\text{m}>\frac{1}{3}l_n=\frac{1}{3}\times1.2=0.4\text{m}$，墙体荷载应按高度为 $l_n/3$ 墙体的均布荷载采用。

砖过梁的荷载设计值为：

$$q=\frac{1}{3}\times1.2\times9.336+31.3=35.03\text{kN/m}$$

2. 内力计算

计算跨度近似取 $l_0=l_n=1.2\text{m}$

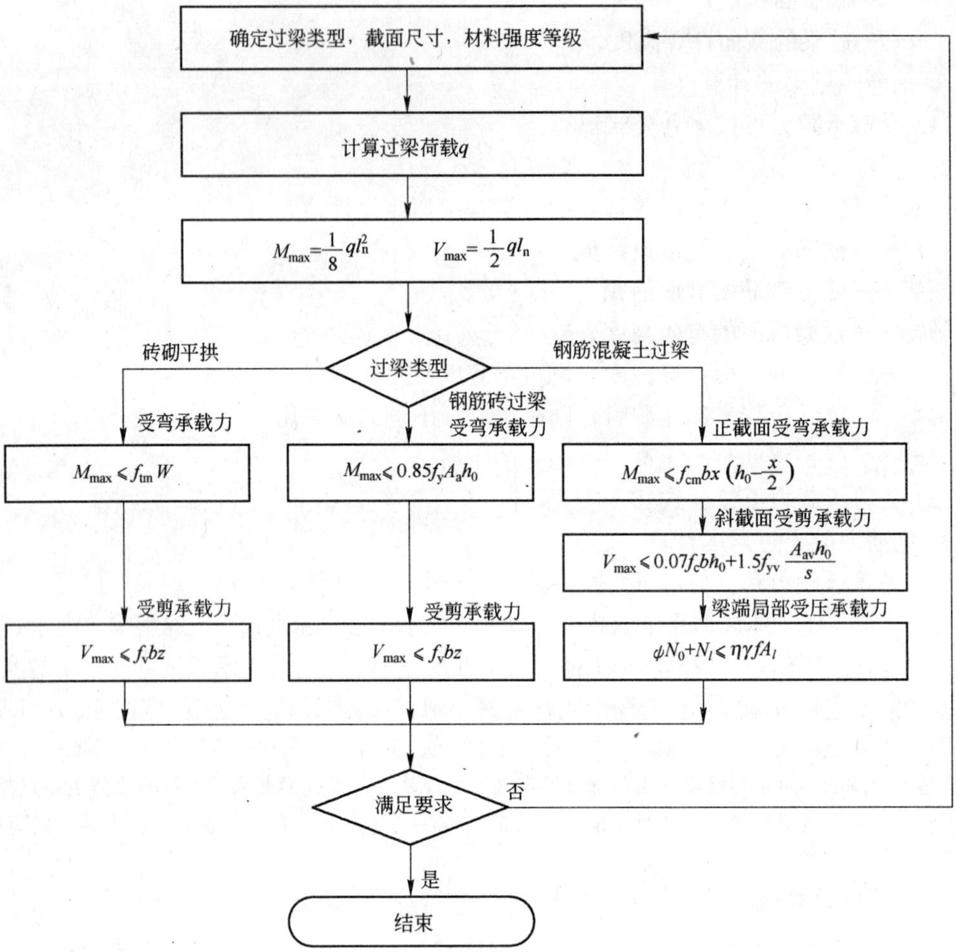

确定过梁类型，截面尺寸，材料强度等级

计算过梁荷载$q$

$M_{max}=\frac{1}{8}ql_n^2$　　$V_{max}=\frac{1}{2}ql_n$

过梁类型

砖砌平拱

受弯承载力

$M_{max}\leqslant f_{tm}W$

受剪承载力

$V_{max}\leqslant f_v bz$

钢筋砖过梁

受弯承载力

$M_{max}\leqslant 0.85f_y A_a h_0$

受剪承载力

$V_{max}\leqslant f_v bz$

钢筋混凝土过梁

正截面受弯承载力

$M_{max}\leqslant f_{cm}bx\left(h_0-\frac{x}{2}\right)$

斜截面受剪承载力

$V_{max}\leqslant 0.07f_c bh_0+1.5f_{yv}\frac{A_{av}h_0}{s}$

梁端局部受压承载力

$\psi N_0+N_l\leqslant \eta\gamma fA_l$

满足要求

否

是

结束

图 3-4　过梁计算框图

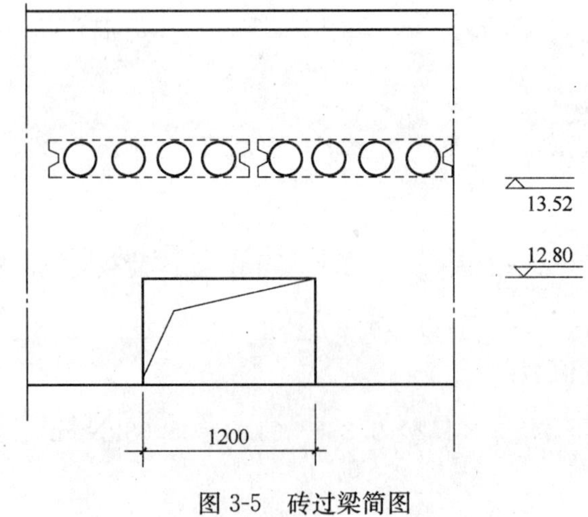


图 3-5　砖过梁简图

跨中弯矩 $$M=\frac{1}{8}ql_0^2=\frac{1}{8}\times 35.03\times 1.2^2=6.31\text{kN}\cdot\text{m}$$

支座剪力 $$V=\frac{1}{2}ql_n=\frac{1}{2}\times 35.03\times 1.2=21.02\text{kN}$$

3. 砖过梁承载力验算

由 MU10 砖、M5 混合砂浆得：

$$f_{tm}=0.23\text{N/mm}^2 \quad f_v=0.11\text{N/mm}^2$$

砖过梁截面面积：

$$A=0.37\times 0.72=0.266\text{m}^2<0.3\text{m}^2$$

调整系数 $$\gamma_a=0.7+A=0.7+0.266=0.966$$

$$W=\frac{1}{6}bh^2=\frac{1}{6}\times 370\times 720^2=3.2\times 10^7\text{mm}^2$$

$$z=\frac{2}{3}h=\frac{2}{3}\times 720=480\text{mm}$$

(1) 受弯承载力验算

$$f_{tm}W=0.966\times 0.23\times 3.2\times 10^7=7.11\times 10^6\text{N}\cdot\text{mm}$$
$$=7.11\text{kN/m}>M=6.31\text{kN}\cdot\text{m}$$

砖过梁的受弯承载力满足要求。

(2) 受剪承载力验算

$$f_vbz=0.966\times 0.11\times 370\times 480=18.88\times 10^3\text{N}=18.88\text{kN}<V=21.02\text{kN}$$

砖过梁的受剪承载力不满足要求。

**【实例 3-2】** 已知钢筋砖过梁净跨 $l_n=1.5$m，墙厚为 240mm；采用 MU10 烧结多孔砖(孔洞率33%)，M7.5 混合砂浆；在离窗口顶面标高 600mm 处作用有楼板传来的均布恒载标准值 $g_{k1}=5.5$kN/m，过梁自重为 4.2kN/m²，均布活载标准值 $q_k=4$kN/m。试设计该过梁。

**【解】** 1. 内力计算：

梁板荷载距过梁的高度为 $h_w=0.6\text{m}<l_n=1.5\text{m}$，应考虑梁板荷载。

作用在过梁上的均布荷载设计值为：

$$p_1=\gamma_{G1}(g_{k1}+g_{k2})+\gamma_{Q1}q_k=1.2\left(5.5+\frac{1.5}{3}\times 4.2\right)+1.4\times 4=14.72\text{kN/m}$$

$$p_2=\gamma_{G2}(g_{k1}+g_{k2})+\gamma_{Q2}q_k=1.35\left(5.5+\frac{1.5}{3}\times 4.2\right)+0.98\times 0.4=14.18\text{kN/m}$$

取 $$p=p_1=14.72\text{kN/m}$$

$$M=\frac{pl_n^2}{8}=\frac{14.72\times 1.5^2}{8}=4.14\text{kN/m}$$

$$V=\frac{pl_n}{2}=\frac{14.72\times 1.5}{2}=11.04\text{kN}$$

2. 受弯承载力验算

过梁截面高度 $h=600\text{mm}$，$h_0=600-15=585\text{mm}$

采用 HPB235 钢筋： $$f_y=210\text{kN/mm}^2$$

$$A_s=\frac{M}{0.85f_yh_0}=\frac{4.14\times 10^6}{0.85\times 210\times 585}=39.7\text{mm}^2$$

选用 2$\phi$6($A_s$=57mm$^2$)满足要求。

3. 受剪承载力验算

由 MU10 烧结多孔砖、M7.5 混合砂浆得：$f_v$=0.14N/mm$^2$，因孔洞率大于 30%，故

$$f_v=0.14\times0.9=0.126\text{N/mm}^2$$

$$z=\frac{2}{3}h=\frac{2}{3}\times600=400\text{mm}$$

$$f_vbz=0.126\times240\times400=12.10\text{kN}>V=11.04\text{kN}$$

受剪承载力满足要求。

**【实例 3-3】** 某钢筋混凝土过梁(图 3-6)，净跨 $l_n$=3000mm，支承长度为 240mm，过梁处墙体高度为 1500mm，墙体厚度为 240mm，墙体采用 MU10 砖和 M5 混合砂浆，承受楼板传来的均布荷载设计值为 15kN/m($\gamma_G$ 取 1.2)，过梁截面尺寸 $b\times h$=240mm×240mm，混凝土自重为 25kN/m$^2$，墙体自重为 4.2kN/m$^2$，过梁表面三面抹灰厚度为 15mm，砂浆自重为 20kN/m$^2$。试设计该过梁。

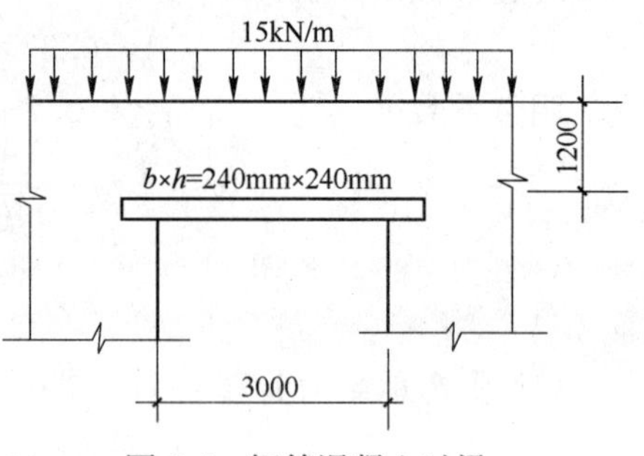

图 3-6 钢筋混凝土过梁

**【解】** 1. 内力计算

墙体高度 $h_w$=1.5m>$l_n$/3=1m，故仅考虑 1m 高的墙体自重。

过梁应考虑的梁板荷载为：

$$p=1.2(1\times4.2+0.24\times0.24\times25+0.015\times0.24\times3\times20)+15=22.03\text{kN/m}$$

过梁的计算跨度：

过梁支座反力接近矩形分布，取 $1.1l_n=1.1\times3=3.3$m

支座中心的跨度 $l_c=3+0.24=3.24$m

取计算跨度 $l_0=3.24$m

$$M=\frac{pl_0^2}{8}=\frac{22.03\times3.24^2}{8}=28.91\text{kN}\cdot\text{m}$$

$$V=\frac{pl_n}{2}=\frac{22.03\times3}{2}=33.05\text{kN}$$

2. 过梁受弯承载力计算

过梁采用 C20 混凝土：$f_c$=9.6N/mm$^2$，$f_t$=1.1N/mm$^2$

纵向钢筋采用 HRB335： $f_y$=300N/mm$^2$

箍筋采用 HPB235： $f_y$=210N/mm$^2$

$$a_s=\frac{M}{f_cbh_0^2}=\frac{28.91\times10^6}{9.6\times240\times205^2}=0.299$$

$$\gamma_s=0.5(1+\sqrt{1-2a_s})=0.5(1+\sqrt{1-2\times0.299})=0.817$$

$$A_s=\frac{M}{f_y\gamma_sh_0}=\frac{28.91\times10^6}{300\times0.817\times205}=575\text{mm}^2$$

选配 3$\Phi$16(603mm$^2$)，满足要求。

3. 过梁的受剪承载力计算

$$V=33.05\text{kN}$$

$<0.25f_c bh_0=0.25\times9.6\times240\times205=118.08\text{kN}$，受剪截面条件满足要求；

$<0.7f_t bh_0=0.7\times1.1\times240\times205=37.88\text{kN}$，

可按构造配置箍筋，选配双肢箍 $\phi6@200$，满足要求。

4. 梁端砌体局部受压承载力验算

由 MU10 砖、M5 混合砂浆　得：$f=1.5\text{N/mm}^2$

取 $a_0=a=240\text{mm}$，$\eta=1.0$，$\gamma=1.25$，$\psi=0$

$$A_l=a_0 b=240\times240=57600\text{mm}^2$$

$$N_l=\frac{1}{2}\times22.03\times3.24=35.69\text{kN}$$

$$<\eta\gamma fA_l=1.25\times1.5\times57600=108\text{kN}，满足要求。$$

## 第三节　墙　梁

### 一、分类及组成

由混凝土托梁和托梁上计算高度范围内的砌体墙组成的组合构件，称为墙梁。

1. 墙梁的分类

(1) 按承受的荷载分类

1) 承重墙梁：除了承受托梁和顶面以上墙体自重外，还承受由屋盖或楼盖传来荷载的墙梁，如底层为大开间、上层为小开间时设置的墙梁。

2) 自承重墙梁：仅承受托梁和顶面以上墙体自重的墙梁，如基础梁、连系梁等。

(2) 按支承条件分类

可划分为简支墙梁、框支墙梁和连续墙梁(图 3-7)。

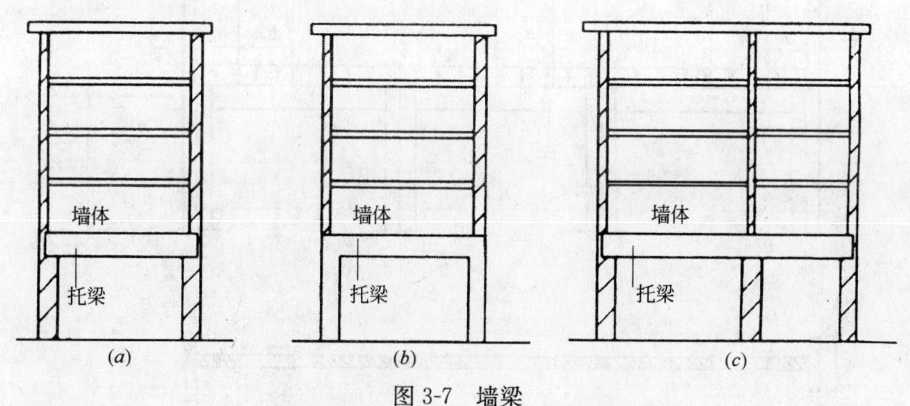


图 3-7　墙梁

(a)简支墙梁；(b)框支墙梁；(c)连续墙梁

2. 墙梁的组成

(1) 托梁：墙梁中承托砌体墙和楼(屋)盖的混凝土简支梁、连续梁和框架梁；

(2) 墙体：墙梁中考虑组合作用的计算高度范围内的砌体墙；

(3) 顶梁：墙梁的计算高度范围内墙体顶面处的现浇混凝土圈梁；

(4) 翼墙：墙梁支座处与墙体垂直相连接的纵向落地墙体。

## 二、适用范围

(1) 砌体类型：烧结普通砖、烧结多孔砖、混凝土小型空心砌块、配筋砌体。

(2) 墙梁计算高度范围内每跨允许设置一个洞口；洞口边至支座中心的距离 $a_i$，距边支座不应小于 $0.15l_{0i}$，跨中支座不应小于 $0.07l_{0i}$。对多层房屋的墙梁，各层洞口宜设置在相同位置，并宜上、下对齐。

(3) 墙梁的设计应符合表 3-2 的规定。

**墙梁的一般规定** **表 3-2**

| 墙梁类别 | 总高度 (m) | 跨 度 (m) | 墙 高 $h_w/l_{0i}$ | 托梁高 $h_b/l_{0i}$ | 洞 宽 $b_h/l_{0i}$ | 洞 高 $h_h$ |
|---|---|---|---|---|---|---|
| 承重墙梁 | ≤18 | ≤9 | ≥0.4 | ≥1/10 | ≤0.3 | $\leqslant 5h_w/16$ 且 $h_w-h_h\geqslant 0.4$m |
| 自承重墙梁 | ≤18 | ≤12 | ≥1/3 | ≥1/15 | ≤0.8 | |

注：1. 墙体总高度指托梁顶面到檐口的高度，带阁楼的坡屋面应算到山尖墙 1/2 高度处；

2. 对自承重墙梁，洞口至边支座中心的距离不应小于 $0.1l_{0i}$，门窗洞上口至墙顶的距离不应小于 0.5m；

3. $h_w$——墙体计算高度；

$h_b$——托梁截面高度；

$l_{0i}$——墙梁计算跨度；

$b_h$——洞口宽度；

$h_h$——洞口高度，对窗洞取洞顶至托梁顶面距离。

## 三、计算简图(图 3-8)

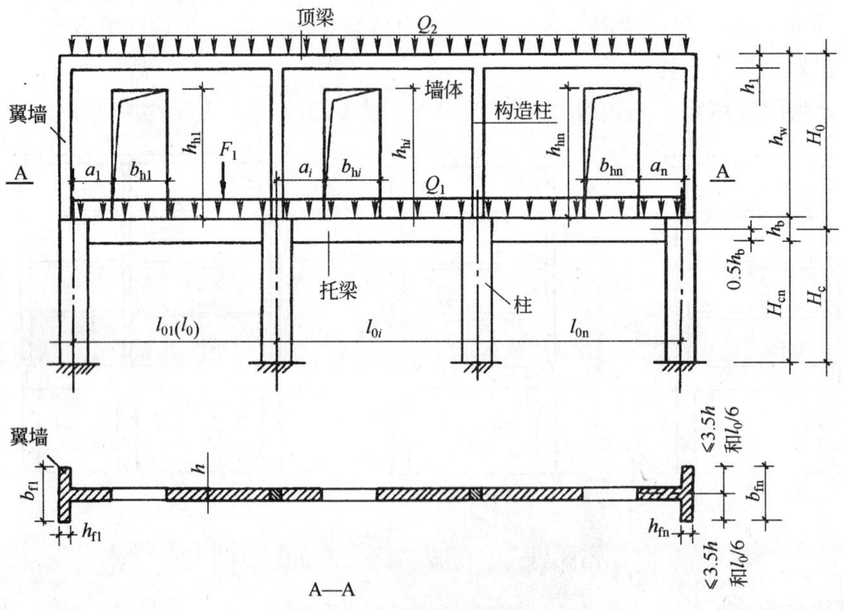


图 3-8 墙梁的计算简图

(1) 墙梁计算跨度 $l_0(l_{0i})$，对简支墙梁和连续墙梁取 $1.1l_n(1.1l_{ni})$ 或 $l_c(l_{ci})$ 两者的较小值；$l_n(l_{ni})$ 为净跨，$l_c(l_{ci})$ 为支座中心线距离。对框支墙梁，取框架柱中心线间的距离 $l_c(l_{ci})$。

(2) 墙体计算高度 $h_w$，取托梁顶面上一层墙体(包括顶梁)高度，当 $h_w > l_0$ 时，取 $h_w = l_0$(对连续墙梁和多跨框支墙梁，$l_0$ 取各跨的平均值)。

(3) 墙梁跨中截面计算高度 $H_0$，取 $H_0 = h_w + 0.5h_b$。

(4) 翼墙计算宽度 $b_f$，取窗间墙宽度或横墙间距的 2/3，且每边不大于 $3.5h$($h$ 为墙体厚度)和 $l_0/6$。

(5) 框架柱计算高度 $H_c$，取 $H_c = H_{cn} + 0.5h_b$；$H_{cn}$ 为框架柱的净高，取基础顶面至托梁底面的距离。

## 四、墙梁的荷载

1. 使用阶段墙梁的荷载

(1) 承重墙梁

1) 托梁顶面的荷载设计值 $Q_1$、$F_1$，取托梁自重及本层楼盖的恒荷载和活荷载；

2) 墙梁顶面的荷载设计值 $Q_2$，取托梁以上各层墙体自重，以及墙梁顶面以上各层楼(屋)盖的恒荷载和活荷载；集中荷载可沿作用的跨度近似化为均布荷载。

(2) 自承重墙梁

墙梁顶面的荷载设计值 $Q_2$，取托梁自重及托梁以上墙体自重。

2. 施工阶段托梁上的荷载

1) 托梁自重及本层楼盖的恒荷载；

2) 本层楼盖的施工荷载；

3) 墙体自重，可取高度为 $\frac{l_{0max}}{3}$ 的墙体自重，开洞时尚应按洞顶以下实际分布的墙体自重复核；$l_{0max}$ 为各计算跨度的最大值。

## 五、墙梁承载力计算

1. 墙梁承载力计算内容(表 3-3)

**墙梁计算内容** **表 3-3**

| 计算内容 | | | 墙梁类别 | | | |
|---|---|---|---|---|---|---|
| | | | 承重墙梁 | | | 自承重墙梁 |
| | | | 简支 | 连续 | 框支 | |
| 使用阶段 | 正截面承载力计算 | 托梁跨中 | √ | √ | √ | √ |
| | | 托梁支座 | | √ | √ | |
| | | 柱或剪力墙 | | | √ | |
| | 斜截面受剪承载力计算 | 托梁 | √ | √ | √ | √ |
| | | 柱或剪力墙 | | | √ | |
| | 墙体承载力计算 | 墙体受剪 | √ | √ | √ | |
| | | 托梁支座上部砌体局部受压 | √ | √ | √ | |
| 施工阶段 | 托梁承载力验算 | 正截面受弯 | √ | √ | √ | √ |
| | | 斜截面受剪 | √ | √ | √ | √ |

注：√表示必须计算的内容。

2. 内力分析

(1) 在托梁顶面荷载 $Q_1$、$F_1$ 作用下，连续墙梁或框支墙梁可采用一般结构力学方法进行内力分析，得到托梁内力 $M_{1i}$、$M_{1j}$、$V_{1j}$ 和框支柱内力 $M_{1C}$、$N_{1C}$（注意：此时不考虑墙梁组合作用）。

(2) 在墙梁顶面荷载 $Q_2$ 作用下，连续托梁或框架可采用一般结构力学方法进行内力分析，得到托梁内力 $M_{2i}$、$M_{2i}$、$V_{2j}$ 和框支柱内力 $M_{2C}$、$N_{2C}$（注意：内力分析时无需考虑墙梁组合作用，内力分析后采用内力系数 $\alpha_M$、$\eta_N$、$\beta_V$ 来考虑墙梁组合作用）。

3. 墙梁的托梁正截面承载力计算

(1) 托梁跨中正截面承载力应按混凝土偏心受拉构件计算，其弯矩 $M_{bi}$ 及轴心拉力 $N_{bti}$ 可按下列公式计算：

$$M_{bi}=M_{1i}+\alpha_M M_{2i} \tag{3-4}$$

$$N_{bti}=\eta_N \frac{M_{2i}}{H_0} \tag{3-5}$$

对连续和框支墙梁：

$$\alpha_M=\psi_M\left(2.7\frac{h_b}{l_{0i}}-0.08\right) \tag{3-6}$$

$$\psi_M=3.8-8\frac{a_i}{l_{0i}} \tag{3-7}$$

$$\eta_N=0.8+2.6\frac{h_w}{l_{0i}} \tag{3-8}$$

对简支墙梁：

$$\alpha_M=\psi_M\left(1.7\frac{h_b}{l_0}-0.03\right) \tag{3-9}$$

$$\psi_M=4.5-10\frac{a}{l_0} \tag{3-10}$$

$$\eta_N=0.44+2.1\frac{h_w}{l_0} \tag{3-11}$$

式中 $M_{1i}$——荷载设计值 $Q_1$、$F_1$ 作用下的简支梁跨中弯矩或按连续梁或框架分析的托梁各跨跨中最大弯矩；

$M_{2i}$——荷载设计值 $Q_2$ 作用下的简支梁跨中弯矩或按连续梁或框架分析的托梁各跨跨中弯矩中的最大值；

$\alpha_M$——考虑墙梁组合作用的托梁跨中弯矩系数，可按公式(3-6)或(3-9)计算，但对自承重简支墙梁应乘以 0.8；当公式(3-6)中的 $\frac{h_b}{l_0}>\frac{1}{6}$ 时，取 $\frac{h_b}{l_0}=\frac{1}{6}$；当公式(3-9)中的 $\frac{h_b}{l_{0i}}>\frac{1}{7}$ 时，取 $\frac{h_b}{l_{0i}}=\frac{1}{7}$；

$\eta_N$——考虑墙梁组合作用的托梁跨中轴力系数，可按公式(3-8)或(3-11)计算，但对自承重简支墙梁应乘以 0.8；式中，当 $\frac{h_w}{l_{0i}}>1$ 时，取 $\frac{h_w}{l_{0i}}=1$；

$\psi_M$——洞口对托梁弯矩的影响系数，对无洞口墙梁取 1.0，对有洞口墙梁可按公式(3-7)或(3-10)计算；

$a_i$——洞口边至墙梁最近支座的距离，当 $a_i>0.35l_{0i}$时，取 $a_i=0.35l_{0i}$。

（2）托梁支座截面应按钢筋混凝土受弯构件计算，其弯矩 $M_{bj}$ 可按下列公式计算：

$$M_{bj}=M_{1j}+\alpha_M M_{2j} \tag{3-12}$$

$$\alpha_M=0.75-\frac{a_i}{l_{0i}} \tag{3-13}$$

式中 $M_{1j}$——荷载设计值 $Q_1$、$F_1$ 作用下按连续梁或框架分析的托梁支座弯矩；

$M_{2j}$——荷载设计值 $Q_2$ 作用下按连续梁或框架分析的托梁支座弯矩；

$\alpha_M$——考虑组合作用的托梁支座弯矩系数，无洞口墙梁取 0.4，有洞口墙梁可按公式(3-13)计算，当支座两边的墙体均有洞口时，$a_i$ 取较小值。

4. 使用阶段墙梁斜截面受剪承载力计算

（1）墙梁的托梁斜截面受剪承载力应按钢筋混凝土受弯构件计算，其剪力 $V_{bj}$ 可按下式计算：

$$V_{bj}=V_{1j}+\beta_v V_{2j} \tag{3-14}$$

式中 $V_{1j}$——荷载设计值 $Q_1$、$F_1$ 作用下按连续梁或框架分析的托梁支座边剪力或简支梁支座边剪力；

$V_{2j}$——荷载设计值 $Q_2$ 作用下按连续梁或框架分析的托梁支座边剪力或简支梁支座边剪力；

$\beta_v$——考虑组合作用的托梁剪力系数，无洞口墙梁边支座取 0.6，中支座取 0.7；有洞口墙梁边支座取 0.7，中支座取 0.8；对自承重墙梁，无洞口时取 0.45，有洞口时取 0.5。

（2）墙梁的墙体受剪承载力，应按下列公式计算：

$$V_2\leqslant\xi_1\xi_2\left(0.2+\frac{h_b}{l_{0i}}+\frac{h_t}{l_{0i}}\right)fh h_w \tag{3-15}$$

式中 $V_2$——在荷载设计值 $Q_2$ 作用下墙梁支座边剪力的最大值；

$\xi_1$——翼墙或构造柱影响系数，对单层墙梁取 1.0，对多层墙梁，当 $\frac{b_f}{h}=3$ 时取 1.3，当 $\frac{b_f}{h}=7$ 或设置构造柱时取 1.5，当 $3<\frac{b_f}{h}<7$ 时，按线性插入取值；

$\xi_2$——洞口影响系数，无洞口墙梁取 1.0，多层有洞口墙梁取 0.9，单层有洞口墙梁取 0.6；

$h_t$——墙梁顶面圈梁截面高度。

5. 使用阶段托梁支座上部砌体局部受压承载力计算

托梁支座上部砌体局部受压承载力，应按下列公式计算：

$$Q_2\leqslant\zeta fh \tag{3-16}$$

$$\zeta=0.25+0.08\frac{b_f}{h} \tag{3-17}$$

式中 $\zeta$——局压系数，当 $\zeta>0.81$ 时，取 $\zeta=0.81$。

6. 框支墙梁的框支柱承载力计算

框支柱的正截面承载力应按混凝土偏心受压构件计算，其弯矩 $M_C$ 和轴力 $N_C$ 可按下列公式计算：

$$M_C = M_{1C} + M_{2C} \tag{3-18}$$

$$N_C = N_{1C} + \eta_N N_{2C} \tag{3-19}$$

式中 $M_{1C}$——荷载设计值 $Q_1$、$F_1$ 作用下按框架分析的柱弯矩；

$N_{1C}$——荷载设计值 $Q_1$、$F_1$ 作用下按框架分析的柱轴力；

$M_{2C}$——荷载设计值 $Q_2$ 作用下按框架分析的柱弯矩；

$N_{2C}$——荷载设计值 $Q_2$ 作用下按框架分析的柱轴力；

$\eta_N$——考虑墙梁组合作用的柱轴力系数，单跨框支墙梁的边柱和多跨框支墙梁的中柱取 1.0；多跨框支墙梁的边柱当轴力增大不利时取 1.2，当轴力增大有利时取 1.0。

7. 施工阶段托梁承载力验算

托梁在施工阶段应按钢筋混凝土受弯构件进行受弯和受剪承载力验算，结构重要性系数 $\gamma_0$ 取 1.0。

8. 墙梁计算框图(图 3-9)

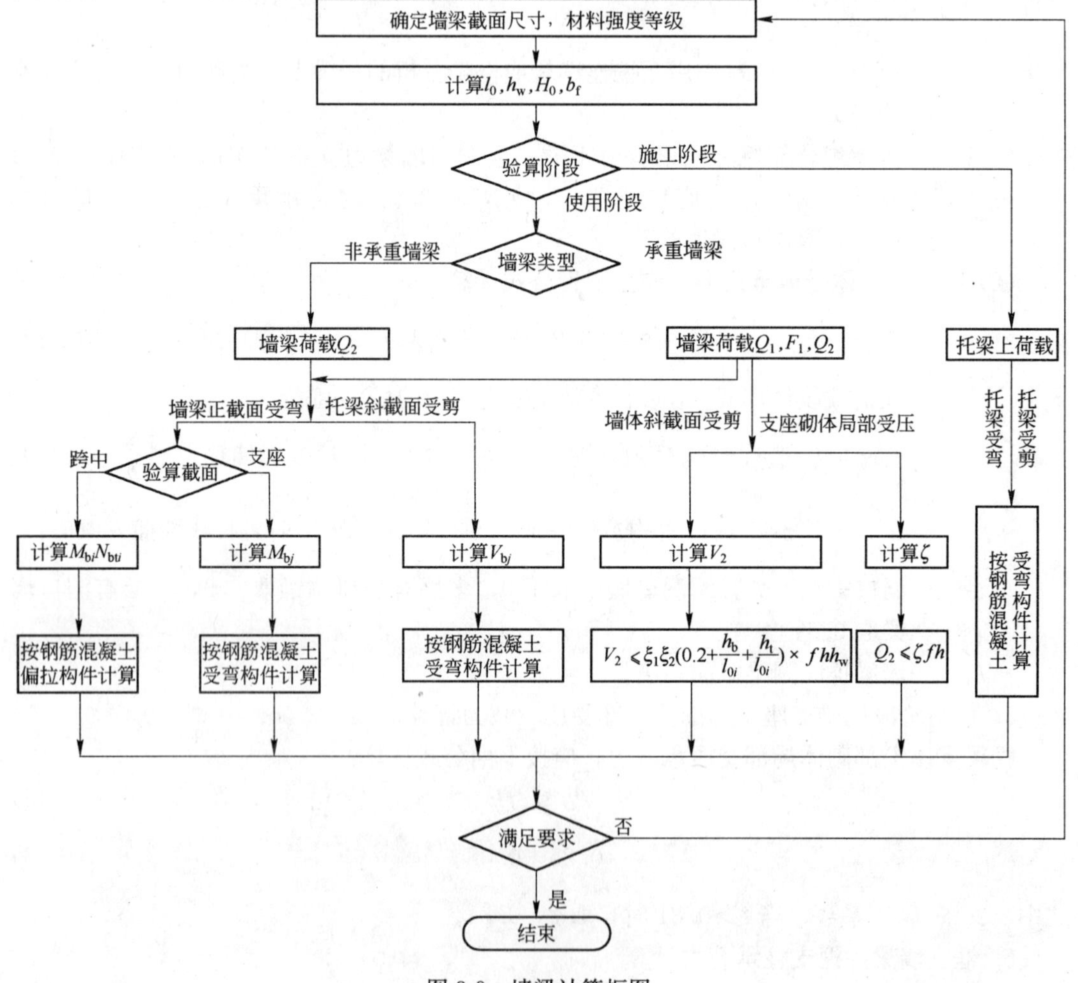


图 3-9 墙梁计算框图

## 六、墙梁的构造要求

墙梁除应符合本节和《混凝土结构设计规范》(GB 50010—2002)的有关构造规定外，尚应符合下列构造要求：

1. 材料和一般规定

(1) 托梁的混凝土强度等级不应低于C30。

(2) 纵向钢筋应采用HRB335、HRB400或RRB400级钢筋；箍筋宜采用HPB235、HRB335级钢筋。

(3) 承重墙梁的块体强度等级不应低于MU10，计算高度范围内墙体的砂浆强度等级不应低于M10；其余墙体和自承重墙梁墙体砂浆强度等级不应低于M5。

(4) 设置框支墙梁的砌体房屋，以及设有承重的简支或连续墙梁的房屋，应满足刚性方案房屋的要求。

(5) 当墙梁的跨度较大或荷载较大时，宜采用框支墙梁。

2. 墙体

(1) 墙梁的计算高度范围内的墙体厚度对砖砌体不应小于240mm，对混凝土小型砌块砌体不应小于190mm。

(2) 墙梁洞口上方应设置混凝土过梁，其支承长度不应小于240mm；洞口范围内不应施加集中荷载。

(3) 承重墙梁的支座处应设置落地翼墙，翼墙厚度，对砖砌体不应小于240mm，对混凝土砌块砌体不应小于190mm，翼墙宽度不应小于墙梁墙体厚度的3倍，并与墙梁墙体同时砌筑。当不能设置翼墙时，应设置落地且上、下贯通的构造柱。

(4) 当墙梁的墙体的受剪或局部受压承载力不满足时，可采用网状配筋砌体或加构造柱等。网状配筋砌体的范围为：从支座中线起每边$0.4h_w$，从托梁顶面起高$0.6h_w$。

(5) 当墙梁墙体在靠近支座$\frac{1}{3}$跨度范围内开洞时，支座处应设置落地且上、下贯通的构造柱，并应与每层圈梁连接。

(6) 墙梁计算高度范围内的墙体，每天砌筑高度不应超过1.5m；否则，应加设临时支撑。

(7) 承重墙梁的托梁如现浇时，必须在混凝土达到设计强度等级的75%，梁上砌体达到比设计强度等级低一级的强度时，方可拆除模板支撑。

(8) 通过墙梁墙体的施工临时通道的洞口宜开在跨中$1/3l_0$范围内，其高度不应大于层高的5/6，并预留水平拉结钢筋。

(9) 冬期施工时，托梁下应设置临时支撑，在墙梁计算高度范围内的墙体强度达到设计强度的75%以前，不得拆除。

3. 托梁

(1) 设置墙梁的房屋的托梁两边各一个开间及相邻开间处应采用现浇混凝土楼盖，楼板厚度不应小于120mm，当楼板厚度大于150mm时，应采用双层双向钢筋网，楼板上应少开洞，洞口尺寸大于800mm时应设洞边梁。

(2) 托梁每跨底部的纵向受力钢筋应通长设置，不得在跨中段弯起或截断。钢筋接长应采用机械连接或焊接。

(3) 墙梁的托梁跨中截面纵向受力钢筋总配筋率不应小于0.6%。

(4) 托梁距边支座边 $l_0/4$ 范围内，上部纵向钢筋面积不应小于跨中下部纵向钢筋面积的1/3。连续墙梁或多跨框支墙梁的托梁中支座上部附加纵向钢筋从支座边算起每边延伸不少于 $l_0/4$。

(5) 承重墙梁托梁在砌体墙、柱上的支承长度不应小于350mm。纵向受力钢筋伸入支座应符合受拉钢筋的锚固要求。

(6) 当托梁高度 $h_b \geqslant 500$mm时，应沿梁高设置通长水平腰筋，直径不应小于12mm，间距不应大于200mm。

(7) 墙梁偏开洞口的宽度及两侧各一个梁高 $h_b$ 范围内直至靠近洞口的支座边的托梁箍筋直径不应小于8mm，间距不应大于100mm(图3-10)。

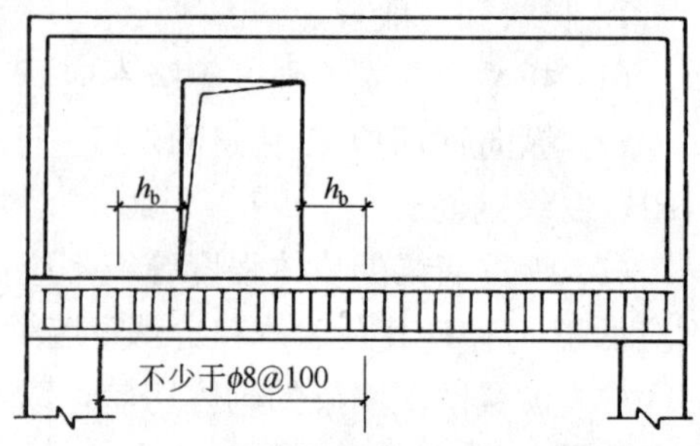

图3-10　偏开洞时托梁箍筋加密区

## 七、设计实例

**【实例3-4】** 已知某五层商店一住宅进深6m，开间3.3m，其局部平剖面及楼(屋)盖恒载和活载如图3-11所示。托梁 $b \times h_b = 250\text{mm} \times 600\text{mm}$，混凝土为C30，纵筋为HRB335

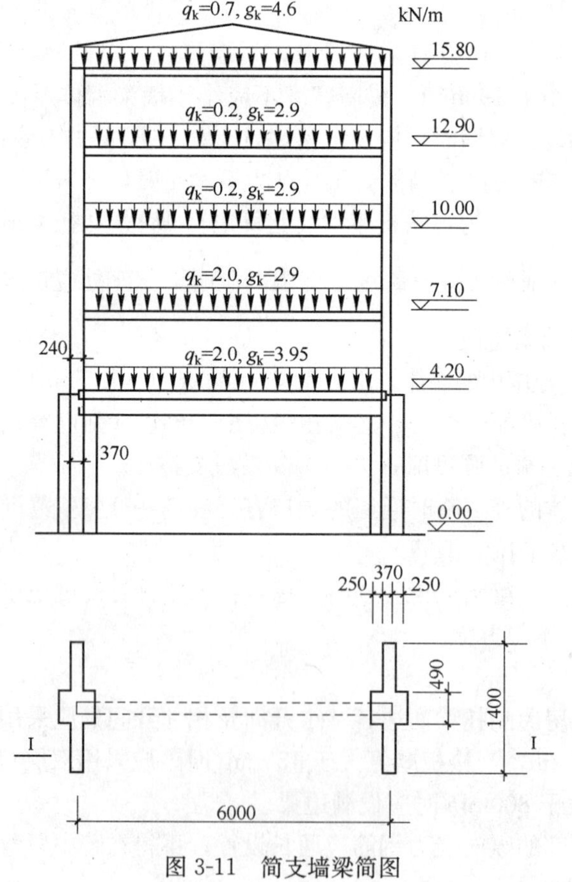

图3-11　简支墙梁简图

级，箍筋为HPB235级；墙体厚度240mm，采用MU10烧结多孔砖，计算高度范围内为M10混合砂浆，其余为M5混合砂浆；顶梁 $b_t \times h_t = 240\text{mm} \times 180\text{mm}$；设计该墙梁。

**【解】** 1. 荷载计算

$$l_c = 6\text{m},\ l_n = 6 - 0.87 = 5.13\text{m},\ 故\ l_0 = 1.1 l_n = 1.1 \times 5.13 = 5.64\text{m}$$

(1) 作用在托梁顶面上的荷载设计值 $Q_1$：

托梁自重　　$1.35[25 \times 0.25 \times 0.6 + (0.25 + 0.6 \times 2) \times 0.015 \times 20] = 5.65\text{kN/m}$

二层楼盖　　$(1.0 \times 2.0 + 1.35 \times 3.95) \times 3.3 = 24.20\text{kN/m}$

$$Q_1 = 5.65 + 24.20 = 29.85\text{kN/m}$$

(2) 作用在墙梁顶面上的荷载设计值 $Q_2$：

墙体自重　　$1.35 \times 4.2 \times 2.76 \times 4 = 62.60\text{kN/m}$

二层以上楼盖和屋盖

$$[(1.0 \times 2.0 + 1.35 \times 2.9) \times 3 + (1.0 \times 0.7 + 1.35 \times 4.6)] \times 3.3 = 81.36\text{kN/m}$$

$$Q_2 = 62.60 + 81.36 = 143.96\text{kN/m}$$

简支墙梁计算简图如图3-12所示。

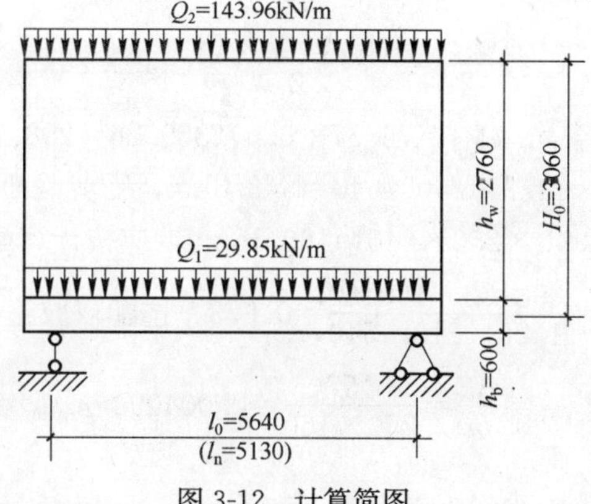


图3-12　计算简图

2. 使用阶段墙梁的托梁承载力计算

(1) 托梁正截面承载力计算

$$M_1 = \frac{Q_1 l_0^2}{8} = \frac{29.85 \times 5.64^2}{8} = 118.69\text{kN} \cdot \text{m}$$

$$M_2 = \frac{Q_2 l_0^2}{8} = \frac{143.69 \times 5.64^2}{8} = 572.41\text{kN} \cdot \text{m}$$

$$\alpha_M = 1.7\frac{h_b}{l_0} - 0.03 = 1.7\frac{0.6}{5.64} - 0.03 = 0.151$$

$$\eta_N = 0.44 + 2.1\frac{h_w}{l_0} = 0.44 + 2.1\frac{2.76}{5.64} = 1.468$$

$$H_0 = h_w + \frac{h_b}{2} = 2.76 + 0.3 = 3.06\text{m}$$

$$M_b = M_1 + \alpha_M M_2 = 118.69 + 0.151 \times 572.41 = 205.12\text{kN} \cdot \text{m}$$

$$N_{bt} = \eta_N \frac{M_2}{H_0} = 1.468\frac{572.41}{3.06} = 274.61\text{kN}$$

$$e_0=\frac{M_b}{N_{bt}}=\frac{205.12}{274.61}=0.747\text{m}>\frac{1}{2}h_b-a_s=0.3-0.06=0.24\text{m}$$，为大偏心受拉构件；

$$e=e_0-\frac{h_b}{2}+a_s=747-300+60=507\text{mm}$$

$$A_s'=\frac{N_{bt}e-a_{smax}f_cbh_0^2}{f_y'(h_0-a_s')}=\frac{274610\times507-0.399\times14.3\times250\times540^2}{300(540-35)}<0$$

按构造配筋，$A_s'=0.002\times250\times600=300\text{mm}^2$，选配2Φ14(308$\text{mm}^2$)，满足要求。

$$a_s=\frac{N_{bt}e}{f_cbh_0^2}=\frac{274610\times507}{14.3\times250\times540^2}=0.134,\ \gamma_s=0.928$$

$$A_s=\frac{N_{bt}e}{\gamma_sh_0f_y}+\frac{N_{bt}}{f_y}$$

$$=\frac{274610\times507}{0.928\times540\times300}+\frac{274610}{300}=1842\text{mm}^2$$，选配6Φ20(1884$\text{mm}^2$)，满足要求。

(2) 托梁斜截面受剪承载力计算

$$V_1=\frac{Q_1l_n}{2}=\frac{29.85\times5.13}{2}=76.57\text{kN}$$

$$V_2=\frac{Q_2l_n}{2}=\frac{143.96\times5.13}{2}=369.26\text{kN}$$

$$V_b=V_1+\beta_vV_2=76.57+0.6\times369.26=298.12\text{kN}$$

$<0.25f_cbh_0=0.25\times14.3\times250\times640=572.0\text{kN}$，受剪截面满足要求；

$>0.7f_tbh_0=0.7\times1.43\times250\times640=160.16\text{kN}$，应按计算配置箍筋。

$\frac{A_{sv}}{s}=\frac{V_b-0.7f_tbh_0}{1.25h_{b0}f_{yv}}=\frac{298120-160160}{1.25\times210\times540}=0.973$，选配双肢箍$\phi$10@160，

$\frac{A_{sv}}{s}=\frac{157}{160}=0.98$，且$\rho_{sv}=\frac{A_{sv}}{bs}=\frac{157}{250\times160}=0.00409>\rho_{svmin}=0.24\frac{f_t}{f_{yv}}=0.24\times\frac{1.43}{210}=0.00163$，满足要求。

3. 使用阶段墙梁的墙体承载力计算

(1) 墙梁受剪承载力计算

$\frac{b_f}{h}=\frac{1400}{240}=5.833$，$\xi_1=1.442$，无洞口，$\xi_2=1$；$f=1.89\text{N/mm}^2$，则

$V_2=369.26\text{kN}<\xi_1\xi_2\left(0.2+\frac{h_b}{l_0}+\frac{h_t}{l_0}\right)fhh_w=1.442\left(0.2+\frac{0.6}{5.64}+\frac{0.18}{5.64}\right)\times1.89\times240\times2760=610.73\text{kN}$，满足要求。

(2) 托梁支座上部砌体局部受压承载力计算

$$\zeta=0.25+0.08\frac{b_f}{h}=0.25+0.08\times5.833=0.717,$$

$Q_2=143.96\text{kN}<\zeta fh=0.717\times1.89\times240=325.24\text{kN/m}$，满足要求。

4. 施工阶段托梁承载力验算

结构重要性系数　$\gamma_0=1.0$

施工阶段作用在托梁上均布荷载：

$$29.85+\frac{1}{3}\times5.64\times0.24\times15.3\times1.35=39.17\text{kN/m}$$

$$M=\frac{1}{8}\times 39.17\times 5.64^2=155.73\text{kN}\cdot\text{m}$$

$$a_s=\frac{155.73\times 10^6}{11.9\times 250\times 540}=0.149,\ \gamma_s=0.919$$

$A_s=\dfrac{155.73\times 10^6}{300\times 0.919\times 540}=1046\text{mm}^2<1884\text{mm}^2$，已配纵筋满足要求；

$V=\dfrac{1}{2}\times 39.17\times 5.13=100.47\text{kN}<289.12\text{kN}$，已配箍筋满足要求。

**【实例 3-5】** 某单跨六层商店—住宅的局部平剖面、楼(屋)盖荷载标准值及各层开门洞尺寸如图 3-13 所示。托梁 $b\times h_b=300\text{mm}\times 850\text{mm}$，混凝土为 C30，纵筋为 HRB335 级，箍筋为 HPB235 级；墙体厚度 240mm，采用 MU10 烧结多孔砖，计算高度范围内墙体为 M10 混合砂浆，其余为 M5 混合砂浆；顶梁 $b_t\times h_t=240\text{mm}\times 370\text{mm}$；设计该墙梁。

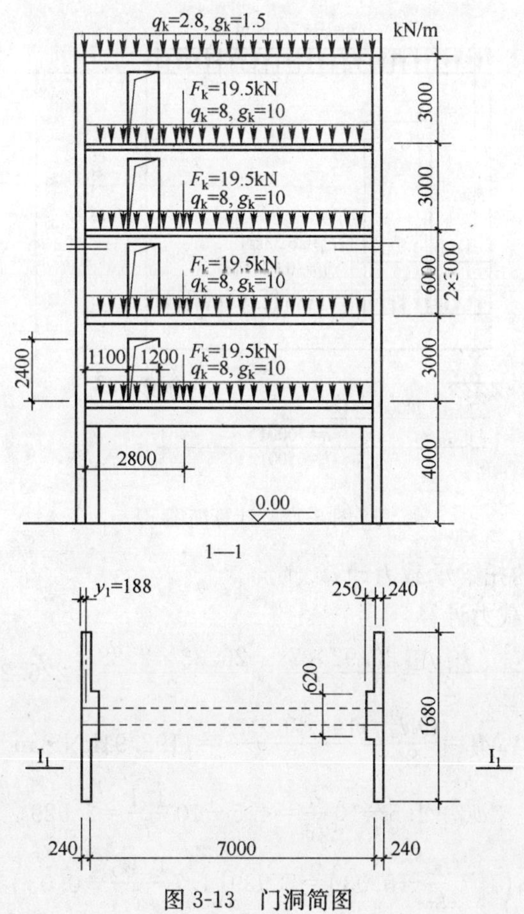


图 3-13 门洞简图

**【解】** 1. 荷载计算

$l_n=7-0.5=6.5\text{m}$，$l_c=7\text{m}$，$1.1l_n=1.1\times 6.5=7.15\text{m}$，故取 $l_0=7\text{m}$

(1) 作用在托梁顶面上的荷载设计值：

集中荷载　　$F_1=19.5\times 1.35=26.33\text{kN/m}$

托梁自重　　$1.35[0.3\times 0.85\times 25+(0.3+0.85\times 2)\times 0.015\times 20]=9.42\text{kN/m}$

二层楼盖　　　　　　$1.0\times8+1.35\times10=21.50\text{kN/m}$

$$Q_1=9.42+21.50=30.92\text{kN/m}$$

(2) 作用在墙梁顶面上的荷载设计值：

墙体自重　$1.35[4.2(2.86\times7-1.2\times2.4)+1.2\times2.4\times0.45]\times\dfrac{5}{7}=70.67\text{kN/m}$

三层及三层以上楼盖和屋盖

$$1.0\times(8\times4+2.8)+1.35\times(10\times4+15)=109.05\text{kN/m}$$

三层及三层以上集中荷载化为均布荷载

$$1.35\times19.5\times4/7.0=15.04\text{kN/m}$$

$$Q_2=70.67+109.05+15.04=194.76\text{kN/m}$$

简支墙梁计算简图见图 3-14。

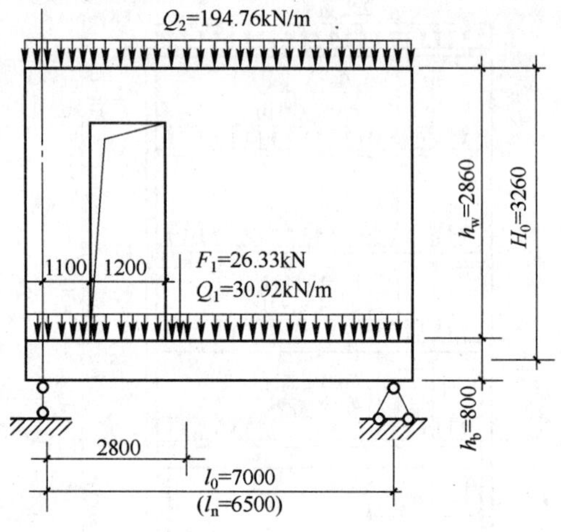


图 3-14　计算简图

2. 使用阶段墙梁的托梁承载力计算

(1) 托梁正截面承载力计算

$$M_1=\frac{Q_1l_0^2}{8}+\frac{F_1a}{2}=\frac{30.92\times7^2}{8}+\frac{26.33\times2.88}{2}=226.25\text{kN}\cdot\text{m}$$

$$M_2=\frac{Q_2l_0^2}{8}=\frac{194.76\times7^2}{8}=1192.91\text{kN}\cdot\text{m}$$

$$\psi_\text{M}=4.5-10\,\frac{a}{l_0}=4.5-10\,\frac{1.1}{7}=2.929$$

$$\alpha_\text{M}=\psi_\text{M}\left(1.7\,\frac{h_\text{b}}{l_0}-0.03\right)=2.929\left(1.7\,\frac{0.85}{7}-0.03\right)=0.517$$

$$\eta_\text{N}=0.44+2.1\,\frac{h_\text{w}}{l_0}=0.44+2.1\,\frac{2.86}{7}=1.298$$

$$H_0=h_\text{w}+\frac{h_\text{b}}{2}=2.86+\frac{0.85}{2}=3.285\text{m}$$

$$M_\text{b}=M_1+\alpha_\text{M}M_2=226.25+0.517\times1192.91=842.98\text{kN}\cdot\text{m}$$

$$N_\text{bt}=\eta_\text{N}\,\frac{M_2}{H_0}=1.298\,\frac{1192.91}{3.285}=471.35\text{kN}$$

$$e_0=\frac{M_b}{N_{bt}}=\frac{842.98}{471.35}=1.788\text{m}>\frac{1}{2}h_b-a_s=0.425-0.06=0.365\text{m}$$，为大偏心受拉构件

$$e=e_0-\frac{h_b}{2}+a_s=1788-425+60=1432\text{mm}$$

$$A_s'=\frac{N_{bt}e-a_{smax}f_cbh_0^2}{f_y'(h_0-a_s')}=\frac{471350\times1423-0.399\times14.3\times300\times790^2}{300(790-35)}<0$$

按构造配筋，$A_s'=0.002\times300\times850=510\text{mm}^2$，选配 2Φ16+1Φ14($556\text{mm}^2$)，满足要求。

$$a_s=\frac{N_{bt}e}{f_cbh_0^2}=\frac{471350\times1423}{14.3\times300\times790^2}=0.251\quad\gamma_s=0.853$$

$$A_s=\frac{N_{bt}e}{\gamma_sh_0f_y}+\frac{N_{bt}}{f_y}=\frac{471350\times1423}{0.853\times790\times300}+\frac{471350}{300}=4889\text{mm}^2$$

选配 10Φ25($4909\text{mm}^2$)，满足要求。

(2) 托梁斜截面受剪承载力计算

$$V_1=\frac{Q_1l_n}{2}+\frac{F_1b}{l_0}=\frac{30.92\times6.5}{2}+\frac{26.33\times4.2}{7}=116.29\text{kN}$$

$$V_2=\frac{Q_2l_n}{2}=\frac{194.76\times6.5}{2}=632.97\text{kN}$$

$$V_b=V_1+\beta_vV_2=116.29+0.7\times632.97=559.37\text{kN}$$

$<0.25f_cbh_0=0.25\times14.3\times300\times790=847.28\text{kN}$，受剪截面满足要求；

$>0.7f_tbh_0=0.7\times1.43\times300\times790=237.24\text{kN}$，按计算配箍筋。

$\frac{A_{sv}}{s}=\frac{V_b-0.7f_tbh_0}{1.25h_{b0}f_{yv}}=\frac{559370-237240}{1.25\times210\times790}=1.553$，选配 4 肢箍 $\phi10@200$，

$\frac{A_{sv}}{s}=\frac{314}{200}=1.57$，且 $\rho_{sv}=\frac{A_{sv}}{bs}=\frac{314}{300\times200}=0.00523>\rho_{svmin}=0.24\frac{f_t}{f_{yv}}=0.24\times\frac{1.43}{210}=0.00164$，满足要求。

3. 使用阶段墙梁的墙体承载力计算

(1) 墙体受剪承载力计算

$\frac{b_f}{h}=\frac{1680}{240}=7$，$\xi_1=1.5$，多层有洞口，$\xi_2=0.9$；$f=1.89\text{N/mm}^2$，则 $V_2=632.97\text{kN}<\xi_1\xi_2\left(0.2+\frac{h_b}{l_0}+\frac{h_t}{l_0}\right)fhh_w=1.5\times0.9\left(0.2+\frac{0.85}{7}+\frac{0.37}{7}\right)\times1.89\times240\times2860=655.51\text{kN}$，满足要求。

(2) 托梁支座上部砌体局部受压承载力计算

$$\zeta=0.25+0.08\frac{b_f}{h}=0.25+0.08\times7=0.81$$

$Q_2=194.76\text{kN}<\zeta fh=0.81\times1.89\times240=367.42\text{kN/m}$，满足要求。

4. 施工阶段托梁承载力验算

结构重要性系数　　　　$\gamma_0=1.0$

施工阶段作用在托梁上均布荷载：

$$Q_s=30.92+2.4\times0.24\times15.3\times1.35=42.82\text{kN/m}$$

$$F_s=26.33\text{kN}$$

$$M_s=\frac{1}{8}\times 42.82\times 7^2=\frac{26.33\times 2.8}{2}=299.14\text{kN}\cdot\text{m}$$

$$a_s=\frac{299.14\times 10^6}{14.3\times 300\times 790^2}=0.112,\ \gamma_s=0.941$$

$A_s=\dfrac{299.14\times 10^6}{300\times 0.941\times 790}=1341\text{mm}^2$，已配 10 Φ 25(4909mm²)满足要求。

$V_s=\dfrac{1}{2}\times 42.82\times 6.5+\dfrac{26.33\times 4.2}{7}=154.96\text{kN}<237.24\text{kN}$，可按构造配筋；已配箍筋 4 肢箍 $\phi$10@200，满足要求。

**【实例 3-6】** 某商场—旅馆底层设有框支墙梁，如图 3-15 所示。已知设计资料如下：

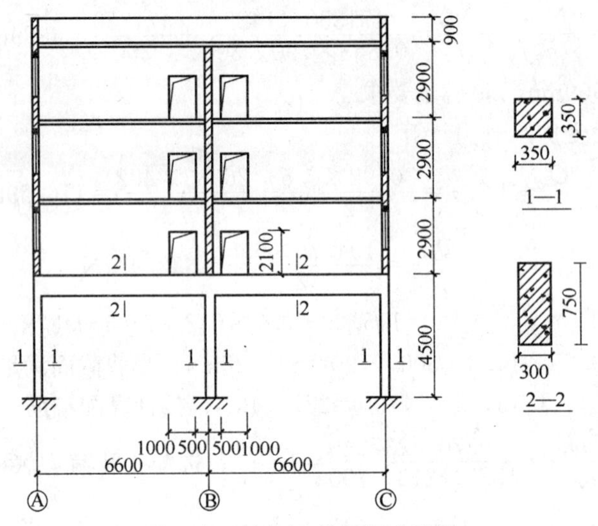


图 3-15 某商场-旅馆框支墙梁

| | |
|---|---|
| 屋面恒荷载标准值 | 4.44kN/m² |
| 屋面活荷载标准值 | 0.5kN/m² |
| 三～四层楼面恒荷载标准值 | 2.64kN/m² |
| 二层楼面恒荷载标准值 | 3.66kN/m² |
| 二～四层楼面活荷载标准值 | 2.0kN/m² |
| 240mm 墙(双面抹灰)自重标准值 | 5.24kN/m² |

房屋开间 3.9m，二层墙体由 MU15 烧结粉煤灰砖、M10 水泥混合砂浆砌筑，$f=2.31\text{MPa}$，施工质量控制等级为 B 级。

墙体计算高度 $h_w=2.78\text{m}$(墙内偏开门洞)。

底层框架梁截面尺寸为 300mm×750mm，柱截面尺寸为 350mm×350mm，采用 C30 混凝土($f_c=14.3\text{MPa}$)，配置 HRB335 级钢筋($f_y=f'_y=300\text{MPa}$)，HPB235 级钢筋($f_y=f'_y=210\text{MPa}$)。

墙梁计算跨度 $l_{01}=l_{02}=l_{ci}=6.6\text{m}$。

外墙窗宽 2.1m，翼墙计算宽度取 $b_f=2\times 3.5h=7\times 240=1680\text{mm}$，设计该墙梁。

**【解】** 1. 使用阶段墙梁的承载力计算

(1) 墙梁上的荷载

托梁顶面的荷载设计值 $Q_1$ 为托梁自重、本层楼盖的恒荷载和活荷载。

$Q_{11}$＝1.2×25×0.3×0.75＋(1.2×3.66＋1.4×2.0)×3.9＝34.80kN/m

$Q_{12}$＝1.35×25×0.3×0.75＋(1.35×3.66＋1.4×0.7×2.0)×3.9＝34.51kN/m

托梁以上各层墙体自重：

$$g_{w1}=3\times\frac{1.2\times5.24\times(2.78\times6.6-1\times2.1)}{6.6}=46.44\text{kN/m}$$

$$g_{w2}=3\times\frac{1.35\times5.24\times(2.78\times6.6-1\times2.1)}{6.6}=52.25\text{kN/m}$$

墙梁顶面的荷载设计值 $Q_2$，取托梁以上各层墙体自重以及墙梁顶面以上各层楼(屋)盖的恒荷载和活荷载。

$Q_{21}$＝46.44＋(1.2×2.64×2＋1.2×4.44＋1.4×2.0×2＋1.4×0.5)×3.9＝116.50kN/m

$Q_{22}$＝52.25＋(1.35×2.64×2＋1.35×4.44＋1.4×0.7×2.0×2＋1.4×0.7×0.5)×3.9＝120.62kN/m

经过比较，取第二种荷载组合值，即取 $Q_1$＝34.51kN/m，$Q_2$＝120.62kN/m 进行计算。

(2) 墙梁计算简图

本题为两跨、偏开洞框支墙梁，其计算简图如图 3-16 所示。

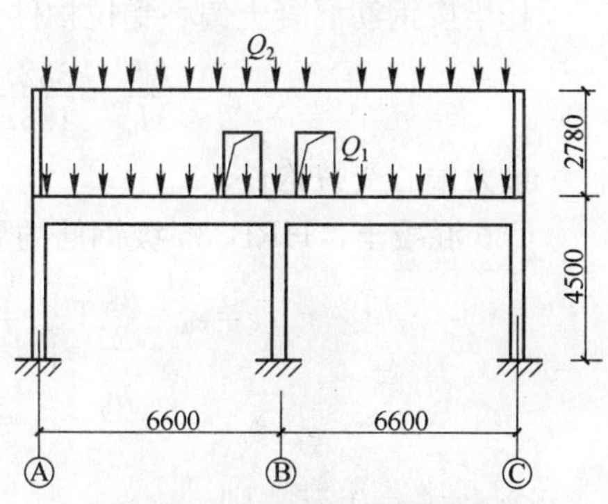


图 3-16 框支墙梁的计算简图

(3) 墙梁的托梁正截面承载力计算

底层框架在 $Q_1$、$Q_2$ 作用下的弯矩图如图3-17所示。

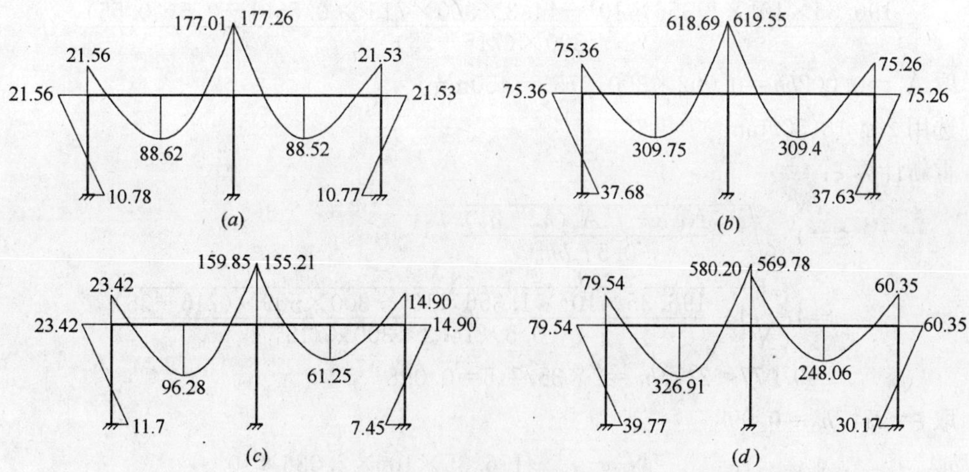


图 3-17 框架弯矩图(单位：kN·m)

(a)$Q_1$(恒载＋活载)作用下；(b)$Q_2$(恒载＋活载)作用下；

(c)$Q_1$(恒载＋左跨活载)作用下；(d)$Q_2$(恒载＋左跨活载)作用下

1) 托梁跨中截面

由图 3-17 在 $Q_1$、$Q_2$ 作用下托梁跨中截面的最大弯矩分别为：

$$M_{11}=M_{12}=96.28\text{kN}\cdot\text{m}$$

$$M_{21}=M_{22}=326.91\text{kN}\cdot\text{m}$$

$$\psi_M=3.8-8\frac{a_1}{l_{01}}=3.8-8\times\frac{0.5}{6.6}=3.194$$

$$\alpha_M=\psi_M\left(2.7\frac{h_b}{l_{0i}}-0.08\right)=3.194\times\left(2.7\times\frac{0.75}{6.6}-0.08\right)=0.724$$

$$\eta_N=0.8+2.6\frac{h_w}{l_{01}}=0.8+2.6\times\frac{2.78}{6.6}=1.895$$

$$M_{b1}=M_{11}+\alpha_M M_{21}=96.28+0.724\times326.91=332.96\text{kN}\cdot\text{m}$$

$$N_{bt1}=\eta_N\frac{M_{21}}{H_0}=1.895\times\frac{326.91}{(2.78+0.5\times0.75)}=196.35\text{kN}$$

由于结构的对称性，可得 $M_{b2}=M_{b1}=332.96\text{kN}\cdot\text{m}$，$N_{bt2}=N_{bt1}=196.35\text{kN}$

托梁按钢筋混凝土偏心受拉构件计算。

$$e_0=\frac{M_b}{M_{bt}}=\frac{332.96}{196.35}=1.696\text{m}>\frac{h_b}{2}-a_s=0.34\text{m}$$

最大偏心受拉构件。

C30 混凝土，HRB335 级钢筋的界限相对受压区高度，$\xi_b=0.55$

$$e=e_0-\frac{h_b}{2}+a_s=1.696-\frac{0.75}{2}+0.035=1.356\text{m}$$

$$e'=e_0-\frac{h_b}{2}-a_s=1.696+\frac{0.75}{2}-0.035=2.036\text{m}$$

令 $\xi=\xi_b=0.55$，则

$$A_s'=\frac{N_{bt}e-\alpha_1 f_c bh_0^2\xi_b(1-0.5\xi_b)}{f_y'(h_0-a_s')}\quad(\alpha_1=1.0)$$

$$=\frac{196.35\times10^3\times1.356\times10^3-14.3\times300\times715^2\times0.55(1-0.5\times0.55)}{300\times(715-35)}<0$$

取 $A_s'=0.002bh=0.002\times300\times750=450\text{mm}^2$

选用 2 Φ 18($509\text{mm}^2$)。

重新计算 $\xi$：

$$\xi=1-\sqrt{1-\frac{N_{bt}e-f_y'A_s'(h_0-a_s')}{0.5f_cbh_0^2}}$$

$$=1-\sqrt{1-\frac{196.35\times10^3\times1.356\times10^3-300\times509\times(715-35)}{0.5\times14.3\times300\times715^2}}$$

$$=0.077<2a_s'/h_0=2\times35/715=0.098$$

取 $\xi=2a_s'/h_0=0.098$

得
$$A_s=\frac{N_{bt}e'}{f_y(h_0'-a_s)}=\frac{196.35\times10^3\times2.036\times10^3}{300(715-35)}$$

$$=1959.7\text{mm}^2$$

选用 4 Φ 25($1964\text{mm}^2$)，跨中截面纵向受力钢筋总配筋率 $\rho=(1964+509)/(300\times715)=1.15\%>0.6\%$。

2) 托梁支座截面

对于边支座，在 $Q_1$、$Q_2$ 作用下支座最大弯矩分别为：

$$M_1=23.42\text{kN}\cdot\text{m}$$

$$M_2=79.54\text{kN}\cdot\text{m}$$

$$M_b=M_1+\left(0.75-\frac{a_i}{l_{01}}\right)M_2=23.42+\left(0.75-\frac{0.5}{6.6}\right)\times79.54=77.05\text{kN}\cdot\text{m}$$

对于中间支座，

$$M_1=177.26\text{kN}\cdot\text{m}$$

$$M_2=619.55\text{kN}\cdot\text{m}$$

$$M_b=177.26+\left(0.75-\frac{0.5}{6.6}\right)\times619.55=594.99\text{kN}\cdot\text{m}$$

托梁支座截面按钢筋混凝土受弯构件计算。

对于边支座，

$$a_s=\frac{M_b}{f_cbh_0^2}=\frac{77.05\times10^6}{14.3\times300\times715^2}=0.035$$

$$\xi=1-\sqrt{1-2a_s}=1-\sqrt{1-2\times0.035}=0.0356<\xi_b=0.55$$

$$A_s=\frac{f_cbh_0\xi}{f_y}=\frac{14.3\times300\times715\times0.0356}{300}=364\text{mm}^2$$

$$\rho_{min}=45f_t/f_y\times0.01=45\times1.43/300\times0.01=0.2145\%$$

$$\rho_{min}bh=0.2145\%\times300\times715=460\text{mm}^2$$

选 2Φ18($509\text{mm}^2$)。

对于中间支座，钢筋按二排布置，$h_0=750-60=690\text{mm}$，

$$a_s=\frac{M_b}{f_cbh_0^2}=\frac{594.99\times10^6}{14.3\times300\times690^2}=0.291$$

$$\xi=1-\sqrt{1-2a_s}=1-\sqrt{1-2\times0.291}=0.353<\xi_b=0.55$$

$$A_s=\frac{f_cbh_0\xi}{f_y}=\frac{14.3\times300\times690\times0.353}{300}=3483\text{mm}^2$$

选用 7Φ25($A_s=3436\text{mm}^2$，与计算结果相比，仅相差 1.3%)。

(4) 墙梁的托梁斜截面受剪承载力计算

底层框架在 $Q_1$、$Q_2$ 作用下的剪力图如图 3-18 所示。

托梁斜截面受剪承载力按钢筋混凝土受弯构件计算。

在 $Q_1$、$Q_2$ 作用下，托梁边支座截面最大剪力分别为：$V_1=93.22\text{kN}$，$V_2=322.19\text{kN}$

$$V_b=V_1+\beta_vV_2=93.22+0.7\times322.19=318.75\text{kN}$$

对于中间支座，$V_1=137.48\text{kN}$，$V_2=480.51\text{kN}$

$$V_b=137.48+0.8\times480.51=521.89\text{kN}$$

现取 $V_b=521.89\text{kN}$ 进行计算，

$$0.7f_tbh_0=0.7\times1.43\times300\times690\times10^{-3}=207.21\text{kN}$$

$$0.25\beta_cf_cbh_0=0.25\times1.0\times14.3\times300\times690\times10^{-3}=740.03\text{kN}$$

因 $0.7f_tbh_0<V_b<0.25\beta_cf_cbh_0$，需按计算配置箍筋，由

$$V_b\leqslant0.7f_tbh_0+1.25f_{yv}\frac{A_{sv}}{s}h_0$$

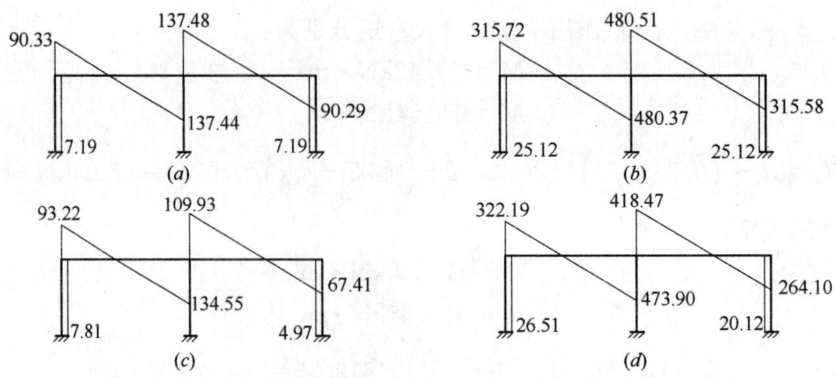


图 3-18 框架剪力图(单位：kN)

($a$)$Q_1$(恒载＋活载)作用下；($b$)$Q_2$(恒载＋活载)作用下；

($c$)$Q_1$(恒载＋左跨活载)作用下；($d$)$Q_2$(恒载＋左跨活载)作用下

得
$$\frac{A_{sv}}{s}=\frac{521.89\times10^3-207.21\times10^3}{1.25\times210\times690}=1.737\text{mm}^2/\text{mm}$$

选用双肢箍筋 $\phi10@90\left(\frac{A_{sv}}{s}=\frac{157}{90}=1.744\text{mm}^2/\text{mm}\right)$。

(5) 墙梁的墙体受剪承载力计算

因 $b_f/h=1680/240=7$，故 $\xi_1=1.5$

$$\xi_1\xi_2\left(0.2+\frac{h_b}{l_{01}}+\frac{h_t}{l_{01}}\right)fhh_w$$

$$=1.5\times0.9\times\left(0.2+\frac{0.75}{6.6}+\frac{0.18}{6.6}\right)\times2.31\times240\times2.78=709.32\text{kN}>V_2=480.51\text{kN},$$

满足要求。

(6) 托梁支座上部砌体局部受压承载力计算

因 $b_f/h=7>5$，故可不验算局部受压承载力，能满足要求。

2. 施工阶段托梁的承载力验算

(1) 托梁上的荷载

$$Q_1^{(1)}=34.80+1.2\times5.24\times\frac{(2.1\times6.6-1\times2.1)}{6.6}=46.0\text{kN/m}$$

$$Q_1^{(2)}=34.51+1.35\times5.24\times\frac{(2.1\times6.6-1\times2.1)}{6.6}=47.12\text{kN/m}$$

取 $Q_1=47.12\text{kN/m}$。

(2) 托梁正截面受弯承载力验算

底层框架梁在 $Q_1$ 作用下的跨中最大弯矩 $M_1=121.0\text{kN}\cdot\text{m}$，中间支座弯矩 $M_{b1}=242.03\text{kN}\cdot\text{m}$，边支座弯矩 $M_{b1}=29.44\text{kN}\cdot\text{m}$。

1) 跨中截面

$$a_s=\frac{M}{f_cbh_0^2}=\frac{121.0\times10^6}{14.3\times300\times715^2}=0.055$$

$$\xi=1-\sqrt{1-2a_s}=0.057$$

$A_s=f_cbh_0\xi/f_y=14.3\times300\times715\times0.057/300=583\text{mm}^2$ 小于按使用阶段的计算结果。

2）中间支座弯矩和边支座弯矩均小于使用阶段时的相应弯矩，故不必再验算。

3）托梁斜截面受剪承载力验算

在 $Q_1$ 作用下中间支座剪力最大，$V_{bmax}=187.71kN<521.89kN$。因此，对于托梁，最后应按使用阶段的计算结果进行配筋，如图 3-19 所示。

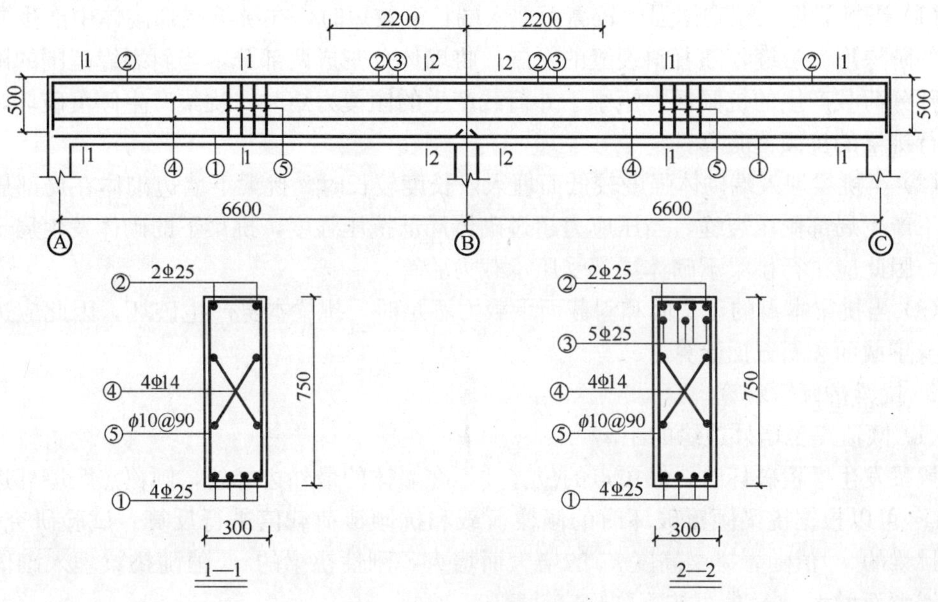


图 3-19　托梁配筋图

为了满足托梁边支座处配筋构造要求，边支座上部配筋改用 2 Φ 25（$982mm^2$），大于跨中下部纵向钢筋面积的 1/3。

## 第四节　挑　　梁

### 一、适用范围及分类

1. 适用范围

（1）挑梁系指嵌固在砌体中的悬挑式混凝土梁。一般指房屋的阳台挑梁、雨篷挑梁或外廊挑梁。

（2）本节方法适用于悬挑构件，包括挑梁、雨篷、悬臂阳台等的非抗震设计。

（3）地震区的悬挑构件设计尚应遵守《建筑抗震设计规范》（GB 50011—2001）的规定。

2. 挑梁的分类

（1）刚性挑梁：当 $l_1<2.2h_b$ 时（$l_1$——挑梁埋入墙体部分长度，$h_b$——挑梁高度），属刚性挑梁。刚性挑梁的特点是：挑梁埋深较小，相当于砌体刚性较大，挑梁埋入部分挠曲变形很小，主要发生刚性转动变形，挑梁尾部翘起变形较大。悬臂楼梯、雨篷等属于刚性挑梁。

（2）弹性挑梁：当 $l_1\geqslant2.2h_b$ 时属弹性挑梁。弹性挑梁的特点是：挑梁埋深较大，相对于砌体的刚度较小，主要产生挠曲变形，挑梁尾部翘起变形较小。一般的挑梁属于弹性挑梁。

## 二、挑梁的计算

1. 挑梁计算的内容

（1）当挑梁埋入端砌体强度较高而埋入端长度较短时，在挑梁尾部砌体中产生向后上方向的阶梯形斜裂缝，随着斜裂缝的发展，将墙体分割成两部分，当斜裂缝范围的砌体及其他部分荷载产生的抗倾覆力矩小于外荷载产生的倾覆力矩时，挑梁产生倾覆破坏，因此应进行挑梁的抗倾覆验算。

（2）当挑梁埋入端砌体强度较低而埋入段长度较长时，挑梁下墙边砌体在局部压应力作用下产生局部受压裂缝，当压应力超过砌体局部抗压强度，挑梁下的砌体发生局部受压破坏，因此应进行挑梁下砌体局部受压承载力验算。

（3）当挑梁本身的正截面和斜截面承载力不足时，挑梁本身产生破坏，因此应进行挑梁本身正截面和斜截面验算。

2. 挑梁抗倾覆验算

（1）倾覆点至墙外边缘的距离

挑梁发生倾覆破坏时，倾覆点的位置并不在墙体的最外边缘处，倾覆点距墙外边缘的距离 $x_0$ 可以根据挑梁倾覆破坏时的倾覆荷载和抗倾覆荷载值进行反算。试验研究表明：弹性挑梁的 $x_0$ 值随着挑梁高度 $h_b$ 的增大而增大，刚性挑梁的 $x_0$ 值随挑梁埋入砌体长度 $l_1$ 的增大而增大。$x_0$ 值可按下列规定计算：

当 $l_1 \geqslant 2.2h_b$ 时

$$x_0 = 0.3h_b \leqslant 0.13l_1 \tag{3-20}$$

当 $l_1 < 2.2h_b$ 时

$$x_0 = 0.13l_1 \tag{3-21}$$

式中 $l_1$——挑梁埋入砌体墙中的长度(mm)；

$x_0$——计算倾覆点至墙外边缘的距离(mm)；

$h_b$——挑梁的截面高度(mm)。

注：当挑梁下有构造柱时，计算倾覆点至墙外边缘的距离可取 $0.5x_0$。

（2）挑梁的抗倾覆力矩设计值 $M_r$

挑梁的抗倾覆力矩设计值可按下式计算：

$$M_r = 0.8G_r(l_2 - x_0) \tag{3-22}$$

式中 $G_r$——挑梁的抗倾覆荷载，为挑梁尾端上部 45°扩展角的阴影范围(其水平长度为 $l_3$)内本层的砌体与楼面恒荷载标准值之和(图 3-20)；

$l_2$——$G_r$ 作用点至墙外边缘的距离。

（3）挑梁的抗倾覆验算

砌体中钢筋混凝土挑梁的抗倾覆可按下式进行验算(图 3-21)：

$$M_r \geqslant M_{ov} \tag{3-23}$$

式中 $M_{ov}$——挑梁的荷载设计值对计算倾覆点产生的倾覆力矩。

3. 挑梁下砌体的局部受压承载力

挑梁下砌体的局部受压承载力，可按下式验算(图 3-22)：

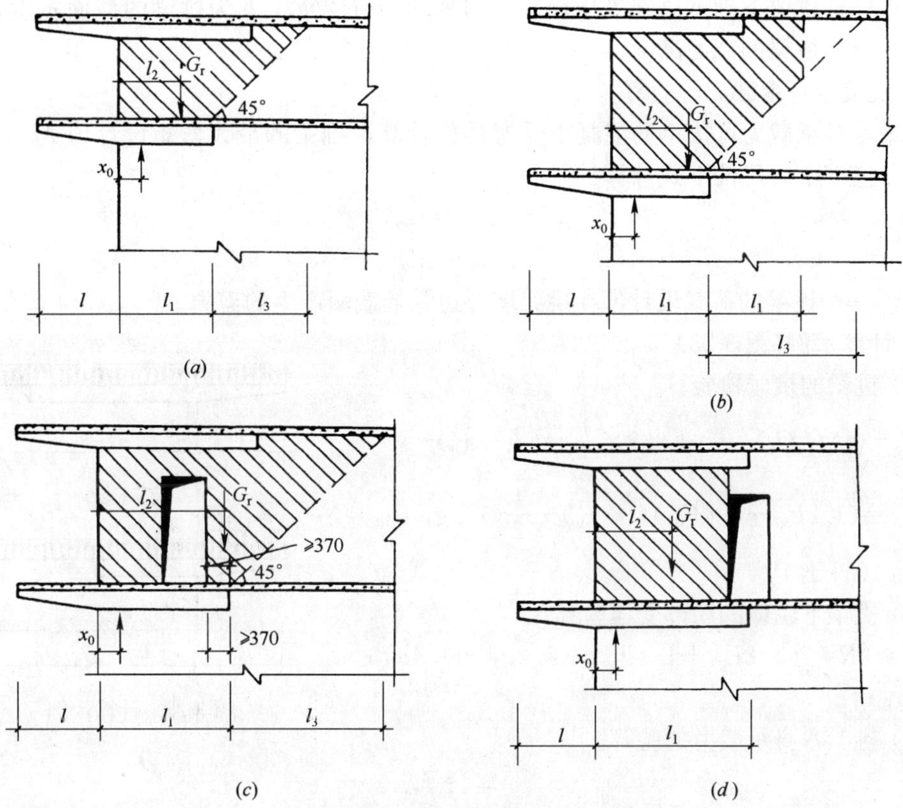


图 3-20 挑梁的抗倾覆荷载示意

($a$)$l_3 \leqslant l_1$ 时；($b$)$l_3 > l_1$ 时；($c$)墙体开洞①；($d$)墙体开洞②

$$N_l \leqslant \eta \gamma f A_l \tag{3-24}$$

式中 $N_l$——挑梁下的支承压力，可取 $N_l = 2R$，$R$ 为挑梁的倾覆荷载设计值；

$\eta$——梁端底面压应力图形的完整系数，可取 0.7；

$\gamma$——砌体局部抗压强度提高系数，对图 3-22($a$)可取 1.25；对图 3-22($b$)可取 1.5；

图 3-21 抗倾覆计算简图

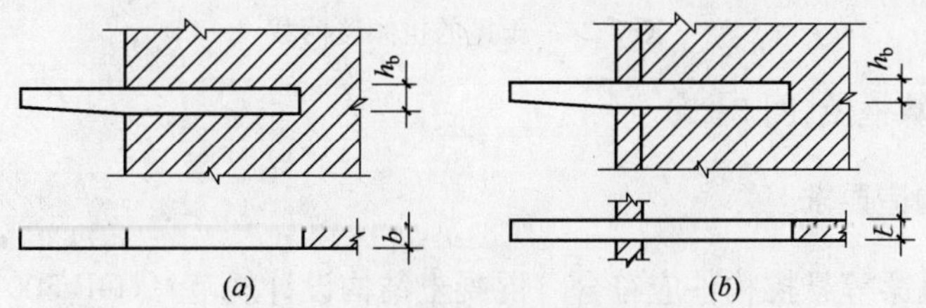


图 3-22 挑梁下砌体局部受压

($a$)挑梁支承在一字墙；($b$)挑梁支承在丁字墙

$A_l$——挑梁下砌体局部受压面积，可取 $A_l=1.2bh_b$，$b$ 为挑梁的截面宽度，$h_b$ 为挑梁的截面高度。

4. 挑梁本身承载力的验算

挑梁本身承载力可按钢筋混凝土受弯构件计算，挑梁的最大弯矩设计值 $M_{max}$ 与最大剪力设计值 $V_{max}$，可按下式计算：

$$M_{max}=M_{ov} \tag{3-25}$$

$$V_{max}=V_0 \tag{3-26}$$

式中 $V_0$——挑梁的荷载设计值在挑梁墙外边缘处截面产生的剪力。

5. 计算示例(图 3-23)

(1) 挑梁的抗倾覆验算

$$M_r=0.8G_r(l_2-x_0)+0.8\times\frac{1}{2}g_{2k}(l_1-x_0)^2$$

$$M_{ov}=(1.2F_{gk}+1.4F_{qk})(l+x_0)+\frac{1}{2}(1.2g_{1k}+1.4q_{1k})(l+x_0)^2$$

(2) 挑梁下砌体的局部受压验算

$$N_l=2R=2[1.2F_{gk}+1.4F_{qk}+(1.2g_{1k}+1.4q_{1k})+(l+x_0)]$$

(3) 挑梁本身承载力的验算

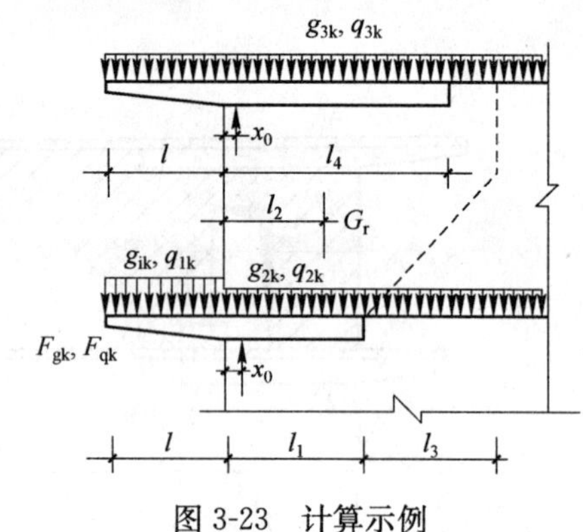

图 3-23 计算示例

$$M_{max}=M_{ov}$$

$$V_{max}=1.2F_{gk}+1.4F_{gk}+(1.2g_{1k}+1.4q_{1k})l$$

6. 雨篷的设计

雨篷等悬挑构件的抗倾覆验算仍可按式(3-23)进行，计算倾覆点的位置 $x_0$ 可按式(3-21)计算，$M_r$ 可按式(3-22)计算，但其抗倾覆荷载 $G_r$ 可按图 3-24 等用，图中 $G_r$ 距墙外边缘的距离 $l_2=l_1/2$，$l_3=l_n/2$。

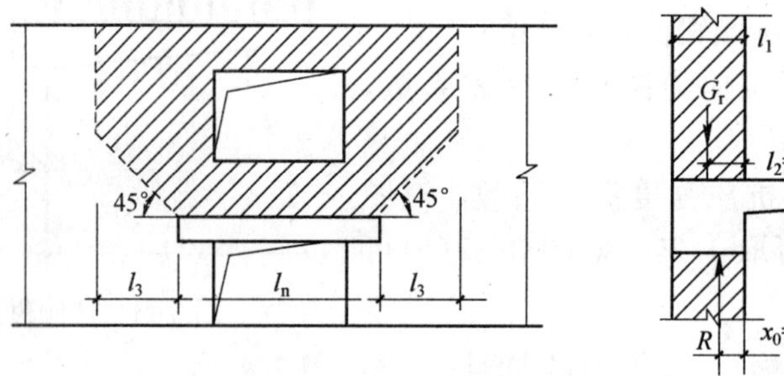

图 3-24 雨篷的抗倾覆荷载

7. 挑梁的计算框图(图 3-25)

## 三、挑梁的构造要求

(1) 混凝土挑梁等悬挑构件应符合《混凝土结构设计规范》(GB 50010—2002)的有关构造规定。

(2) 尚应满足下列构造要求：

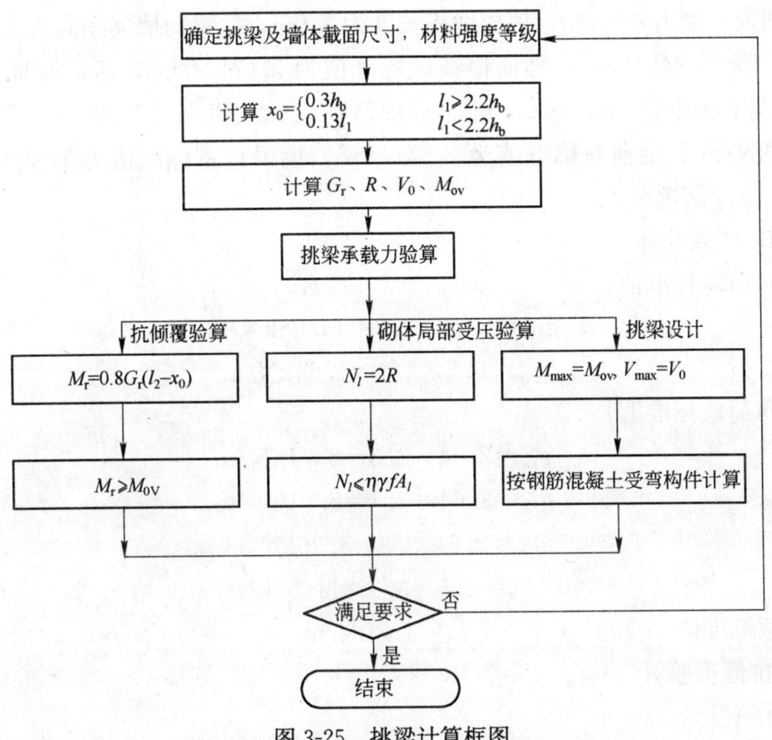

图 3-25　挑梁计算框图

1) 纵向受力钢筋至少应有 1/2 的钢筋面积伸入梁尾端，且不小于 2$\phi$12。其余钢筋伸入支座的长度不应小于 $2l_1/3$。

2) 挑梁埋入砌体内长度 $l_1$ 与挑出长度 $l$ 之比宜大于 1.2；当挑梁上部无砌体时，$l_1$ 与 $l$ 之比宜大于 2。

(3) 施工阶段悬挑构件的抗倾覆承载力应由施工单位按实际施工荷载进行验算，必要时可加设临时支撑。

## 四、设计实例

**【实例 3-7】** 某钢筋混凝土挑梁(图 3-26)，埋置于丁字形(带翼墙)截面的墙体中。挑梁采用 C20 混凝土，截面 $b\times h_b=240\text{mm}\times300\text{mm}$。挑梁上、下墙厚均为 240mm，采用 MU10 烧结粉煤灰砖 M2.5 水泥混合砂浆砌筑，施工质量控制等级为 B 级。挑梁挑出长度

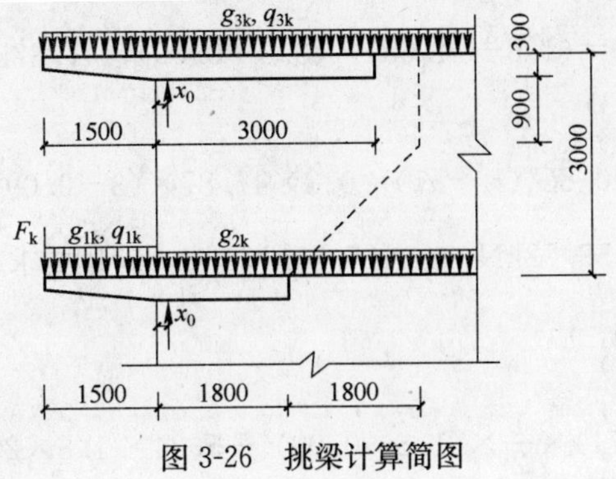

图 3-26　挑梁计算简图

$l=1.5$m，埋入长度 $l_1=1.8$m，顶层埋入长度为 3.0m，挑梁间墙体净高为 2.7m。已知墙面荷载标准值为 5.24kN/m²；楼面恒荷载标准值为 2.64kN/m²，活荷载标准值为 2kN/m²；屋面恒荷载标准值为 4.44kN/m²，屋面活荷载标准值为 0.5kN/m²；阳台恒荷载标准值为 2.64kN/m²，活荷载标准值为 2.5kN/m²，挑梁自重标准值为 1.8kN/m；房屋开间为 3.3m。设计该挑梁。

**【解】** 1. 荷载计算

屋面均布荷载标准值：

$$g_{3k}=4.44\times3.3=14.65\text{kN/m}$$
$$q_{3k}=0.5\times3.3=1.65\text{kN/m}$$

楼面均布荷载标准值：

$$g_{2k}=2.64\times3.3=8.71\text{kN/m}$$
$$g_{1k}=2.64\times3.3=8.71\text{kN/m}$$
$$q_{1k}=2.5\times3.3=8.25\text{kN/m}$$
$$F_k=3.5\times3.3=11.55\text{kN}$$

挑梁自重标准值 $g_k=1.8\text{kN/m}$

2. 挑梁抗倾覆验算

(1) 计算倾覆点

因 $l_1=1.8\text{m}>2.2h_b=2.2\times0.3=0.66\text{m}$，取 $x_0=0.3h_b=0.3\times0.3=0.09\text{m}<0.13l_1$

(2) 倾覆力矩

对于顶层

$$M_{ov}=\frac{1}{2}[1.2(1.8+14.65)+1.4\times1.65](1.5+0.09)^2=27.87\text{kN}\cdot\text{m}$$

对于楼层

$$M_{ov}=\frac{1}{2}[1.2(1.8+8.71)+1.4\times8.25]\times1.59^2+1.2\times11.55\times1.59$$
$$=52.58\text{kN}\cdot\text{m}$$

(3) 抗倾覆力矩

挑梁的抗倾覆力矩由本层挑梁尾端上部 45°扩展角范围内的墙体和楼面恒荷载标准值产生。

对于顶层

$$G_r=(1.8+14.65)\times(3.0-0.09)=47.87\text{kN}$$

按式(3-22)和式(3-23)

$$M_r=0.8G_r(l_2-x_0)=0.8\times47.87\times(3-0.09)\times\frac{1}{2}$$
$$=55.72\text{kN}\cdot\text{m}>27.87\text{kN}\cdot\text{m}，满足要求。$$

对于楼层

$$M_r=0.8\Sigma G_r(l_2-x_0)$$

$$=0.8\Big[(1.8+8.71)\times\frac{1}{2}\times(1.8-0.09)^2+5.24\times\big(1.8\times2.7\times0.81+1.8\times2.7$$

$\times 2.61-\frac{1}{2}\times 1.8\times 1.8\times 2.91)\Big]$

$=62.20\text{kN}\cdot\text{m}>52.58\text{kN}\cdot\text{m}$，满足要求。

3. 挑梁下砌体局部受压承载力验算

挑梁下的支承压力，对于顶层，

$$N_l=2R=2[1.2\times(1.8+14.65)+1.4\times 1.65]\times 1.59=70.12\text{kN}$$

按式(3-24)

$$\eta\gamma A_l f=0.7\times 1.5\times 1.2\times 0.24\times 0.3\times 1.3\times 10^3$$
$$=117.9\text{kN}>70.12\text{kN}，满足要求。$$

对于楼层

$N_l=2\{[1.2(1.8+8.71)+1.4\times 8.25]\times 1.59+1.2\times 11.55\}=104.6\text{kN}$

$\eta\gamma A_l f=0.7\times 1.5\times 1.2\times 0.24\times 0.3\times 1.3\times 10^3=117.9\text{kN}>104.6\text{kN}$，满足要求。

4. 梁承载力计算

以楼层挑梁为例，

$$V_{max}=V_0=1.2\times 11.55+[1.2(1.8+8.71)+1.4\times 8.25]\times 1.5=50.1\text{kN}$$

$$M_{max}=M_{ov}=52.58\text{kN}\cdot\text{m}$$

按钢筋混凝土受弯构件计算梁的正截面和斜截面承载力，采用C25混凝土，HRB335级钢筋配筋。

$$a_s=\frac{M}{f_c bh_0^2}=\frac{52.58\times 10^6}{11.9\times 240\times 265^2}=0.262$$

$$\xi=1-\sqrt{1-2a_s}=1-\sqrt{1-2\times 0.262}=0.31<\xi_b$$

$$A_s=f_c bh_0\xi/f_y=11.9\times 240\times 265\times 0.31/300=782.1\text{mm}^2$$

选用3 Φ 18(736mm²)。

因 $0.7f_t bh_0=0.7\times 1.27\times 240\times 265\times 10^{-3}=56.5\text{kN}>50.1\text{kN}$，故可按构造配置箍筋，选用$\phi$6@200。

**【实例3-8】** 某房屋中的雨篷(图3-27)，雨篷板挑出长度 $l=1.2\text{m}$，雨篷梁截面为240mm×300mm，房屋层高为3.6m。墙体采用MU10烧结页岩砖、M2.5水泥混合砂浆砌筑，墙厚240mm，两面粉刷各20mm，施工质量控制等级为B级。试验算该雨篷的抗倾覆。

**【解】** 1. 荷载计算

雨篷板根部厚度 $h=\frac{l}{12}=\frac{1200}{12}=100\text{mm}$，板端厚取80mm。

雨篷板1m板带上的恒荷载标准值：

20mm厚水泥砂浆面层　　　$20\times 0.02=0.4\text{kN/m}$

板自重(按平均厚)　　　$25\times 0.09=2.25\text{kN/m}$

15mm厚板底粉刷　　　$16\times 0.015=0.24\text{kN/m}$

雨篷板宽为2.8m，因而只能计算一个施工或检修集中荷载 $F_k=1\text{kN}$。

雨篷板1m板带上的活荷载标准值取0.5kN/m。

2. 计算倾覆点

因 $l_1=0.24\text{m}<2.2h_b=2.2\times 0.3=0.66\text{m}$ 取 $x_0=0.13l_1=0.13\times 0.24=0.03\text{m}$。

3. 倾覆力矩

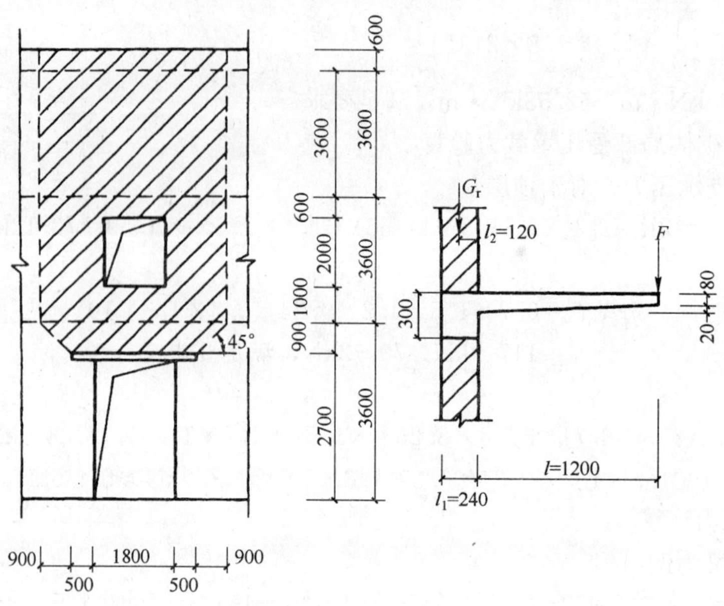


图 3-27　实例 3-8 附图

$$M_{ov}=[1.2\times(0.4+2.25+0.24)+1.4\times0.5]\times1.2\times(0.6+0.03)\times2.8$$
$$=8.82\text{kN}\cdot\text{m}$$

4. 抗倾覆力矩

雨篷的抗倾覆力矩由雨篷梁尾端上部 45°扩展角范围内的墙体和雨篷梁的恒荷载标准值产生。

雨篷梁的恒荷载标准值为：

$$25\times0.24\times0.3\times2.8=5.04\text{kN}$$

按式(3-22)和式(3-23)：

$M_r=0.8\{5.04\times(0.12-0.03)+5.24\times[(4.6\times0.9-0.9^2)+(4.6\times7.8-1.8\times2.0)]\times(0.12-0.03)\}=13.80\text{kN}\cdot\text{m}>8.82\text{kN}\cdot\text{m}$，满足要求。

# 第四章　砌体结构房屋的静力设计

## 第一节　砌体结构的设计原则

### 一、结构的功能要求、设计使用年限和安全等级

1. 结构的功能要求

结构在规定的设计使用年限内，应满足下列各项功能要求：

(1) 在正常施工和使用时，能承受可能出现的各种作用(荷载)。

(2) 在正常使用时，具有良好的工作性能。

(3) 在正常维护下具有足够的耐久性能。

(4) 在偶然事件发生时及发生后，仍能保持必需的整体稳定性。

2. 设计使用年限

设计使用年限是指：建筑物在设计规定年限内，结构或构件只需进行正常的维护使用，而不需大修加固。设计使用年限可按《建筑结构可靠度设计统一标准》确定，见表4-1。

**设计使用年限分类**　　**表 4-1**

| 类　别 | 设计使用年限(年) | 示　例 |
|---|---|---|
| 1 | 5 | 临时性结构 |
| 2 | 25 | 易于替换的结构构件 |
| 3 | 50 | 普通房屋和构筑物 |
| 4 | 100 | 纪念性建筑和特别重要的建筑结构 |

3. 结构的安全等级

建筑结构设计时，应根据结构破坏可能产生的后果(危及人的生命、造成经济损失、产生社会影响等)的严重性，采用不同的安全等级，《建筑结构可靠度设计统一标准》将建筑结构安全等级划分为三级。建筑结构的安全等级应符合表 4-2 的要求。

**建筑结构的安全等级**　　**表 4-2**

| 安全等级 | 破坏后果 | 建筑物类型 | 安全等级 | 破坏后果 | 建筑物类型 |
|---|---|---|---|---|---|
| 一级 | 很严重 | 重要的房屋 | 三级 | 不严重 | 次要的房屋 |
| 二级 | 严重 | 一般的房屋 | | | |

注：1. 对于特殊的建筑物，其安全等级可根据具体情况另行确定。

2. 对地震区的砌体结构设计，应按现行国家标准《建筑抗震设防分类标准》GB 50223 根据建筑物重要性区分建筑物类别。

## 二、砌体结构的设计表达式

砌体结构采用以概率理论为基础的极限状态设计方法，以可靠指标度量结构构件的可靠度，采用分项系数的设计表达式进行计算。

砌体结构应按承载力极限状态设计，并满足正常使用极限状态的要求。根据砌体的特点，砌体结构正常使用极限状态的要求，一般情况下可由相应的构造措施来保证。

1. 砌体结构按承载力极限状态设计的表达式

砌体结构按承载能力极限状态设计时，应根据下列公式中最不利组合进行计算：

$$\gamma_0\left(1.2S_{\mathrm{Gk}}+1.4S_{\mathrm{Q1k}}+\sum_{i=2}^{n}\gamma_{\mathrm{Q}i}\psi_{ci}S_{\mathrm{Q}i\mathrm{k}}\right)\leqslant R(f,a_k\cdots\cdots) \tag{4-1}$$

$$\gamma_0\left(1.35S_{\mathrm{Gk}}+1.4\sum_{i=1}^{n}\psi_{ci}S_{\mathrm{Q}i\mathrm{k}}\right)\leqslant R(f,a_k\cdots\cdots) \tag{4-2}$$

式中 $\gamma_0$——结构重要性系数。对安全等级为一级或设计使用年限为 50 年以上的结构构件，不应小于 1.1；对安全等级为二级或设计使用年限为 50 年的结构构件，不应小于 1.0；对安全等级为三级或设计使用年限为 5 年及以下的结构构件，不应小于 0.9；

$S_{\mathrm{Gk}}$——永久荷载的内力标准值；

$S_{\mathrm{Q1k}}$——第一个可变荷载的内力标准值，该可变荷载的内力标准值大于其他任意可变荷载的内力标准值；

$S_{\mathrm{Q}i\mathrm{k}}$——第 $i$ 个可变荷载的内力标准值；

$R(\cdot)$——结构构件的承载力设计值函数；

$\gamma_{\mathrm{Q}i}$——第 $i$ 个可变荷载的分项系数；一般情况下取 1.4；

$\psi_{ci}$——第 $i$ 个可变荷载的组合值系数。一般情况下应取 0.7；对书库、档案库、储藏室或通风机房、电梯机房应取 0.9；

$f$——砌体的强度设计值，$f=f_{\mathrm{k}}/\gamma_{\mathrm{f}}$；

$f_{\mathrm{k}}$——砌体的强度标准值；$f_{\mathrm{k}}=f_{\mathrm{m}}-1.645\sigma_{\mathrm{f}}$；

$\gamma_{\mathrm{f}}$——砌体结构的材料性能分项系数，一般情况下，宜按施工控制等级为 B 级考虑，取 $\gamma_{\mathrm{f}}=1.6$；当为 C 级时，取 $\gamma_{\mathrm{f}}=1.8$；

$f_{\mathrm{m}}$——砌体的强度平均值；

$\sigma_{\mathrm{f}}$——砌体强度的标准差；

$a_{\mathrm{k}}$——几何参数标准值。

注：当楼面活荷载标准值大于 $4\mathrm{kN/m^2}$ 时，式中系数 1.4 应为 1.3。

对于一般排架及框架结构，可变荷载组合作进一步简化，取下列两式中的较大值：

$$\gamma_0(\gamma_{\mathrm{G}}S_{\mathrm{Gk}}+\gamma_{\mathrm{Q}}S_{\mathrm{Qk}})\leqslant R(f,\ a_{\mathrm{k}}\cdots\cdots) \tag{4-3}$$

$$\gamma_0[\gamma_{\mathrm{G}}S_{\mathrm{Gk}}+0.9(\gamma_{\mathrm{Q}}S_{\mathrm{Qk}}+\gamma_{\mathrm{w}}S_{\mathrm{wk}})]\leqslant R(f,\ a_{\mathrm{k}}\cdots\cdots) \tag{4-4}$$

式中 $S_{\mathrm{wk}}$——风荷载效应标准值；

$\gamma_{\mathrm{w}}$——风荷载的分项系数，$\gamma_{\mathrm{w}}=1.4$。

《砌体结构设计规范》GB 50003—2001 在砌体结构承载能力极限状态设计时，给出了以可变荷载效应控制和以永久荷载效应控制的二个设计表达式，并选取其中不利的组合进行计算，提高了以自重为主的砌体结构的可靠度。

当仅有一个可变荷载时，应根据下列公式中最不利组合进行计算：

$$\gamma_0(1.2S_{\mathrm{Gk}}+1.4S_{\mathrm{Qk}})\leqslant R(f,\ a_{\mathrm{k}}\cdots\cdots) \tag{4-5}$$

$$\gamma_0(1.35S_{\mathrm{Gk}}+1.0S_{\mathrm{Qk}})\leqslant R(f,\ a_{\mathrm{k}}\cdots\cdots) \tag{4-6}$$

2. 验算整体稳定性时的设计表达式

当砌体作为一个刚体，需验算整体稳定性时，例如倾覆、滑移、漂浮等，应按下列设计表达式进行验算：

$$\gamma_0\left(1.2S_{\mathrm{G2k}}+1.4S_{\mathrm{Q1k}}+\sum_{i=2}^{n}S_{\mathrm{Qik}}\right)\leqslant 0.8_{\mathrm{G1k}} \tag{4-7}$$

式中　$S_{\mathrm{G1k}}$——起有利作用的永久荷载的内力标准值；

　　　$S_{\mathrm{G2k}}$——起不利作用的永久荷载的内力标准值。

## 第二节　砌体房屋的结构布置

### 一、单层砌体房屋

单层砌体房屋上部结构的承重构件有：屋面板、屋面梁(屋架)、外纵墙和山墙等(见图 4-1)。这种房屋的特点是：

(1) 房间内部空间比较大，适用于食堂、仓库和中小型工业厂房。

(2) 外纵墙是主要承重墙，承受荷载比较大，而且纵墙上设有门窗，因此，纵墙上在屋面梁的位置往往没有壁柱。

(3) 对于烧结普通砖柱(墙垛)承重的中小型厂房：

1) 单跨和等高多跨且无桥式吊车的车间、仓库等。

2) 6～8 度地区，跨度不大于 15m，且柱顶标高不大于 6.6m。

3) 9 度地区，跨度不大于 12m，且柱项标高不大于 4.5m。

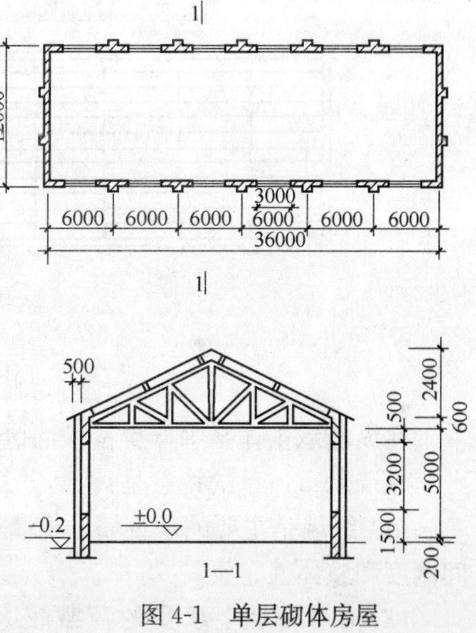

图 4-1　单层砌体房屋

### 二、多层砌体房屋

多层砌体房屋承重墙布置有下列几种方案。

1. 横墙承重体系

一般住宅、宿舍和办公楼中，房间的开间在 3～6m 时，横墙数量多，楼板支撑在横墙上，见图 4-2，横墙是主要的承重墙。内纵墙承受走道板传来的荷载，外纵墙承受墙体的自重。竖向荷载的主要传递路线是：屋面(或楼面)荷载→预制

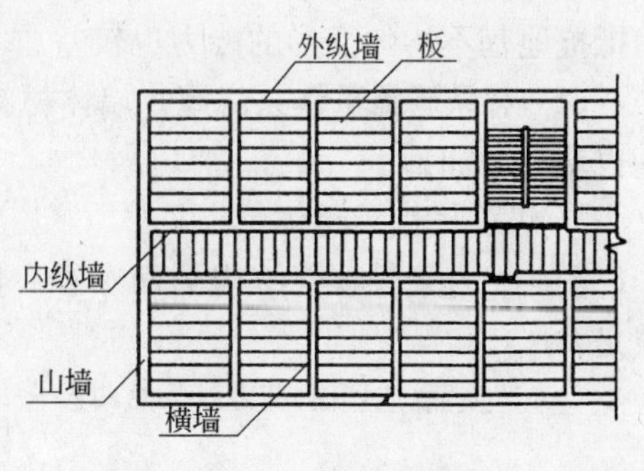

图 4-2　横墙承重体系

板→横墙→基础→地基。

横墙承重体系的特点是：

(1) 横墙间距小，纵、横墙有拉结，所以房屋的整体性好，空间刚度也大，对抵抗风荷载、水平地震作用以及地基不均匀变形比较有利。

(2) 横墙承重体系，纵墙主要起维护、隔断和将横墙连成整体的作用。因此，有利于在纵墙上开设门、窗洞的位置和大小。

(3) 由于预制楼板直接放在横墙上，省去了进深梁，减少了楼盖厚度，增加了室内空间，施工也比较方便，但增加了墙体材料用量。

2. 纵墙承重体系

在中小型工业厂房、学校教学楼、食堂等建筑中，要求房间有较大的空间，因此横墙相对减少，在楼(屋)盖中需用进深梁和短向预制板，进深梁两端支承在内、外纵墙上，或者用长向板直接支承在纵墙上(见图 4-3)，形成了纵墙承重体系。竖向荷载的主要传递路线是：

屋面(或楼面)荷载→短向板——进深梁→纵墙→基础→地基
（屋面(或楼面)荷载→长向板→纵墙）

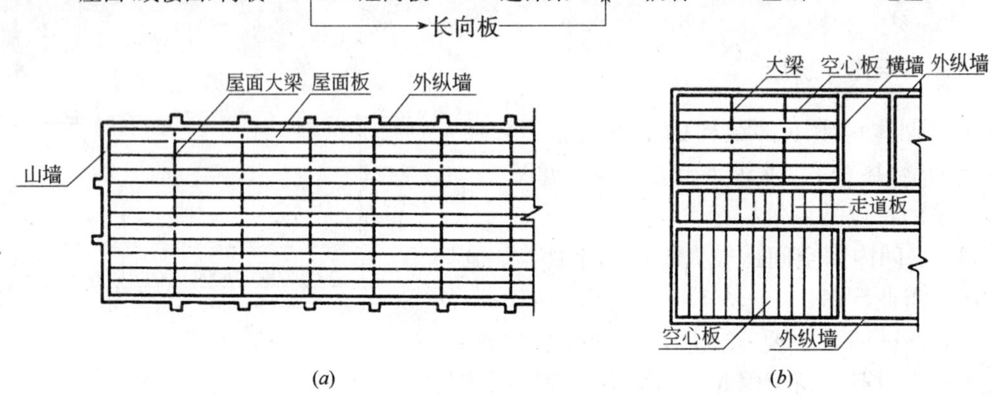


图 4-3　纵墙承重体系

在纵墙承重体系中，少量横墙(包括山墙)仍承受一部分竖向荷载。

纵墙承重体系的特点是：

(1) 纵墙是主要的承重墙。横墙虽然也承受荷载，但主要是满足房间的使用要求、空间刚度和整体性布置。

(2) 由于纵墙上承受的荷载较大，所以设置在纵墙上的门窗大小和位置受到一定的限制。

(3) 由于横墙较少，房屋的横向刚度较差，而纵墙上开了很多洞口，因此纵墙承重房屋抵抗地基不均匀变形的能力也较差。

(4) 对纵墙承重体系房屋，墙体材料用量减少，但屋(楼)盖材料用量增加，房屋的层高也略有增加。

3. 纵、横墙承重体系

图 4-4 为某教学楼结构平面布置。图中教室每三开间一道横墙，竖向荷载的传递路线是：

屋面(或楼面)荷载→短向板→进深梁→纵墙→基础→地基
（短向板→横墙→基础）

目前，很多砌块砌体多层住宅，由于砌块墙体内设置了一定数量的芯柱，为了使上下层芯柱在楼板处便于贯通，采用现浇楼板将竖向荷载双向传递到纵横墙上，形成纵、横墙承重体系。

纵、横墙承重体系的特点是：

(1) 横墙的间距可以加大，房间的使用空间较横墙承重体系增加。但横墙间距受现浇板的跨度和墙体截面的限制不宜太大。

图 4-4　纵、横墙承重体系

(2) 纵、横墙承受的荷载比较均匀，常常可以简化基础的类型，便于施工。

(3) 纵、横两个方向的空间刚度均比较好。

## 三、底层框架-抗震墙和多排柱内框架房屋

1. 底屋框架-抗震墙房屋

底屋框架-抗震墙房屋是底层或底部两层为框架-抗震墙、上部为多层砖房。这类房屋底层或底部两层需要大空间(如商店、餐厅或银行)而采用框架-抗震墙结构；上部为住宅或办公楼采用墙承重。建造这类房屋的优点是：①造价较低；②方便居民；③便丁施工。

2. 多排柱内框架房屋

多排柱内框架房屋是指房屋外围用砌体墙，内部为多层、多排柱的钢筋混凝土框架，边跨框架梁的一端支承在砌体墙上(见图 4-5)。这类房屋多用于中小型百货商店、图书馆和轻工业厂房。

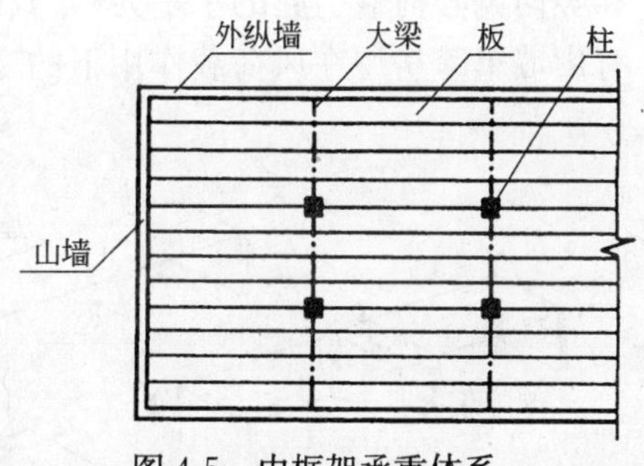

图 4-5　内框架承重体系

内框架承重体系的特点是：

(1) 墙和柱都是主要承重构件，用柱子代替承重内墙，可使房间获得较大的空间。

(2) 由于竖向承重构件的墙用砌体，柱子用钢筋混凝土，两者材料不同，压缩性能也不一样，基础形式也不同，基础的沉降量也不一致，容易使结构中产生较大的附加内力。如何减少基础的不均匀沉降并处理好梁与墙体之间的连接构造，是需要予以充分重视的。

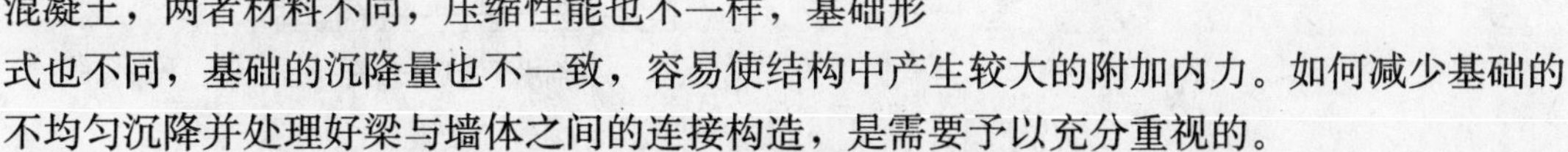

(3) 由于墙和柱两者的刚度相差很大，在抗震设防地区，应注意符合《建筑抗震设计规范》(GB 50011—2001)中的有关规定。

(4) 由于墙和柱的材料不同，施工方法也不同，给施工带来了一定的复杂性。

## 四、配筋砌块砌体剪力墙房屋

用高强度混凝土小型空心砌块和高强度等级砂浆砌筑，砌块的竖向孔洞和水平凹槽内配置一定数量的钢筋(见图 4-6)，再用坍落度大、收缩性小的灌孔混凝土灌注，成为配筋砌块砌体。配筋砌块砌体的力学和变形性能类似于一般的钢筋混凝土。因此，这类房屋适用于高层建筑。目前，国内已建成的上海市(7 度区)配筋砌块砌体住宅为 18 层。

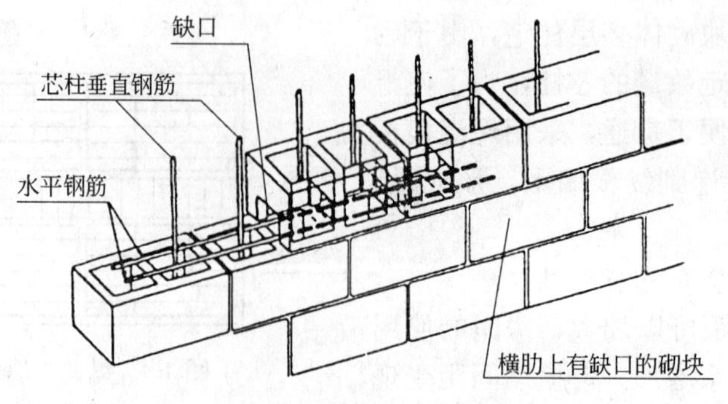


图 4-6　配筋砌块砌体

## 第三节　砌体房屋的静力计算方案

房屋墙体布置确定后，在进行墙体承载力验算前，首先要确定房屋的计算简图和墙体计算简图，也就是确定房屋的静力计算方案。

首先从荷载的传递来分析。房屋是由墙、柱、楼(屋)盖、基础等结构构件组成的一个空间整体。所以，在荷载作用下，不单是直接受载的构件工作，其他相邻构件也不同程度地参加了工作，这些构件参加工作的程度与房屋的空间刚度有关。通常竖向荷载的传递路线是：楼(屋)面板→楼(屋)面梁→墙(柱)→基础→地基。但水平荷载(风荷载、地震作用和竖向偏心荷载引起的水平力)，其传递路线与房屋的空间刚度有关。图 4-7 所示为一座有山墙单跨房屋在风荷载作用下的变形情况。

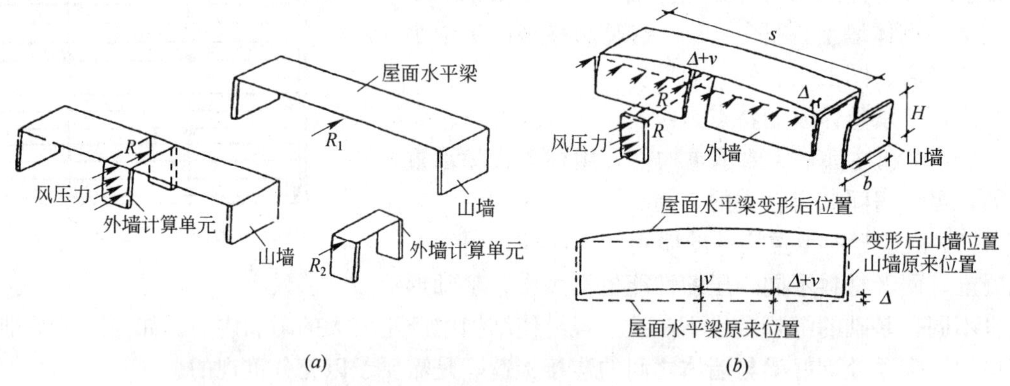


图 4-7　有山墙房屋在水平力作用下的变形情况

图 4-7($a$)为外纵墙计算单元上作用风压力。外纵墙的计算单元可看成是竖立的柱子，一端支在基础上，一端支在屋面上，屋面结构可看作是水平方向的梁，跨度为房屋长度 $s$，两端支承在山墙上，而山墙可看成是竖向悬臂柱支承在基础上。屋面梁承受部分风载 $R$ 后，可分成两部分：一部分 $R_1$ 通过屋面梁的平面弯曲传给山墙，再由山墙传给山墙基础，这属于空间传力体系；另一部分 $R_2$ 通过平面排架，直接传给外纵墙基础，这属于平面传力体系。因此，风荷载的传递路线为：

风荷载 → 屋盖结构 → 山墙 → 山墙基础 → 地基
风荷载 → 纵墙基础 → 地基

从变形分析来看，纵墙顶点水平位移，房屋中间部位最大，山墙处最小，沿纵向呈曲线形状。由图 4-7($b$)可看出，纵墙顶点水平位移包括两个部分：一部分是屋盖水平梁的水平位移，最大值在中部，以 $v$ 表示；另一部分为山墙顶点的水平位移，以 $\Delta$ 表示。因此，纵墙顶点水平位移的最大值为：

$$y_{max}=v+\Delta\leqslant y_{p} \tag{4-8}$$

式中 $y_{max}$——中间计算单元墙顶的水平位移；

$\Delta$——山墙顶点的水平位移；

$v$——屋盖沿纵向水平梁的最大水平位移；

$y_{p}$——不考虑山墙影响，在水平荷载作用下按平面排架计算的水平位移。

显然，$y_{max}$的大小与屋盖水平梁在自身平面内的刚度、山墙间距以及山墙在自身平面内的刚度有关。对于单层房屋，令

$$\eta=\frac{y_{max}}{y_{p}}\leqslant 1 \tag{4-9}$$

$\eta$ 为考虑空间工作后水平位移的折减系数，称为空间性能影响系数(见表 4-3)。

**房屋各层的空间性能影响系数 $\eta_i$** **表 4-3**

| 楼(层)盖类别 | 横墙间距 $s$(m) | | | | | | | | | | | | | | |
|---|---|---|---|---|---|---|---|---|---|---|---|---|---|---|---|
| | 16 | 20 | 24 | 28 | 32 | 36 | 40 | 44 | 48 | 52 | 56 | 60 | 64 | 68 | 72 |
| 1 | — | — | — | — | 0.33 | 0.39 | 0.45 | 0.50 | 0.55 | 0.60 | 0.64 | 0.68 | 0.71 | 0.74 | 0.77 |
| 2 | — | 0.35 | 0.45 | 0.54 | 0.61 | 0.68 | 0.73 | 0.78 | 0.82 | — | — | — | — | — | — |
| 3 | 0.37 | 0.49 | 0.60 | 0.68 | 0.75 | 0.81 | — | — | — | — | — | — | — | — | — |

注：$i$ 取 1～$n$，$n$ 为房屋的层数。

根据上述分析，按房屋的空间刚度大小，房屋的静力计算可分为三种方案：

1. 弹性方案

当横墙间距很大，房屋空间刚度很小时，结构空间工作性能很差。在水平荷载作用下，房屋结构近似于平面受力状态。此时，$y_{max}=v+\Delta=y_{p}$。规范规定，对于刚度较大的第一层屋盖，$\eta>0.77$ 时，按弹性方案计算。

2. 刚性方案

当横墙间距很小，房屋空间刚度很大时，结构的空间工作性能很好。在水平荷载作用下，屋面结构可看成外纵墙的不动铰支座。此时 $v\approx 0$，$y_{max}=v+\Delta\approx 0$。规范规定，对于第一类屋盖，$\eta<0.33$ 时按刚性方案计算。

3. 刚弹性方案

当横墙间距在一定范围内，房屋的空间刚度介于弹性方案与刚性方案之间，结构具有一定的空间工作性能。在水平荷载作用下，屋盖对墙顶水平位移有一定约束，可看作墙的弹性支座。这时，在各种荷载作用下，墙内力以屋盖与墙为铰接，考虑空间工作的平面排架计算同一般排架，但需引入空间性能影响系数 $\eta$。第一类屋盖 $0.33<\eta<0.77$ 时，可按刚弹性方案计算。

为便于应用，规范将房屋按屋盖或楼盖的平面刚度分为三种类型，并按房屋横墙间距 $s$ 确定静力计算方案(见表 4-4)。

**房屋的静力计算方案** **表 4-4**

| | 屋盖或楼盖类别 | 刚性方案 | 刚弹性方案 | 弹性方案 |
|---|---|---|---|---|
| 1 | 整体式、装配整体式和装配式无檩体系钢筋混凝土屋盖或钢筋混凝土楼盖 | $s<32$ | $32\leqslant s\leqslant 72$ | $s>72$ |
| 2 | 装配式有檩体系钢筋混凝土屋盖、轻钢屋盖和有密铺望板的木屋盖或木楼盖 | $s<20$ | $20\leqslant s\leqslant 48$ | $s>48$ |
| 3 | 冷摊瓦木屋和石棉水泥瓦轻钢屋盖 | $s<16$ | $16\leqslant s\leqslant 36$ | $s>36$ |

注：1. 表中 $s$ 为房屋横墙间距，其长度单位为 m；

2. 对无山墙或伸缩缝处无横墙的房屋，应按弹性方案考虑。

作为刚性和刚弹性方案的横墙，为了保证屋盖水平梁的支座位移不致过大，横墙应符合下列要求，以保证其平面刚度：

(1) 横墙中开洞口时，洞口的水平截面积不应超过横墙截面积的 50%；

(2) 横墙的厚度不宜小于 180mm；

(3) 单层房屋的横墙长度不宜小于其高度，多层房屋的横墙长度，不宜小于 $H/2$($H$ 为横墙总高度)。

当横墙不能同时满足上述要求时，应对横墙刚度进行验算，如其最大水平位移值 $u_{max}\leqslant\frac{H}{4000}$时，仍可视作刚性或刚弹性方案横墙。凡符合 $u_{max}\leqslant\frac{H}{4000}$刚度要求的一段横墙或其他结构构件(如框架结构等)，也可视为刚性或刚弹性方案房屋的横墙。

## 第四节　刚性方案房屋的静力计算

### 一、单层房屋承重纵墙

1. 计算单元

计算单层房屋承重纵墙时，对有门窗洞口的外纵墙，可取一个开间的墙体作为计算单元；无门窗洞口的纵墙，可取 1m 长墙体作为计算单元。

2. 计算简图

单层房屋在竖向和水平荷载作用下，可将墙上端屋盖处视作不动铰支座，下端嵌固于基础顶面的竖向构件，计算简图如图 4-8 所示。作用在纵墙上的荷载有：

(1) 屋面荷载：包括屋盖自重、屋面活荷载(或雪荷载)，这些荷载以集中力的形式，通过屋架或屋面梁作用于墙体顶端。轴向力 $N_l$ 作用点到墙内边取 $0.4a_0$，$a_0$ 为梁有效支承长度，因而 $N_l$ 对墙中心线有一个偏心距 $e$，$e=d/2-0.4a_0$，$d$ 为墙厚。所以计算简图上作用有轴向力 $N_l$ 和弯矩 $M=N_l\cdot e$。

(2) 风荷载(对不考虑抗震设防的结构)：风荷载包括作用于墙面上和屋面上的风荷载。屋面上的风荷载简化为作用于墙顶的集中力 $W$，刚性方案集中为 $W$ 通过屋盖直接传至横墙，再由横墙传给基础，最后传至地基，对纵墙不产生内力。墙面风荷载为均布荷载，迎风面为压力，背风面为吸力。

(3) 墙体自重：按砌体自重(包括内外粉刷和门窗自重)进行计算，作用于墙体轴线上。当墙体为等截面时，自重不会产生弯矩。

3. 内力计算

(1) 竖向荷载作用下，内力如图 4-9($a$)所示。

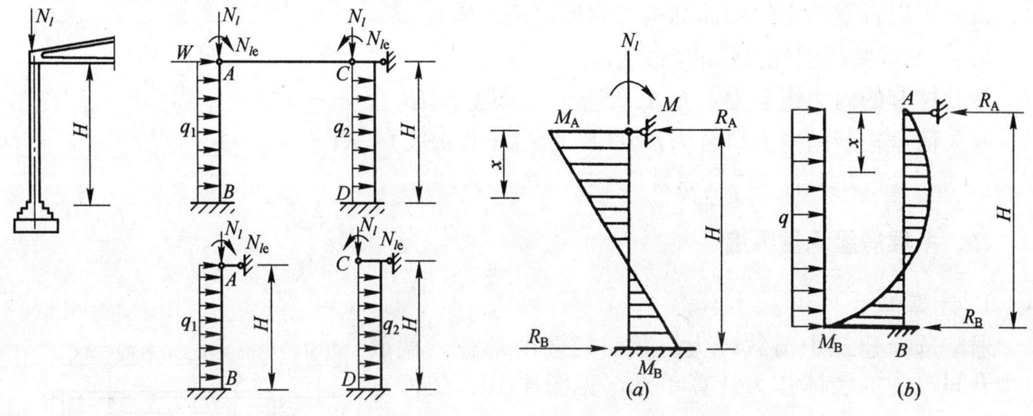


图 4-8　计算简图　　　　图 4-9　内力图

$$\left.\begin{aligned} R_A &= -R_B = -\frac{3M}{2H} \\ M_A &= M \\ M_B &= -\frac{M}{2} \\ M_x &= \frac{M}{2}\left(2-3\frac{x}{H}\right) \end{aligned}\right\} \tag{4-10}$$

(2) 在水平荷载作用下，内力如图 4-9($b$)所示：

$$\left.\begin{aligned} R_A &= \frac{3}{8}qH \\ R_B &= \frac{5}{8}qH \\ M_B &= \frac{qH^2}{8} \\ M_x &= -\frac{qHx}{8}\left(3-4\frac{x}{H}\right) \\ \text{当 } x &= \frac{3}{8}H \text{ 时，} \\ M_{max} &= -\frac{9qH^2}{128} \end{aligned}\right\} \tag{4-11}$$

(3) 内力组合

砌体结构按承载能力极限状态设计时，应按两种组合值中取最不利组合进行计算。

1) 由可变荷载效应控制的组合

计算公式如下：

$$\gamma_0\left(1.2S_{Gk}+1.4S_{Q1k}+\sum_{i=2}^{n}\gamma_{Qi}\psi_{ci}S_{Qik}\right)\leqslant R(f,a_k\cdots)$$

注：当楼面活荷载标准值大于 $4kN/m^2$ 时，式中系数 1.4 应为 1.3。

2) 由永久荷载效应控制的组合

计算公式如下：

$$\gamma_0(1.35S_{Gk}+1.4\times\sum_{i=1}^{n}\psi_{ci}S_{Qik})\leqslant R(f,a_k\cdots)$$

式中符号及注与由可变荷载效应控制的组合相同。在砌体结构承载能力极限状态设计时，列出了以可变荷载控制和以永久荷载控制的二个设计表达式，取其中不利组合进行计算，改善了以自重为主的砌体结构可靠度偏低的缺点。

3) 一个可变荷载(活载)的内力组合

活载控制的内力组合为：$\gamma_0(1.2S_{Gk}+1.4S_{Qk})\leqslant R(f,\ a_k\cdots)$

永久荷载控制的内力组合为：$\gamma_0(1.35S_{Gk}+1.0S_{Qk})\leqslant R(f,\ a_k\cdots)$

注：第二个内力组合中第二个系数应为 1.4×0.7=0.98。

## 二、多层房屋承重纵墙

1. 计算单元

通常选择建筑中荷载较大、截面较弱的部位，截取一个开间宽度的墙体作为计算单元，见图 4-10，受荷宽度为$\frac{l_1+l_2}{2}$。

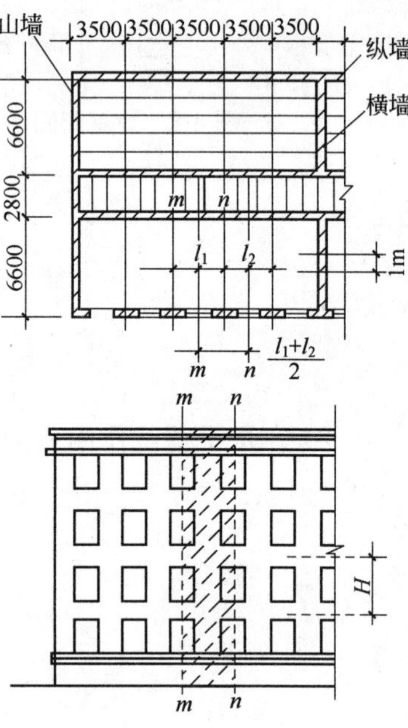

图 4-10　计算单元

2. 计算简图

(1) 竖向荷载

竖向荷载作用下，多层房屋的墙体如同一竖向连续梁，连续梁以各层楼盖和基础为支点。

由于楼盖的梁或板嵌砌在墙体内，墙体在楼盖支承处截面被削弱，被削弱了的截面能传递的弯矩不大，为简化计算，假定墙体在楼盖处为铰接。在基础顶面，由于轴向力较大，弯矩相对较小，因此，墙体在基础顶面也可假定为铰接，见图 4-11。

简化后，每层楼盖传下的轴向力 $N_l$，只对本层墙体产生弯矩，上面各层传下来的竖向荷载 $N_u$，认为是通过上一层墙体截面中心线传来的集中力(不产生弯矩)；本层楼(屋)盖梁端支承压力 $N_l$ 到墙内边的距离取为 $0.4a_0$ 见图 4-12。

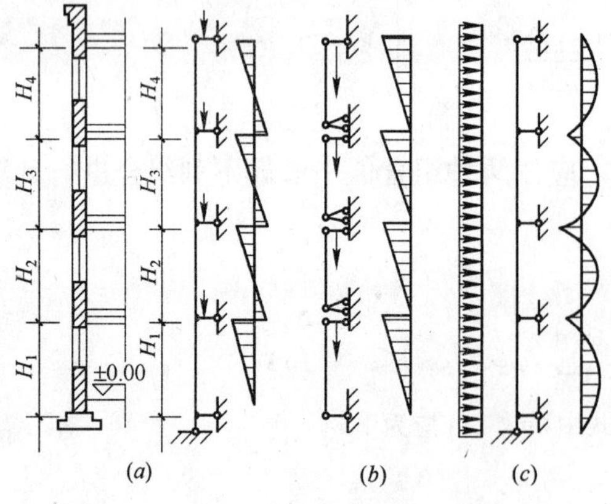

图 4-11　外纵墙计算图形

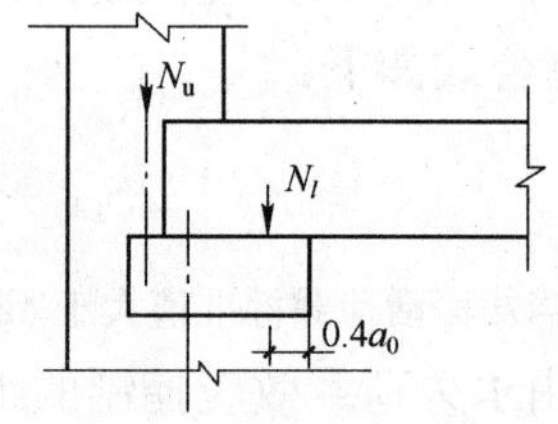

图 4-12　梁端支承压力位置

对于梁跨度大于 9m 的墙承重的多层房屋，除按上述方法计算墙体承载力外，宜再按梁两端固结计算梁端弯矩，再将其乘以修正系数 $\gamma$ 后，按墙体线性刚度分到上层墙底部和下层墙顶部，修正系数 $\gamma$ 可按下式计算：

$$\gamma=0.2\sqrt{\frac{a}{h}} \tag{4-12}$$

式中　$a$——梁端实际支承长度；

$h$——支承墙体的墙厚，当上下墙厚不同时取下部墙厚，当有壁柱时取 $h_T$。

(2) 风荷载

当刚性方案多层房屋的外墙符合下列要求时，静力计算可不考虑风荷载的影响：

1) 洞口水平截面面积不超过全截面面积的 2/3；

2) 层高和总高不超过表 4-5 的规定；

3) 屋面自重不小于 0.8kN/m$^2$。

**外墙不考虑风荷载影响时的最大高度**　　**表 4-5**

| 基本风压值(kN/m$^2$) | 层高(m) | 总高(m) | 基本风压值(kN/m$^2$) | 层高(m) | 总高(m) |
| --- | --- | --- | --- | --- | --- |
| 0.4 | 4.0 | 28 | 0.6 | 4.0 | 18 |
| 0.5 | 4.0 | 24 | 0.7 | 3.5 | 18 |

注：对于多层砌块房屋 190mm 厚的外墙，当层高不大于 2.8m，总高不大于 19.6m，基本风压不大于0.7kN/m$^2$时可不考虑风荷载的影响。

当必须考虑风荷载时，风荷载引起的弯矩 $M$，可按下式计算：

$$M=\frac{wH_i^2}{12} \tag{4-13}$$

式中　$w$——沿楼层高均布风荷载设计值(kN/m)；

$H_i$——层高(m)。

3. 控制截面的内力(不考虑风荷载时)

多层房屋外墙每一层墙体各截面的轴力和弯矩都是变化的，轴力是上小下大，弯矩是上大下小。有门窗洞口的外墙，截面面积沿层高也是变化的。每层的控制截面有(见图4-13)：

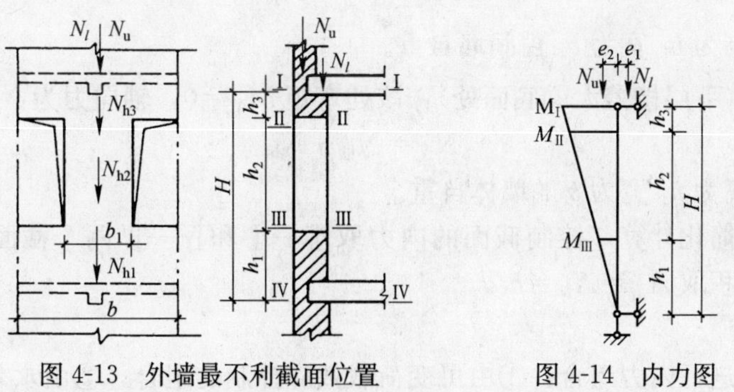


图 4-13　外墙最不利截面位置　　　图 4-14　内力图

Ⅰ—Ⅰ截面(楼盖大梁底面处)：该处弯矩最大，以设计荷载计算的弯矩值为：

$$M_I=N_le_1-N_ue_2 \tag{4-14}$$

式中　$e_1$——$N_l$ 对该层墙的偏心距，$e_1=\frac{d}{2}-0.4a_0$，$d$ 为该层墙体厚度，$a_0$ 为梁端有效

支承长度。

$e_2$——上层墙体重心对该层墙体重心的偏心距。如果上下层墙体厚度相同，则 $e_2=0$。此时，该截面设计荷载产生的轴向力偏心距为：

$$e_1=\frac{M_1}{N_l+N_u} \tag{4-15}$$

而设计荷载产生的轴向力为：

$$N_{\mathrm{I}}=N_l+N_u \tag{4-16}$$

Ⅰ—Ⅰ截面的实际面积应为墙厚 $d$ 与窗口中心线间距 $b$ 的乘积，即 $A_1=bd$。有时，该截面距窗口上边缘较近，为简化计算并偏于安全，按窗间墙截面积采用，即 $A_1=b_1d$。

Ⅱ—Ⅱ截面(窗口上边缘处)：该处设计荷载弯矩可由三角形弯矩图按内插法求得：

$$M_{\mathrm{II}}=M_{\mathrm{I}}\frac{h_1+h_2}{H} \tag{4-17}$$

轴向力的偏心距为：

$$e_{\mathrm{II}}=\frac{M_{\mathrm{II}}}{N_{\mathrm{I}}+N_{h3}} \tag{4-18}$$

设计荷载产生的轴向力为：

$$N_{\mathrm{II}}=N_{\mathrm{I}}+N_{h3} \tag{4-19}$$

式中　$N_{h3}$——高为 $h_3$ 宽为 $b$ 的墙体自重。

Ⅲ—Ⅲ截面(窗口下边缘处)：该处设计荷载弯矩为：

$$M_{\mathrm{III}}=M_{\mathrm{I}}\frac{h_1}{H} \tag{4-20}$$

轴向力偏心矩：

$$e_{\mathrm{III}}=\frac{M_{\mathrm{III}}}{N_{\mathrm{II}}+N_{h2}} \tag{4-21}$$

该截面处的轴向力为：

$$N_{\mathrm{III}}=N_{\mathrm{II}}+N_{h2} \tag{4-22}$$

式中　$N_{h2}$——高为 $h_2$ 宽为 $b_1$ 窗间墙自重。

Ⅵ—Ⅵ截面(下层楼盖大梁底面处)：该处弯矩 $M_{\mathrm{IV}}=0$，轴向力为：

$$N_{\mathrm{IV}}=N_{\mathrm{III}}+N_{h1} \tag{4-23}$$

式中　$N_{h1}$——高为 $h_1$ 宽为 $b$ 的墙体自重。

通常，为了简化计算，控制截面的内力取Ⅰ—Ⅰ和Ⅳ—Ⅳ两个截面的内力，偏于安全，墙体截面面积取 $A_{\mathrm{I}}=A_{\mathrm{IV}}=b_1d$。

4. 内力组合

按两种情况进行内力组合：①由可变荷载效应控制的组合；②由永久荷载效应控制的组合。

5. 截面承载力验算

按上述两种内力组合中取最不利组合，按受压构件承载力计算公式进行截面承载力验算。若几层墙体的截面和砂浆强度等级相同，则只需验算其中最下一层即可。若砂浆强度有变化，则降低砂浆强度的这一层也应验算。

### 三、多层房屋承重横墙

在横墙承重的多层房屋中，由于横墙间距较小，房屋空间刚度较大，因此，承重横墙可按刚性方案进行静力计算。

1. 计算单元和计算简图

横墙一般承受屋面板或楼板传来的竖向均布荷载，且洞口很少，因此，取宽 1m 的墙体作为计算单元见图 4-15。

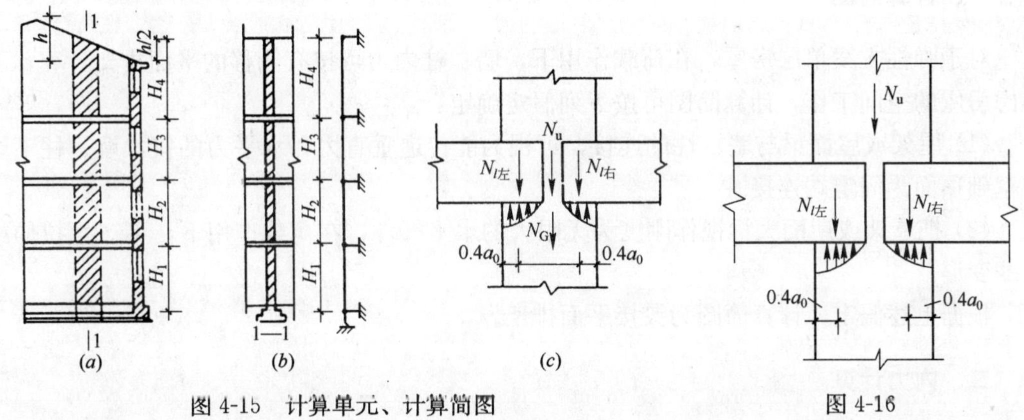


图 4-15 计算单元、计算简图

图 4-16

每层横墙可视作两端铰支的竖向构件，构件高度 $H$，对于中间各层取层高 $H_i$，顶层为坡屋顶时，取层高加山墙尖高的一半，对底层，下端取至基础顶面。

横墙承受的荷载有：

(1) $N_u$，计算层以上各层传来的轴向力，包括屋盖和楼盖的恒荷载和活荷载，以及上部墙体自重；

(2) $N_{l左}$、$N_{l右}$，分别为本层墙体左、右两侧楼盖传来的轴向力；

(3) $N_G$，本层墙体自重。

2. 控制截面和内力计算

承重横墙的控制截面一般在每层底部截面，该截面轴向力最大。对于中间横墙，一般均按轴心受压计算。如横墙两侧开间不同或楼面活载相差较大时，横墙偏心受压，则需对横墙顶部截面进行验算。如有支承梁时，还需验算梁端砌体局部受压承载力。

### 四、壁柱墙翼缘宽度和其中荷载的转角墙

1. 带壁柱墙截面翼缘宽度

带壁柱墙的计算截面翼缘宽度 $b_f$，可按下列规定采用：

(1) 多层房屋，当有门窗洞口时，可取窗间墙宽度；当无门窗洞口时，每侧翼墙宽度可取壁柱高度的 1/3；

(2) 单层房屋，可取壁柱宽加 2/3 墙高，但不大于窗间墙宽度和相邻壁柱间距离；

(3) 计算带壁柱墙的条形基础时，可取相邻壁柱间的距离。

2. 受竖向集中荷载的转角墙

当转角墙段角部受竖向集中荷载时，计算截面的长度可从角点算起，每侧宜取层高的1/3。当上述墙体范围内有门窗洞口时，则计算截面取至洞边，但不宜大于层高的 1/3。当上层的竖向集中荷载传至本层时，可按均布荷载计算，此时转角墙段可按角形截面偏心受压构件进行承载力验算。

## 第五节 弹性方案房屋的静力计算

### 一、计算简图

对于弹性方案单层房屋，在荷载作用下，墙、柱内力可按有侧移的平面排架计算，不考虑房屋的空间工作，计算简图可按下列假定确定：

(1) 屋架或屋面梁与墙、柱的连接，可视为能传递垂直力和水平力的铰，墙、柱下端与基础顶面为固定端连接。

(2) 把屋架或屋面大梁视作刚度为无限大的水平杆件，在荷载作用下，不产生拉伸或压缩变形。

根据上述假定，计算简图为铰接平面排架。

### 二、内力计算

按照平面排架进行内力分析，计算步骤如下：

(1) 先在排架上端加一个假想的不动铰支座，成为无侧移的平面排架，计算出在荷载作用下该支座的反力 $R$，并画出排架柱的内力图。

(2) 把已求出的柱顶支座反力 $R$ 反方向作用在排架顶端，算出排架内力，画出相应的内力图。

(3) 将上述两种计算结果叠加，假想的柱顶支座反力 $R$ 相互抵消，叠加后的内力图即弹性方案有侧移平面排架的计算结果。

现以两侧墙体(或柱)为等截面、等高，相同材料的单跨弹性方案房屋为例，进行内力计算：

(1) 屋盖荷载

屋盖荷载 $N_l$ 作用点对墙体形心有偏心距 $e_1$，所以排架柱顶作用有轴向力 $N_l$ 和弯矩 $M=N_l \cdot e_1$，见图 4-17。由于屋盖荷载对称作用于排架上，排架柱顶侧称 $u=0$，假设的柱顶不动铰支座反力 $R=0$，这时：

$$\left.\begin{aligned} M_{\mathrm{C}}&=M_{\mathrm{D}}=M=N_l e_1 \\ M_{\mathrm{A}}&=M_{\mathrm{B}}=\frac{M}{2} \\ M_{\mathrm{x}}&=M\left(1-\frac{3x}{2H}\right) \end{aligned}\right\} \tag{4-24}$$

(2) 风荷载(图 4-18)

屋盖结构传给排架的风荷载以集中力 $W$ 作用在柱顶，迎风面风载为 $w_1$，背风面风载为 $w_2$，由图 4-18($b$)可得：

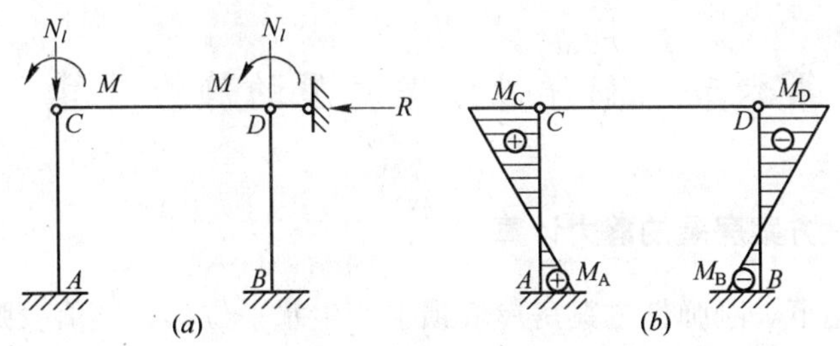


图 4-17

(a)计算简图；(b)$N_l$ 作用下的弯矩图

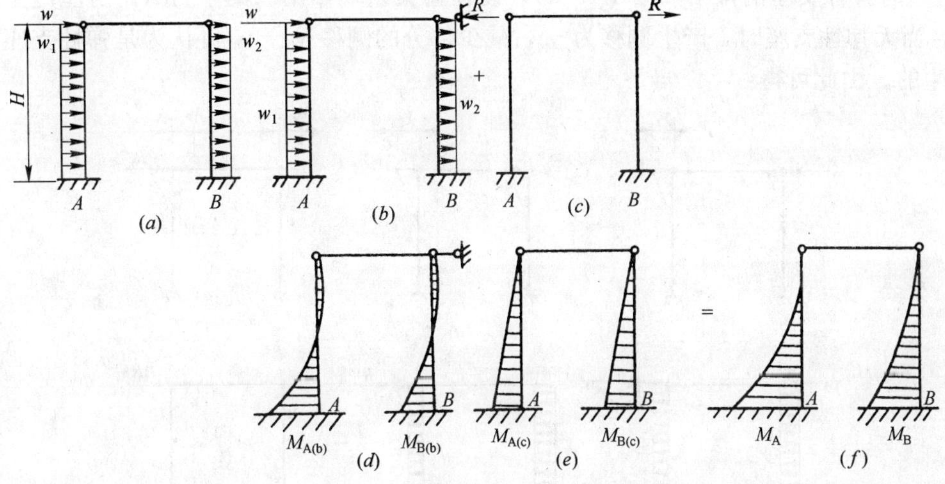


图 4-18

$$R=w+\frac{3}{8}(w_1+w_2)H \tag{4-25}$$

$$\left.\begin{aligned}M_{A(b)}&=\frac{1}{8}w_1H^2\\M_{B(b)}&=\frac{1}{8}w_2H^2\end{aligned}\right\} \tag{4-26}$$

将 $R$ 反向作用于排架顶端，从图 4-18($c$)可得：

$$\begin{aligned}M_{A(c)}=M_{B(c)}&=\frac{R}{2}H\\&=\frac{wH}{2}+\frac{3H^2}{16}(w_1+w_2)\end{aligned} \tag{4-27}$$

将图 4-18($b$)、($c$)两种情况叠加可得：

$$\left.\begin{aligned}M_A&=\frac{wH}{2}+\frac{5}{16}w_1H^2+\frac{3}{16}w_2H^2\\M_B&=-\frac{wH}{2}-\frac{3}{16}w_1H^2-\frac{5}{16}w_2H^2\end{aligned}\right\} \tag{4-28}$$

排架的弯矩图如图 4-18($f$)所示。

排架柱的轴力为：

$$N_A=N_B=N_l+N_G \tag{4-29}$$

## 第六节 刚弹性方案房屋的静力计算

### 一、单层刚弹性方案房屋的静力计算

在水平荷载作用下，刚弹性方案房屋墙顶也产生水平位移，其值较弹性方案排架柱顶水平位移要小，其计算简图和弹性方案计算简图相似，不同点是在排架的柱顶加上一个弹性支座，以考虑房屋的空间工作。

柱顶有弹性支座的排架如图 4-19($a$)，设在排架顶端作用一集中力 $R$，房屋产生侧移为 $y_s$；当无弹性支座时，产生侧移为 $y_p$，减少部分的侧移 $y_p-y_s$ 可认为是弹性支座反力 $R_x$ 产生的。由此可得：

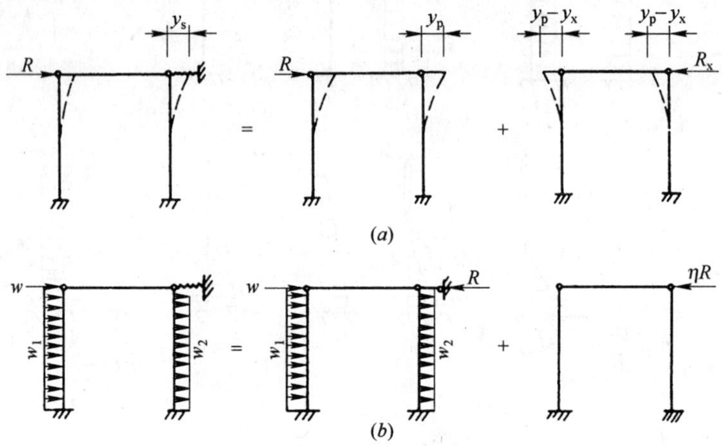


图 4-19 单层刚弹性方案房屋的静力计算简图

$$\frac{R_x}{R}=\frac{y_p-y_s}{y_p}=1-\frac{y_s}{y_p}$$

设 $\eta=\frac{y_s}{y_p}$，则有

$$R_x=\left(1-\frac{y_s}{y_p}\right)R=(1-\eta)R \tag{4-30}$$

$\eta$ 为考虑空间工作的柱顶侧移和不考虑空间工作时柱顶侧移的比值，称房屋的空间性能影响系数，见表 4-3。因为 $R$ 是已知的，所以如果已知 $\eta$ 则可求得 $R_x$，此时屋盖处的作用力可看成是：

$$R-R_x=R-(1-\eta)R=\eta R \tag{4-31}$$

也就是说，当柱顶作用一集中力 $R$ 时，刚弹性方案房屋的内力分析如同一个平面排架，只是以 $\eta R$ 代替 $R$ 进行计算。由于 $\eta<1$，因此刚弹性方案房屋的内力一定小于弹性方案时的内力。

除 $R$ 作用于柱顶外，若还有风荷载作用，如图 4-19($b$)，则内力的求解步骤如下：

(1) 在排架的顶端加一假想不动铰支座，计算出该支座反力 $R$，画出相应的内力图。

(2) 考虑房屋的空间作用，将支座反力 $R$ 乘以房屋空间性能影响系数 $\eta$，反向作用于

排架顶端，计算相应的内力，画出内力图。

(3) 将上述两种情况内力图叠加，得到刚弹性方案房屋墙体的内力计算结果。

现以两侧墙体(或柱)截面相同、等高、材料相同的单跨房屋为例，进行内力计算：

(1) 屋盖荷载

因荷载对称，排架顶端无侧移，其内力计算如刚性方案，$M_A = M_B = \frac{M}{2} = \frac{N_l e}{2}$

(2) 风荷载

$$\left.\begin{aligned} M_A &= \frac{\eta wH}{2} + \left(\frac{1}{8} + \frac{3\eta}{16}\right) w_1 H^2 + \frac{3\eta}{16} w_2 H^2 \\ M_B &= -\frac{\eta wH}{2} - \left(\frac{1}{8} + \frac{3\eta}{16}\right) w_2 H^2 - \frac{3\eta}{16} w_1 H^2 \end{aligned}\right\} \tag{4-32}$$

对多跨等高单层刚弹性方案房屋，由于其空间刚度比单跨刚弹性方案房屋好，故其 $\eta$ 值仍可按单跨房屋取用。这是偏于安全的。

## 二、多层刚弹性方案房屋的静力计算

多层房屋刚弹性静力计算与单层房屋不同，它除存在本层楼盖的空间传力外，还存在层间的空间传力。当多层房屋某开间受有水平荷载时，考虑其空间工作进行内力分析，也可分为两步叠加：

(1) 取多层房屋受有水平荷载的平面单元，在其各层横梁与柱连接处加水平支杆，求得其反力 $R_1$ 和 $R_2$；

(2) 将 $R_1$、$R_2$ 反向作用在房屋空间体系上，求得其内力。

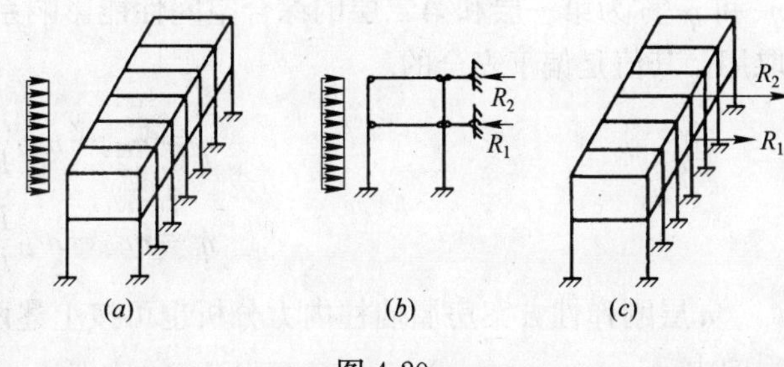

图 4-20

图 4-20 所示一两层房屋，在某一开间承受水平风荷载，取有水平荷载开间的平面单元，各层横梁与柱间加上水平支杆后，在水平荷载作用下各层都没有侧移，求出支杆反力 $R_1$、$R_2$。再将支杆反力 $R_1$、$R_2$ 反向作用在房屋的空间体系上。由于屋盖、楼盖、纵墙与横墙等的作用，$R_1$ 与 $R_2$ 分别沿纵向传递至各平面单元及山墙，并分别沿高度向其他各层传递，因此计算平面单元只承受 $R_1$ 与 $R_2$ 的一部分。

图 4-21 所示平面单元仅在 $R_1$ 作用下，$V_{11}$ 为计算平面单元左侧和右侧开间一层楼盖纵向体系的总剪力，$V_{21}$ 为二层楼盖的总剪力。此时，作用于计算平面单元的实际侧力将为 $m_{11}R_1$，其值为：

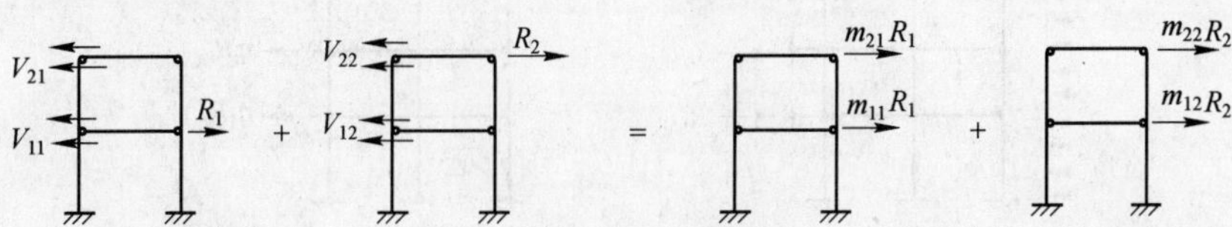

图 4-21　多层刚弹性方案房屋的受力分析

$$m_{11}R_1 = R_1 - V_{11}$$

$$m_{11} = 1 - \frac{V_{11}}{R_1} \quad (4\text{-}33)$$

而作用于顶层的侧力为 $m_{21}R_1$，其值为：

$$m_{21}R_1 = V_{21}$$

$$m_{21} = \frac{V_{21}}{R_1} \quad (4\text{-}34)$$

同理，当仅考虑 $R_2$ 时有：

$$m_{22} = 1 - \frac{V_{22}}{R_2} \quad (4\text{-}35)$$

$$m_{12} = \frac{V_{12}}{R_2} \quad (4\text{-}36)$$

$m_{11}$、$m_{21}$、$m_{22}$、$m_{12}$ 都为小于 1 的系数，称为空间作用系数。$m_{11}$ 和 $m_{22}$ 为主空间作用系数；$m_{21}$、$m_{12}$ 为副空间作用系数，为各层之间相互作用而产生的。把上述两种情况叠加，可得：

$$\text{第一层}\left(m_{11} + m_{12}\frac{R_2}{R_1}\right)R_1 = \eta_1 R_1$$

$$\text{第二层}\left(m_{22} + m_{21}\frac{R_1}{R_2}\right)R_2 = \eta_2 R_2$$

$\eta_1$ 和 $\eta_2$ 称为第一层和第二层的综合空间性能影响系数，简称空间性能影响系数，按表 4-3 取用，其值是偏于安全的。

$$\eta_1 = m_{11} + m_{12}\frac{R_2}{R_1} \quad (4\text{-}37)$$

$$\eta_2 = m_{22} + m_{21}\frac{R_1}{R_2} \quad (4\text{-}38)$$

$n$ 层刚弹性方案房屋墙柱内力分析也可按上述两步进行，然后将两步结果迭加即得最后内力：

(1) 在平面计算简图各层横梁与柱连接结点处加水平铰支杆，计算其在水平荷载(风载)作用下无侧移时的内力与支杆反力 $R_i$，见图 4-22($a$)；

(2) 考虑房屋的空间作用，将各支杆反力 $R_i$ 乘以由《砌体结构设计规范》查得的相应空间性能影响系数 $\eta_i$，并反向作用于结点上，计算其内力，见图 4-22($b$)。

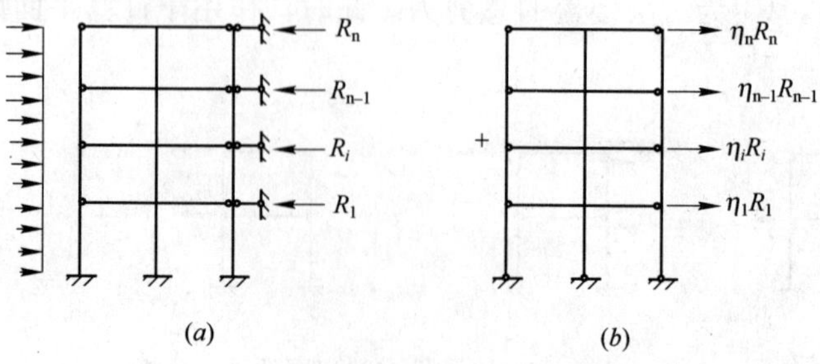


图 4-22

## 第七节　砌体房屋设计的构造要求

### 一、一般构造要求

为了保证砌体房屋的耐久性和整体性，砌体结构和结构构件在设计使用年限内(通常按 50 年考虑)和正常维护下，必须满足砌体结构正常使用极限状态的要求，一般可由相应的构造措施来保证。

1. 材料的最低强度等级

(1) 砌体材料的强度等级与房屋的耐久性有关。五层和五层以下房屋的墙，以及受振动或层高大于 6m 的墙、柱所用材料的最低强度等级，应符合下列要求：

1) 砖采用 MU10；

2) 砌块采用 MU7.5；

3) 石材采用 MU30；

4) 砂浆采用 M5。

对安全等级为一级或设计使用年限大于 50 年的房屋，墙、柱所用材料的最低强度等级应至少提高一级。

(2) 地面以下或防潮层以下的砌体、潮湿房间的墙，所用材料的最低强度等级应符合表 4-6 的要求。

**地面以下或防潮层以下的砌体、潮湿房间的墙所用材料的最低强度等级　　表 4-6**

| 基土的潮湿程度 | 烧结普通砖、蒸压灰砂砖 | | 混凝土砌块 | 石材 | 水泥砂浆 |
|---|---|---|---|---|---|
| | 严寒地区 | 一般地区 | | | |
| 稍潮湿的 | MU10 | MU10 | MU7.5 | MU30 | M5 |
| 很潮湿的 | MU15 | MU10 | MU7.5 | MU30 | M7.5 |
| 含水饱和的 | MU20 | MU15 | MU10 | MU40 | M10 |

注：1. 在冻胀地区，地面以下或防潮层以上的砌体，不宜采用多孔砖，如采用时，其孔洞应用水泥砂浆灌实。当采用混凝土砌块砌体时，其孔洞应采用强度等级不低于 Cb20 的混凝土灌实。

2. 对安全等级为一级或设计使用年限大于 50 年的房屋，表中材料强度等级应至少提高一级。

2. 墙、柱的最小截面尺寸

墙、柱的截面尺寸过小，不仅稳定性差而且局部缺陷影响承载力。对于承重的独立砖柱，截面尺寸不应小于 240mm×370mm。毛石墙的厚度不宜小于 350mm；毛料石柱较小边长不宜小于 400mm。振动荷载时，墙、柱不宜采用毛石砌体。

3. 房屋整体性的构造要求

(1) 跨度大于 6m 的屋架和跨度大于下列数值的梁：砖砌体为 4.8m、砌块和料石砌体为 4.2m、毛石砌体为 3.9m，应在支承处设置混凝土和钢筋混凝土垫块；当墙中设有圈梁时，垫块与圈梁宜浇成整体。

(2) 当梁跨度大于或等于下列数值时：240mm 厚砖墙为 6m、180mm 厚砖墙为 4.8m、砌块料石墙为 4.8m，其支承处宜加设壁柱或采取其他加强措施。

(3) 预制钢筋混凝土板的支承长度，在墙上不宜小于 100mm；在钢筋混凝土圈梁上不宜小于 80mm；当利用板端伸出钢筋拉结和混凝土灌缝时，其支承长度可为 40mm，但板端缝宽不小于 8mm，灌缝混凝土不宜低于 C20。

(4) 支承在墙、柱上的吊车梁、屋架及跨度大于或等于下列数值的预制梁：砖砌体为 9m、砌块和料石砌体为 7.2m，其端部应采用锚固件与墙、柱上的垫块锚固。

(5) 填充墙、隔墙应采取措施与周边构件可靠连接。如在钢筋混凝土骨架中预埋拉结钢筋，砌砖时将拉结筋嵌入墙体的水平缝内(图 4-23)。

(6) 山墙处的壁柱宜砌至山墙顶部，屋面构件与山墙有可靠拉结。

4. 砌块砌体的构造要求

(1) 砌块砌体应分皮错缝搭砌，上下皮搭砌长度不得小于 90mm。当搭砌长度不满足上述要求时，应在水平缝内设置不少于 2$\phi$4 的焊接钢筋网片(横向钢筋的间距不宜大于 200mm)，网片每端均应超过该垂直缝，其长度不得小于 300mm。

(2) 砌块墙与后砌隔墙交接处，应沿墙高每 400mm 在水平灰缝内设置不少于 2$\phi$4、横筋间距不大于 200mm 的焊接钢筋网片(图 4-24)。

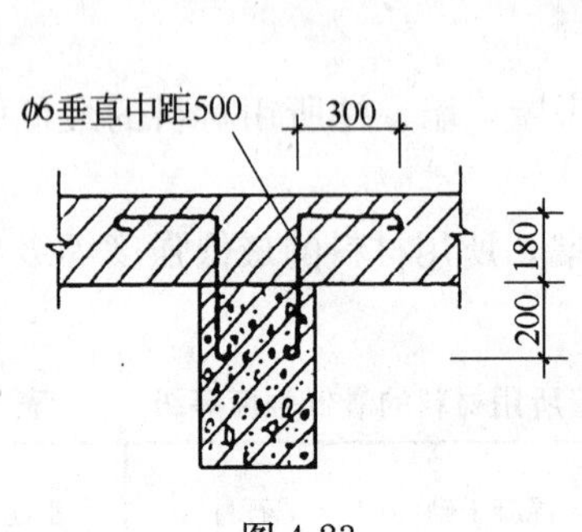


图 4-23

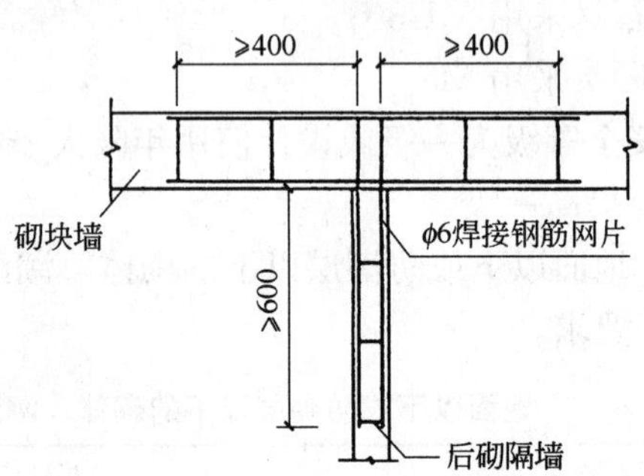


图 4-24 砌块墙与后砌隔墙交接处钢筋网片

(3) 混凝土砌块房屋，宜将纵横墙交接处、距墙中心线每边不小于 300mm 范围内的孔洞，用不低于 Cb20 的灌孔混凝土灌实，灌实高度应为墙身全高。

(4) 混凝土砌块墙体的下列部位，如未设圈梁或混凝土垫块，应采用不低于 Cb20 的灌孔混凝土将孔洞灌实：

1) 搁栅、檩条和钢筋混凝土楼板的支承面下，高度不应小于 200mm 的砌体；

2) 屋架、梁等构件的支承面下，高度不应小于 600mm、长度不应小于 600mm 的砌体(图 4-25)；

3) 挑梁支承面下，距墙中心线每边不应小于 300mm、高度不应小于 600mm 的砌体。

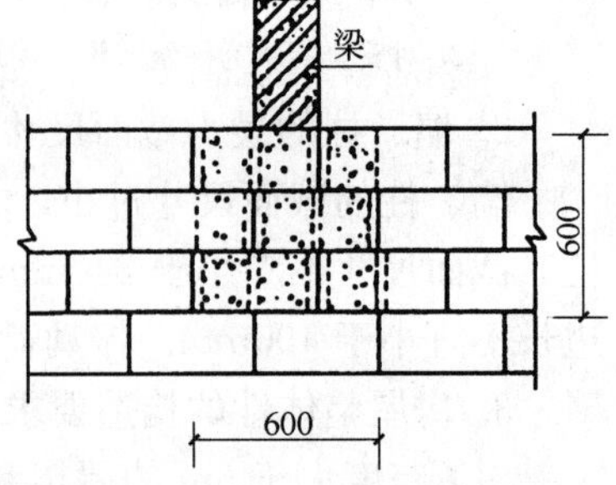


图 4-25 梁下砌块孔洞灌实范围

5. 砌体中留槽洞、埋设管道要求

(1) 不应在截面长边小于 500mm 的承重墙体、独立柱内埋设管线。

(2) 不宜在墙体中穿行暗线或预留、开凿沟槽，无法避免时应采取必要的措施或按削弱后的截面验算墙体的承载力。

注：对受力较小或未灌孔的砌块砌体，允许在墙体的竖向孔洞中设置管线。

6. 夹心墙的构造要求

(1) 夹心墙的构造

夹心墙是由两片独立的墙体组合在一起的(图 4-26)，一般用于房屋的外墙。内叶墙通常用于承重，外叶墙用于装饰等作用，中间空气层可加高效保温材料，内外叶墙用金属拉结件拉结(图 4-27)。

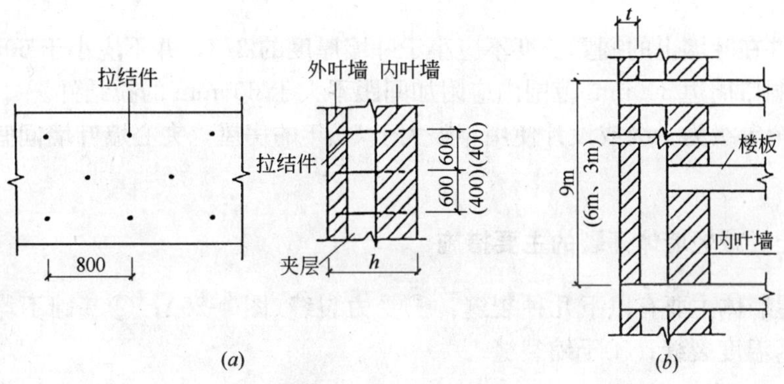


图 4-26 夹心墙结构构造

(a)拉结件布置；(b)外叶墙的横向支承

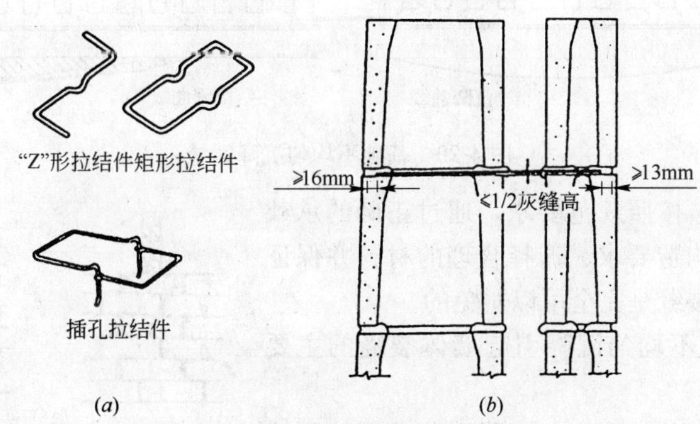


图 4-27 夹心墙的拉结

(a)拉结件；(b)拉结构造

夹心墙是一种具有承重、保温和装饰多种功能的墙体，适用于寒冷和严寒地区房屋的外墙。墙体的材料、拉结件的布置和拉结件的防腐等必须保证墙体在不同受力情况下的安全性和耐久性。

(2) 夹心墙应符合下列要求：

1) 混凝土砌块的强度等级不应低于 MU10；

2) 夹心墙的夹层厚度不宜大于 100mm；

3) 夹心墙外叶墙的最大横向支承间距不宜大于 9m。

(3) 夹心墙叶墙间的连接应符合下列规定：

1) 叶墙应用经防腐处理的拉结件或钢筋网片连接。

2) 当采用环形拉结件时，钢筋直径不应小于 4mm；当为 Z 形拉结件时，钢筋直径不应小于 6mm。拉结件应沿竖向梅花形布置，拉结件的水平和竖向最大间距分别不宜大于 800mm 和 600mm；当有振动或有抗震设防要求时，其水平和竖向最大间距分别不宜大于 800mm 和 400mm。

3）当采用钢筋网片作拉结件时，网片横向钢筋的直径不应小于 4mm，其间距不应大于 400mm；网片的竖向间距不宜大于 600mm，当有振动或有抗震设防要求时，不宜大于 400mm。

4）拉结件在叶墙上的搁置长度不应小于叶墙厚度的 2/3，并不应小于 60mm。

5）门窗洞口周边 300mm 范围内应附加间距不大于 600mm 的拉结件。

6）对安全等级为一级或设计使用年限大于 50 年的房屋，夹心墙叶墙间宜采用不锈钢拉结件。

## 二、防止或减轻墙体开裂的主要措施

砌体房屋墙体主要有以下几种裂缝：①受力裂缝(图 4-29)；②基础不均匀沉降裂缝(图 4-28)；③温度裂缝；④干缩裂缝。

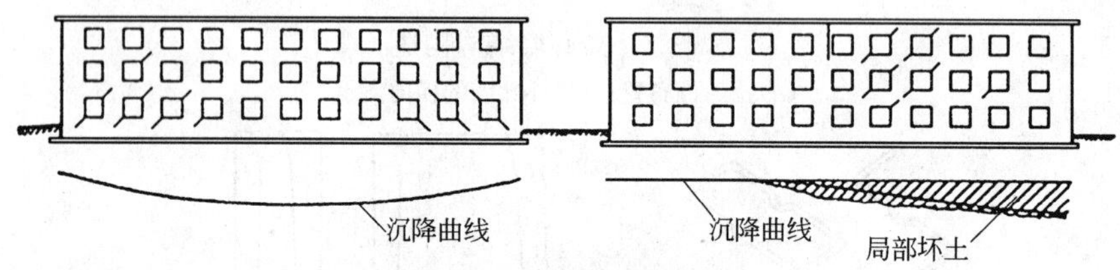

图 4-28　基础不均匀沉降裂缝

墙体受载后，按照规范要求，通过正确的承载力计算、相应的构造要求、选择合理的材料并保证施工质量，受力裂缝是完全可以避免的。

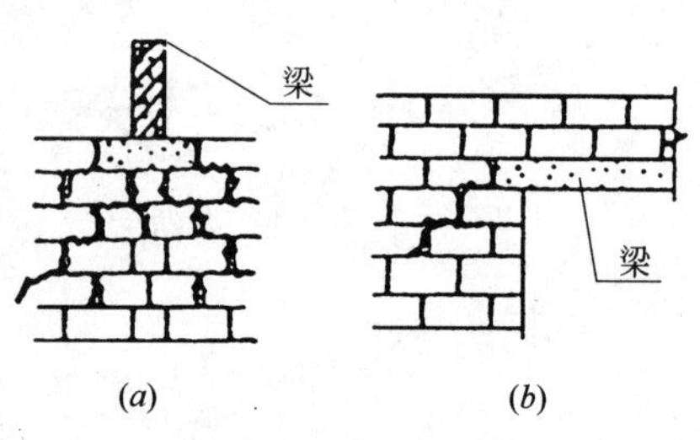

图 4-29　受力裂缝
(a)梁下局压裂缝；(b)梁端拉裂

1. 防止基础不均匀沉降引起墙体裂缝的主要措施

根据调查，由基础不均匀沉降引起的墙体裂缝主要有下列三种情况：①基础下地基土性质不同；②房屋各部位存在较大的荷载差；③基础在杂填土等高压缩性地基土上。防止因基础不均匀沉降引起墙体开裂的主要措施有：

(1) 房屋的基础应放在土的地质年代相同、土层物理力学性质基本相同的地基土上。如果基础下地基性质相差较大，房屋各部分的高度、荷载、结构刚度不同，而且高、低层的施工时间不同，则宜用沉降缝将房屋划分成几个刚度较好的单元。沉降缝宽度见表4-7。

**房屋沉降缝宽度**　　**表 4-7**

| 房屋层数 | 沉降缝宽度(mm) | 房屋层数 | 沉降缝宽度(mm) |
|---|---|---|---|
| 二～三 | 50～80 | 五层以上 | 不小于 120 |
| 四～五 | 80～120 | | |

(2) 加强房屋的整体刚度。对于三层和三层以上的房屋，长高比 $L/H$ 宜小于或等于 2.5；合理布置承重墙间距；墙体内设置钢筋混凝土圈梁等。

(3) 在软土地区或土质变化较复杂的地区，利用天然地基建造房屋时，房屋体型力求简单，不宜采用整体刚度较差、对地基不均匀沉降较敏感的内框架房屋，首层窗台下配置适量的通长水平钢筋。

(4) 合理安排施工顺序，先建造层数多、荷载大的单元，后施工层数少、荷载小的单元。

2. 关于温度裂缝和干缩裂缝

(1) 温度裂缝

墙体的温度裂缝是由屋盖和墙体间的温度差，以及屋盖和墙两种材料的线膨胀系数不同而引起的。裂缝常发生在房屋的顶层：圈梁下的水平裂缝、墙转角处的包角裂缝和端开间纵、横墙的八字裂缝等(见图 4-30、图 4-31)。对于砌体抗剪强度较低的墙体，如混凝土砌块墙等，温度裂缝更容易发生。

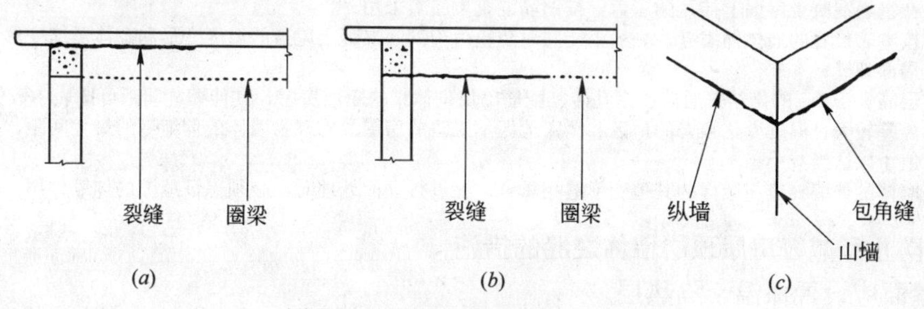


图 4-30　顶层各类水平温度裂缝

(a)屋面板底水平缝；(b)圈梁顶部水平缝；(c)顶层山墙转角缝

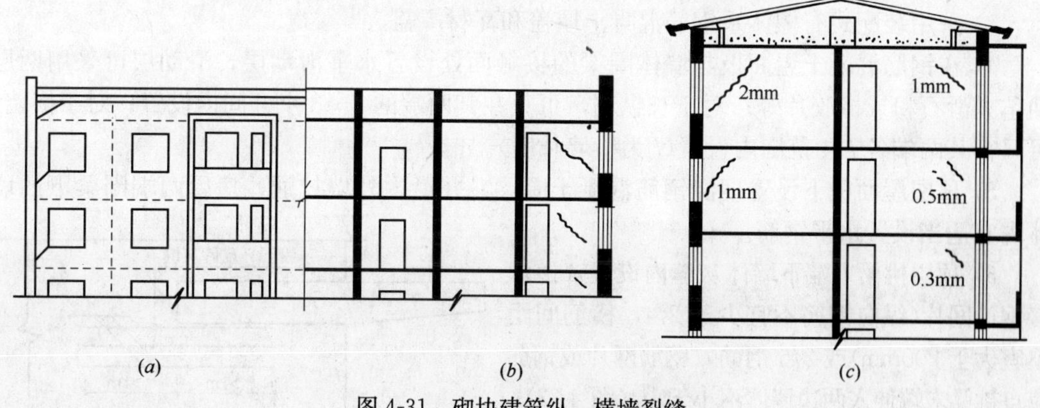


图 4-31　砌块建筑纵、横墙裂缝

(a)外纵墙裂缝；(b)内纵墙裂缝；(c)横墙裂缝

(2) 干缩裂缝

块材内部自由水蒸发过程(即含水率减小)所引起的体积的减小称干缩变形。不同材料的块材干缩变形不同，蒸压灰砂砖、粉煤灰砖、混凝土砌块等有较大的干缩变形。干缩变形早期发展较快，后期发展较慢。但干缩的块材遇水后，会产生第二次干缩，其值约为第一次的 80%。干缩裂缝在房屋的底层、窗台部位和长墙中部更易发生。

3. 防止或减轻墙体温度裂缝和干缩裂缝的主要措施

(1) 为了防止或减轻房屋在正常使用条件下，由温差和砌体干缩引起的墙体竖向裂缝，应在墙体中设置伸缩缝。伸缩缝应设在因温度和收缩变形可能引起应力集中、砌体产生裂缝可能性最大的地方。伸缩缝的间距可按表 4-8 采用。

**砌体房屋伸缩缝的最大间距**(m)　　　　**表 4-8**

<table>
<tr><th colspan="2">屋盖或楼盖类别</th><th>间距</th><th colspan="2">屋盖或楼盖类别</th><th>间距</th></tr>
<tr><td rowspan="2">整体式或装配整体式钢筋混凝土结构</td><td>有保温层或隔热层的屋盖、楼盖</td><td>50</td><td rowspan="2">装配式有檩体系钢筋混凝土结构</td><td>有保温层或隔热层的屋盖</td><td>75</td></tr>
<tr><td>无保温层或隔热层的屋盖</td><td>40</td><td>无保温层或隔热层的屋盖</td><td>60</td></tr>
<tr><td rowspan="2">装配式无檩体系钢筋混凝土结构</td><td>有保温层或隔热层的屋盖、楼盖</td><td>60</td><td colspan="2" rowspan="2">瓦材屋盖、木屋盖或楼盖、轻钢屋盖</td><td rowspan="2">100</td></tr>
<tr><td>无保温层或隔热层的屋盖</td><td>50</td></tr>
</table>

注：1. 对烧结普通砖、多孔砖、配筋砌块砌体房屋取表中数值；对石砌体、蒸压灰砂砖、蒸压粉煤灰砖和混凝土砌块房屋取表中数值乘以 0.8。当有实践经验并采取有效措施时，可不遵守本表规定；
2. 在钢筋混凝土屋面上挂瓦的屋盖应按钢筋混凝土屋盖采用；
3. 按本表设置的墙体伸缩缝，一般不能同时防止由于钢筋混凝土屋盖的温度变形和砌体干缩变形引起的墙体局部裂缝；
4. 层高大于 5m 的烧结普通砖、多孔砖、配筋砌块砌体结构单层房屋，其伸缩缝间距可按表中数值乘以 1.3；
5. 温差较大且温度变化频繁的地区和严寒地区不采暖的房屋及构筑物墙体的伸缩缝的最大间距，应按表中数值予以适当减小；
6. 墙体的伸缩缝应与结构的其他变形缝相重合，在进行立面处理时，必须保证缝隙的伸缩作用。

(2) 防止和减轻房屋顶层墙体裂缝的措施

1) 屋面应设置保温、隔热层。

2) 屋面保温(隔热)层或屋面刚性面层及砂浆找平层应设置分隔缝，分隔缝间距不宜大于 6m，并与女儿墙隔开，其缝宽不小于 30mm。

3) 采用装配式有檩体系钢筋混凝土屋盖和瓦材屋盖。

4) 在钢筋混凝土屋面板与墙体圈梁的接触面处设置水平滑动层，滑动层可采用两层油毡夹滑石粉或橡胶片等；对于长纵墙，可只在其两端的 2～3 个开间内设置；对于横墙，可只在其两端各 $l/4$ 范围内设置($l$ 为横墙长度)。

5) 顶层屋面板下设置现浇钢筋混凝土圈梁，并沿内外墙拉通，房屋两端圈梁下的墙体内宜适当设置水平钢筋。

6) 顶层挑梁末端下墙体灰缝内设置 3 道焊接钢筋网片(纵向钢筋不宜少于 2$\phi$4，横筋间距不宜大于 200mm)或 2$\phi$6 钢筋，钢筋网片或钢筋应自挑梁末端伸入两边墙体不小于 1m(图 4-32)；

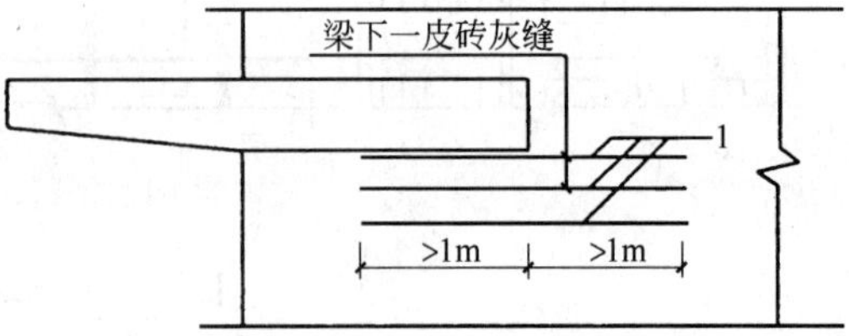

图 4-32　顶层挑梁末端钢筋网片或钢筋
1—2$\phi$4 钢筋网片或 2$\phi$6 钢筋

7) 顶层墙体有门窗洞口时，在过梁上的水平灰缝内设置 2～3 道焊接钢筋网片或 2$\phi$6 钢筋，并伸入过梁两端墙内不小于 600mm。

8) 顶层及女儿墙砂浆强度等级不低于 M5。

9) 女儿墙应设置构造柱，构造柱间距不宜大于 4m，构造柱应伸至女儿墙顶并与现浇钢筋混凝土压顶整浇在一起。

10) 房屋顶层端部墙体内适当增设构造柱。

(3) 防止或减轻房屋底层墙体裂缝的措施

1）增大基础圈梁的刚度。

2）在底层的窗台下墙体灰缝内设置 3 道焊接钢筋网片或 2$\phi$6 钢筋，并伸入两边窗间墙内不小于 600mm。

3）采用钢筋混凝土窗台板，窗台板嵌入窗间墙内不小于 600mm。

（4）墙体转角处和纵横墙交接处宜沿竖向每隔 400～500mm 设拉结钢筋，其数量为每 120mm 墙厚不少于 1$\phi$6 或焊接钢筋网片，埋入长度从墙的转角或交接处算起，每边不小于 600mm。

（5）对灰砂砖、粉煤灰砖、混凝土砌块或其他非烧结砖，宜在各层门、窗过梁上方的水平灰缝内及窗台下第一和第二道水平灰缝内设置焊接钢筋网片或 2$\phi$6 钢筋，焊接钢筋网片或钢筋应伸入两边窗间墙内不小于 600mm。

当灰砂砖、粉煤灰砖、混凝土砌块或其他非烧结砖实体墙长大于 5m 时，宜在每层墙高中部设置 2～3 道焊接钢筋网片或 3$\phi$6 的通长水平钢筋，竖向间距宜为 500mm。

（6）为防止或减轻混凝土砌块房屋顶层两端和底层第一、第二开间门窗洞处的裂缝，可采取下列措施：

1）在门窗洞口两侧不少于一个孔洞中设置不小于 1$\phi$12 的钢筋，钢筋应在楼层圈梁或基础锚固，并采用不低于 Cb20 的灌孔混凝土灌实。

2）在门窗洞口两边的墙体的水平灰缝中，设置长度不小于 900mm、竖向间距为 400mm 的 2$\phi$4 焊接钢筋网片。

3）在顶层和底层设置通长钢筋混凝土窗台梁，窗台梁的高度宜为块高的模数，纵筋不少于 4$\phi$10，箍筋 $\phi$6@200，Cb20 混凝土。

（7）当房屋刚度较大时，可在窗台下或窗台角处墙体内设置竖向控制缝（见图 4-33）。在墙体高度或厚度突然变化处也宜设置竖向控制缝，或采用其他可靠的防裂措施。竖向控制缝的构造和嵌缝材料应能满足墙体平面外传力和防护的要求。

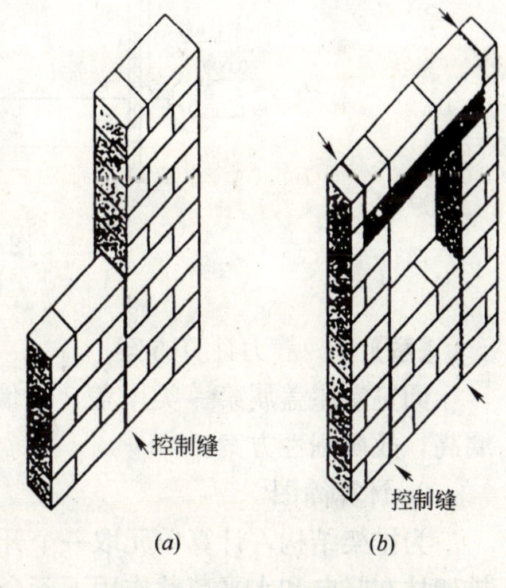

图 4-33　窗口处设控制缝

（8）灰砂砖、粉煤灰砖砌体宜采用粘结性好的砂浆砌筑，混凝土砌块砌体应采用砌块专用砂浆砌筑。

（9）对防裂要求较高的墙体，可根据情况采取专门措施。

## 第八节　设　计　实　例

**【实例 4-1】**　技术条件：某阅览室宽 12m，长 5×3＝15m，平、剖面如图 4-34 所示，屋面结构为双坡屋面梁，梁高 1000mm，梁上铺设圆孔板，屋面板上现浇 40mm 厚细石混凝土，内设 $\phi$4@200 钢筋网片，屋面结构在预制板和现浇层间设 15mm 厚混合砂浆隔离层，屋面梁支承在有壁柱的窗间墙上，砖 MU10，混合砂浆 M5。验算：(1)外纵墙的高厚比；(2)外纵墙受压承载力；(3)屋面梁下砌体局部受压承载力。

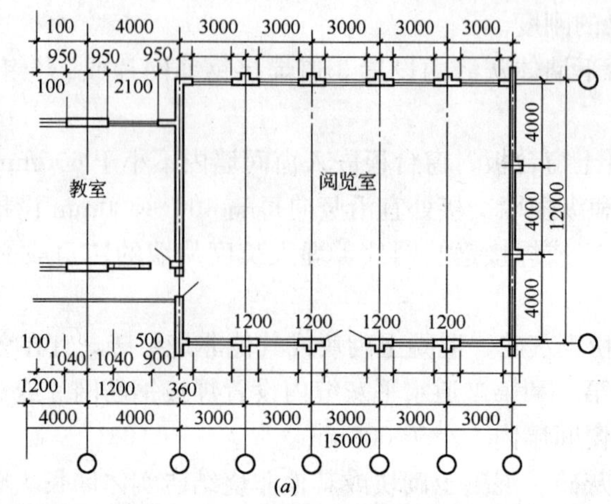


(a)

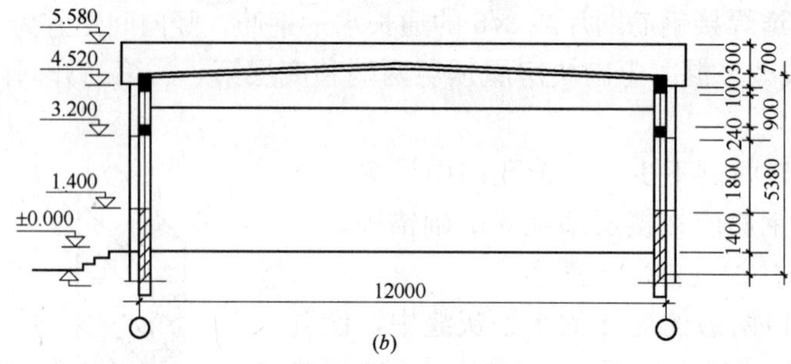

(b)

图 4-34 实例 4-1 的图示

(a)平面图；(b)剖面图

【解】 1. 静力计算方案

阅览室屋盖属第一类屋盖，横墙间距 15m＜32m，墙厚 240mm，无洞口，墙长大于墙高，故属刚性方案。

2. 计算简图

为排架结构，计算单元取一个开间 3.0m，计算简图见图 4-35(a)。由于属刚性方案，排架柱在竖向和水平荷载作用下不会产生侧移，故可按图 4-35(b)计算排架柱内力。排架柱的计算高度 $H$：屋面梁底标高 4m，室外地面标高－0.5m，柱底嵌固在室外地面下 0.5m 处，故 $H=4+0.5+0.5=5.0\mathrm{m}$，见图 4-35(b)。

3. 带壁柱墙几何特征(图 4-36)

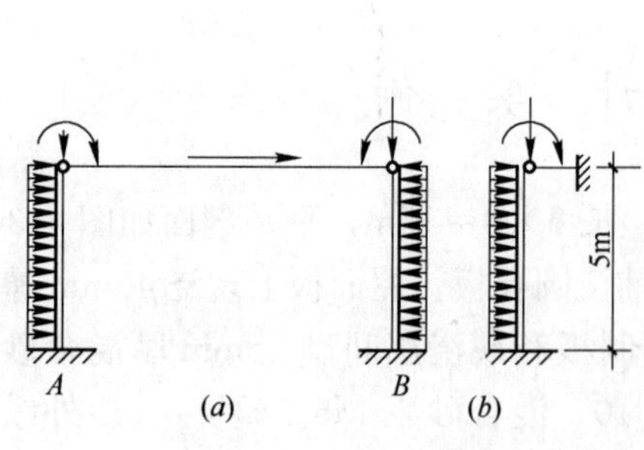

图 4-35 计算简图

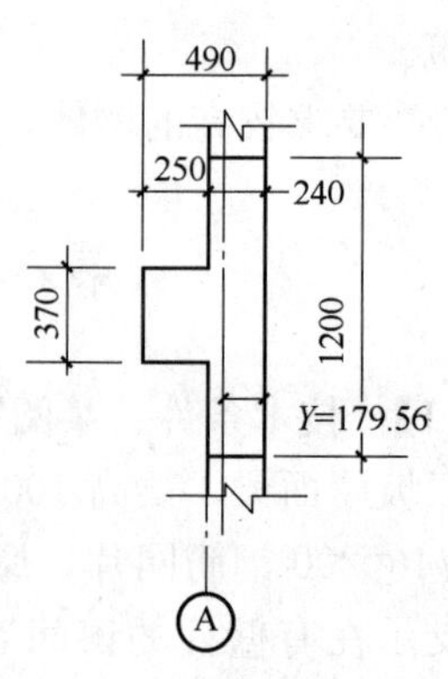

图 4-36 带壁柱墙几何特征

截面积 $A=38.05\times10^4\text{mm}^2$

截面积抵抗矩 $W=68.32\times10^6\text{mm}^3$

形心离墙内边缘距离 $Y=\dfrac{W}{A}=\dfrac{68.32\times10^6}{38.05\times10^4}=179.56\text{mm}$

截面惯性矩 $I=60.67\times10^8\text{mm}^4$

截面回转半径 $i=\sqrt{\dfrac{I}{A}}=\sqrt{\dfrac{60.67\times10^8}{38.05\times10^4}}=126.27\text{mm}$

截面折算厚度 $h_\text{T}=3.5i=3.5\times126.27=442\text{mm}$

4. 墙体高厚比验算

(1) 带壁柱墙高厚比验算

$S=15\text{m}$，$H=5\text{m}$，$S>2H$，查《砌体结构设计规范》(GB 50003—2001)(以下简称《砌体规范》)表 5.1.3 得：$H_0=H=5\text{m}$

$\mu_1=1.0$，$\mu_2=1-0.4\dfrac{b_\text{s}}{s}=1-0.4\times\dfrac{1.8}{3.0}=0.76>0.70$

砂浆 M5，查《砌体规范》表 6.1.1 得：$[\beta]=24$

$\beta=\dfrac{H_0}{h_\text{T}}=\dfrac{5}{0.442}=11.31<\mu_1\mu_2[\beta]=1.0\times0.76\times24=18.24$，满足要求。

(2) 壁柱间墙高厚比验算

$S=3\text{m}<H=5\text{m}$，查《砌体规范》表 5.1.3 得：$H_0=0.6S=0.6\times3=1.8\text{m}$

$\beta=\dfrac{H_0}{h}=\dfrac{1.8}{0.24}=7.5<\mu_1\mu_2[\beta]=18.24$，满足要求。

5. 屋面荷载(取一个开间 3m)

(1) 永久荷载：永久荷载标准值 19.05kN/m

(2) 活荷载：活荷载标准值 2.1kN/m

(3) 现浇混凝土天沟：

永久荷载标准值 21.6kN

活荷载标准值 3.118kN

6. 墙体重量

标准值 $G_\text{k}=[3\times5-(1.8\times1.8+1.8\times0.9)]\times5.24+0.37\times0.25\times5\times19$
$=61.92\text{kN}$

7. 风载

基本风压值 $w_0=0.4\text{kN/m}^2$，$\mu_z=0.8$

迎风墙面风荷载标准值：

$q_{1\text{k}}=\mu_s\mu_z w_0 b=0.8\times0.8\times0.4\times3=0.768\text{kN/m}$

背风墙面风荷载标准值：

$q_{2\text{k}}=0.5\times0.8\times0.4\times3=0.48\text{kN/m}$

8. 壁柱墙内力

(1) 柱顶轴力

永久荷载标准值 $N_{gkl}=\frac{1}{2}\times19.05\times(12-2\times0.125)+21.6=133.519\text{kN}$

活荷载标准值 $N_{pkl}=\frac{1}{2}\times2.1\times(12-0.25)+3.118=15.456\text{kN}$

柱顶轴力标准值 $N_{kl}=N_{gkl}+N_{pkl}=133.519+15.456=148.975\text{kN}$

(2) 偏心距 $e$(图 4-37)

$a_0=\delta_1\sqrt{\frac{h_c}{f}}$

$\sigma_0=0$，$\frac{\sigma_0}{f}=0$，查《砌体规范》表 5.2.5 得 $\delta_1=5.4$

$a_0=5.4\sqrt{\frac{1000}{1.5}}=139.43\text{mm}$

$e=y-0.4a_0-60=179.56-0.4\times139.43-60$

$=63.79\text{mm}$

(3) 柱底轴力

永久荷载标准值 $N_{gk2}=N_{gkl}+G_k=133.519+61.92=195.439\text{kN}$

活荷载标准值 $N_{pk2}=N_{pkl}=15.456\text{kN}$

(4) 柱底弯矩

永久荷载标准值 $M_{gk}=\frac{1}{2}N_{gkl}e=\frac{1}{2}\times133.519\times0.06379=4.259\text{kN}\cdot\text{m}$

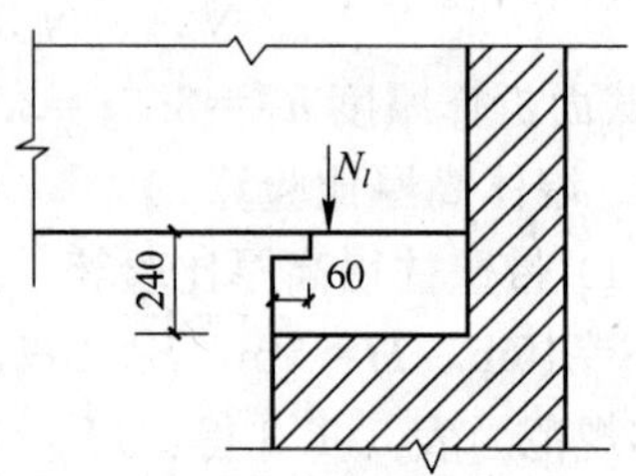


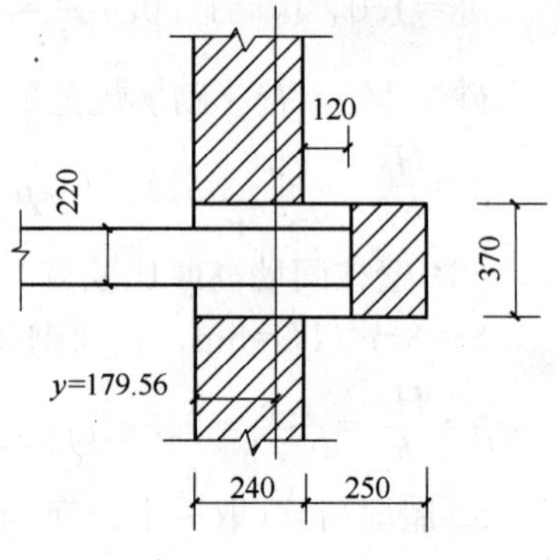


图 4-37 偏心距计算图

活荷载标准值 $M_{pk}=\frac{1}{2}N_{pkl}e=\frac{1}{2}\times15.456\times0.06379=0.493\text{kN}\cdot\text{m}$

风荷载标准值(迎风面)$M_{Ak}=\frac{1}{8}q_{1k}H^2=\frac{1}{8}\times0.768\times5^2=2.4\text{kN}\cdot\text{m}$

风荷载标准值(背风面)$M_{Bk}=\frac{1}{8}q_{2k}H^2=\frac{1}{8}\times0.48\times5^2=1.5\text{kN}\cdot\text{m}$

弯矩标准值见图 4-38。

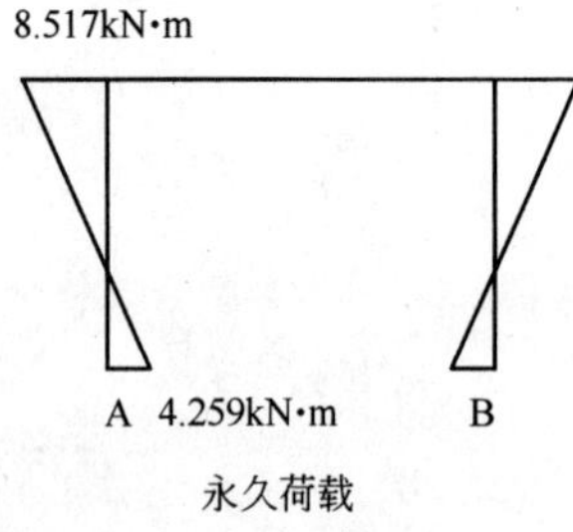


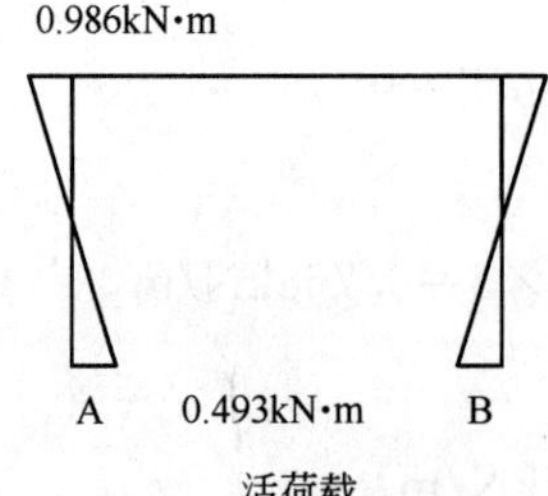


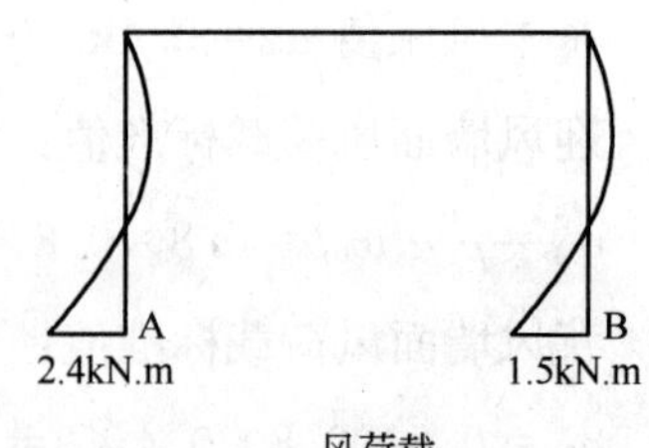


图 4-38 弯矩标准值

9. 内力组合

内力组合见表 4-9。

**表 4-9**

<table>
<tr><th>截面</th><th>荷载组合</th><th>内力</th><th>计 算 公 式</th></tr>
<tr><td rowspan="6">柱顶截面</td><td rowspan="2">活荷载控制</td><td>N(kN)</td><td>1.2×133.519+1.4×15.456=181.861</td></tr>
<tr><td>M(kN·m)</td><td>1.2×8.517+1.4×0.986=11.601</td></tr>
<tr><td rowspan="2">(活荷载+风荷载)控制</td><td>N(kN)</td><td>1.2×133.519+0.9×1.4×15.456=179.697</td></tr>
<tr><td>M(kN·m)</td><td>1.2×8.517+0.9×1.4×0.986=11.463</td></tr>
<tr><td rowspan="2">永久荷载控制</td><td>N(kN)</td><td>1.35×133.519+1.0×15.456=195.707</td></tr>
<tr><td>M(kN·m)</td><td>1.35×8.517+1.0×0.986=12.484</td></tr>
<tr><td rowspan="8">柱底截面</td><td rowspan="2">活荷载控制</td><td>N(kN)</td><td>1.2×195.439+1.4×15.456=256.165</td></tr>
<tr><td>M(kN·m)</td><td>1.2×4.259+1.4×0.493=5.861</td></tr>
<tr><td rowspan="2">风荷载控制</td><td>N(kN)</td><td>1.2×195.439=234.527</td></tr>
<tr><td>M(kN·m)</td><td>1.2×4.259+1.4×1.5=7.211</td></tr>
<tr><td rowspan="2">(活荷载+风荷载控制)</td><td>N(kN)</td><td>1.2×195.439+0.9×1.4×15.456=254.001</td></tr>
<tr><td>M(kN·m)</td><td>1.2×4.259+0.9(1.4×0.493+1.4×1.5)=7.622</td></tr>
<tr><td rowspan="2">永久荷载控制</td><td>N(kN)</td><td>1.35×195.439+1.0×15.456=279.299</td></tr>
<tr><td>M(kN·m)</td><td>1.35×4.259+1.0(0.493+1.5)=7.743</td></tr>
</table>

10. 墙体承载力验算

(1) 柱顶截面

$N_1=195.707\text{kN}$，$e=63.79\text{mm}$

$\frac{e}{h_T}=\frac{63.79}{442}=0.144$，$\beta=11.31$，$\varphi=0.534$

$\varphi\gamma_a fA=0.534\times0.9\times1.50\times380.5\times10^3=274.302\text{kN}>N_1=195.707\text{kN}$，满足要求。

(2) 柱底截面

$e=\frac{M_2}{N_2}=\frac{7.743}{279.299}=27.72\text{mm}$

$\frac{e}{h_T}=\frac{27.72}{442}=0.063$，$\beta=11.31$，$\varphi=0.701$

$\varphi\gamma_a fA=0.701\times0.9\times1.5\times380.5\times10^3=360.09\text{kN}>N_2=274.299\text{kN}$，满足要求。

11. 梁下砌体局部受压验算

$a_0=139.43\text{mm}$

$$\gamma_1=0.8\left(1+0.35\sqrt{\frac{A_0}{A_b}-1}\right)$$

$$=0.8\times\left(1+0.35\times\sqrt{\frac{(370+2\times240)\times240+370\times250}{370\times370}-1}\right)=1.10$$

$$e=\frac{a_b}{2}-0.4a_0-60=\frac{370}{2}-0.4\times139.43-60=69.23\text{mm}$$

$\frac{e}{h}=\frac{69.23}{370}=0.187$，$\beta=3$，$\varphi=0.706$

$\varphi\gamma_1 fA_b = 0.706 \times 1.1 \times 1.5 \times 370 \times 370 = 159.475\text{kN} < N_1 = 195.707\text{kN}$，不满足要求。

砂浆强度等级用 M10，$f = 1.89\text{MPa}$

$\varphi\gamma_1 fA_b = 0.706 \times 1.1 \times 1.89 \times 370 \times 370 = 200.938\text{kN} > 195.707\text{kN}$，满足要求。

**【实例 4-2】** 已知：某 4 层办公楼，部分平面、立面及外墙剖面见图 4-39。屋盖、楼盖均为预制钢筋混凝土梁、板，进深梁截面尺寸为 200mm×500mm，梁端伸入外墙长度为 240mm，外墙厚 360mm，内墙厚 240mm，均为双面抹灰，砖用 MU10，混合砂浆 M5.0。试对外纵墙首层进行验算：(1)外纵墙的高厚比；(2)梁下窗间墙的承载力；(3)梁下砌体局部受压承载力。

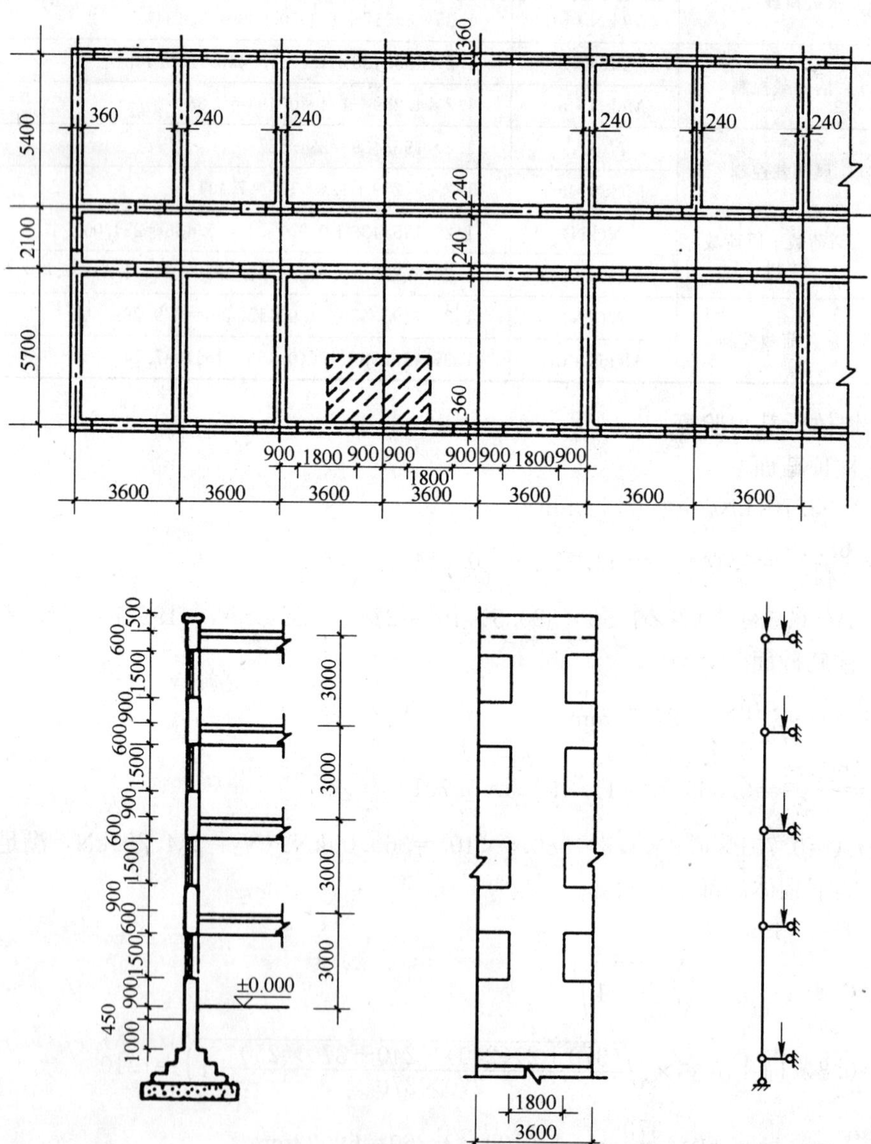


图 4-39 实例 4-2 的图示

【解】 1. 静力计算方案

根据屋、楼盖类型和横墙最大间距 $s=10.8\text{m}$，以及横墙开洞面积、墙厚、横墙长度和总高度的比值，确定为刚性方案。

2. 计算单元

取一个开间的墙体作为计算单元，开间的宽度为 3.6m。

3. 计算简图

竖向荷载作用下，墙在首层视作两端铰支，计算高度 $H_0=3\text{m}+0.45\text{m}+0.50\text{m}-0.65\text{m}=3.3\text{m}$。

4. 竖向荷载

(1) 屋面荷载：

永久荷载标准值 3.34kN/m$^2$

活荷载标准值(不上人屋面)0.5kN/m$^2$

(2) 楼面荷载：

永久荷载标准值 3.09kN/m$^2$

活荷载标准值 2.0kN/m$^2$

根据《建筑结构荷载规范》(GB 50009—2001)第 4.1.2 条第 2 款，办公楼设计墙、柱基础，计算截面以上为 2～3 层时，活荷载的折减系数为 0.85。

(3) 进深梁自重(包括 15mm 抹灰在内)：

$$\frac{1}{2}\times[0.2\times0.5\times25+0.015\times(2\times0.5+0.2)\times20]\times5.7=8.15\text{kN}$$

(4) 墙体荷载：

双面抹灰的 240mm 厚砖墙自重为 5.24kN/m$^2$，双面抹灰的 360mm 厚砖墙自重为 7.52kN/m$^2$，木窗自重为 0.3kN/m$^2$。

1) 女儿墙自重(从板顶至女儿墙顶)：$0.5\times3.6\times5.24=9.43\text{kN}$

2) 650mm 高、360mm 厚外墙自重(从屋盖板顶至梁底)：$0.65\times3.6\times7.52=17.60\text{kN}$

3) 每层墙体的自重(从上层梁底到下层梁底，窗口尺寸为 1.8m×1.5m)：

$$(3\times3.6-1.8\times1.5)\times7.52+1.8\times1.5\times0.3=61.72\text{kN}$$

4) 首层从梁底到室外地面下 500mm：

$$[(3.0-0.65+0.45+0.5)\times3.6-1.8\times1.5]\times7.52+1.8\times1.5\times0.3=69.84\text{kN}$$

5. 水平风荷载

根据外墙洞口面积、层高、总高和屋面自重，静力计算可不考虑风荷载的影响。

6. 外纵墙高厚比验算

$$\mu_2=1-0.4\frac{b_s}{s}=1-0.4\times\frac{1.8}{3.6}=0.8$$

$\beta=\dfrac{H_0}{h}=\dfrac{3.3}{0.36}=9.17<\mu_1\mu_2[\beta]=1.0\times0.8\times22=17.6$，满足要求。

7. 控制截面的内力

(1) 首层Ⅰ—Ⅰ截面

1) 活荷载控制组合

轴力设计值 $N_{11}=\frac{1}{2}\times1.2(3.34+3.09\times3)\times3.6\times5.7+1.2\times4\times8.15+1.2(9.43+17.60+61.72\times3)+\frac{1}{2}\times1.4(0.5+3\times2.0\times0.85)\times3.6\times5.7=529.44\text{kN}$

2）永久荷载控制组合

轴力设计值 $N_{12}=\frac{1}{2}1.35(3.34+3.09\times3)\times3.6\times5.7+1.35\times4\times8.15+1.35(9.43+17.60+61.72\times3)+\frac{1}{2}\times1.0(0.5+3\times2.0\times0.85)\times3.6\times5.7=562.59\text{kN}$

（2）首层Ⅳ—Ⅳ截面

1）活荷载控制组合

轴力设计值 $N_{41}=529.44+1.2\times69.84=613.25\text{kN}$

2）永久荷载控制组合

轴力设计值 $N_{42}=562.59+1.35\times69.84=656.87\text{kN}$

8. 梁下无垫块时墙体截面承载力验算

（1）Ⅰ—Ⅰ截面（图 4-40）

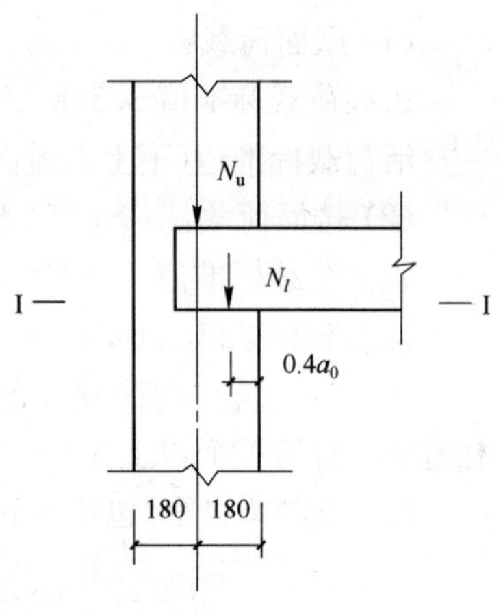

图 4-40　Ⅰ—Ⅰ截面

$$a_0=10\sqrt{\frac{h_c}{f}}=10\sqrt{\frac{500}{1.5}}=182.57\text{mm}$$

$N_l$ 的偏心距 $e_l=\frac{0.36}{2}-0.4\times0.183=0.107\text{m}$

$$N_l=\frac{1}{2}(1.35\times3.09+1.0\times2.0\times0.85)\times3.6\times5.7+1.35\times8.15=71.24\text{kN}$$

$$N_u=N_{12}-N_l=562.59-71.24=491.35\text{kN}$$

$N_u+N_l$ 的偏 心距

$$e_1=\frac{N_l\times e_l}{N_l\times N_u}=\frac{71.24\times0.107}{71.24+491.35}=0.0135\text{m}$$

$\frac{e_1}{h}=\frac{0.0135}{0.36}=0.0375$，$\beta=9.17$，$\varphi=0.809$

$\varphi fA=0.809\times1.5\times360\times1800=786.35\text{kN}>562.59\text{kN}$，满足要求。

（2）Ⅳ—Ⅳ截面

$e=0$，$\beta=9.17$，$\varphi=0.887$

$\varphi fA=0.887\times1.5\times360\times1800=862.16\text{kN}>656.87\text{kN}$，满足要求。

9. 梁下有垫块时砌体局部受压验算（图 4-41）

$$\text{垫块面积 } A_b=a_b\times b_b=240\times360=8.64\times10^4\text{mm}^2$$

影响砌体局部抗压强度的计算面积

$$A_0=(b_b+2h)h=(360+2\times360)\times360=3.888\times10^5\text{mm}^2$$

砌体局部抗压强度提高系数：

$$\gamma=1+0.35\sqrt{\frac{A_0}{A_b}-1}=1+0.35\sqrt{\frac{3.888\times10^5}{8.64\times10^4}-1}=1.654<2.0$$

垫块处砌体面积的有利影响系数：

$$\gamma_1 = 0.8\gamma = 0.8 \times 1.654 = 1.32$$

Ⅰ—Ⅰ截面上部轴向力设计值：

$$N_{10} = N_{12} - \left(\frac{1}{2}1.35\times3.09\times3.6\times5.7 + 1.35\times8.15 + \frac{1}{2}\times1.0\times2.0\times0.85\times3.6\times5.7\right) = 491.35\text{kN}$$

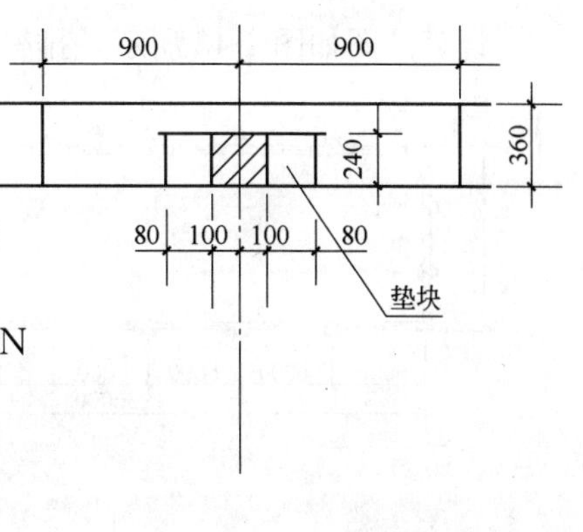


上部平均压应力设计值

$$\sigma_0 = \frac{N_{10}}{360\times1800} = \frac{491.35\times10^3}{360\times1800} = 0.75\text{N/mm}^2$$

垫块面积内上部轴向力设计值

$$N_0 = \sigma_0 \times A_b = 0.75 \times 8.64 \times 10^4 = 64.8\text{kN}$$

$$N_l = \frac{1}{2}\times1.35\times3.09\times3.6\times5.7 + 1.35\times8.15 + \frac{1}{2}\times1.0\times2.0\times0.85\times3.6\times5.7 = 71.24\text{kN}$$

$\frac{\sigma_0}{f} = \frac{0.75}{1.5} = 0.5$ 查《砌体规范》表 5.2.5 得 $\delta_1 = 6.45$

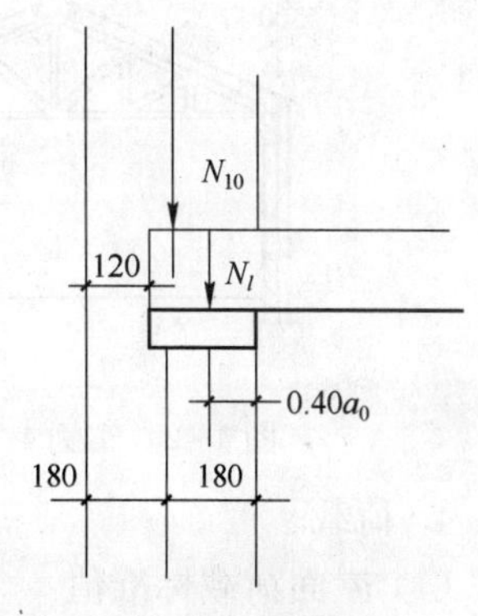


图 4-41　局部受压验算

梁端有效支承长度

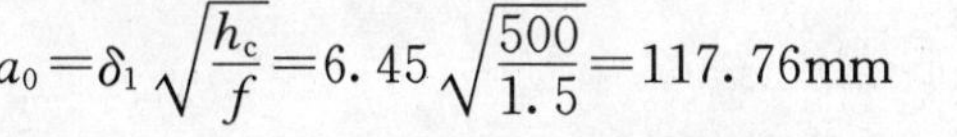

$$a_0 = \delta_1\sqrt{\frac{h_c}{f}} = 6.45\sqrt{\frac{500}{1.5}} = 117.76\text{mm}$$

垫块上 $N_0$ 和 $N_l$ 合力的偏心距

$$e = \frac{N_0\left(\frac{b_b}{2} - 0.4a_0\right)}{N_0 + N_l} = \frac{71.24\left(\frac{240}{2} - 0.4\times117.67\right)}{64.8 + 71.24} = 38.19\text{mm}$$

$\frac{e}{h} = \frac{38.19}{240} = 0.159$，$\beta \leqslant 3$，$\varphi = 0.77$

$$\varphi\gamma_1 f A_b = 0.77\times1.32\times1.5\times8.64\times10^4 = 131.73\text{kN}$$

$N_0 + N_l = 64.8 + 71.24 = 136.04\text{kN}$，

$\frac{136.04 - 131.73}{131.73} \times 100\% = 3.27\%$，满足要求。

**【实例 4-3】** 技术条件：某车间如图 4-42 所示，采用装配式有檩体系钢筋混凝土屋盖（无保温层），屋面坡度为 1∶2.5，采用带壁柱砖墙承重，屋面永久荷载为 $1.9\text{kN/m}^2$（水平投影），活荷载为 $0.7\text{kN/m}^2$，基本风压为 $0.55\text{kN/m}^2$，屋面出檐 500mm，屋架支座底面标高为 4.8m，屋架支座底面至屋脊的高度为 3.0m，室外地面标高为 −0.2m，墙体用 MU10 的砖。试确定纵墙柱截面尺寸和砂浆强度等级。

**【解】** 1. 静力计算方案

车间的屋盖属第二类屋盖，横墙间距＞20m，＜48m，且横墙厚 240mm，无洞口，墙长大于墙高，故属刚弹性方案。

2. 计算单元

取中部一个柱距(6m)作为计算单元，计算截面取窗间墙宽度，并按等截面计算。

3. 计算简图

计算简图如图 4-43 所示，排架柱的高度 $H=4.8+0.2+0.5=5.5\text{m}$

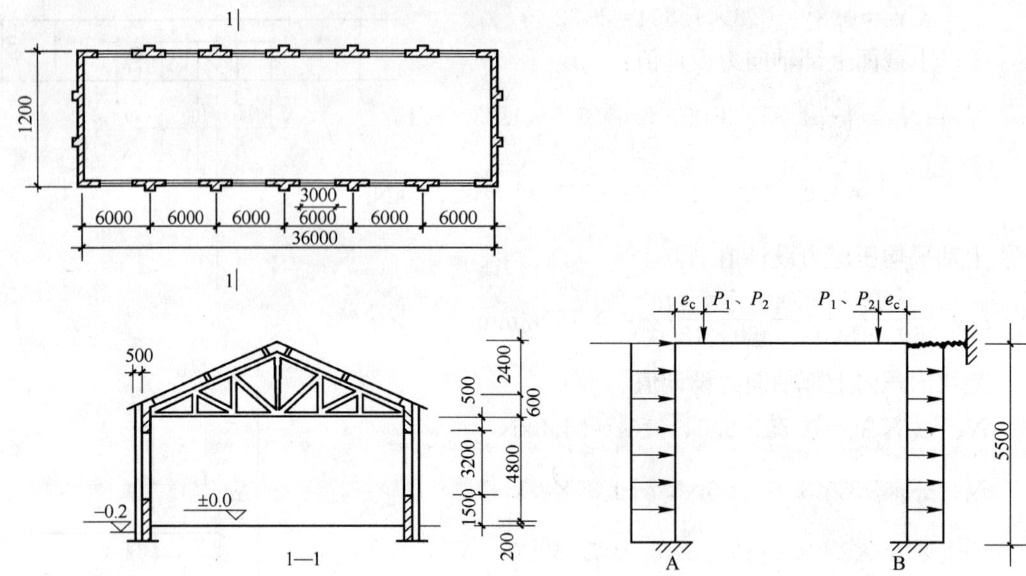

图 4-42　实例 4-3 的图示　　　　图 4-43　计算简图

4. 荷载

(1) 屋面荷载标准值

永久荷载 $P_1=1.9\times6\times\dfrac{12+1}{2}=74.1\text{kN}$

活荷载 $P_2=0.7\times6\times\dfrac{12+1}{2}=27.3\text{kN}$

(2) 风荷载标准值(图 4-44)

作用在柱顶集中风荷载 $W=\beta_z\mu_s\mu_z w_0=3.42\text{kN}$(计算从略)

迎风墙面均布风荷载 $q_1=0.8\times0.81\times0.55\times6=2.14\text{kN/m}$

背风墙面均布风荷载 $q_2=0.5\times0.81\times0.55\times6=1.34\text{kN/m}$

5. 选定墙体截面和计算截面特征值

假定墙体截面尺寸如图 4-45 所示，截面特征值为：

$$A=0.8610\text{m}^2,\ h_T=484\text{mm}$$

$$y_1=171\text{mm},\ y_2=449\text{mm}$$

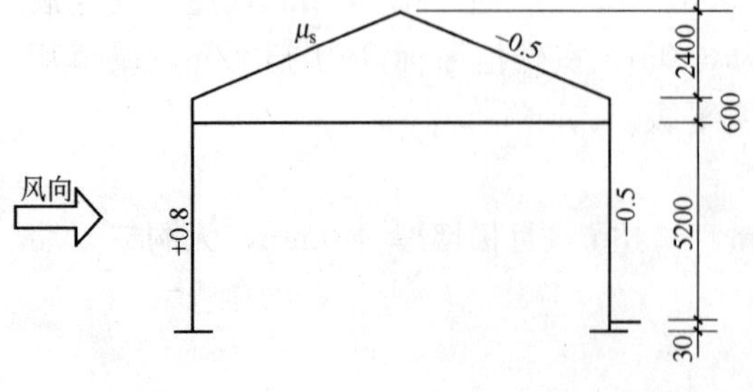

图 4-44　风荷载标准值

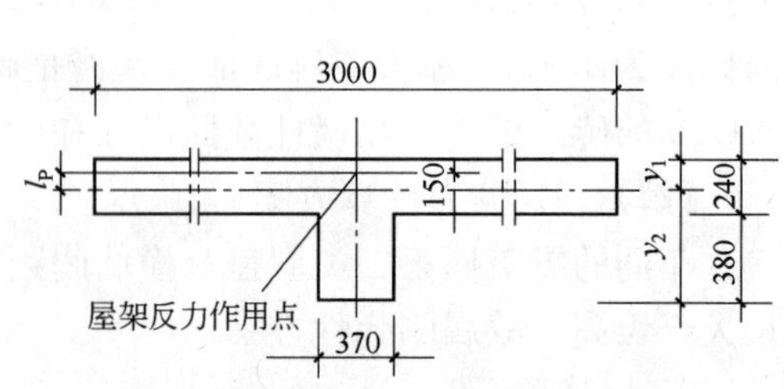


图 4-45　墙体截面尺寸

6. 纵墙高厚比验算

(1) 带壁柱墙高厚比验算

假定用 M2.5 混合砂浆。

$\mu_1=1.0$，$\mu_2=1-0.4\dfrac{b_s}{s}=1-0.4\dfrac{3}{6}=0.8$

$[\beta]=22$，$H_0=1.2H=1.2\times5.5=6.6\text{m}$

$[\beta]=\dfrac{H_0}{h_T}=\dfrac{6600}{484}=13.6<\mu_1\mu_2[\beta]=1.0\times0.8\times22=17.6$，满足要求。

(2) 壁柱间墙高厚比验算

因 $S=6\text{m}$，$2H>S>H$，按《砌体规范》表 5.1.3，按刚性方案考虑。

$H_0=0.4S+0.2H=0.4\times6+0.2\times5.5=3.5\text{m}$

$\beta=\dfrac{H_0}{h}=\dfrac{3500}{240}=14.6<\mu_1\mu_2[\beta]=17.6$，满足要求。

7. 内力计算

(1) 轴力标准值

1) 屋面永久荷载 $P_1=74.1\text{kN}$

2) 屋面活荷载 $P_2=27.3\text{kN}$

3) 墙体自重(圈梁自重近似按墙体重量计算)

窗间墙自重(由基础顶面至屋架支座底面)$19\times0.861\times5.5=90\text{kN}$

窗上墙自重 $19\times0.24\times6\times(0.5+0.6)=30.1\text{kN}$

永久荷载在基础顶面处产生的轴向力 $N=74.1+90+30.1=194.2\text{kN}$

(2) 弯矩标准值

按刚弹性方案，查《砌体规范》表 3.2.4 得：空间性能影响系数 $\eta=0.68$。

1) 屋面永久荷载 $P_1$ 作用下(见图 4-46$a$)：

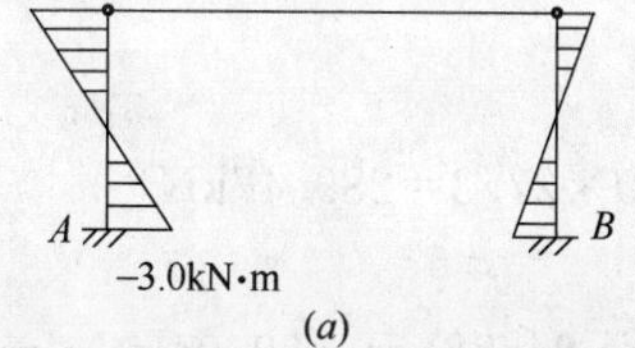


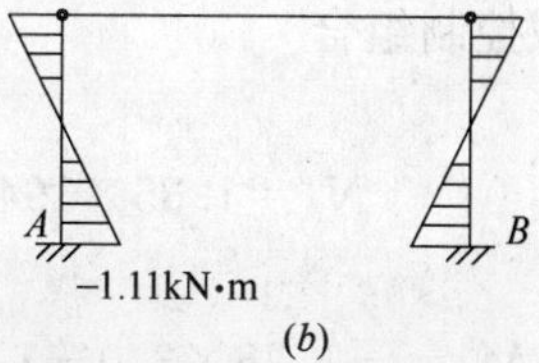


图 4-46 屋面荷载作用下弯矩计算

($a$)$P_1$ 荷载；($b$)$P_2$ 荷载

$$e_P=150-(240-y_1)=150-(240-171)=81\text{mm}=0.081\text{m}$$

$$M_1=P_1e_P=74.1\times0.081=6.0\text{kN}\cdot\text{m}$$

$$M_{A1}=M_{B1}=-\frac{M_1}{2}=-\frac{6.0}{2}=-3.0\text{kN}\cdot\text{m}$$

2) 屋面活荷载 $P_2$ 作用下(见图 3-46$b$)：

$$M_2=P_2e_P=27.3\times0.081=2.21\text{kN}\cdot\text{m}$$

$$M_{A2}=M_{B2}=-\frac{M_2}{2}=-\frac{2.21}{2}=-1.11\text{kN}\cdot\text{m}$$

3) 风荷载作用下

(左风)作用下，见图 4-47($a$)。

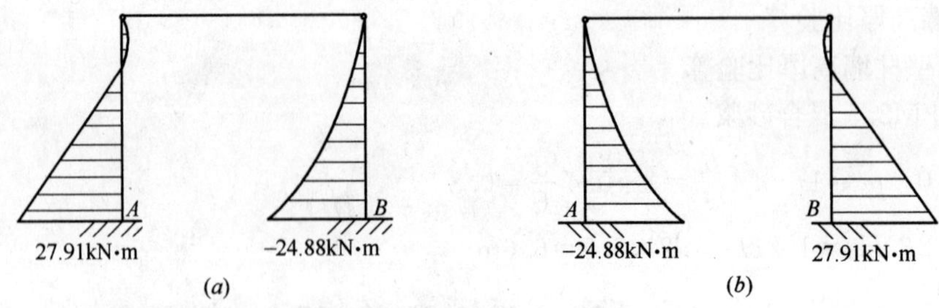


图 4-47 风荷载作用下弯矩计算

(a)左风作用下；(b)右风作用下

$W=3.42\text{kN}\quad q_1=2.14\text{kN/m}\quad q_2=1.34\text{kN/m}$

$$M_{A左}=\frac{\eta WH}{2}+\left(\frac{1}{8}+\frac{3\eta}{16}\right)q_1H^2+\frac{3\eta}{16}q_2H^2$$

$$=\frac{0.68\times3.42\times5.5}{2}+\left(\frac{1}{8}+\frac{3\times0.68}{16}\right)\times2.14\times5.5^2+\frac{3\times0.68}{16}\times1.34\times5.5^2$$

$$=27.9\text{kN}\cdot\text{m}$$

$$M_{B左}=-\frac{\eta WH}{2}-\left(\frac{1}{8}+\frac{3\eta}{16}\right)q_2H^2-\frac{3\eta}{16}q_1H^2$$

$$=-\frac{0.68\times3.42\times5.5}{2}-\left(\frac{1}{8}+\frac{3\times0.68}{16}\right)\times1.34\times5.5^2-\frac{3\times0.68}{16}\times2.14\times5.5^2$$

$$=-24.88\text{kN}\cdot\text{m}$$

右风作用下见图 4-47(*b*)。

$$M_{A2}=-24.88\text{kN}\cdot\text{m}\qquad M_{B2}=-27.91\text{kN}\cdot\text{m}$$

(3) 内力组合

由于排架对称，仅对 *A* 柱进行内力组合。

1) 永久荷载控制组合

轴力设计值

$$N_A=1.35\times194.2+1.0\times27.3=289.47\text{kN}$$

弯矩设计值

$$M_A=-1.35\times3.0-1.0(1.11+24.88)=-30.04\text{kN}\cdot\text{m}$$

2) 活荷载控制组合

轴力设计值

$$N_A=1.2\times194.2+1.4\times27.3=271.26\text{kN}$$

弯矩设计值

$$M_A=-1.2\times3.0-1.4\times1.11=-5.15\text{kN}\cdot\text{m}$$

3) 风荷载控制组合

轴力设计值

$$N_A=1.2\times194.2+0.9\times1.4\times27.3=267.44\text{kN}$$

弯矩设计值

$$M_A=-1.2\times3.0-0.9(1.4\times1.11+1.4\times24.88)=-36.35\text{kN}\cdot\text{m}$$

8. 墙体承载力验算

选用轴力 $N_A=267.44kN$ 和弯矩 $M_A=-36.35kN\cdot m$ 进行承载力验算。

$$e=\frac{M_A}{N_A}=\frac{36.35\times10^6}{267.44\times10^3}=135.92mm$$

$$\frac{e}{h_T}=\frac{135.92}{484}=0.281$$

$\beta=13.6$，$\frac{l}{h_T}=0.281$，查《砌体规范》表 D.0.1-2 得 $\varphi=0.258$

$\varphi fA=0.258\times1.50\times0.861\times10^3=333.2kN>N_A=267.44kN$，满足要求。

# 第五章　多层砌体房屋的抗震设计

## 第一节　抗震设计的基本要求

### 一、房屋总高度和层数的限制

砌体是脆性材料，变形能力差，抗震潜力小，在地震作用下墙体容易产生开裂。墙体开裂后，持续的地面运动就可能使破裂的墙体发生平面错动，因而大幅度地降低墙体的竖向承载力。当上部的层数多且重量大时，已破碎的墙体就可能被压垮，导致房屋整体倒塌。

我国目前砌体结构材料强度不高。当砌体高度过大时，将需要增大砌体断面，从而导致结构自重增大，地震作用增加，可能出现恶性循环。

一般来说，楼盖的重量占房屋总重量的 30％～50％。当房屋总高度相同时，若增加一层楼盖就相当于房屋增加了半层楼的重量，地震作用也相应增加。因此多层砌体房屋要对房屋的总高度和层数进行双控。

根据国内外地震震害调查，多层砌体房屋的抗震能力与房屋的总高度和层数有直接联系，房屋的破坏程度随高度的增大和层数的增多而加重，其倒塌率几乎与房屋的高度与层数成正比，因此限制多层砌体房屋的高度和层数是减轻地震灾害的经济而有效的措施。多层砌体房屋，总高度和层数的限制见表 5-1。

**多层砌体房屋的层数和总高度限值**(m)　　**表 5-1**

| 砌体类别 | 最小墙厚度(mm) | 烈度 | | | | | | | |
|---|---|---|---|---|---|---|---|---|---|
| | | 6 | | 7 | | 8 | | 9 | |
| | | 高度 | 层数 | 高度 | 层数 | 高度 | 层数 | 高度 | 层数 |
| 普通砖 | 240 | 24 | 8 | 21 | 7 | 18 | 6 | 12 | 4 |
| 多孔砖 | 240 | 21 | 7 | 21 | 7 | 18 | 6 | 12 | 4 |
| 多孔砖 | 190 | 21 | 7 | 18 | 6 | 15 | 5 | — | — |
| 小砌块 | 190 | 21 | 7 | 21 | 7 | 18 | 6 | — | — |

采用表 5-1 时，应当遵循下列原则：

(1) 房屋的总高度指室外地面到主要屋面板板顶或檐口的高度：

1) 平屋顶时不计女儿墙的高度，带阁楼的坡屋面应算到山尖墙的 1/2 高度处；

2) 半地下室时，应根据其嵌固条件，区别对待：

① 半地下室层高较大，顶板距室外地面较高，或有大的窗井而无窗井墙或窗井墙不与纵横墙连接，构不成扩大基础底盘的作用，周围的土体不能对多层砖房半地下室层起约

束作用，此时半地下室应按一层考虑，并计入房屋总高度。

② 半地下室顶板设置在室外地面以上不大于 1.5m 时，或地面下开窗洞处均设有窗井墙，且窗井墙又为内横墙的延伸，如此形成加大的半地下室底盘，有利于结构的总体稳定，并可以认为半地下室在土体中具有较有利的嵌固作用，此时，半地下室可不作为一层考虑。

③ 地下室的室内地面与室外地面间的距离大于地下室净高的 $\frac{1}{2}$，无窗井，且地下室部分的纵横墙较密，则可按全地下室考虑。

3）全地下室时，房屋的高度从室外地坪算起。

(2) 房屋的层数应按表 5-1 严格控制；房屋的总高度可略有提高，但不应超过 0.5m；当室内外高差大于 0.6m 时，允许房屋的高度比表中数值适当增加，但不应多于 1.0m；当有局部突出屋面的屋顶间等，且当其面积不超过房屋顶层面积的 1/3 时，可不计层数和高度，但计算时应考虑其鞭端效应影响。

(3) 横墙较少的房屋是指同一楼层内开间大于 4.2m 的房间占该层总面积 40%以上的情况(如医院、教学楼等)，房屋总高度应比表 5-1 降低 3m，层数相应减少一层。对于横墙较少的多层砌体住宅楼，当按规定采取加强措施并满足抗震承载力要求时，其高度和层数仍可按表 5-1 采用。

(4) 各层横墙很少的多层砌体房屋，应根据具体情况，比横墙较少房屋再适当降低房屋总高度和减少层数。

(5) 采用其他烧结砖、蒸压砖的砌体房屋，当块体的材料性能有可靠的试验数据，砌体的抗剪强度不低于黏土砖砌体时，房屋的总高度和层数可按表 5-1 采用；6、7 度时采用蒸压灰砂砖和蒸压粉煤灰砖砌体的房屋，当砌体的抗剪强度不低于黏土砖砌体的 70%时，房屋的层数应比表 6-2 减少一层，高度减少 3m。

(6) 多层砌体房屋的层高不应超过 3.6m。

## 二、房屋总高度和总宽度的最大比值

震害调查表明：除因地基不均匀沉降等原因外，多层砌体房屋很少发现因整体弯曲承载力不足而破坏或倒塌的情况。仅发现个别建于软弱地基上的房屋，当高宽比较大时有弯曲破坏的现象，如唐山地震时处于天津市区软土层的住宅，在底层外墙有水平裂缝，并向内延伸到横墙。在烈度高、房屋高宽比大的情况下，由于地震作用产生的倾覆力矩引起的弯曲应力若超过砌体的抗拉强度，墙体就会出现水平裂缝。门窗洞口越大，过梁上方砌体高度越小，墙体被洞口分割成墙肢的弯曲作用越显著，水平裂缝越易发生和开展。

砌体结构的抗剪强度较低，抗弯能力更差，因此房屋在地震作用下的破坏应是剪切型，以墙体的受剪承载力来抵抗水平地震作用，不得出现过大的整体弯曲变形。为了简化计算，在多层砌体房屋不做整体弯曲验算条件下，为了保证房屋的整体稳定性，减轻弯曲造成的破坏，对房屋的高度和总宽度的比值应有所限制(表 5-2)。

**房屋最大高宽比** **表 5-2**

| 烈 度 | 6 | 7 | 8 | 9 |
|---|---|---|---|---|
| 最大高宽比 | 2.5 | 2.5 | 2.0 | 1.5 |

房屋高宽比验算时，应遵循下列原则：

(1) 具有规则平面的房屋，按房屋的总宽度计算高宽比，不考虑平面上的局部凸凹。

(2) 外廊住宅、外廊中小学教学楼、偏廊办公楼，都是单面布置房间，外廊的砖柱或者偏廊的外墙，因与之连系的楼板竖向抗弯刚度差，不能有效参与房屋的整体弯曲。因此，计算这类房屋的高宽比值时，房屋宽度不应包括外廊在内。

(3) 内廊房屋，由于横墙被内廊分成两片，整体作用很差，如果不是换算成相当的整片实体墙来确定高宽比，而仍取房屋的全宽计算高宽比，就应该比表 5-2 限值控制得再小一些。

(4) 对于复杂平面的房屋(如 L 形、工字形等)，应取独立抗震单元的短边作为房屋的宽度。

(5) 当建筑平面接近正方形时(如点式、墩式建筑)，其高宽比宜适当减小。

### 三、抗震横墙最大间距的限制

多层砌体房屋的横向水平地震作用主要由横墙来承受，故横墙必须具有足够的承受横向水平地震作用的能力，且楼盖还必须具备能够传递横向水平地震作用给横墙的水平刚度。所以，对横墙来说，除了要求能满足抗震承载力外，还需使其横墙间距能满足楼盖对传递水平地震作用所需水平刚度的要求。楼盖将水平地震作用传递给横墙的水平刚度与横墙间距和楼盖本身刚度有关。当楼盖水平刚度一定时，楼盖本身刚度大，横墙间距就可以大一些，楼盖本身刚度小，横墙间距就小一些。如果楼盖本身刚度不大，而横墙间距较大，楼盖就会失去将水平地震作用传递到横墙的能力，其结果是楼盖产生较大的侧移变形，地震作用未传到横墙，纵墙就已经破坏(图 5-1)。

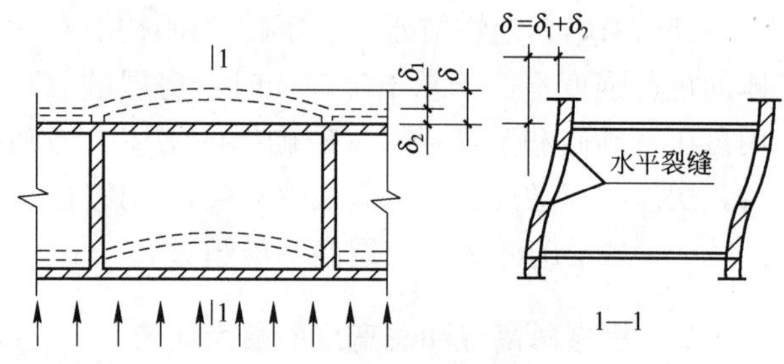


图 5-1 外纵墙出平面弯曲

我国地震震害表明：7 度区房屋宽度在 12m 以内的现浇钢筋混凝土楼盖，横墙间距为 22m，以及装配式钢筋混凝土楼盖，横墙间距超过五个开间(16.5m)时，纵墙就有不同程度的破坏。根据震害情况，综合考虑技术经济和使用要求，对多层砌体房屋抗震横墙最大间距的限制见表 5-3。

**房屋抗震横墙最大间距**(m) **表 5-3**

| 房屋类别 | 烈度 | | | |
|---|---|---|---|---|
| | 6 | 7 | 8 | 9 |
| 现浇或装配整体式钢筋混凝土楼、屋盖 | 18 | 18 | 15 | 11 |
| 装配式钢筋混凝土楼、屋盖 | 15 | 15 | 11 | 7 |
| 木楼、屋盖 | 11 | 11 | 7 | 4 |

抗震横墙最大间距确定时，应遵循下列原则：

(1) 表 5-3 的规定适用于一栋房屋中部分横墙间距较大的情况，对于整栋房屋的横墙间距都比较大的情况，则应考虑是否按空旷砌体房屋来要求。

(2) 抗震横墙的要求见表 5-4。

**砌体抗震墙的要求** **表 5-4**

| 砌体类别 | 最小墙厚(mm) | 块体最低强度等级 | 砂浆最低强度等级 | 墙体开洞 |
|---|---|---|---|---|
| 烧结普通砖 | 240 | MU10 | M5 | 洞口的水平截面面积不应超过横墙水平截面面积的 50% |
| 烧结多孔砖 | 190 | MU10 | M5 | |
| 混凝土小型空心砌块 | 190 | MU7.5 | M7.5 | |

(3) 多层砌体房屋的顶层，最大横墙间距允许适当放宽。

(4) 表中木楼、屋盖的规定，不适用于混凝土小型空心砌块房屋。

(5) 表中抗震横墙最大间距的确定，是指在常用进深的情况下，当进深较大时应另行考虑。

(6) 对于食堂等单层砌体房屋，抗震横墙的最大间距可不按表 5-4 限制，此时横向水平地震作用可由壁柱来承担。

## 四、房屋局部尺寸的限制

房屋局部尺寸的影响，有时仅造成房屋局部的破坏而不影响结构的整体安全，某些重要部位的局部破坏则会导致整个结构的破坏甚至倒塌。因此有必要对地震区建造的砌体房屋的某些局部尺寸加以控制，其目的是使各墙体受力均匀协调、避免造成各个击破，防止承重构件失稳，避免附属构件脱落伤人。

1. 承重窗间墙的最小宽度

窗间墙的破坏有两种形式：第一种是地震作用下的剪切破坏，产生典型的斜向或对角交叉裂缝。显然，这种地震剪力主要作用在窗间墙的平面之内，即地震作用方向与窗间墙平行。第二种是由于与外墙的窗间墙垂直的内墙的变形和破坏顶推窗间外墙，造成窗间墙的出平面外破坏，这时的地震作用主要沿横墙作用。

窗间墙的宽度应首先满足静力设计要求，从抗震安全的角度应有一定的安全储备。从宏观调查中可看到，较窄窗间墙的破坏往往容易造成上部构件的塌落，从而危及整个房屋。而宽度较大的窗间墙虽然在强烈地震作用下也遭损坏，有时裂缝宽度甚至可达数厘米，但裂后仍有一定的承载能力而不致立即倒塌。因此，抗震规范规定窗间墙应有一定宽度，以避免一旦出现裂缝而产生倒塌。

2. 外墙尽端至门窗洞边的最小距离

宏观震害表明，房屋尽端是震害较为严重的部位，这是结构布置上的不对称或地震本身的扭转分量造成的，同时也有“端部效应”动力放大的影响。尽端外横墙一般为山墙，分承重和非承重两种。在实际设计中，一般情况下对于承重山墙，尽端最好不开窗或开小窗，因为这一部位的地震反应敏感，破坏普遍，承重山墙的局部破坏可能导致第一开间的倒塌。为了防止房屋在尽端首先破坏甚至倒塌，对开门窗情况下承重外墙尽端至门窗洞边的尺寸，按不同烈度提出了不同要求。对于非承重的外墙尽端，考虑到破坏后不致影响楼板的塌落，因此对最小距离可以适当放宽要求(图 5-2、图 5-3)。

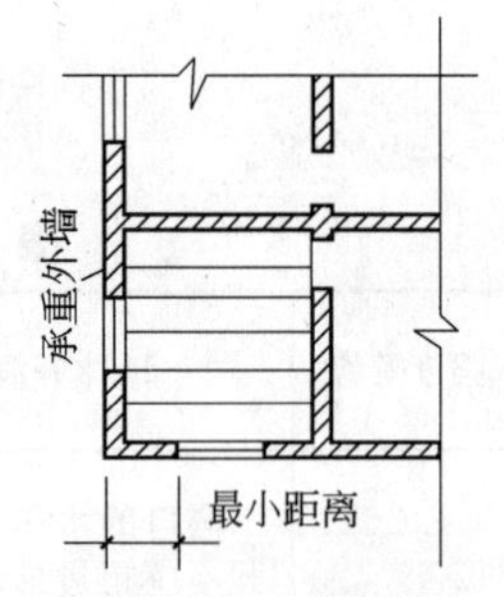


图 5-2 承重外墙尽端至门窗洞边最小距离

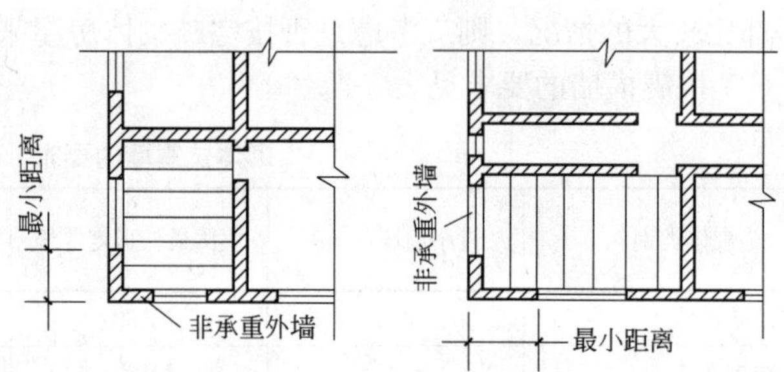


图 5-3 非承重外墙尽端至门窗洞边最小距离

3. 内墙阳角至门窗洞边的最小距离

多层砌体结构房屋中的门厅、楼梯间等的室内拐角墙，常常是地震破坏比较严重的部位。由于门厅或楼梯间处的纵墙或横墙中断，并为支承上层楼盖荷载而设置开间梁或进深梁，从而造成梁支承在室内拐角墙上这些阳角部位的应力容易集中，梁端支承处荷载又较大，如支承长度不足，局部刚度又有变化，破坏往往极为明显。为了避免这些部位的严重破坏，除在构造上加强整体连接，加长梁的支承长度以及墙角适当配置构造钢筋外，还必须限制内墙阳角至洞边的最小距离。

4. 其他局部尺寸限制

海城、唐山地震调查表明，阳台、挑檐、雨篷等悬挑构件的震害较少，一般情况下这些悬挑构件都不会过大，只要通过计算，保证其抗倾覆、锚固及连接构造上的可靠性，以免失稳、脱落即可。悬挑构件中的女儿墙则是比较容易破坏的构件，特别是无锚固的较高女儿墙更是如此，在历次震害中破坏屡有发生。抗震规范对仅靠自重平衡的无锚固女儿墙的最大高度作了限制，并规定 9 度区不得用无锚固女儿墙。虽然 7～9 度时非出入口处无锚固女儿墙高度允许到 500mm，但应考虑一旦倒塌时后果严重，因此宜采取配置水平钢筋或设置混凝土柱的措施来增强悬臂女儿墙的稳定性，并须设置压顶卧梁与立柱相连。

房屋的局部尺寸限制见表 5-5。

**房屋的局部尺寸限制**(m) **表 5-5**

| 部 位 | 6 度 | 7 度 | 8 度 | 9 度 |
|---|---|---|---|---|
| 承重窗间墙最小宽度 | 1.0 | 1.0 | 1.2 | 1.5 |
| 承重外墙尽端至门窗洞边的最小距离 | 1.0 | 1.0 | 1.2 | 1.5 |
| 非承重外墙尽端至门窗洞边的最小距离 | 1.0 | 1.0 | 1.0 | 1.0 |
| 内墙阳角至门窗洞边的最小距离 | 1.0 | 1.0 | 1.5 | 2.0 |
| 无锚固女儿墙(非出入口处)的最大高度 | 0.5 | 0.5 | 0.5 | 0.0 |

房屋局部尺寸的限制，应遵循下列原则：

(1) 房屋局部尺寸的限制是在满足规范构造要求的前提下规定的。当承重墙尽端、非承重墙尽端和内墙阳角至门窗洞边的距离不满足要求时，在构造上应加强措施，如加大构造柱截面和配筋，增设构造柱或采用横向配筋等。

(2) 出入口处不应采用无锚固女儿墙。

(3) 多层多排柱房屋的纵向窗间墙宽度不应小于 1.5m。

## 五、多层砌体房屋的结构体系

1. 应优先采用横墙承重或纵横墙共同承重的结构体系

多层砌体房屋的承重结构体系对房屋的抗震性能影响较大。横墙承重或纵横墙共同承重结构体系具有空间刚度大、整体性好的特点，对抵抗水平地震作用比较有利；纵墙承重结构体系易受弯曲破坏而产生倒塌。根据地震震害调查统计，横墙承重房屋破坏率最低，破坏程度最轻；纵横墙承重房屋次之；纵墙承重房屋破坏率最高，破坏程度最重。所以，在选择结构体系时应优先采用横墙承重或纵横墙共同承重的结构体系。

2. 纵横墙的布置宜均匀对称，沿平面内宜对齐，沿竖向应上下连续；同一轴线上的窗间墙宽度宜均匀

房屋各层的纵横墙对齐贯通，可以使房屋获得最大的整体抗弯能力，这对于高宽比较大的房屋是十分必要的。墙体对齐贯通，还能减少墙体和楼板等受力构件的中间传力环节，使受损部位减少，震害程度减轻。由于传力简捷，受力明确，也有利于地震作用效应的分析。

地震作用在各墙垛之间按其刚度进行分配，当各墙垛的刚度相差悬殊时，容易造成地震时每个墙垛被各个击破，从而造成较大的震害。因此，除房屋尽端墙体外，宜将窗间墙等均匀布置，以利于各墙垛受力均匀，避免应力集中。

3. 防震缝的设置

房屋的平面最好是矩形的，由于房屋的外墙转角部位的破坏程度比其他部位严重，L形、凵形等非规则平面房屋的外墙转角比矩形多，房屋的震害程度比矩形严重。若由于使用要求，在平面或立面上必须做成复杂体形时，应采用防震缝将复杂的体形分割成若干规整、简单体形的组合，以避免地震时房屋各部分由于振动不谐调产生的破坏(图 5-4、图5-5)。

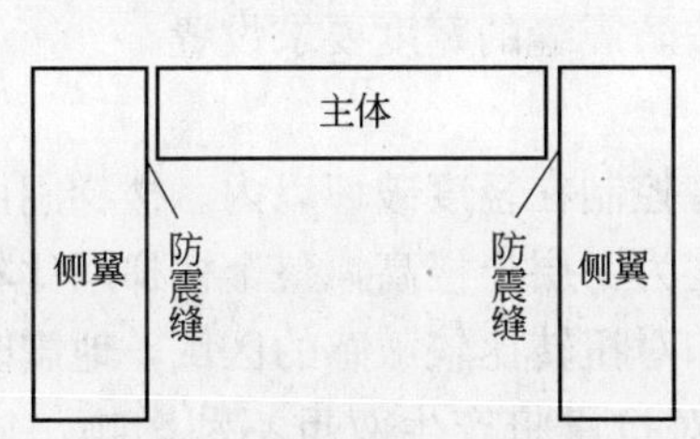


图 5-4 通过防震缝把复杂的平面划分成简单的平面

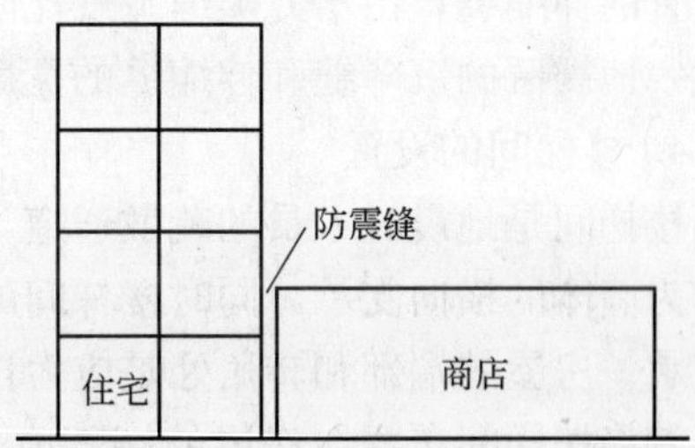


图 5-5 在立面上用防震缝划分开

若在平面上，房屋的质量中心与刚度中心不相重合，地震时除在主震方向产生水平振动外，还会产生环绕刚度中心的扭转振动，对结构受力极为不利，从而导致房屋角部的破坏(图 5-6)。为了避免这种不利情况的发生，除在建筑布置时就应注意房屋体形对称和刚度的对称及均匀分布外，必要时可采用防震缝把这两部分各自分开，自成体系来处理。

实践表明：防震缝是减轻地震对房屋破坏的有效措施之一。由于很不规则的砌体房屋不能依靠计算分析和构造措施解决应力集中问题，防止薄弱部位的破坏。对于复杂体形的砌体建筑，在下列情况下宜设防震缝：

(1) 房屋立面高差在 6m 以上时。地震震害调查表明，未设防震缝的不等高房屋，其连接部分的高差为一层时，就有不同程度的破坏，当高差增大时，破坏更加严重。但高差为一层的受损房屋中，多数为局部突出屋面的楼梯间、电梯间、水箱间，这些部位虽然破坏较普遍，但不影响下部结构的整体安全。所以对于这种震害，不要采用防震缝来解决，而是在结构抗震承载力验算时考虑其鞭端效应。在综合比较不设防震缝所节约的投资和房屋可能造成局部破坏后，抗震规范规定当房屋立面高差在 6m 以上(二层)时，才设防震缝。

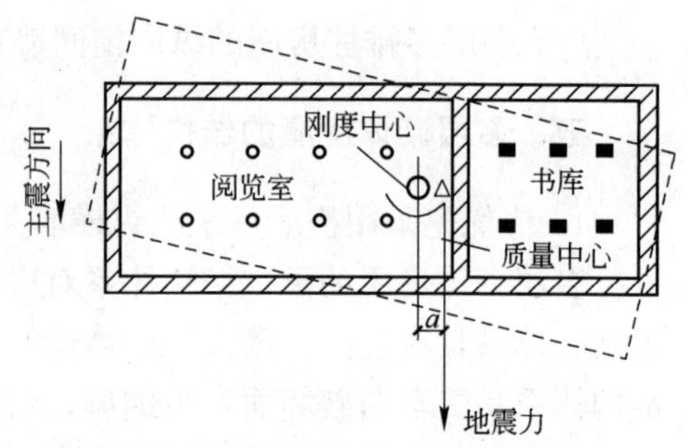

图 5-6　由于刚度中心与质量中心不重合而发生扭转

(2) 房屋有错层，且楼板高差较大时。当楼板不在同一标高处时，其错层部位在地震中往往受到损坏，在错层处发生水平断裂。其破坏程度与楼板高差大小有关，高差越大，破坏越严重。根据实际震害经验，当房屋有错层且楼板高差较大时，宜采用防震缝将错层两侧分开。

(3) 房屋各部分结构刚度、质量截然不同时。当房屋各部分结构刚度、质量相差较大时，由于地震的动力反应不一致，以及房屋各连接部分变形突然变化而产生应力集中，造成连接部位的破坏。为此有必要采用防震缝将其分离成各自独立的单元，以避免和减少震害。由于这个问题比较复杂，影响因素较多，难以给出定量的表达，只能给以定性的描述，由设计人员根据具体情况掌握。

防震缝宽度的确定应考虑当发生垂直于防震缝方向的振动时，由于相邻两部分振动不谐调产生的碰撞，以及施工时可能落入的砂浆和块体的堵塞，并根据烈度和房屋高度的不同，防震缝宽度采用 50～100mm。对于避免基础不均匀沉降而设置的沉降缝和温度变化而设置的伸缩缝，由于此类缝宽度比防震缝小，为了避免地震时可能在变形缝处产生相互碰撞，地震区的沉降缝和伸缩缝的宽度，一律按防震缝的宽度要求设置。

4. 楼梯间的设置

楼梯间是地震时人员的疏散通道，应把震害控制在轻度破坏以内。楼梯间由于缺乏楼板作为墙体的横向支承，同时楼梯间的顶层高度为一层半楼高，整个楼梯间比较空旷而缺乏支承。房屋的端部和转角处是应力比较集中和对扭转比较敏感的区域，地震时易产生破坏。若将楼梯间布置在房屋的端部或转角处，对抗震将产生双重不利影响，加剧破坏程度。因此楼梯间不应设置在房屋的终端和转角处。

如果由于建筑功能要求，楼梯间必须设在第一开间或其他外墙转角处，则需采取局部加强措施。例如根据烈度的高低，在楼梯间的四角或仅在外墙转角处设钢筋混凝土构造柱等。

对楼梯间还应采取其他加强措施，如在楼梯间休息平台板标高处增设圈梁或配筋砖带，在顶层楼梯间墙增设水平配筋带或圈梁等。

5. 烟道、风道、垃圾道等设置

多层砌体房屋中常在墙体内设置烟道、风道、垃圾通道等，布置时必须注意不应削弱墙体。震害调查发现设有这些洞口的墙体总是最先破坏，且还会引起整体建筑一定程度上的损坏。原因是在地震作用下墙体被削弱处发生应力集中。若设计中无法避免墙体的削弱，则应采取在砌体中配筋的加强措施，还可以采用安装预制管道来代替墙中通道。同时不宜采用无竖向配筋的附墙烟囱及出屋面烟囱。

6. 钢筋混凝土预制挑檐的设置

震害调查表明，由砖砌女儿墙挑出的檐口，倒塌率很高，不应采用。由屋盖挑出的钢筋混凝土预制挑檐则需采用锚拉措施。

## 第二节 抗震承载力验算

### 一、计算简图与计算方法

1. 计算简图

计算多层砌体房屋地震作用时，应取一个结构单元作为计算单元，在计算单元中将各楼层的质量集中到楼、屋盖标高处。多层砌体房屋可视为嵌固于基础顶面的竖向悬臂梁，各质点的计算高度取楼(屋)盖到结构底部的距离(图 5-7)。

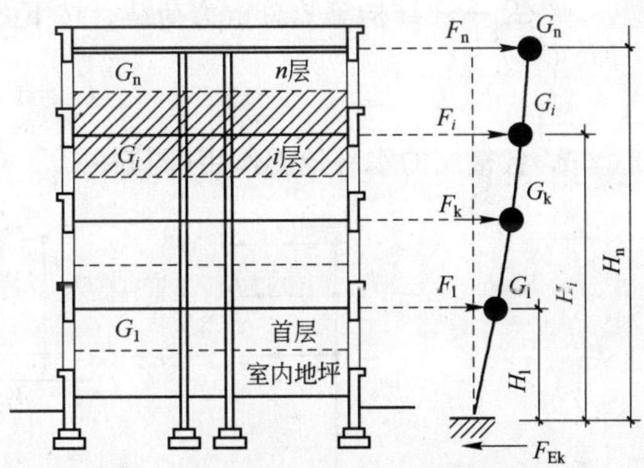

图 5-7 多层砌体房屋的计算简图

计算简图中结构底部按下列规定取值：当基础埋置较浅时取为基础顶面；当基础埋置较深时，可取为室外地坪下 0.5m 处；当设有整体刚度很大的全地下室时，则取为地下室顶板顶部；当地下室整体刚度较小或为半地下室时，则应取为地下室室内地坪处。

集中于楼、屋面的重力荷载代表值，应按表 5-6 的规定计算。

**楼屋面的重力荷载** **表 5-6**

| 重力荷载分项 | | 组合值系数 | | |
|---|---|---|---|---|
| 楼盖 | 楼盖自重 | 1.0 | | |
| | 楼盖上下各半层墙体、门窗重 | 1.0 | | |
| | 楼面可变荷载 | 按实际情况考虑 | | 1.0 |
| | | 按等效均布荷载考虑 | 藏书库、档案库 | 0.8 |
| | | | 其他情况 | 0.5 |
| 屋盖 | 屋面自重 | 1.0 | | |
| | 突出屋面的屋顶间、女儿墙、烟囱等 | 1.0 | | |
| | 顶层半层墙体、门窗重 | 1.0 | | |
| | 屋面积灰、积雪荷载 | 0.5 | | |
| | 屋面可变荷载 | 按实际情况考虑 | | 1.0 |
| | | 按等效均布荷载考虑 | | 0.5 |

2. 计算方法

一般情况下，多层砌体房屋的抗震承载力的验算采用底部剪力法，仅考虑水平地震作用，沿房屋的横向和纵向分别进行验算。对于很不规则的房屋，可采用振型分解反应谱法进行验算。

## 二、水平地震作用和剪力的计算

1. 结构总水平地震作用标准值 $F_{Ek}$

多层砌体房屋的总水平地震作用标准值按下式计算：

$$F_{Ek}=\alpha_{max}G_{eq} \tag{5-1}$$

式中 $F_{Ek}$——结构总水平地震作用标准值；

$\alpha_{max}$——水平地震影响系数最大值，6 度、7 度、8 度和 9 度时，分别取 0.04、0.08、0.16 和 0.32；

$G_{eq}$——结构等效总重力荷载，按下式计算：

$$G_{eq}=0.85\sum_{i=1}^{n}G_i \tag{5-2}$$

2. 各楼层的水平地震作用(图 5-8)

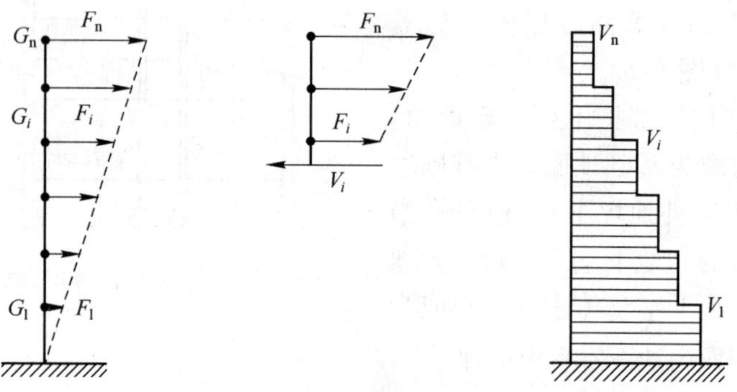


图 5-8 水平地震作用和剪力

各楼层的水平地震作用标准值按下式计算：

$$F_i=\frac{G_iH_i}{\sum_{j=1}^{n}G_jH_j}F_{Ek} \tag{5-3}$$

式中 $F_i$——第 $i$ 楼层的水平地震作用标准值；

$G_i$、$H_i$——第 $i$ 楼层的重力荷载代表值和计算高度。

3. 楼层水平地震剪力标准值

第 $i$ 楼层的水平地震剪力标准值按下式计算：

$$V_i=\sum_{j=i}^{n}F_j \tag{5-4}$$

式中 $V_i$——第 $i$ 楼层的水平地震剪力标准值。

4. 突出屋顶小房屋的层间地震剪力

由于突出屋顶的楼梯间、水箱间等小房屋以及女儿墙、烟囱等附属建筑的地震反应强烈，震害严重，验算上述部位构件的抗震承载力时，其水平地震作用效应应取式(5-4)计算值的3倍，但增大部分不应往下传递，即计算房屋下层层间地震剪力时不考虑地震作用增大部分的影响。

对于图5-9所示带突出屋顶小房屋的多层砖房，突出屋顶小房屋的层间地震剪力$V_{n+1}$为：

$$F_{n+1}=\frac{G_{n+1}H_{n+1}}{\sum_{k=1}^{n+1}G_kH_k}F_{Ek} \qquad (5\text{-}5)$$

$$V_{n+1}=3F_{n+1} \qquad (5\text{-}6)$$

房屋下部任意$i$层层间地震剪力$V_i$，仍按图5-9(*a*)所示各层地震作用来计算：

$$V_i=\sum_{k=1}^{n}F_k+F_{n+1} \qquad (5\text{-}7)$$

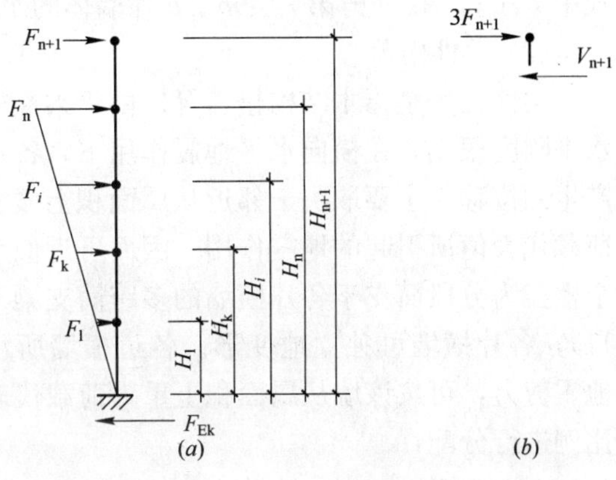

图5-9　突出屋顶小屋的层间地震剪力计算简图

## 三、楼层水平地震剪力在各墙体间的分配

墙体平面内的抗侧力等效刚度很大，而平面外的刚度很小，所以一个方向的楼层水平地震剪力主要由平行于地震作用方向的墙体来承担，而与地震作用相垂直的墙体，承担的楼层水平地震剪力很小。因此，横向楼层地震剪力全部由各横向墙体来承担，而纵向楼层地震剪力由各纵向墙体来承担。

1. 横向地震剪力分配

(1) 刚性楼盖

刚性楼盖是指现浇钢筋混凝土或装配整体式钢筋混凝土楼盖。在横向水平地震作用下，刚性楼盖在其水平面内产生的变形很小。若房屋楼层的刚度中心和质量中心相重合而不产生扭转，则楼盖仅发生整体相对水平移动，各横墙产生的层间位移相同。若将刚性楼盖视为刚性的水平连续梁，各抗侧力横墙可视为梁的弹性支座(图5-10)。各道横墙承受的水平地震剪力，可按抗侧力构件的等效侧向刚度的比例进行分配：

$$V_{im}=\frac{K_{im}}{K_i}V_i \qquad (5\text{-}8)$$

图5-10　刚性楼盖房屋墙体剪力分配计算模型

式中　$V_{im}$——第$i$层第$m$道横墙的水平地震剪力；

$K_{im}$——第$i$层第$m$道横墙的等效侧向刚度；

$K_i$——第$i$层横墙等效侧向刚度之和。

当楼层各横向抗侧力墙体高度相同、高宽比均小于1，采用的砌体材料强度等级相同时，则可按各道墙体的水平截面积比例分配：

$$V_{im} = \frac{A_{im}}{\sum_{k=1}^{n} A_{ik}} V_i \tag{5-9}$$

式中　$A_{im}$、$A_{ik}$——第 $i$ 层 $m$、$k$ 片墙体的水平截面积。

(2) 柔性楼盖

柔性楼盖是指木结构楼盖等。由于柔性楼盖的水平刚度很小，在横向水平地震作用下，各片横墙产生的位移，主要取决于邻近从属面积上楼盖重力荷载代表值所引起的地震作用。因而可近似地视整个楼盖为分段简支于各片横墙的多跨简支梁（图 5-11），各片横墙可独立地变形。各道横墙所承担的地震剪力，可按该墙从属面积上重力荷载代表值的比例进行分配：

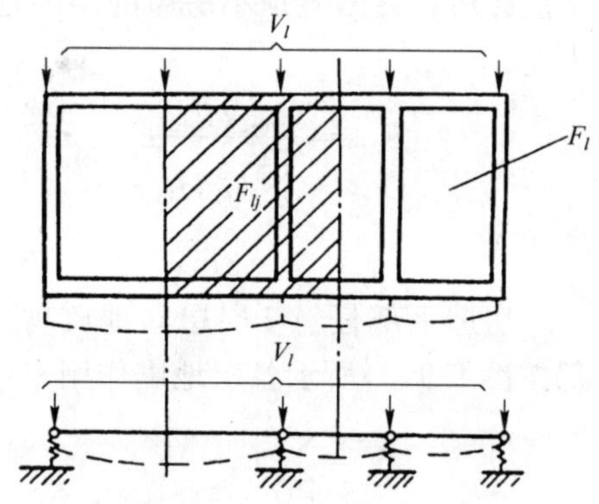


图 5-11　柔性楼盖房屋墙体剪力分配计算模型

$$V_{im} = \frac{G_{im}}{G_i} V_i \tag{5-10}$$

式中　$G_{im}$——第 $i$ 层 $m$ 片横墙从属面积上重力荷载代表值；

$G_i$——第 $i$ 层楼盖总重力荷载代表值。

当楼盖单位面积上的重力荷载代表值相等时，可按墙体从属荷载面积的比例进行分配：

$$V_{im} = \frac{F_{im}}{F_i} V_i \tag{5-11}$$

式中　$F_{im}$——第 $i$ 层 $m$ 片横墙的从属荷载面积，等于该墙两侧相邻墙之间各一半建筑面积之和(图 5-12)；

$F_i$——第 $i$ 层楼盖的建筑面积。

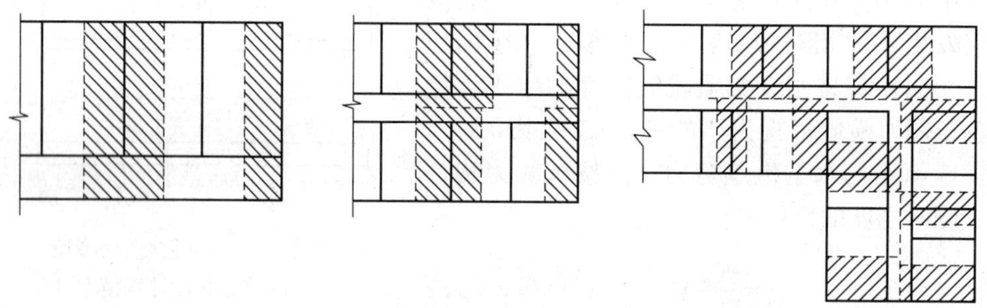

图 5-12　地震作用从属面积划分示意图

(3) 中等刚度楼盖

装配式钢筋混凝土楼盖属于中等刚度楼盖。在横向水平地震力作用下，楼盖的变形状态将不同于刚性楼盖和柔性楼盖，在各片横墙间楼盖将产生一定的相对水平变形，各片横墙产生的位移将不相等。因而各片横墙所承担的地震剪力，不仅与横墙等效侧向刚度有关，而且与楼盖的水平变形有关。可以通过合理地选择楼盖的刚度参数按精确计算模型进行空间分析，从而得到各片横墙所承担的地震剪力。为了简化计算，对于中等刚度楼盖，各道横墙所承担的地震剪力，可取按刚性楼盖和柔性楼盖计算的平均值：

$$V_{im}=\frac{1}{2}\left(\frac{K_{im}}{K_i}+\frac{G_{im}}{G_i}\right)V_i \tag{5-12}$$

2. 纵向地震剪力分配

由于房屋的宽度小而长度大，无论何种类型楼盖，其纵向水平刚度都很大，可视为刚性楼盖。因此，对于柔性楼盖、中等刚度楼盖和刚性楼盖房屋，各片纵墙所承担的地震剪力均按式(5-8)计算。

## 四、墙体等效侧向刚度的计算

1. 无洞口墙体

确定层间等效侧向刚度时，可认为各层墙体或墙肢均为下端固定、上端嵌固的构件，其侧向变形包括层间弯曲变形和剪切变形。

墙肢在单位水平力作用下的弯曲变形和剪切变形(图 5-13)可按下式计算：

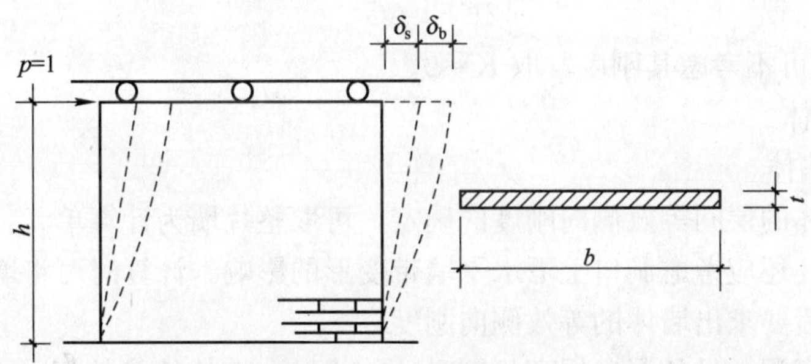


图 5-13 墙肢的侧移柔度

$$\delta_b=\frac{h^3}{12EI} \tag{5-13}$$

$$\delta_s=\frac{\xi}{AG}h \tag{5-14}$$

式中 $h$——墙肢(或无洞墙片)的高度。对窗间墙取窗洞高；门间墙取门洞高；门窗之间墙取窗洞高；尽端墙取靠尽端的门洞或窗洞高；

$A$——墙肢(或无洞墙片)的水平截面积。$A=bt$；

$b$、$t$——墙肢(或无洞墙片)的宽度和厚度；

$I$——墙肢(或无洞墙片)的水平惯性矩。$I=\frac{1}{12}bh^3$；

$\xi$——剪应变分布不均匀影响系数，对于矩形截面，取 $\xi=1.2$；

$E$——砖砌体的弹性模量；

$G$——砖砌体的剪切模量，一般取 $G=0.4E$。

墙肢的侧移柔度，即单位水平力作用下的总变形，可按下式计算：

$$\delta=\delta_b+\delta_s=\frac{h_3}{12EI}+\frac{\xi h}{AG} \tag{5-15}$$

墙体等效侧向刚度可按下式计算：

$$K=\frac{1}{\delta} \tag{5-16}$$

当墙体同时受到剪切变形($\delta_s$)和弯曲变形($\delta_b$)的影响时，两种变形所占的比例与墙体的高宽比($\rho=h/b$)有关(图 5-14)。

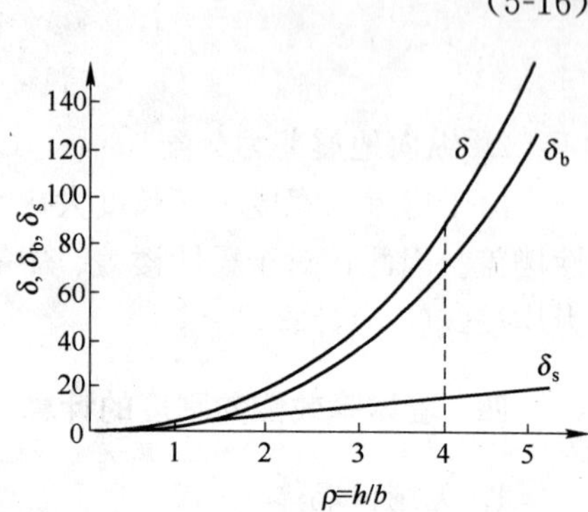


图 5-14　墙体剪切变形与弯曲变形的比例

由图 5-14 可见：

当 $\rho<1$ 时，弯曲变形在总变形中所占比例较小，可仅考虑剪切变形的影响：

$$K=\frac{AG}{\xi h}=\frac{Et}{3\rho} \tag{5-17}$$

当 $1\leqslant\rho\leqslant4$ 时，应同时考虑剪切变形和弯曲变形的影响：

$$K=\frac{1}{\frac{h^3}{12EI}+\frac{\xi h}{AG}}=\frac{Et}{\rho^3+3\rho} \tag{5-18}$$

当 $\rho>4$ 时，可不考虑其刚度，取 $K=0$。

2. 有洞口墙体

(1) 大洞口墙体

开有洞口墙体的层间等效侧向刚度的确定，可取整片墙为计算单元，除考虑门窗间墙段的变形影响外，还应考虑洞口上下水平墙带变形的影响。计算时可将墙体划分为各个墙肢分别计算，然后要求出墙体的等效侧向刚度。

当墙体仅有窗洞，且各洞口标高相同时(图 5-15)，墙体的等效侧向刚度为：

$$\delta=\delta_1+\delta_2+\delta_3 \tag{5-19}$$

$$K=\frac{1}{\delta_1+\delta_2+\delta_3}=\frac{1}{\frac{1}{K_1}+\frac{1}{\Sigma K_2}+\frac{1}{K_3}}$$

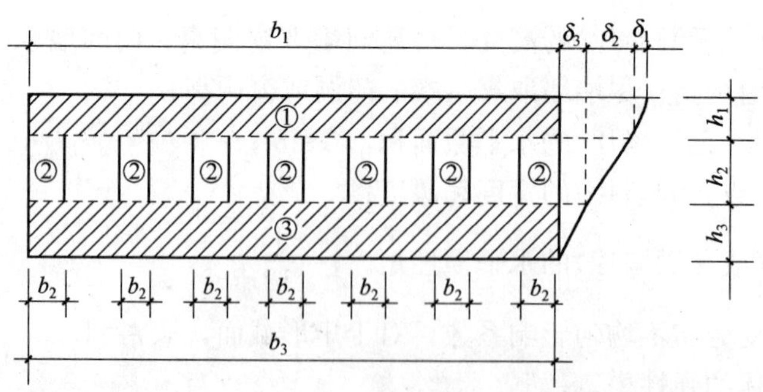


图 5-15　开有窗洞时的墙肢划分

当墙体开有门窗洞口，且门窗顶标高相同、窗面标高相同时(图 5-16)，墙肢 2 和 3 的侧移柔度为 $\delta_2$、$\delta_3$，相应的等效侧向刚度为 $\Sigma\frac{1}{\delta_2+\delta_3}$，墙肢 4 的侧移柔度为 $\delta_4$，相应的等效侧向刚度为$\frac{1}{\delta_4}$，墙肢 1 的侧移柔度为 $\delta_1$，相应的等效侧向刚度为$\frac{1}{\delta_1}$，根据各墙肢的并串联关系，可得到开洞墙体的等效侧向刚度为：

$$K=\frac{1}{\frac{1}{K_1}+\frac{1}{K_4+\left[\frac{1}{\frac{1}{K_2}+\frac{1}{K_3}}\right]}} \tag{5-20}$$

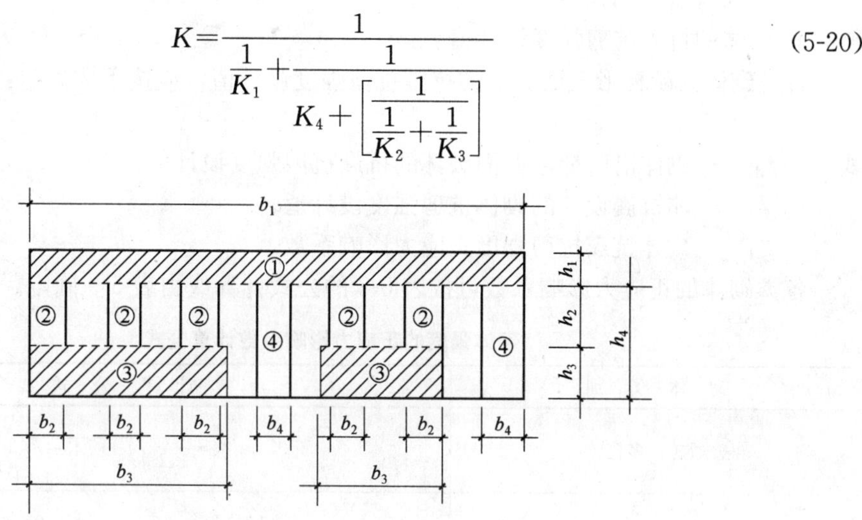


图 5-16　有门窗洞口时的墙肢划分

式中　$K_1$、$K_2$、$K_3$、$K_4$——分别为墙肢 1、2、3、4 的等效侧向刚度。

一般情况下，开洞墙体的等效侧向刚度可按下列原则计算：

水平向的墙肢可采用刚度叠加(并联体)，即墙段的总刚度等于该墙段内各墙肢等效侧向刚度之和；

竖直向的墙肢可采用柔度叠加(串联体)，即墙段的柔度等于各墙肢柔度之和。

(2) 小洞口墙体

开小洞口的墙体，当按墙体毛截面计算等效侧向刚度时，可根据墙体开洞率乘以表 5-7的洞口影响系数。

**墙段洞口影响系数**　　　　**表 5-7**

| 开 洞 率 | 0.10 | 0.20 | 0.30 |
|---|---|---|---|
| 影响系数 | 0.98 | 0.94 | 0.88 |

注：开洞率为洞口面积与墙段毛面积之比；窗洞高度大于层高 50%时，按门洞对待。

## 五、墙体的截面抗震受剪承载力验算

1. 墙体水平地震剪力设计值

墙体水平地震剪力设计值，应按下式计算：

$$V=\gamma_{Eh}V_{im} \tag{5-21}$$

式中　$V$——墙体水平地震剪力设计值；

$\gamma_{Eh}$——水平地震作用分项系数，取 1.3。

2. 不利墙段的选择

多层砌体房屋抗震承载力验算时，不利墙段的选择可根据下列原则综合考虑：

(1) 竖向荷载从属面积较大的墙段；

(2) 承担地震作用较大的墙段；

(3) 竖向压应力较小的墙段；

(4) 截面积较小的墙段。

3. 砌体的抗震抗剪强度设计值

各类砌体沿阶梯形截面破坏的抗震抗剪强度设计值，应按下式确定：

$$f_{vE}=\zeta_N f_v \tag{5-22}$$

式中 $f_{vE}$——砌体沿阶梯形截面破坏的抗震抗剪强度设计值；

$f_v$——非抗震设计的砌体抗剪强度设计值；

$\zeta_N$——砌体抗震抗剪强度正应力影响系数。

各类砌体的正应力影响系数可按表 5-8 的公式计算或由表 5-9 确定。

**砌体强度的正应力影响系数计算公式** **表 5-8**

| 砌 体 类 别 | 计 算 公 式 |
|---|---|
| 普通砖、多孔砖 | $\zeta_N=\frac{1}{1.2}\sqrt{1+0.45\sigma_0/f_v}$ |
| 混凝土砌块 | $\zeta_N\begin{cases}1+0.25\sigma_0/f_v(\sigma_0/f_v\leqslant 5.0)\\2.25+0.17(\sigma_0/f_v-5)(\sigma_0/f_v>5.0)\end{cases}$ |

注：1. $\sigma_0$ 为对应于重力荷载代表值的砌体截面平均压应力，计算时重力荷载分项系数 $\gamma_G$ 取 1.0；

2. 普通砖、多孔砖即《砌体结构设计规范》中的烧结普通砖、烧结多孔砖。

**砌体强度的正应力影响系数** **表 5-9**

| 砌 体 类 别 | $\sigma_0/f_v$ | | | | | | | |
|---|---|---|---|---|---|---|---|---|
| | 0.0 | 1.0 | 3.0 | 5.0 | 7.0 | 10.0 | 15.0 | 20.0 |
| 普通砖、多孔砖 | 0.80 | 1.00 | 1.28 | 1.50 | 1.70 | 1.95 | 2.32 | |
| 混凝土砌块 | | 1.25 | 1.75 | 2.25 | 2.60 | 3.10 | 3.95 | 4.80 |

4. 普通砖、多孔砖墙体的截面抗震承载力验算

(1) 一般情况下，应按下式验算：

$$V\leqslant f_{vE}A/\gamma_{RE} \tag{5-23}$$

式中 $V$——墙体剪力设计值；

$f_{vE}$——砖砌体沿阶梯形截面破坏的抗震抗剪强度设计值；

$A$——墙体横截面面积，多孔砖取毛截面面积；

$\gamma_{RE}$——承载力抗震调整系数，对于两端均有构造柱、芯柱的抗震墙取 0.9，自承重墙取 0.75，其他抗震墙取 1.0。

(2) 当在墙体中部设置截面不小于 240mm×240mm 且间距不大于 4m 的构造柱时，可考虑对墙体受剪承载力的提高作用，墙体的截面抗震承载力可按下列简化方法验算：

$$V\leqslant\frac{1}{\gamma_{RE}}[\eta_c f_{vE}(A-A_c)+\zeta f_t A_c+0.08f_y A_s] \tag{5-24}$$

式中 $A_c$——中部构造柱的横截面总面积(对横墙和内纵墙：$A_c>0.15A$ 时，取 0.15$A$；

对外纵墙：$A_c>0.25A$ 时，取 $0.25A$)；

$f_t$——中部构造柱的混凝土轴心抗拉强度设计值；

$A_s$——中部构造柱的纵向钢筋截面总面积(配筋率不应小于0.6%，当大于1.4%时取1.4%)；

$f_y$——钢筋抗拉强度设计值；

$\zeta$——中部构造柱参与工作系数；居中设置一根时取0.5，多于一根时取0.4；

$\eta_c$——墙体约束修正系数；一般情况取1.0，构造柱间距不大于2.8m时取1.1。

5. 水平配筋墙体截面抗剪承载力验算

水平配筋普通砖、多孔砖墙体的截面抗震受剪承载力应按下式验算：

$$V \leqslant \frac{1}{\gamma_{RE}}(f_{vE}A+\zeta_s f_y A_s) \tag{5-25}$$

式中 $A$——墙体横截面面积，多孔砖取毛截面面积；

$f_y$——钢筋抗拉强度设计值；

$A_s$——层间墙体竖向截面的钢筋总截面面积，其配筋率不应小于0.07%且不大于0.17%；

$\zeta_s$——钢筋参与工作系数，可按表5-10采用。

**钢筋参与工作系数** **表5-10**

| 墙体高宽比 | 0.4 | 0.6 | 0.8 | 1.0 | 1.2 |
|---|---|---|---|---|---|
| $\zeta_s$ | 0.10 | 0.12 | 0.14 | 0.15 | 0.12 |

6. 混凝土砌块墙体的截面抗震受剪承载力验算

混凝土砌块墙体的截面抗震受剪承载力，应按下式验算：

$$V \leqslant \frac{1}{\gamma_{RE}}[f_{vE}A+(0.3f_tA_c+0.05f_yA_s)\zeta_c] \tag{5-26}$$

式中 $f_t$——芯柱混凝土轴心抗拉强度设计值；

$A_c$——芯柱截面总面积；

$A_s$——芯柱钢筋截面总面积；

$\zeta_c$——芯柱参与工作系数，可按表5-11采用。

注：当同时设置芯柱和构造柱时，构造柱截面可作为芯柱截面，构造柱钢筋可作为芯柱钢筋。

**芯柱参与工作系数** **表5-11**

| 填孔率 $\rho$ | $\rho<0.15$ | $0.15\leqslant\rho<0.25$ | $0.25\leqslant\rho<0.5$ | $\rho\geqslant0.5$ |
|---|---|---|---|---|
| $\zeta_c$ | 0.0 | 1.0 | 1.10 | 1.15 |

注：填孔率指芯柱根数(含构造柱和填实孔洞数量)与孔洞总数之比。

## 六、多层砌体房屋抗震设计的计算框图

多层砌体房屋抗震设计的计算框图如图5-17所示。

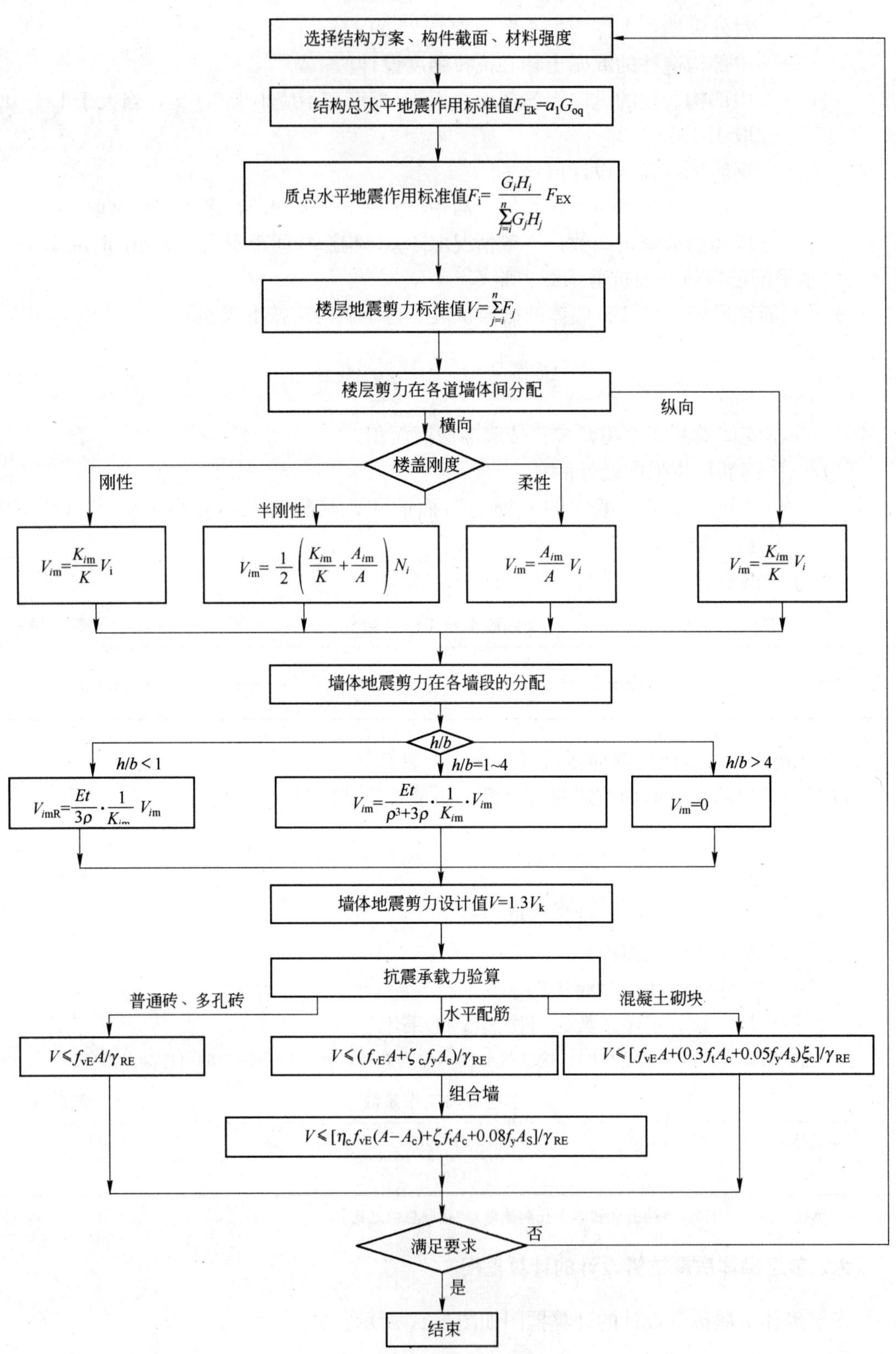


图 5-17　多层砌体房屋抗震计算框图

## 第三节 抗震构造措施

### 一、钢筋混凝土构造柱的设置

钢筋混凝土构造柱，是指先砌筑墙体，然后在墙体两端或纵横墙交接处现浇钢筋混凝土所形成的柱(图 5-18)。震害和试验表明，在多层砌体结构房屋中设置钢筋混凝土构造柱，虽然对墙体初裂前的抗剪能力并无明显提高，但有助于防止房屋在罕遇地震中发生突然倒塌。带构造柱的墙体或房屋，其变形能力和延性得到较大的提高。在墙体开裂以后，以其塑性变形和滑移摩擦来消耗地震能量，特别是构造柱在限制破碎墙体位移方面具有突出的作用。只要构造柱的主筋还部分起作用，墙体被约束在其自身的平面内滑移，摩擦作用继续存在，墙体仍能承担竖向压力和一定的水平地震作用，砌体结构房屋就能在大震中裂而不倒。

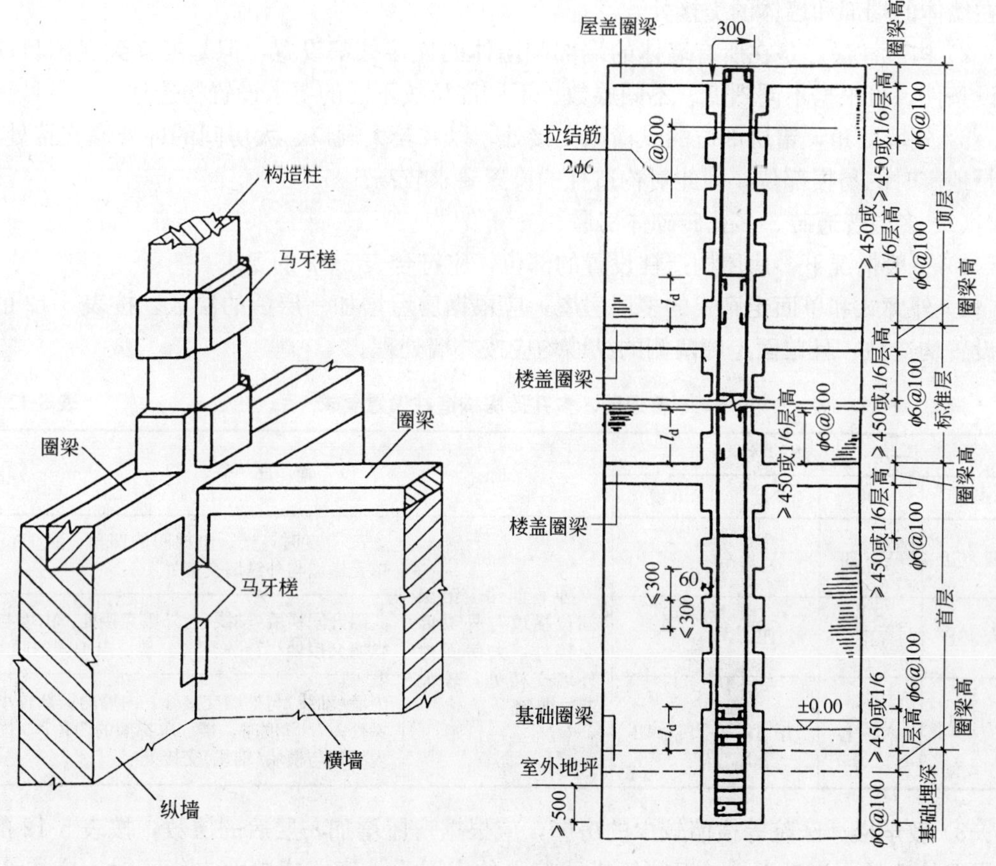


图 5-18 构造柱截面

构造柱的受力和变形可以分为三个阶段：

(1) 变形初期阶段：构造柱的变形及钢筋应力都较小。

(2) 墙体开裂阶段：当墙体出现交叉斜裂缝后，构造柱受力明显增加，此时构造柱的主要作用是约束开裂的三角形块体向外错动。

(3) 墙体破坏阶段：当墙体产生破坏时，构造柱产生很大的变形并进入受弯状态(图5-19)。

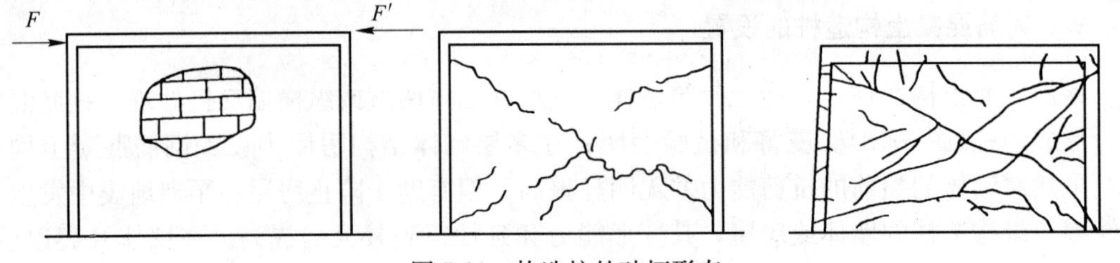


图 5-19 构造柱的破坏形态

1. 构造柱设置的部位

(1) 构造柱设置的原则

1) 构造柱的主要作用在于约束墙体，使开裂后不致破碎倒塌。因此，构造柱应当设置在墙体的端部和墙体的交接处。

2) 构造柱最好是在所有墙体的端部和墙体的连接处都设置，但是考虑到我国目前的建设条件，可根据不同烈度、不同层数、不同部位按不同的要求设置构造柱。

3) 外墙四角，错层部位的纵横墙交接处，以及较大洞口、大房间的内外墙交接处等，都是地震时的易损部位，因此对构造柱的设置要求较高。

(2) 多层普通砖、多孔砖砌体房屋

1) 一般情况下，房屋构造柱设置的部位，应符合表 5-12 的要求。

2) 外廊式和单面走廊式的多层房屋，应根据房屋增加一层后的层数，按表 5-12 的要求设置构造柱，且单面走廊两侧的纵墙均应按外墙处理。

**普通砖、多孔砖房构造柱设置要求** **表 5-12**

<table>
<tr><th colspan="4">房屋层数</th><th colspan="2" rowspan="2">设置部位</th></tr>
<tr><th>6度</th><th>7度</th><th>8度</th><th>9度</th></tr>
<tr><td>四、五</td><td>三、四</td><td>二、三</td><td></td><td rowspan="3">外墙四角，错层部位横墙与外纵墙交接处，大房间内外墙交接处，较大洞口两侧</td><td>7、8度时，楼、电梯间的四角；隔 15m 或单元横墙与外纵墙交接处</td></tr>
<tr><td>六、七</td><td>五</td><td>四</td><td>二</td><td>隔开间横墙(轴线)与外墙交接处，山墙与内纵墙交接处；7～9度时，楼、电梯间的四角</td></tr>
<tr><td>八</td><td>六、七</td><td>五、六</td><td>三、四</td><td>内墙(轴线)与外墙交接处，内墙的局部较小墙垛处；7～9度时，楼、电梯间的四角；9度时内纵墙与横墙(轴线)交接处</td></tr>
</table>

3) 教学楼、医院等横墙较少的房屋，应根据房屋增加一层后的层数，按表 5-12 的要求设置构造柱；当教学楼、医院等横墙较少的房屋为外廊式或单面走廊式时，应按 2)款要求设置构造柱，但 6 度不超过四层、7 度不超过三层和 8 度不超过二层时，应按增加二层后的层数对待。

4) 当房屋的高度和层数接近表 5-1 的限制时，纵横墙内构造柱间距应符合下列要求；

① 横墙内的构造柱间距不宜大于层高的二倍；下部 1/3 楼层的构造柱间距适当减小；

② 当外纵墙开间大于3.9m时，应另设加强措施。内纵墙的构造柱间距不宜大于4.2m。

(3) 蒸压灰砂砖、粉煤灰砖砌体房屋

房屋构造柱设置的部位，应符合表5-13的要求。

**蒸压灰砂砖、蒸压粉煤灰砖房屋构造柱设置要求　　表5-13**

<table>
<tr><th colspan="3">房屋层数</th><th rowspan="2">设置部位</th></tr>
<tr><th>6度</th><th>7度</th><th>8度</th></tr>
<tr><td>四～五</td><td>三～四</td><td>二～三</td><td>外墙四角、楼(电)梯间四角，较大洞口两侧、大房间内外墙交接处</td></tr>
<tr><td>六</td><td>五</td><td>四</td><td>外墙四角、楼(电)梯间四角，较大洞口两侧、大房间内外墙交接处，山墙与内纵墙交接处，隔开间横墙(轴线)与外纵墙交接处</td></tr>
<tr><td>七</td><td>六</td><td>五</td><td>外墙四角、楼(电)梯间四角，较大洞口两侧、大房间内外墙交接处，各内墙(轴线)与外墙交接处；8度时，内纵墙与横墙(轴线)交接处</td></tr>
<tr><td>八</td><td>七</td><td>六</td><td>较大洞口两侧，所有纵横墙交接处，且构造柱间距不宜大于4.8m</td></tr>
</table>

注：房屋的层高不宜超过3m。

(4) 小砌块砌体房屋

当小砌块砌体房屋采用构造柱代替芯柱时，构造柱设置的部位应符合芯柱设置部位的要求，且与构造柱相邻的砌体孔洞，6度时宜填实，7度时应填实，8度时应填实并插筋。

2. 构造柱的截面与配筋

(1) 多层砖砌体房屋

1) 普通砖、多孔砖、蒸压灰砂砖、蒸压粉煤灰砖多层砌体房屋，其截面和配筋应符合表5-14的要求。

**构造柱的截面与配筋　　表5-14**

<table>
<tr><th colspan="3">内容</th><th>要求</th><th>注</th></tr>
<tr><td colspan="3">混凝土强度等级</td><td>不低于C20</td><td></td></tr>
<tr><td colspan="3">最小截面尺寸</td><td>240mm×180mm</td><td>房屋四角处适当加大</td></tr>
<tr><td rowspan="2">纵向钢筋</td><td colspan="2">6度、7度不超过六层、8度不超过五层</td><td>4$\phi$12</td><td rowspan="2">房屋四角处适当加大</td></tr>
<tr><td colspan="2">7度七层、8度六层、9度</td><td>4$\phi$14</td></tr>
<tr><td rowspan="3">箍筋</td><td rowspan="2">间距</td><td>6度、7度不超过六层、8度不超过五层</td><td>不大于250mm</td><td rowspan="2">柱上下端宜适当加密</td></tr>
<tr><td>7度七层、8度六层、9度</td><td>不大于200mm</td></tr>
<tr><td colspan="2">直径</td><td>$\phi$4～$\phi$6</td><td></td></tr>
</table>

2) 构造柱应沿房屋全高设置，沿高度方向可以变化截面和配筋，但构造柱沿高度方向不应中断。

3) 构造柱的竖向钢筋末端应做成弯钩，接头可以采用绑扎，其搭接长度宜为35倍钢筋直径，在搭接接头长度范围内的箍筋间距不应大于100mm，钢筋的搭接接头宜错开。

(2) 小砌块砌体房屋

小砌块砌体房屋构造柱最小截面可采用190mm×190mm，纵向钢筋宜采用4$\phi$12，箍筋间距不宜大于250mm，且在柱上下端宜适当加密；7度超过五层、8度超过四层和9度时，构造柱纵向钢筋宜采用4$\phi$14，箍筋间距不应大于200mm；外墙转角的构造柱可适当加大截面及配筋。

3. 构造柱的连接

(1) 构造柱与墙体的连接:

震害调查表明:断面不大、配筋不多的构造柱,之所以能够发挥抗弯和抗剪作用,主要是因为构造柱与墙体之间有密切的连接,保证构造柱早期能与墙体共同工作,后期能阻止墙体的散落。保证墙柱的连接是设置构造柱效果好坏的关键,因此必须先砌墙后浇筑。

构造柱与墙的连接处宜砌成马牙槎,每一马牙槎高度不宜超过 300mm,并应沿墙高每隔 500mm 设 2ϕ6 拉结钢筋,每边伸入墙内不宜小于 1m(图 5-20)。

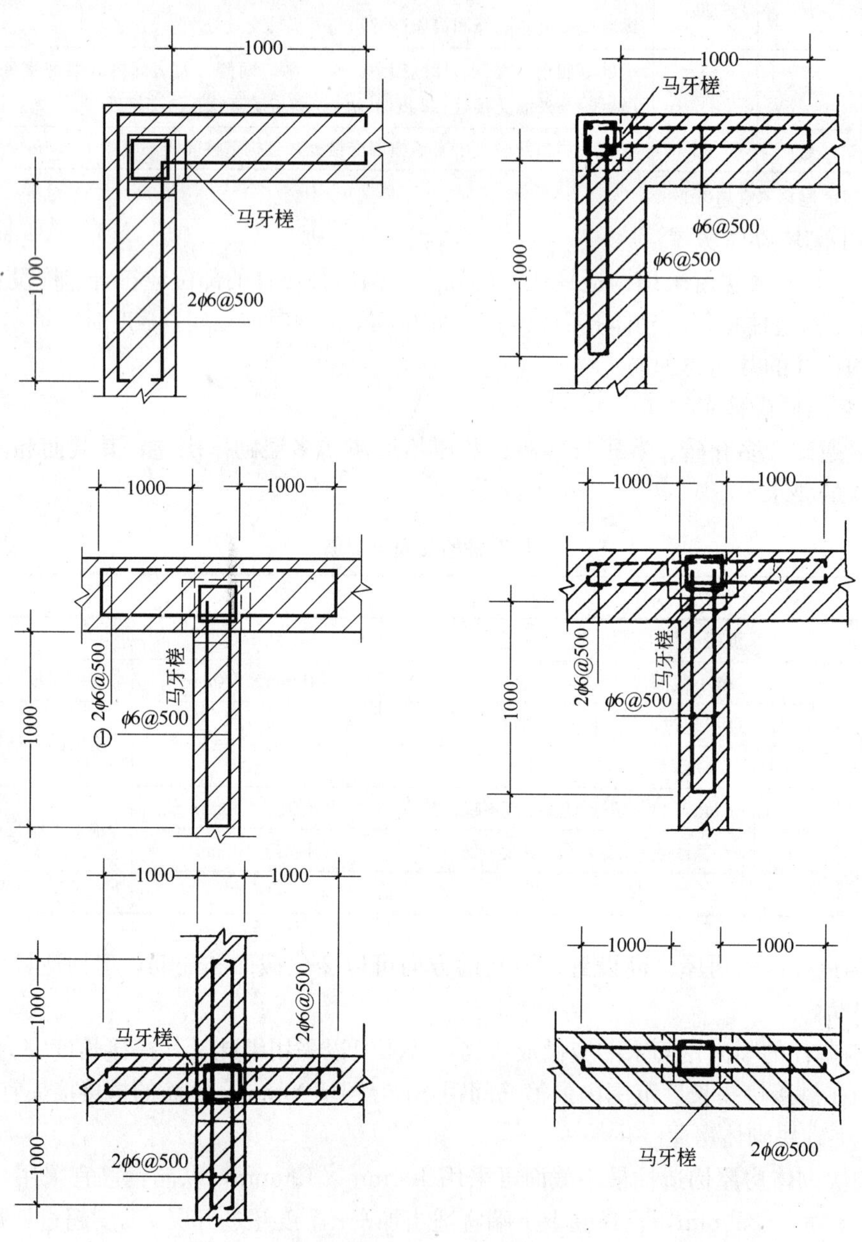


图 5-20　构造柱与墙体的拉结

(2) 构造柱与圈梁的连接(图 5-21)

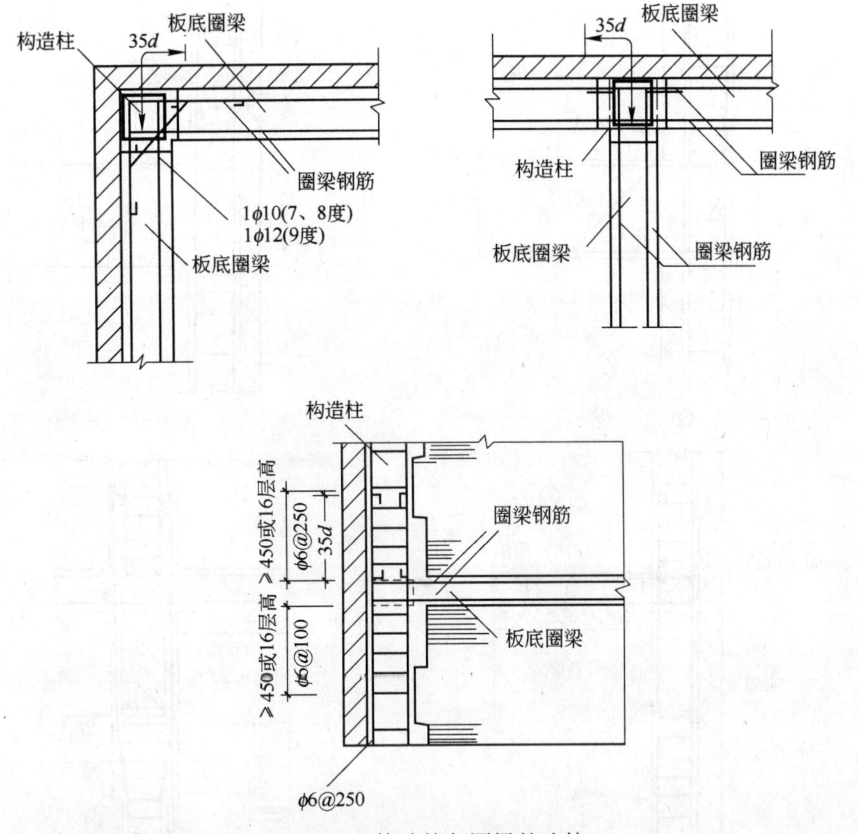


图 5-21　构造柱与圈梁的连接

1) 构造柱应与圈梁连接；隔层设置圈梁的房屋，应在无圈梁的楼层增设配筋砖带，仅在外墙四角设置构造柱时，在外墙上应伸过一个开间，其他情况应在外纵墙和相应横墙上拉通，其截面高度不应小于四皮砖，砂浆强度等级不应低于 M5。

2) 在构造柱与圈梁相交的节点处，应适当加密构造柱的箍筋，加密范围在圈梁上、下均不应小于 450mm 或 $H/6$($H$ 为层高)，箍筋间距不宜大于 100mm。

3) 圈梁钢筋应伸入构造柱内，并有可靠锚固。伸入顶层圈梁的构造柱钢筋长度不应小于 $35d$。

(3) 构造柱与进深梁的连接

1) 当构造柱设置在无横墙的进深梁墙垛时，应将构造柱与进深梁连接。构造柱与现浇钢筋混凝土进深梁连接节点构造可按图 5-22($a$)采用；构造柱与预制装配式进深梁连接的节点构造可按图 5-22($b$)采用；当使用预制装配式叠合梁时，连接的节点构造可按图 5-22($c$)采用。

2) 与构造柱连接的进深梁跨度宜小于 6.6m。对截面高度大于 300mm 的进深梁，在梁端各 1.5 倍进深梁截面高度范围内宜加密箍筋。梁端进行局部抗压计算时，宜按砌体抗压强度考虑。当进深梁跨度大于 6.6m 时，应考虑构造柱处节点约束弯矩对墙体的不利影响。

3) 当预制进深梁的宽度大于构造柱的宽度时，构造柱的纵向钢筋可弯曲绕过进深梁，伸入上柱与上柱钢筋搭接(图 5-22*d*)。

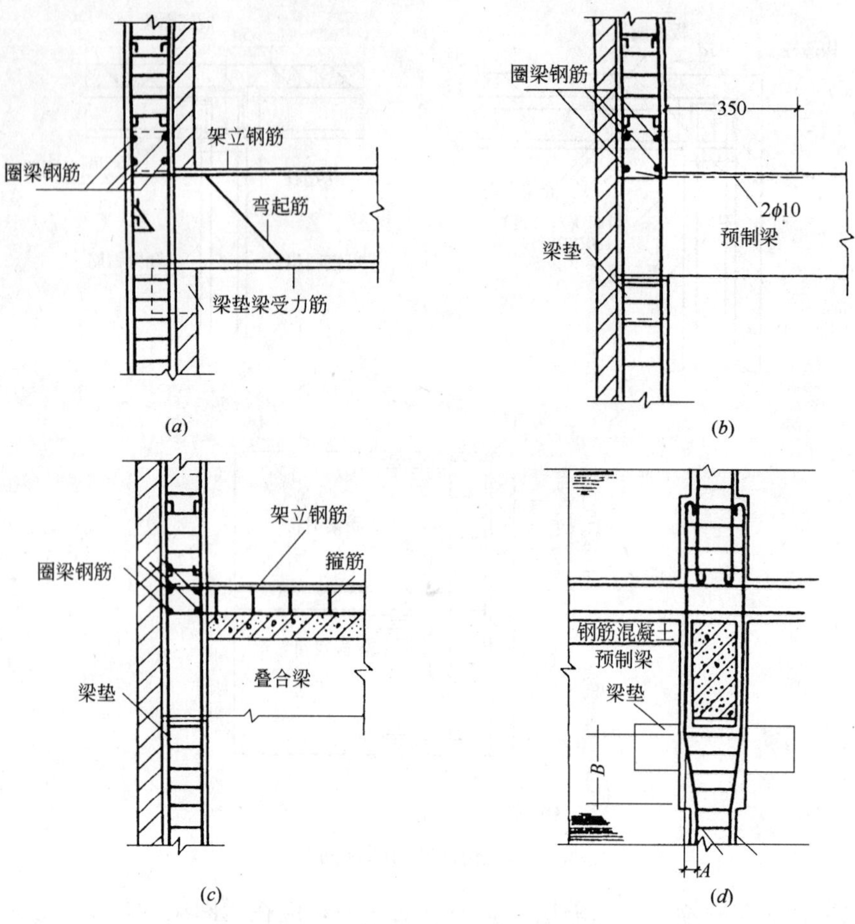


图 5-22　构造柱与进深梁的连接

(4) 构造柱与女儿墙的连接

当女儿墙较矮时，构造柱可不通到女儿墙顶；当女儿墙高度大于 500mm 时，下层构造柱必须通到女儿墙顶，并与女儿墙压顶圈梁相连接(图 5-23)。

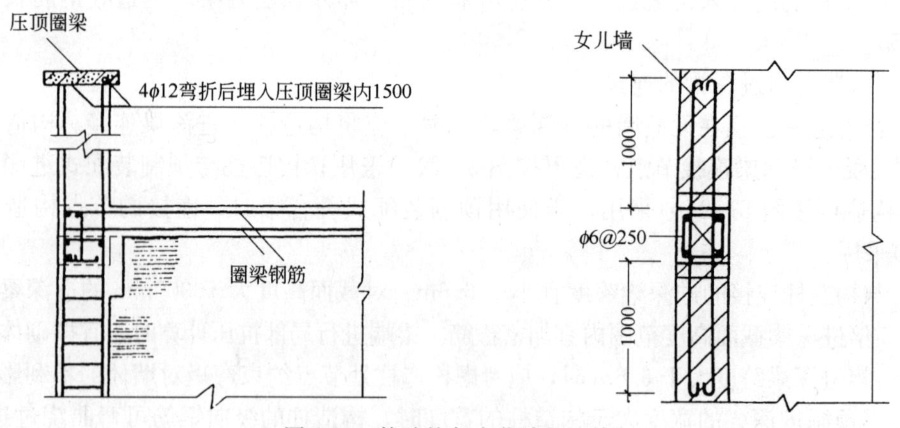


图 5-23　构造柱与女儿墙的连接

(5) 构造柱与基础的连接(图 5-24)。

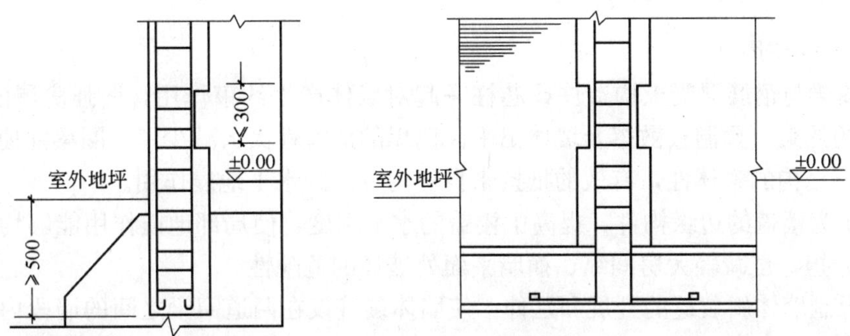


图 5-24　构造柱的基础

1) 构造柱不需单独设置基础或扩大基础面积；

2) 构造柱应伸入室外地面以下 500mm；

3) 构造柱底遇有浅于 500mm 的基础圈梁时，可将构造柱钢筋锚固在该圈梁内；

4) 当墙体附近有管沟时，构造柱埋置深度宜深于沟底深度；

5) 带半地下室房屋设置构造柱的埋置深度应深于半地下室地面。

4. 特殊情况下构造柱的设置

(1) 大洞口两侧的构造柱

墙体中有较大洞口的两侧增设构造柱时，构造柱应与墙体连接，构造柱的上下端应锚固在圈梁上，钢筋的锚固长度不小于 $20d$。当洞口有现浇过梁时，过梁钢筋应与洞口侧边构造柱钢筋相连；当洞口有预制过梁，预制过梁伸入洞口两侧构造柱内时，构造柱的主筋不应被切断。

(2) 斜交抗震墙交接处的构造柱

斜交抗震墙交接处应增设构造柱，构造柱有效截面面积不小于 240mm×180mm，在斜交抗震墙段内设置的构造柱间距不宜大于抗震墙层间高度。

(3) 楼梯间墙体构造柱

楼梯间墙体的构造柱应与每层圈梁有可靠连接，在休息平台标高处墙体宜配置水平钢筋与构造柱相连。

楼梯间顶层楼板标高处和屋面标高处应有封闭圈梁与构造柱相连接。8、9 度时，应在层高中部增设拉结钢筋或拉结圈梁。

(4) 纵墙中无横墙处的构造柱

对于纵墙承重的多层砌体房屋，当需要在无横墙处的纵墙中设置构造柱时，应在楼板处预留相应构造柱宽度的板缝，并与构造柱混凝土同时浇灌，作成现浇混凝土带。现浇混凝土带的纵向钢筋不少于 4$\phi$12，箍筋间距不宜大于 200mm。

当横墙间距较大，楼盖通过进深梁支承在纵墙上时，纵墙上的梁下构造柱应按组合砖柱设计。

(5) 局部尺寸不满足要求时的构造柱

当房屋的局部尺寸难以满足规范要求时，可增设构造柱来满足要求；当该部位已设置构造柱时，构造柱的截面和配筋可适当增大。

## 二、钢筋混凝土圈梁的设置

1. 圈梁的作用

(1) 圈梁与钢筋混凝土构造柱或芯柱一起对墙体产生约束作用，增强房屋的整体性。由于圈梁的约束，预制板散落及墙体出平面倒塌的危险性大大减少了。圈梁能使纵横墙体保持如箱形结构的整体性，有效的抵抗来自任何方向的水平地震作用。

(2) 作为楼盖的边缘构件，提高了楼盖的水平刚度，使局部地震作用能够均分给较多的墙体来分担，也减轻大房间纵、横墙平面处破坏的危险性。

(3) 限制墙体斜裂缝的开展和延伸，使墙体裂缝仅在两道圈梁之间的墙段内发生，斜裂缝的水平夹角减小，砖墙抗剪强度得以更充分地发挥和提高。

(4) 可以减轻地震时地基不均匀沉陷对房屋的影响。各层圈梁，特别是屋盖处和基础处的圈梁，能提高房屋的竖向刚度和抗御不均匀沉陷的能力。

(5) 可以减轻和防止地震时的地面裂缝将房屋撕裂。

2. 圈梁的分类

根据圈梁和楼盖的相对位置关系，圈梁可分为三种类型：

(1) 板侧圈梁(图 5-25*a*)：圈梁设在楼板的侧边，由于圈梁与楼盖在同一平面内工作，房屋的整体性强、抗震效果好，且施工方便。

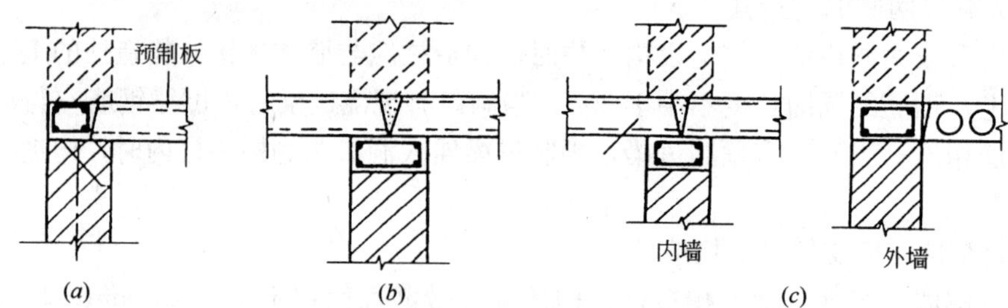


图 5-25　圈梁与预制板的位置

(*a*)板侧圈梁；(*b*)板底圈梁；(*c*)高低圈梁

(2) 板底圈梁(图 5-25*b*)：圈梁设在楼板的底部，其构造的适应性强，可用于各种墙厚和各种预制楼盖，这是一种传统的作法。但与预制楼板搁置方向相同外墙上的圈梁，不能与预制板相连接，这对抗震是不利的。

(3) 高低圈梁(图 5-25*c*)：内墙上的圈梁设在板底，外墙上的圈梁设在板侧，是板侧圈梁与板底圈梁的结合。施工时，先浇筑内墙上的圈梁，然后安放楼板，再浇筑外墙上的圈梁并与楼板拉结。这种圈梁在内外墙交接处叠合，不在同一水平面上连接，传力不直接。

3. 圈梁设置的要求

(1) 多层砖砌体房屋

1) 装配式钢筋混凝土楼、屋盖或木楼、屋盖的砖房，横墙承重时应按表 5-15 的要求设置圈梁；纵墙承重时每层均应设置圈梁，且抗震横墙上的圈梁间距应比表内要求适当加密。

**砖房现浇钢筋混凝土圈梁设置要求** **表 5-15**

| 墙　类 | 烈　度 | | |
|---|---|---|---|
| | 6、7 | 8 | 9 |
| 外墙和内纵墙 | 屋盖处及每层楼盖处 | 屋盖处及每层楼盖处 | 屋盖处及每层楼盖处 |
| 内横墙 | 同上；屋盖处间距不应大于7m；楼盖处间距不应大于15m；构造柱对应部位 | 同上；屋盖处沿所有横墙，且间距不应大于7m；楼盖处间距不应大于7m；构造柱对应部位 | 同上；各层所有横墙 |

注：对于蒸压灰砂砖、蒸压粉煤灰砖砌体房屋，当6度8层、7度7层和8度6层时，应在所有楼(屋)盖处的纵横墙上设置混凝土圈梁。

2）现浇或装配整体式钢筋混凝土楼、屋盖与墙体有可靠连接的房屋，应允许不另设圈梁，但楼板沿墙体周边应加强配筋并应与相应的构造柱钢筋可靠连接。

3）对于软土地基、液化地基、新近填土地基和严重不均匀地基上的多层砖房，应增设基础圈梁。

（2）多层小砌块砌体房屋

小砌块砌体房屋的现浇钢筋混凝土圈梁，应按表5-16的要求设置。

**小砌块房屋现浇钢筋混凝土圈梁设置要求** **表 5-16**

| 墙　类 | 烈　度 | |
|---|---|---|
| | 6、7 | 8 |
| 外墙和内纵墙 | 屋盖处及每层楼盖处 | 屋盖处及每层楼盖处 |
| 内横墙 | 同上；屋盖处沿所有横墙；楼盖处间距不应大于7m；构造柱对应部位 | 同上；各层所有横墙 |

4. 圈梁的构造要求

（1）圈梁的截面和配筋

1）多层砖砌体房屋圈梁的截面高度不应小于120mm，配筋应符合表5-17的要求。

**砖房圈梁配筋要求** **表 5-17**

| 配　筋 | 烈　度 | | |
|---|---|---|---|
| | 6、7 | 8 | 9 |
| 最小纵筋 | 4$\phi$10 | 4$\phi$12 | 4$\phi$14 |
| 最大箍筋间距(mm) | 250 | 200 | 150 |

2）蒸压灰砂砖、蒸压粉煤灰砖多层砌体房屋，当6度8层、7度7层和8度6层时，圈梁的截面尺寸不应小于240mm×180mm，圈梁主筋不应少于4$\phi$12，箍筋采用$\phi$6、间距不应大于200mm。

3）小砌块房屋的圈梁宽度不应小于190mm，配筋不应少于4$\phi$12，箍筋采用$\phi$6，间距不应大于200mm。

4）地基为软弱黏性土、液化土、新近填土或严重不均匀土时，增设的基础圈梁截面高度不应小于180mm，配筋不应少于4$\phi$12。

（2）对于大开间房屋，当在要求设置圈梁的范围内无横墙时，应利用梁或板缝中的配筋替代圈梁。

（3）圈梁应闭合，遇有洞口时应上下搭接(图5-26)。

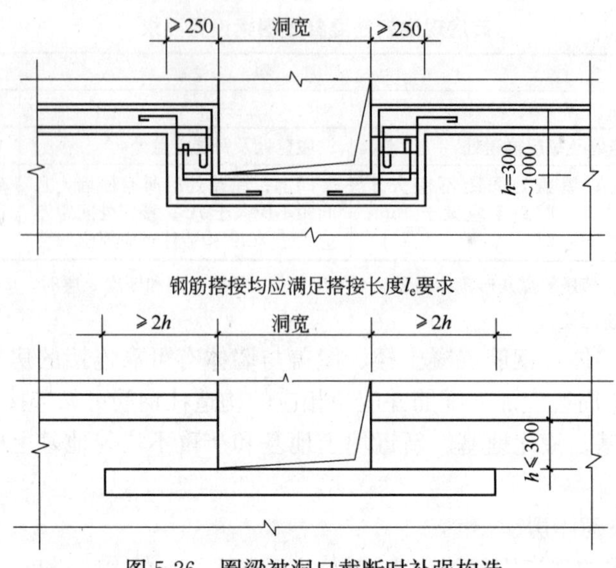


图 5-26　圈梁被洞口截断时补强构造

（4）圈梁的节点构造见图 5-27。

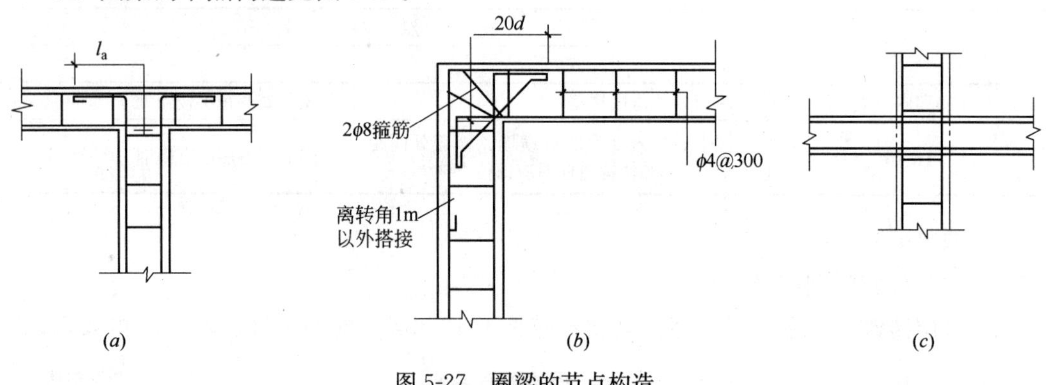


图 5-27　圈梁的节点构造

(a)丁字形节点；(b)L 形节点；(c)十字形节点

### 三、墙体的拉结

加强纵横墙体之间的拉结，是保证多层砌体房屋整体刚度的重要措施之一。如果内外墙或纵横墙之间缺乏可靠连接，地震时易使墙体拉开，外墙甩出塌落。在水平地震作用下，当一侧墙体首先倒塌时，则与之相连的另一侧墙体由于失去侧向支承，更易倒塌。因此，对于墙体除了满足承载力要求外，墙体间的连接构造应予以足够的重视。

1. 纵横墙交接处应同时咬槎砌筑，否则应留坡槎，不应留直槎或马牙槎。

2. 房屋沿纵、横方向都受到地震作用，房屋转角处墙面常出现斜向裂缝，如地震烈度较高或持续时间较长时，墙角的墙体会因往复错动而被推挤引起倒塌，设置圈梁及加强楼盖与墙体拉结等措施并不能有效地抑制上述斜裂缝的产生。在内外墙交接处，仅仅依靠块体咬槎砌筑也不可靠，地震时常出现内外墙体被拉开，严重时外墙被甩出塌落。因此，抗震规范规定：7 度时长度大于 7.2m 的大房间及 8 度和 9 度时，外墙转角及内外墙交接处，应沿墙高每隔 500mm 配置 2φ6 拉结钢筋，并每边伸入墙内不宜小于 1m(图 5-28)。

3. 房屋中后砌的非承重隔墙与承重墙的连接常常被忽视。非承重隔墙厚度一般较薄，若与承重墙之间没有可靠的连接，地震破坏相当普遍且很严重。因此，后砌的非承重砌体隔墙应沿墙高每隔 500mm 配置 2ϕ6 钢筋与承重墙或柱拉结，并每边伸入墙内不应小于 500mm；8 度和 9 度时，长度大于 5.0m 的后砌非承重砌体隔墙的墙顶、尚应与楼板或梁拉结(图 5-29)。

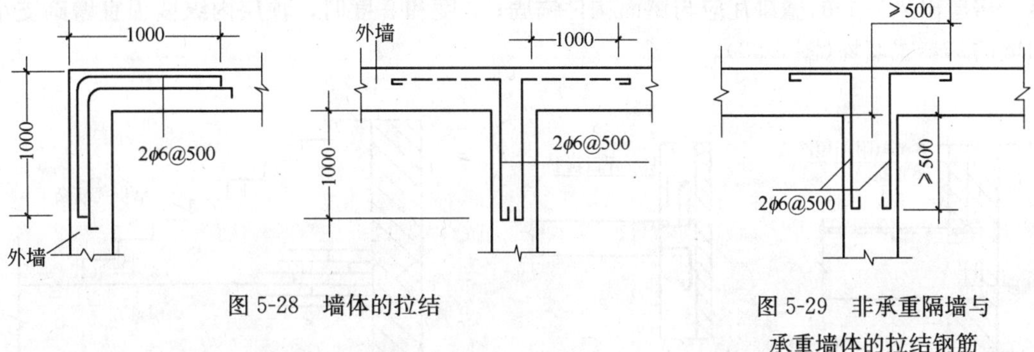


图 5-28 墙体的拉结

图 5-29 非承重隔墙与承重墙体的拉结钢筋

## 四、楼、屋盖的构造要求

(1) 为了防止楼板在墙体内搁置长度不足，导致地震时楼板与墙体拉开，甚至楼板塌落，现浇钢筋混凝土楼板或屋面板伸进纵、横墙内的长度，均不应小于 120mm。

(2) 装配式钢筋混凝土楼板或屋面板，当圈梁未设在板的同一标高时，板端伸进外墙的长度不应小于 120mm，伸进内墙的长度不应小于 100mm，在梁上不应小于 80mm，这是根据震害调查并考虑到实际墙体的厚度确定的。当上述要求不能满足时，应采取在板缝中铺设钢筋并锚入外墙内等措施，增强楼板与外墙的拉结(图 5-30)。

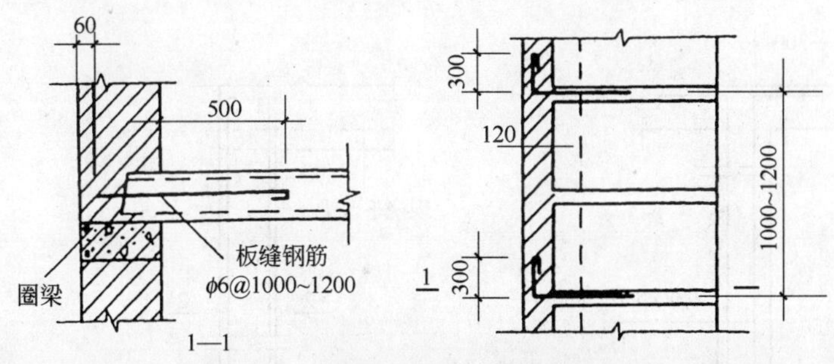


图 5-30 预制板端部与外墙的拉结

(3) 当板的跨度大于 4.8m 并与外墙平行时，靠外墙的预制板侧边应与墙或圈梁拉结。房屋端部大房间的楼盖，8 度时房屋的屋盖和 9 度时房屋的楼、屋盖，当圈梁设在板底时，钢筋混凝土预制板应相互拉结，并应与梁、墙或圈梁拉结(图 5-31)。

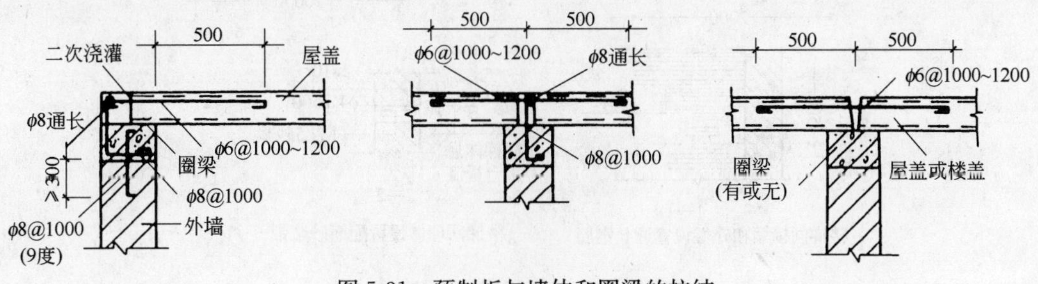


图 5-31 预制板与墙体和圈梁的拉结

(4) 楼、屋盖的钢筋混凝土梁或屋架应与墙、柱(包括构造柱)或圈梁可靠连接，梁与砖柱的连接不应削弱柱截面，各层独立砖柱顶部应在两个方向均有可靠连接(图 5-32)。

(5) 坡屋顶房屋的屋架应与顶层圈梁可靠连接，檩条或屋面板应与墙及屋架可靠连接，房屋出入口处的檐口瓦应与屋面构件锚固；8 度和 9 度时，顶层内纵墙顶宜增砌支承山墙的踏步式墙垛(图 5-33)。

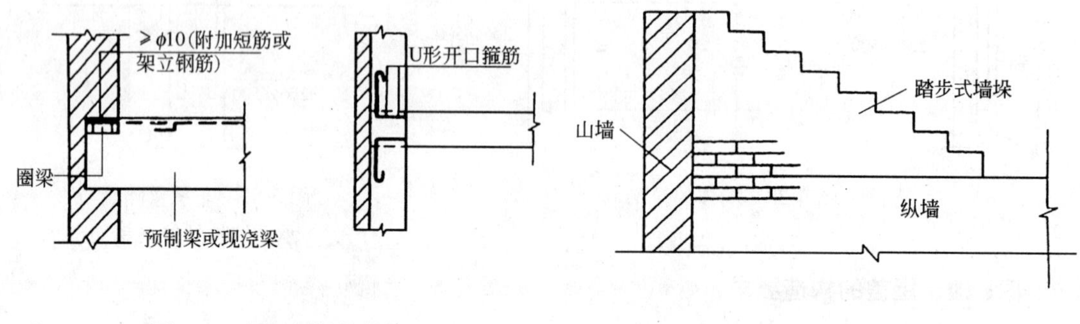


图 5-32　梁与圈梁的锚拉　　图 5-33　踏步式墙垛

## 五、楼梯间的构造要求

(1) 8 度和 9 度时，顶层楼梯间横墙和外墙应沿墙高每隔 500mm 设 2ϕ6 通长钢筋；9 度时，其他各层楼梯间墙体应在休息平台或楼层半高处设置 60mm 厚的钢筋混凝土带或配筋砖带，其砂浆强度等级不应低于 M7.5，纵向钢筋不应少于 2ϕ10(图 5-34)。

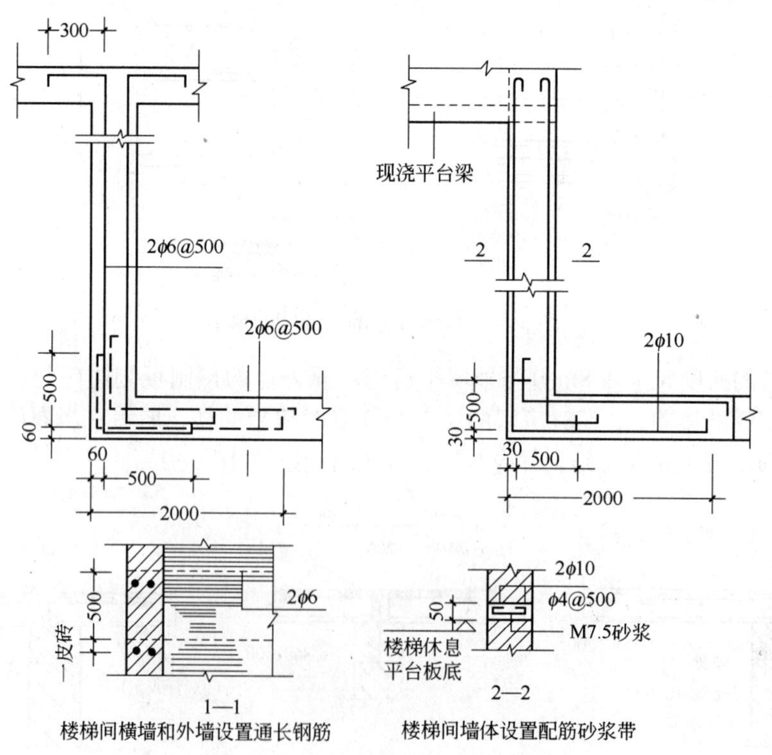


图 5-34　楼梯间墙体的拉结

(2) 8 度和 9 度时，楼梯间及门厅内墙阳角处的大梁支承长度不应小于 500mm，并应与圈梁连接（图 5-35）。

(3) 装配式楼梯段应与平台板的梁可靠连接；不应采用墙中悬挑式踏步或踏步竖肋插入墙体的楼梯，不应采用无筋砖砌栏板。

(4) 突出屋顶的楼、电梯间，构造柱应伸到顶部，并与顶部圈梁连接，内外墙交接处应沿墙高每隔 500mm 设 2ϕ6 拉结钢筋，且每边伸入墙内不应小于 1m。

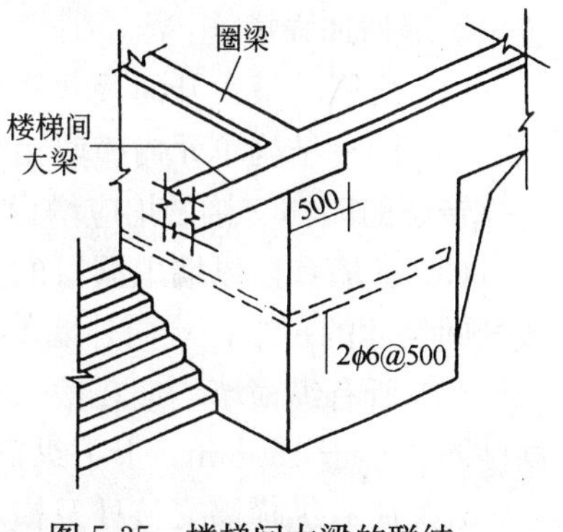

图 5-35 楼梯间大梁的联结

## 六、水平配筋墙体的构造

(1) 水平配筋墙体砂浆的强度等级不宜低于 M5。

(2) 水平钢筋可采用 HPB235 级热轧钢筋、冷拔低碳钢丝等。水平钢筋配筋率宜为 0.07%～0.17%，钢筋直径不宜大于 6mm；水平钢筋的根数，当墙厚为 240mm 时不宜超过 3 根，当墙厚为 370mm 时不宜超过 4 根；水平钢筋沿高度分布应按计算确定，其间距不宜超过五皮砖。

(3) 当水平钢筋不少于 2 根时，宜采用分布钢筋平焊连接，分布钢筋直径不宜大于 4mm，间距不宜大于 300mm。当水平钢筋和分布钢筋组成的钢筋网符合《砌体规范》中网状配筋砌体的要求时，可同时考虑对砌体抗压强度和抗剪强度的提高作用。

(4) 钢筋两端应制成直钩，墙段两端设置构造柱时，横向钢筋应伸入构造柱内，伸入长度不少于 180mm；无构造柱墙段的横向钢筋应伸入与其相交的墙体内，伸入长度不少于 300mm。

## 七、阳台、过梁、挑檐、烟道

(1) 预制阳台应与圈梁和楼板的现浇板带可靠连接。

(2) 门窗洞处不应采用无筋砖过梁；过梁的支承长度，6～8 度时不应小于 240mm，9 度时不应小于 360mm。

(3) 不宜采用无锚固的钢筋混凝土预制挑檐，并尽量减小悬挑长度。

(4) 烟道、垃圾道等不应削弱墙体横截面积，否则应采取加强措施，不宜采用无竖向配筋的附墙烟囱和出屋面烟囱。

## 八、基础的构造

(1) 房屋的同一独立单元中，宜采用同一类型的基础，底面宜埋置在同一标高上，否则应增设基础圈梁并按 1∶2 的台阶逐步放坡。

(2) 坡积土、冲填土、高压缩性黄土、饱和松软的黏性土、砂土、粉土及杂填土等作为天然地基时，除采取措施消除地基不均匀沉陷因素外，尚应在外墙及所有承重墙下设置基础圈梁，以增强抵抗不均匀沉陷的能力和加强房屋的整体性。

## 九、横墙较少的多层砖房的加强措施

横墙较少的多层普通砖、多孔砖住宅楼的总高度和层数接近或达到表 5-1 规定限值，应采取下列加强措施：

(1) 房屋的最大开间尺寸不宜大于 6.6m。

(2) 同一结构单元内横墙错位数量不宜超过横墙总数的 1/3，且连续错位不宜多于两道；错位的墙体交接处均应增设构造柱，且楼、屋面板应采用现浇钢筋混凝土板。

(3) 横墙和内纵墙上洞口的宽度不宜大于 1.5m；外纵墙上洞口的宽度不宜大于 2.1m 或开间尺寸的一半；且内外墙上洞口位置不应影响内外纵墙与横墙的整体连接。

(4) 所有纵横墙均应在楼、屋盖标高处设置加强的现浇钢筋混凝土圈梁：圈梁的截面高度不宜小于 150mm，上下纵筋各不应少于 3$\phi$10，箍筋不小于 $\phi$6，间距不大于 300mm。

(5) 所有纵横墙交接处及横墙的中部，均应增设满足下列要求的构造柱：在横墙内的柱距不宜大于层高，在纵墙内的柱距不宜大于 4.2m，最小截面尺寸不宜小于 240mm×240mm，配筋宜符合表 5-18 的要求。

**增设构造柱的纵筋和箍筋设置要求** **表 5-18**

<table>
<tr><th rowspan="2">位置</th><th colspan="3">纵向钢筋</th><th colspan="3">箍筋</th></tr>
<tr><th>最大配筋率(%)</th><th>最小配筋率(%)</th><th>最小直径(mm)</th><th>加密区范围(mm)</th><th>加密区间距(mm)</th><th>最小直径(mm)</th></tr>
<tr><td>角柱</td><td rowspan="2">1.8</td><td rowspan="2">0.8</td><td>14</td><td>全高</td><td rowspan="3">100</td><td rowspan="3">6</td></tr>
<tr><td>边柱</td><td>14</td><td rowspan="2">上端 700<br>下端 500</td></tr>
<tr><td>中柱</td><td>1.4</td><td>0.6</td><td>12</td></tr>
</table>

(6) 同一结构单元的楼、屋面板应设置在同一标高处。

(7) 房屋底层和顶层的窗台标高处，宜设置沿纵横墙通长的水平现浇钢筋混凝土带；其截面高度不小于 60mm，宽度不小于 240mm，纵向钢筋不少于 3$\phi$6。

## 十、混凝土砌块房屋芯柱的设置及其他构造要求

混凝土砌块房屋的芯柱，是指在砌块墙体上下贯通的孔洞中，插入钢筋并浇灌混凝土而形成的柱子。

设置钢筋混凝土芯柱，是保证砌块房屋墙体的可靠连接、提高房屋整体性、改善砌体受力状态的有效措施，同时设置芯柱也是提高墙体抗剪承载力和变形能力的重要手段。

1. 芯柱设置的要求

芯柱的设置应符合表 5-19 的要求(图 5-36)。

**混凝土砌块房屋芯柱设置要求** **表 5-19**

<table>
<tr><th colspan="3">房屋层数</th><th rowspan="2">设置部位</th><th rowspan="2">设置数量</th></tr>
<tr><th>6度</th><th>7度</th><th>8度</th></tr>
<tr><td>四、五</td><td>三、四</td><td>二、三</td><td>外墙转角，楼梯间四角；大房间内外墙交接处；隔 15m 或单元横墙与外纵墙交接处</td><td rowspan="2">外墙转角，灌实 3 个孔；内外墙交接处，灌实 4 个孔</td></tr>
<tr><td>六</td><td>五</td><td>四</td><td>外墙转角，楼梯间四角，大房间内外墙交接处，山墙与内纵墙交接处；隔开间横墙(轴线)与外纵墙交接处</td></tr>
</table>

续表

| 房屋层数 | | | 设置部位 | 设置数量 |
|---|---|---|---|---|
| 6度 | 7度 | 8度 | | |
| 七 | 六 | 五 | 外墙转角，楼梯间四角；各内墙（轴线）与外纵墙交接处；8、9度时，内纵墙与横墙(轴线)交接处和洞口两侧 | 外墙转角，灌实5个孔；内外墙交接处，灌实4个孔；内墙交接处，灌实4～5个孔；洞口两侧各灌实1个孔 |
| | 七 | 六 | 同上；横墙内芯柱间距不宜大于2m | 外墙转角，灌实7个孔；内外墙交接处，灌实5个孔；内墙交接处，灌实4～5个孔；洞口两侧各灌实1个孔 |

注：1. 外墙转角、内外墙交接处、楼电梯间四角等部位，应允许采用钢筋混凝土构造柱替代部分芯柱。

2. 医院、教学楼等横墙较少的房屋，应根据房屋增加一层后的层数设置。

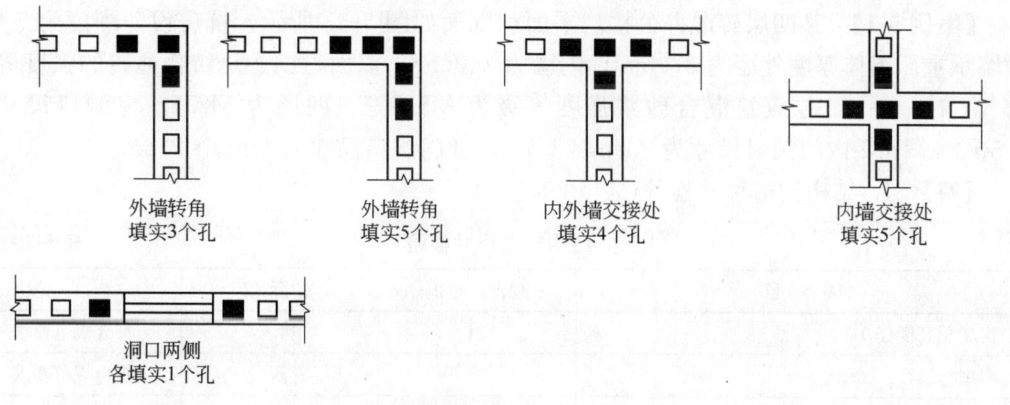


图5-36　芯柱示意图

2. 混凝土砌块房屋芯柱的构造要求

(1) 砌块房屋芯柱截面不宜小于120mm×120mm。

(2) 芯柱混凝土强度等级，不应低于Cb20。

(3) 芯柱的竖向插筋应贯通墙身且与圈梁连接；插筋不应小于1$\phi$12，7度时超过五层、8度时超过四层和9度时，插筋不应小于1$\phi$14。

(4) 芯柱应伸入室外地面下500mm或与埋深小于500mm的基础圈梁相连。

(5) 为提高墙体抗震受剪承载力而设置的芯柱，宜在墙体内均匀布置，最大净距不宜大于2.0m。

3. 当采用钢筋混凝土构造柱代替芯柱时，构造柱应符合下列要求：

(1) 构造柱最小截面可采用190mm×190mm，纵向钢筋宜采用4$\phi$12，箍筋间距不宜大于250mm，且在柱上下端宜适当加密；7度超过五层、8度超过四层和9度时，构造柱纵向钢筋宜采用4$\phi$14，箍筋间距不应大于200mm，外墙转角的构造柱可适当加大截面及配筋。

(2) 构造柱与砌块墙连接处应砌成马牙槎，与构造柱相邻的砌块孔洞，6度时宜填实，7度时应填实，8度时应填实并插筋，沿墙高每隔600mm应设拉结钢筋网片，每边伸入墙内不宜小于1m。

(3) 构造柱与圈梁连接处，构造柱的纵筋应穿过圈梁，保证构造柱纵筋上下贯通。

(4) 构造柱可不单独设置基础，但应伸入室外地面下500mm，或与埋深小于500mm

的基础圈梁相连。

4. 墙体交接处或芯柱与墙体连接处的构造要求应设置拉结钢筋网片，网片可采用直径 4mm 的钢筋点焊而成，沿墙高每隔 600mm 设置，每边伸入墙内不宜小于 1m。

5. 其他混凝土砌块房屋的层数，6 度时七层、7 度时超过五层、8 度时超过四层，在底层和顶层的窗台标高处，沿纵横墙应设置通长的水平现浇钢筋混凝土带；其截面高度不小于 60mm，纵筋不少于 2$\phi$10，并应有分布拉结钢筋；其混凝土强度等级不应低于 Cb20。

## 第四节　设计实例

**【案例 5-1】** 某四层砖混办公楼，平面和剖面如图 5-37 所示，抗震设防烈度为 7 度，横墙承重。墙体厚度外墙为 370mm，内墙为 240mm，双面粉刷。烧结普通砖的强度等级为 MU10，一、二层砌筑混合砂浆强度等级为 M5，三、四层为 M2.5。窗洞口尺寸为 1.5m×2.1m，内门洞口尺寸为 0.9m×2.1m，外门洞口尺寸为 1.5m×2.5m。

**【解】** 1. 结构构造尺寸检验(表 5-20)

**结构构造尺寸检验　　表 5-20**

| 项　目 | 规范规定值 | 实际值 | 结　论 |
|---|---|---|---|
| 房屋总高度(m) | 21 | 14.7 | 符合规范要求 |
| 房屋总层数 | 七 | 四 | 符合规范要求 |
| 房屋高宽比 | 2.5 | 1.07 | 符合规范要求 |
| 抗震横墙最大间距(m) | 1.0 | 1.8 | 符合规范要求 |
| 承重墙间墙最小宽度(m) | 1.0 | 1.8 | 符合规范要求 |
| 非承重外墙尽端至门窗洞边最小距离(m) | 1.0 | 0.9 | 墙段需加构造柱 |
| 内墙阳角至门窗洞边的最小距离(m) | 1.0 | 1.0 | 符合规范要求 |
| 承重外墙尽端至门窗洞边最小距离(m) | 1.5 | — | |
| 无锚固女儿墙的最大高度 | 0.5 | — | |

2. 结构等效总重力荷载代表值

集中在各楼、屋盖标高处的重力荷载代表值，计算结果为(计算过程略)：

出屋顶楼梯间　　$G_5=210\text{kN}$

四层屋盖　　$G_4=3760\text{kN}$

三层楼盖　　$G_3=4410\text{kN}$

二层楼盖　　$G_2=4410\text{kN}$

一层楼盖　　$G_1=4840\text{kN}$

$$G_{eq}=0.85\sum_{i=1}^{5}G_i=0.85(4840+4410\times2+3760+210)=14986\text{kN}$$

3. 水平地震作用及楼层地震剪力(图 5-38)。

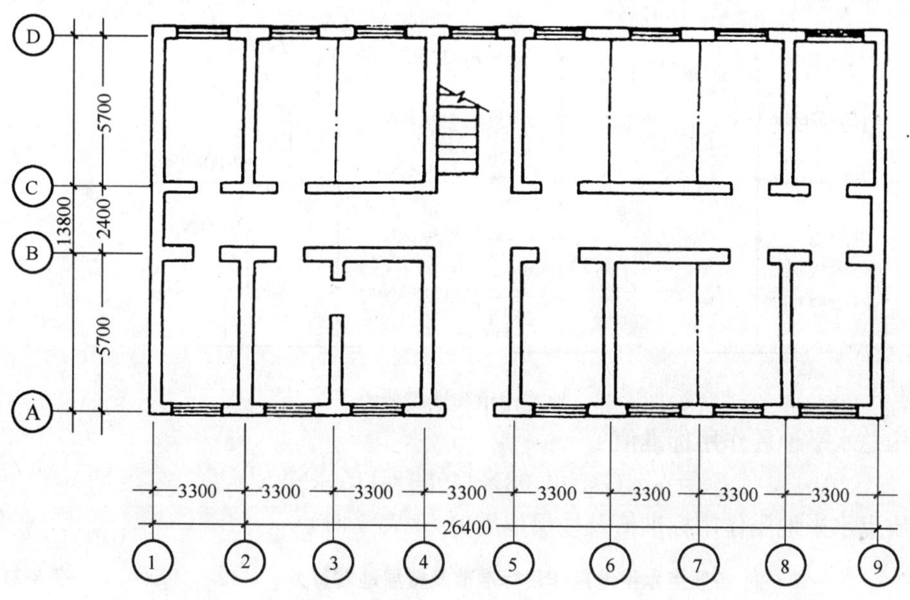


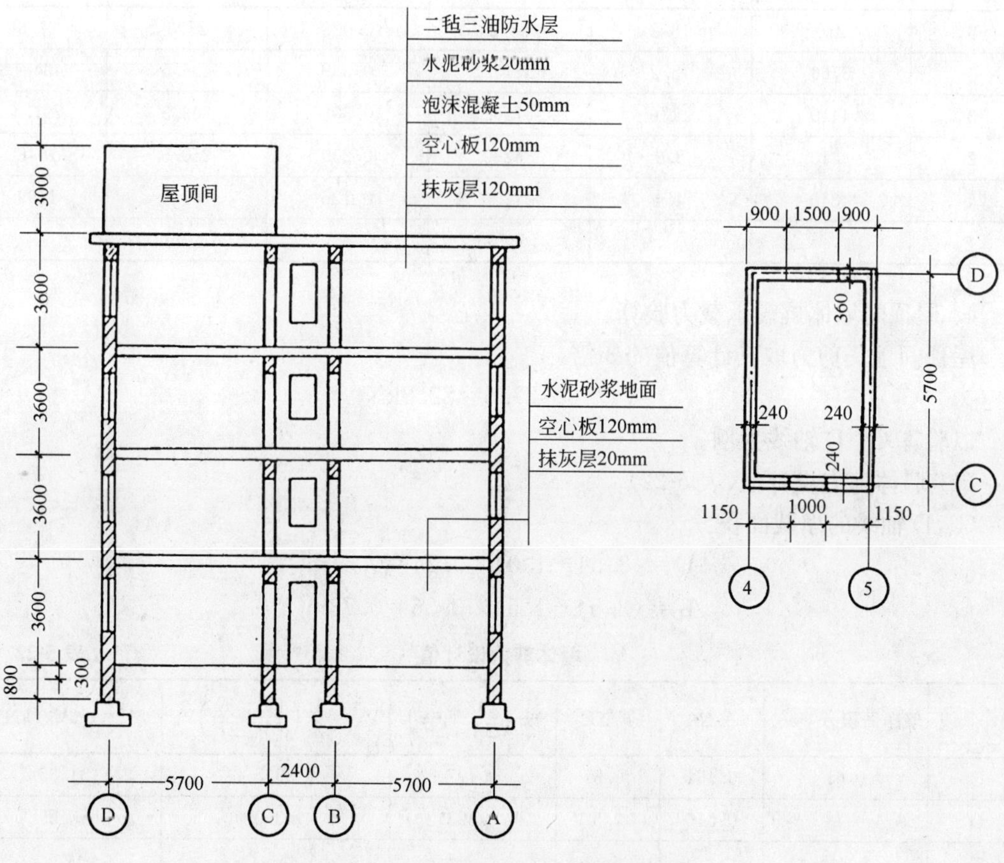


图 5-37　办公楼平面及剖面图

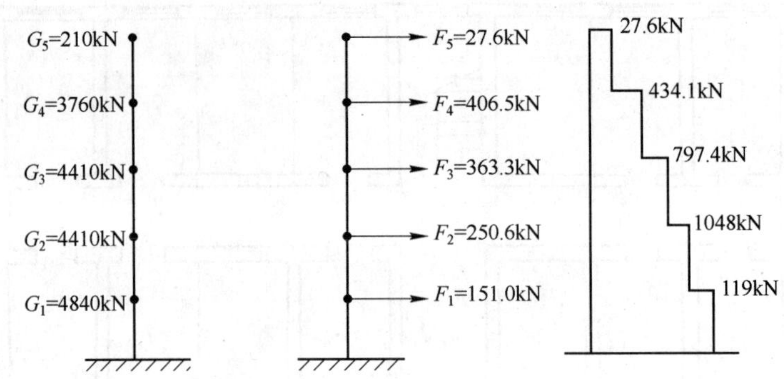


图 5-38 地震作用和地震剪力

(1) 结构总水平地震作用标准值

$$F_{\mathrm{Ek}}=\alpha_{\max}G_{\mathrm{eq}}=0.08\times14986=1199\mathrm{kN}$$

(2) 各质点水平地震作用标准值及楼层地震剪力(表 5-21)

**各质点水平地震作用标准值及楼层地震剪力** **表 5-21**

| 楼层 | $G_i$(kN) | $H_i$(m) | $G_iH_i$ | $\frac{G_iH_i}{\Sigma G_jH_j}$ | $F_i=\frac{G_iH_i}{\Sigma G_jH_j}F_{\mathrm{Ek}}$ | $V_i=\sum_{j=i}^{5}F_j$ |
|---|---|---|---|---|---|---|
| 5 | 210 | 18.2 | 3822 | 0.023 | 27.6 | 27.6 |
| 4 | 3760 | 15.2 | 57152 | 0.339 | 406.5 | 434.1 |
| 3 | 4410 | 11.6 | 51162 | 0.303 | 363.3 | 797.4 |
| 2 | 4410 | 8.0 | 35280 | 0.209 | 250.6 | 1048 |
| 1 | 4840 | 4.4 | 21290 | 0.126 | 151.6 | 1199 |
| Σ | | | 168706 | 1.000 | 1199 | |

4. 屋顶间墙体抗震承载力验算。

屋顶间地震剪力取其计算值的 3 倍。

$$V_5=3\times27.6=82.8\mathrm{kN}$$

以验算 C、D 轴线为例。

(1) 墙体剪力设计值(表 5-22)

C、D 轴线的净截面积：

$$A_{\mathrm{C}}=(3.54-1.0)\times0.24=0.61\mathrm{m}^2$$

$$A_D=(3.54-1.5)\times0.36=0.73\mathrm{m}^2$$

**墙体剪力设计值** **表 5-22**

| 轴　线 | 墙净面积 $A_i$(m²) | $A/\Sigma A$ | $F/\Sigma F$ | $\frac{1}{2}\left(\frac{A}{\Sigma A}+\frac{F}{\Sigma F}\right)$ | $V_{\mathrm{K}}=\frac{1}{2}\left(\frac{A}{\Sigma A}+\frac{F}{\Sigma F}\right)V_5$ | $V=1.3V_{\mathrm{K}}$(kN) |
|---|---|---|---|---|---|---|
| C | 0.61 | 0.454 | 0.5 | 0.477 | 39.5 | 51.35 |
| D | 0.73 | 0.546 | 0.5 | 0.523 | 43.3 | 56.29 |
| Σ | 1.345 | | | | | |

(2) 抗震抗剪强度设计值(表 5-23)

(3) 截面抗震承载力验算(表 5-24)

**抗震抗剪强度设计值** **表 5-23**

| 轴　　线 | $\sigma_0$(MPa) | $f_v$(MPa) | $\sigma_0/f_v$ | $\zeta_N$ | $f_{VE}=\zeta_N f_v$ |
|---|---|---|---|---|---|
| C | 0.0344 | 0.09 | 0.382 | 0.876 | 0.0788 |
| D | 0.0413 | 0.09 | 0.459 | 0.892 | 0.0803 |

注：1. $\sigma_0$ 为层高半高处的平均压应力(计算过程略)。
2. $\zeta_N$ 由 $\sigma_0/f_v$ 查表 5-9 所得。

**截面抗震承载力验算** **表 5-24**

| 轴　　线 | $f_{vE}$(MPa) | $A$(mm²) | $f_{vE}A/\gamma_{RE}$(kN) | $V$(kN) | 验算结论 |
|---|---|---|---|---|---|
| C | 0.0788 | $610\times10^3$ | 64 | 51.35 | 满足要求 |
| D | 0.0803 | $735\times10^3$ | 78.7 | 56.29 | 满足要求 |

5. 横墙抗震承载力验算

需要验算的不利楼层按下列原则选取：当每层结构布置及墙体厚度相同时，取同一砂浆强度等级的最下楼层。本例中第一、三层为不利楼层，现以第一层为例。

在第一层中，③轴线开洞最多，取③轴线进行验算。

(1) ③轴线承担的地震剪力

③轴线墙体横截面积

$$A_{13}=(6-0.9)\times0.24=1.224\text{m}^2$$

③轴线承担荷载面积

$$\overline{A}_{13}=3.3\times7.08=23.36\text{m}^2$$

首层横墙总横截面面积

$$A_1=23.95\text{m}^2$$

首层建筑面积

$$\overline{A_1}=380\text{mm}^2$$

③轴线承担的地震剪力

$$V_{13}=\frac{1}{2}\left(\frac{A_{13}}{A_1}+\frac{\overline{A}_{13}}{\overline{A}_1}\right)V_1=\frac{1}{2}\left(\frac{1.224}{23.95}+\frac{23.36}{380}\right)\times1199=67.49\text{kN}$$

(2) ③轴线承担的地震剪力在各墙段的分配

③轴线有门洞 0.9m×2.1m，将墙分成 $a$、$b$ 两段，两墙段的 $h/b$ 值为：

$a$ 墙段　　　　$h/b=2.1/1.0=2.1$

$b$ 墙段　　　　$h/b=2.1/4.1=0.51$

在计算墙段的侧移刚度时，对 $a$ 段考虑剪切和弯曲变形的影响，对 $b$ 段仅考虑剪切变形的影响。

$$K_a=\frac{E_t}{\frac{h}{b}\left[\left(\frac{h}{b}\right)^2+3\right]}+\frac{E_t}{2.1[(2.1)^2+3]}=0.064E_t$$

$$K_b=\frac{E_t}{3\frac{h}{b}}=\frac{E_t}{3\times0.51}=0.654E_t$$

各墙段的地震剪力

$$V_a=\frac{K_a}{K_a+K_b}V_{13}=\frac{0.064E_t}{(0.064+0.654)E_t}\times 67.49=6.02\text{kN}$$

$$V_b=\frac{K_b}{K_a+K_b}V_{13}=\frac{0.654}{(0.064+0.654)E_t}\times 67.49=61.47\text{kN}$$

(3) 抗震抗剪强度设计值(表 5-25)

**抗震抗剪强度设计值** **表 5-25**

| 墙　段 | $\sigma_0$(MPa) | $f_v$(MPa) | $\sigma_0/f_v$ | $\zeta_N$ | $f_{VE}=\zeta_N f_v$ |
|---|---|---|---|---|---|
| *a* | 0.6033 | 0.12 | 5.03 | 1.503 | 0.180 |
| *b* | 0.4612 | 0.12 | 3.85 | 1.374 | 0.165 |

各墙段在层高半高处的平均压应力(计算过程略)

墙段 $a$ $\sigma_0=0.6033\text{MPa}$

墙段 $b$ $\sigma_0=0.4621\text{MPa}$

砂浆强度等级为 M5 时 $f_v=0.12\text{MPa}$

(4) 墙体抗震承载力验算(表 5-26)

**墙体抗震承载力验算** **表 5-26**

| 墙段 | $f_{vE}$(MPa) | $A$(mm$^2$) | $\frac{f_{vE}A}{R_{\gamma E}}$(kN) | $V$(kN) | 验算结论 |
|---|---|---|---|---|---|
| *a* | 0.180 | 240000 | 43.2 | 6.02 | 满足要求 |
| *b* | 0.165 | 984000 | 162.4 | 61.47 | 满足要求 |

6. 外纵墙抗震承载力验算

以第一层Ⓓ轴线为例

作用在Ⓓ轴线的地震剪力

$$V_{1D}=\frac{A_{1D}}{A_1}V_1$$

由于Ⓓ轴线各窗间墙宽度相等，故作用在每个窗间墙的地震剪力 $V_{Di}$，可按水平截面积的比例分配：

$$V_{Di}=\frac{A_{Di}}{A_{1D}}V_{1D}=\frac{A_{Di}}{A_{1D}}\cdot\frac{A_1D}{A_1}V_1\ \frac{0.648}{23.95}\times 1199=37.1\text{kN}$$

每一窗间墙剪力设计值

$$V=1.3V_{Di}=1.3\times 37.1=48.23\text{kN}$$

在层高半高处截面上的平均压应力

$$\sigma_0=0.367\text{MPa}$$

$$\alpha_0/f_v=0.367/0.12=3.058$$

$$\zeta_N=1.28$$

$$f_{vE}=\zeta_N f_V=1.28\times 0.12=0.1536$$

$$\frac{f_{vE}A}{\gamma_{RE}}=\frac{0.1536\times 648\times 10^3}{1}=99.53\text{kN}>V=48.23\text{kN}$$

外纵墙抗震承载力满足要求。

# 第六章　底部框架及多层内框架砖房的抗震设计

多层房屋除各类砖房和无筋砌块两类结构体系外，在实际工程中，还有以下三类多层结构体系房屋：①上部砌体、底部框架-抗震墙房屋；②上部砌体、底部框支墙梁房屋；③多排柱内框架房屋。

底部框架-抗震墙房屋，通常上部是住宅或办公楼，横墙间距小，采用砌体结构；而底部一层或二层是商店、餐馆等，要求空间大，采用框架-抗震墙结构。抗震墙可以是钢筋混凝土，也可以是各类砌体。

底层为抗震墙和框支墙梁，上层为砌体结构的多层房屋称框支墙梁房屋。支承简支墙梁和连续墙梁的砌体墙、柱抗震性能较差，不宜用于抗震设计的墙梁结构。符合抗震设计要求的框支墙梁房屋，底层纵向和横向设置一定数量的抗震墙，而且均匀、对称布置；支承在砌体墙、柱上的简支墙梁或连续墙梁用于房屋的局部部位。

内框架房屋是指房屋内部为钢筋混凝土框架、框架梁搭在外围砌体墙上的一种混合结构承重的房屋。由于用两种不同的材料和结构组合在一起，而两种结构的自振特性差异较大，导致这种结构体系的抗震性能也很差。地震时，外纵墙承受地震作用出现裂缝、外闪破坏，导致内框架破坏，房屋倒坍。考虑到内框架结构中单排柱内框架的震害较重，《建筑抗震设计规范》GB 50011—2001 取消了单排柱内框架房屋，但允许采用多层多排柱内框架房屋。

我国近十几年来的强震震害表明，这类房屋的地震震害较为普遍，未经抗震设防的这类房屋的特点是：

(1) 震害多数发生在底层，表现为“上轻下重”；

(2) 底层的震害规律是：底层的墙体比框架柱重，框架柱又比梁重；

(3) 房屋上部几层的破坏状况与多层砖房相类似，但破坏的程度比房屋的底层轻得多。

## 第一节　底层框架-抗震墙砖房模型试验研究

### 一、模型设计概况

底层框架-抗震墙砖房的上部砖房部分一般为单元住宅，取一个标准单元(一梯二户、四大开间)进行模型设计。为使试验结果能较好地反映这类房屋的实际受力状态，对模型的平、立面，钢筋混凝土墙和砖墙及梁柱截面尺寸等均取原型的 1/2 比例；在抗震构造措施方面也尽量做到与原型一致。模型的平、立面尺寸见图 6-1。模型结构总高度(包括屋顶的女儿墙 0.25m)为 10.6m；模型底部设计了 0.7m 高的钢筋混凝土地梁，并用钢螺栓与试验台座固定在一起。

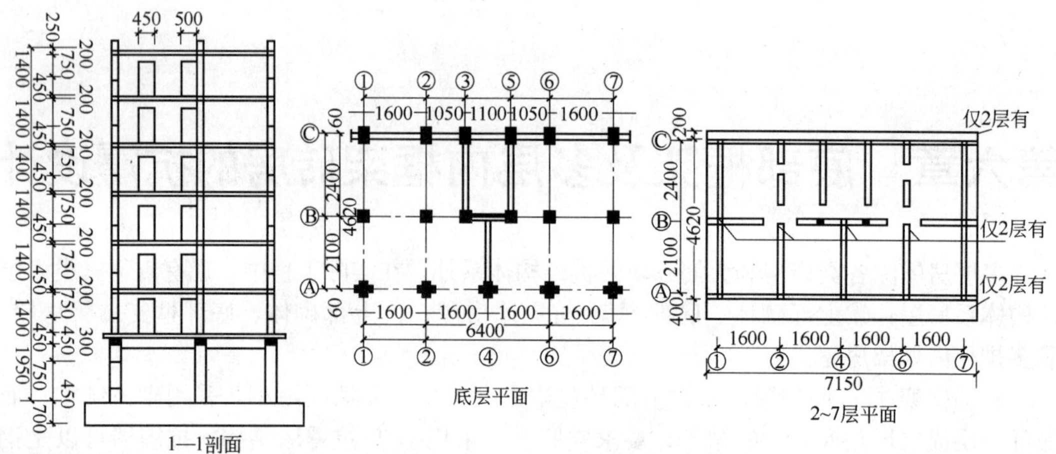


图 6-1　模型平、剖面图

模型底层的横向在④轴线的 A、B 轴间设置一片开竖缝的钢筋混凝土抗震墙，在③和⑤轴的 B、C 轴间为楼梯间的砖填充墙；纵向考虑临街开大门、窗，在 A 轴线的柱两侧设置了 125mm 宽的钢筋混凝土墙。

模型的砖墙体采用标准机制砖分割成模型砖砌筑，墙厚度均为 120mm，横墙与纵墙交接处沿高度每隔 300mm 设置一道 2$\phi$4 拉结钢筋，在设置构造柱处预留马牙槎；砖的强度等级为 MU7.5；砂浆强度等级：二～三层为 M7.5，四～七层为 M5，底层框架填充墙为 M5。

考虑到第二层为过渡楼层，其受力比较复杂，在钢筋混凝土构造柱的设置上给与增强，其设置部位包括楼梯间四角、横墙(轴线)与外纵墙的交接处，还包括横墙(轴线)与内纵墙的交接处，第三层至第七层按照 7 度区总层数为七层的多层砖房的构造柱设置要求，其设置部位为楼梯间四角，横墙(轴线)与外纵墙的交接处。钢筋混凝土构造柱的截面尺寸为 120mm×120mm。主筋采用 4$\phi$8，箍筋采用 $\phi$4@150，混凝土强度等级采用 C20。为了增强上部砖房部分的整体抗震能力，每层均设置了钢筋混凝土圈梁。

底层横向的一片钢筋混凝土墙的厚度为 80mm，A 轴纵向伸出柱两侧的混凝土厚度为 120mm，B 轴线的③-⑤轴间的钢筋混凝土墙的厚度为 125mm；底层框架柱截面尺寸为 200mm×250mm，在④轴横向框架与 B 轴交接处设有暗柱，暗柱尺寸为 200mm×125mm；梁的截面尺寸：横向梁为 150mm×350mm，纵向梁为 150mm×300mm；底层框架梁、柱和混凝土抗震墙的混凝土强度等级采用 C25。模型制作过程中测定了砂浆、混凝土及各种钢筋的强度。

## 二、模型试验的结果

底层框架-抗震墙砖房模型的破坏状态，可分为二层以上(不包括第二层)砖房部分、底层框架-抗震墙和结构过渡楼层第二层三种类型。下面对这三种类型的破坏状态进行分析。

1. 二层以上砖房部分

底层框架-抗震墙砖房的二层以上砖房部分的破坏状态和多层砖砌体房屋的破坏状态

相同。在一定强度的地震作用下，首先在最薄弱楼层中的薄弱墙段率先开裂和破坏，随着地震作用强度的增大，在最薄弱楼层的薄弱墙段形成X形裂缝，其他墙段也先后破坏而形成破坏集中的楼层。试验说明，该模型除第二层外，第三、四层为相对薄弱的楼层，其破坏程度较第五、六、七层要重一些。

2. 底层框架抗震墙

该模型的第二层与底层的横向侧移刚度比为1.38。由于底层的侧移刚度较第二层侧移刚度小，且钢筋混凝土墙的开裂位移角为1/800～1/1000左右，所以在模型的拟静力试验中底层钢筋混凝土抗震墙先于底层的砖填充墙和上部砖房部分出现裂缝，而该钢筋混凝土抗震墙的裂缝被竖缝分割为两片墙的各自裂缝；加之在竖缝两侧又增设了暗柱，使得带边框的开竖缝墙具有较好的承载能力和耗能能力。

带边框的钢筋混凝土墙开裂后，其刚度虽然有所降低，但是尚未达到其极限承载能力，加上底层的砖填充墙还没有开裂，所以刚度降低也不太多；在继续加载的过程中，第二层至第四层先后达到砖墙的开裂位移而使砖墙开裂，第二、三、四层砖墙开裂后，其层间刚度降低到初始刚度的20%左右，以致在第二、三、四层砖墙开裂后的继续加载时，第二、三、四层的破坏较第一层严重，特别是第二层的破坏更严重一些，这表明带边框开竖缝的钢筋混凝土抗震墙的边框和暗柱具有阻止墙板裂缝开展的作用；由于在带边框的低矮混凝土墙中开了竖缝，使得竖缝两侧墙板的高宽比大于1.5；对于在竖缝两层设置暗柱的两块墙板来讲，虽然裂缝仍为斜裂缝，但因在每块板中形成多条裂缝而具有较好的抗震能力。

带边框开竖缝的钢筋混凝土抗震墙中边框柱的破坏为受拉破坏，柱底出现多道水平裂缝，随着混凝土墙板裂缝的开展而更为明显；从电阻片的应变来看，同一级加载中钢筋混凝土墙中边框柱的钢筋应变大于未设抗震墙的框架柱的应变。因此，在抗震设计中不能使钢筋混凝土墙中边框柱的配筋小于一般框架柱的配筋。

3. 过渡楼层

底层框架-抗震墙砖房是由两种材料和承重体系组成的结构体系，其过渡楼层的受力复杂。底层框架抗震墙砖房的第二层担负着传递上部的地震剪力，也担负着上部各层地震力对底层楼板的倾覆力矩引起楼层转角对第二层层间位移的增大。因此，在底层钢筋混凝土抗震墙出现裂缝之后的继续加载过程中，第二层砖墙的开裂先于其他楼层的砖墙(第二层砖墙的砂浆强度等级与第三、四层相比实际上还好一些)，而且形成破坏集中的楼层。在模型设计中已经考虑到第二层这个过渡楼层的特点，从抗震构造措施上给与了增强，即在内纵墙与横墙(轴线)的交接处增设了钢筋混凝土构造柱，有利于约束脆性墙体和增强该楼层的耗能能力。因此，在模型试验中第二层的层间位移角达到1/120时，第二层砖墙裂缝开展较快，但有构造柱的约束使得该层墙体裂缝并不宽，构造柱的柱端出现裂缝，尚未出现混凝土脱落的现象。

随着水平推(拉)力的加大，在第二层的纵墙上出现水平裂缝。虽然在第三、四层的①轴线处(东侧)也出现了水平裂缝，但是仅是局部的，并不分布在整个纵墙上，只有第二层的纵墙裂缝有较规律的分布，对于第二层纵墙的水平裂缝，有的是横墙剪切裂缝的延伸，而多数是由于上部各层地震力对底层楼板的倾覆力矩引起的。因此，对底层框架-抗震墙砖房，第二层纵墙出平面的抗弯能力应给予增强。

模型破坏形态和裂缝图见图 6-2。

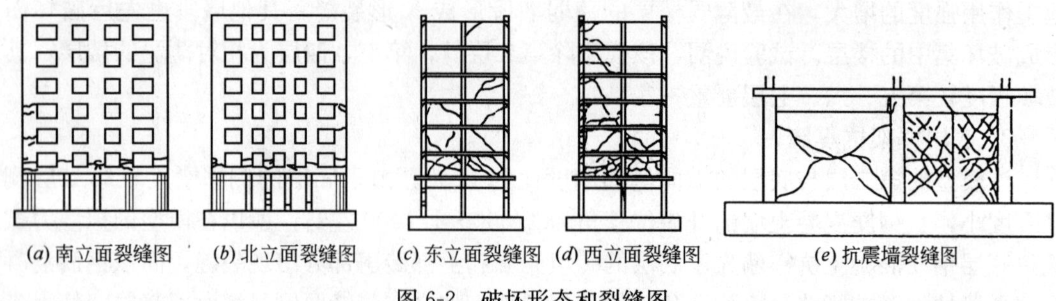

(a) 南立面裂缝图　(b) 北立面裂缝图　(c) 东立面裂缝图　(d) 西立面裂缝图　(e) 抗震墙裂缝图

图 6-2　破坏形态和裂缝图

## 三、模型的变形

计算结果表明，由于该试验模型的层间极限剪力系数分布较为均匀，所以弹塑性变形集中的现象不十分明显。在 9 度地震作用下，第一层与第二层最大位移反应差不多，但因第一层层高为 1.95m，第二层层高为 1.4m，相应最大位移反应的层间位移角分别为：第一层 1/258，第二层 1/196。

## 四、模型的动力特性

模型在弹性阶段和破坏阶段的实测周期如表 6-1 所示。

**模型的实测第 1 振型周期**　　　**表 6-1**

| 试验阶段 | 弹性试验 | | 破坏阶段 | |
|---|---|---|---|---|
| 周期(s) | 纵　向 | 横　向 | 纵　向 | 横　向 |
| | 0.158 | 0.199 | 0.217 | 0.246 |

由于模型材料与实际结构材料相同，按模型相似条件，原形的周期应是模型的 1.2 倍；再考虑脉动实测与实际地震的差异因素，尚需乘以 1.2 的系数。因此，对应的实际结构的横向与纵向自振周期分别为 0.23s 和 0.29s。与模型结构类似的实际底层框架抗震墙砖房的实测横向周期亦约为 0.3s。从实测的振型曲线看，这类房屋的层间刚度无明显差异，房屋整体属刚性结构。自振周期与多层砖房差不多。

## 五、结论

(1) 模型试验的结果表明，总层数为七层的底层框架抗震墙砖房具有一定的抗震能力，能满足 7 度区的抗震设防要求，即在遭遇比设防烈度高 1 度左右的 8 度地震作用下，其破坏状态可控制在中等破坏以内。

(2) 底层框架抗震墙砖房的第二层受力比较复杂，担负着传递上部的地震剪力和倾覆力矩等作用，应采取相应的抗震措施提高墙体的抗剪和出平面抗弯能力。

(3) 底层框架抗震墙砖房底层的钢筋混凝土墙，宜设置为开竖缝的带边框混凝土墙，使每块墙片的高宽比大于 1.5，有助于提高底层的变形和耗能能力。

(4) 在底层框架抗震墙砖房中，由于倾覆力矩的作用，致使多层砖房部分的侧移相对于同样层数(不计底层这一层)的多层砖房要大一些。因此，对底层框架-抗震墙砖房中的上部砖房部分的抗震构造措施应适当增强，对除过渡层外的上部砖房钢筋混凝土构造柱的设置，按底层框架-抗震墙砖房的总层数和所在地区的设防烈度、与多层砖房同样层数的要求设置；并建议在6、7度地区也要每层均设置钢筋混凝土圈梁。

(5) 实测模型的动力特性结果表明，这类房屋类似于多层砖房，房屋整体仍属刚性结构。

## 第二节　底部框架-抗震墙砖房

### 一、抗震设计的基本要求

1. 房屋总高度和层数

底部框架-抗震墙和框支墙梁房屋的总高度和层数见表6-2。

**房屋总高度限值(m)和层数　　表6-2**

| 最小墙厚度(mm) | 6度 | | 7度 | | 8度 | |
|---|---|---|---|---|---|---|
| | 总高度 | 层　数 | 总高度 | 层　数 | 总高度 | 层　数 |
| 240 | 22 | 7 | 22 | 7 | 19 | 6 |

底部框架-抗震墙房屋的底部层高不应超过4.5m。

2. 房屋最大高宽比

底部框架-抗震墙和框支墙梁房屋的总高度与总宽度的最大比值见表6-3。

**房屋最大高宽比　　表6-3**

| 烈　　度 | 6 | 7 | 8 | 9 |
|---|---|---|---|---|
| 最大高宽比 | 2.5 | 2.5 | 2.0 | 1.5 |

3. 抗震横墙的间距

底部框架-抗震墙和框支墙梁房屋抗震横墙的间距不应超过表6-4。

**房屋抗震横墙最大间距(m)　　表6-4**

| 房屋部位 | 6度 | 7度 | 8度 |
|---|---|---|---|
| 上部各层 | 同多层砌体房屋 | | |
| 底层或底部两层 | 21 | 18 | 15 |

4. 抗震等级的划分

底部框架-抗震墙和框支墙梁房屋的框架和抗震墙的抗震等级，6、7、8度分别按三、二、一级采用。

5. 房屋的结构布置

(1) 底部框架-抗震墙房屋

1) 上部的砌体抗震墙与底部的框架梁或抗震墙应对齐或基本对齐。

2）房屋的底部，应沿纵横两方向设置一定数量的抗震墙，并应均匀对称布置或基本均匀对称布置。6、7度且总层数不超过五层的底层框架-抗震墙房屋，应允许采用嵌砌于框架之间的砌体抗震墙，但应计入砌体墙对框架的附加轴力和附加剪力；其余情况应采用钢筋混凝土抗震墙。

3）底层框架-抗震墙房屋的纵横两个方向，第二层与底层侧向刚度的比值 $\lambda_k$，6、7度时不应大于2.5，8度时不应大于2.0，且均不应小于1.0。

$$\lambda_k = K_2 / K_1 \tag{6-1}$$

$$K_2 = \Sigma K_{bw2} \tag{6-2}$$

$$K_1 = \Sigma K_c + \Sigma K_{cw} + \Sigma K_{bw1} \tag{6-3}$$

式中 $K_2$、$K_1$——房屋的二层和底层的侧移刚度；

$K_{bw2}$——二层的一片构造框架约束砌体墙的侧移刚度；

$K_c$——底层一榀钢筋混凝土框架的侧移刚度；

$K_{cw}$——底层一片钢筋混凝土抗震墙的侧移刚度；

$K_{bw1}$——底层一片嵌砌于框架的砌体抗震墙的侧移刚度。

4）底部两层框架-抗震墙房屋的纵横两个方向，底层与底部第二层侧向刚度应接近，第三层与底部第二层侧向刚度的比值，6、7度时不应大于2.0，8度时不应大于1.5，且均不应小于1.0。

5）底部框架-抗震墙房屋的抗震墙应设置条形基础、筏形基础或桩基。

（2）底部框支墙梁房屋

1）框支墙梁房屋的底层应沿纵向和横向设置一定数量的抗震墙，且应均匀对称布置或基本均匀对称布置。其间距不应超过表6-3的要求。6、7度且总层数不超过五层的框支墙梁房屋，允许采用嵌砌于框架之间的砌体抗震墙，其余情况应采用混凝土抗震墙。框支墙梁房屋的纵横两个方向，第二层与底层侧向刚度的比值，6、7度时不应大于2.5，8度时不应大于2.0，且均不应小于1.0。

2）框支墙梁上层承重墙应沿纵、横两个方向按底部框架和抗震墙的轴线布置，宜上、下对齐，分布均匀，使各层刚度中心接近质量中心。应在墙体中的框架柱上方和纵横墙交接处设置混凝土构造柱，其截面和配筋应符合现行国家标准《建筑抗震设计规范》GB 50011—2001的要求。

3）框支墙梁的托梁处应采用现浇混凝土楼盖，楼板厚度不应小于120mm。在托梁和上一层墙体顶面处设置现浇混凝土圈梁；其余各层楼盖可采用装配整体式楼盖，沿纵、横承重墙上设置现浇混凝土圈梁。

## 二、抗震承载力验算

1. 底部框架-抗震墙房屋

（1）计算简图和地震作用

底部框架-抗震墙和框支墙梁房屋结构水平地震作用的计算简图与多层砌体房屋相同，结构总水平地震作用标准值，按底部剪力法进行计算：

$$F_{Ek} = \alpha_1 G_{eq}$$

水平地震作用标准值沿高度可采用倒三角形分布，按下式进行计算：

$$F_i=\frac{G_iH_i}{\sum\limits_{j=1}^{n}G_jH_j}F_{\mathrm{Ek}}$$

(2) 各楼层水平地震剪力

水平地震剪力标准值按下式进行计算：

$$V_{j\mathrm{k}}=\sum_{i=j}^{n}F_i(j=1,2,\cdots n)$$

水平地震剪力设计值：

$$V_j=\gamma_{\mathrm{Eh}}\times\eta_{\mathrm{E}}\times V_{j\mathrm{k}} \tag{6-4}$$

式中 $\gamma_{\mathrm{Eh}}$——水平地震作用分项系数，$\gamma_{\mathrm{Eh}}=1.3$；

$\eta_{\mathrm{E}}$——底层地震剪力增大系数，$\eta_{\mathrm{E}}=1.2\sim1.5$。

底层框架-抗震墙和框支墙梁房屋，无论是底层或第二层(框架-抗震墙)纵向或横向，地震剪力设计值均乘以地震剪力增大系数。其值允许根据底层与二层(砌体墙)、二层与三层(砌体墙)的侧向刚度的比值，在1.2～1.5范围内选用。

(3) 底层抗震墙承担的地震剪力

底层或底部两层的纵向和横向地震剪力设计值应全部由该方向的抗震墙承担，并按各抗震墙的侧向刚度比例进行分配。

1) 底层抗震墙的总的侧移刚度

$$K_{\mathrm{w}}=\Sigma K_{\mathrm{cw}}+\Sigma K_{\mathrm{bw}} \tag{6-5}$$

式中 $K_{\mathrm{cw}}$——一片钢筋混凝土抗震墙的弹性侧移刚度，按下式计算：

$$\left.\begin{aligned}K_{\mathrm{cw}}&=\frac{1}{\dfrac{h^3}{12E_{\mathrm{c}}I}+\dfrac{1.2h}{G_{\mathrm{c}}A_{\mathrm{c}}}}\\I&=\frac{1}{12}b^3t、G_{\mathrm{c}}=0.43E_{\mathrm{c}}\end{aligned}\right\} \tag{6-6}$$

$K_{\mathrm{bw}}$——一片砌体抗震墙的弹性侧移刚度，按下式计算：

$$\left.\begin{aligned}K_{\mathrm{bw}}&=\frac{G_{\mathrm{b}}A_{\mathrm{b}}}{1.2h}\\G_{\mathrm{b}}&=0.4E_{\mathrm{b}}\end{aligned}\right\} \tag{6-7}$$

$I$——混凝土抗震墙水平截面惯性矩；

$h$、$b$、$t$——混凝土抗震墙的层间高度、宽度和厚度；

$E_{\mathrm{c}}$、$E_{\mathrm{b}}$——抗震墙的混凝土、砌体的弹性模量；

$G_{\mathrm{c}}$、$G_{\mathrm{b}}$——抗震墙的混凝土、砌体的剪变模量；

$A_{\mathrm{c}}$、$A_{\mathrm{b}}$——混凝土、砌体抗震墙的抗剪面积。

计算墙体弹性侧移刚度时，应考虑墙面开洞的影响。

2) 一片混凝土抗震墙承担的地震剪力

$$V_{\mathrm{cw}}=\frac{K_{\mathrm{cw}}}{K_{\mathrm{w}}}V_{1(2)} \tag{6-8}$$

式中 $V_{1(2)}$——底层或第二层地震剪力设计值。

3) 一片砌体抗震墙承担的地震剪力

$$V_{bw}=\frac{K_{bw}}{K_w}V_{1(2)} \tag{6-9}$$

（4）底层框架柱承担的地震剪力

在底部框架-抗震墙和框支墙梁房屋中，底部框架承担的地震剪力设计值，可按各抗侧力构件有效侧移刚度进行分配。有效侧移刚度的取值：①钢筋混凝土抗震墙，层间位移角为 1/1000 左右时，混凝土墙已开裂，层间位移角为 1/500 左右时，刚度已降低到弹性刚度的 30％；②砖填充墙，层间位移角为 1/500 左右时，出现对角裂缝，刚度降低到弹性刚度的 20％；③框架层间位移角在 1/500 左右时，仍处于弹性阶段，因此刚度不折减。说明底层框架抗震墙开裂后，将产生塑性内力重分布。

一根框架柱承担的地震剪力：

$$V_c=\frac{K_c}{0.3\Sigma K_{cw}+0.2\Sigma K_{bw}+\Sigma K_c}V_{1(2)} \tag{6-10}$$

式中 $K_c$——一根框架柱的侧移刚度，$K_c=\frac{12E_cI_c}{h^3}$。

（5）地震倾覆力矩和倾覆力矩的分配

底部框架-抗震墙和框支墙梁房屋，应考虑上部各楼层的水平地震作用对底部引起的倾覆力矩，倾覆力矩使底部抗震墙产生的附加弯矩，以及对框架柱产生的附加轴力。

1）地震倾覆力矩的计算

在底层框架抗震墙砖房中，作用于整个房屋底层的地震倾覆力矩设计值为：

$$M_1=\gamma_{Eh}\sum_{i=2}^{n}F_i(H_i-H_1) \tag{6-11}$$

式中 $M_1$——整个房屋底层的地震倾覆力矩；

$F_i$——$i$质点的水平地震作用标准值；

$H_i$——$i$质点的计算高度；

$\gamma_{Eh}$——水平地震作用分项系数，$\gamma_{Eh}=1.3$。

在底部两层框架抗震墙砖房中，作用于整个房屋第二层的地震的倾覆力矩为：

$$M_2=\gamma_{Eh}\sum_{i=3}^{n}F_i(H_i-H_2) \tag{6-12}$$

式中 $M_2$——为整个房屋第二层的地震倾覆力矩。

2）地震倾覆力矩的分配

地震倾覆力矩形成楼层转角，而不是侧移。该力矩使底部抗震墙产生附加弯矩和底部的框架柱产生附加轴力。《建筑抗震设计规范》规定，可近似地将倾覆力矩在底部框架和抗震墙之间按它的侧移刚度分配。按下列公式进行计算：

① 单片抗震墙承担的倾覆力矩

$$M_{cw}=\frac{K_{cw}}{\Sigma K_c+\Sigma K_{cw}+\Sigma K_{bw}}M_{1(2)} \tag{6-13}$$

$$M_{bw}=\frac{K_{bw}}{\Sigma K_c+\Sigma K_{cw}+\Sigma K_{bw}}M_{1(2)} \tag{6-14}$$

式中 $M_{1(2)}$——作用于整个房屋底层的全部地震倾覆力矩；

$M_{cw}$——底层一片钢筋混凝土抗震墙承担的倾覆力矩；

$M_{bw}$——底层一片嵌砌于框架的砌体抗震墙承担的倾覆力矩。

② 单榀框架承担的倾覆力矩

$$M_c=\frac{K_c}{\Sigma K_c+0.3\Sigma K_{cw}+0.2\Sigma K_{bw}}M_{1(2)} \tag{6-15}$$

式中 $M_c$——底层一榀钢筋混凝土框架承担的倾覆力矩。

注：全部框架承担的倾覆力矩不宜小于该方向总倾覆力矩的 20%。

地震倾覆力矩引起的框架柱附加轴力，可假定墙梁刚度为无限大，由框架在倾覆力矩作用下的变形协调条件和静力平衡条件求出。也可采用下列公式计算（图 6-3）：

$$N_i=\pm\frac{M_c x_i}{\Sigma A_i x_i^2}A_i \tag{6-16}$$

式中 $N_i$——由倾覆力矩 $M_c$ 产生的框架柱附加轴力；

$x_i$——框架中每 $i$ 根柱轴线到所有框架柱总截面中和轴的距离；

$A_i$——框架中第 $i$ 根柱水平截面面积。

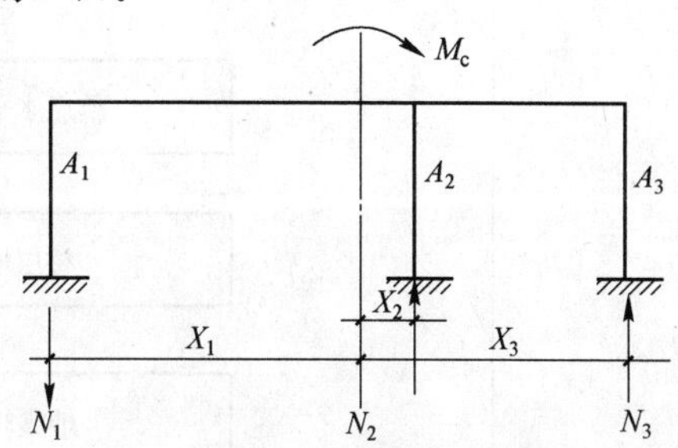

图 6-3 框架柱附加轴力计算简图

(6) 底层框架-抗震墙房屋中嵌砌于框架之间的普通砖抗震墙，当符合抗震构造要求时，其抗震验算应符合下列规定：

1) 底层框架柱的轴向力和剪力，应计入砖抗震墙引起的附加轴向力和附加剪力，其值可按下列公式确定：

$$N_f=V_{bw}H_f/l \tag{6-17}$$

$$V_f=V_{bw} \tag{6-18}$$

式中 $V_{bw}$——墙体承担的剪力设计值，柱两侧有墙时可取两者的较大值；

$N_f$——框架柱的附加轴压力设计值；

$V_f$——框架柱的附加剪力设计值；

$H_f$、$l$——分别为框架的层高和跨度。

2) 嵌砌于框架之间的普通砖抗震墙及两端框架柱，其抗震受剪承载力应按下式验算：

$$V\leqslant\frac{1}{\gamma_{REc}}\Sigma(M_{yc}^{u}+M_{yc}^{l})/H_0+\frac{1}{\gamma_{REw}}\Sigma f_{vE}A_{w0} \tag{6-19}$$

式中 $V$——嵌砌普通砖抗震墙及两端框架柱剪力设计值；

$A_{w0}$——砖墙水平截面的计算面积，无洞口时取实际截面的 1.25 倍，有洞口时取截面净面积，但不计入宽度小于洞口高度 1/4 的墙肢截面面积；

$M_{yc}^{u}$、$M_{yc}^{l}$——分别为底层框架柱上下端的正截面受弯承载力设计值，可按现行国家标准《混凝土结构设计规范》GB 50010—2002 非抗震设计的有关公式取等号计算；

$H_0$——底层框架柱的计算高度，两侧均有砖墙时取柱净高的 2/3，其余情况取柱净高；

$\gamma_{REc}$——底层框架柱承载力抗震调整系数，可采用 0.8；

$\gamma_{REw}$——嵌砌普通砖抗震墙承载力抗震调整系数，可采用 0.9。

(7) 底部框架-抗震墙房屋抗震承载力计算框图见图 6-4。

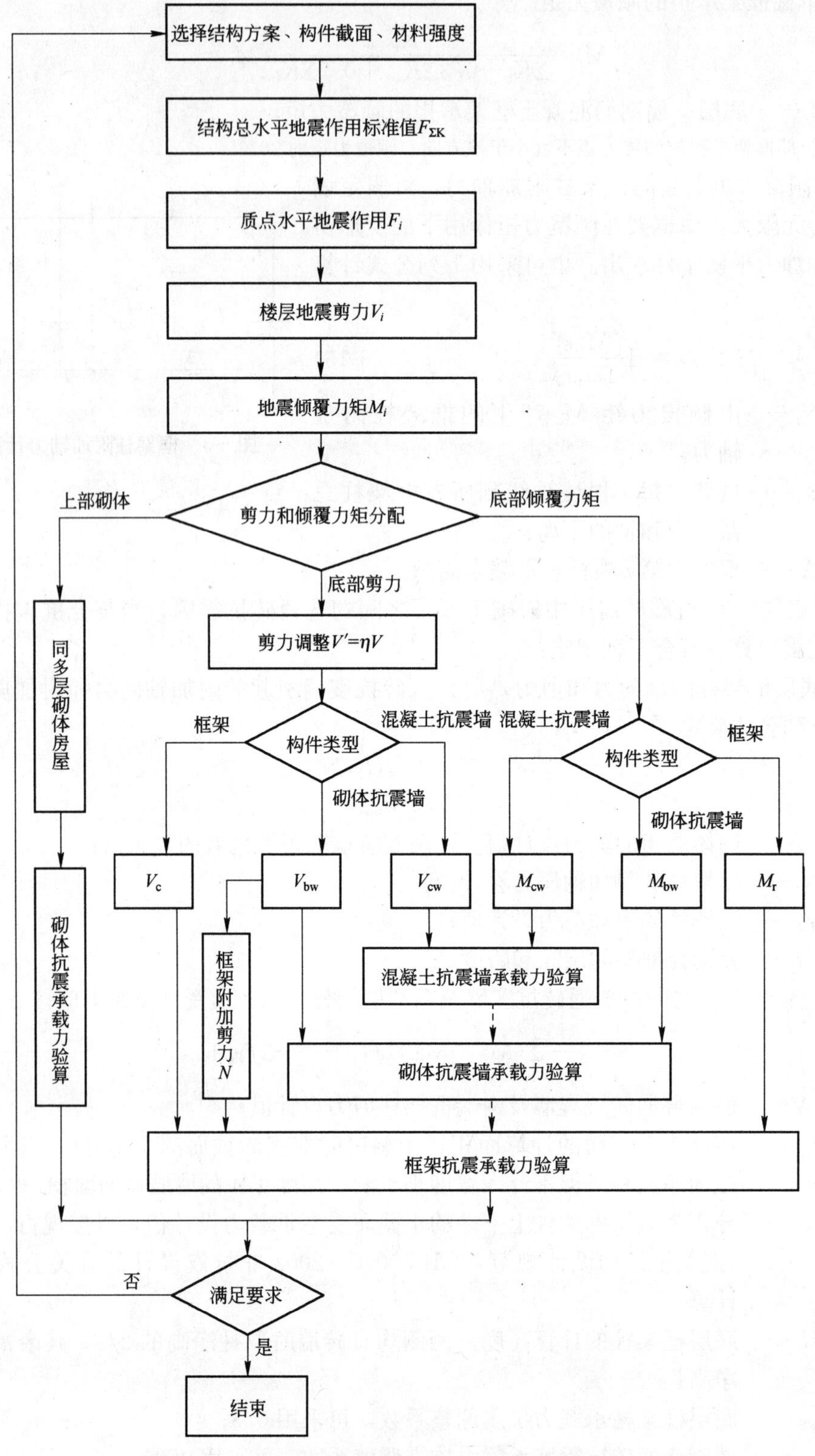


图 6-4　底部框架-抗震墙房屋抗震承载力计算框图

2. 底部框支墙梁房屋

框支墙梁房屋抗震计算的计算简图、水平地震作用、各楼层水平地震剪力、底层抗震墙和框架承担的地震剪力以及地震倾覆力矩和倾复力矩的分配等与底层框架-抗震墙房屋相同。底部框架-抗震墙房屋底部纵、横两个方向有框架和抗震墙（包括钢筋混凝土墙和砌体墙）；而框支墙梁房屋底部有抗震墙、框支墙梁以及框架。两者的主要区别在框支墙梁计算地震组合内力时，应采用合适的计算简图；考虑上部墙体与托墙梁的组合作用时，应计入地震时墙体开裂对组合作用的不利影响，可调整有关的弯矩系数、轴力系数等计算参数(图 6-5)。

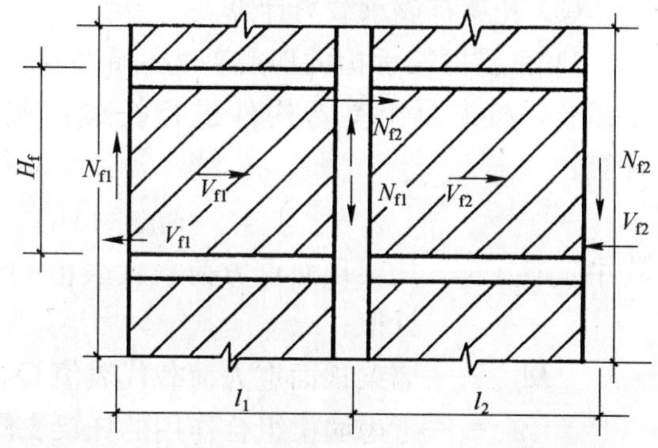

图 6-5 填充墙框架柱的附加轴向力和附加剪力

(1) 重力荷载代表值及其效应

1) 重力荷载代表值，包括托梁顶面的 $Q_{1E}$、$F_{1E}$和墙梁顶面的 $Q_{2E}$，应按《建筑抗震设计规范》GB 50011—2001 中 5.1.3 的有关规定计算，不得另行折减。

2) 由重力荷载代表值产生的框支墙梁内力应按墙梁的有关规定计算。但托梁弯矩系数 $\alpha_M$、剪力系数 $\beta_V$ 应予增大，增大系数：当抗震等级为一级时，取为 1.10；当抗震等级为二级时，取为 1.05；当抗震等级为三级时，取为 1.0。

(2) 框架柱抗震承载力计算

1) 计算底层框架承担的地震剪力引起的柱端弯矩时，可取柱的反弯点距柱底为 0.55 倍柱高。同时应按公式(6-16)计算由上层地震倾覆力矩 $M_c$ 产生的框架柱附加轴力；并与重力荷载代表值引起的框架柱内力进行组合。按混凝土偏心受压构件或偏心受拉构件进行框架柱正截面抗震承载力验算。其弯矩 $M_{CE}$和轴力 $N_{CE}$可按下列公式计算后，$M_{CE}$应乘以柱端弯矩增大系数 $\eta_c$，对柱上端，抗震等级为一级取 1.4，二级取 1.2，三级取 1.1；对柱下端，一级取 1.5，二级取 1.25，三级取 1.15。

$$M_{CE}=M_{1CE}+M_{2CE}+V_c y_c \tag{6-20}$$

$$N_{CE}=N_{1CE}+\eta_N N_{2CE}\pm N_E \tag{6-21}$$

式中 $M_{1CE}$、$N_{1CE}$——托梁顶面重力荷载代表值 $Q_{1E}$、$F_{1E}$作用下按框架分析的柱弯矩、轴力设计值；

$M_{2CE}$、$N_{2CE}$——墙梁顶面重力荷载代表值 $Q_{2E}$作用下按框架分析的柱弯矩、轴力设计值；

$V_c$——框架柱承担的地震剪力，可按公式(6-10)计算；

$N_E$——框架承担的倾覆力矩 $M_C$ 引起的附加轴力，可按公式(6-16)计算；

$y_c$——反弯点距离，对柱顶截面取 $0.45H_C$，对柱底截面取 $0.55H_C$。

2) 底层框架承担的地震剪力和柱附加轴力应与重力荷载代表值引起的内力组合，按压(拉)剪构件进行框架柱斜截面抗震承载力验算。其轴力 $N_{CE}$可按公式(6-21)计算，其剪力 $V_{CE}$可按下列公式计算：

$$V_{CE}=\eta_{Vc}\left(\frac{1.5M_{1CE}+1.6M_{2CE}}{H_c}+V_c\right) \tag{6-22}$$

式中 $\eta_{Vc}$——柱剪力增大系数，一级取1.4，二级取1.2，三级取1.1。

(3) 托梁抗震承载力计算

1) 底层框架承担的地震剪力引起的托梁支座弯矩，应与重力荷载代表值引起的弯矩组合，按混凝土受弯构件进行托梁正截面抗震承载力验算。其弯矩 $M_{bjE}$ 可按下式计算：

$$M_{bjE}=M_{1jE}+\alpha_M M_{2jE}+M_{jE} \tag{6-23}$$

式中 $M_{1jE}$——托梁顶面重力荷载代表值 $Q_{1E}$、$F_{1E}$ 作用下按框架分析的托梁支座弯矩设计值；

$M_{2jE}$——墙梁顶面重力荷载代表值 $Q_{2E}$ 作用下按框架分析的托梁支座弯矩设计值；

$\alpha_M$——考虑墙梁组合作用的托梁支座弯矩系数，应按墙梁的规定采用，但对一级和二级抗震等级应分别乘以1.1和1.05的增大系数；

$M_{jE}$——框架地震剪力引起的托梁支座弯矩设计值。

2) 底层框架承担的地震剪力引起的托梁支座剪力，应与重力荷载代表值引起的剪力组合，按混凝土受弯构件进行斜截面抗震承载力验算。其剪力 $V_{bjE}$ 可按下式计算：

$$V_{bjE}=V_{1jE}+\beta_V V_{2jE}+\eta_{Vb}\frac{M_{jE}+M_{(j+1)E}}{l_{oi}} \tag{6-24}$$

式中 $V_{1jE}$——托梁顶面重力荷载代表值 $Q_{1E}$、$F_{1E}$ 作用下按框架分析的托梁 $j$ 支座剪力设计值；

$V_{2jE}$——墙梁顶面重力荷载代表值 $Q_{2E}$ 作用下按框架分析的托梁 $j$ 支座剪力设计值；

$\beta_V$——考虑墙梁组合作用的托梁剪力系数，应按墙梁的规定采用，但对一级和二级抗震等级应分别乘以1.1和1.05的增大系数；

$M_{jE}$、$M_{(j+1)E}$——分别为地震剪力引起的托梁 $j$ 支座和 $(j+1)$ 支座的弯矩设计值；

$\eta_{Vb}$——梁端剪力增大系数，一级取1.3，二级取1.2，三级取1.1。

(4) 计算框支墙梁上部计算高度范围内墙体截面抗震承载力时，公式右边应乘以降低系数0.9。

## 三、抗震构造措施

1. 底部框架-抗震墙房屋

(1) 上部构造柱

底部框架-抗震墙房屋的上部应设置钢筋混凝土构造柱，并应符合下列要求：

1) 钢筋混凝土构造柱的设置部位，应根据房屋的总层数按多层普通砖房构造柱的规定设置。过渡层尚应在底部框架柱对应位置处设置构造柱。

2) 构造柱的截面，不宜小于240mm×240mm。

3) 构造柱的纵向钢筋不宜少于4$\phi$14，箍筋间距不宜大于200mm。

4) 过渡层构造柱的纵向钢筋，7度时不宜少于4$\phi$16，8度时不宜少于6$\phi$16。一般情况下，纵向钢筋应锚入下部的框架柱内；当纵向钢筋锚固在框架梁内时，框架梁的相应位置应加强。

5）构造柱应与每层圈梁连接，或与现浇楼板可靠拉结。

(2) 上部抗震墙

上部抗震墙的中心线宜同底部的框架梁、抗震墙的轴线相重合；构造柱宜与框架柱上下贯通。

(3) 楼盖

底部框架-抗震墙房屋的楼盖应符合下列要求：

1）过渡层的底板应采用现浇钢筋混凝土板，板厚不应小于 120mm；并应少开洞、开小洞，当洞口尺寸大于 800mm 时，洞口周边应设置边梁。

2）其他楼层，采用装配式钢筋混凝土楼板时均应设现浇圈梁，采用现浇钢筋混凝土楼板时应允许不另设圈梁，但楼板沿墙体周边应加强配筋并应与相应的构造柱可靠连接。

(4) 底部钢筋混凝土抗震墙

底部的钢筋混凝土抗震墙，其截面和构造应符合下列要求：

1）抗震墙周边应设置梁(或暗梁)和边框柱(或框架柱)组成的边框；边框梁的截面宽度不宜小于墙板厚度的 1.5 倍，截面高度不宜小于墙板厚度的 2.5 倍；边框柱的截面高度不宜小于墙板厚度的 2 倍。

2）抗震墙墙板的厚度不宜小于 160mm，且不应小于墙板净高的 1/20，抗震墙宜开设洞口形成若干墙段，各墙段的高度比不宜小于 2。

3）抗震墙的竖向和横向分布钢筋配筋率均不应小于 0.25%，并应采用双排布置；双排分布钢筋间拉筋的间距不应大于 600mm，直径不应小于 6mm。

4）抗震墙的边缘构件可按多高层钢筋混凝土房屋抗震墙关于一般部位的规定设置。

(5) 底部砖抗震墙

底层框架-抗震墙房屋的底层采用普通砖抗震墙时，其构造应符合下列要求：

1）墙厚不应小于 240mm，砌筑砂浆强度等级不应低于 M10，应先砌墙后浇框架。

2）沿框架柱每隔 500mm 配置 2$\phi$6 拉结钢筋，并沿砖墙全长设置；在墙体半高处尚应设置与框架柱相连的钢筋混凝土水平系梁。

3）墙长大于 5m 时，应在墙内增设钢筋混凝土构造柱。

(6) 材料强度等级

底部框架-抗震墙房屋的材料强度等级，应符合下列要求：

1）框架柱、抗震墙和托墙梁的混凝土强度等级，不应低于 C30。

2）过渡层墙体的砌筑砂浆强度等级，不应低于 M7.5。

(7) 底部框架-抗震墙房屋的其他抗震构造措施，应符合多层普通砖房的有关要求。

2. 框支墙梁房屋

(1) 应符合底部框架-抗震墙房屋规定的抗震构造措施。

(2) 框支墙梁的托梁

框支墙梁的托梁应符合下列构造要求：

1）托梁的截面宽度不应小于 300mm，截面高度不应小于跨度的 1/10，净跨不宜小于截面高度的 4 倍；当墙体在梁端附近有洞口时，梁截面高度不宜小于跨度的 1/8，且不宜大于跨度的 1/6。

2）托梁每跨底部纵向钢筋应通长设置，不得在跨中弯起或截断，伸入支座锚固长度不应小于受拉钢筋最小锚固长度 $l_{aE}$，且伸过中心线不应小于 $5d$；钢筋应采用机械连接或焊接接头，不得采用搭接接头；托梁上部纵向钢筋应贯穿中间节点，其在端节点的弯折锚固水平投影长度不应小于 $0.4l_{aE}$，垂直投影长度不应小于 $15d$。

3）托梁截面受压区高度应符合的要求，对一级抗震等级 $x \leqslant 0.25h_0$；对二、三级抗震等级 $x \leqslant 0.35h_0$；受拉钢筋配筋率均不应大于 2.5%。

4）托梁箍筋直径不应小于 8mm，间距不应大于 200mm；梁端 1.5 倍梁高且不小于 1/5 净跨范围内及上部墙体偏开洞口区段及洞口两侧各一个梁高，且不小于 500mm 范围内，箍筋间距不应大于 100mm。

5）托梁沿梁高应设置不小于 2$\phi$14 的通长腰筋，间距不应大于 200mm。

（3）材料强度等级

框支墙梁的框架柱、抗震墙和托梁的混凝土强度等级不应低于 C30，托梁上一层墙体的砂浆强度等级不应低于 M10，其余墙体的砂浆强度等级不应低于 M5。

## 第三节　多层内框架砖房

多层内框架砖房是指内部由钢筋混凝土框架，外部由砌体墙组成的一种混合结构体系。钢筋混凝土框架和砌体墙、不仅材料不同、结构的自振特性也不同，因此，这种混合结构体系的抗震性能也比较差。这种结构体系多用于中小型百货商店、食堂和轻工业厂房等。

### 一、抗震设计的基本要求

从我国历次大地震中，不少多层内框架房屋遭受不同程度的破坏。为了保证此类结构抗震的安全性，必须采取一定的抗震措施，限制其使用范围。

1. 内框架结构设计

未经设防的多层内框架房屋，以往常采用单排柱框架，将梁直接搭在外墙上。由于砌体墙的刚度比内柱框架的刚度大得多，在地震作用下，墙体首先开裂、破坏，外墙倒坍时框架梁搭在墙上的一端也破坏，导致整幢内框架房屋的破坏倒坍。所以对多层内框架房屋，《建筑抗震设计规范》(GB 50011—2001) 取消了单排柱内框架，可采用多排柱内框架。

2. 抗震设计的基本要求

（1）房屋的平立面布置

由于内框架砌体房屋的抗震性能差，因此内框架房屋在无特殊要求的情况宜采取矩形截面，立面也应尽量规则，楼梯间横墙宜贯通房屋全宽。

（2）房屋高度和层数

内框架砖房主要抗侧力构件仍然是砖墙，而砖墙数量又相对比较少，因而房屋的总高度和层数比多层砖房限制要严。新的建筑抗震设计规范给出的多层内框架砖房总高度和层数限制见表 6-5(最小墙厚度 240mm)。

**多层内框架砖房总高度(m)和层数限值** **表 6-5**

| 房屋形式 | 烈度 | | | | | |
|---|---|---|---|---|---|---|
| | 6 | | 7 | | 8 | |
| | 高度 | 层数 | 高度 | 层数 | 高度 | 层数 |
| 多排柱内框架砖房 | 16 | 五 | 16 | 五 | 13 | 四 |

(3) 横墙间距

多层内框架砌体房屋的纵、横墙布置宜对称。震害表明，横墙间距较小的内框架砌体房屋外纵墙的破坏较轻。对于多层内框架砌体房屋在工艺、使用要求能满足的情况下，横墙间距应尽量小一些。《建筑抗震设计规范》给出了多层内框架砌体房屋抗震横墙的最大间距，见表 6-6。

**抗震横墙最大间距(m)** **表 6-6**

| 房屋形式 | 烈度 | | |
|---|---|---|---|
| | 6 | 7 | 8 |
| 多排柱内框架砖房 | 25 | 21 | 18 |

(4) 内框架的抗震等级

多层内框架砌体房屋中的钢筋混凝土框架部分的抗震等级，6、7、8 度可分别为按四、三、二级采用，包括内力调整和抗震构造措施要求。

(5) 内框架砌体房屋的抗震墙基础

多层内框架砌体房屋的抗震墙承受这类房屋较大部分的地震作用，除砌体墙本身的承载能力满足要求外，基础也应给予重视。应根据地基的情况，设置为条形基础、筏形基础或桩基。

## 二、抗震承载力验算

1. 水平地震作用的计算(图 6-6)

多层内框架砌体房屋的水平地震作用，采用底部剪力法计算，结构的水平地震作用标准值按下列公式确定：

$$\left.\begin{aligned} &F_{Ek}=\alpha_1 G_{eq} \\ &F_i=\frac{G_i H_i}{\sum\limits_{j=1}^{n} G_j H_j} F_{Ek}(1-\delta_n)(i=1,\ 2\cdots n) \\ &\Delta F_n=\delta_n F_{Ek} \end{aligned}\right\} \tag{6-25}$$

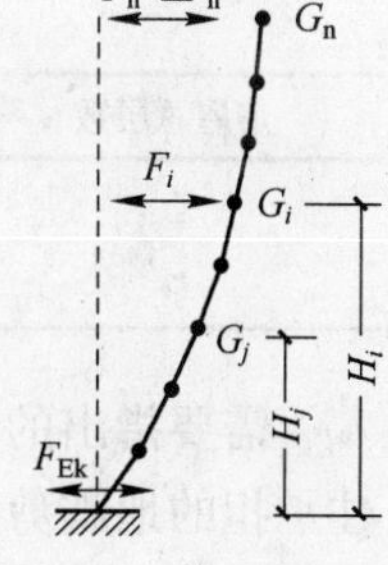

图 6-6 计算简图

式中 $F_{Ek}$——结构总水平地震作用标准值；

$\alpha_1$——相应于结构基本自振周期的水平地震影响系数值，多层内框架砖房，宜取水平地震影响系数最大值；

$G_{eq}$——结构等效总重力荷载，单质点应取总重力荷载代表值，多质点可取总重力荷载代表值的 85%；

$F_i$——质点 $i$ 的水平地震作用标准值；

$G_i$，$G_j$——分别为集中于质点 $i$、$j$ 的重力荷载代表值；

$H_i$，$H_j$——分别为质点 $i$、$j$ 的计算高度；

$\delta_n$——顶部附加地震作用系数，多层内框架砖房可采用 0.2。

2. 楼层地震剪力设计值

各层水平地震剪力标准值：

$$V_{ik}=\sum_{i=1}^{n}F_i+0.2F_{Ek} \tag{6-26}$$

各层水平地震剪力设计值：

$$V_i=\gamma_{Eh}V_{ik}=1.3V_{ik} \tag{6-27}$$

3. 地震剪力设计值的分配

（1）砌体墙

由于砌体墙的抗侧力刚度远大于内框架的刚度，因此，各楼层纵、横两方向地震剪力设计值，均全部由纵、横两方向的砌体墙承担。地震剪力设计值在各砖砌体墙的分配，取决于楼盖的水平刚度和各砖墙体的抗侧力刚度。

（2）内框架

多层多排柱内框架各柱的地震剪力设计值，根据抗震墙的间距、跨数、开间数和房屋的总宽度，按下列简化公式计算：

$$V_{ci}=\frac{\varphi_c}{n_b n_s}(\zeta_1+\zeta_2\lambda)V_i \tag{6-28}$$

式中 $V_{ci}$——第 $i$ 层各柱的地震剪力设计值；

$V_i$——第 $i$ 层的地震剪力设计值；

$\varphi_c$——柱类型系数，钢筋混凝土内柱可取 0.012，外墙组合砖柱可采用 0.0075；

$n_b$——抗震墙间的开间数；

$n_s$——内框架的跨数；

$\lambda$——抗震横向间距与房屋总宽度的比值，当小于 0.75 时，采用 0.75；

$\zeta_1$、$\zeta_2$——分别为计算系数，可按表 6-7 采用。

**计 算 系 数** **表 6-7**

| 房屋总层数 | 2 | 3 | 4 | 5 |
|---|---|---|---|---|
| $\zeta_1$ | 2.0 | 3.0 | 5.0 | 7.5 |
| $\zeta_2$ | 7.5 | 7.0 | 6.5 | 6.0 |

需要指出的是：当多层砌体房屋局部设置内框架时，如旅馆中的门厅，第 $i$ 层内框架柱承担的地震剪力设计值，不能用第 $i$ 层地震剪力设计值，根据抗震墙的间距、跨数、开间数等来分配，而应采用内框架所在抗震墙区段内地震剪力设计值，按式(6-28)进行计算。

## 三、抗震构造措施

1. 构造柱设置

（1）构造柱的设置部位

设置钢筋混凝土构造柱对约束砖墙，提高多层内框架房屋的整体抗震能力有良好的效果。多层内框架房屋的构造柱设置部位为：

1）外墙四角和楼、电梯间四角，楼梯休息平台梁的支承部位；

2）抗震墙两端及未设置组合柱的外纵墙、外横墙上对应于中间柱列轴线的部位。

(2) 构造柱的截面，不宜小于 240mm×240mm。

(3) 构造柱的纵向钢筋不宜少于 4$\phi$14，箍筋间距不宜大于 200mm。

(4) 构造柱应与每层圈梁连接，或与现浇楼板可靠连接。

2. 楼、屋盖

由于多层内框架房屋的顶层往往是薄弱楼层，顶层外纵墙出平面弯曲破坏最重；因此，除了限制抗震横墙的间距外，增加屋盖的刚度和整体性是非常重要的。《建筑抗震设计规范》规定，多层内框架房屋的楼、屋盖应采用现浇或装配整体式钢筋混凝土板。

3. 圈梁

多层内框架房屋采用装配式钢筋混凝土楼盖的楼层，均应设置圈梁；采用现浇钢筋混凝土板楼、屋盖可不另设圈梁，但楼板沿墙体周边应加强配筋并应与相应的构造柱、组合柱可靠连接。

4. 多层内框架梁在外墙上的搁置长度

多排柱内框架梁在外纵墙、外横墙上的搁置长度不应小于 300mm，且梁端应与圈梁或组合柱、构造柱连接。

5. 其他抗震构造措施

多层内框架砌体房屋楼梯间等其他构造措施应符合多层砌体房屋中的有关抗震构造措施。

## 第四节　设　计　实　例

**【实例 6-1】** 某四层建筑，底层为商店，上部为三层住宅，平面和剖面见图 6-7。底层钢筋混凝土柱截面 400mm×400mm，梁截面为 240mm×500mm，采用 C20 混凝土及 HRB335 钢筋，二～四层纵、横墙厚度为 240mm，采用 M10 砖，二层用 M7.5 混合砂浆，三、四层用 M5 混合砂浆。抗震设防烈度为 8 度，Ⅱ类场地土，各质点的重力荷载见图 6-7。试设计底层横向抗震墙。

**【解】**

### 一、抗震设计的基本要求

(1) 房屋总高度和层数

$H$=13.2m<19m，层数 4 层<6 层

底层层高 4.2m<4.5m，均满足。

(2) 房屋的高宽比

$H/B=\frac{13.2}{7.84}=1.684<2.0$，满足。

(3) 抗震横墙最大间距

横向 18m>15m，不宜用砖砌抗震墙，采用混凝土抗震墙。

纵向 7.6m<15m，满足。

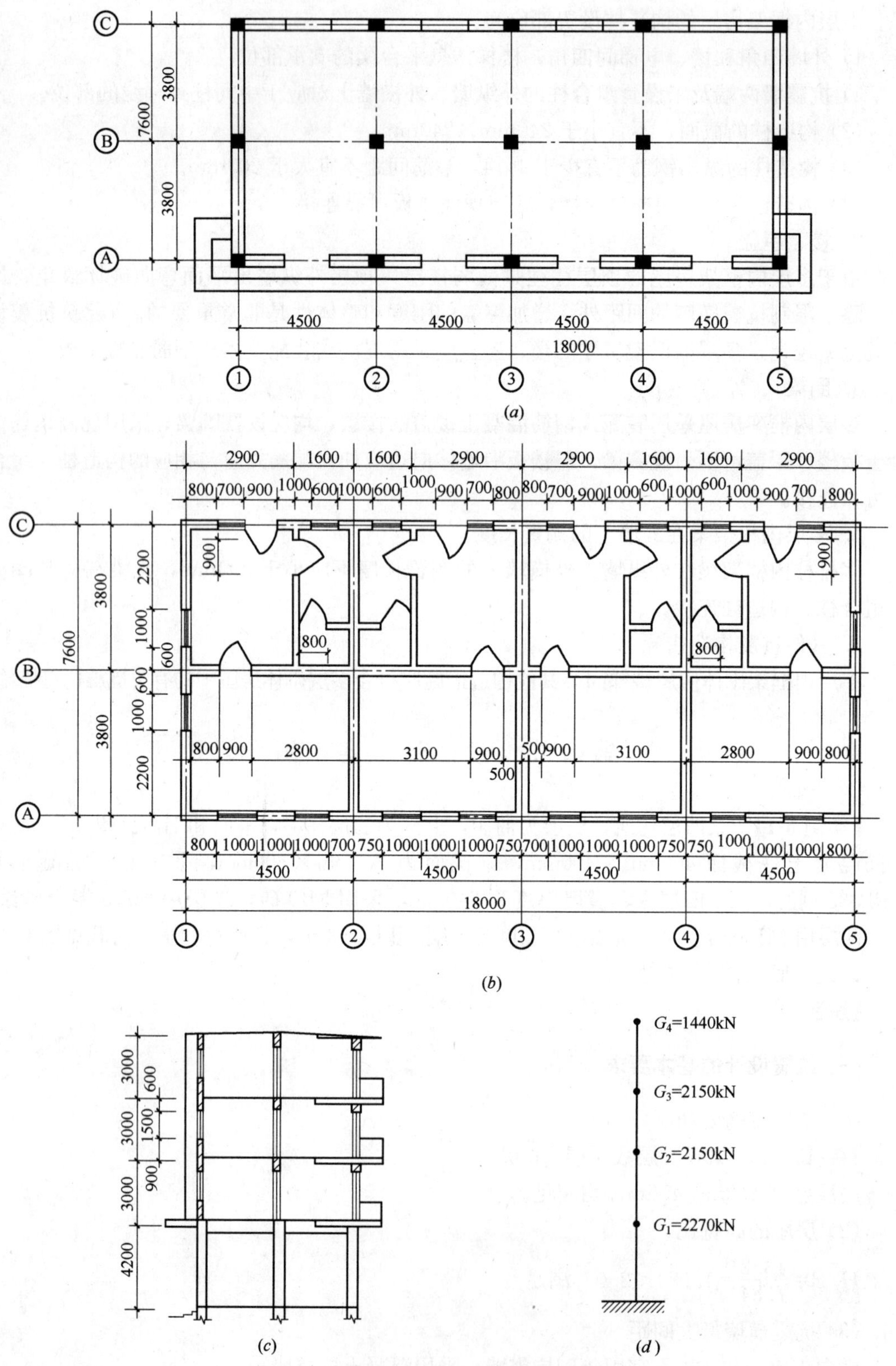


图 6-7　底部框架砖房的平面图及剖面图

(4) 底层与第二层侧向刚度的比值

1) 底层、横向

采用混凝土抗震墙，混凝土抗震墙的侧移刚度：

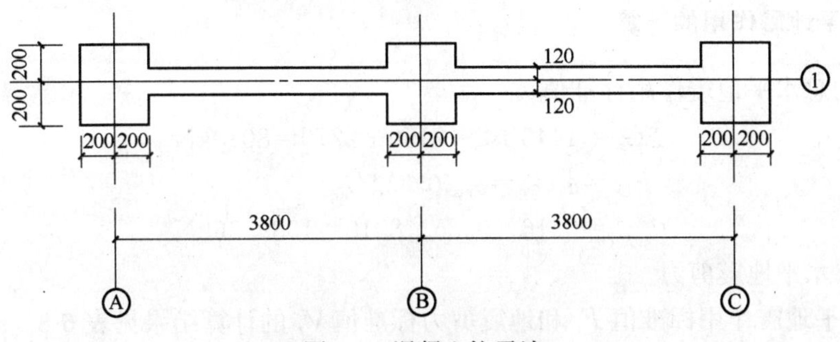


图 6-8 混凝土抗震墙

混凝土 C20

$$E_c = 2.55 \times 10^4 \text{N/mm}^2$$

混凝土剪变模量

$$G_c = 0.4E_c$$
$$= 0.4 \times 2.55 \times 10^4 = 1.02 \times 10^4 \text{N/mm}^2$$

两柱中间混凝土墙的侧移刚度

$$K_{cw} = \frac{G_c A_c}{h_1 \xi_s} = \frac{1.02 \times 10^4 \times 240 \times 3400}{4200 \times 1.2} = 1.65 \times 10^6 \text{N/mm}$$

框架柱的侧移刚度

$$K_c = \frac{12E_c I}{h_1^{13}} = \frac{12 \times 2.55 \times 10^4 \times \frac{1}{12} \times 400 \times 400^3}{4700^3} = 6288 \text{N/mm}$$

$$h_1' = h_1 + 500 = 4200 + 500 = 4700 \text{mm}$$

底层、横向的侧移刚度

$$K_1 = 15K_c + 4K_{cw}$$
$$= 15 \times 6288 + 4 \times 1.65 \times 10^6 = 6.694 \times 10^6 \text{N/mm}$$

2) 二层、横向

砌体的剪变模量 $G_2 = 0.4 \times 1600 f = 0.4 \times 1600 \times 1.69 = 1081.6 \text{N/mm}^2$

二层砌体墙的侧移刚度：

①轴、⑤轴：

$$K_{bw2} = \frac{G_2 \cdot A_{2m}}{h_2 \xi_s} = \frac{1081.6 \times (2 \times 2.32 + 1.2) \times 10^3 \times 240}{3000 \times 1.2}$$
$$= 421103 \text{N/mm}$$

②轴～④轴：

$$K'_{bw2} = \frac{G_2 A'_{2m}}{h_2 \xi_s} = \frac{1081.6 \times 7.81 \times 10^3 \times 240}{3000 \times 1.2} = 565316 \text{N/mm}$$

$$K_2 = 2 \times K_{bw2} + 3 \times K'_{bw2}$$
$$= 2 \times 421103 + 3 \times 565316 = 2538154 \text{N/mm}$$

3）底层与二层横向侧移刚度比值

$$\lambda_K=\frac{K_2}{K_1}=\frac{2538154}{6694000}=0.379<2.0 \quad 满足$$

## 二、水平地震作用的计算

1．结构总水平地震作用标准值

$$\Sigma G_i=1440+2\times2150+2270=8010\text{kN}$$

$$F_{Ek}=\alpha_1 G_{eq}=\alpha_{max}0.85\Sigma G_i$$

$$=0.16\times0.85\times8010=1089.36\text{kN}$$

2．各层水平地震剪力

各层水平地震作用标准值 $F_i$ 和地震剪力标准值 $V_i$ 的计算结果见表 6-8。

**各层水平地震作用标准值和地震剪力标准值** **表 6-8**

| 楼层 | $G_i$ (kN) | $H_i$ (m) | $G_iH_i$ (kN·m) | $\frac{G_iH_i}{\Sigma G_iH_i}$ | $F_i=\frac{G_iH_i}{\Sigma G_iH_i}F_{Ek}$ (kN) | $V_{ik}=\sum_{i=i}^{n}F_i$ (kN) |
|---|---|---|---|---|---|---|
| 4 | 1440 | 13.7 | 19728 | 0.282 | 307.20 | 307.20 |
| 3 | 2150 | 10.7 | 23005 | 0.329 | 358.40 | 665.60 |
| 2 | 2150 | 7.7 | 16555 | 0.237 | 258.18 | 923.78 |
| 1 | 2270 | 4.7 | 10669 | 0.152 | 165.58 | 1089.36 |
| Σ | | | 69957 | 1.000 | 1089.36 | |

3．底层水平地震剪力设计值

底层水平地震剪力标准值 $V_{1k}=1089.36\text{kN}$

底层水平地震剪力设计值 $V_1=\gamma_{Eh}\times\eta_E\times V_{1k}$

$$=1.3\times1.2\times1089.36=1699.4\text{kN}$$

取地震剪力增大系数 $\eta_E=1.2$

4．底层抗震墙承担的地震剪力

底层横向地震剪力设计值应全部由该方向的抗震墙承担。底层横向有①轴、⑤轴两道抗震墙，①轴柱间抗震墙承担的地震剪力设计值为：

$$V_{11}=\frac{K_{cw}}{\Sigma K_{cw}}V_1=\frac{1}{4}\times1699.4=424.85\text{kN}$$

## 三、地震倾覆力矩和倾覆力矩的分配

1．地震倾覆力矩

$$M_1=r_{Eh}\sum_{i=2}^{4}F_i(H_i+H_1)$$

$$=1.3[307.20(13.7-4.7)+358.40(10.7-4.7)+258.18(7.7-4.7)$$

$$=7396.7\text{kN}\cdot\text{m}$$

2．①轴柱间抗震墙承担的地震倾覆力矩

$$M_{cw}=\frac{K_{cw}}{\Sigma K_{cw}+\Sigma K_c}\times M_1$$

$$=\frac{1.65\times10^6}{6.694\times10^6}\times7396.7=1823.2\text{kN}\cdot\text{m}$$

**四、混凝土抗震墙截面承载力验算**

1. 正截面受弯承载力验算

①轴柱间抗震墙承担的轴力设计值 $N=445\text{kN}$

混凝土抗震墙的截面尺寸见图 6-9。

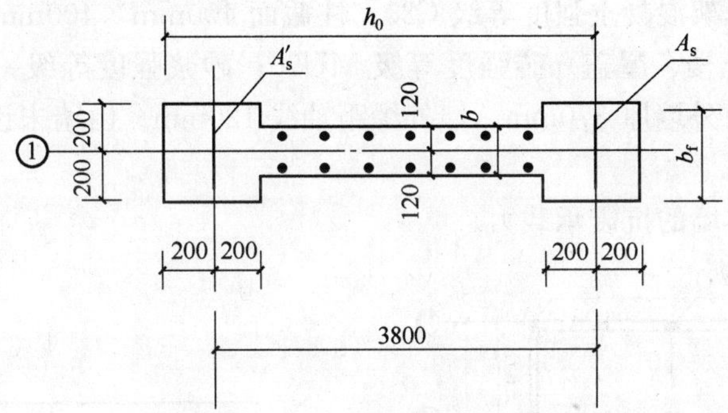


图 6-9　工字形截面混凝土抗震墙

轴向力偏心距　$e_0=\frac{M}{N}=\frac{1823.2\times10^6}{445\times10^3}=4.097\times10^3\text{mm}$

轴向力初始偏心距　$e_i=e_0+e_a=4.097\times10^3+20=4117\text{mm}$

$$\eta e_i=1.0\times4117=4117\text{mm}>0.3h_0=0.3\times4000=1200\text{mm}$$

属大偏心受压

$$X=\frac{N}{\alpha_1 f_c b_f}=\frac{445\times10^3}{1.0\times9.6\times400}=115.89\text{mm}$$

$$e=\eta e_i+\frac{h}{2}-a_s=4097+\frac{4200}{2}-200=5997\text{mm}$$

$$A_s=A'_s=\frac{Ne-\alpha_1 f_c b_f\times\left(h_0-\frac{x}{2}\right)}{f'_y(h_0-a'_s)}$$

$$=\frac{445\times10^3\times5997-1.0\times9.6\times400\times115.89\left(4000-\frac{115.89}{2}\right)}{300(4000-200)}$$

$$=807\text{mm}^2$$

选择 4Φ18　$A_s=1017\text{mm}^2$

2. 斜截面抗剪承载力验算

按《建筑抗震设计规范》，底层框架-抗震墙，抗震墙的抗震等级为一级。因此，抗震墙的剪力设计值为：

$$V_w=1.6V=1.6\times424.86=679.78\text{kN}$$

选择抗震墙竖向、横向均设置两排 $\phi10@200$ 钢筋。

剪跨比 $\lambda=\frac{M}{Vh_0}=\frac{1823.2\times10^6}{424.86\times10^3\times4000}=1.07<1.5$

取 $\lambda=1.5$

$$\frac{1}{r_{RE}}\left[\frac{1}{\lambda-0.5}\left(0.4f_t bh_0-0.1N\frac{A_w}{A}\right)+0.8f_{yv}\frac{A_{sh}}{s}h_0\right]$$

$$=\frac{1}{0.85}\left[\frac{1}{1.5-0.5}(0.4\times1.1\times240\times4000-0.1\times445\times10^3\times1.0)+0.8\times210\,\frac{157}{200}\times4000\right]$$

$=1065.2\text{kN}>V_w=679.78\text{kN}$　满足要求。

**【实例 6-2】** 某 3 层内框架砖房，四角设有构造柱，建筑平面、剖面如图 6-10 所示。设防烈度 7 度。内框架混凝土强度等级 C20。柱截面 400mm×400mm，梁截面 250mm×650mm，现浇混凝土楼、屋盖。砖强度等级 MU10；砂浆强度等级一层为 M10，二层为 M7.5，三层为 M5。外墙厚 370mm，墙外缘距轴线 120mm。山墙未设门窗。基础顶面标高−0.500m。

试验算首层砌体墙的抗震承载力。

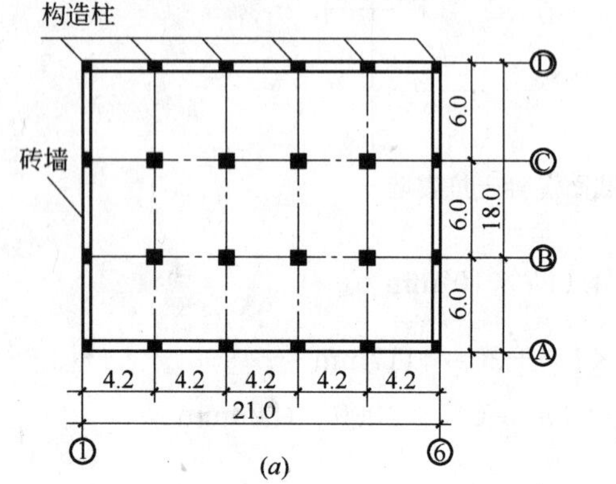


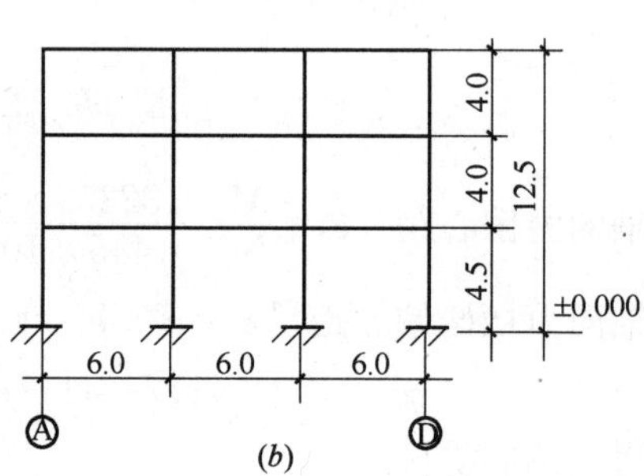


图 6-10　平面及剖面示意图

**【解】** 1. 抗震设计的基本要求

(1) 房屋总高度和层数

$H=12.5+0.5=13\text{m}<16\text{m}$，满足

层数三层<五层，满足

(2) 抗震横墙的最大间距

横向最大间距 21m＝21m，满足

纵向最大间距 18m<21m，满足

(3) 层高

首层：4.5m，未超过规范规定 4.5m

二、三层：4.0m<4.5m

2. 水平地震作用的计算

(1) 结构总水平地震作用标准值

$$\Sigma G_i=5300+7100+7500=19900\text{kN}$$

$$F_{Ek}=\alpha_1 G_{eq}=0.08\times0.85\times19900=1353.2\text{kN}$$

(2) 各层水平地震剪力

各层水平地震剪力标准值见表 6-9

**各层水平地震剪力标准值** **表 6-9**

| 楼层 | $G_i$ (kN) | $H_i$ (m) | $G_iH_i$ (kN·m) | $F_i=\frac{G_iH_i}{\Sigma G_iH_i}F_{Ek}(1-\delta_n)$ (kN) | $\Delta F_n=\delta_n F_{Ek}$ (kN) | $V_{ik}=\sum_{i=i}^{n}F_i+\Delta F_n$ (kN) |
|---|---|---|---|---|---|---|
| 3 | 5300 | 13 | 68900 | 438.2 | 270.6 | 708.8 |
| 2 | 7100 | 9 | 63900 | 406.4 | | 1115.2 |
| 1 | 7500 | 5 | 37500 | 238.5 | | 1353.7 |
| Σ | 19900 | | 170300 | | | |

首层水平地震剪力设计值：

$$V_1=\gamma_{Eh}V_{1k}=1.3\times1353.7=1759.8\text{kN}$$

(3) 首层①轴墙体承担的地震剪力

由于砌体墙的抗侧力刚度远大于内框架的刚度。因此，各层纵、横两方向地震剪力设计值均有两方向的砌体墙承担。

$$V_{11}=\frac{1}{2}V_1=\frac{1}{2}\times1759.8=879.9\text{kN}$$

3. 首层①轴砌体墙截面抗震承载力验算(图 6-11)

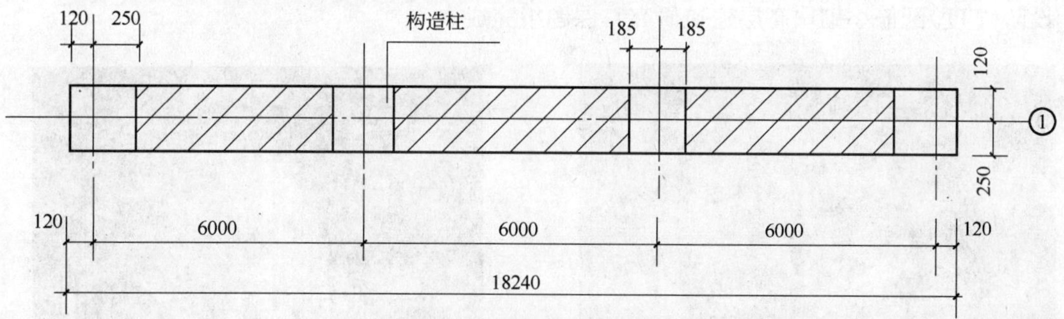


图 6-11 首层①轴砌体墙截面尺寸

MU10 砖、M10 砂浆，$f_v=0.17\text{N/mm}^2$

底层横墙$\frac{1}{2}$高度处墙体正应力 $\sigma_0=0.204\text{N/mm}^2$

$\sigma_0/f_v=\frac{0.204}{0.17}=1.2$，查表得 $\zeta_N=1.03$

$$f_{vE}=\zeta_N\times f_v=1.03\times0.17=0.175\text{N/mm}^2$$

$\frac{f_{vE}A}{\gamma_{RE}}=\frac{0.175\times370\times18240}{0.9}=1312.3\text{kN}>V_1=879.9\text{kN}$ 满足要求。

# 第七章　配筋砌块砌体剪力墙房屋的抗震设计

用配筋砌块砌体剪力墙建造的房屋称配筋小砌块建筑。用配筋砌块砌体剪力墙作为竖向承重结构，改变了无筋砌块砌体墙用于多层房屋时强度低、延性差的缺点。

国外配筋小砌块建筑的应用已有相当长的历史。美国是配筋砌块建筑建造最多的国家，仅洛杉矶一地，1971 年前已建造了 6～13 层配筋砌块建筑 100 多栋，最高的小砌块建筑是建于 1989 年的 Excalibir 旅馆、28 层，而 15～19 层的配筋砌块建筑相当普遍。配筋砌块建筑，经历了多次地震考验，其抗震性能是比较好的：①1971 年 2 月，美国洛杉矶发生 6.9 级地震，地震区两栋地下 1 层、地上 5 层的钢筋混凝土框架医院完全倒坍，其他砖木结构和钢筋混凝土建筑也遭到不同程度的破坏，但用配筋建造的小砌块建筑都保持完好；②1989 年美国旧金山市发生 7.1 级地震；考察了 40～50 栋配筋砌块建筑，全都经受住了地震的考验。

图 7-1 是一栋澳大利亚小砌块高层建筑。

我国第一栋配筋砌块砌体 10 层住宅，1983 年建于广西南宁，在 1986 年又建成 11 层小砌块办公楼(图 7-2)。这两栋高层小砌块建筑是由广西建筑科学研究院负责，由《抗震设防(7 度)配筋小砌块高层建筑研究》课题组完成。

图 7-1　澳大利亚小砌块高层建筑

图 7-2　1986 年南宁市建成的 11 层小砌块办公楼

南宁 11 层小砌块试点办公楼的砌体材料 表 7-1

| 层 数 | 小砌块厚度(mm) | 砌块空心率(%) | 砌块强度等级 | 砂浆强度等级 | 灌芯率(%) |
|---|---|---|---|---|---|
| 1～7 层 | 190 | 40 | MU20 | M10 混合砂浆 | 约 62 |
| 8～11 层 | 190 | 40 | MU10 | M7.5 混合砂浆 | 约 44 |

辽宁盘锦 15 层小砌块试点住宅，7 度设防，总建筑面积 7000m²，标准层面积 500m²，底层层高 4.4m，标准层 3.0m，主体 14 层、局部 15 层，建筑总高度 46m。图 7-3(*a*)为 15 层小砌块住宅的全貌；图 7-3(*b*)为标准层的平面图。

(*a*)

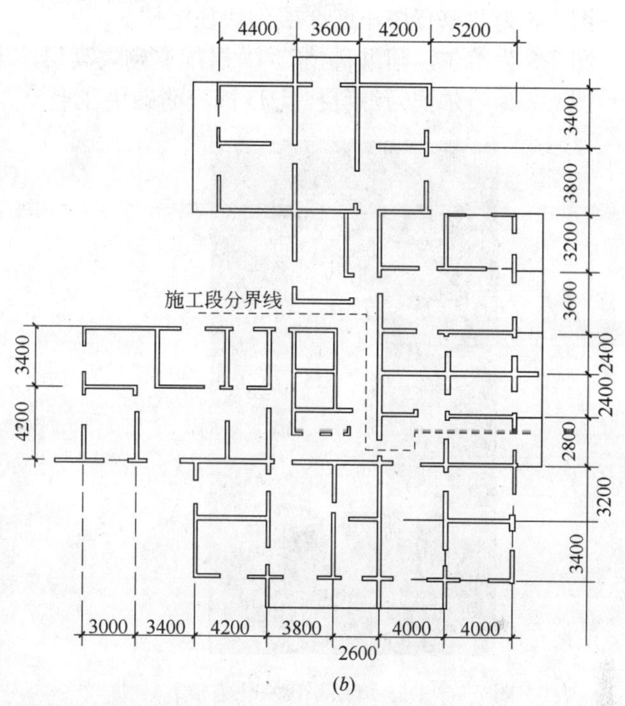


(*b*)

图 7-3 15 层配筋砌块住宅

(*a*)全貌；(*b*)标准层平面图

表 7-2 为该住宅采用的砌体材料。

盘锦 15 层小砌块试点住宅的砌体材料 表 7-2

| 层 数 | 小砌块厚度(mm) | 砌块空心率(%) | 砌块强度等级 | 砂浆强度等级 | 灌孔混凝土强度等级 | 灌芯率(%) |
|---|---|---|---|---|---|---|
| 1～2 | 190 | 约 46 | MU20 | M20 | Cb30 | 100 |
| 3～8 | 190 | 约 46 | MU15 | M15 | Cb25 | 部分 |
| 9～15 | 190 | 约 46 | MU10 | M10 | Cb20 | 部分 |

注：1. 砂浆采用自行研制的砌块专用砂浆；

2. 墙体除电梯井部分墙体采用 C20 混凝土外，其余承重墙均采用 190mm 混凝土配筋小砌块。

上海 18 层小砌块配筋砌体试点住宅，7 度设防，18 层，局部 20 层，总建筑面积 10970m²，每层层高均 2.8m，建筑总高度 51.4m。图 7-4 为上海 18 层小砌块住宅楼的全貌。

表 7-3 为 18 层砌块住宅采用的砌体材料。

**上海 18 层小砌块住宅的砌体材料** **表 7-3**

| 层数 | 小砌块厚度（mm） | 砌块空心率（%） | 砌块强度等级 | 砂浆强度等级 | 灌孔混凝土强度等级 | 灌芯率（%） |
|---|---|---|---|---|---|---|
| 1～3 | 190 | 50 | MU20 | M30 | Cb40 | 100 |
| 4～18 | 190 | 50 | MU15 | M25 | Cb35 | 100 |

注：为了使灌孔混凝土强度特征与砌块强度特征接近，灌孔混凝土强度等级与砌块抗压强度(按净面积计算)基本接近。

目前，国内已有相当数量的配筋砌块砌体的中、高层建筑。

图 7-5 为北京青塔小区 9 层砌块住宅楼。

图 7-6 为哈尔滨阿继科技院 18 层配筋砌块高层住宅。

图 7-7 为哈尔滨阿继科技院 D 栋配筋砌块住宅。

图 7-4 上海 18 层小砌块住宅楼

图 7-5 北京 9 层砌块试点建筑

图 7-6 哈尔滨 18 层配筋砌块高层住宅外形照片

图 7-7 阿继科技园 D 栋

## 第一节　配筋砌块建筑抗震设计的基本要求

配筋小砌块建筑是一种新的结构体系。它可以用配筋砌块砌体组成剪力墙结构；也可用钢筋混凝土框架和配筋砌块剪力墙组成框架-剪力墙结构；或底部用钢筋混凝土框架、剪力墙，上部用配筋砌块剪力墙组成框支剪力墙结构。配筋砌体剪力墙可用于中高层，也适用大开间的多层建筑。因此，对配筋砌块砌体各种材料要求、墙体的结构布置，以及地震区房屋的设计要求与无筋砌块砌体多层建筑有明显的不同。

### 一、材料要求

配筋砌块砌体的关键材料是：①高强度砌块；②砌块砌筑砂浆；③灌孔混凝土。需要指出的是，选用这些材料时，应注意各种材料强度之间的相互匹配。

1. 高强度砌块

用于高层建筑的砌块强度等级为 MU10、MU15、MU20 或更高。目前国内使用小砌块主规格尺寸为 390mm×190mm×190mm，孔洞率 50%左右。由于在砌块的孔洞内配置一定数量的竖向钢筋，砌体的水平方向也配置一定数量的水平钢筋，在芯柱的孔洞中和带凹槽的水平钢筋处灌注混凝土，使墙体在竖、横两个方向形成整体，见图 7-8。

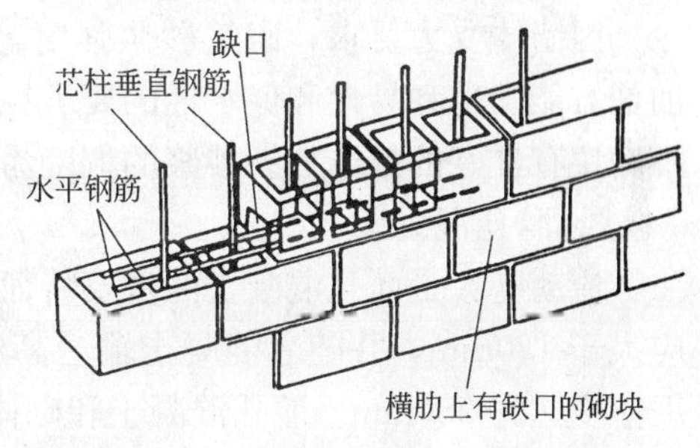

图 7-8

为了满足灌孔混凝土能在墙体内水平流动，混凝土小砌块的端肋和中肋，以及墙体转角部位砌块的壁在生产制作时都需预留宽 124mm、高 60mm 的缺口，施工时可按砌筑部位的需要，用泥刀或木锤敲掉两缝间的肋。图 7-9 是上海 18 层配筋砌块建筑使用的砌块规格和外形尺寸。图 7-10 是哈尔滨阿继科技院配筋砌块高层建筑用砌块的规格。

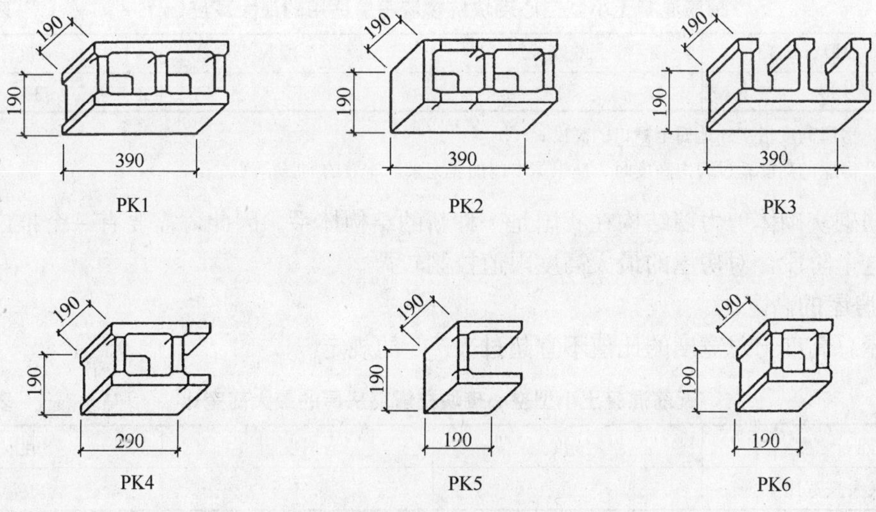

图 7-9　上海 18 层砌块建筑用小砌块规格

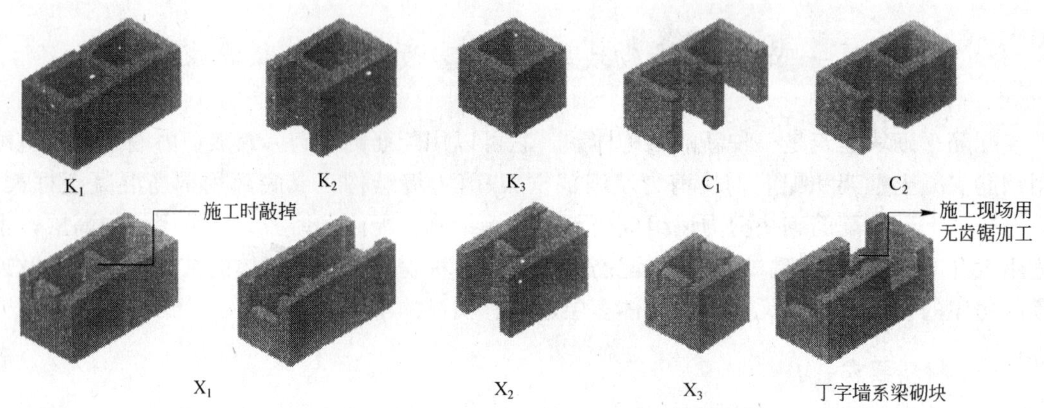


图 7-10 哈尔滨阿继科技院砌块建筑用小砌块的规格

2. 砌筑砂浆

因墙体受力要求，砌筑砂浆强度等级为 M10～M30。在配制砂浆时，往往需加入外加剂方能满足和易性和保水性的要求。砌筑时既可将砂浆铺开来又不流淌，而且与混凝土小砌块有良好的粘结力。砂浆的稠度为 50～70mm，分层度不大于 30mm。

3. 灌孔混凝土

流动度大是灌孔混凝土的重要特征。为此，粗集料的最大粒径不大于 16mm，坍落度应大于 180mm，并随着混凝土输送高度和施工气温升高而加大。用泵送 50m 高的建筑，坍落度达到 250mm。灌孔混凝土和砌体材料匹配见表 4-1。

## 二、房屋抗震设计的一般要求

1. 房屋最大高度

《砌体结构设计规范》GB 50003—2001 规定配筋砌块砌体剪力墙房屋的最大高度不宜超过表 7-4 的数值。

**配筋混凝土小型空心砌块抗震墙房屋适用的最大高度(m)** **表 7-4**

| 最小墙厚(mm) | 6 度 | 7 度 | 8 度 |
|---|---|---|---|
| 190 | 54 | 45 | 30 |

注：1. 房屋高度指室外地面至檐口的高度；

2. 房屋的高度超过表内高度时，应根据专门的研究采取有效的加强措施。

配筋砌块砌体剪力墙结构在我国是一种新的结构体系。因此，需要有一个推广应用阶段。在这个阶段，对房屋的最大高度限值控制较严。

2. 房屋的高宽比

房屋总高度与总宽度的比值不宜超过表 7-5 的规定。

**配筋混凝土小型空心砌块抗震墙房屋的最大高宽比** **表 7-5**

| 烈　度 | 6 度 | 7 度 | 8 度 |
|---|---|---|---|
| 最大高宽比 | 5 | 4 | 3 |

3. 配筋砌块砌体剪力墙的抗震等级

配筋砌块砌体剪力墙的抗震等级，应按抗震设防烈度和房屋高度采用不同的抗震等级，见表 7-6，并应符合相应的计算和构造措施要求。

**配筋小型空心砌块抗震墙房屋的抗震等级　　表 7-6**

| 烈　度 | 6 度 | | 7 度 | | 8 度 | |
|---|---|---|---|---|---|---|
| 高度(m) | ≤24 | ＞24 | ≤24 | ＞24 | ≤24 | ＞24 |
| 抗震等级 | 四 | 三 | 三 | 二 | 二 | 一 |

注：1. 接近或等于高度分界时，可结合房屋不规则的程度及场地、地基条件确定抗震等级；
2. 当配筋砌体剪力墙结构为底部大空间时，其抗震等级宜按表中规定适当提高一级。

4. 结构平面布置

(1) 配筋砌块抗震墙房屋的平面布置，应比钢筋混凝土抗震墙房屋的要求还严格一些。房屋的平面形状宜简单、规则、对称，避免房屋产生扭转，提高房屋的整体抗震能力。

1) 建筑结构平面扭转不规则

图 7-11 为结构平面的扭转不规则。其楼层的最大弹性水平位移(或层间位移)，大于该楼层两端弹性水平位(或层间位移)平均值的 1.2 倍。

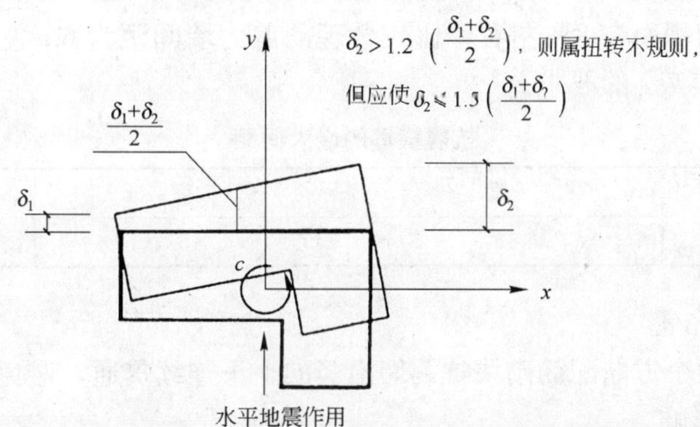


图 7-11　建筑结构平面的扭转不规则示例

2) 建筑结构平面凹、凸角不规则

结构平面凹进的一侧尺寸，不应大于相应投影方向总尺寸的 30%，见图 7-12。

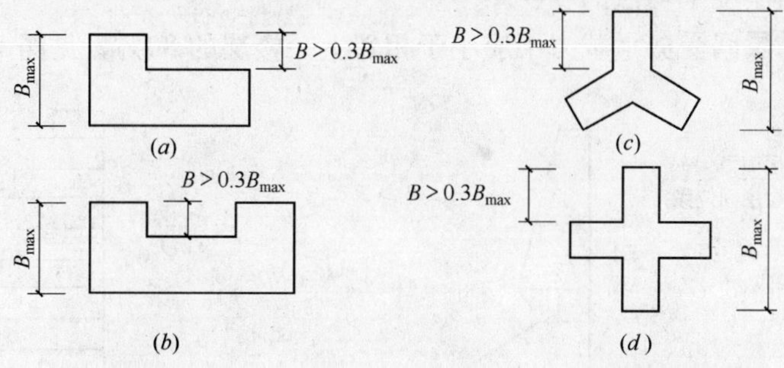


图 7-12　建筑结构平面的凹角或凸角不规则示例

3) 建筑结构平面局部不连续

有效楼板宽度不小于该层楼板典型宽度的 50%，或开洞面积不大于该楼层面积的

30%，或有较大的错层，见图 7-13。

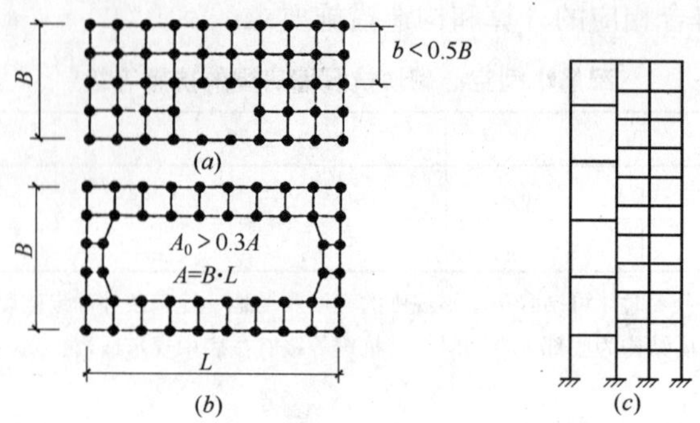


图 7-13 建筑结构平面的局部不连续示例(大开洞及错层)

(2) 房屋的平面长度不宜过长，凹凸不宜过大，凹处宜采取加强措施。

5. 墙体构件布置

(1) 单片配筋砌块墙长度不宜太长，避免使结构周期短地震作用增大。

(2) 配筋砌块剪力墙的每一个墙肢的高宽比不宜小于 2，高宽比不小于 2 的墙肢为弯曲破坏，有较好的变形能力，但每一墙肢长度不宜大于 8m，也不宜小于 1.0m。

(3) 剪力墙的面积率在 8%左右，比较合理的剪力墙间距为 6m 左右，房屋抗震横墙的最大间距应符合表 7-7 的要求。

**抗震横墙的最大间距** **表 7-7**

| 烈 度 | 6 度 | 7 度 | 8 度 |
| --- | --- | --- | --- |
| 最大间距(m) | 15 | 15 | 11 |

6. 结构的竖向布置

(1) 房屋纵横两个方向配筋砌块抗震墙沿竖向上下连续贯通，避免结构刚度突变，对房屋抗震造成不利影响。

(2) 配筋砌块抗震墙的洞口上下对齐，成列布置，形成明确的墙肢和连梁。

(3) 剪力墙竖向避免过大的外挑和内收。

图 7-14 为侧向刚度不规则。即该层的侧向刚度小于相邻上一层的 70%，或小于其上相邻三个楼层侧向刚度平均值的 80%。

抗侧力结构的层间受剪承载力不应小于相邻上一楼层的 80%，见图 7-15。

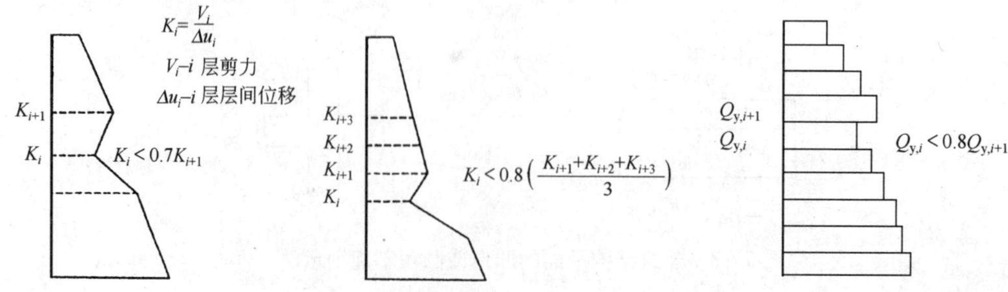


图 7-14 沿竖向的侧向刚度不规则(有柔软层)

图7-15 竖向抗侧力结构屈服抗剪强度非均匀化(有薄弱层)

7. 房屋的伸缩缝和防震缝

(1) 伸缩缝最大间距。配筋砌块砌体房屋伸缩缝的最大间距按表3-8采用。虽然砌块砌体的干缩率大于烧结砖砌体的干缩率，但配筋砌块砌体墙的最小含钢率为0.07%～0.13%时，对砌块的干缩应力和墙体裂缝有显著的控制作用。

(2) 防震缝。房屋选用规则、合理的建筑结构方案时，可不设防震缝；当需要防震缝时，其最小宽度应符合下列要求：

当房屋高度不超过20m时，可采用70mm；当超过20m时，6度、7度、8度相应每增加6m、5m和4m，宜加宽20mm。

## 第二节　配筋砌块砌体剪力墙抗震承载力验算

### 一、内力和位移计算

1. 高层配筋砌块建筑应进行重力荷载、风荷载或地震作用下的内力分析，荷载效应和地震作用效应组合应符合《高层建筑混凝土结构技术规程》(JGJ 3—2002)的要求。

2. 高层配筋砌块剪力墙房屋的内力和位移，按弹性方法计算，即结构或构件的刚度不折减。

3. 当高度不超过40m、以剪切变形为主、质量和刚度沿高度分布比较均匀时，可按底部剪力法进行地震作用简化计算。其他情况宜采用振型分解反应谱法计算。

4. 每一个方向上的水平荷载或水平地震作用由该方向上的平面抗侧力结构承受。

5. 在《砌体结构设计规范》(GB 50003—2001)规定范围内，且高宽比≤5时，可不进行整体结构的稳定性和抗倾覆验算。

6. 高层配筋砌块剪力墙结构的水平位移值，在风荷载和地震作用下，结构的层间位移角分别不宜大于1/1100和1/1000。

### 二、配筋砌块砌体剪力墙抗震承载力计算。

1. 正截面承载力计算

配筋砌块剪力墙考虑地震组合时，其正截面的承载力计算可按式(4-12)～式(4-24)进行。但其抗力应除以承载力抗震调整系数$\gamma_{RE}$，$\gamma_{RE}$取0.85。

2. 斜截面承载力计算

(1) 剪力设计值

配筋砌块砌体剪力墙承载力计算时，底部高度为$H/6$($H$为房屋高度)，并不小于底部二层高度，加强部位的截面组合剪力设计值$V_w$，应按下列规定调整：

一级抗震等级　$$V_w=1.6V \tag{7-1}$$

二级抗震等级　$$V_w=1.4V \tag{7-2}$$

二级抗震等级　$$V_w=1.2V \tag{7-3}$$

四级抗震等级　$$V_w=1.0V \tag{7-4}$$

式中　$V$——考虑地震作用组合的剪力墙计算截面的剪力计算值。

(2) 截面尺寸

配筋砌块砌体剪力墙的截面应符合下列要求：

当剪跨比大于 2 时

$$V_w \leqslant \frac{1}{\gamma_{RE}} 0.2 f_g bh \tag{7-5}$$

当剪跨比小于或等于 2 时

$$V_w \leqslant \frac{1}{\gamma_{RE}} 0.15 f_g bh \tag{7-6}$$

式中 $\gamma_{RE}$——承载力抗震调整系数，可取 0.85；

$f_g$——灌孔砌体的抗压强度设计值；

$b$——剪力墙的截面宽度；

$h$——剪力墙的截面高度。

(3) 计算公式

偏心受压配筋砌块砌体剪力墙，其斜截面受剪承载力应按下列公式计算：

$$V_w \leqslant \frac{1}{\gamma_{RE}} \left[ \frac{1}{\lambda - 0.5} \left( 0.48 f_{vg} b h_0 + 0.10 N \frac{A_w}{A} \right) + 0.72 f_{yh} \frac{A_{sh}}{s} h_0 \right] \tag{7-7}$$

$$0.5 V_w \leqslant \frac{1}{\gamma_{RE}} \left( 0.72 f_{yh} \frac{A_{sh}}{s} h_0 \right) \tag{7-8}$$

$$\lambda = \frac{M}{V_w h_0} \tag{7-9}$$

式中 $f_{vg}$——灌孔砌体的抗剪强度设计值；

$M$——考虑地震作用组合的剪力墙计算截面的弯矩设计值；

$V_w$——考虑地震作用组合的剪力墙计算截面的剪力设计值；

$N$——考虑地震作用组合的剪力墙计算截面的轴向力设计值，当 $N > 0.2 f_g bh$ 时，取 $N = 0.2 f_g bh$；

$A$——剪力墙的截面面积，其中翼缘的有效面积，可按 T 形截面偏压构件的翼缘要求考虑；

$A_w$——T 形或 I 字形截面剪力墙腹板的截面面积，对于矩形截面取 $A_w = A$；

$\lambda$——计算截面的剪跨比，当 $\lambda \leqslant 1.5$ 时，取 $\lambda = 1.5$；当 $\lambda \geqslant 2.2$ 时，取 $\lambda = 2.2$；

$A_{sh}$——配置在同一截面内的水平分布钢筋的全部截面面积；

$f_{yh}$——水平钢筋的抗拉强度设计值；

$s$——水平分布钢筋的竖向间距；

$h_0$——剪力墙截面有效高度。

偏心受拉配筋砌块砌体剪力墙，其斜截面受剪承载力应按下式计算：

$$V_w \leqslant \frac{1}{\gamma_{RE}} \left[ \frac{1}{\lambda - 0.5} \left( 0.48 f_{vg} b h_0 - 0.17 N \frac{A_w}{A} \right) + 0.72 f_{yh} \frac{A_{sh}}{s} h_0 \right] \tag{7-10}$$

注：当 $0.48 f_{vg} b h_0 - 0.17 N \frac{A_w}{A} < 0$ 时，取 $0.48 f_{vg} b h_0 - 0.17 N \frac{A_w}{A} = 0$。

## 三、配筋砌块砌体剪力墙连梁抗震承载力计算

1. 正截面承载力计算

配筋砌块砌体剪力墙连梁的正截面受弯承载力可按现行国家标准《混凝土结构设计规

范》(GB 50010—2002)受弯构件的有关规定进行计算；当采用配筋砌块砌体连梁时，应采用相应的计算参数和指标；连梁的正截面承载力应除以相应的承载力抗震调整系数$\gamma_{RE}$，$\gamma_{RE}$可取0.85。

2. 斜截面承载力计算

(1) 剪力设计值

配筋砌块砌体剪力墙连梁的剪力设计值，抗震等级一、二、三级时应按下列公式调整，四级时可不调整：

$$V_b = \eta_v \frac{M_b^l + M_b^r}{l_n} + V_{Gb} \tag{7-11}$$

式中 $V_b$——连梁的剪力设计值；

$\eta_v$——剪力增大系数，一级时取1.3；二级时取1.2；三级时取1.1；

$M_b^l$、$M_b^r$——分别为梁左、右端考虑地震作用组合的弯矩设计值；

$V_{Gb}$——在重力荷载代表值作用下，按简支梁计算的截面剪力设计值；

$l_n$——连梁净跨。

(2) 截面尺寸

配筋砌块砌体剪力墙连梁的截面应符合下列要求：

当跨高比大于2.5时

$$V_b \leqslant \frac{1}{\gamma_{RE}}(0.2 f_g b h_0) \tag{7-12}$$

当跨高比小于或等于2.5时

$$V_b \leqslant \frac{1}{\gamma_{RE}}(0.15 f_g b h_0) \tag{7-13}$$

(3) 计算公式

配筋砌块砌体剪力墙连梁的斜截面受剪承载力应按下列公式计算：

当跨高比大于2.5时

$$V_b \leqslant \frac{1}{\gamma_{RE}}\left(0.64 f_{vg} b h_0 + 0.8 f_{yv} \frac{A_{sv}}{s} h_0\right) \tag{7-14}$$

当跨高比小于或等于2.5时

$$V_b \leqslant \frac{1}{\gamma_{RE}}\left(0.56 f_{vg} b h_0 + 0.7 f_{yv} \frac{A_{sv}}{s} h_0\right) \tag{7-15}$$

式中 $A_{sv}$——配置在同一截面内的箍筋各肢的全部截面面积；

$f_{yv}$——箍筋的抗拉强度设计值。

注：当连梁跨高比大于2.5时，宜采用混凝土连梁。

式中 $b$——连梁截面宽度；

$h_0$——连梁截面有效高度；

$A_{sv}$——配置在同一截面内箍筋各肢的全部截面面积；

$f_{yv}$——箍筋抗拉强度设计值；

$s$——箍筋的间距。

## 四、配筋砌块砌体剪力墙房屋抗震承载力计算框图(图 7-16)

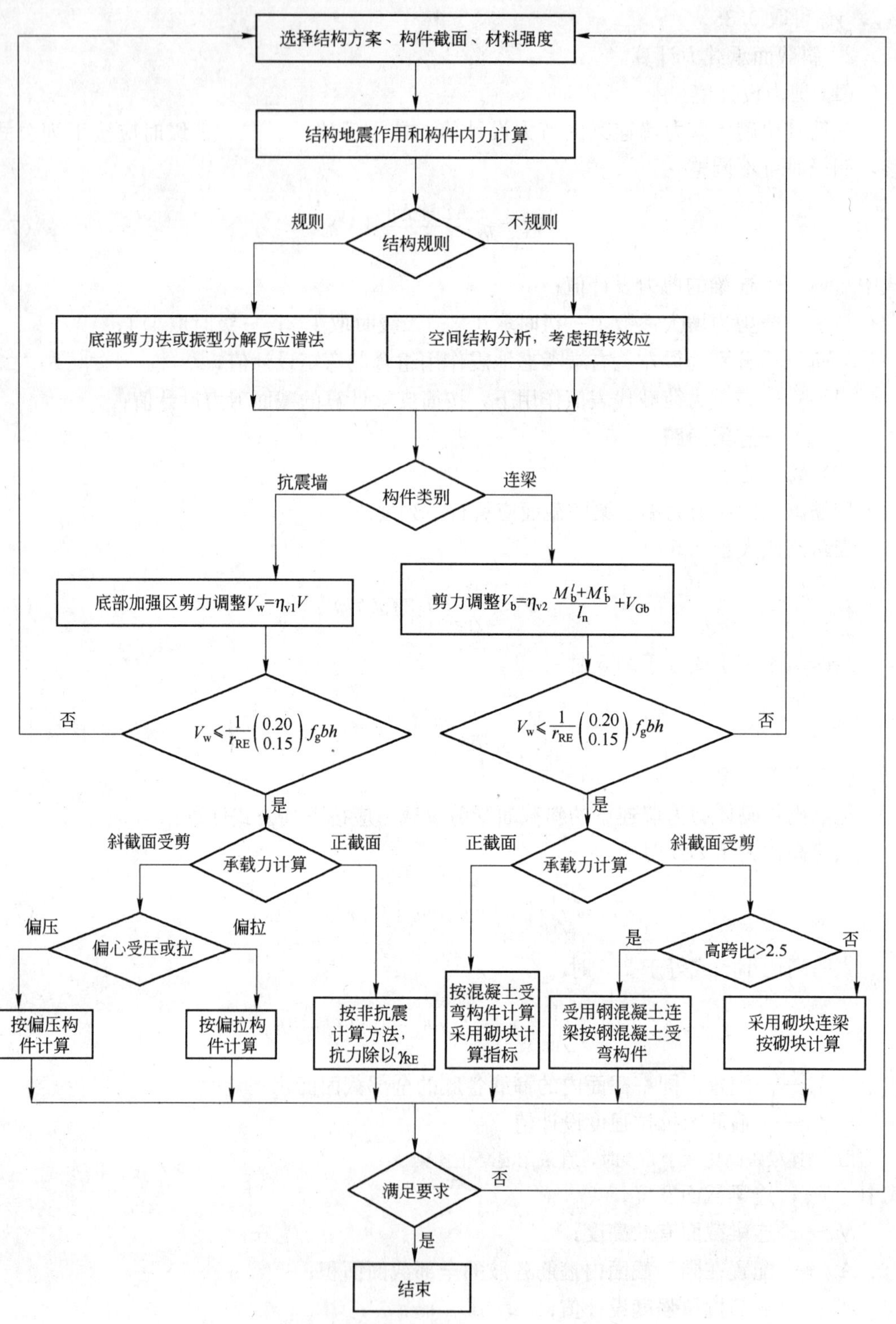


图 7-16　配筋砌块砌体剪力墙房屋抗震承载力计算框图

## 第三节　配筋砌块砌体剪力墙房屋的抗震构造措施

### 一、剪力墙

1. 剪力墙的厚度

配筋砌块砌体剪力墙的厚度，一级抗震等级剪力墙不应小于层高的 1/20，二、三、四级剪力墙不应小于层高的 1/25，且不应小于 190mm。

2. 剪力墙的水平和竖向分布钢筋

配筋砌块砌体剪力墙的水平和竖向分布钢筋应符合表 7-8 和表 7-9 的要求；剪力墙底部加强区的高度不小于房屋高度的 1/6，且不小于两层的高度。

**剪力墙水平分布钢筋的配筋构造　　表 7-8**

| 抗震等级 | 最小配筋率(%) | | 最大间距(mm) | 最小直径(mm) |
|---|---|---|---|---|
| | 一般部位 | 加强部位 | | |
| 一级 | 0.13 | 0.13 | 400 | $\phi8$ |
| 二级 | 0.11 | 0.13 | 600 | $\phi8$ |
| 三级 | 0.10 | 0.13 | 600 | $\phi6$ |
| 四级 | 0.07 | 0.10 | 600 | $\phi6$ |

**剪力墙竖向分布钢筋的配筋构造　　表 7-9**

| 抗震等级 | 最小配筋率(%) | | 最大间距(mm) | 最小直径(mm) |
|---|---|---|---|---|
| | 一般部位 | 加强部位 | | |
| 一级 | 0.13 | 0.13 | 400 | $\phi12$ |
| 二级 | 0.11 | 0.13 | 600 | $\phi12$ |
| 三级 | 0.10 | 0.10 | 600 | $\phi12$ |
| 四级 | 0.07 | 0.10 | 600 | $\phi12$ |

3. 剪力墙的边缘构件

配筋砌块砌体剪力墙边缘构件的设置，除应符合第二章第四节“六”的规定外，当剪力墙的压应力大于 $0.5f_g$ 时，其构造配筋应符合表 7-10 的规定。

**剪力墙边缘构件构造配筋　　表 7-10**

| 抗震等级 | 底部加强区 | 其他部位 | 箍筋或拉筋直径和间距 |
|---|---|---|---|
| 一级 | $3\phi20(4\phi16)$ | $3\phi18(4\phi16)$ | $\phi8$@200 |
| 二级 | $3\phi18(4\phi16)$ | $3\phi16(4\phi14)$ | $\phi8$@200 |
| 三级 | $3\phi14(4\phi12)$ | $3\phi14(4\phi12)$ | $\phi8$@200 |
| 四级 | $3\phi12(4\phi12)$ | $3\phi12(4\phi12)$ | $\phi6$@200 |

注：表中括号中数字为混凝土柱时的配筋。

4. 剪力墙的布置

配筋砌块砌体剪力墙的布置，应符合下列要求：

(1) 平面形状宜简单、规则，凹凸不宜过大；竖向布置宜规则、均匀，避免有过大的外挑和内收。

(2) 纵横方向的剪力墙宜拉通对齐；较长的剪力墙可用楼板或弱连梁分为若干个独立的墙段，每个独立墙段的总高度与长度之比不宜小于 2。

(3) 剪力墙的门窗洞口宜上下对齐，成列布置。

(4) 剪力墙小墙肢的截面高度不宜小于 3 倍墙厚，也不应小于 600mm，小墙肢的配筋应符合表 7-8 的要求，一级剪力墙小墙肢的轴压比不宜大于 0.5，二、三级剪力墙的轴压比不宜大于 0.6。

(5) 单肢剪力墙和由弱连梁连接的剪力墙，宜满足在重力荷载作用下，墙体平均轴压比 $N/f_gA_w$ 不大于 0.5 的要求。

5. 受力钢筋的锚固和接头

考虑地震作用的配筋砌体结构构件，受力钢筋的锚固和接头，除应符合第四章的要求外，尚应符合：

(1) 竖向钢筋或纵向钢筋的最小锚固长度

一、二级抗震等级 $$l_{ae}=1.15l_a \tag{7-16}$$

三级抗震等级 $$l_{ae}=1.05l_a \tag{7-17}$$

四级抗震等级 $$l_{ae}=1.0l_a \tag{7-18}$$

式中 $l_a$——受拉钢筋锚固长度，应按第四章要求确定。

(2) 钢筋搭接接头

对一、二级抗震等级不小于 $1.2l_a+5d$；对三、四级不小于 $1.2l_a$。

6. 剪力墙水平分布钢筋设置、锚固或搭接

配筋砌块砌体剪力墙的水平分布钢筋(网片)宜沿墙长连续设置，其锚固或搭接要求除应符合第二章第四节“六”的规定外，尚应符合下列规定：

(1) 水平分布钢筋可绕端部主筋弯 180°弯钩，弯钩端部直段长度不宜小于 $12d$；该钢筋亦可垂直弯入端部灌孔混凝土中锚固，其弯折段长度，对一、二级抗震等级不应小于 250mm；对三、四级抗震等级，不应小于 200mm。

(2) 当采用焊接网片作为剪力墙水平钢筋时，应在钢筋网片的弯折端部加焊两根直径与抗剪钢筋相同的横向钢筋，弯入灌孔混凝土的长度不应小于 150mm。

## 二、剪力墙连梁

配筋砌块砌体剪力墙连梁的构造，当采用混凝土连梁时，应符合第二章第四节“六”的规定和现行国家标准《混凝土结构设计规范》(GB 50010—2002)中有关地震区连梁的构造要求；当采用配筋砌块砌体连梁时，除应符合第二章第四节“六”的规定外，尚应符合下列要求：

(1) 连梁上下水平钢筋锚入墙体内的长度，一、二级抗震等级不应小于 $1.1l_a$，三、四级抗震等级不应小于 $l_a$，且不应小于 600mm。

(2) 连梁的箍筋应沿梁长布置，并应符合表 7-11 的要求。

(3) 在顶层连梁伸入墙体的钢筋长度范围内，应设置间距不大于 200mm 的构造箍筋，

箍筋直径应与连梁的箍筋直径相同。

**连梁箍筋的构造要求** **表 7-11**

| 抗震等级 | 箍筋加密区 | | | 箍筋非加密区 | |
|---|---|---|---|---|---|
| | 长　度 | 箍筋间距(mm) | 直　径 | 间距(mm) | 直　径 |
| 一级 | $2h$ | 100 | $\phi10$ | 200 | $\phi10$ |
| 二级 | $1.5h$ | 200 | $\phi8$ | 200 | $\phi8$ |
| 三级 | $1.5h$ | 200 | $\phi8$ | 200 | $\phi8$ |
| 四级 | $1.5h$ | 200 | $\phi8$ | 200 | $\phi8$ |

注：$h$ 为连梁截面高度；加密区长度不小于 600mm。

(4) 跨高比小于 2.5 的连梁，在自梁底以上 200mm 和梁顶以下 200mm 范围内，每隔 200mm 增设水平分布钢筋。当一级抗震等级时，不小于 $2\phi12$；二至四级抗震等级时为 $2\phi10$。水平分布钢筋伸入墙内的长度不小于 $30d$ 和 300mm。

(5) 连梁不宜开洞。当需要开洞时，应在跨中梁高 1/3 处预埋外径不大于 200mm 的钢套管，洞口上下的有效高度不应小于 1/3 梁高，且不应小于 200mm，洞口处应配补强钢筋并在洞周边浇注灌孔混凝土，被洞口削弱的截面应进行受剪承载力验算。

### 三、配筋砌块砌体柱

配筋砌块砌体柱的构造除应符合第二章、第四节、六的规定外，尚应符合下列要求：

(1) 纵向钢筋直径不应小于 12mm，全部纵向钢筋的配筋率不应小于 0.4%。

(2) 箍筋直径不应小于 6mm，且不应小于纵向钢筋直径的 1/4；箍筋的间距，应符合下列要求：

1) 地震作用产生轴向力的柱，箍筋间距不宜大于 200mm；

2) 地震作用不产生轴向力的柱，在柱顶和柱底的 1/6 柱高、柱截面长边尺寸和 450mm 三者较大值范围内，箍筋间距不宜大于 200mm；其他部位不宜大于 16 倍纵向钢筋直径、48 倍箍筋直径和柱截面短边尺寸三者较小值。

(3) 箍筋或拉结钢筋端部的弯钩不应小于 135°。

### 四、夹心墙

夹心墙的自承重叶墙的横向支承间距，宜符合下列规定：

(1) 8、9 度时不宜大于 3m；

(2) 7 度时不宜大于 6m；

(3) 6 度时不宜大于 9m。

### 五、楼、屋盖

(1) 配筋砌块砌体剪力墙房屋的楼、屋盖宜采用现浇钢筋混凝土结构；抗震等级为四级时，也可采用装配整体式钢筋混凝土楼盖。

(2) 配筋砌块砌体剪力墙房屋的楼、屋盖处，应按下列规定设置钢筋混凝土圈梁。

1) 圈梁混凝土强度等级不宜小于砌块强度等级的 2 倍，或该层灌孔混凝土的强度等级，但不应低于 C20。

2) 圈梁的宽度宜为墙厚，高度不宜小于 200mm；纵向钢筋直径不应小于墙中水平分布钢筋的直径，且不宜小于 4$\phi$12；箍筋直径不应小于 $\phi$6，间距不大于 200mm。

### 六、基础与剪力墙结合处受力筋的连接

配筋砌块砌体剪力墙房屋的基础与剪力墙结合处的受力钢筋，当房屋高度超过 50m 或一级抗震等级时，宜采用抗械连接或焊接，其他情况可采用搭接。当搭接时，一、二级抗震等级时搭接长度不宜小于 50$d$，三、四级抗震等级时不宜小于 40$d$($d$ 受力钢筋直径)。

## 第四节　设　计　实　例

**【实例 7-1】** 已知：有一栋 10 层办公楼，采用混凝土小型空心砌块配筋砌体剪力墙结构，现浇钢筋混凝土楼盖，8 度地震区、Ⅱ类场地土，建筑平面图见图 7-17，建筑剖面图见图 7-18。混凝土小型空心砌块尺寸为 390mm×190mm×190mm，一～三层砌块强度为 MU20，砌筑砂浆强度为 Mb15，灌孔混凝土强度为 Cb30；4 层以上砌块强度 MU10、砌筑砂浆强度 Mb10，灌孔混凝土强度 Cb20；施工质量控制等级为 A 级。

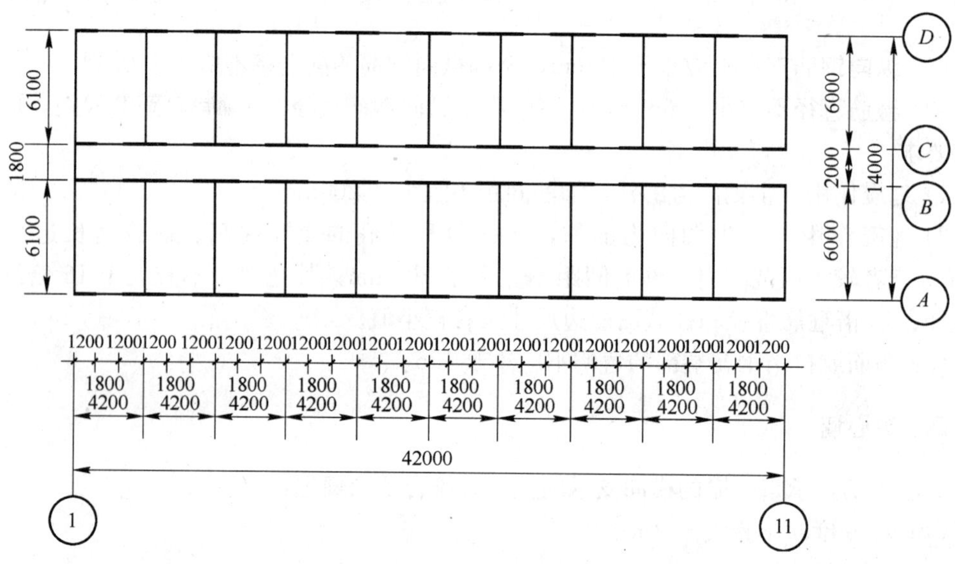


图 7-17　平面图

求：合理地选择砌块配筋砌体剪力墙的竖向和水平方向的配筋量，验算四层和首层内横墙②轴墙体的斜截面承载力。

**【解】** 1. 荷载计算

(1) 屋面荷载标准值

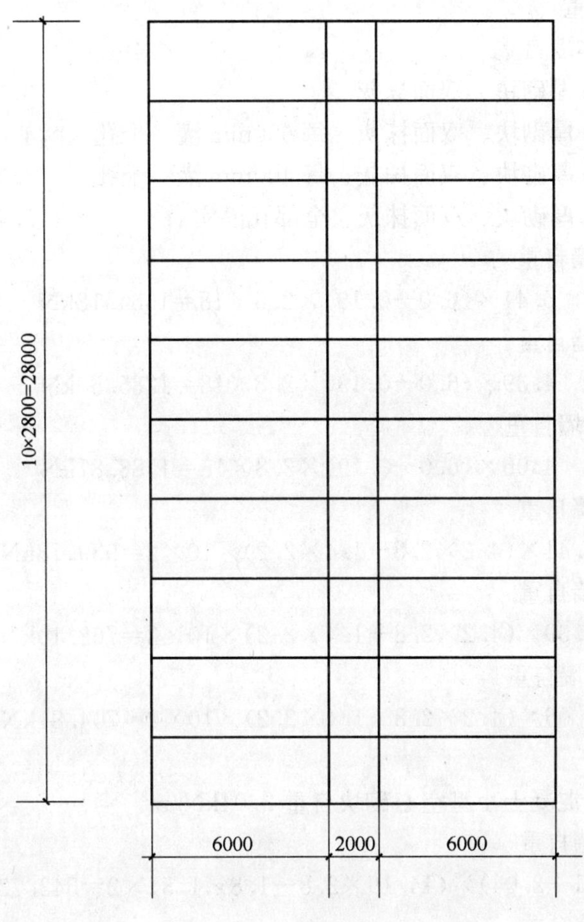


图 7-18　剖面图

永久荷载：

| | |
|---|---|
| 防水层 | 0.4kN/m² |
| 找平层 | 0.4kN/m² |
| 保温层 | 0.65kN/m² |
| 找平层 | 0.4kN/m² |
| 现浇混凝土屋面板 | 3.0kN/m² |
| 合计 | 4.85kN/m² |
| 屋面活荷载 | 0.7kN/m² |

(2) 楼面荷载标准值

永久荷载：

| | |
|---|---|
| 地面层 | 1.30kN/m² |
| 现浇混凝土楼板 | 3.0kN/m² |
| 合计 | 4.3kN/m² |
| 楼面活荷载 | 2.0kN/m² |

(3) 砌块内墙自重

1) 灌孔砌块砌体墙自重

190mm 厚砌块、双面抹灰 $3.38kN/m^2$

190mm 厚砌块、双面抹灰、每 600mm 灌一个孔 $4.06kN/m^2$

190mm 厚砌块、双面抹灰、每 400mm 灌一个孔 $4.39kN/m^2$

190mm 厚砌块、双面抹灰、全部孔灌实 $5.41kN/m^2$

2) 1～3 层内横墙自重

$$5.41\times(6.0-0.19)\times2.8\times18=1584.18kN$$

3) 4～6 层内横墙自重

$$4.39\times(6.0-0.19)\times2.8\times18=1285.50kN$$

4) 7～10 层内横墙自重

$$4.06\times(6.0-0.19)\times2.8\times18=1188.87kN$$

5) 1～3 层内纵墙自重

$$5.41\times(4.2\times2.8-1.4\times2.2)\times10\times2=939.18kN$$

6) 4～6 层内纵墙自重

$$4.39\times(4.2\times2.8-1.4\times2.2)\times10\times2=762.10kN$$

7) 7～10 层内纵墙自重

$$4.06\times(4.2\times2.8-1.4\times2.2)\times10\times2=704.81kN$$

(4) 外横墙自重

1) 90mm 厚饰面混凝土小型空心砌块自重 $2.04kN/m^2$

2) 1～3 层外横墙自重

$$(5.41+2.04)\times(14.19\times2.8-1.8\times1.8)\times2=543.73kN$$

3) 4～6 层外横墙自重

$$(4.39+2.04)\times(14.19\times2.8-1.8\times1.8)\times2=469.29kN$$

4) 7～10 层外横墙自重

$$(4.06+2.04)\times(14.19\times2.8-1.8\times1.8)\times2=445.20kN$$

(5) 外纵墙自重

1) 1～3 层外纵墙自重

$$(5.41+2.04)\times(4.2\times2.8-1.8\times1.8)\times10\times2=1269.48kN$$

2) 4～6 层外纵墙自重

$$(4.39+2.04)\times(4.2\times2.8-1.8\times1.8)\times10\times2=1095.67kN$$

3) 7～10 层外纵墙自重

$$(4.06+2.04)\times(4.2\times2.8-1.8\times1.8)\times10\times2=1039.44kN$$

(6) 各层集中荷载，取 50%活荷载标准值

1) 1～3 层

$$5.3\times41.81\times13.81+1584.18+939.18+543.73+1269.48=7396.77kN$$

2) 4～6 层

$$5.3\times41.81\times13.81+1285.50+762.10+469.29+1095.67=6672.76kN$$

3) 7～9 层

$$5.3\times41.81\times13.81+1188.87+704.81+445.20+1039.44=6438.52\text{kN}$$

4）10 层

$$4.85\times41.81\times13.81+\frac{1}{2}(1188.87+704.81+445.20+1039.44)=4489.53\text{kN}$$

2. 地震作用计算

(1) 结构总水平地震作用标准值

由于建筑物总高度未超过 40m，纵、横两个方向墙体刚度和质量沿高度方向分布比较均匀，结构总水平地震作用标准值的计算采用底部剪力法。

1）建筑物总重量

$$G_E=7396.77\times3+6672.76\times3+6438.52\times3+4489.53=66013.68\text{kN}$$

结构等效总重力荷载：$G_{eq}=0.85\times G_E=0.85\times66013.68=56111.63\text{kN}$

2）建筑物的自振周期

$$T_1=0.06\times n=0.06\times10=0.6\text{s}$$

3）结构总水平地震作用标准值

由于建筑物处于 8 度地震区，近震、Ⅱ类场地土，$T_g=0.35$s

地震影响系数 $\alpha=\left(\frac{T_g}{T_1}\right)^{0.9}\times\alpha_{max}=\left(\frac{0.35}{0.60}\right)^{0.9}\times0.16=0.0985$

结构总地震作用标准值

$$F_{Ek}-\alpha G_{eq}-0.0985\times56111.63=5527\text{kN}$$

(2) 各层地震剪力

1）各层水平地震作用

$$F_1=\frac{G_1H_1}{\Sigma G_iH_i}F_{Ek}=\frac{20710.96}{962897.04}\times5527=118.88\text{kN}$$

$$F_2=\frac{41421.91}{962897.04}\times5527=237.76\text{kN}$$

$$F_3=\frac{62132.87}{962897.04}\times5527=356.64\text{kN}$$

$$F_4=\frac{74734.91}{962897.04}\times5527=428.98\text{kN}$$

$$F_5=\frac{93418.64}{962897.04}\times5527=536.22\text{kN}$$

$$F_6=\frac{112102.37}{962897.04}\times5527=643.47\text{kN}$$

$$F_7=\frac{126194.99}{962897.04}\times5527=724.36\text{kN}$$

$$F_8=\frac{144222.85}{962897.04}\times5527=827.84\text{kN}$$

$$F_9=\frac{162250.70}{962897.04}\times5527=931.32\text{kN}$$

$$F_{10}=\frac{125706.84}{962897.04}\times5527=721.56\text{kN}$$

2）各层地震剪力

$$V_{10}=F_{10}=721.56\text{kN}$$
$$V_9=V_{10}+F_9=721.56+931.32=1652.88\text{kN}$$
$$V_8=V_9+F_8=1652.88+827.84=2480.72\text{kN}$$
$$V_7=V_8+F_7=2480.72+724.36=3205.08\text{kN}$$
$$V_6=V_7+F_6=3205.08+643.47=3848.55\text{kN}$$
$$V_5=V_6+F_5=3848.55+536.22=4384.77\text{kN}$$
$$V_4=V_5+F_4=4384.77+428.98=4813.75\text{kN}$$
$$V_3=V_4+F_3=4813.75+356.64=5170.39\text{kN}$$
$$V_2=V_3+F_2=5170.39+237.76=5408.15\text{kN}$$
$$V_1=V_2+F_1=5408.15+118.88=5527.03\text{kN}$$

3）各层内横墙墙肢上剪力分配

各层墙肢的高宽比：$\frac{h}{b}=\frac{2680}{6190}=0.433<1.0$，故每层横墙墙肢上的地震剪力分配，只考虑剪切变形，不考虑弯曲变形。

首层内横墙②轴墙肢上的地震剪力

$$V_{12}=\frac{D_{12}}{\Sigma D_{1i}}V_1=\frac{1}{22}\times5527.03=251.23\text{kN}$$

四层内横墙②轴墙肢上的地震剪力

$$V_{42}=\frac{D_{42}}{\Sigma D_{4i}}\times V_4=\frac{1}{22}\times4813.75=218.81\text{kN}$$

七层内横墙②轴墙肢上的地震剪力

$$V_{72}=\frac{D_{72}}{\Sigma D_{7i}}\times V_7=\frac{1}{22}\times3205.08=145.69\text{kN}$$

4）各层内横墙②轴墙肢上的弯矩

10 层：$M_{10}=32.80\times2.8=91.84\text{kN}\cdot\text{m}$

9 层：$M_9=32.80\times5.6+42.33\times2.8=302.20\text{kN}\cdot\text{m}$

8 层：$M_8=32.80\times8.4+42.33\times5.6+37.63\times2.8=617.93\text{kN}\cdot\text{m}$

7 层：$M_7=32.80\times11.2+42.33\times8.4+37.63\times5.6+32.93\times2.8=1025.86\text{kN}\cdot\text{m}$

6 层：$M_6=32.80\times14+42.33\times11.2+37.63\times8.4+32.93\times5.6+29.25\times2.8=1515.70\text{kN}\cdot\text{m}$

5 层：$M_5=32.8\times16.8+42.33\times14+37.63\times11.2+32.93\times8.4+29.25\times5.6+24.37\times2.8=2073.77\text{kN}\cdot\text{m}$

4 层：$M_4=32.8\times19.6+42.33\times16.8+37.63\times14+32.93\times11.2+29.25\times8.4+24.37\times5.6+19.5\times2.8=2714.43\text{kN}\cdot\text{m}$

3 层：$M_3=32.8\times22.4+42.33\times19.6+37.63\times16.8+32.93\times14+29.25\times11.2+24.37\times8.4+19.5\times5.6+16.21\times2.8=3344.49\text{kN}\cdot\text{m}$

2 层：$M_2=32.8\times25.2+42.33\times22.4+37.63\times19.6+32.93\times16.8+29.25\times14+24.37\times11.2+19.5\times8.4+16.21\times5.6+10.81\times2.8=4032.78\text{kN}\cdot\text{m}$

首层：$M_1=32.80\times28+42.33\times25.2+37.63\times224+32.93\times19.6+29.25\times16.8+24.37\times14+19.50\times11.2+16.21\times8.4+10.81\times5.6+5.40\times2.8=4736.26\text{kN}\cdot\text{m}$

表 7-12 列出了各层②轴墙肢的水平地震作用和弯矩值。

**各层内横墙②轴墙肢上的弯矩** **表 7-12**

| | 地震作用（kN） | 地震剪力（kN） | ②轴墙肢地震作用（kN） | ②轴墙肢弯矩（kN·m） |
|---|---|---|---|---|
| $F_{10}$ | 721.56 | 721.56 | 32.80 | 91.84 |
| $F_9$ | 931.32 | 1652.88 | 42.33 | 302.20 |
| $F_8$ | 827.84 | 2480.72 | 37.63 | 617.93 |
| $F_7$ | 724.36 | 3205.08 | 32.93 | 1025.86 |
| $F_6$ | 643.47 | 3848.55 | 29.25 | 1515.70 |
| $F_5$ | 536.22 | 4384.77 | 24.37 | 2073.77 |
| $F_4$ | 428.98 | 4813.75 | 19.50 | 2714.43 |
| $F_3$ | 356.64 | 5170.39 | 16.21 | 3344.49 |
| $F_2$ | 237.76 | 5408.15 | 10.81 | 4032.78 |
| $F_1$ | 188.81 | 5527.03 | 5.40 | 4736.26 |

（图中层高均为 2800）

3. 各层内横墙②轴墙肢上的垂直荷载

(1) ②轴横墙承受垂直荷载的面积

$$A=1.8\times4.2+2\times\frac{1}{2}4.2\times2.1=16.38\text{m}^2$$

屋面传给②轴横墙上的垂直荷载

活荷载标准值：(0.7×16.38)÷6＝1.91kN/m

永久荷载标准值：(4.85×16.38)÷6＝13.24kN/m

楼面传给②轴横墙上的垂直荷载

活荷载标准值：(2.0×16.38)÷6＝5.46kN/m

永久荷载标准值：(4.3×16.38)÷6=11.74kN/m

(2) 荷载组合

8 度地区、房屋高度 $H\leqslant 60$m 时，高层民用建筑验算构件承载力时，按重力荷载加水平地震作用的组合，其计算公式为：

$$S=1.2(S_{Gk}+0.5S_{Qk})\pm 1.35S_{Ehk}$$

$$S=1.0(S_{Gk}+0.5S_{Qk})\pm 1.3S_{Ehk}$$

式中 $S_{Gk}$——按永久荷载标准值 $G_k$ 计算的荷载效应值；

$S_{Qk}$——按活荷载标准值 $Q_k$ 计算的荷载效应值；

$S_{Ehk}$——水平地震作用标准值的效应，未考虑相应的增大系数或调整系数。

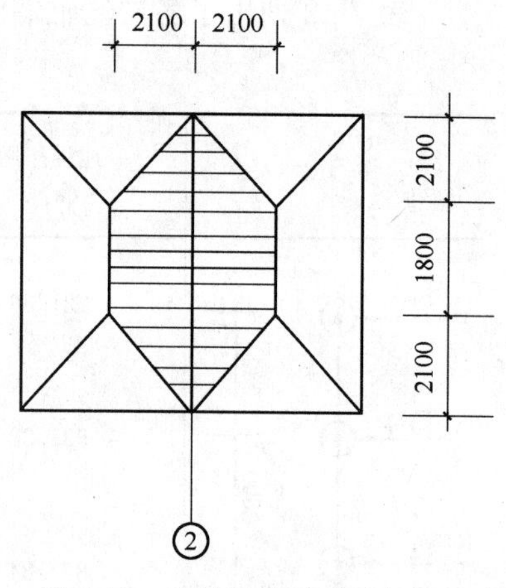

图 7-19 ②轴墙肢承受垂直荷载

**各楼层永久荷载传至②轴墙上的设计值**(kN/m) **表 7-13**

| 层数 | $S_{Gk}$标准值 | 设计值 | |
|---|---|---|---|
| | | 1.2×$S_{Gk}$ | 1.0×$S_{Gk}$ |
| 10 | 13.24 | 15.90 | 13.24 |
| 9 | 24.98 | 29.98 | 24.98 |
| 8 | 36.72 | 44.06 | 36.72 |
| 7 | 48.46 | 58.15 | 48.46 |
| 6 | 60.20 | 72.24 | 60.20 |
| 5 | 71.94 | 86.33 | 71.94 |
| 4 | 83.68 | 100.42 | 83.68 |
| 3 | 95.42 | 114.50 | 95.42 |
| 2 | 107.16 | 128.59 | 107.16 |
| 1 | 118.90 | 142.68 | 118.90 |

**各楼层活荷载传至②轴墙上的设计值**(kN/m) **表 7-14**

| 层数 | $S_{Qk}$标准值 | 设计值 | |
|---|---|---|---|
| | | 1.2×0.5×$S_{Qk}$ | 1.0×0.5×$S_{Qk}$ |
| 10 | 1.91 | 1.146 | 0.955 |
| 9 | 7.37 | 4.422 | 3.685 |
| 8 | 12.83 | 7.698 | 6.415 |
| 7 | 18.29 | 10.974 | 9.145 |
| 6 | 23.75 | 14.25 | 11.875 |
| 5 | 29.21 | 17.526 | 14.605 |
| 4 | 34.67 | 20.802 | 17.335 |
| 3 | 40.13 | 24.078 | 20.065 |
| 2 | 45.59 | 27.354 | 22.795 |
| 1 | 51.05 | 30.63 | 25.525 |

各楼层传至②轴墙上荷载组合值(kN/m)　　表 7-15

| 层　数 | 1.2($S_{Gk}$+0.5$S_{Qk}$) | 1.0($S_{Gk}$+0.5$S_{Qk}$) |
|---|---|---|
| 10 | 17.046 | 14.195 |
| 9 | 34.402 | 28.665 |
| 8 | 51.758 | 43.135 |
| 7 | 69.124 | 57.605 |
| 6 | 86.49 | 72.075 |
| 5 | 103.856 | 86.545 |
| 4 | 121.222 | 101.015 |
| 3 | 138.578 | 115.485 |
| 2 | 155.944 | 129.955 |
| 1 | 173.31 | 144.425 |

内横墙自重的荷载标准值和设计值(kN/m)　　表 7-16

| 层　数 | 标准值 | 设 计 值 | |
|---|---|---|---|
| | | 1.2×标准值 | 1.0×标准值 |
| 10 | 11.368 | 13.642 | 11.368 |
| 9 | 22.736 | 27.283 | 22.736 |
| 8 | 34.104 | 40.925 | 34.104 |
| 7 | 45.472 | 54.566 | 45.472 |
| 6 | 57.764 | 69.317 | 57.764 |
| 5 | 70.056 | 84.067 | 70.056 |
| 4 | 82.348 | 98.818 | 82.348 |
| 3 | 97.496 | 116.995 | 97.496 |
| 2 | 112.644 | 135.173 | 112.644 |
| 1 | 127.792 | 153.350 | 127.792 |

作用在②轴内横墙上的荷载组合(kN/m)　　表 7-17

| 层　数 | 垂 直 荷 载 | | 地震产生的弯矩 1.3×(kN·m) |
|---|---|---|---|
| | 1.2($S_{Gk}$+0.5$S_{Qk}$) | 1.0($S_{Gk}$+0.5$S_{Qk}$) | |
| 10 | 30.688 | 25.563 | 119.39 |
| 9 | 61.685 | 51.401 | 392.86 |
| 8 | 92.683 | 77.239 | 803.31 |
| 7 | 123.69 | 103.077 | 1333.62 |
| 6 | 155.807 | 129.839 | 1970.41 |
| 5 | 187.923 | 156.601 | 2695.90 |
| 4 | 220.040 | 183.363 | 3528.76 |
| 3 | 255.573 | 212.981 | 4347.84 |
| 2 | 291.117 | 242.599 | 5242.61 |
| 1 | 326.660 | 272.217 | 6157.14 |

4. 配筋砌块砌体剪力墙承载力验算

(1) 墙体配筋

8 度地区、房屋高度>24m，配筋砌块抗震墙房屋的抗震等级为一级。竖向、横向的分布钢筋的最小配筋率一级均不小于 0.13%。

$$\rho_{\min}=\frac{A_{sb}}{bh}$$

$$A_{sh}=0.13\%\times190\times400=98.8m^2$$

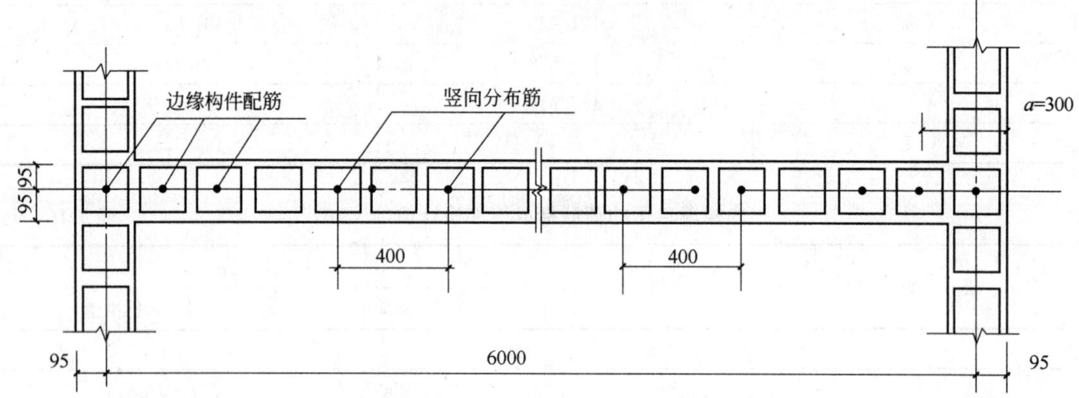


图 7-20 内横墙②轴截面尺寸、配筋示意图

竖向配筋 $\phi$12@400，$A_{sh}=113.1mm^2$

横向配筋 2$\phi$8@400，$A_{sh}=100.6mm^2$

(2) 墙体承载力验算

1～3 层，砌块强度 MU20。砌筑砂浆 Mb15、灌孔混凝土 Cb30。

4 层以上，砌块强度 MU10、砌筑砂浆 Mb10、灌孔混凝土 Cb20。

1) 正截面承载力验算

计算方法详见第四章【实例 4-3】(略)。

2) 斜截面承载力验算

*a*. 四层内横墙②轴墙肢

地震产生的弯矩 $M_4=3528.76kN\cdot m$

地震产生的剪力 $V_4=1.3\times218.81=284.45kN$

竖向荷载产生的轴力，采用 $1.0(S_{Gk}+0.5S_{Qk})$荷载组合，$N_4=183.363kN/m$

剪力墙截面有效高度 $h_0=h-a=6190-300=5890mm$

剪跨比 $\lambda=\frac{M_4}{V_4h_0}=\frac{3528.76\times10^6}{284.45\times10^3\times5890}=2.11>2.0$

(*a*) 截面尺寸复核

$$\alpha=\delta\rho=0.45\times50\%=0.225$$

$$f_g=f+0.6\alpha f_c=2.79\times0.6\times0.225\times9.6=4.086N/mm^2$$

$$\frac{1}{\gamma_{RE}}0.2f_gbh=\frac{1}{0.85}\times0.2\times4.086\times190\times6190$$

$$=1130.72\text{kN}>V_4=284.45\text{kN}$$，满足要求。

(*b*) 斜截面受剪承载力验算

灌孔砌体的抗剪强度设计值 $f_{vg}$

$$f_{vg}=0.2f_g^{0.55}=0.2\times 4.086^{0.55}=0.434\text{N/mm}^2$$

$$\frac{1}{\gamma_{RE}}\left[\frac{1}{\lambda-0.5}\left(0.48f_{vg}bh_0+0.10N\frac{A_w}{A}\right)+0.72f_{xh}\frac{A_{sh}}{S}h_0\right]$$

$$=\frac{1}{0.85}\left[\frac{1}{2.11-0.5}(0.48\times 0.434\times 190\times 5890+0.1\times 183.363\times 10^3)\right.$$

$$\left.+0.72\times 210\times\frac{100.6}{400}\times 5890\right]$$

$$=459.03\text{kN}>V_4=284.45\text{kN}$$

$$\frac{1}{\gamma_{RE}}\left(0.72f_{yh}\frac{A_{sh}}{s}h_0\right)=\frac{1}{0.85}\left(0.72\times 210\times\frac{100.6}{400}\times 5890\right)$$

$$=263.50\text{kN}>0.5V_4=0.5\times 284.45=142.23\text{kN}$$ 满足要求。

*b*. 首层内横墙②轴墙肢

地震产生的弯矩　　$M_1=6157.14\text{kN}\cdot\text{m}$

地震产生的剪力　　$V_1=1.3\times 251.23=326.60\text{kN}$

首层加强部位的截面组合剪力设计值按一级抗震等级调整

$$V_w=1.6\times V_1=1.6\times 326.60=522.56\text{kN}$$

竖向荷载产生的轴力　　$N_1=272.217\text{kN}$

剪跨比　　$$\lambda=\frac{M_1}{V_1h_0}=\frac{6157.14\times 10^6}{326.60\times 10^3\times 5890}=3.20>2.0$$

(*a*) 截面尺寸复核

$$\alpha=\delta\rho=0.45\times 50\%=0.225$$

$$f_g=f+0.6\alpha f_c=5.68+0.6\times 0.225\times 9.6=6.976\text{N/mm}^2$$

$$\frac{1}{\gamma_{RE}}0.2f_gbh=\frac{1}{0.85}\times 0.2\times 6.976\times 190\times 6190$$

$$=1930.46\text{kN}>V_w=522.56\text{kN}$$，满足要求。

(*b*) 斜截面受剪承载力验算

$$f_{vg}=0.2f_g^{0.55}=0.2\times 6.976^{0.55}=0.582\text{N/mm}^2$$

$$\frac{1}{\gamma_{RE}}\left[\frac{1}{\lambda-0.5}\left(0.48f_{vg}bh_0+0.10N\frac{A_w}{A}\right)+0.72f_{yh}\frac{A_{sh}}{s}h_0\right]$$

$$=\frac{1}{0.85}\left[\frac{1}{3.20-0.5}(0.48\times 0.582\times 190\times 5890+0.10\times 272.217\times 10^3)\right.$$

$$\left.+0.72\times 210\times\frac{100.6}{400}\times 5890\right]$$

$$=411.59\text{kN}<V_w=522.56\text{kN}$$，不满足要求。

增加竖向和横向分布筋量筋量。

竖向配筋 $\phi 14@400$，$A_{sh}=153.9\text{mm}^2$

横向配筋 2$\phi$10@400，$A_{sh}=157mm^2$

$$\frac{1}{\gamma_{RE}}\left[\frac{1}{\lambda-0.5}\left(0.48f_{vg}bh_0+0.10N\frac{A_w}{A}\right)+0.72f_{yh}\frac{A_{sh}}{s}h_0\right]$$

$$=\frac{1}{0.85}\left[\frac{1}{3.2-0.5}(0.48\times0.582\times190\times5890+0.10\times272.217\times10^3)+0.72\times210\times\frac{153.9}{400}\times5890\right]$$

$$=551.2kN>V_w=522.65kN$$

$$\frac{1}{\gamma_{RE}}\left(0.72f_{yh}\frac{A_{sh}}{s}h_0\right)=\frac{1}{0.85}\left(0.72\times210\times\frac{153.9}{400}\times5890\right)$$

$=403.11>0.5V_w=0.5\times522.65=261.33kN$　满足要求。

**【实例 7-2】** 18 层配筋砌块剪力层高层住宅试设计

1. 设计要求

该试设计地处北京石景山苹果园，8 度抗震设防，Ⅱ类场地上。一梯八户，塔式平面，标准层面积约 633m²，总建筑面积 13355m²，地下两层(地下一层为自行车库，层高 2.8m，地下二层为人防层，层高 2.8m)，地上 18 层，标准层层高 2.8m，9 层及 18 层层高为 3.0m，局部为 20 层，其中第 19 层为库房，层高 4.5m，20 层为机房、水箱间，层高 3.5m。地面以上至主体大屋顶高度为 50.8m，局部(20 层屋顶)高为 58.8m。标准层建筑平面、剖面如图 7-21 所示。

建筑平面布置在满足专业要求的前提下，尽量减小墙肢数量，并做到外墙无小墙肢，且使多条轴线上的墙体贯通和墙段长度相均衡。墙体平面布置沿中心基本对称，使建筑的质量中心与刚度中心基本重合，将结构扭转效应的影响减到最低，这对建筑抗震，特别在高烈度时的建筑抗震十分有利。

作为 8 度区 18 层配筋砌块高层建筑，考虑砌块建筑特点和保证结构的建筑功能和结构功能，采取了下列建筑结构措施：

(1) 建筑的轴线尺寸、层高、墙段以及门窗洞口均采用 $2M_0$，即 200mm 倍数，从而大大减少砌块规格，如 190mm 厚砌块只有 6 种，方便了供货和施工。

(2) 为保证结构的整体刚度，楼屋盖采用现浇混凝土结构，层层设置混凝土圈梁，并对楼、电梯间的墙体做成现浇混凝土及附近的楼板局部加厚。

(3) 结构的墙体，除楼、电梯间采用现浇混凝土外，针对不同情况采用了三种形式：

1) 承重外墙。

2) 承重内墙。采用 190mm 厚砌块墙体，双面抹灰，根据受力需要和为减轻结构自重，采用不同的砌体强度和不同的灌孔混凝土百分率。

3) 自承重墙。采用 90mm 厚单排孔混凝土砌块墙，双面抹灰。墙体与主体结构有可靠的拉结措施。

(4) 基础。根据该地地质条件、人防要求以及建筑物锚固要求，选用了在卵石土层上的钢筋混凝土箱形基础。

2. 结构内力分析

(1) 荷载及作用

1）设计活载取值

楼面荷载　2.0kN/m$^2$，挑出阳台　2.5kN/m$^2$，屋面　0.7kN/m$^2$。

风载按北京地区取值。

结构重要性系数取 $\gamma_0=1.1$。

荷载分项系数，在荷载组合中，除恒载取 1.2、活载取 1.4 外，增加了恒载 1.35 和活载 1.0 的不利组合。

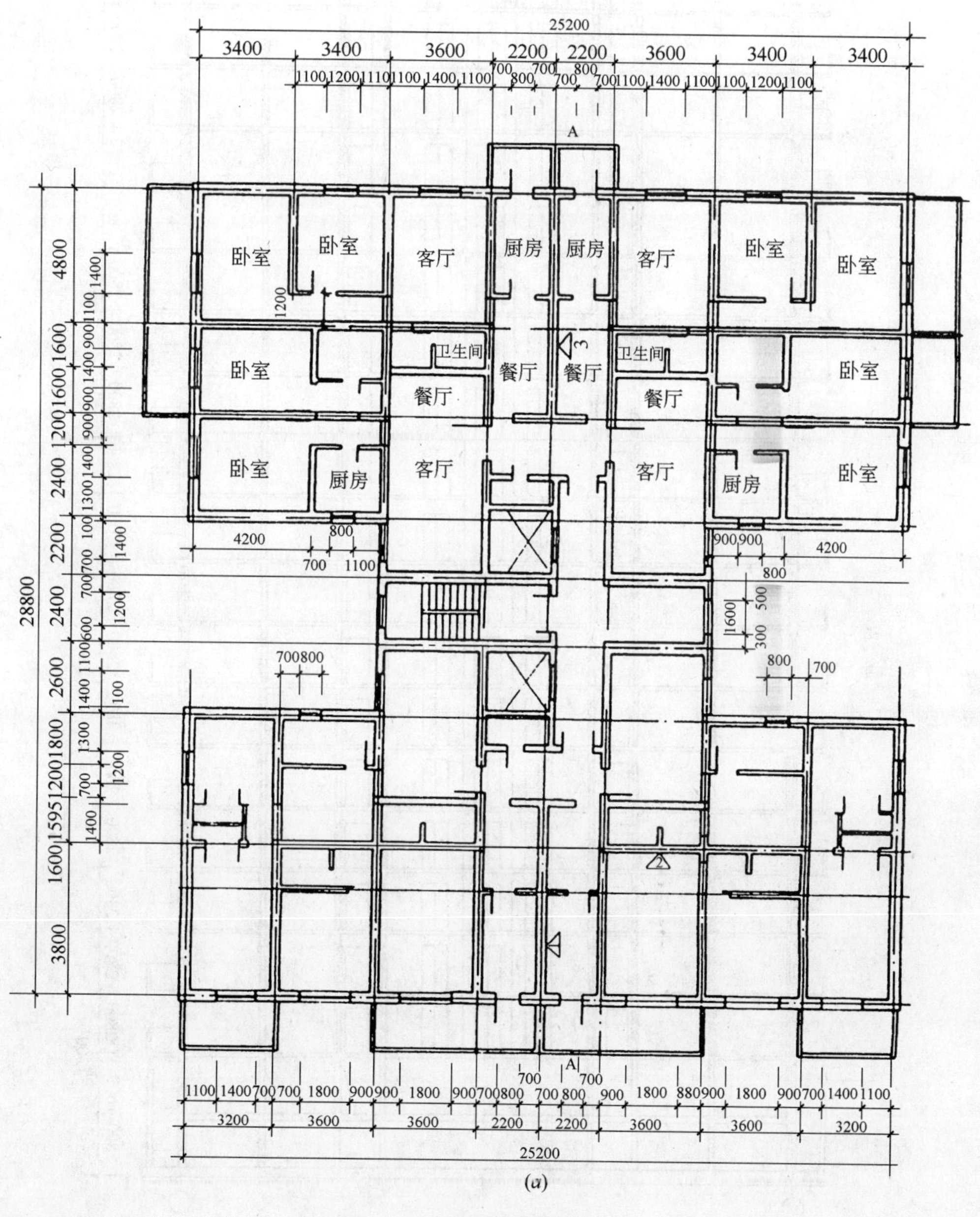


图 7-21　结构平、剖面图(一)

(a)平面图

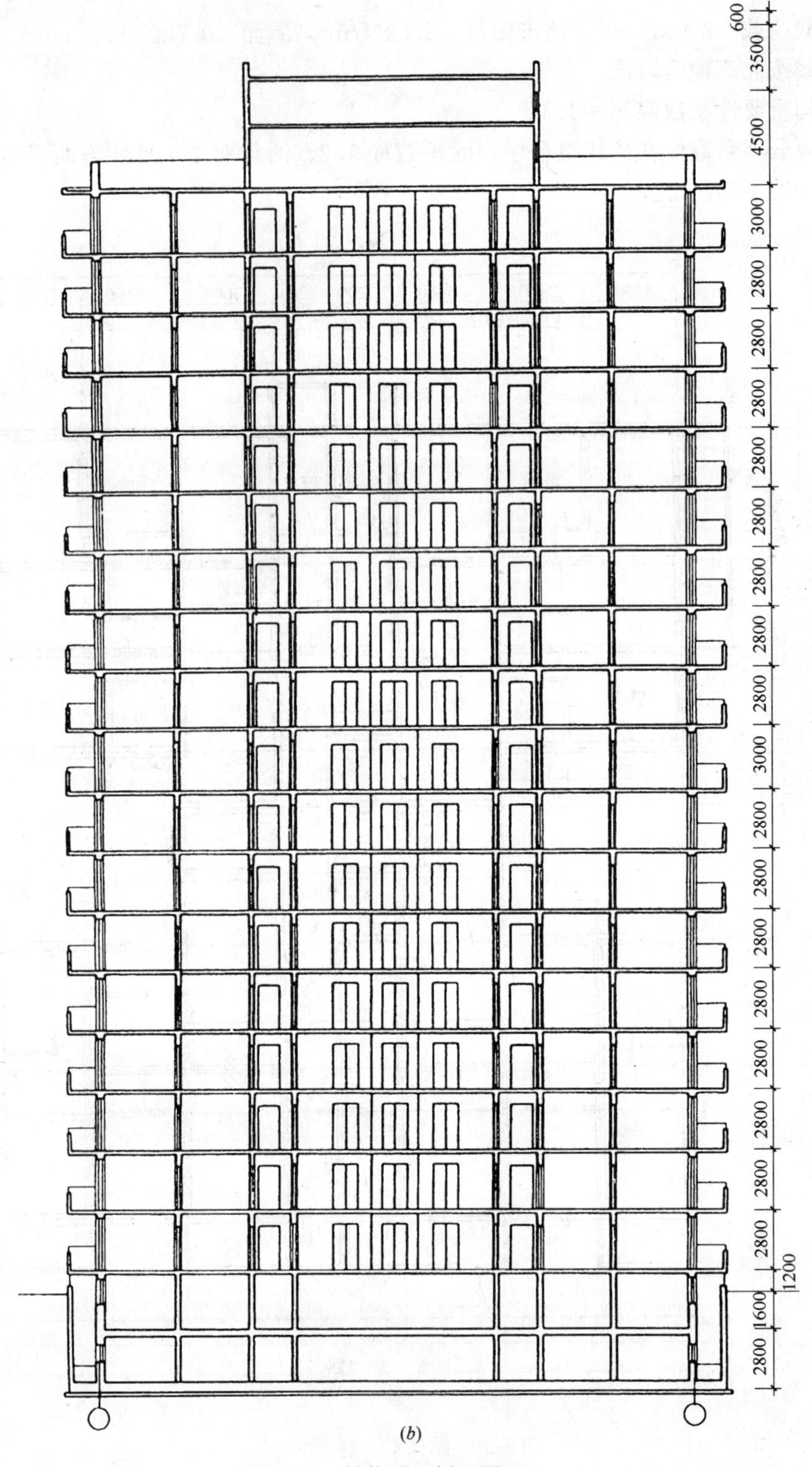


(*b*)

图 7-21 结构平、剖面图(二)

(*b*)剖面图

2）地震作用分析参数

① 设防烈度为 7 度，Ⅱ类场地土；

② 结构等效重力荷载 195963kN；

③ 地震影响系数最大值 0.16；

④ 仅考虑水平地震作用，不考虑竖向地震作用；

⑤ 在地震作用验算时不计入风载组合；

⑥ 结构抗震等级按一级考虑；

⑦ 取 6 个振型，由于本工程平面较规则，可不考虑耦联作用；

⑧ 不考虑填充墙的刚度对结构周期的折减；

⑨ 连梁刚度折减系数取 0.55；

⑩ 采用中国建筑科学研究院编制的高层空间程序进行结构内力计算。

(2) 结构材料选择

和钢筋混凝土剪力墙结构相同，配筋砌块剪力墙沿竖向尽管均为 190mm 厚墙体，但对承载力的需求是不同的，不同的砌体材料其弹性参数是不同的。因此为能准确反映结构的受力特点，需在不断计算的过程中调整沿结构竖向的砌体材料等级，以达到计算尽可能准确和技术经济优化的目的。结构选材及计算所需的砌体材料列于表 7-18 中。

**结构墙体材料及配筋　　表 7-18**

| 层数 | 砌块 | 砂浆 | 注芯混凝土 | 砌体强度 | | 暗柱钢筋 | | 纵向钢筋 | 水平钢筋 | 灌孔率 |
|---|---|---|---|---|---|---|---|---|---|---|
| | | | | $f_g$ | $f_{vg}$ | 纵筋 | 箍筋 | | | |
| 1～5 | MU20 | M20 | C40 | 11.57 | 0.76 | 每孔一根Φ22 | 每孔一个Φ8，竖向间距 200 | Φ18@400 | 2Φ14@400 | 全部灌实 |
| 6～9 | MU20 | M20 | C40 | 11.57 | 0.76 | 每孔一根Φ20 | 每孔一个Φ8，竖向间距 200 | Φ18@400 | 2Φ12@400 | 全部灌实 |
| 10～14 | MU15 | M15 | C30 | 6.58 | 0.56 | 每孔一根Φ20 | 每孔一个Φ8，竖向间距 200 | Φ16@400 | 2Φ12@600 | 竖向孔洞每灌实一孔空一孔，水平方向每灌实一皮空一皮 |
| 15～17 | MU10 | M10 | C20 | 4.11 | 0.43 | 每孔一根Φ18 | 每孔一个Φ8，竖向间距 200 | Φ16@400 | 2Φ12@600 | 竖向孔洞每灌实一孔空一孔，水平方向每灌实一皮空二皮 |
| 18 | MU10 | M10 | C20 | 5.43 | 0.51 | 每孔一根Φ20 | 每孔一个Φ8，竖向间距 200 | Φ18@400 | 2Φ12@400 | 全部灌实 |
| 19～20 | MU10 | M10 | C20 | 5.43 | 0.51 | 每孔一根Φ18 | 每孔一个Φ8，竖向间距 200 | Φ16@400 | 2Φ2@400 | 全部灌实 |

(3) 结构内力计算结果及分析

和同规模钢筋混凝土剪力墙结构相比，结构的振型规律完全同钢筋混凝土结构，只是由于这种结构的弹性模量较混凝土偏低一些，在结构的地震反应上，如周期稍长，地震剪力略小，结构变形稍大些，这也证明了这种结构的特点。结构在地震作用下的自振周期、基底剪力和位移列于表 7-19 中。

**结构的周期、基底剪力、位移值** **表 7-19**

| 荷载及作用方向 / 结构特征及反应 | x 方向 | | y 方向 | |
|---|---|---|---|---|
| 结构自振周期(s) | $T_1$ | 0.87 | $T_1$ | 0.90 |
| | $T_2$ | 0.27 | $T_2$ | 0.26 |
| | $T_3$ | 0.15 | $T_3$ | 0.14 |
| 结构总重力荷载(kN) | 195963 | | | |
| 基底剪力值(kN) | 9014.3 | | 8857.5 | |
| 基底剪力系数 | 4.60% | | 4.52% | |
| 顶点位移角 | 1/2888 | | 1/2916 | |
| 层间最大位移角 | 1/2557 | | 1/2444 | |

根据表 7-19 中数据表明，该结构反映出下列特点：

1) 结构在两个方向的刚度比较均衡，反映在两个方向的周期和位移值很接近，而且其计算周期也属于层数或规模相同的混凝土剪力墙结构的近似周期 [$T=(0.04\sim0.05)n$，即 0.72～0.9s] 范围，且偏上限，这是自然而合理的。

2) 结构的基底剪力值也在较合理的范围内。和其周期相对应，其基底剪力也处在正常条件下，根据许多工程计算结果总结出的基底剪力近似估算的正常范围，如 8 度，Ⅱ类场地土，$F_{Ek}\approx(0.03\sim0.06)G_E=5878.9\sim11757.8$kN，且在其间 4.5%左右，这也是合理的。

3) 结构的地震作用的弹性变形值很小，远远小于高层规范规定的限值，这反映这种结构的高度和结构体形的整体刚度较大，在设计时可适当增大墙体开间，以达到适当降低结构的刚度，减少地震反应从而获得更优的经济效果。

3. 配筋砌块剪力墙的设计

(1) 构件的配筋构造

1) 按《砌体结构设计规范》GB 50003—2001，本试设计的加强区为：

① 底部 $H/6$ 且不小于 2 层，$H=50$m，$50/6=8.33$，故取底部 3 层；

② 顶部，即 18 层；

③ 因楼电梯间为混凝土结构，则应按混凝土规范的规定做加强处理。

2) 圈梁截面高度为 200mm，当遇洞口截面局部增高，对内墙为 600mm，对外墙为 400mm，作为与圈梁整浇相连的剪力墙的弱连梁，其配筋构造应按混凝土高层规程确定。其混凝土强度等级取相应部分砌体灌孔混凝土的强度等级。

3) 墙体的配筋率，因本工程为一级抗震等级，其墙体竖向及水平最小配筋率均不应小于 0.13%。考虑到本工程处在 8 度区，适当提高配筋率：竖向，加强区为Φ18@400，$\mu=0.33\%$，一般部位为Φ16@400，$\mu=0.26\%$；水平方向，加强部位为 2Φ14@400，$\mu=$

0.41%，一般部位为2Φ12@400及600两档，$\mu$=0.297%及0.198%。

4）节点集中配筋及约束钢筋

为提高构件延性及抗震能力，并区别结构的加强区和一般部位，按《砌体结构设计规范》GB 50003—2001关于剪力墙边缘构件的规定，在下列部位集中配筋：

① 墙尽端，内墙连梁洞口每侧的3个孔，外墙洞口每侧的2个孔，其余洞口每侧1～2个孔；

② L形转角处的5个孔洞；

③ T形转角处的7个孔洞；

节点芯柱配筋，底部加强区为Φ22，其余部位为Φ20和Φ18，其在竖向的分布见表7-18。

约束钢筋设置，按规范剪力墙边缘构件设置约束钢筋或约束件的条件，对非抗震为墙体最大压应力大于$0.8f_g$，对抗震设防时该应力大于$0.5f_g$。现取底层的两个有代表性墙片进行核算。

墙2，截面尺寸190mm×7200mm×2800mm，内力$N$=4651.8kN，$M$=3018.1kN·m；

墙4，截面尺寸190mm×3600mm×2800mm，内力$N$=2691.1kN，$M$=858.35kN·m。

墙端最大应力按$\sigma=\dfrac{N}{A}+\dfrac{M}{W}$计算，算得墙2、墙4的最大压应力分别为5.24MPa和6.03MPa。

根据表7-18底部1～5层砌体材料为MU20，Mb20，Cb40，$f_g$=11.57MPa，$0.5f_g$=5.79MPa>5.24MPa，但到3层后墙体应力均小于$0.5f_g$，故按边缘构件最大正应力验算，可只在1～3层的加强区范围内的墙体规定的部位设置约束箍筋，约束箍筋采用$\phi$8@200，本例沿全高设置，见表7-18。

5）钢筋的锚固及搭接长度

按表7-18，芯柱内锚固和搭接长度分别取35$d$和42$d$，基础交接部位取50$d$；系梁中水平钢筋的锚固和搭接长度，分别取35$d$(弯折段为15$d$和200mm)和48$d$。

(2) 墙体承载力计算举例

根据电算计算结果，仅对有代表性或地震作用组合最不利的墙片进行承载力验算，计算举例仅以1层3号墙片为例，其余墙片的计算结果列于表7-20中。

**墙体的配筋率** **表7-20**

| 层数 | 墙肢编号 | 墙肢控制内力 | | | 计算所需钢筋的配筋率 | | 配筋砌体最小配筋率(一级抗震) | | | | 混凝土结构最小配筋率(二级抗震) | | | |
|---|---|---|---|---|---|---|---|---|---|---|---|---|---|---|
| | | | | | | | 端部暗柱 | | 水平及竖向分布筋 | | 端部暗柱 | | 水平及竖向分布筋 | |
| | | $V$ (kN) | $N$ (kN) | $M$ (kN·m) | 端部暗柱 | 水平钢筋 | 底部加强区 | 一般部位 | 加强部位 | 一般部位 | 底部加强区 | 一般部位 | 加强部位 | 一般部位 |
| 1 | 1 | 708.0 | 3575.3 | 2853.7 | 0.6% | 0.15% | 0.8%且≥3Φ20 | 3Φ18 | 0.13% | 0.13% | 1.2% | 1.0% | 0.25% | 0.20% |
| | 2 | 1058.9 | 4651.8 | 3018.1 | 0.6% | 0.15% | 0.8%且≥3Φ20 | 3Φ18 | 0.13% | 0.13% | 1.2% | 1.0% | 0.25% | 0.20% |
| | 3 | 835.3 | 3906.8 | 5199.4 | 0.6% | 0.15% | 0.8%且≥3Φ20 | 3Φ18 | 0.13% | 0.13% | 1.2% | 1.0% | 0.25% | 0.20% |

续表

| 层数 | 墙肢编号 | 墙肢控制内力 | | | 计算所需钢筋的配筋率 | | 配筋砌体最小配筋率(一级抗震) | | | | 混凝土结构最小配筋率(二级抗震) | | | |
|---|---|---|---|---|---|---|---|---|---|---|---|---|---|---|
| | | | | | | | 端部暗柱 | | 水平及竖向分布筋 | | 端部暗柱 | | 水平及竖向分布筋 | |
| | | V (kN) | N (kN) | M (kN·m) | 端部暗柱 | 水平钢筋 | 底部加强区 | 一般部位 | 加强部位 | 一般部位 | 底部加强区 | 一般部位 | 加强部位 | 一般部位 |
| 5 | 1 | 583.8 | 3772.7 | 1269.3 | 0.6% | 0.11% | 0.8%且≥3Φ20 | 3Φ18 | 0.13% | 0.13% | 1.2% | 1.0% | 0.25% | 0.20% |
| | 2 | 968.1 | 3806.7 | 1453.5 | 0.6% | 0.22% | 0.8%且≥3Φ20 | 3Φ18 | 0.13% | 0.13% | 1.2% | 1.0% | 0.25% | 0.20% |
| | 3 | 694.0 | 4241.1 | 1706.5 | 0.6% | 0.11% | 0.8%且≥3Φ20 | 3Φ18 | 0.13% | 0.13% | 1.2% | 1.0% | 0.25% | 0.20% |
| 9 | 1 | # | # | # | 0.6% | 0.10% | 0.8%且≥3Φ20 | 3Φ18 | 0.13% | 0.13% | 1.2% | 1.0% | 0.25% | 0.20% |
| | 2 | 840.8 | 2769.0 | 661.4 | 0.6% | 0.18% | 0.8%且≥3Φ20 | 3Φ18 | 0.13% | 0.13% | 1.2% | 1.0% | 0.25% | 0.20% |
| | 3 | # | # | # | 0.6% | 0.10% | 0.8%且≥3Φ20 | 3Φ18 | 0.13% | 0.13% | 1.2% | 1.0% | 0.25% | 0.20% |
| 14 | 1 | # | # | # | 0.6% | 0.10% | 0.8%且≥3Φ20 | 3Φ18 | 0.13% | 0.13% | 1.2% | 1.0% | 0.25% | 0.20% |
| | 2 | 575.6 | 1537.0 | 518.7 | 0.6% | 0.14% | 0.8%且≥3Φ20 | 3Φ18 | 0.13% | 0.13% | 1.2% | 1.0% | 0.25% | 0.20% |
| | 3 | # | # | # | 0.6% | 0.10% | 0.8%且≥3Φ20 | 3Φ18 | 0.13% | 0.13% | 1.2% | 1.0% | 0.25% | 0.20% |
| 18 | 1 | # | # | # | 0.6% | 0.14% | 0.8%且≥3Φ20 | 3Φ18 | 0.13% | 0.13% | 1.2% | 1.0% | 0.25% | 0.20% |
| | 2 | # | # | # | 0.6% | 0.10% | 0.8%且≥3Φ20 | 3Φ18 | 0.13% | 0.13% | 1.2% | 1.0% | 0.25% | 0.20% |
| | 3 | # | # | # | 0.6% | 0.10% | 0.8%且≥3Φ20 | 3Φ18 | 0.13% | 0.13% | 1.2% | 1.0% | 0.25% | 0.20% |

注：1. #所示控制内力表示墙肢配筋按最小配筋率控制即可。

2. 表中混凝土配筋率系按《高层建筑混凝土结构技术规程》JGJ 3—2002。

1）偏心受压承载力验算

① 截面参数，取 3 号墙，为工字形截面按矩形截面考虑，构件尺寸 $b\times h\times l=190\text{mm}\times 8000\text{mm}\times 2800\text{mm}$；

② 截面内力：$N=3906.8\text{kN}$，$M=5199.4\text{kN}$，$V=835.3\text{kN}$；

③ 材料：$f_g=11.57\text{MPa}$，$f_y=f'_y=300\text{MPa}$；

④ 构件计算高度：取 $H_0=l_c=2800\text{mm}$；

⑤ 承载力计算：

按墙体构造配筋，墙端主筋 $A_s=A'_s=1140\text{mm}^2$（3Φ22），其他部位为Φ18@400，$A_{si}=254.5\text{mm}^2$，$a_s=a'_s=300\text{mm}^2$，$h_0=h-a_s=8000-300=7700\text{mm}$

*a*. 平面内

$$e=\frac{M}{N}=\frac{5199.4}{3906.8}\times 10^3=1331\text{mm}$$

因构件平面内高厚比很小，不计附加偏心影响。

$$e_N=e+\frac{h}{2}-a_s=1331+\frac{8000}{2}-300=5031\text{mm}$$

$$e'_N=e-\frac{h}{2}+a_s=1331-\frac{8000}{2}+300=-2369\text{mm}$$

据 $e_N$ 和 $e'_N$ 计算发现，轴力 $N$ 作用点在截面范围之内，仍需判断是大偏压还是小偏压。当采用计算机程序计算时可据构件内力及实配钢筋按本章公式逐步求解受压区高度 $x$。本例作为手算偏于安全，先假定为大偏心受压，并略去分布筋的作用，则有：

$$x=\frac{\gamma_{RE}N}{bf_g}=\frac{0.85\times3906.8\times10^3}{190\times11.57}=1511\text{mm}<\xi_b h_0=4081\text{mm}$$

为防止由于配筋引起受压区高度变化，可能导致小偏心受压，补充$(h_0-1.5x)$范围内分布钢筋作用下相应的受压区砌体的高度 $x'$：

$$x'=\frac{nA_{si}f_y}{bf_g}=\frac{11\times254.5\times300}{190\times11.57}=382\text{mm}$$

修正受压区高度为 $x+x'=1511+382=1893\text{mm}<\xi_b h_0=4081\text{mm}$，这表明该构件确属大偏心受压。为安全起见，受压区高度仍按 $x=1511\text{mm}$。

墙体受弯承载力(图 7-22)：

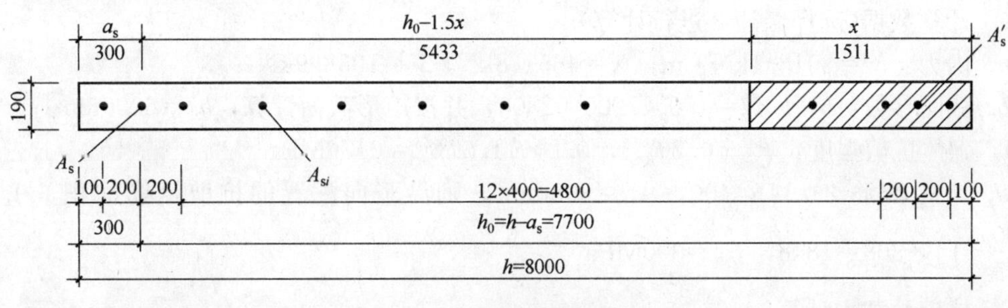


图 7-22

$$[M]=\frac{1}{\gamma_{RE}}\left[f_g bx\left(h_0-\frac{x}{2}\right)+f'_y A'_s(h_0-a'_s)-\Sigma f_{si}S_{si}\right]$$

$$=\frac{1}{0.85}\left[11.57\times190\times1511\times\left(7700-\frac{1511}{2}\right)+300\times1140\times(7700-300)\right.$$

$$-300\times254.5\times(600+1000+1400+1800+2200+2600+3000$$

$$\left.+3400+3800+4200+4600+4800)\right]$$

$$=\frac{1}{0.85}[23067.1\times10^6+2530.8\times10^6(0)-2550\times10^6]$$

$$=23047.9\text{kN}\cdot\text{m}(20517.1\text{kN}\cdot\text{m})>M=5199.4\text{kN}\cdot\text{m}$$

由于该墙片尺寸较大，抗弯承载能力裕度很大。式中括号中数字系未计入受压区主筋的作用，可见其抗弯承载力仍足够大。

*b.* 平面外

平面外按轴心受压，选用 4 号墙片，其内力 $N=2691.1\text{kN}$，$M=858.35\text{kN}\cdot\text{m}$。

墙片轴压承载力

$$[N]=\varphi_{0g}\frac{f_g A+0.8f'_y A'_s}{\gamma_{RE}}$$

$$\varphi_{0g}=\frac{1}{1+0.001\beta^2},\ \beta=\frac{H_0}{h}=\frac{2800}{190}=14.7,\ \varphi_{0g}=\frac{1}{1+0.001\times14.7^2}=0.82$$

砌体强度底部 1～9 层，为 MU20，Mb20，Cb40，$f_g=11.57\text{MPa}$，10～14 层为 MU15，Mb15，Cb30，为 50%灌孔，$f_g=6.58\text{MPa}$。

受力钢筋，墙端集中配筋，1～5 层，3Φ22，$A'_s=2\times1140=2280\text{mm}^2$；6～9 层为 3Φ20，$A'_s=1884\text{mm}^2$；竖向分布钢筋；1～9 层为Φ18@400，$A'_s=5\times254.5=1272\text{mm}^2$；10～14 层为Φ16@400，$A'_s=1005\text{mm}^2$，则有：

$$[N]=\frac{1}{0.85}\times0.82\times[11.57\times190\times3600+0.8\times300\times(2280+1272)]$$

$$=\frac{1}{0.85}\times0.82(7913.88\times10^3+852.48\times10^3)$$

$$=8456.96\text{kN}\gg N=2691.1\text{kN}$$

当不计竖向钢筋，砌体强度取 50%，灌孔 $f_g=6.56\text{MPa}$ 时，

$$[N]=\frac{1}{0.85}\times0.82\times6.56\times190\times3600=4328.67\text{kN}>N=2691.1\text{kN}$$

由此可见配筋砌块剪力墙轴心抗压承载力和偏压抗弯一样均具有很高的安全裕度。

2）墙片的斜截面抗剪承载力验算

① 计算数据（选择墙片 2 进行计算）

*a*. 内力：$M=3018.1\text{kN}\cdot\text{m}$，$N=4651.8\text{kN}$，$V=1058.9\text{kN}$；

*b*. 截面参数：$b\times h\times l=190\times7200\times2800$，并按矩形截面计算，$h_0=6900\text{mm}$；

*c*. 砌体抗剪强度：$f_{vg}=0.2f_g^{0.55}=0.2\times11.57^{0.55}=0.76\text{MPa}$

*d*. 水平配筋 2Φ14@400，$A_s=308\text{mm}^2$，则沿竖向配置的抗剪钢筋面积，$A_{sh}=\left(\frac{2800}{400}-1\right)\times308=1848$，$f_{yh}=300\text{MPa}$

② 抗剪承载力计算

*a*. 截面条件

按本例条件，抗震等级为Ⅰ级，按强剪要求，则底部加强区需乘以调整系数，则有：

$$V_w=1.6V=1.6\times1058.9=1694.24\text{kN}$$

剪跨比 $\lambda=\frac{M}{Vh_0}=\frac{4651.8}{1058.9\times6.9}=0.64<2$

$[V]=\frac{1}{\gamma_{RE}}0.15f_gbh=\frac{1}{0.85}\times0.15\times11.57\times190\times7200=2793.1\text{kN}>V_w=1694.24\text{kN}$　满足。

*b*. 斜截面承载力

$$[V]=\frac{1}{\gamma_{RE}}\left[\frac{1}{\lambda-0.5}\left(0.48f_{vg}bh_0+0.10N\frac{A_w}{A}\right)+0.72f_{yh}\frac{A_{sh}}{s}h_0\right]$$

因 $\lambda=0.64$，取 $\lambda=1.5$，$A_w=A$，

$$0.2f_gbh=0.2\times11.57\times190\times7200=3165.55\text{kN}<N=4651.8\text{kN},$$

取 $N=3165.55\text{kN}$，代入得：

$$[V]=\frac{1}{0.85}\left[\frac{1}{1.5-0.5}(0.48\times0.76\times190\times6900+0.10\times3165.55\times10^3)\right.$$

$$\left.+0.72\times300\times\frac{1848}{400}\times6900\right]$$

$$=\frac{1}{0.85}(478.25\times10^3+316.6\times10^3+6885.65\times10^3)$$

$=9035.88\text{kN} \gg V_w = 1694.24\text{kN}$

以上仅为手工计算，其余部分墙片的正截面抗弯及斜截面抗剪承载力用计算机算出，并分别列在表 7-20，并与钢筋混凝土剪力墙构造配筋作了比较。从表 7-20 看出，按受力计算需要的配筋率较小，除底部 5 层外，以上绝大部分水平配筋按构造要求 0.13%即可满足。

# 第八章　单层砖柱厂房和单层空旷房屋的抗震设计

## 第一节　单层砖柱厂房

### 一、抗震设计的一般规定

1. 适用范围

本节适用于下列范围内的烧结普通砖柱(墙垛)承重的中小型厂房和仓库：

(1) 单跨和等高多跨且无桥式吊的车间、仓库等。

(2) 6～8度，跨度不大于15m且柱顶标高不大于6.6m。

(3) 9度，跨度不大于12m且柱顶标高不大于4.5m。

超出以上范围的单层砖柱厂房，应专门研究采取更有效的措施。

2. 抗震设计基本要求

(1) 地震时砖排架厂房的破坏程度，不仅决定于各主要抗侧力构件的材料和强度，还与整个房屋的振动性状密切相关。平面或体形不规则，墙体布置不对称，会使厂房在地震作用下不仅出现空间剪切变形，还会伴有扭转振动，使震害加重，而且复杂体形引起的强烈局部振动将加重突变部位的震害。因此，为了增加房屋的总体抗震能力，消除局部震害，厂房的平立面体型应简单规正，力求从总体上使结构质量和刚度分布均匀，质量中心与刚度中心重合，避免刚度突变部位的震害。

(2) 厂房的震害程度与地震烈度、屋盖结构类型、体形规则程度和厂房尺寸有关，高烈度区、重屋盖或体型高大的厂房地震反应大，震害破坏重。因此，有条件时砖排架厂房宜采用轻型屋盖，并控制不同烈度地区的厂房跨度和高度。

(3) 砖砌体属脆性材料，变形能力差，抗剪、抗拉、抗弯强度很低，地震作用下产生的侧向变形，就会使砖柱发生水平断裂，随着侧移的增加，裂缝向砖柱的内部延伸，使砖柱截面受压区减小，局压增大，以致砌体压碎、崩落，造成厂房横向倒塌。为了保证厂房的抗震性能，除限制砖排架的使用范围外，尚应合理选择砖排架柱的截面型式。

(4) 地震震害表明，加强整体性，充分发挥房屋的空间作用是提高单层砖柱厂房抗震性能的有效措施。为此，有条件时单层砖柱厂房宜采用质量较轻又能保证厂房空间工作的屋盖，如钢筋混凝土有檩屋盖或轻型无檩屋盖；有条件时宜适当加大房屋的跨度，减小房屋的长度，控制山墙的间距；内横墙宜做成抗震墙；加强屋盖支撑系统；设置柱顶闭合圈梁等措施，使厂房的横向水平地震作用尽可能多地通过屋盖系统传递给山、横墙，以减轻砖排架在地震作用下的负担。

瓦木屋盖的厂房，在抗震验算中虽不能考虑空间作用，但历次地震表明，即使这种轻型屋盖房屋，在地震作用下，空间作用的反应还是比较明显的。因此，当必须采用瓦木屋盖时，宜架设木望板。

(5) 山墙在单层砖柱厂房的抗震中具有重要作用，它既可以通过厂房的空间工作，分担厂房传来的一部分横向水平地震作用，减轻砖排架的负担，同时还承受一部分屋面荷载。在地震作用下，即使是山墙顶部的破坏，也可能导致厂房端开间屋盖的倒塌。因此，在抗震设计中应着重保证山墙构件的强度和稳定。

(6) 由于砖排架房屋的纵向周期与横向周期相差不大，沿房屋纵向水平地震作用和横向水平地震作用大体相当。而横向排架柱按静力设计且满足构造要求时，排架方向的截面承载力常大于纵向柱列。因此，对敞棚和多跨厂房的独立砖柱列应注意纵向抗侧力构件的设计。

3. 平面、体形和防震缝

(1) 平面和体形

1) 厂房的平面应力求简单规整，尽量设计成矩形，多跨厂房的各跨宜等长，如确因生产需要，一定要采用L形或T形平面时，除抗震验算中考虑扭转效应外，尚应对平面转角处的屋盖和墙体采取适当的加强措施，以满足空间作用的传力要求，防止应力集中、墙角开裂等震害。

2) 厂房的剖面也应力求简单规正，多跨厂房宜采用等高，在同一结构单元内不宜采用沿纵向高低错落的屋盖。

3) 不宜在厂房角部贴建披屋。

(2) 防震缝

厂房体形复杂或有贴建建筑、构筑物时，不论是贴建在厂房内还是贴建在厂房外，均宜设防震缝将其分割成体形简单的独立单元。防震缝的设置宜符合下列要求：

1) 木屋盖和轻钢屋架、瓦楞铁、石棉瓦等轻型屋盖厂房可不设防震缝。

2) 钢筋混凝土屋盖厂房与贴建房屋之间宜设防震缝。

3) 厂房与贴建房屋之间的防震缝的宽度按房屋高度和设防烈度选定，6～8度时取附属建筑物高度的1/100，并不小于50mm；9度时取附属建筑物高度的1/50，并不小于70mm。

4) 厂房纵、横跨交接处设防震缝时，缝宽可用100～150mm。

5) 单层砖柱厂房与连接的工作平台、栈桥通廊等构筑物应各自独立、用足够宽的防震缝将它们分开，缝宽不小于两侧建(构)筑物地震时实际侧移量之和加10mm，且6～8度时不小于50mm，9度时不小于70mm。

6) 防震缝宜结合伸缩缝和沉降缝设置，变形缝应符合防震缝的要求。

4. 厂房结构体系

(1) 结构布置

1) 厂房的结构布置应避免设置开口防震缝，防震缝的两侧均应设置砖横墙。确因生产需要必须设置开口防震缝时，防震缝处及其附近一到两个排架，6、7度时应采用组合砖柱，8、9度时应采用钢筋混凝土柱，并在抗震验算中考虑扭转的影响。

2) 砖排架柱是单层砖柱厂房的主要承重构件和横向抗侧构件，由于砖柱的强度低、延性差，抗震性能特别是抗倒塌能力差，因此在单层砖柱厂房中不应采用抽柱的结构布置，以保证厂房横向有足够的强度和刚度。

3）地震区的单层砖柱厂房，不仅在横向要足够的强度和刚度，且在纵向也要有足够的强度和刚度。厂房的外纵墙一般情况下能满足纵向抗震的要求，对敞棚和多跨厂房的纵向独立砖柱列，可在柱间设置与柱等高的抗震墙来承受纵向地震作用，不宜采用交叉支撑来取代柱列间的纵向抗震墙。

纵向砖抗震墙应与柱同时咬槎砌筑，并设置基础；8度Ⅲ、Ⅳ类场地和9度时，钢筋混凝土无檩屋盖厂房、无砖抗震墙的柱顶应设通长水平压杆。

砖抗震墙可设置在厂房两端的一到两个开间内，若按抗震验算，所设置的纵向抗震墙的抗剪强度不能满足要求，而又不能增设抗震墙时，可在抗震墙内分层配置通长的水平钢筋，横向配筋砖墙的配筋率宜采用0.07%～0.17%。

4）厂房的两端应设置承重山墙，不宜采用端排架承重。

5）厂房内的横向内隔墙宜做成抗震墙，非承重隔墙宜采用轻质墙，当采用非轻质隔墙时，应与砖排架柱脱开或柔性连接；否则，应考虑隔墙对砖排架柱及其与屋架连接节点的附加地震剪力。

6）单层砖柱厂房的外围不宜一侧有纵墙，另一侧为开敞或大面积开洞的纵墙；否则，应在抗震验算和构造上考虑纵向扭转效应的影响。

7）单层砖柱厂房的两端第一开间内不应设置出屋面天窗，并避免采用抗震性能差的天窗端砖壁承重形式。

（2）屋盖结构选型

1）6～8度时，宜采用轻型屋盖或钢筋混凝土有檩屋盖。

2）9度时，应采用轻型屋盖或钢筋混凝土有檩屋盖。

（3）排架结构选型

地震区砖排架结构的选型宜符合下列规定：

1）6度和7度时，可采用无筋砖柱。

2）8度Ⅰ、Ⅱ类场地时，应采用组合砖柱。

3）8度Ⅲ、Ⅳ类场地和9度时，边柱宜采用组合砖柱，中柱宜采用钢筋混凝土柱。

4）确定砖柱截面形式时，除因房屋使用要求的限制，只允许在砖墙一侧设置砖垛的情况外，应在砖墙两侧设置砖垛，形成十字形截面，并尽量使两侧砖垛凸出的尺寸相等。

（4）构造柱的设置

8度Ⅲ、Ⅳ类场地和9度时，应在山墙两端(包括承重内横墙)设置钢筋混凝土构造柱；9度时宜在高大门洞的两侧设置钢筋混凝土构造柱，亦可与山墙壁柱一并考虑。

（5）圈梁的布置

1）单层砖柱厂房应在厂房柱顶标高处沿外墙及承重内横墙设置现浇钢筋混凝土闭合圈梁；8度和9度时，还应沿墙高每隔3～4m增设一道圈梁。梯形屋架端部高度大于900mm时，还应在屋架上弦标高处增设一道圈梁。

2）地基为软弱黏性土、液化土、新近填土或严重不均匀土层时，尚应设置基础墙圈梁。

3）山墙应沿屋面设置现浇钢筋混凝土卧梁。卧梁宜与纵墙的圈梁连接。

4）圈梁不闭合时应有一段搭接，其搭接长度不应小于两倍圈梁错开高度和1.5m，8度和9度时宜有一个柱距的搭接段。

5）有条件时，墙体圈梁宜与门窗过梁结合布置。

（6）山墙壁柱的布置

为增加山墙平面外的稳定性，山墙应设置砖壁柱，间距不大于 4m。山墙壁柱应通到墙顶，并应与卧梁或屋盖构件可靠连接。

## 二、抗震承载力验算

1. 计算要点

（1）验算单层砖柱厂房的抗震强度时，只需考虑水平地震作用，并仅在房屋的纵、横两个主轴方向分别进行验算。

（2）按本节规定采取抗震构造措施的单层砖柱厂房，当符合下列条件时，可不进行横向或纵向截面抗震验算：

1）7 度Ⅰ、Ⅱ类场地，柱顶标高不超过 4.5m，且结构单元两端均有山墙的单跨及等高多跨砖柱厂房，可不进行横向和纵向抗震验算。

2）7 度Ⅰ、Ⅱ类场地，柱顶标高不超过 6.6m，两侧设有厚度不小于 240mm 且开洞截面面积不超过 50％的外纵墙，结构单元两端均有山墙的单跨厂房，可不进行纵向抗震验算。

（3）厂房的横向抗震计算，可采用下列方法：

1）轻型屋盖厂房可按平面排架进行计算。

2）钢筋混凝土屋盖厂房和密铺望板的瓦木屋盖厂房可按平面排架进行计算并考虑空间工作，调整其地震作用效应。

（4）厂房的纵向抗震计算，可采用下列方法：

1）钢筋混凝土屋盖厂房宜采用振型分解反应谱法进行计算。

2）钢筋混凝土屋盖的等高多跨砖柱厂房可按修正刚度法进行计算。

3）纵墙对称布置的单跨厂房的轻型屋盖的多跨厂房，可采用柱列法进行计算。

（5）突出屋面天窗架的横向抗震计算，可采用下列方法：

1）有斜撑杆的三铰拱式钢筋混凝土和钢天窗架的横向抗震计算可采用底部剪力法；跨度大于 9m 或 9 度时，天窗架的地震作用效应乘以增大系数，增大系数可采用 1.5。

2）其他情况下，天窗架的横向水平地震作用可采用振型分解反应谱法。

（6）突出屋面天窗架的纵向抗震计算，可采用下列方法：

1）天窗架的纵向抗震计算，可采用空间结构分析法，并考虑屋盖平面弹性变形和纵墙的有效刚度。

2）柱高不超过 15m 的单跨和等高多跨混凝土无檩屋盖厂房的天窗架纵向地震作用计算，可采用底部剪力法，但天窗架的地震作用效应乘以效应增大系数，其值可按下列规定采用：

① 单跨、边跨屋盖或有纵向内隔墙的中跨屋盖：

$$\eta=1+0.5n \tag{8-1}$$

② 其他中跨屋盖：

$$\eta=0.5n \tag{8-2}$$

式中 $\eta$——效应增大系数；

$n$——厂房跨数，超过 4 跨时取 4 跨。

(7) 偏心受压砖柱的抗震验算，应符合下列要求：

1) 无筋砖柱地震组合轴向力设计值的偏心距，不宜超过 0.9 倍截面形心到轴向力所在方向截面边缘的距离；承载力抗震调整系数可采用 0.9。

2) 组合砖柱的配筋应按计算确定，承载力抗震调整系数可采用 0.85。

(8) 组合砖柱(图 8-1)的截面抗弯刚度可按下式计算：

$$EI = E_m I_m + E_c I_c \tag{8-3}$$

式中 $EI$——组合砖砌体的截面抗弯刚度；

$E_m$、$E_c$——分别为砖砌体和混凝土的弹性模量；

$I_m$、$I_c$——分别为砖砌体和混凝土的面积对全截面几何形心的惯性矩。

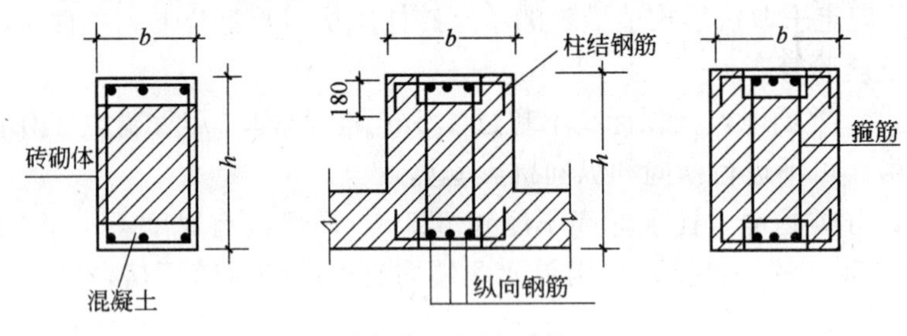


图 8-1 组合砖柱

2. 横向抗震验算

(1) 计算简图

1) 单跨或等高多跨的单层砖柱厂房，可取单自由度体系作为计算简图(图 8-2)，还可进一步简化为单质点的悬臂结构模型，并取厂房的一个开间作为计算单元，进行排架分析。

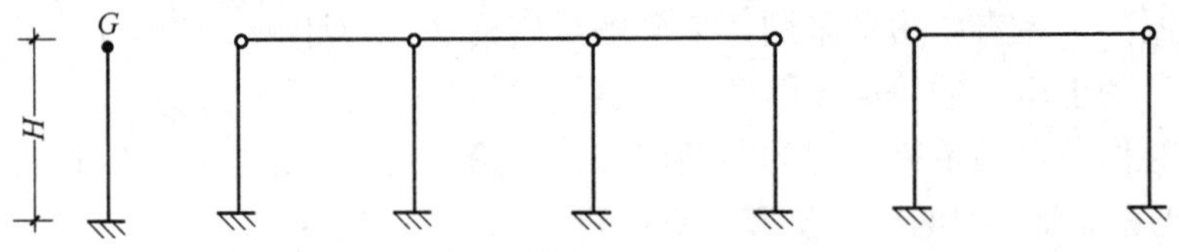


图 8-2 单质点体系计算简图

2) 边柱为砖柱，中柱为钢筋混凝土柱的混合排架，计算简图可按下列情况采用：

① 组合砖柱，柱下端可按固接考虑(图 8-3($a$))。

② 无筋砖柱，在确定厂房自振周期时，柱下端按固接考虑(图 8-3($a$))；在计算水平地震作用时，柱下端宜按铰接考虑(图 8-3($b$))。

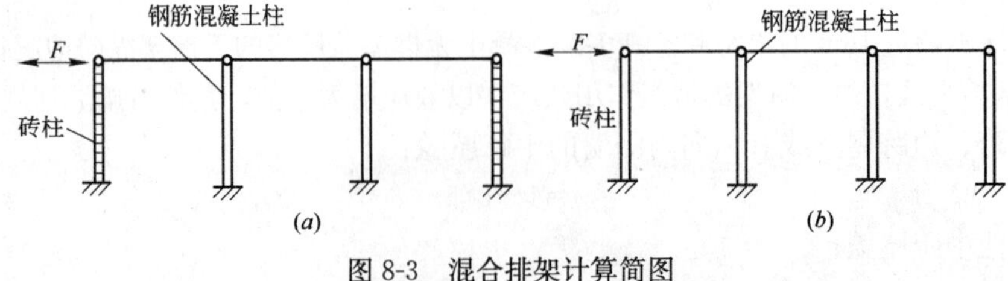


图 8-3 混合排架计算简图

($a$) 砖柱下端固接；($b$) 砖柱下端铰接

(2) 重力荷载计算

1）按弯曲杆件动能相等原则，计算排架基本周期的一榀排架换算集中柱顶高度处的重力荷载 $G$，其值可按下式确定：

$$G=0.25G_{c}+0.25G_{wL}+1.0(G_{r}+0.5G_{sn}+0.5G_{d}) \tag{8-4}$$

式中 $G_c$——柱重力荷载；

$G_{wL}$——纵墙重力荷载；

$G_r$——屋面荷载；

$G_{sn}$——雪荷载；

$G_d$——屋面积灰荷载。

2）按柱底弯矩相等原则，计算排架地震作用和一榀排架换算中到柱顶高度处的等效重力荷载 $\overline{G}$，其值可按下式计算确定：

$$\overline{G}=0.5G_{c}+0.5G_{wL}+1.0G_{r}+0.5G_{sn}+0.5G_{d} \tag{8-5}$$

（3）单柱侧移柔度

等截面的独立砖柱和带砖墙壁柱（包括组合砌体砖柱），当柱底固定柱顶为自由端时，在单位水平力作用下的侧移（图 8-4）可按下式计算：

$$\delta_{A}=\frac{H^{3}}{3EI} \tag{8-6}$$

图 8-4 等截面单柱侧移柔度

式中 $H$——砖柱的计算高度，取柱基础大放脚顶面的距离，一般情况下，也可近似地由地下 0.5m 算起；

$I$——砖柱截面的惯性矩；

$E$——砖砌体的弹性模量。

带墙砖壁柱采用组合砖柱时，截面按矩形考虑，不考虑翼缘的作用（图 8-5），截面惯性矩按下式计算：

$$I=I_{0}+A_{c}\left(\frac{E_{c}}{E_{m}}-1\right)(x_{1}^{2}+x_{2}^{2}) \tag{8-7}$$

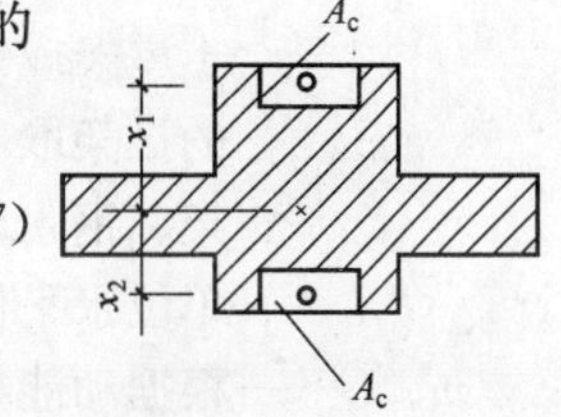

图 8-5 组合砖柱

式中 $I_0$——设全截面为砖砌体时的惯性矩；

$A_c$——砖柱一侧的混凝土截面积；

$E_c$、$E_m$——分别为混凝土和砖砌体的弹性模量；

$x_1$、$x_2$——混凝土部分的形心到整个截面形心的距离。

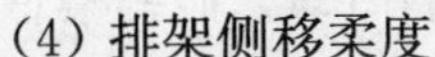

（4）排架侧移柔度

1）基本假定

① 排架在水平外力作用下，屋架、屋面梁等排架横梁所产生的轴向变形均很小，可忽略不计。因而进行排架分析时，可假定横梁为刚性杆。

② 屋架、屋面梁与柱顶的连接具有一定的嵌固作用。

③ 一般情况下，假定排架柱脚固接于柱基础顶面，不考虑柱基础倾斜的影响。

④ 计算排架柔度系数时，取柱的全截面及砖砌体或混凝土的弹性模量，不考虑地震时柱身可能出现裂缝所引起的刚度降低。

2）等截面柱单跨或等高多跨排架的侧移柔度

假定横梁不产生轴向变形，在水平外力作用下，一榀排架中各柱顶端的侧移值相等，排架刚度等于各柱侧移刚度之和。排架受到柱顶处单位水平力的作用时，排架的侧移柔度

$\delta$(图 8-6)，可按下列公式计算：

$$\delta=\frac{H^3}{3E_m\sum_{i=1}^{n}I_i}\quad(I=1、2\cdots\cdots)\tag{8-8}$$

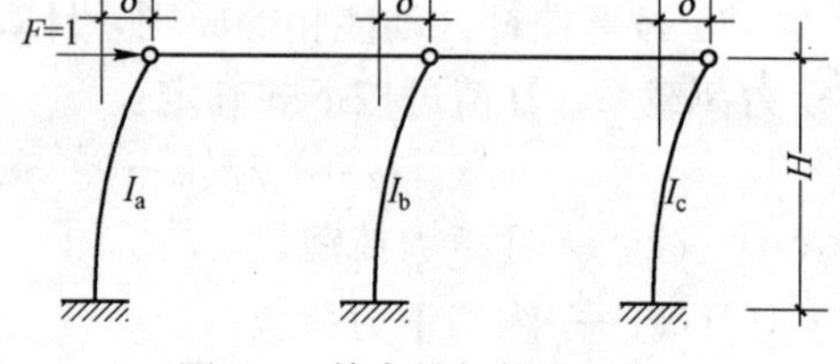

图 8-6 等高排架侧移柔度

式中 $H$——砖柱排架的计算高度；

$I_i$——第 $i$ 砖柱的截面惯性矩；

$\Sigma I_i$——一榀排架各柱截面惯性矩之和。

3）等高混合排架的侧移柔度

对于边柱为砖柱或组合砖柱，中柱为钢筋混凝土的等高混合排架的侧移柔度 $\delta$，可按下式计算：

$$\delta=\frac{H^3}{3\Sigma E_iI_i}\tag{8-9}$$

式中 $E_i$——柱材料的弹性模量；

$I_i$——柱截面的惯性矩。

（5）单跨或等高多跨砖排架(图 8-7)的基本周期

单跨或等高多跨排架的基本周期可按下式计算：

$$T_1=\psi_T\frac{2\pi}{\omega}=2\pi\psi_T\sqrt{m\delta}=2\pi\psi_T\sqrt{\frac{G\delta}{g}}\approx2\psi_T\sqrt{G\delta}\tag{8-10}$$

图 8-7 排架的水平地震作用

式中 $\psi_T$——考虑屋架与砖柱连接的固结作用，对按铰接假定计算周期的调整系数，由钢筋混凝土屋架或钢屋架与砖柱组成的排架取 $\psi_T=0.9$，由木屋架、钢木屋架或轻钢屋架与砖柱组成的排架，取 $\psi_T=1.0$；

$\delta$——单位水平作用力于一榀排架柱顶时所引起的柱顶侧移；

$m$、$G$——根据动能相等原则，一榀排架换算集中到柱顶处的质量和相应的重力荷载。

（6）水平地震作用

1）轻型屋盖厂房

① 轻型屋盖单层砖柱厂房的横向抗震验算可采用平面排架进行计算。砖排架总水平地震作用标准值，可按下式计算：

$$F_{Ek}=\alpha_1\overline{G}\tag{8-11}$$

式中 $\alpha_1$——相应于单榀排架基本周期 $T_1$ 的水平地震影响系数；

$\overline{G}$——产生地震作用的一榀排架有效总重力荷载代表值。

② 屋盖处的地震作用

单跨或等高多跨单层砖柱厂房一榀排架屋盖处的水平地震作用 $F$ 等于该排架总水平地震作用 $F_{Ek}$。

2）钢筋混凝土屋盖或密铺望板瓦木屋盖

钢筋混凝土屋盖或密铺望板瓦木屋盖的单层砖柱厂房，当符合下列条件时，可按平面排架法计算地震剪力和弯矩，但计算的排架柱的剪力和弯矩应乘以表 8-1 规定的调整系数。其条件为：

**砖柱考虑空间作用的效应调整系数** **表 8-1**

| 屋盖类型 | 山墙或承重(抗震)横墙间距(m) | | | | | | | | | | |
|---|---|---|---|---|---|---|---|---|---|---|---|
| | ≤12 | 18 | 24 | 30 | 36 | 42 | 48 | 54 | 60 | 66 | 72 |
| 钢筋混凝土无檩屋盖 | 0.60 | 0.65 | 0.70 | 0.75 | 0.80 | 0.85 | 0.85 | 0.90 | 0.95 | 0.95 | 1.00 |
| 钢筋混凝土有檩屋盖和密铺望板瓦木屋盖 | 0.65 | 0.70 | 0.75 | 0.80 | 0.90 | 0.95 | 0.95 | 1.00 | 1.05 | 1.05 | 1.10 |

① 7 度和 8 度；

② 两端均有承重山墙；

③ 山墙或承重(抗震)横墙的厚度不小于 240mm，开洞所占的水平截面积不超过总面积 50%，并与屋盖系统有良好的连接；

④ 山墙或承重(抗震)横墙的长度不宜小于其高度；

⑤ 单元屋盖长度与总跨度之比小于 8 或厂房总跨度大于 12m。

注：屋盖长度指山墙到山墙或承重(抗震)横墙的间距。

(7) 排架柱地震剪力和弯矩

排架顶部的水平地震作用，按各柱的侧移刚度比例分配到各柱顶端(图 8-8)，然后将各柱视为分离体，即可求得作用于各柱底截面或其他截面的地震内力(弯矩和剪力)。

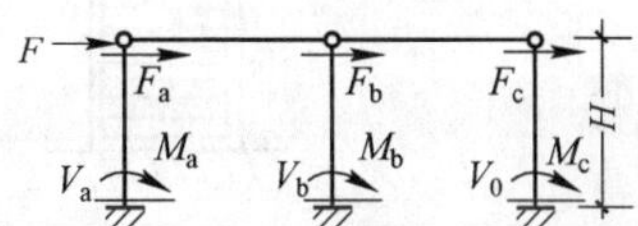

图 8-8 柱底截面地震剪力和弯矩

各柱顶端的水平地震作用为：

$$F_a=\frac{F}{K\delta_a}\quad F_b=\frac{F}{K\delta_b}\quad F_c=\frac{F}{K\delta_c} \tag{8-12}$$

$$K=\frac{1}{\delta_a}+\frac{1}{\delta_b}+\frac{1}{\delta_c} \tag{8-13}$$

式中 $F$——一榀排架顶部的水平地震作用，因为地面运动是往复的，设计应考虑 $F$ 为正向或负向两种情况；

$\delta_a$、$\delta_b$、$\delta_c$——柱 $a$、柱 $b$、柱 $c$ 的侧移柔度；

$K$——一榀排架各柱侧移刚度之和。

作用于各柱柱底截面的地震弯矩和地震剪力分别为：

$$\left.\begin{array}{l}M_a=F_a\cdot H,\ M_b=F_b\cdot H,\ M_c=F_c\cdot H\\ V_a=F_a,\ V_b=F_b,\ V_c=F_c\end{array}\right\} \tag{8-14}$$

因为地震作用的方向是往复变化的，所以按上式计算得的截面地震弯矩和地震剪力可以为正号，也可以为负号。

3. 纵向抗震验算

(1) 柱列法

柱列法是将房屋沿每跨的纵向中心线切开(图 8-9)，对每个柱列分别单独地进行地震作用计算和地震内力分析。柱列法适用于单跨厂房和柔性屋盖的等高多跨厂房的纵向抗震验算。

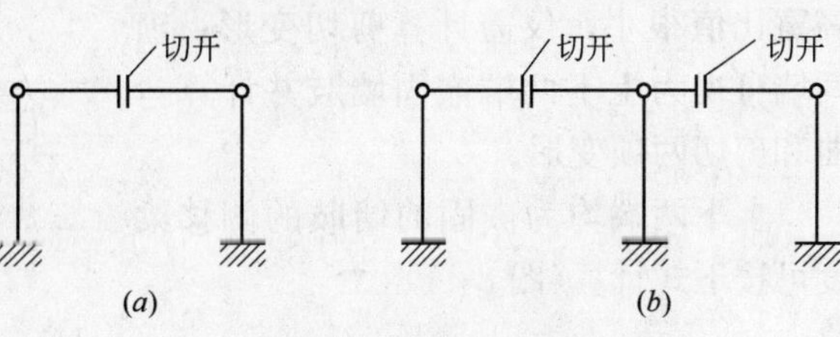

图 8-9 柱列法计算简图

(a)单跨；(b)等高多跨

1) 计算简图

单层砖柱厂房采用柱列法进行纵向抗震验算时，纵向以一个柱列作为计算单元。砖排架厂房的边柱列多为带壁柱的开洞砖墙(图 8-10(*a*))，中柱列多为一列砖柱加 2～4 开间实体砖墙(图 8-10(*b*))。

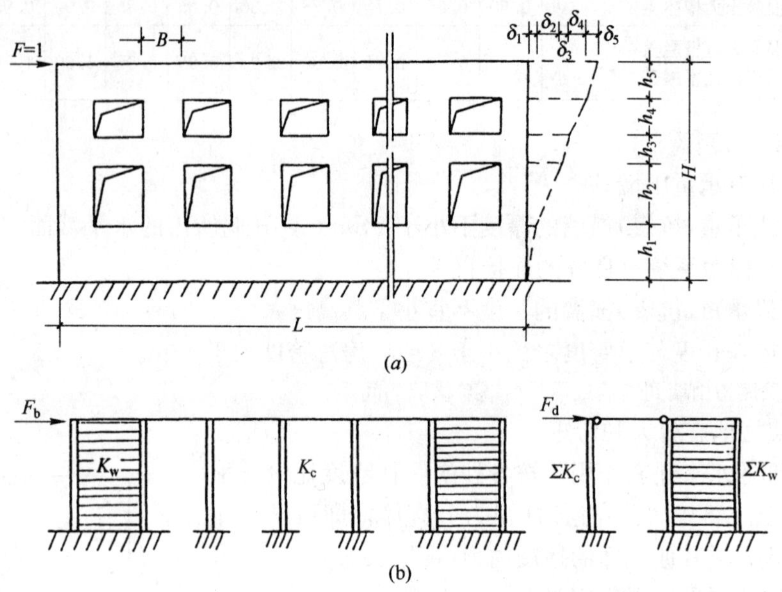


图 8-10　单层砖柱厂房纵向柱顶计算简图

(*a*)多洞墙；(*b*)柱一墙并联体

2) 重力荷载计算

① 按剪力杆件动能相等原则，计算纵向柱列基本自振周期时，纵向 $s$ 柱列换算集中柱顶高度处的重力荷载 $G_s$，其值可按下式计算确定：

$$G_s=0.25G_s+0.25G_{wt}+0.35G_{wL}+1.0[G_r+0.5G_{sn}+0.5G_d] \tag{8-15}$$

式中　$G_{wt}$——山墙重力荷载代表值。

② 按柱列底部剪力相等原则，计算纵向柱列地震作用时，纵向 $S$ 柱列换算集中柱顶高度处的重力荷载 $\overline{G}_s$，其值可按下式计算：

$$\overline{G}_s=0.5G_c+0.5G_{wt}+0.7G_{wL}+1.0[G_r+0.5G_{sn}+0.5G_d] \tag{8-16}$$

3) 纵向柱列的侧移柔度

① 边柱列

边柱列为具有多层洞口的多开间砖墙(图 8-10(*a*))，窗洞上下的水平砖带因高宽比值很小，仅需计算剪切变形；窗间墙可视为上下两端嵌固墙肢并计算弯曲和剪切两项变形。

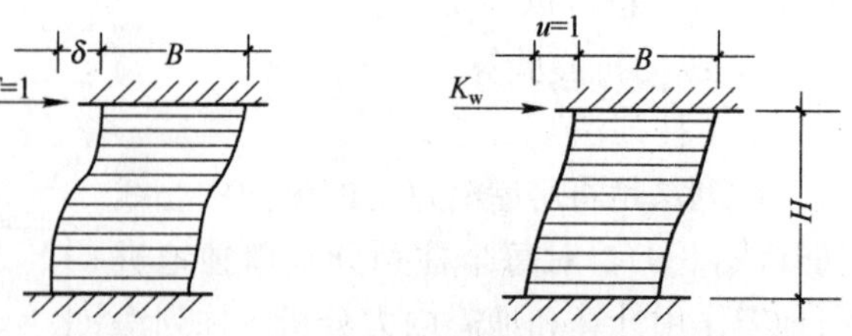


图 8-11　上下嵌固墙的侧移柔度和刚度

上下两端均为嵌固的墙肢的侧移柔度可按下式计算(图 8-11)

$$\delta_w=\frac{H^3}{12GI}+\frac{\xi H}{GA} \tag{8-17}$$

式中　$I$——墙肢的截面惯性矩，$I=\frac{tB^3}{12}$，$t$ 为墙厚；

$\xi$——剪应变不均匀系数，矩形截面，$\xi=1.2$；

$G$——砖砌体的剪切模量，$G=0.4E$；

$A$——墙肢的横截面面积，$A=Bt$。

$$\delta_{\mathrm{w}}=\frac{12H^3}{12EtB^3}+\frac{1.2H}{0.4EtB}$$

令 $\rho=\frac{H}{B}$，上式变为：

$$\left.\begin{aligned}\delta_{\mathrm{w}}&=\frac{\rho^3+3\rho}{Et}\\ K_{\mathrm{w}}&=\frac{1}{\delta_{\mathrm{w}}}=\frac{Et}{\rho^3+3\rho}=EtK_0\\ K_0&=\frac{1}{\rho^3+3\rho}\end{aligned}\right\}\tag{8-18}$$

边列柱具有多层洞口的多开间砖墙(图 8-10(*a*))，在单位水平力作用于墙顶时，等于各墙段砖墙侧移 $\delta_i$ 之和，即：

$$\delta=\sum_{i=1}^{n}\delta_i\tag{8-19}$$

$$\delta_i=\frac{1}{K_i}$$

对于实体水平砖带：

$$K_i=Et(K_0)_i\quad(i=1，3，5\cdots\cdots)$$

对于有洞口的多肢墙段

$$K_i=\sum_{i=1}^{m}K_{is}=Et\sum_{i=1}^{m}(K_0)_{is}\quad(i=2，4\cdots\cdots)$$

式中　$E$——砖砌体的弹性模量；

$t$——砖墙厚度，对于有壁柱的墙肢，可按截面积相等原则折算为等厚矩形截面(图 8-12)；

$m$——有洞口的多肢墙段的段数；

$(K_0)_i$——沿竖向第 $i$ 墙段的相对刚度，按 $i$ 墙段的高长比 $\rho=\frac{h_i}{L}$ 值查表 8-2 或按式(8-17)计算确定；

$(K_0)_{is}$——第 $i$ 墙段中第 $s$ 墙肢的相对刚度，按 $s$ 墙肢的高度比 $\rho=\frac{h_i}{B}$ 值查表 8-2 或按式(8-17)计算确定。

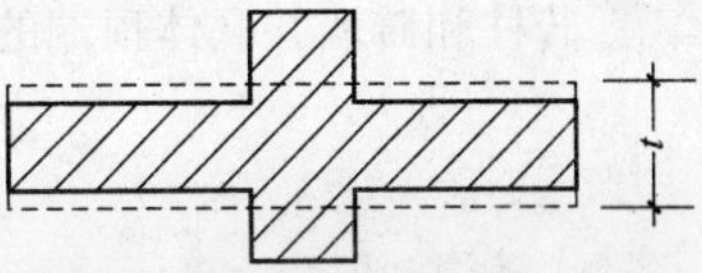

图 8-12　带壁柱墙肢的换算厚度

**上下嵌固墙肢或无洞悬臂砖墙的平面内相对侧移刚度 $K_0$ 和 $K_0'$**　　表 8-2

| $\rho$ | 0.1 | 0.2 | 0.4 | 0.6 | 0.8 | 1.0 | 1.2 | 1.4 | 1.6 | 1.8 | 2.0 | 2.5 | 3.0 |
|---|---|---|---|---|---|---|---|---|---|---|---|---|---|
| $K_0$ | 3.322 | 1.644 | 0.791 | 0.496 | 0.343 | 0.250 | 0.188 | 0.144 | 0.112 | 0.089 | 0.071 | 0.043 | 0.028 |
| $K_0'$ | 3.289 | 1.582 | 0.687 | 0.375 | 0.225 | 0.143 | 0.095 | 0.066 | 0.047 | 0.035 | 0.026 | 0.014 | 0.009 |

注：$K_0=\frac{1}{\rho^3+3\rho}$　$K_0'=\frac{1}{4\rho^3+3\rho}$

② 中列柱

对于设有抗震墙的砖柱柱列，其计算简图为砖柱和砖墙的并联体(图 8-10($b$))。单位水平力作用于并联体的顶端时，并联体顶端所产生的侧移，即并联体顶端的侧移柔度可按下列公式计算：

$$\left.\begin{aligned}&\text{独立砖柱的侧移柔度}\quad \delta_c=\frac{H^3}{3EI}\\&\text{独立砖柱的侧移刚度}\quad K_c=\frac{1}{\delta_c}=\frac{3EI}{H^3}\end{aligned}\right\}\tag{8-20}$$

抗震墙的柔度，按底端固定，上端自由的悬臂墙考虑(图 8-13)。

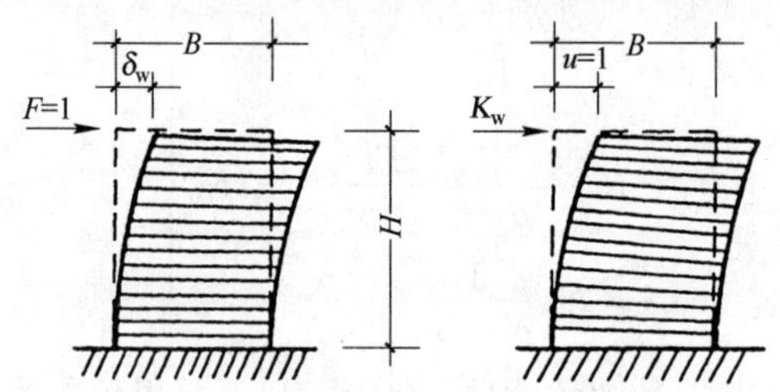


图 8-13 悬臂墙的侧移柔度和刚度

$$\delta_w=\frac{H^3}{3EI}+\frac{\xi H}{GA}=\frac{12H^3}{3EtB^3}+\frac{1.2H}{0.4EBt}=\frac{4H^3}{EtB^3}+\frac{3H}{EBt}$$

令 $\rho=H/B$，上式变为：

$$\left.\begin{aligned}&\delta_w=\frac{4\rho^3+3\rho}{Et}\\&K_w=\frac{1}{\delta_w}=\frac{Et}{4\rho^3+3\rho}=EtK_0'\\&K_0'=\frac{1}{4\rho^3+3\rho}\end{aligned}\right\}\tag{8-21}$$

砖柱和砖墙并联体顶端的侧移柔度为：

$$\delta=\frac{1}{\sum_{i=1}^{n}K_{ci}+\sum_{j=1}^{m}K_{wj}}=\frac{1}{\frac{3nEI}{H^3}+mEtK_0'}\tag{8-22}$$

式中 $K_{ci}$——第 $i$ 个独立砖柱的抗侧移刚度；

$K_{wj}$——第 $j$ 片抗震砖墙的抗侧移刚度；

$n$、$m$——纵向一柱列中独立砖柱的根数与抗震墙的片数；

$I$——砖柱截面的惯性矩；

$H$——砖柱和抗震墙的计算高度；

$E$——砖砌体的弹性模量；

$t$——抗震墙的厚度；

$B$——抗震墙的宽度；

$K_0'$——一片抗震墙的相对刚度，无洞悬臂砖墙的相对刚度，可按其高度比 $\rho$ 值查表 8-2 或按式(8-17)计算确定。

4) 柱列的纵向基本周期

第 $s$ 柱列(边柱列或中柱列)沿厂房纵向单独自由振动时的基本周期可按下式计算：

$$T_s=2\pi\sqrt{m_s\delta}\approx2\sqrt{G_s\delta} \tag{8-23}$$

式中 $\delta$——一个柱列沿厂房纵向的侧移柔度；

$m_s$、$G_s$——第 $s$ 柱列沿厂房纵向的集中质量和相应的重力荷载。

5）柱列的纵向地震作用

整个边柱列或中柱列顶部的纵向水平地震作用标准值，可按下式计算：

$$F_s=a_s\overline{G}_s \tag{8-24}$$

式中 $\overline{G}_s$——按照柱列底部剪力相等原则，第 $s$ 柱列换算集中墙顶的重力荷载；可按式(8-15)计算；

$a_s$——相应于 $s$ 柱列的基本周期 $T_s$ 的地震影响系数。

6）柱列中的墙、柱地震内力

① 边柱列

边柱列为有门窗洞口的带壁柱砖墙(图 8-10$a$)，在墙顶处作用于整个柱列的纵向水平地震作用 $F_s$，按墙肢的侧移刚度或其相对刚度 $K_0$ 比例分配，然后根据各窗间墙分得的地震剪力验算其抗剪强度。当纵墙上开有多层窗洞时，验算上层窗间墙的抗剪强度时，应从 $F_s$ 中扣除验算截面高度以下的墙、柱重力荷载所引起的水平地震作用。

作用于一片窗间墙上的纵向水平地震剪力可按下式计算：

$$Q_s=\frac{K_{si}}{\sum\limits_{i=1}^{m}K_{si}} \tag{8-25}$$

式中 $K_{si}$——一片窗间墙的相对侧移刚度。

② 中柱列

中柱列多为墙、柱并联体(图 8-10$b$)，在柱顶处作用于整个柱列的纵向水平地震作用 $F_s$，按墙和柱的侧移刚度比例分配。

作用于一根柱顶端的纵向水平地震作用和柱底截面的纵向地震弯矩，可分别按下式计算：

$$\left.\begin{aligned}F_c&=\frac{K_c}{\Sigma K_c+\Sigma K_w}\cdot F_s\\M_c&=F_c\cdot H\end{aligned}\right\} \tag{8-26}$$

作用于一片抗震墙顶端的纵向水平地震作用和墙底截面地震剪力，可分别按下式计算：

$$\left.\begin{aligned}F_w&=\frac{K_c}{\Sigma K_c+\Sigma K_w}\cdot F_s\\V_w&=F_w\end{aligned}\right\} \tag{8-27}$$

式中 $K_c$、$K_w$——分别为一根柱、一片墙的侧移刚度。

7）构件截面内力组合和强度验算

进行墙柱等构件的截面抗震强度验算时，应将按上式计算得的截面地震内力以及等效静荷载作用下的截面内力，分别乘以相应的分项系数后进行组合，然后应用强度验算公式检验是否满足要求。

(2) 修正刚度法

1) 纵向基本周期

单层砖柱厂房的纵向基本周期可按下式计算：

$$T_1 = 2\psi_T\sqrt{\frac{\Sigma G_s}{\Sigma K_s}} \tag{8-28}$$

式中 $\psi_T$——周期修正系数，按表 8-3 采用；

$G_s$——第 $s$ 柱列的集中重力荷载，包括柱列左右各半跨的屋盖和山墙重力荷载，及按动力等效原则换算集中到柱顶和墙顶的墙、柱重力荷载；

$K_s$——第 $s$ 柱列的侧移刚度。

**厂房纵向基本自振周期修正系数** **表 8-3**

| 屋盖类型 | 钢筋混凝土无檩屋盖 | | 钢筋混凝土有檩屋盖 | |
|---|---|---|---|---|
| | 边跨无天窗 | 边跨有天窗 | 边跨无天窗 | 边跨有天窗 |
| 周期修正系数 | 1.3 | 1.35 | 1.4 | 1.45 |

2) 纵向水平地震作用

单层砖柱厂房纵向总水平地震作用标准值可按下式计算：

$$F_{Ek} = \alpha_1 \Sigma G_s \tag{8-29}$$

式中 $\alpha_1$——相应于单层砖柱厂房纵向基本自振周期 $T_1$ 的地震影响系数；

$G_s$——按照柱列底部剪力相等原则，第 $s$ 柱列换算集中到墙顶处的重力荷载代表值。

沿厂房纵向 $s$ 柱列上端的水平地震作用可按下式计算：

$$F_s = \frac{\psi_s K_s}{\Sigma \psi_s K_s} F_{Ek} \tag{8-30}$$

式中 $\psi_s$——反映屋盖水平变形影响的柱列刚度调整系数，根据屋盖类型和各柱列的纵墙设置情况，按表 8-4 采用。

**柱列刚度调整系数 $\psi_s$** **表 8-4**

| 纵墙设置情况 | | 屋盖类型 | | | |
|---|---|---|---|---|---|
| | | 钢筋混凝土无檩屋盖 | | 钢筋混凝土有檩屋盖 | |
| | | 边柱列 | 中柱列 | 边柱列 | 中柱列 |
| 砖柱敞棚 | | 0.95 | 1.1 | 0.9 | 1.6 |
| 各柱列均为带壁柱砖墙 | | 0.95 | 1.1 | 0.9 | 1.2 |
| 边柱列为带壁柱砖墙 | 中柱列的纵墙不少于 4 开间 | 0.7 | 1.4 | 0.75 | 1.5 |
| | 中柱列的纵墙少于 4 开间 | 0.6 | 1.8 | 0.65 | 1.9 |

## 三、抗震构造措施

1. 屋盖支撑布置

(1) 钢筋混凝土有檩屋盖

有檩屋盖构件的连接及支撑布置，应符合下列要求：

1) 檩条应与混凝土屋架(屋面梁)焊牢，并应有足够的支承长度。

2) 双脊檩应在跨度 1/3 处相互拉结。

3) 压型钢板应与檩条可靠连接，瓦楞铁、石棉瓦等应与檩条拉结。

4) 支撑布置宜符合表 8-5 的要求。

**有檩屋盖的支撑布置** **表 8-5**

<table>
<tr><td colspan="2" rowspan="2">支撑名称</td><td colspan="3">烈度</td></tr>
<tr><td>6、7</td><td>8</td><td>9</td></tr>
<tr><td rowspan="4">屋架支撑</td><td>上弦横向支撑</td><td>厂房单元端开间各设一道</td><td>厂房单元端开间及厂房单元长度大于 66m 的柱间支撑开间各设一道；<br>天窗开洞范围的两端各增设局部的支撑一道</td><td rowspan="3">厂房单元端开间及厂房单元长度大于 42m 的柱间支撑开间各设一道；<br>天窗开洞范围的两端各增设局部的上弦横向支撑一道</td></tr>
<tr><td>下弦横向支撑</td><td colspan="2" rowspan="2">同非抗震设计</td></tr>
<tr><td>跨中竖向支撑</td></tr>
<tr><td>端部竖向支撑</td><td colspan="3">屋架端部高度大于 900mm 时，厂房单元端开间及柱间支撑开间各设一道</td></tr>
<tr><td rowspan="2">天窗架支撑</td><td>上弦横向支撑</td><td>厂房单元天窗端开间各设一道</td><td rowspan="2">厂房单元天窗端开间及每隔 30m 各设一道</td><td rowspan="2">厂房单元天窗端开间及每隔 18m 各设一道</td></tr>
<tr><td>两侧竖向支撑</td><td>厂房单元天窗端开间及每隔 36m 各设一道</td></tr>
</table>

(2) 钢筋混凝土无檩屋盖

无檩屋盖构件的连接及支撑布置，应符合下列要求：

1) 大型屋面板应与屋架(屋面梁)焊牢，靠柱列的屋面板与屋架(屋面梁)的连接焊缝长度不宜小于 80mm。

2) 6 度和 7 度时有天窗厂房单元的端开间，或 8 度和 9 度时各开间，宜将垂直屋架方向两侧相邻的大型屋面板的顶面彼此焊牢。

3) 8 度和 9 度时，大型屋面板端头底面的预埋件宜采用角钢并与主筋焊牢。

4) 非标准屋面板宜采用装配整体式接头，或将板四角切掉后与屋梁(屋面梁)焊牢。

5) 屋架(屋面梁)端部顶面预埋件的锚筋，8 度时不宜少于 4$\phi$10，9 度时不宜少于 4$\phi$12。

6) 支撑的布置宜符合表 8-6 的要求。

**无檩屋盖的支撑布置** **表 8-6**

<table>
<tr><td colspan="2" rowspan="2">支撑名称</td><td colspan="3">烈度</td></tr>
<tr><td>6、7</td><td>8</td><td>9</td></tr>
<tr><td>屋架支撑</td><td>上弦横向支撑</td><td>屋架跨度小于 18m 时同非抗震设计，跨度不小于 18m 时在厂房单元端开间各设一道</td><td colspan="2">厂房单元端开间及柱间支撑开间各设一道，天窗开洞范围的两端各增设局部的支撑一道</td></tr>
</table>

续表

<table>
<tr><th colspan="3" rowspan="2">支撑名称</th><th colspan="3">烈　度</th></tr>
<tr><th>6、7</th><th>8</th><th>9</th></tr>
<tr><td rowspan="8">屋架支撑</td><td colspan="2">上弦通长水平系杆</td><td rowspan="4">同非抗震设计</td><td>沿屋架跨度不大于15m设一道，但装配整体式屋面可不设；<br>围护墙在屋架上弦高度有现浇圈梁时，其端部处可不另设</td><td>沿屋架跨度不大于12m设一道，但装配整体式屋面可不设；<br>围护墙在屋架上弦高度有现浇圈梁时，其端部处可不另设</td></tr>
<tr><td colspan="2">下弦横向支撑</td><td rowspan="2">同非抗震设计</td><td rowspan="2">同上弦横向支撑</td></tr>
<tr><td colspan="2">跨中竖向支撑</td></tr>
<tr><td rowspan="2">两端竖向支撑</td><td>屋架端部高度≤900mm</td><td>厂房单元端开间各设一道</td><td>厂房单元端开间及每隔48m各设一道</td></tr>
<tr><td>屋架端部高度>900mm</td><td>厂房单元端开间各设一道</td><td>厂房单元端开间及柱间支撑开间各设一道</td><td>厂房单元端开间、柱间支撑开间及每隔30m各设一道</td></tr>
<tr><td colspan="2">天窗两侧竖向支撑</td><td>厂房单元天窗端开间及每隔30m各设一道</td><td>厂房单元天窗端开间及每隔24m各设一道</td><td>厂房单元天窗端开间及柱间支撑开间各设一道</td></tr>
<tr><td colspan="2">上弦横向支撑</td><td>同非抗震设计</td><td>天窗跨度不小于9m时，厂房单元天窗端开间及柱间支撑开间各设一道</td><td>厂房单元端开间及柱间支撑开间各设一道</td></tr>
</table>

(3) 木屋盖的支撑布置

木屋盖的支撑布置，宜符合表8-7的要求，钢屋架、瓦楞铁、石棉瓦等屋面的支撑，可按表中无望板屋盖的规定设置，不应在端开间设置下弦水平系杆与山墙连接；支撑与屋架或天窗架应采用螺栓连接；木天窗架的边柱，宜采用通长木夹板或铁板并通过螺栓加强边柱与屋架上弦的连接。

**木屋盖的支撑布置　　　　表8-7**

<table>
<tr><th colspan="2" rowspan="4">支撑名称</th><th colspan="6">烈　度</th></tr>
<tr><th>6、7</th><th colspan="3">8</th><th colspan="2">9</th></tr>
<tr><th rowspan="2">各类屋盖</th><th colspan="2">满铺望板</th><th rowspan="2">稀铺望板或无望板</th><th rowspan="2">满铺望板</th><th rowspan="2">稀铺望板或无望板</th></tr>
<tr><th>无天窗</th><th>有天窗</th></tr>
<tr><td rowspan="2">屋架支撑</td><td>上弦横向支撑</td><td colspan="2">同非抗震设计</td><td>房屋单元两端天窗开洞范围内各设一道</td><td>屋架跨度大于6m时，房屋单元两端第二开间及每隔20m设一道</td><td>屋架跨度大于6m时，房屋单元两端第二开间各设一道</td><td>屋架跨度大于6m时，房屋单元两端第二开间及每隔20m设一道</td></tr>
<tr><td>下弦横向支撑</td><td colspan="5">同非抗震设计</td><td>屋架跨度大于6m时，房屋单元两端第二开间及每隔20m设一道</td></tr>
</table>

续表

<table>
<tr><td colspan="2" rowspan="3">支撑名称</td><td colspan="6">烈　度</td></tr>
<tr><td>6、7</td><td colspan="3">8</td><td colspan="2">9</td></tr>
<tr><td rowspan="2">各类屋盖</td><td colspan="2">满铺望板</td><td rowspan="2">稀铺望板或无望板</td><td rowspan="2">满铺望板</td><td rowspan="2">稀铺望板或无望板</td></tr>
<tr><td>无天窗</td><td>有天窗</td></tr>
<tr><td>屋架支撑</td><td>跨中竖向支撑</td><td colspan="5">同非抗震设计</td><td>隔间设置并加下弦通长水平系杆</td></tr>
<tr><td rowspan="2">天窗架支撑</td><td>天窗两侧竖向支撑</td><td colspan="4">天窗两端第一开间各设一道</td><td colspan="2">天窗两端第一开间及每隔20m左右设一道</td></tr>
<tr><td>上弦横向支撑</td><td colspan="6">跨度较大的天窗，参照无天窗屋架的支撑布置</td></tr>
</table>

2. 屋面构件的连接

(1) 檩条与屋架和山墙卧梁的连接

檩条必须与屋架钉牢，并应有较长的搁置长度。木檩条在屋架上宜采用搭接接头，并用较长圆钉与木屋架的上弦钉牢(图8-14)。一般不宜采用对接接头，如因檩条长度所限，只能采用对接接头时，除每根檩条端头要与屋架钉牢外，在接头处要加钉夹板。

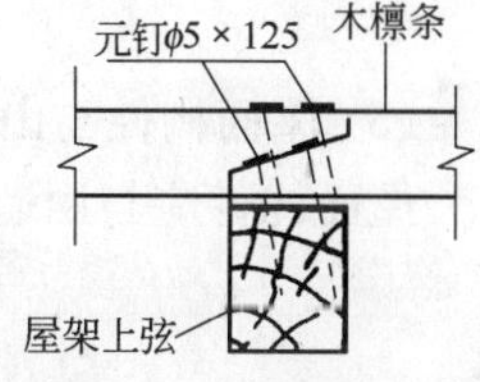


图 8-14　檩条与屋架的连接

檩条与山墙卧梁应可靠连接，有条件时可采用檩条伸出山墙的屋面结构。

(2) 支撑与屋架的连接

支撑与屋架、天窗的连接应采用螺栓。兼作上弦横向支撑中直杆的檩条以及兼作竖向支撑中上弦的檩条也应改用螺栓以加强与屋架上弦的连接。天窗架上的檐口檩条，因要传递水平地震作用，宜采用螺栓与天窗架连接。

(3) 木天窗架与木屋架的连接

木天窗架的边柱宜采用通长的木夹板与屋架的竖腹杆连通(图 8-15)，或用铁板加强天窗架边柱与屋架上弦的连接(图 8-16)。

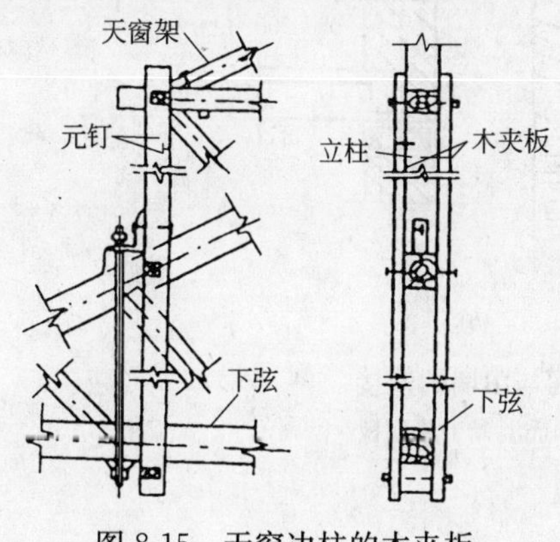


图 8-15　天窗边柱的木夹板

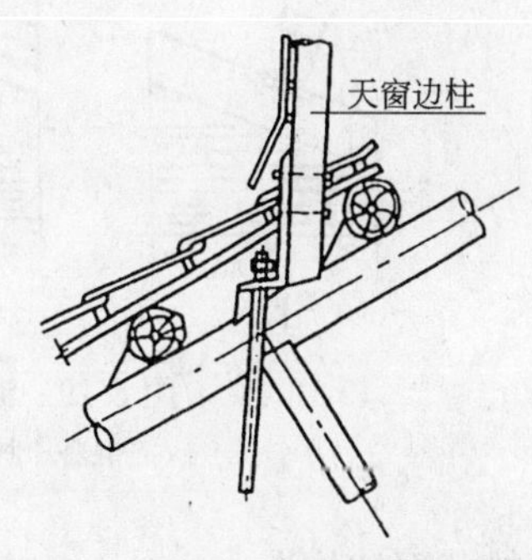


图 8-16　铁板加强天窗架边柱与屋架上弦的连接

(4) 屋架(屋面梁)与砖柱(墙)的连接

屋架(屋面梁)与柱顶垫块或墙顶圈梁，应采用螺栓或焊接牢固连接(图 8-17)。柱顶垫块应现浇，其厚度不应小于 240mm，并应配置两层直径不小于 8mm、间距不大于 100mm 的钢筋网；墙顶圈梁应与柱顶垫块整浇。9 度时，在垫块两侧各 500mm 范围内，圈梁的箍筋间距不应大于 100mm。

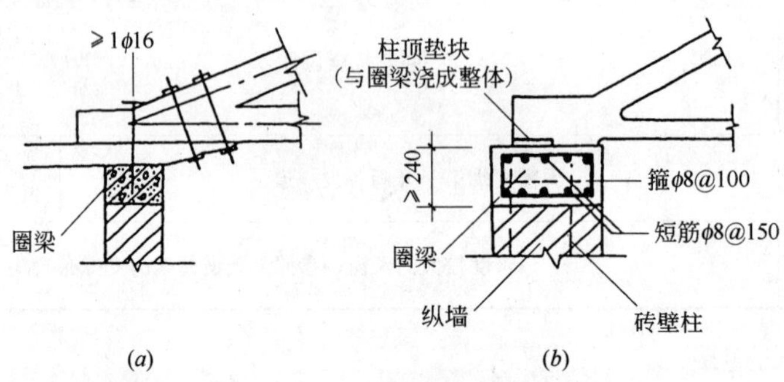


图 8-17　屋架与砖柱的连接

(a)木屋架；(b)钢筋混凝土屋架

(5) 屋面构件与山墙顶部的连接

屋面构件应与山墙卧梁可靠锚拉(图 8-18、图 8-19)。

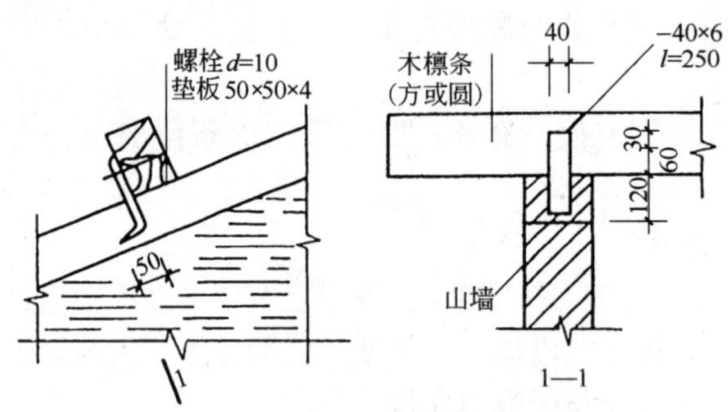


图 8-18　木檩条与山墙卧梁的连接

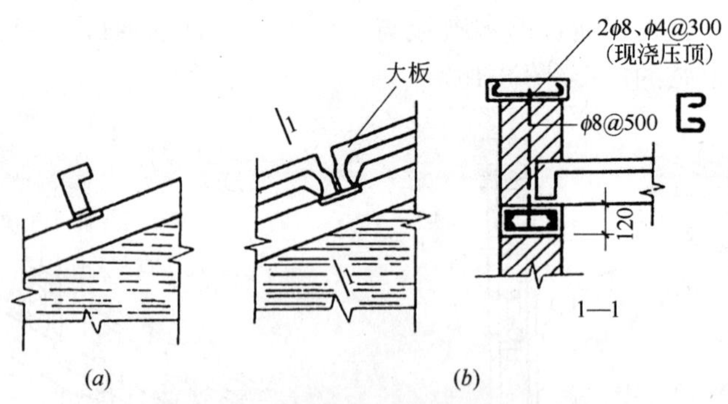


图 8-19　混凝土屋面与山墙的连接

(a)混凝土檩条；(b)钢筋混凝土屋面板

3. 砖柱的截面和构造

(1) 截面和形式

在确定砖柱截面形式时，除因厂房使用要求的限制，一般宜在砖墙两面设置砖垛。组合砖柱不宜在砌体中直接配置纵向钢筋，而应采用钢筋砂浆面层组合砖柱(图 8-20)或钢筋混凝土面层组合砖柱(图 8-21)。

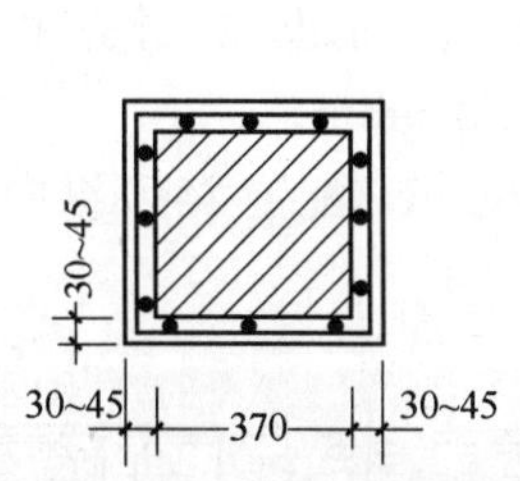


图 8-20　钢筋砂浆面层组合砖柱

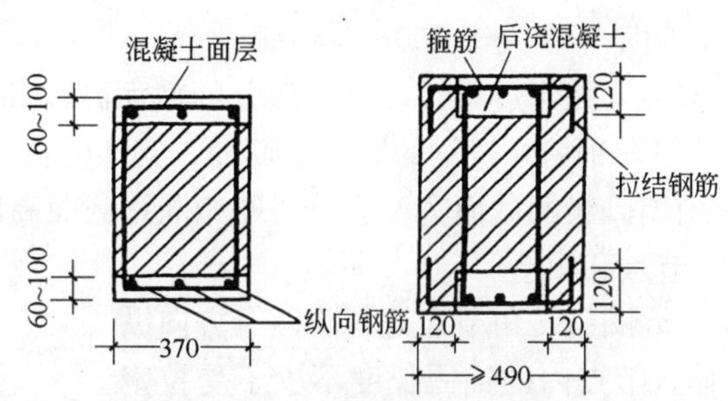


图 8-21　钢筋混凝土组合砖柱

砂浆面层的厚度可采用 30～45mm，当面层厚度大于 45mm 时，其面层宜采用混凝土。

钢筋混凝土面层的厚度不宜小于 60mm，也不宜大于 100mm；采用竖槽配筋方式时，厚度取半砖厚，即 120mm。

(2) 材料强度等级

砖的强度等级不宜低于 MU10，砌筑砂浆强度等级不得低于 M5。混凝土面层组合砖柱中的混凝土强度等级宜采用 C15(采用 HPB235 级钢筋时)或 C20(采用 HRB335 级钢筋时)。

(3) 配筋要求

1) 纵向受力钢筋的截面积应按计算确定。受压钢筋一侧的配筋率，对砂浆面层，不宜小于 0.1%；对混凝土面层，不宜小于 0.2%。受拉钢筋的配筋率不应小于 0.1%。

2) 受力钢筋的直径，对砂浆面层不应小于 8mm，也不宜大于 12mm；对混凝土面层不应小于 10mm，也不宜大于 16mm。

3) 钢筋净距，对砂浆面层不应小于 30mm，对混凝土面层不应小于 50mm，也不宜大于 250mm。

4) 受力钢筋的保护层厚度，对砂浆面层，地面以上不应小于 20mm，地面以下不应小于 30mm；对钢筋混凝土面层，地面以上不应小于 25mm，地面以下不应小于 35mm。

5) 对于独立砖柱，当仅考虑沿房屋横向受力时，可仅在砖柱两面配筋，若砖柱沿房屋纵、横方向均可能受力时，则需在砖柱四面配筋。

6) 箍筋可采用冷拔低碳钢丝，直径不宜大于 4mm 及 0.2 倍受压钢筋的直径，并不宜大于 6mm；箍筋的间距不应大于 20 倍受压钢筋的直径，并不应小于 120mm。一般情况下，箍筋间距可取 250mm，纵向钢筋搭接长度范围内，箍筋间距应加密，取 125mm。

7) 纵向钢筋的上端应伸入柱顶钢筋混凝土垫块，下端应锚入混凝土基础或基础的钢筋混凝土底板中，钢筋锚固长度应符合现行国家标准《混凝土结构设计规范》(GB 50010—2002)的规定。

4. 圈梁的截面和构造

(1) 截面和配筋

1）圈梁的截面宽度宜与墙厚相同，在砖壁柱处，该部分与壁柱同宽，圈梁的截面高度不应小于 180mm；8 度和 9 度时，墙顶圈梁和基础墙圈梁的截面高度宜取 240mm。

2）圈梁混凝土的强度等级可采用 C15。各道圈梁的纵向钢筋不应少于 4$\phi$12，箍筋可采用 $\phi$6，间距不宜大于 200～300mm。

3）当圈梁兼作过梁时，过梁部分的截面高度和配筋应按计算确定，在计算中不得利用圈梁的纵向钢筋。过梁的纵向钢筋伸入支座的长度不应小于 250mm。

4）山墙卧梁的截面宽度宜与墙厚相同，截面高度可取 120mm，配置 2$\phi$10 纵向钢筋。

（2）节点和构造

1）外墙圈梁转角节点处，除两个方向纵向钢筋伸入节点内的锚固长度不少于受拉钢筋的搭接长度外，节点核心区内还应配置两根斜向箍筋以承担圈梁内侧纵、横向钢筋的合力在角部引起的斜向拉力，并在内角处配置两根 45°的斜向钢筋，以承担可能出现的剪力(图 8-22)。

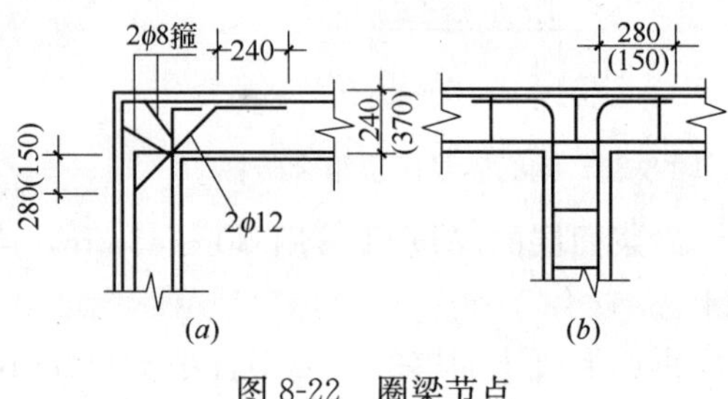


图 8-22 圈梁节点

(a)L 形节点；(b)T 形节点

2）内横墙圈梁与外纵墙的圈梁应设在同一标高处，内横墙上圈梁的纵向钢筋伸入外纵墙圈梁内的锚固长度，不应小于钢筋混凝土构件中受拉钢筋搭接长度的规定。

3）圈梁与构造柱的连接，只需将圈梁的纵向钢筋伸入节点内的长度不小于受拉钢筋的搭接长度，不必配置斜向钢筋和斜向箍筋。

4）山墙卧梁中应设置预埋件与屋盖构件可靠锚拉。

5）墙顶圈梁应与柱顶垫块整体浇筑，9 度时在垫块两侧各 500mm 范围内，圈梁箍筋的间距不应大于 100mm。

6）8 度和 9 度时，采用钢筋混凝土无檩屋盖等刚性屋盖的单层砖柱厂房，砖墙砌筑接近顶端时，宜沿墙长每隔 1m 左右埋设一根 $\phi$8 竖向钢筋，埋入砖墙内长度 300mm，上端锚入墙顶圈梁中(图 8-23)。

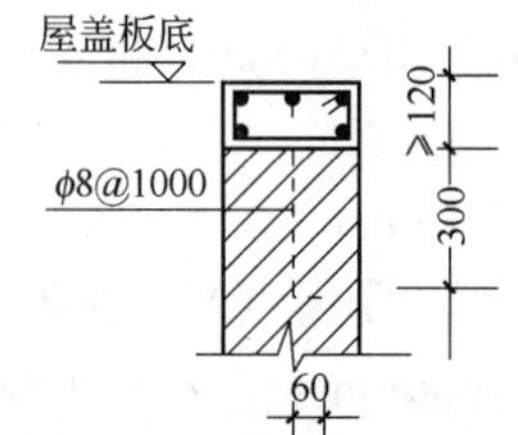


图 8-23 墙顶圈梁下的短竖筋

5. 构造柱

（1）截面和配筋

钢筋混凝土构造柱的截面尺寸一般采用 240mm×240mm，竖向钢筋 8 度时不应少于 4$\phi$12，9 度时不应少于 4$\phi$14。箍筋采用 $\phi$6，间距 250～300mm，在圈梁上下各 500mm 范围内，箍筋间距宜加密，一般取 100mm。当圈梁间距大于 4m 时，构造柱的截面高度和竖向配筋宜适当增大。

设防烈度为 9 度时，山墙或承重内横墙厚度为 370mm 时，构造柱的截面宽度宜与砖墙厚度相同。

（2）与砖墙的拉结

构造柱应先砌墙后浇筑混凝土，在墙柱之间沿高度每隔 550mm 设置 2$\phi$6 水平拉墙筋，伸入墙内各 1000mm(图 8-24)，山墙和横墙端部构造柱与砖墙的结合面可以采取无槎的平面结合。

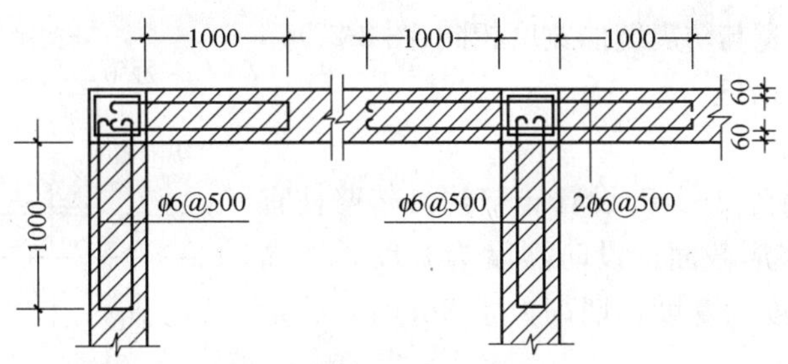


图 8-24 构造柱与砖墙的拉结

(3) 顶端和底端的锚固

构造柱的顶端应锚入墙顶的圈梁内。当基础墙内设有基础圈梁时，构造柱的底端可锚固在基础圈梁内。为了获得较好的锚固条件，锚固有构造柱的一段基础圈梁宜加厚为240mm。无基础圈梁时，构造柱的底端应锚固于混凝土基础中。

6. 墙体构造

(1) 纵、横墙的连接

7 度且墙顶高度大于 4.8m 或 8、9 度时，外墙转角及承重内横墙与外墙交接处，当不设置构造柱时，应沿墙高每 500mm 配置 2φ6 钢筋，每边伸入墙内不少于 1m，柱顶以上部位的钢筋宜适当加密加长(图 8-25)。

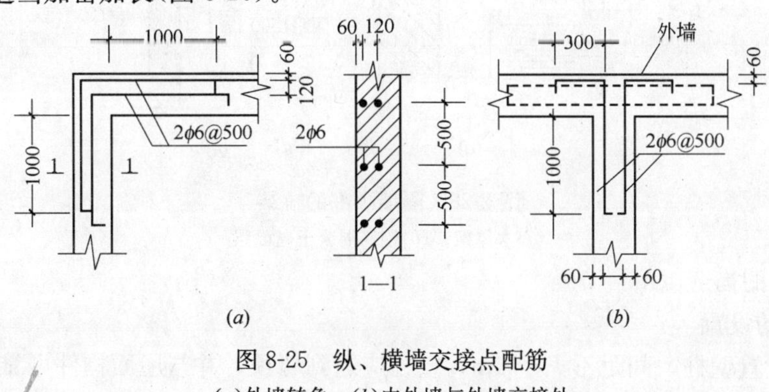


图 8-25 纵、横墙交接点配筋

(a)外墙转角；(b)内外墙与外墙交接处

8 度和 9 度，钢筋混凝土无檩屋盖砖柱厂房，砖围护墙顶部宜沿墙长每隔 1m 埋入 1φ8 竖向钢筋，并插入顶部圈梁。

(2) 隔墙的连接

1) 横隔墙与砖柱的连接

厂房内的横隔墙及布置在厂房内或厂房外的变电间、工具间等小房间的横隔墙应与厂房排架砖柱和纵墙脱开，缝宽应符合防震缝的要求(图 8-26)。

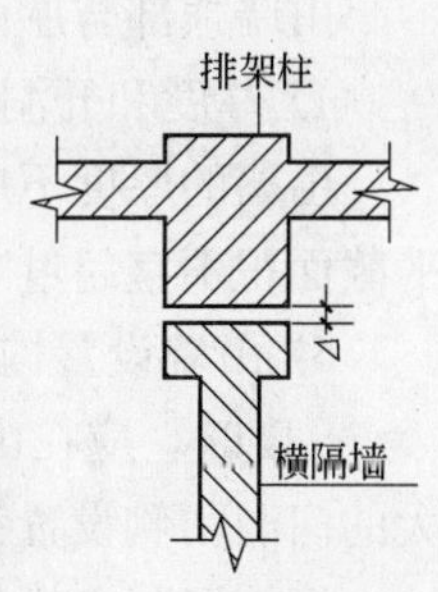


图 8-26 横隔墙与厂房砖柱脱开

2) 纵隔墙与砖柱的连接

到顶的纵隔墙与砖柱之间可采取任何连接方式。不到顶的纵隔墙应与砖柱柔性连接，将不到顶的纵隔墙贴靠在砖柱的一边，并在砖柱面贴一层或两层油毡，使墙与柱分开。为增强隔墙的稳定性，墙柱间应沿墙全高每隔 250mm 左右用 φ6 钢筋拉结。此外，纵隔墙的端部与山墙之间应留有缝隙，缝宽与防震缝的宽度相同(图 8-27)。

图 8-27 纵隔墙与砖柱柔性连接

(3) 隔墙的稳定措施

1) 设置壁柱

隔墙宜沿墙长每隔 3～4m 设置砖壁柱，砖壁柱宜两面外凸，形成十字形截面，设防烈度为 8 度，墙高大于 3m，或设防烈度为 9 度，墙高大于 2m 时，砖壁柱内应配置竖向钢筋。

2) 设置压顶

隔墙的顶部宜设置现浇钢筋混凝土压顶，压顶与隔墙宽度相同，高度为 120mm，内配 4$\phi$10 纵向钢筋。当砖壁柱内配有纵向钢筋时，竖筋伸入压顶的长度不应少于 20 倍钢筋直径。

3) 与屋架拉结

到顶的横隔墙除采用砖壁柱来提高出平面的强度和稳定性外，尚应采用螺栓将隔墙顶部与屋架上弦(屋面梁上翼缘)相拉结(图 8-28)。

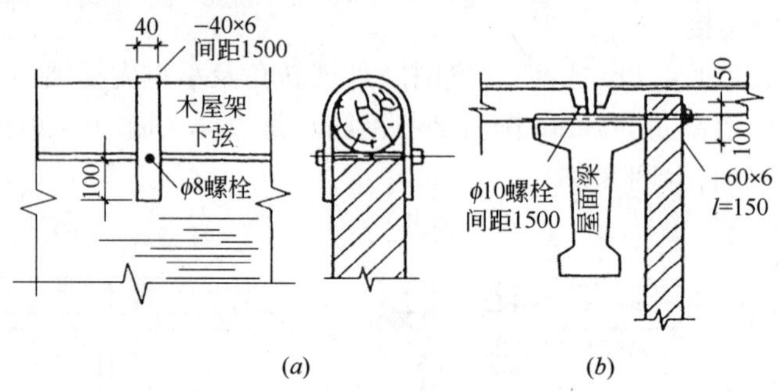


图 8-28 隔墙顶部的拉结

(*a*)木屋架；(*b*)钢筋混凝土屋面梁

(4) 山墙的构造

1) 壁柱的设置

山墙应设置壁柱，间距不大于 4m，壁柱应通到墙顶，并与屋面构件可靠锚拉。

2) 截面和配筋

设防烈度为 7 度时，山墙壁柱可采用无筋砖柱；8、9 度时，应采用组合砖柱。山墙壁柱的截面和配筋，不宜小于排架柱。

3) 山墙顶部的拉结

山墙顶部与屋面构件的连接，可采用在卧梁中设置预埋件与大型屋面板或檩条锚拉。

4) 厚度和开洞率

山墙的厚度不应小于 240mm。采用钢筋混凝土屋盖的单层砖柱厂房，山墙开洞的水平截面积不宜超过总截面面积的 50%。

5) 山墙设置构造柱的要求

8 度时，应在山、横墙两端设置钢筋混凝土构造柱；9 度时，应在山、横墙两端及高大的门洞两侧设置钢筋混凝土构造柱。

钢筋混凝土构造柱的截面尺寸，可采用 240mm×240mm；当为 9 度且山、横墙的厚度为 370mm 时，其截面宽度宜取 370mm；构造柱的竖向钢筋，8 度时不应少于 4$\phi$12，9

度时不应少于 4$\phi$14；箍筋可采用 $\phi$6，间距宜为 250～300mm。

(5) 女儿墙的构造

无锚拉的女儿墙高度不应超过 500mm；当超过时，7 度和 8 度且高度不大于 1m 的女儿墙可按图 8-29(*a*)采取锚固措施；7 度和 8 度且高度等于或大于 1m，但小于 1.5m 及 9 度的女儿墙，可按图 8-29(*b*)采取锚固措施。位于厂房出入口上部、毗邻附属房屋上部的女儿墙必须采取锚固措施。

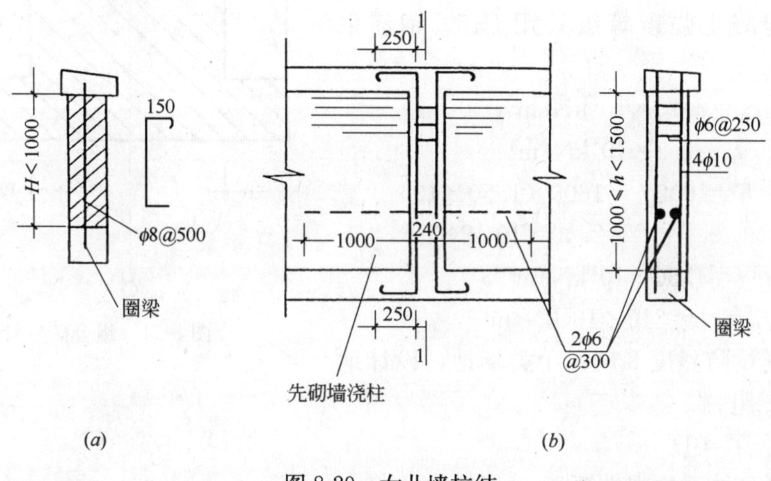


图 8-29　女儿墙拉结

## 四、设计实例

**【实例 8-1】** 单层砖柱厂房横向抗震验算

1. 厂房简图(图 8-30、图 8-31)

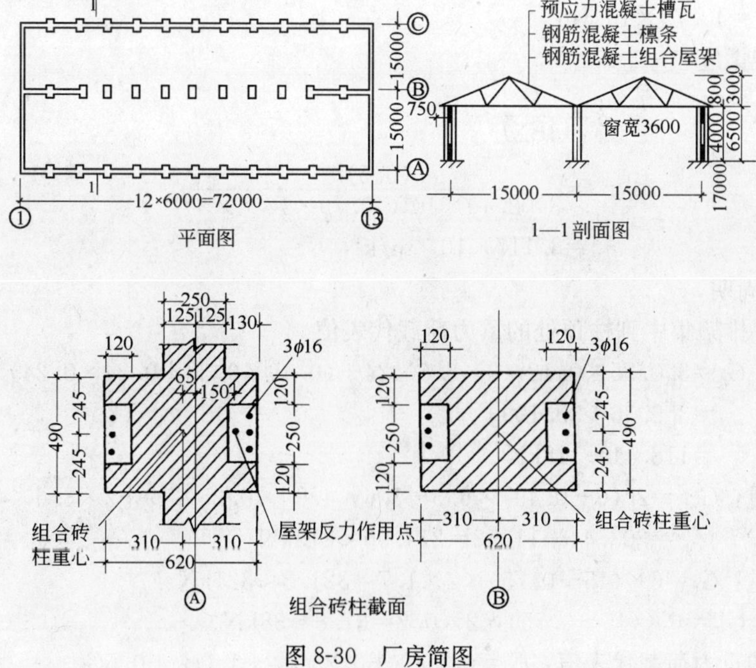


图 8-30　厂房简图

2. 计算资料

(1) 无保温钢筋混凝土有檩条屋盖体系，预应力混凝土槽瓦，钢筋混凝土檩条，钢筋混凝土组合式三角形屋架。

(2) 材料强度等级

砖强度等级采用 MU10，混合砂浆强度等级采用 M5，混凝土强度等级采用 C15，钢筋采用 HPB235。

混凝土 $E_c=2.20\times10^7\text{kN/m}^2$，

$f_c=7.2\times10^3\text{kN/m}^2$

砌体 $E=1600f=1600\times1.50\times10^3$

$=2.40\times10^6\text{kN/m}^2$

$f=1.50\times10^3\text{kN/m}^2$

钢筋 $f_y=f'_y=210\times10^3\text{kN/m}^2$

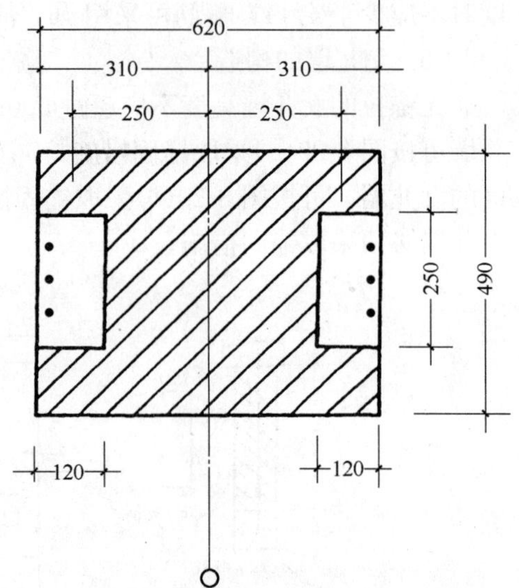

图 8-31 组合砖柱计算截面

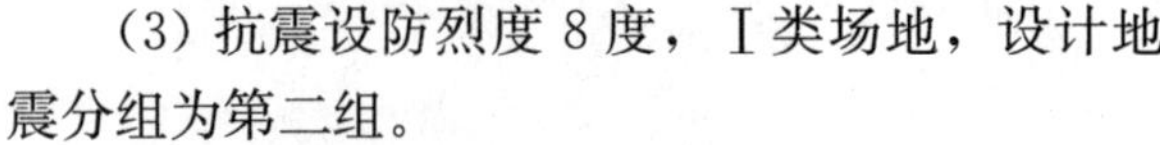

(3) 抗震设防烈度 8 度，Ⅰ类场地，设计地震分组为第二组。

3. 排架侧移柔度

(1) 组合砖柱截面惯性矩

$$I=I_0+A_0\left(\frac{E_c}{E}-1\right)(x_1^2+x_2^2)$$

$$=\frac{1}{12}\times0.49\times0.62^3+0.12\times0.25\times\left(\frac{2.2\times10^7}{2.37\times10^6}-1\right)\times(0.25^2+0.25^2)$$

$$=0.00973+0.03106$$

$$=40.79\times10^{-3}\text{m}^4$$

(2) 排架柔度

$$\delta=\frac{H^3}{3E\Sigma I_i}$$

$$=\frac{(6.5)^3}{3\times2.40\times10^6(40.79\times10^{-3}\times3)}$$

$$=3.117\times10^{-4}\text{m/kN}$$

4. 基本周期

(1) 一榀排架集中到柱顶处的重力荷载代表值

柱总重：$G_c=3[0.25\times0.12\times2\times6.5\times24+(0.49\times0.38+0.24\times0.24)\times6.5\times19]$

$=3[9.36+30.109]$

$=118.41\approx118\text{kN}$

墙窗总重：$G_{wL}=2[(6-0.49)\times6.5-3.6\times4.0]\times0.25\times19+2\times3.6\times4\times0.4$

$=203.44+11.52=214.96\approx215\text{kN}$

屋盖总重：$G_r=6\times(15+0.75)\times2\times1.7=321.3\approx321\text{kN}$

雪荷载：$G_{sn}=6\times(15+0.75)\times2\times0.2=37.8\approx38\text{kN}$

柱顶处的重力荷载代表值：$G=0.25G_c+0.25G_{wL}+1.0G_r+0.5G_{sn}$

$$=0.25\times118+0.25\times215+1\times321+0.5\times38$$
$$=423\text{kN}$$

(2) 基本周期 $T_1$

$$T_1=2\psi_T\sqrt{G\delta}=2\times0.9\sqrt{423\times3.117\times10^{-4}}=0.65\text{s}$$

5. 水平地震作用

(1) 集中到柱顶处的重力荷载代表值

$$\overline{G}=0.5G_c+0.5G_{wL}+1.0G_r+0.5G_{sn}$$
$$=0.5\times118+0.5\times215+1.0\times321+0.5\times38=507\text{kN}$$

(2) 排架水平地震作用

$$F=F_{Ek}=\zeta\alpha_1\overline{G}=1.0\times\left[\left(\frac{0.30}{0.66}\right)^{0.9}\times0.16\right]\times507=39.90\text{kN}$$

6. 内力分析

(1) 排架柱地震内力(图 8-32)

各柱顶端的水平地震作用:

$$F_a=F_b=F_c=\frac{1}{3}\times34.38=\pm11.46\text{kN}$$

作用于各柱柱底截面的地震弯矩和剪力:

$$M_A=M_B=M_C=\pm11.46\times6.5=\pm74.49\text{kN}\cdot\text{m}$$
$$V_A=V_B=V_C=\pm11.46\text{kN}$$

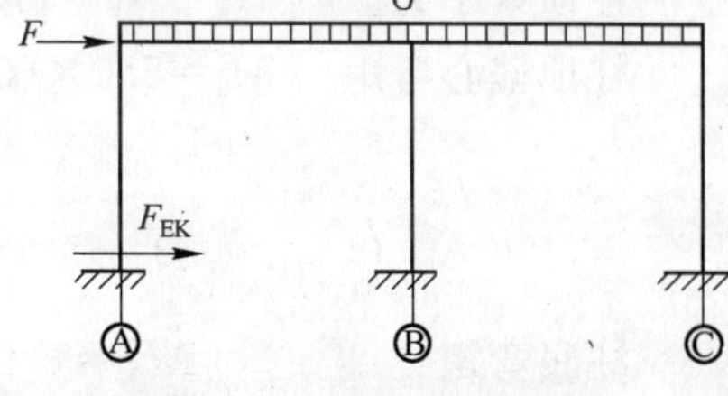

图 8-32 排架水平地震作用

(2) 排架柱静载作用下的内力(图 8-33、图 8-34)

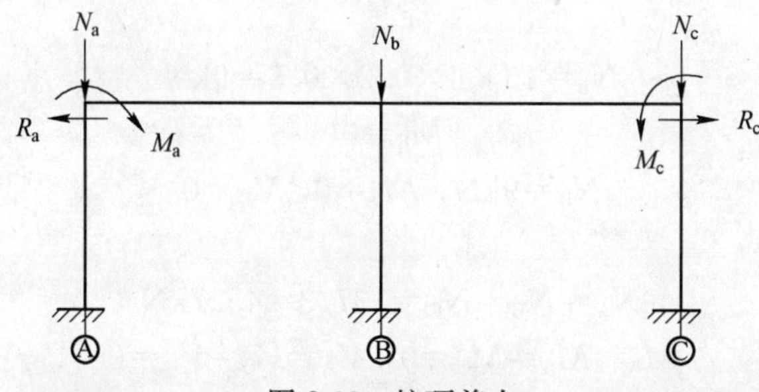

图 8-33 柱顶剪力

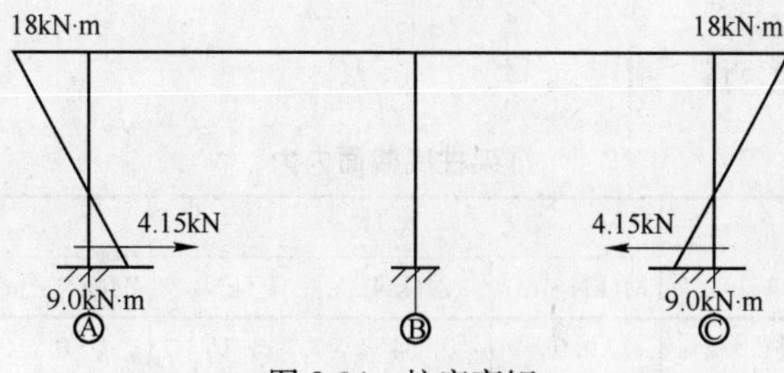

图 8-34 柱底弯矩

1) 屋盖恒载

A、C 柱:

柱顶集中力 $N_a=N_c=(7.5+0.75)\times6\times1.7=84\text{kN}$

$$M_a=84\times(0.06+0.15)=17.64\approx18\text{kN}\cdot\text{m}$$

柱顶偏心弯矩 $M_c=18\text{kN}\cdot\text{m}$

$$R_a=R_c=\frac{3}{2}\times\frac{M_a}{H}=\frac{3}{2}\times\frac{18}{6.5}=4.15\text{kN}$$

柱底弯矩 $M_A=18-4.15\times6.5=18-27=-9.0\text{kN}\cdot\text{m}$

$$M_C=9.0\text{kN}\cdot\text{m}$$

柱底剪力 $V_A=+4.15\text{kN}$，$V_C=-4.15\text{kN}$

B柱：

柱顶集中力 $N_b=15\times6\times1.7=153\text{kN}$

柱顶偏心弯矩 $M_b=0$

柱底内力 $N_B=153\text{kN}$，$M_B=0$，$V_B=0$

2) 雪荷载

A、C柱：

柱顶集中力 $N_a=N_c=(7.5+0.75)\times6\times0.2\times0.5=5.0\text{kN}$

柱顶偏心弯矩 $M_a=5.0\times(0.065+0.15)=1.075\approx1.1\text{kN}\cdot\text{m}$

$$M_c=1.1\text{kN}\cdot\text{m}$$

$$R_a=R_c=\frac{3}{2}\times\frac{M_a}{H}=\frac{3}{2}\times\frac{1.1}{6.5}=0.254\text{kN}$$

柱底弯矩 $M_A=1.1-0.254\times6.5=-0.55\text{kN}\cdot\text{m}$

$$M_C=0.55\text{kN}\cdot\text{m}$$

柱底剪力 $V_A=+0.254\text{kN}$ $V_C=-0.254\text{kN}$

B柱：

柱顶集中力 $N_b=15\times6\times0.2\times0.5=9\text{kN}$

柱顶偏心弯矩 $M_b=0$

柱底截面内力 $N_B=9\text{kN}$，$M_B=0$，$V_B=0$

3) 柱自重

柱底截面内力 $N_A=N_B=N_C=137/3=45.7\text{kN}$

$$M_A=M_B=M_C=0,\ V_A=V_B=V_C=0$$

4) 外纵墙

按自承重墙考虑

(3) 内力组合(表 8-8)

**排架柱底截面内力** **表 8-8**

| 荷载 | | | 柱 A、C | | | 柱 B | | |
|---|---|---|---|---|---|---|---|---|
| | | | M(kN·m) | N(kN) | V(kN) | M(kN·m) | N(kN) | V(kN) |
| 静载 | 屋盖 | 恒载 | 9.0 | 84 | 4.15 | 0 | 153 | 0 |
| | | 雪荷载 | 0.4 | 5 | 0.2 | 0 | 9 | 0 |
| | 柱自重 | | 0 | 45.7 | 0 | 0 | 45.7 | 0 |
| | 总标准值 | | 9.4 | 134.7 | 4.35 | 0 | 207.7 | 0 |
| 地震作用标准值 | | | 74.49 | | 11.46 | 74.49 | 0 | 11.46 |

7. 配筋计算(以A、C柱为例)

(1) 受压区高度计算

计算高度 $H_0=1.25H=1.25\times6.5=8.125\text{m}$

高厚比 $\beta=\dfrac{H_0}{h}=\dfrac{8.125}{0.62}=13.10$

组合砖砌体构件在轴向力作用下的附加偏心距

$$e_i=\frac{\beta^2 h}{2200}(1-0.022\beta)=\frac{13.1^2\times0.62}{2200}(1-0.022\times13.1)=0.0344\text{m}$$

$$e=\frac{M}{N}=\frac{74.49+9.4}{134.7}=0.623\text{m}$$

钢筋 $A_s$ 和 $A'_s$ 重心至轴向力 $N$ 作用点的距离

$$e'_N=e+e_i-\left(\frac{h}{2}-a'\right)=0.623+0.0344-\left(\frac{0.62}{2}-0.035\right)=0.382\text{m}$$

$$e_N=e+e'+\left(\frac{h}{2}-a\right)=0.623+0.0344+\left(\frac{0.62}{2}-0.035\right)=0.932\text{m}$$

假设为大偏心受压(且 $x<h'_c$),对称配筋(图8-35),混凝土面层,受压区高度可按下式计算:

$$N=(fA'+f_cA'_c+\eta_s f'_y A_s-f_y A_s)/\gamma_{RE}$$

$$\gamma_{RE}N=f(b-b_c)x+f_c b_c x$$

$$x=\frac{\gamma_{RE}N}{f(b-b_c)+f_c b_c}=\frac{0.85\times134.7\times1.2}{1.5\times10^3\times0.24+7.2\times10^3\times0.25}=0.063\text{m}$$

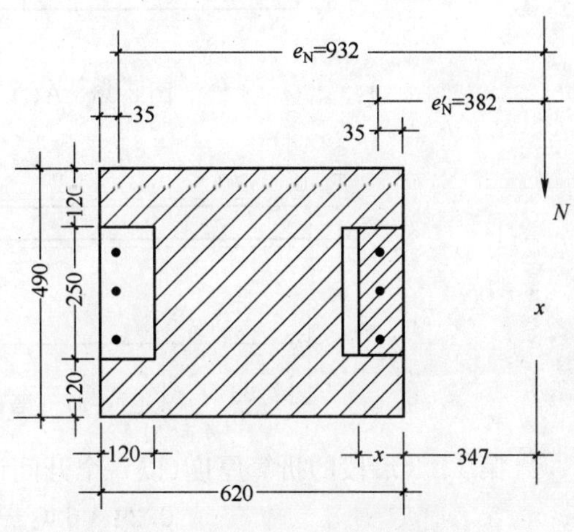


图 8-35 组合砖柱大偏心受压

(2) 配筋计算

$$N e_N\leqslant[fS_s+f_cS_{c\cdot s}+\eta_s f'_y A'_s(h_0-a')]/\gamma_{RE}$$

$$A_s=\frac{\gamma_{RE}Ne_N-fS_s-f_cS_{cs}}{\eta_s f'_y(h_0-a')}$$

$$S_s=0.24\times0.063\left(0.62-0.035-\frac{0.063}{2}\right)=0.008368\text{m}^3$$

$$S_{c\cdot s}=0.25\times0.063\left(0.62-0.035-\frac{0.063}{2}\right)=0.008717\text{m}^3$$

$$A_s=\frac{0.85\times134.7\times1.2\times0.932-1.5\times10^3\times0.008368-7.2\times10^3\times0.008717}{1.0\times210\times10^3\times(0.62-0.035-0.035)}$$

$$=0.000456\text{m}^2=456\text{mm}^2$$

选用 3ϕ14($A_s=461\text{mm}^2$)。

**【实例 8-2】** 单层砖柱厂房纵向抗震验算

1. 厂房简图与计算数据

与单层砖柱厂房横向抗震验算例题【实例 8-1】相同。

2. 地震作用

厂房屋面为钢筋混凝土有檩屋盖体系，故厂房纵向抗震验算采用“修正刚度法”。

(1) 柱列刚度

纵向柱列刚度按无筋砌体计算。

1) A、C柱列

对于图 8-36 中的 1、3 墙段(图 8-37)，$\rho_1=\frac{h}{L}=\frac{0.8}{72}=0.011$，$\rho_3=\frac{h_3}{L}=\frac{1.7}{72}=0.024$，在水平力作用下设两墙段的弯曲变形较其剪切变形小很多，即该两墙段在地震作用下以剪切变形为主。1、3 墙段在单位水平力作用下的变形，可按“截面面积相等”原则，折算为等厚截面计算。

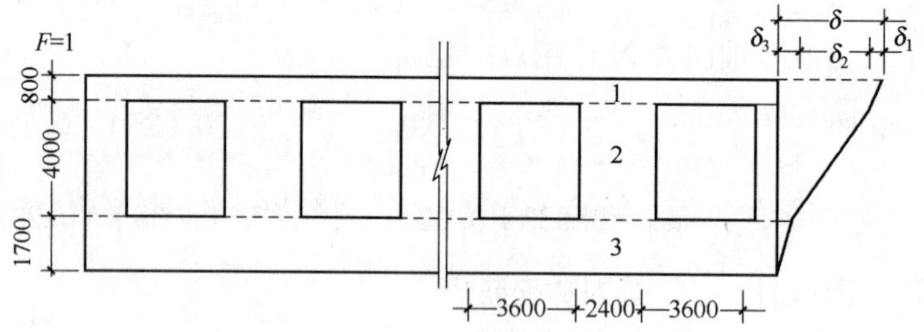


图 8-36　A、C 柱列砖墙的侧移柔度

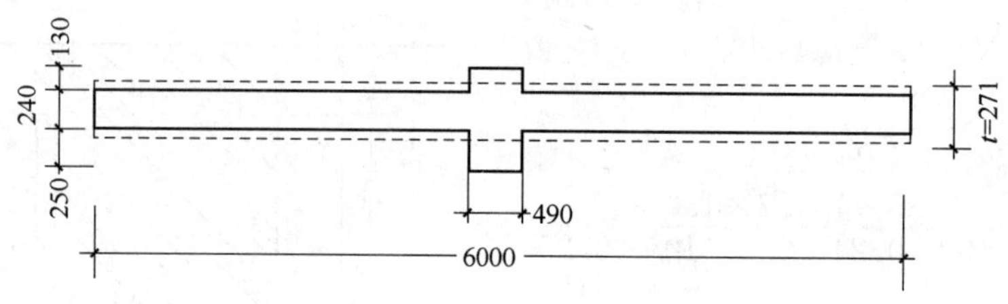


图 8-37　第 1、3 墙段折算厚度

第 1、3 墙段的折算厚度(以一个开间计)：

$$t=\frac{0.24\times6.0+0.49\times0.38}{6.0}=0.271\text{m}$$

第 1 墙段变形 $\delta_1$：

$$\delta_1=\frac{\rho_1^3+3\rho_1}{Et}=\frac{(0.011)^3+3\times0.011}{2.37\times10^6\times0.271}=5.138\times10^{-8}\text{m/kN}$$

第 3 墙段变形 $\delta_3$：

$$\delta_3=\frac{\rho_3^3+3\rho_3}{Et}=\frac{(0.024)^3+3\times0.024}{2.37\times10^6\times0.271}=11.212\times10^{-8}\text{m/kN}$$

第 2 墙段变形 $\delta_2$：

第 2 墙段柱截面如图 8-38 所示。因 $\rho=\frac{4}{2.4}=1.667$，水平力作用下，该墙段的弯曲变形在总变形中占相当比重，其柔度系数不宜折算成等截面厚度来计算：

$$A=2.4\times0.24+0.38\times0.49=0.7622\text{m}^2$$

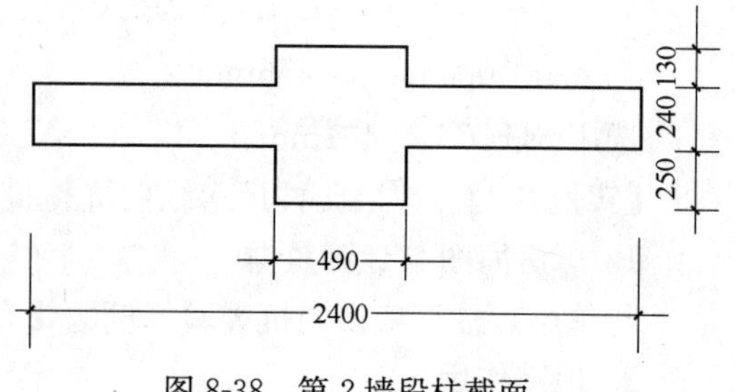


图 8-38　第 2 墙段柱截面

$$I=\frac{1}{12}\times 0.24\times 2.4^3+\frac{1}{12}\times(0.25+0.13)\times 0.49^3=0.2802\text{m}^2$$

$$G=0.4E$$

上下两端均为嵌固墙肢，上端的侧移柔度为：

取 $\xi=1.2$，则 $\delta'_2=\frac{h^3}{12EI}+\frac{\xi h}{GA}$

$$=\frac{1}{E}\left(\frac{h^3}{12I}+\frac{\xi h}{0.4A}\right)=\frac{1}{2.40\times 10^6}\left(\frac{4^3}{12\times 0.2802}+\frac{1.2\times 4}{0.4\times 0.7622}\right)$$

$$=14.491\times 10^{-6}\text{m/kN}$$

共有 12 根柱，则：

$$\delta_2=\frac{\delta'_2}{12}=\frac{14.491}{12}\times 10^{-6}=1.208\times 10^{-6}=120.8\times 10^{-8}\text{m/kN}$$

$$\delta_2=\delta_c=\delta_1+\delta_2+\delta_3=(5.138+120.8+11.212)\times 10^{-8}=137.15\times 10^{-8}\text{m/kN}$$

$$K_a=K_c=\frac{1}{\delta_a}=\frac{1}{137.15\times 10^{-8}}=0.007291\times 10^8=729.1\times 10^3\text{kN/m}$$

2) B 柱列(图 8-39)

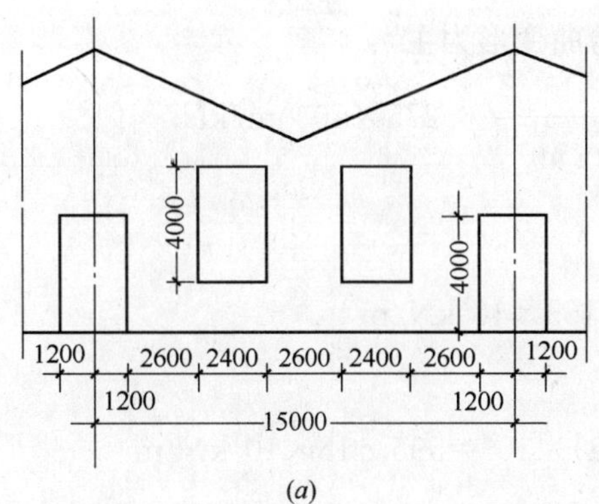


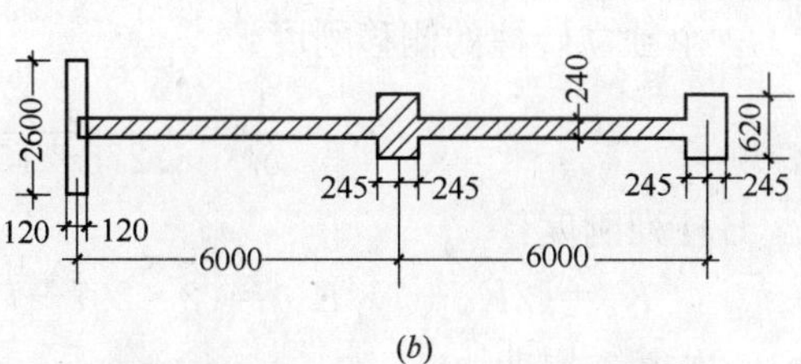


图 8-39　B 柱列抗震墙计算截面

(a)山墙立面；(b)抗震墙计算截面

B 柱列两端各设有两开间抗震墙。在水平力作用下，计算其弯曲变形时，应考虑山墙部分参加抗弯，翼缘宽度取山墙窗间墙宽度。

B 柱列的截面特征：

$$A=0.24\times 2.6+0.24(12-0.365)+0.49\times 0.38+0.49\times 0.62$$
$$=0.624+2.7924+0.1862+0.3038$$
$$=3.906\text{m}^2$$

$$y=\left[0.624\times 0.12+2.7924\left(0.24+\frac{12-0.365}{2}\right)+0.1862\times 6.12+0.3038\times 12.12\right]/3.906$$
$$=5.584\text{m}$$

$$I=\frac{1}{12}\times 2.6\times 0.24^3+(0.24\times 2.6)(5.584-0.12)^2+\frac{1}{12}\times 0.24(12-0.365)^3$$
$$+0.24(12-0.365)\left(0.24+\frac{12-0.365}{2}-5.584\right)^2$$

$$+\frac{1}{12}\times 0.38\times 0.49^{3}+0.38\times 0.49\times(6.12-5.584)^{2}$$

$$+\frac{1}{12}\times 0.62\times 0.49^{3}+0.62\times 0.49\times(12.12-5.584)^{2}=63.201\text{m}^{4}$$

计算剪切变形时，与地震作用方向垂直的杆件不参与工作，此时计算截面 $A'$ 按图8-39($b$)中的斜线部分(不计山墙的窗间墙和砖柱)计算：

$$A'=3.9064-0.24\times 2.6-0.49\times 0.62=2.979\text{m}^{2}$$

一端两间抗震墙在单位水平力作用下的位移：

$$\delta_{\text{w}}=\frac{H_{3}}{3EI}+\frac{\xi H}{GA'}=\frac{1}{2.40\times 10^{6}}\left(\frac{6.5^{3}}{3\times 63.201}+\frac{1.2\times 6.5}{0.4\times 2.979}\right)=3.331\times 10^{-6}\text{m/kN}$$

一端两间抗震墙的侧移刚度：

$$K_{\text{w}}=\frac{1}{\delta_{\text{w}}}=\frac{1}{3.331\times 10^{-6}}=300\times 10^{3}\text{kN/m}$$

一个独立砖柱的高宽比：

$$\rho=\frac{H}{b}=\frac{6.5}{0.49}=13.265$$

一个独立砖柱在单位水平力作用下的位移(以弯曲变形为主)：

$$\delta_{\text{c}}=\frac{H^{3}}{3EI}=\frac{6.5^{3}}{3\times 2.40\times 10^{6}\times\frac{1}{12}\times 0.62\times 0.49^{3}}=6.275\times 10^{-3}\text{m/kN}$$

一个独立砖柱的侧移刚度：

$$K_{\text{c}}=\frac{1}{\delta_{\text{c}}}=\frac{1}{6.275\times 10^{-3}}=0.159\times 10^{3}\text{kN/m}$$

B 柱列刚度：

$$K_{\text{b}}=(2K_{\text{w}}+7\times K_{\text{c}})=(2\times 297+7\times 0.159)\times 10^{3}=595.113\times 10^{3}\text{kN/m}$$

(2) 基本周期

1) 各列柱集中到柱顶的重力荷载代表值 $G_{\text{s}}$

① A、C 柱列

柱重：

$$G_{\text{c}}=\left[\frac{137.13}{3}+(2.4-0.43)\times 0.24\times 6.5\times 19\right]\times 12=1249\text{kN}$$

纵墙和窗重：

$$G_{\text{wt}}=[0.24\times 3.6(1.7+0.8)\times 19+(3.6\times 4\times 0.4)]\times 12=562\text{kN}$$

屋盖重：$G_{\text{r}}=1.7(7.5+0.75)\times 6\times 12=1010\text{kN}$

雪荷载：$G_{\text{sn}}=0.2(7.5+0.75)\times 6\times 12=119\text{kN}$

山墙重：$G_{\text{wt}}=(7.5\times 6.5+\frac{1}{2}\times 7.5\times 3)\times 0.24\times 19\times 2-2.4\times 4\times 0.24(19-0.4)\times 3$
$=419\text{kN}$

集中到 A、C 柱列顶的重力荷载代表值：

$$\begin{aligned}G_{\text{a}}&=G_{\text{c}}=0.25G_{\text{c}}+0.35G_{\text{wt}}+0.25G_{\text{wt}}+1.0G_{\text{r}}+0.5G_{\text{sn}}\\&=0.25\times 1249+0.35\times 562+0.25\times 419+1\times 1010+0.5\times 119=1683\text{kN}\end{aligned}$$

② B柱列

柱重：$G_c \frac{137.13}{3} \times 7 = 320\text{kN}$

抗震墙重：$G_{wl} = \left(2.979 \times 6.5 \times 19 + \frac{137.13}{3}\right) \times 2 = 827\text{kN}$

屋盖重：$G_r = 1.7 \times 15 \times 72 = 1836\text{kN}$

雪荷载：$G_{sn} = 0.2 \times 15 \times 72 = 216\text{kN}$

山墙重：$G_{wt} = 504 \times 2 = 1008\text{kN}$

集中到B柱列柱顶的重力荷载代表值：

$$G_b = 0.25 \times 320 + 0.35 \times 753 + 0.25 \times 1008 + 1836 + 0.5 \times 216 = 2540\text{kN}$$

2）基本周期

$$T_1 = 2\psi_T \sqrt{\frac{\Sigma G_s}{\Sigma K_s}} = 2 \times 1.4 \sqrt{\frac{1699 \times 2 + 2540}{(720.7 \times 2 + 595.1) \times 10^3}}$$

$$= 2 \times 1.4 \times 0.054 = 0.15\text{s} < T_g = 0.30\text{s}$$

（3）水平地震作用

1）集中到柱顶的重力荷载代表值$\overline{G}_s$

$$\overline{G}_s = 0.5G_c + 0.5G_{wt} + 0.7G_{wl} + 1.0G_r + 0.5G_{sn}$$

$$\overline{G}_a = \overline{G}_c = 0.5 \times 1228 + 0.5 \times 504 + 0.7 \times 562 + 1.0 \times 1010 + 0.5 \times 119 = 2329\text{kN}$$

$$\overline{G}_b = 0.5 \times 320 + 0.5 \times 1008 + 0.7 \times 761 + 1 \times 1836 + 0.5 \times 216 = 3141\text{kN}$$

2）纵向水平地震作用标准值

$$F_{Ek} = 0.85\alpha 1 \Sigma \overline{G}_s = 0.85 \times 0.16 \times (2329 \times 2 + 3141) = 1061\text{kN}$$

3）柱列地震作用

沿厂房纵向第S柱列上端的水平地震作用

$$F_s = \frac{\mu_s K_s}{\Sigma \mu_s K_s} \cdot F_{Ek}$$

$\mu_s$为反映屋盖水平变形影响的柱列刚度调整系数，根据屋盖类型和各柱列的纵墙设置情况确定：

$$\mu_a = \mu_c = 0.75,\ \mu_b = 1.5$$

作用于各柱列上端的水平地震作用：

$$F_a = F_c = \frac{0.75 \times 720.7 \times 10^3 \times 1061}{(0.75 \times 720.7 \times 2 + 1.5 \times 595.1) \times 10^3} = 290.56\text{kN}$$

$$F_b = \frac{1.5 \times 595.1 \times 10^3 \times 1061}{(0.75 \times 720.7 \times 2 + 1.5 \times 595.1) \times 10^3} = 479.86\text{kN}$$

作用于B柱列一端抗震墙顶上的水平地震作用：

$$F'_b = \frac{F_b}{2} = \frac{479.86}{2} = 239.93\text{kN}$$

（4）承载力验算

1）抗震承载力验算

验算截面：抗震墙半高处，即$\frac{6.5}{2}$m高度处。

屋盖重 $(1.7+0.5\times0.2)\times15\times12=324\text{kN}$

墙重 $3.91\times6.5\times19+\left(\dfrac{137.13}{3}-0.49\times0.62\times6.5\times19\right)\times2=499\text{kN}$

$$N_{\text{k}}=324+499=823\text{kN}$$

$$M_{\text{k}}=F'_{\text{b}}\times H=239.9\times6.5=1559.35\text{kN}\cdot\text{m}$$

$$e=\frac{M_{\text{k}}}{N_{\text{k}}}=\frac{1559.35}{823}=1.895\text{m}<0.7y=0.7\times5.584=3.909\text{m}$$

回转半径 $$i=\sqrt{\frac{I}{A}}=\sqrt{\frac{63.2}{3.91}}=4.02\text{m}$$

折算厚度 $$h_{\text{T}}=3.5i=12.118\text{m}$$

$$\beta=\frac{H_0}{h_{\text{T}}}=\frac{1.25\times6.5}{12.118}=0.67<3$$

$$\frac{e}{h}=\frac{1.895}{12.118}=0.156$$

查《砌体结构设计规范》(GB 50003—2001)附表，当 $\beta<3$，$\dfrac{e}{h_{\text{r}}}=0.156$ 时，影响系数 $\varphi=0.78$。$\varphi fA/\gamma_{\text{RE}}=\dfrac{0.78\times1.50\times10^3\times3.91}{0.9}=5083\text{kN}>N=1.2\times823=987.6\text{kN}$，满足要求。

2) A、C柱列

A、C柱列因砖墙总面积大于B柱列，而地震作用小于B柱列，因此可不验算。

## 第二节 单层空旷房屋

### 一、抗震设计的一般规定

1. 适用范围

本节适用于砖柱承重的较空旷的单层大厅和附属房屋组成的公共建筑。

单层空旷房屋的大厅，在下列情况下，不宜采用砖柱支承屋盖结构：

(1) 9度时与8度Ⅲ、Ⅳ类场地的建筑。

(2) 大厅内设有挑台。

(3) 8度Ⅰ、Ⅱ类场地和7度Ⅲ、Ⅳ类场地，大厅跨度大于15m或柱顶高度大于6m。

(4) 7度Ⅰ、Ⅱ类场地和6度Ⅲ、Ⅳ类场地，大厅跨度大于18m或柱顶高度大于8m。

2. 抗震设计基本要求

(1) 单层空旷砖房是跨度和空间较大的公共建筑，人流密集，一旦遭受地震破坏，可能造成大量人员伤亡，其抗震构造措施应略高于单层砖柱厂房和多层砌体房屋。

(2) 影剧院等单层空旷砖房的各个部分由于功能要求不同，体量大小各异，整个房屋的平面很难做成矩形，各部分屋盖也难以做成同一高度，但也不宜为了避免复杂体形而在各个部分的连接处设置防震缝，致使由于结构产生不对称和分割后连接部位的削弱，在地震时发生严重的扭转和应力集中破坏。

（3）为了保证结构构件强度和刚度的连续均匀变化，当附属房屋低于大厅时，不宜在附属房屋框架上采用伸出小柱来支托大厅屋架，以防止悬臂小柱因抗推刚度和屈服强度比的突然减小，在地震时引起塑性变形集中，使小柱因变形过大而破坏。

（4）门厅因其使用要求特殊，结构布置与一般多层砌体房屋不同，它要求有较大的空间，内部很少布置纵墙和横墙。因大门和立面处理等要求，墙体的门窗开洞面积较大，就整体而言使有效墙体面积较少。沿整个房屋的纵轴方向，门厅部分尚可依靠大厅纵墙的支持；沿房屋横轴方向，因要额外负担大厅传来的部分地震作用，所以，对于门厅部分的构件选型和抗震构造措施，应沿房屋横轴方向加强。

3. 平面、体形和防震缝

（1）防震缝

为了满足使用功能上的要求和结构上的连续整体性，单层空旷砖房的大厅与门厅和舞台之间不宜设置防震缝，大厅与两侧附属房屋之间可不设防震缝，但在构造上应加强相互之间的连接，使整组建筑形成合理相互支持和有良好连接的空间结构体系。

（2）平面和体形

单层空旷砖房在平面、体形复杂，且不设防震缝的情况下，平面、剖面布置仍宜力求简单、规整，如：

1）在满足各项使用功能的前提下，使门厅和舞台与大厅等宽。

2）利用大厅的延伸用作舞台。

3）附属房屋宜在大厅两侧对称布置。

4）有条件时，附属房屋的屋盖宜与大厅柱顶位于同一高度，使附属房屋成为大厅的横向抗侧力构件等。

4. 房屋结构体系

（1）大厅

1）结构布置

① 大厅两侧的纵向排架宜尽量与门厅和舞台的侧排架连在一条线上。

② 大厅的横向排架宜充分利用附属房屋使结构连为一体，以增强横向刚度。

③ 为更好地发挥大厅的空间作用，应加强大厅与门厅和舞台交接处墙体的刚度和强度，不应使其面积削弱过多。

④ 附属房屋宜在大厅两侧对称布置，尽量避免采用一侧布置附属房屋的平面形式。

⑤ 大厅两侧的附属房屋宜纵向全长布置，不宜采用大厅的一部分为有附属房屋的多跨，一部分为无附属房屋的单跨平面形式。

⑥ 附属房屋的柱距宜与大厅的纵向柱距及门厅、舞台山墙的柱距协调一致。

⑦ 附属房屋宜尽量不布置内横墙，以免大厅各榀排架受力不均，出现地震作用集中于少数排架的情况，从而造成严重的地震破坏。

2）屋盖结构选型

① 由于门厅、大厅和舞台的屋盖一般不在同一高度，为减轻门厅与大厅、大厅与舞台相接处的地震反应，大厅宜采用轻型屋盖。

② 若因条件限制，大厅采用钢筋混凝土屋面板等重屋盖时，应按本节规定的抗震构造措施，对门厅与大厅、大厅与舞台相接处的墙体予以加强。

③ 构造柱的设置：大厅与门厅交接处的前山墙应利用门厅的楼层作为水平支撑，大厅的前山墙除加强山墙顶部与屋面构件的连接外，尚应在高出门厅屋盖的山墙内设置钢筋混凝土构造柱。6～8 度时，构造柱的间距不大于 6m，构造柱上端与山墙墙顶部卧梁相连，下端伸过门厅屋盖处圈梁，锚入基础或门厅顶层楼板处的圈梁内。构造柱应先砌墙后浇筑混凝土(图 8-40)。

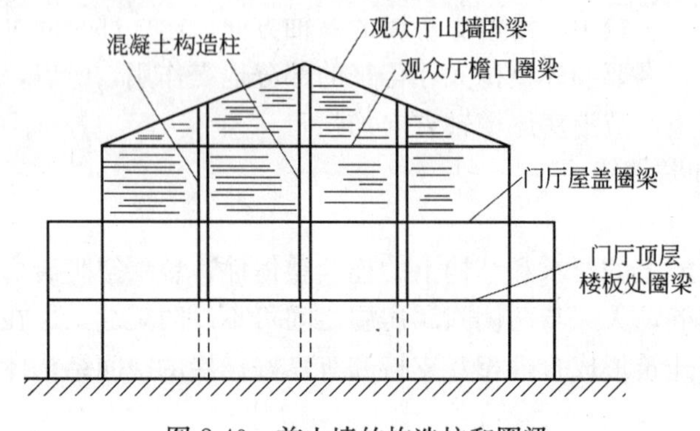


图 8-40　前山墙的构造柱和圈梁

3) 圈梁的布置

单层空旷砖房大厅的圈梁布置除应符合单层砖柱厂房的有关规定外，尚应符合下列要求：

① 大厅与附属房屋之间不设防震缝时，应在同一标高处设置闭合圈梁，并在交接处拉通，墙体交接处应沿墙高每隔 500mm 设置 2$\phi$6 拉结钢筋，且每边伸入墙内不宜小于 1m。

② 大厅除于纵墙顶标高处沿观众厅周围设置现浇闭合圈梁外，8 度时沿墙高度隔 3～4m 增设的圈梁宜与门厅楼盖处的圈梁设在同一标高。

③ 软弱黏性土、液化土、新近填土或严重不均匀土层上的单层空旷砖房，应沿门厅、大厅和舞台所有承重墙，在基础墙内设置圈梁一道，圈梁截面高度宜为 240mm，纵向钢筋不少于 4$\phi$12。

(2) 门厅

1) 结构布置

① 门厅的正立面墙除必要的大门外，宜尽可能少开窗洞。

② 多层门厅不宜采用开敞式底层，以避免出现不利于抗震的柔弱楼层。

2) 圈梁的设置

门厅部分应在屋盖和各层楼盖处设置现浇闭合圈梁，采用现浇钢筋混凝土楼板时，该处可不再设置圈梁。

3) 构造柱的设置

7 度时，门厅外墙四角应设置钢筋混凝土构造柱；高于 7 度时，大门两侧及内墙转角处应增设构造柱，大门处的外墙独立砖壁柱及门厅内的独立柱应采用组合砖柱，并将钢筋混凝土部分设平行于房屋横向轴线的两对边(图 8-41)。

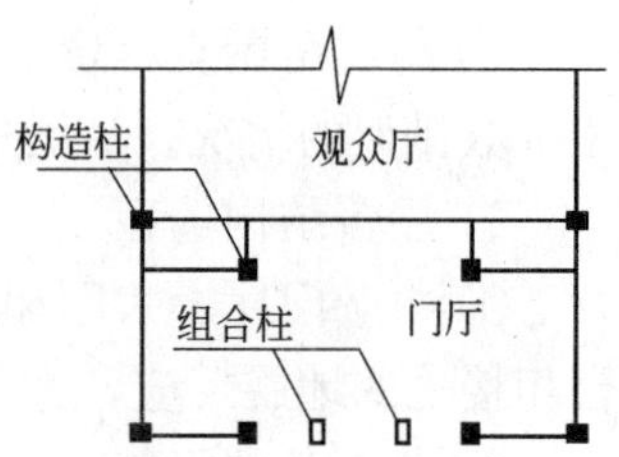


图 8-41　门厅构造柱布置

(3) 舞台

1) 有条件时，可利用大厅的延伸作为影剧院的舞台。

2）舞台部分的框(排)架比较高柔空旷，在结构布置上宜尽量加强其结构的整体性，如：

① 利用大厅的屋面作为舞台口框(排)架的侧向支承。

② 舞台框架和台侧框架宜充分利用天桥板的整体作用。天桥板的设计应加强本身的抗弯刚度，合理布置成环状，并加强转角处的抗震构造措施。

③ 舞台后山墙宜充分利用工作平台作为水平支撑。

3）圈梁的布置

① 舞台部分应分别于墙顶和舞台口上口高度处沿外墙、舞台口横墙及观众厅前面转角处耳光室的弧形砖墙设置现浇钢筋混凝土圈梁各一道。7 度以上时，还应在舞台口半高处沿横墙和弧形墙增设局部圈梁一道。

② 舞台口横墙沿大厅屋面处应设置钢筋混凝土卧梁，其截面高度不宜小于 180mm，并应与屋面构件可靠连接。

③ 6～8 度时，舞台口大梁上的承重墙应沿墙高每隔 3m 设圈梁一道。

④ 舞台口上口两侧墙中的圈梁宜与舞台口大梁连接。

4）构造柱的设置(图 8-42、图 8-43)

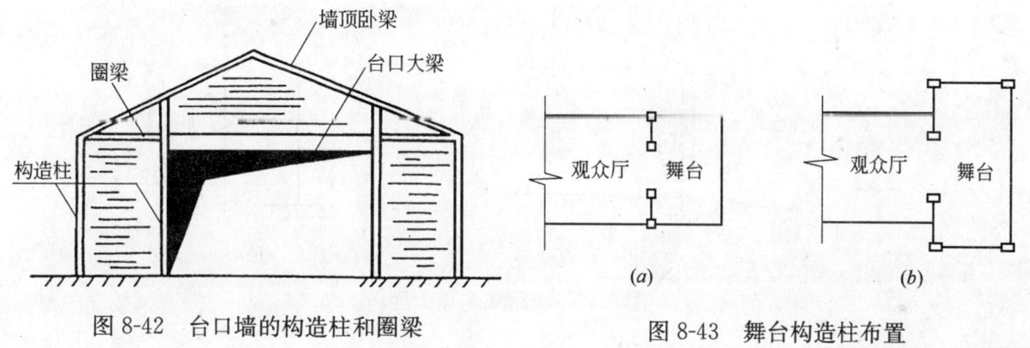


图 8-42　台口墙的构造柱和圈梁

图 8-43　舞台构造柱布置
(a)6、7 度区；(b)8 度区

① 舞台口横墙两端及台口两侧应设置构造柱，并将台口两侧的构造柱伸到墙顶与墙顶卧梁相连接。

② 6～8 度时，舞台口大梁上的承重墙应每隔 4m 设一根钢筋混凝土立柱，立柱的截面尺寸、配筋及其与墙体的拉结等应符合多层砌体房屋的构造柱要求。

③ 7 度以上时，应在后山墙的两端设置构造柱。

## 二、横向抗震验算

1. 计算要点

(1) 单层空旷砖房的抗震计算只考虑水平地震作用，并仅在房屋的横轴和纵轴方向分别确定房屋的基本周期和水平地震作用，对墙、柱进行抗震强度验算。

(2) 单层空旷砖房的横向抗震验算，可将房屋划分为门厅、观众厅和舞台等若干独立结构，但应考虑相互影响。

(3) 单层空旷砖房自振周期的确定，应考虑空间整体工作和毗连附属房屋的影响。

(4) 单层空旷砖房大厅的横向抗震验算可采用下列方法：

1) 轻型屋盖的大厅可按平面排架计算。

2）钢筋混凝土屋盖的大厅，可按平面排架计算，并考虑空间工作调整地震作用效应。

（5）大厅的横向抗震计算，应符合下列原则：

1）两侧无附属房屋的大厅。有挑台部分和后挑台部分可各取一个典型开间计算，符合本章第四节的规定时，可考虑空间工作。

2）两侧有附属房屋时，应根据附属房屋的结构类型，选择适当的计算方法。

（6）门厅和舞台的横向抗震验算，可按照多层砌体房屋的规定采用底部剪力法。

2. 大厅的横向抗震验算

（1）大厅无附属房屋或有附属房屋且附属房屋中横墙较密时

1）计算简图

可取单自由度体系作为计算简图，取大厅的一个开间作为计算单元，进行排架分析。

对于无附属房屋的大厅(图 8-44)排架柱的下面固定端取在室外地坪下 500mm 处；对于两侧均有较密横墙的大厅(图 8-45)，排架柱下面的固定端可取在附属房屋屋盖的高度处；对于一侧有较密横墙附属房屋的大厅(图 8-46)，排架一侧柱下面的固定端可取在附属房屋屋盖高度处，一侧柱的柱下面的固定端可取在室外地坪下 500mm 处。

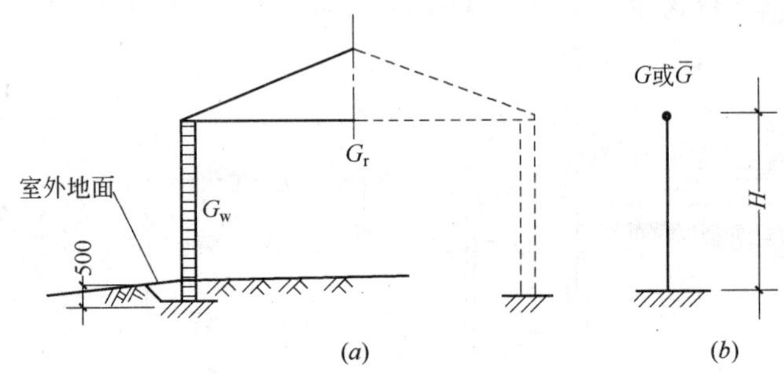


图 8-44　无附属房屋大厅

2）排架侧移柔度

当大厅为对称结构时(图 8-44、8-45)，可取排架的一半，取单根砖壁柱进行分析。砖壁柱顶端在单位水平集中力作用下的侧移(图 8-47($a$))即砖柱的侧移柔度，可按下式计算：

$$\delta=\frac{H^3}{3EI}\delta=\frac{H^3}{3EI} \tag{8-31}$$

式中　$H$——砖排架计算高度；

$E$——砖砌体弹性模量；

$I$——砖柱的截面惯性矩。

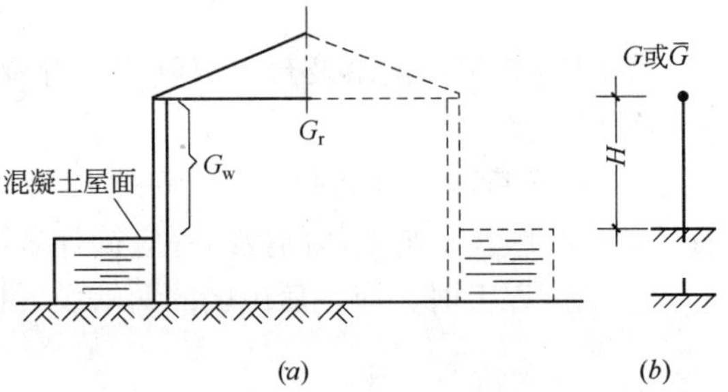

图 8-45　两侧有附属房屋的大厅

当观众厅为高低柱排架时(图 8-46)，可取一榀排架进行分析。柱顶在单位水平集中力作用下产生的侧移(图 8-47($b$))，即排架的侧移柔度可按下式计算：

$$\delta=\frac{1}{\dfrac{3EI_1}{H_1^3}+\dfrac{3EI_2}{H_2^3}} \tag{8-32}$$

式中　$H_1$、$H_2$——左右砖柱的计算高度；

$I_1$、$I_2$——左右砖柱的截面惯性矩。

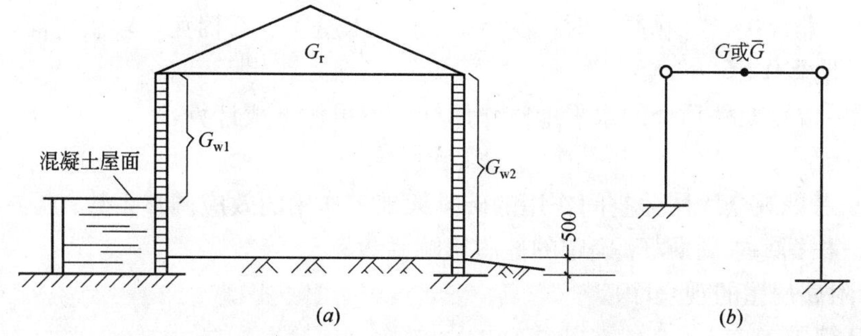


图 8-46　一侧有附属房屋的大厅

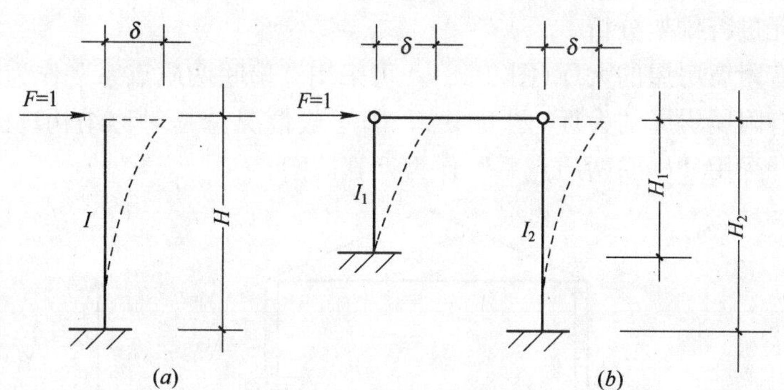


图 8-47　排架侧移柔度

3）重力荷载计算

① 按照动能相等原则，换算集中到柱顶高度处的半榀或一榀排架的重力荷载代表值，对于恒荷载取设计值的 100%，对于雪荷载，考虑组合值系数，取其设计值的 50%。

对于图 8-44 或图 8-45 所示的半榀排架，可按下式计算：

$$G=0.25G_w+0.5G_r+0.5(0.5G_{sn}) \tag{8-33}$$

式中　$G_w$——观众厅一个开间一侧纵墙的重力荷载代表值；

$G_r$——观众厅一个开间屋盖的重力荷载代表值；

$G_{sn}$——观众厅一个开间雪荷载的重力荷载代表值。

对于图 8-46 所示的一榀排架，可按下式计算：

$$G=0.25(G_{w1}+G_{w2})+1.0G_r+0.5G_{sn} \tag{8-34}$$

式中　$G_{w1}$、$G_{w2}$——观众厅一个开间二侧纵墙的重力荷载代表值。

② 按照柱底弯矩相等原则，换算集中到柱顶高度处的半榀排架的重力荷载代表值。

对于图 8-44 或图 8-45 所示半榀排架，可按下式计算：

$$\overline{G}=0.5G_w+0.5G_r+0.5(0.5G_{sn}) \tag{8-35}$$

对于图 8-46 所示一榀排架可按下式计算：

$$\overline{G}=0.5(G_{w1}+G_{w2})+1.0G_r+0.5G_{sn} \tag{8-36}$$

4）砖排架基本周期

砖排架基本周期可按下式计算：

$$T_1=2\psi_T\sqrt{G\cdot\delta} \tag{8-37}$$

式中 $\psi_T$——考虑房屋整体工作的调整系数，钢筋混凝土无檩屋盖：焊接时，$\psi_T=0.6$；非焊接(或少焊接)时，$\psi_T=0.7$；瓦木屋盖、石棉瓦等轻型屋面，$\psi_T=0.8$。

5）水平地震作用

半榀或一榀排架柱顶处的水平地震作用标准值可按下式计算：

$$F_{Ek}=\zeta\alpha_1\overline{G} \tag{8-38}$$

式中 $\zeta$——考虑观众厅屋盖空间作用的砖排架地震作用的效应调整系数；

$\alpha_1$——根据基本周期 $T_1$ 确定的地震影响系数。

(2) 带附属房屋的观众厅

1）计算简图

大厅的一侧或两侧有附属房屋，且附属房屋内无横墙或横墙较少时，可取中央一个开间作为计算单元进行排架分析。

对于一侧有附属房屋的大厅(图 8-48)，可采用“串联两质点系”作为计算简图。

对于两侧有附属房屋的大厅(图 8-49)，因一般情况总是对称结构，因而可取半榀排架进行分析，并采用“串联两质点系”作为计算简图。

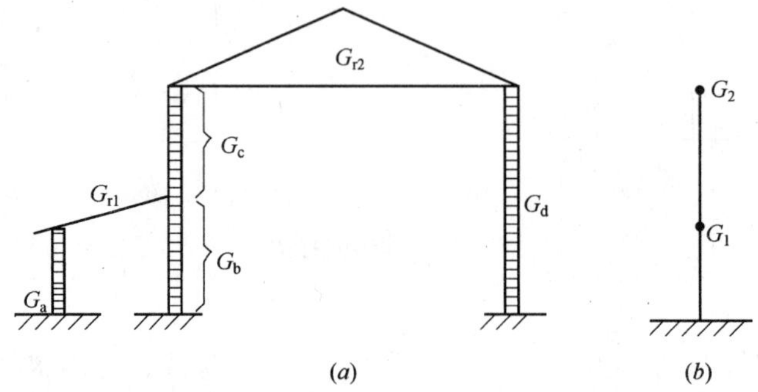


图 8-48 单侧有附属房屋的大厅

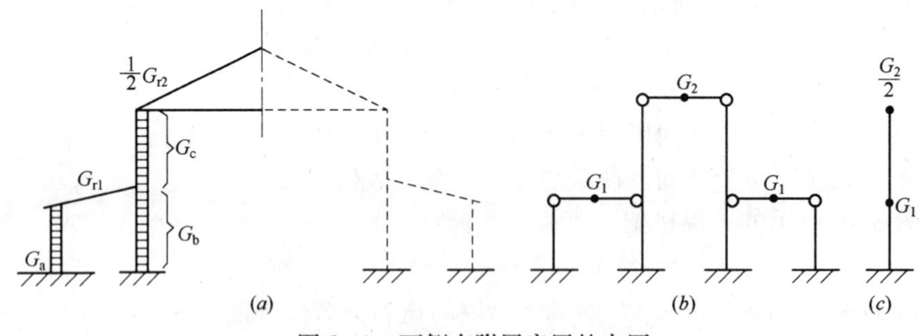


图 8-49 两侧有附属房屋的大厅

2）重力荷载计算

① 按照动能相等原则，换算集中到低跨或高跨柱顶高度处的一榀或半榀排架的重力荷载代表值。

对于图 8-48 所示一榀排架的情况，可按下式计算：

$$\begin{aligned}G_1&=G_{r1}+0.25(G_a+G_b)+0.6G_c+0.5G_{sn1}\\G_2&=G_{r2}+0.4G_c+0.25G_d0.5G_{sn2}\end{aligned} \tag{8-39}$$

对于图 8-49 所示半榀排架的情况，可按下式计算：

$$G_1 = G_{r1} + 0.25(G_a + G_b) + 0.6G_c + 0.5G_{sn2}$$

$$G_2 = 0.5G_{r2} + 0.4G_c + 0.5G_d(0.5G_{sn2}) \tag{8-40}$$

② 按柱底弯矩相等原则，换算集中到低跨和高跨柱顶高度处的一榀或半榀排架的重力荷载代表值。

对于图 8-48 所示半榀排架的情况，可按下式计算：

$$\overline{G}_1 = G_{r1} + 0.5(G_a + G_b + G_c) + 0.5G_{sn1}$$

$$\overline{G}_2 = G_{r2} + 0.5(G_c + G_d) + 0.5G_{sn2} \tag{8-41}$$

对于图 8-49 所示半榀排架的情况，可按下式计算：

$$\overline{G}_1 = G_{r1} + 0.5(G_a + G_b + G_c) + 0.5G_{sn1}$$

$$\overline{G}_2 = 0.5G_{r2} + 0.5G_c + 0.5(0.5G_{sn2}) \tag{8-42}$$

式中　$G_1$、$G_2$——分别为大厅一个开间低跨和高跨屋盖的重力荷载代表值；

$G_{sn1}$、$G_{sn2}$——分别为大厅一个开间低跨和高跨雪荷载的重力荷载代表值；

$G_a$、$G_b$、$G_c$、$G_d$——大厅一个开间各部分纵墙的重力荷载代表值。

3）排架侧移柔度

不等高排架振动时，不同屋盖高度处的侧移值不相等，并相互制约。整榀排架在某屋盖处单位水平力($F_k=1$)作用下各屋盖高度处产生的侧移 $\delta_{ik}$，即侧移柔度系数，可以通过先确定排架在单位水平力作用下引起的横梁内力，使排架成为静定结构后，再利用单柱分离体来计算侧移。

计算排架侧移时，假定观众厅、休息廊屋架与柱顶的连接为铰接，并将各柱底部固定端设在室外地坪下 500mm 处。

① 两跨不等高排架

*a*. 横梁内力

不等高房屋单位水平力作用于排架第 $i$ 标高屋盖时，在第 $k$ 跨横梁的内力，可按下列公式计算。

单位水平力作用于低跨屋盖处时(图 8-50(*a*))：

$$X_{11} = \frac{\delta_a}{k_1} \quad X_{21} = k_3 X_{11} \tag{8-43}$$

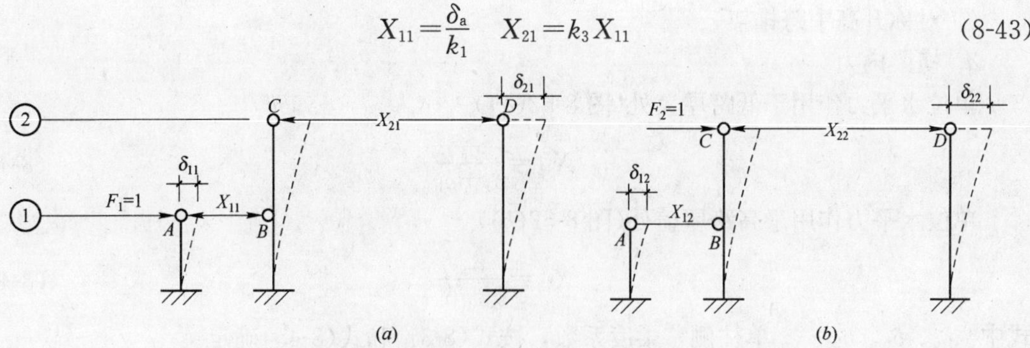


图 8-50　两跨不等高排架横梁内力和柱顶位移

单位水平力作用于高跨屋盖处时(图 8-50(*b*))：

$$X_{12} = k_4 X_{22} \quad X_{22} = \frac{\delta_a}{k_2} \tag{8-44}$$

式中 $X_{ki}$——单位水平力作用于排架的第 $i$ 标高屋盖时，在 $k$ 跨横梁的内力；

$k_1$、$k_2$、$k_3$、$k_4$——系数，根据图 8-51 所示单柱侧移柔度系数确定。

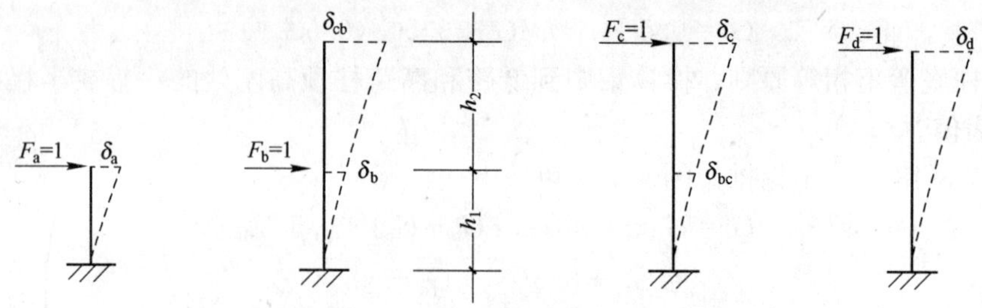


图 8-51 单柱侧移柔订系数

$$k_1=\delta_a+\delta_b-k_3\delta_{bc} \quad k_2=\delta_c+\delta_d-k_4\delta_{bc}$$

$$k_3=\frac{\delta_{bc}}{\delta_c+\delta_d} \quad k_4=\frac{\delta_{bc}}{\delta_a+\delta_b}$$

$\delta_a$、$\delta_c$、$\delta_d$ 按式(8-31)计算，$\delta_b$、$\delta_{bc}$按下式计算：

$$\delta_b=\frac{h_1^3}{3EI} \quad \delta_{bc}=\frac{h_1^2(2h_1+3h_2)}{6Ei} \tag{8-45}$$

*b*. 排架柔度系数

一高一低房屋，单位水平力作用于排架第 $i$ 标高屋盖时，在第 $k$ 标高屋盖处产生的侧移(图 8-50、8-51)，可按下式计算：

$$\left.\begin{array}{l}\delta_{11}=(1-X_{11})\delta_a \\ \delta_{12}=X_{12}\delta_a=\delta_{21}=X_{21}\delta_a \\ \delta_{22}=(1-X_{22})\delta_d\end{array}\right\} \tag{8-46}$$

式中 $\delta_{11}$——单位水平力作用在低跨柱顶时，在低跨柱顶产生的侧移；

$\delta_{12}$——单位水平力作用在高跨柱顶时，在低跨柱顶产生的侧移；

$\delta_{21}$——单位水平力作用在低跨柱顶时，在高跨柱顶产生的侧移；

$\delta_{22}$——单位水平力作用在高跨柱顶时，在高跨柱顶产生的侧移；

$X_{11}$、$X_{12}$、$X_{21}$、$X_{22}$——横梁内力。

② 对称升高中跨排架

*a*. 横梁内力

单位水平力作用于低跨屋盖处(图 8-52(*a*))

$$X_{11}=\frac{\delta_a}{\delta_a+\delta_b} \tag{8-47}$$

单位水平力作用于高跨屋盖处(图 8-52(*b*))

$$X_{12}=\frac{\delta_{bc}}{\delta_a+\delta_b} \tag{8-48}$$

式中 $\delta_a$、$\delta_b$、$\delta_{bc}$——单柱侧移柔度系数，按式(8-31)和式(8-45)确定。

*b*. 排架柔度系数(图 8-52)

$$\left.\begin{array}{l}\delta_{11}=(1-X_{11})\delta_a \\ \delta_{12}=X_{12}\delta_a=\delta_{21}=X_{21}\delta_{cb} \\ \delta_{22}=\delta_c-X_{12}\delta_{cb}\end{array}\right\} \tag{8-49}$$

式中　$X_{11}$、$X_{12}$——横梁内力，按式(8-47、8-48)确定。

*c*. 质点侧移计算

质点侧移(图 8-53)可按下式计算

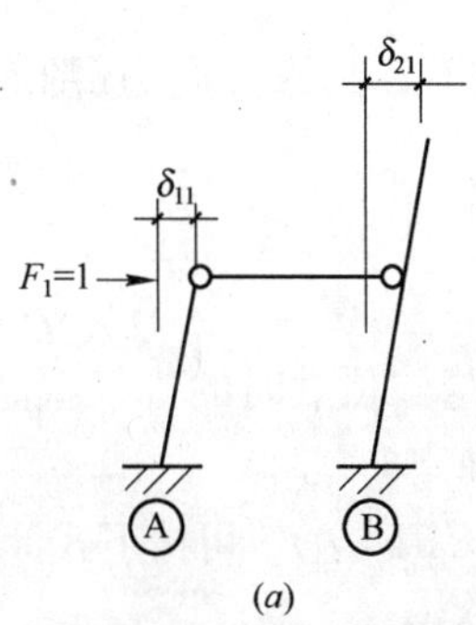


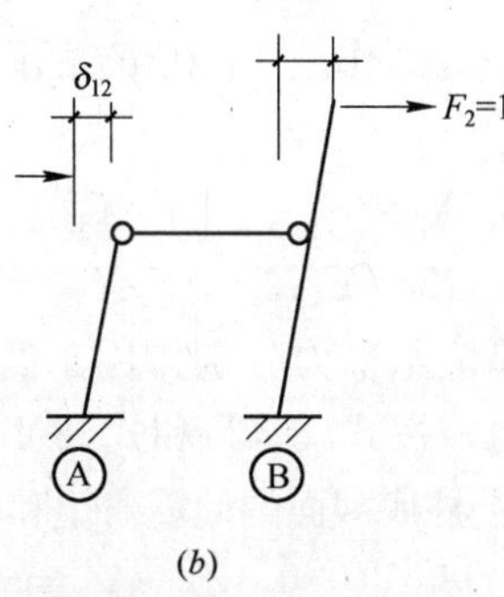


图 8-52　对称升高中跨排架的横梁内力和柱顶位移

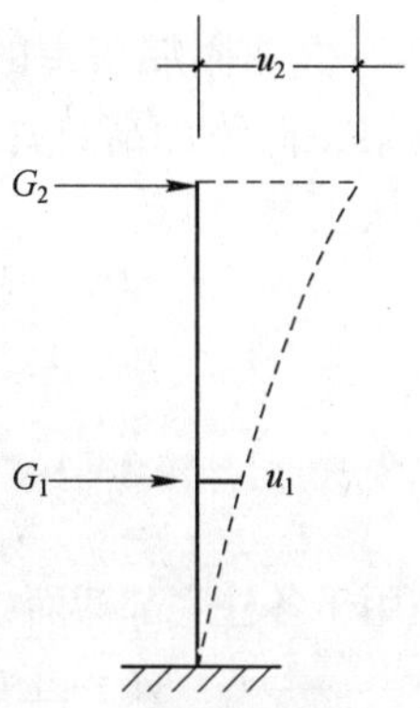


图 8-53　两质系的静力侧移

$$\left.\begin{array}{l}u_1=G_1\delta_{11}+G_2\delta_{12}\\u_2=G_1\delta_{21}+G_2\delta_{22}\end{array}\right\}\tag{8-50}$$

式中　$u_1$、$u_2$——代表整榀或半榀排架的两质点系，在 $G_1$、$G_2$ 和作为水平力的同时作用下，质点 1 和质点 2 处的侧移；

$G_1$、$G_2$——对于图 8-48 所示一榀排架的情况，按式(8-39)计算确定；对于图 8-49 所示的情况，由式(8-40)计算确定。

4) 排架基本周期

两质点的基本周期可近似地按下面的能量公式计算：

$$T_1=2\psi_T\sqrt{\frac{G_1u_1^2+G_2u_2^2}{G_1u_1+G_2u_2}}$$

式中　$\psi_T$——考虑房屋整体工作的调整系数，见式(8-37)。

5) 结构底部地震剪力

作用于一榀或半榀排架上的总水平地震作用标准可按下式计算：

$$F_{Ek}=0.85\xi\alpha_1(\overline{G}_1+\overline{G}_2)\tag{8-51}$$

式中　$\alpha_1$——根据基本周期确定的地震影响系数；

$\xi$——考虑观众厅屋盖空间作用的砖排架地震作用调整系数；

0.85——多质点的等效质量系数；

$\overline{G}_1$、$\overline{G}_2$——对于图 8-48 所示一榀排架的情况，按式(8-41)计算确定；对于图 8-49 所示的半榀排架的情况，按式(8-42)计算确定。

6) 柱顶水平地震作用

按照倒三角分布规律，一侧或两侧有附属房屋的大厅排架，低跨和高跨柱顶处的水平地震作用分别为：

$$\left.\begin{array}{l}F_1=\dfrac{\overline{G}_1H_1}{\overline{G}_1H_1+\overline{G}_2H_2}F_{Ek}\\[2ex]F_2=\dfrac{\overline{G}_2H_2}{\overline{G}_1H_1+\overline{G}_1H_2}F_{Ek}\end{array}\right\}\tag{8-52}$$

式中　$H_1$、$H_2$——分别为附属房屋和大厅砖柱或砖壁柱的计算高度，等于室外地坪以下500mm处至各柱柱顶的高度。

7）砖柱截面内力

① 一侧有附属房屋的大厅

排架在低跨和高跨柱顶处水平地震作用 $F_1$ 和 $F_2$ 的同时作用下，其横梁内力（图 8-54 (*a*)）可按下式计算：

$$
\begin{aligned}
X_1 &= F_1 X_{11} + F_2 X_{12} \\
X_2 &= F_1 X_{21} + F_2 X_{22}
\end{aligned} \tag{8-53}
$$

式中　$X_{11}$、$X_{12}$、$X_{21}$、$X_{22}$——单位水平力分别作用于低跨或高跨柱顶处时的排架横梁内力，按式(8-43)和式(8-44)计算确定。

作用于各柱底部截面或高低跨上柱底截面的地震弯矩和剪力（图 8-54 (*b*)），可按下式计算：

$$
\left.
\begin{aligned}
& M_a = \pm(F_1 - X_1)H_1 && V_a = \pm(F_1 - X_1) \\
& M_b = \pm[X_1 H_1 (F_2 - X_2) H_2] && V_b = \pm(X_1 + F_2 - X_1) \\
& M_c = \pm(F_2 - X_2)(H_2 - H_1) && V_c = \pm(F_2 - X_2) \\
& M_d = \pm X_2 H_2 && V_d = \pm X_2
\end{aligned}
\right\} \tag{8-54}
$$

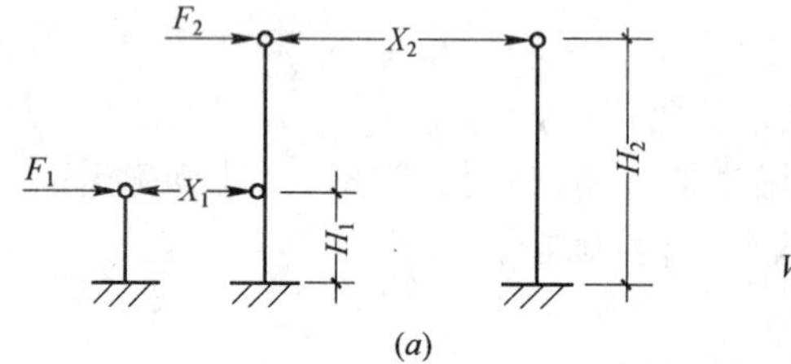


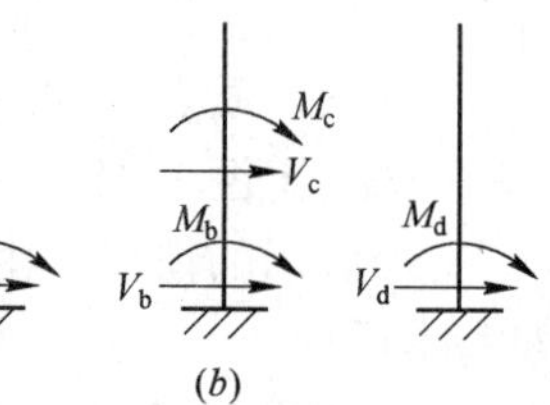


图 8-54　一侧有附属房屋的大厅

(*a*)横梁地震内力；(*b*)柱底截面地震内力

② 两侧均有附属房屋的大厅

半榀排架在低跨和高跨柱顶处同时有水平地震力 $F_1$ 和 $F_2$ 的作用时，低跨横梁内力（图8-55(*a*)）可按下式计算：

$$
X_1 = F_1 X_{11} + F_2 X_{12} \tag{8-55}
$$

式中　$X_{11}$、$X_{12}$——单位水平力分别作用于低跨或高跨柱顶时的排架横梁内力，分别按式(8-47)或式(8-48)计算。

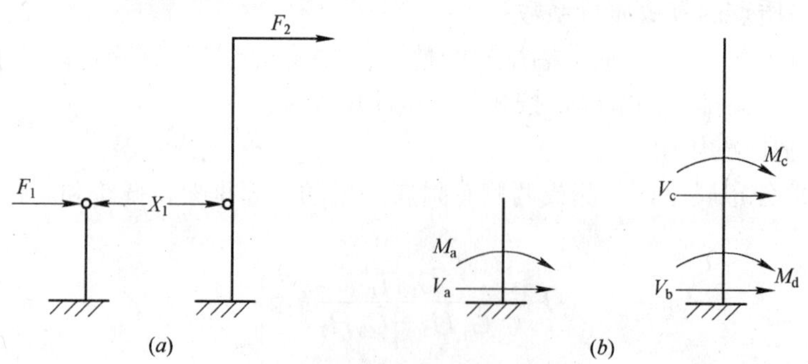


图 8-55　两侧有休息廊的观众厅

(*a*)横梁地震内力；(*b*)柱底截面地震内力

作用于各柱底部截面或高低跨上柱底截面的地震弯矩和剪力(图 8-55($b$))，可按下式计算：

$$\left.\begin{aligned}M_a&=\pm(F_1-X_1)H_1 \qquad & V_a&=\pm(F_1-X_1)\\M_b&=\pm(X_1H_1-F_2H_2) \qquad & V_b&=\pm(X_1-F_2)\\M_c&=\pm(H_2-H_1)F_2 \qquad & V_c&=\pm F_2\end{aligned}\right\} \tag{8-56}$$

现行国家标准《建筑抗震设计规范》(GB 50011—2001)规定，按底部剪力法计算单层不等高厂房时，高低跨交接处的上柱各截面地震内力，需乘以高振型影响的增大系数。带附属房屋廊的大厅，虽然在形式上也是不等高排架，但是带附属房屋的大厅与单层不等高厂房相比较，在体形(前者高低跨体形差别较大，后者高低跨体形相差不大)、荷载(前者以墙、柱自重为主，后者以屋盖自重为主)、刚度(前者附属房屋与大厅的柱截面刚度相差较大，同一柱的上、下柱截面刚度相差不大，后者高跨和低跨柱的截面刚度相差不大，而高低跨柱上、下柱的截面刚度却相差较大)等结构性能上存在较大差异。计算分析表明，对于有附属房屋的空旷砖房，按单排架进行抗震分析时，高振型对地震内力分布的影响一般很小，计算结果仍偏于安全，故无需要乘以高振型影响增大系数。

3. 门厅或舞台的横向抗震验算

当大厅采用轻型屋盖时，由于柔性屋盖刚度差，空间作用甚小，可以认为大厅的横向水平地震作用全部由横向排架承担，而山(横)墙不承受横向水平地震作用。对于采用钢筋混凝土屋盖的大厅，由于屋盖的刚度较大，空间作用明显，在满足一定条件下，可将大厅的一部分横向水平地震作用传给山(横)墙。因为，门厅或舞台部分砖墙所承担的水平地震作用包括两部分，一是该部分自身质量所引起的地震作用，二是通过房屋的空间作用传来的大厅的部分水平地震作用。

(1) 自身质量引起的水平地震作用

1) 结构底部地震剪力

砖结构影剧院的门厅的舞台部分一般不超过二层，高宽比值较小，地震时的水平振动以剪切变形为主，而且高振型影响很小，可以采用“底部剪力法”确定地震作用的构件内力。

当门厅或舞台部分为多层砌体结构时，结构底层验算截面可定在底层半层处。

门厅或舞台部分，一般均为多层砌体房屋，总高度较低，横向抗推刚度较大，基本周期较短。根据现行国家标准《建筑抗震设计规范》(GB 50011—2001)对多层砌体房屋的规定，采用反应谱中地震影响系数的最大值 $\alpha_{max}$ 来确定结构总水平地震作用。结构总水平地震作用可按下式计算：

$$\left.\begin{aligned}F_{Ek}&=\alpha_{max}G_{eq}\\G_{eq}&=0.85\sum_{i=1}^{n}G_i\end{aligned}\right\} \tag{8-57}$$

式中 $\alpha_{max}$——地震影响系数最大值，当设防烈度为 7、8、9 度时，$\alpha_{max}$ 分别为 0.08、0.16、0.32；

$G_{eq}$——门厅或舞台部分的等效总重力荷载；

$G_i$——集中到第 $i$ 层楼盖处的重力荷载代表值，它等于第 $i$ 层楼盖的自重和 50% 楼面活荷载及上下各半层墙重之和；

$n$——门厅或舞台部分的总层数。

2）楼盖处地震作用

地震作用沿高度方向可采取倒三角形分布规律，即某一楼盖高度处单位质量所引起的水平地震作用与该楼盖的所在高度成正比。

门厅或舞台部分第 $i$ 楼盖高度处的水平地震作用标准值(图 8-56)可按下式计算：

$$F_1=\frac{G_iH_i}{\sum_{k=1}^{n}G_kH_k} \tag{8-58}$$

式中 $G_k$——集中到第 $k$ 楼盖处的重力荷载代表值；

$H_i$、$H_k$——自室外地坪下 500mm 算起的第 $i$、$k$ 层楼盖的高度。

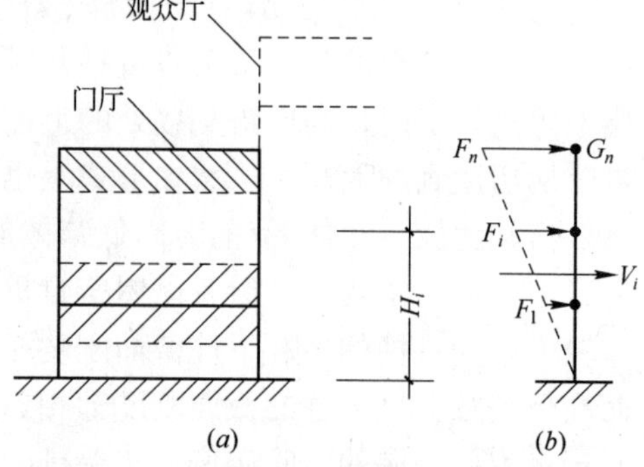


图 8-56 门厅或舞台部分的结构底部地震剪力

3）楼层地震剪力

作用于某楼层的地震剪力，等于该楼层以上各楼盖处水平地震作用之和，可按下式计算：

$$V_i=\sum_{k=1}^{n}F_k=\frac{\sum_{k=1}^{n}G_kH_k}{\sum_{k=1}^{n}G_kH_k}F_{Ek} \tag{8-59}$$

(2) 大厅传来的水平地震作用

大厅传来的水平地震作用，可近似地取大厅部分的总横向水平地震作用扣除大厅排架所承担的水平地震作用。

由于屋盖的空间作用，大厅各榀排架所承担的水平地震作用假设房屋纵向呈三角形分布，以中央排架为最大，靠近门厅和舞台处的山墙时，接近于零。根据式(8-38)，大厅所有排架共同承担的总水平地震作用为：

$$\Sigma F=\frac{1}{2}(n-1)\zeta\alpha_1\overline{G} \tag{8-60}$$

大厅部分的水平地震作用，通过屋盖传递到门厅处或舞台处山墙的可能最大值为：

$$F'_N=\frac{1}{2}[(n-1)\alpha_1\overline{G}-\Sigma F]=\frac{n-1}{2}\left(1-\frac{1}{2}\zeta\right)\alpha_1\overline{G} \tag{8-61}$$

式中 $n$——大厅的排架总数。

这部分由大厅传来的地震作用 $F'_N$，对门厅部分只在与大厅相接处的横墙中加入这部分地震作用，门厅的其他横墙可不计入这部分水平地震作用；对于舞台部分，则可根据横墙的侧移刚度将 $F'_N$分配到从台口到后山墙的各片横墙上。

(3) 横墙的侧移刚度

各种情况下砖墙顶端的侧移柔度系数 $\delta$(即单位水平力作用下的侧移)和侧移刚度系数 $K$(即使顶端产生单位侧移所需施加的水平力)分别按下列公式计算：

1）底端嵌固上端自由的悬臂

参见图 8-52 和式(8-49)。

2）上、下两端均为嵌固的墙肢

参见图 8-50 和式(8-46)。

3）上端自由下端嵌固的单洞墙(图 8-57)

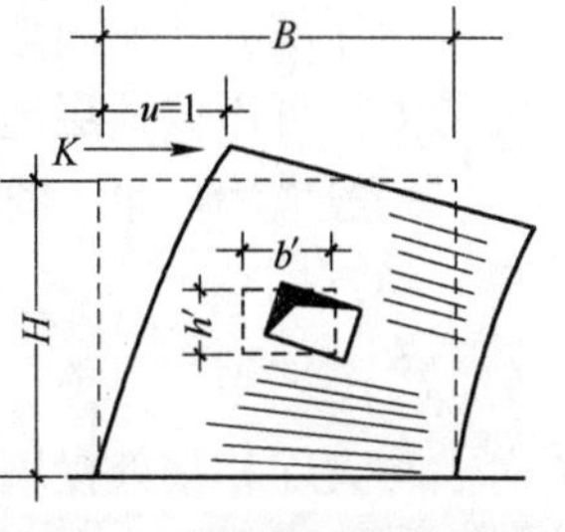

图 8-57 单洞悬臂墙的刚度

墙面仅开一个小洞，若 $d=\sqrt{b'h'/BH}$ 小于 0.4，即面积比小于 0.16，且洞口高度与墙高之比值($h'/h'$)小于 0.35 时，有洞墙片的侧移刚度可近似地取无洞墙片侧移刚度乘以开洞折减系数。

$$K=\frac{(1-1.2a)Et}{4\rho^3+3\rho}=(1-1.2a)EtK'_0$$

$$a=\sqrt{\frac{b'h'}{BH}} \tag{8-62}$$

式中 $a$——墙开洞系数；

$b'$、$h'$——墙洞口的宽度和高度；

$K'$——相对侧移刚度。

4）多洞墙体

当一片砖墙上开设多个门窗洞口时，墙顶在单位水平力作用下的侧移之和(图 8-58)。窗洞上下的水平砖带因其高宽比值很小，仅需计算剪切变形。窗间墙或门间墙可视为上下两端嵌固的墙肢，并计算剪切和弯曲两项变形。

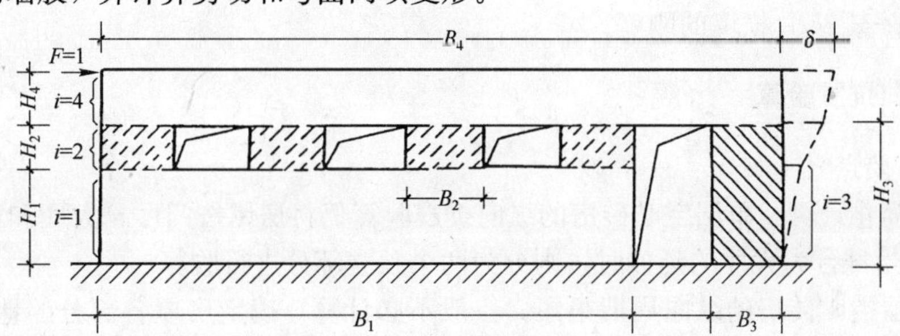

图 8-58 多洞墙片的侧移柔度

$$\left.\begin{aligned}
\delta&=\Sigma\delta_i=\frac{1}{\dfrac{1}{\delta_1+\delta_2}+\dfrac{1}{\delta_3}}+\delta_4\\
\delta_1&=\frac{3H_1}{EtB_1}\\
\delta_2&=\frac{1}{\sum\limits_{i=1}^{m}K_{2s}}=\frac{1}{\sum\limits_{i=1}^{m}\dfrac{EtB_{2s}^3}{H_2^3+3H_2B_{2s}^3}}\\
\delta_3&=\frac{H_3^3}{EtB_3^3}+\frac{3H_3}{EtB_3}\\
\delta_4&=\frac{3H_4}{EtB_4}
\end{aligned}\right\} \tag{8-63}$$

式中 $H$、$B$、$t$、$\rho$——分别为悬臂墙或墙肢的高度、宽度、厚度和高度比；

$A$——砖墙的横截面面积；

$h'$、$b'$——分别为洞口的高度和宽度；

$m$——同类墙肢的总片数。

(4) 门厅部分横墙地震剪力

门厅部分在横向地震作用下，各层楼板可采取刚性楼板假定，因而某楼层某片墙的地震剪力，可用该楼层地震剪力按该层各片横墙侧移刚度比例分配。

一般横墙，第 $i$ 楼层第 $k$ 片横墙水平地震剪力，可按下式计算：

$$V_{ik}=\frac{K_{ik}}{\sum\limits_{\mathrm{k}} K_{ik}} V_i \tag{8-64}$$

与大厅相接处横墙 $i$ 层水平地震剪力，可按下式计算：

$$V'_{ik}=V_{ik}+F'_{\mathrm{N}} \tag{8-65}$$

式中 $K_{ik}$——第 $i$ 楼层第 $k$ 片墙的侧移刚度。

(5) 舞台部分横墙地震剪力

舞台部分自身地震作用和大厅传来的地震作用均按侧移刚度比例分配到各片横墙。

一片横墙所承担的水平地震剪力，可按下式计算：

$$V_{ik}=\frac{K_{ik}}{\sum\limits_{k} K_{ik}}(V_i+F'_{\mathrm{N}}) \tag{8-66}$$

式中 $V_i$——舞台部分按底部剪力法计算得的横向水平地震剪力；

$K_{ik}$——某 $ik$ 片横墙的刚度。

## 三、纵向抗震验算

1. 计算要点

(1) 为简化计算，单层空旷砖房的纵向抗震验算仍将房屋按门厅、大厅和舞台三部分分别进行。当舞台为大厅的延伸时，则分为两个独立部分进行验算。

(2) 单层空旷砖房的纵向周期很短，一般不必计算。确定房屋各部分的地震作用时，可直接取地震影响系数的最大值 $\alpha_{\max}$。

2. 大厅部分的纵向抗震验算

(1) 计算简图

砖结构影院的大厅，多采用轻屋面，而纵墙较厚，且门窗开洞面积少，因而在大厅的重力荷载中纵墙所占比例较大。当需要验算纵墙上中部水平截面的抗剪强度，特别是高窗的窗间墙的强度时，若将全部砖墙质量集中到墙的顶端形成单质点计算简图，其结果将带来很大误差。为简化计算并能反映这种荷载分布的特点，在对大厅进行纵向抗震验算时，宜沿墙高分段集中为四个质点，其计算简图如图 8-59 所示。该计算简图与四层砌体结构房屋的计算简图类同。因此，多层砌体房屋的抗震验算方法和步骤也适用于大厅的纵向抗震验算。

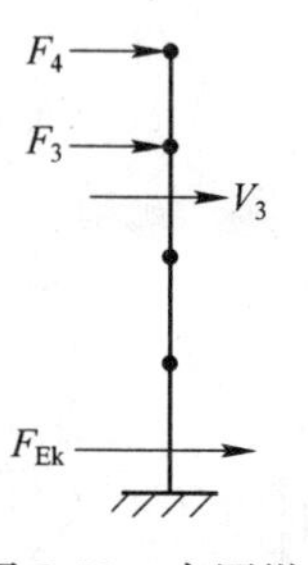


图 8-59 大厅纵向计算简图

(2) 纵墙地震剪力

砖结构影剧院的纵向自振周期较短，因而确定大厅的结构底部地震剪力时，地震影响系数可取其最大值，大厅纵墙的底部地震剪力、质点水平地震作用及各墙段的水平地震剪力可按式(8-56)～式(8-58)计算确定。而作用于纵墙某一高度处各窗间墙上的水平地震剪力则按各墙肢刚度比例分配。

大厅一侧纵墙在其窗间墙半高处的地震剪力，可按下式计算：

$$V_i = \alpha_{\max} G_i \tag{8-67}$$

式中 $\alpha_{\max}$——地震影响系数的最大值；

$G_i$——大厅一半屋盖的重量(自重和0.5雪荷载)与窗间墙半高以上砖墙重量之和。

作用于一个窗间墙上的地震剪力，可按下式计算：

当窗间墙的宽度相等时

$$V_s = \frac{1}{m} V_i \tag{8-68}$$

当窗间墙的宽度不等时，按各窗间墙的刚度比例分配

$$V_s = \frac{K_s}{\sum_{i=1}^{m} K_s} \cdot V_i \tag{8-69}$$

式中 $m$——一道纵墙上的窗间墙数量；

$K_s$——第 $s$ 窗间墙的刚度。

当整片墙上无门、窗洞口时，无须进行地震剪力的分配，可直接根据该墙肢剪力进行抗剪强度验算。

3. 门厅部分的纵向抗震验算

(1) 楼层纵向地震剪力

砖结构影剧院门厅部分，沿房屋纵轴方向的宽度，虽有时比较窄，高度比值较大，但因为它与大厅相连，在纵向地震作用下的变形仍以层间剪切变形为主，因而确定楼层水平地震作用时，仍可采用底部剪力法。

门厅部分底层半高处截面的纵向水平地震剪力、第 $i$ 楼盖高度处的纵向地震作用及第 $i$ 楼层纵向地震剪力，可按式(8-56)～式(8-58)计算确定。

(2) 纵墙地震剪力

门厅部分第 $i$ 楼层纵向地震剪力 $V_i$，也按该层各片纵墙的刚度比例分配。第 $i$ 楼层第 $k$ 片纵墙的刚度。

(3) 墙肢地震剪力

一片纵墙若按被门窗洞口分割成多个墙肢，该片纵墙所承担的地震剪力 $K_{ik}$ 按各墙肢的刚度比例分配到墙肢。

4. 舞台部分的纵向抗震验算

舞台的主体结构若为观众厅的延伸，由其纵向抗震验算与观众厅合并进行，否则可按照门厅部分采用多层砌体房屋相同的方法进行。

5. 高大山墙壁柱平面外抗震验算

8度设防烈度时，高大山墙的壁柱应进行平面外的截面抗震验算。

## 四、抗震构造措施

1. 屋盖

大厅屋盖构造措施，参阅本章单层砖柱厂房的有关规定。

2. 钢筋混凝土柱和组合砖柱

大厅的钢筋混凝土柱和组合砖柱应符合下列要求：

(1) 组合砖柱纵向钢筋的上端应锚入屋架底部的钢筋混凝土圈梁内。组合柱的纵向钢筋，除按计算确定外，且6度Ⅲ、Ⅳ类场地和7度Ⅰ、Ⅱ类场地每侧不应少于4$\phi$14；7度Ⅲ、Ⅳ类场地和8度Ⅰ、Ⅱ类场地每侧不应少于4$\phi$16。

(2) 钢筋混凝土柱应按抗震等级为二级框架柱设计，其配筋量应按计算确定。

3. 横墙

前厅与大厅，大厅与舞台间轴线上横墙，应符合下列要求：

(1) 应在横墙两端，纵向梁支点及大洞口两侧设置钢筋混凝土框架柱或构造柱。

(2) 嵌砌在框架柱间的横墙应有部分设计成抗震等级为二级的钢筋混凝土抗震墙。

(3) 舞台口的柱和梁应采用钢筋混凝土结构，舞台口大梁上承重砌体墙应设置间距大于4m的立柱和间距不大于3m的圈梁，立柱、圈梁的截面尺寸、配筋及与周围砌体的拉结应符合多层砌体房屋要求。

(4) 9度时，舞台口大梁上的砖墙不应承重。

4. 圈梁

大厅柱(墙)顶标高处应设置现浇圈梁，并宜沿墙高每隔3m左右增设一道圈梁。梯形屋架端部高度大于900mm时，还应在上弦标高处增设一道圈梁。圈梁的截面高度不宜小于180mm，宽度宜与墙厚相同，纵筋不应少于4$\phi$12，箍筋间距不宜大于200mm。

大厅与两侧附属房屋间不设防震缝时，应在同一标高处设置封闭圈梁并在交接处拉通，墙体交接处应沿墙高每隔500mm设置2$\phi$6拉结钢筋，且每边伸入墙内不宜小于1m。

5. 构造柱

(1) 截面和配筋

钢筋混凝土构造柱的截面尺寸一般取240mm×240mm。8度和9度时，舞台口横墙及门厅前墙处的构造柱，宜与砖墙同厚。构造柱的竖向钢筋一般采用4$\phi$12。8度和9度时，当砖墙上圈梁的竖向间距大于4m时，构造柱的截面高度和竖向配筋宜适当增大。构造柱的箍筋一般采用$\phi$6，间距250mm。

(2) 箍筋加密范围

为了适当提高构造柱的抗剪承载力，在圈梁上下各400～500mm一段内，箍筋宜加密，间距一般取100～150mm。

(3) 与砖墙的拉结

构造柱应先砌墙后浇柱，并宜在墙柱之间沿高度每隔500mm左右设置2$\phi$6水平钢筋，伸入砖墙1000mm。

6. 山墙

山墙应沿屋面设置钢筋混凝土卧梁，并应与屋盖构件锚拉(图8-60)；山墙应设置钢筋混凝土柱或组合柱，其截面各配筋分别不宜小于排架柱或纵墙组合柱，并应通到山墙的顶端与卧梁连接。

舞台后墙、大厅与前厅交接处的高大山墙，应利用工作平台或楼层作为水平支撑。

7. 附墙烟囱

在附墙烟囱周围配置竖向钢筋，是防止烟囱破坏倒塌的有效措施。6度时，可以直接在烟囱筒壁砌体内配置水平和竖向钢筋(图8-61)，水平钢筋采用$\phi 6$，竖向间距250mm，竖向钢筋采用$\phi 10$，水平间距取250～500mm。配筋范围自所在部位的屋架下弦底面圈梁以下1m处至烟囱顶面。8度和9度时，宜采取在烟囱筒壁外做配筋砂浆面层的措施，水平钢筋仍取$\phi 6$，间距250mm；竖向钢筋取$\phi 10$，间距300mm。面层砂浆厚度取30～35mm。配筋范围的下端应延伸至墙顶以下第二层圈梁处。此外，附墙烟囱的位置宜选在纵横墙交接处。

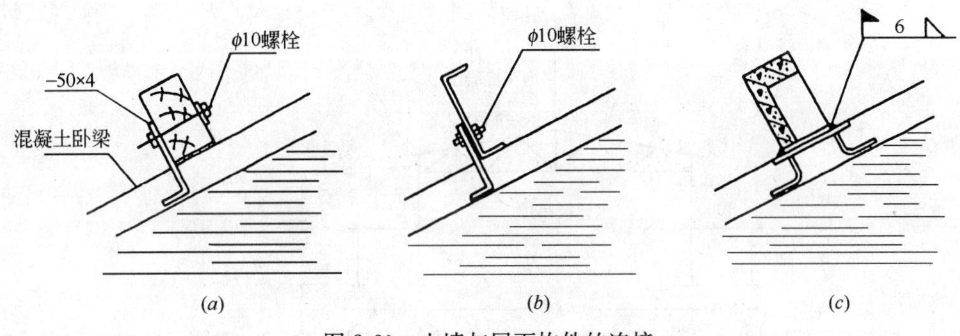

图8-60 山墙与屋面构件的连接

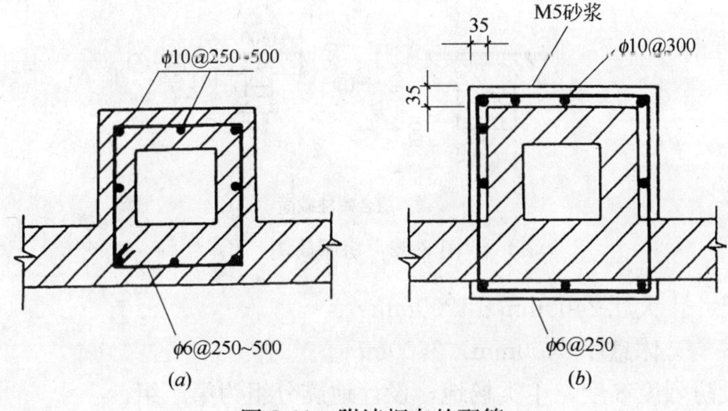

图8-61 附墙烟囱的配筋

## 五、设计实例

**【实例8-3】** 单层空旷砖房横向抗震验算(大厅两侧有附属房屋)

1. 房屋简图(图8-62)

2. 计算数据

(1) 屋面恒载：大厅3.5kN/m²

附属房屋：4.0kN/m²

(2) 雪荷载：0.3kN/m²

(3) 砖强度等级采用MU10，混合砂浆强度等级采用M5，混凝土强度等级采用C15。

混凝土：$E_c=2.20\times10^7\text{kN/m}^2$，$f_c=7.2\times10^3\text{kN/m}^2$

砖砌体：$E=1500f=1600\times1.50\times10^3=2.40\times10^6\text{kN/m}^2$

$$f=1.50\times10^3\text{kN/m}^2$$

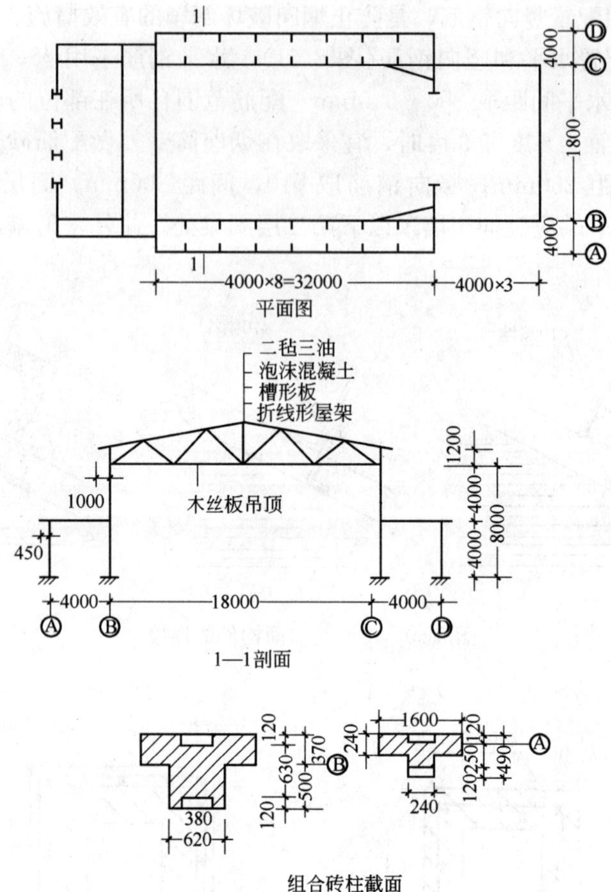


组合砖柱截面

图 8-62 房屋简图

(4) 侧窗尺寸：大厅 2400mm×1200mm

休息厅 2400mm×2400mm

(5) 抗震设防烈度 8 度，Ⅰ类场地，设计地震分组为第二组。

3. 计算简图(图 8-63)

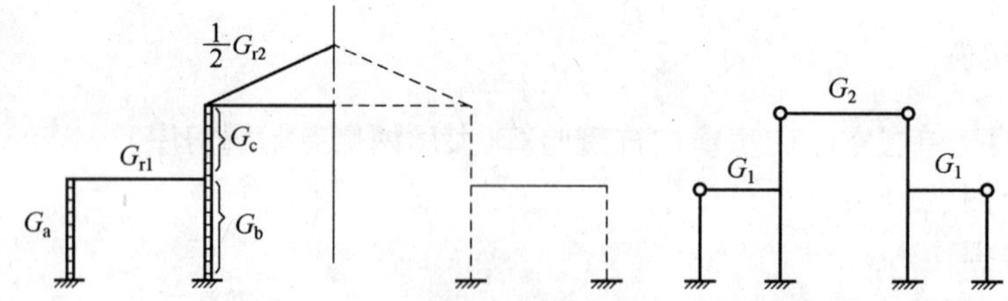


图 8-63 两侧有附属房屋的大厅计算简图

因为整个结构对称于房屋纵轴，取半榀排架对大厅进行横向计算。

4. 基本周期

(1) 集中到低跨和高跨柱顶的半榀排架的重力荷载代表值

$G_1 = G_{r1} + 0.25(G_a + G_b) + 0.6G_c + 0.5G_{sn}$

$= 4.45 \times 4 \times 4 + 0.25\{[(4 \times 0.24 + 0.01 \times 0.24) \times 4.0 \times 19 + (2 \times 0.24 \times 0.12)$

$\times 4.0\times 24-2.4\times 2.4\times 0.24\times 19+2.4\times 2.4\times 0.4]+[(4.0\times 0.37+0.62\times 0.50)\times 4.0\times 19+(0.12\times 0.38\times 2)(24-19)\times 4.0]\}+0.6[(4.0\times 0.37+0.62\times 0.50)\times 4.0\times 19+(0.12\times 0.38\times 2)(24-19)\times 4.0-(2.4\times 1.2\times 0.37\times 19)+2.4\times 1.2\times 0.4]+0.5\times 4.45\times 4\times 0.3$

$=71.2+0.25(54.710+26.864)+0.6(118.770)+2.67$

$=164\text{kN}$

$$G_2=\frac{1}{2}G_{r2}+0.4G_c+0.5\times\frac{1}{2}G_{sn}+G'_c$$

$$=\left(\frac{1}{2}\times 20\times 4\times 3.5\right)+0.4(118.770)+0.5\left(\frac{20\times 4\times 0.3}{2}\right)+1.2\times 4\times 0.37\times 19$$

$$=140+47.508+6.0+33.744=227\text{kN}$$

(2) 排架侧移

1) 排架柱截面惯性矩(图 8-64)

A、D 柱

$$I_{A\cdot D}=I_0+A_0\left(\frac{E_c}{E}-1\right)(x_1^2+x_2^2)$$

$$=\frac{1}{12}\times 0.24\times 0.49^3+0.12\times 0.24\left(\frac{2.20\times 10^7}{2.37\times 10^6}-1\right)\times(0.185^2+0.185^2)$$

$$=18.68\times 10^{-3}\text{m}^4$$

B、C 柱

$$I_{B\cdot C}=\frac{1}{12}\times 0.62\times 0.87^3+(0.12\times 0.38)\left(\frac{2.20\times 10^7}{2.37\times 10^6}-1\right)\times(0.375^2+0.375^2)$$

$$=140.25\times 10^{-3}\text{m}^4$$

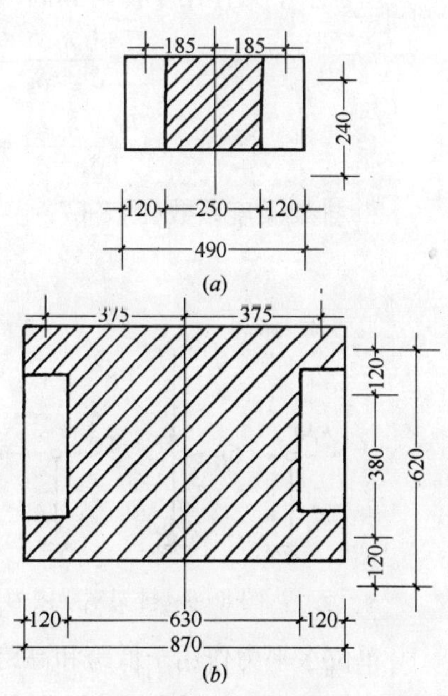

图 8-64　柱截面
(a) A、D 柱；(b) B、C 柱

2) 单柱侧移(图 8-65)

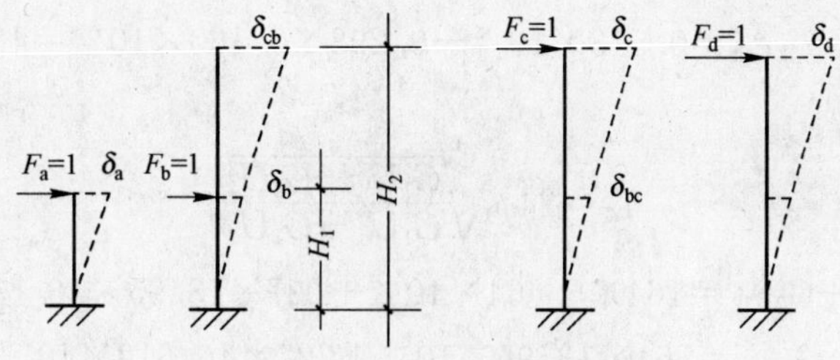

图 8-65　单柱侧移柔度

$$\delta_a=\frac{H_1^3}{3EI_A}=\frac{4.0^3}{3\times 2.40\times 10^6\times 18.68\times 10^{-3}}$$

$$=0.476\times 10^{-3}\text{m/kN}$$

$$\delta_b = \frac{H_1^3}{3EI_B} = \frac{4.0^3}{3\times 2.40\times 10^6\times 140.25\times 10^{-3}}$$
$$= 0.064\times 10^{-3}\text{m/kN}$$

$$\delta_c = \frac{H_1^3}{3EI_c} = \frac{8.0^3}{3\times 2.40\times 10^6\times 140.25\times 10^{-3}} = 0.507\times 10^{-3}\text{m/kN}$$

$$\delta_{bc} = \delta_{cb} = \frac{H_1^2[2H_1 + 3(H_0 - H_1)]}{6EI_B}$$
$$= \frac{4.0^2[2\times 4.0 + 3(8.0 - 4.0)]}{6\times 2.40\times 10^6\times 140.25} = 0.160\times 10^{-3}\text{m/kN}$$

3）排架侧移

① 横梁内力(图 8-66)

单位水平力作用于低跨和高跨屋盖处时的横梁内力：

$$x_{11} = \frac{\delta_a}{\delta_a + \delta_b} = \frac{0.476\times 10^{-3}}{(0.476 + 0.064)\times 10^{-3}} = 0.881\text{kN}$$

$$x_{12} = \frac{\delta_{bc}}{\delta_a + \delta_b} = \frac{0.160\times 10^{-3}}{(0.476 + 0.064)\times 10^{-3}} = 0.296\text{kN}$$

② 排架柔度系数(图 8-67)

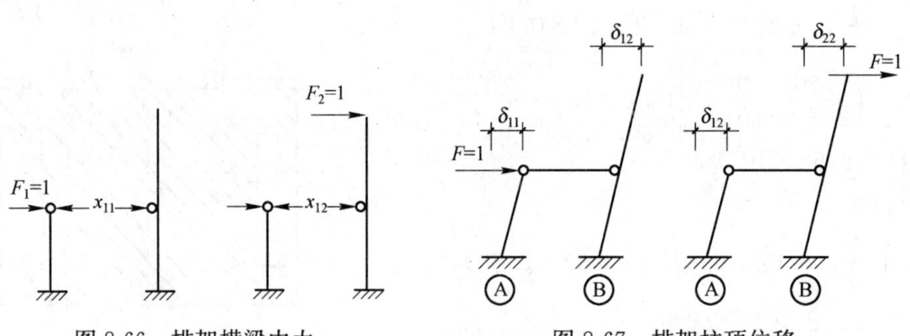


图 8-66 排架横梁内力　　　　图 8-67 排架柱顶位移

单位水平力作用于低跨和高跨屋盖处时的柱顶位移(排架柔度系数)：

$$\delta_{11} = (1 - x_{11})\delta_a = (1 - 0.881)\times 0.476\times 10^{-3} = 5.664\times 10^{-5}\text{m/kN}$$
$$\delta_{12} = x_{12}\delta_a = 0.293\times 0.476\times 10^{-3} = 13.95\times 10^{-5}\text{m/kN}$$
$$\delta_{21} = \delta_{12} = 13.95\times 10^{-5}\text{m/kN}$$
$$\delta_{22} = \delta_c - x_{12}\delta_{cb} = 0.513\times 10^{-3} - 0.293\times 0.160\times 10^{-3} = 46.612\text{m/kN}$$

4）基本周期

$$T_1 = 24\psi_T\sqrt{\frac{G_1U_1^2 + G_2U_2^2}{G_1U_1 + G_2U_2}}$$

$$U_1 = G_1\delta_{11} + G_2\delta_{12} = 164\times 5.664\times 10^{-5} + 227\times 13.95\times 10^{-5} = 0.041\text{m}$$
$$U_2 = G_1\delta_{21} + G_2\delta_{22} = 164\times 13.95\times 10^{-5} + 227\times 46.612\times 10^{-5} = 0.129\text{m}$$

$$T_1 = 2\times 0.7\sqrt{\frac{164\times 0.041 + 227\times 0.129}{164\times 0.041 + 227\times 0.129}} = 0.47\text{s}$$

5. 作用于半榀排架的总水平地震作用

换算集中到低跨和高跨柱顶处半榀排架的重力荷载代表值：

$$\overline{G}_1=G_{r1}+0.5(G_a+G_b+G_c)=71.2+0.5(54.7104+26.864+118.770)=171\text{kN}$$

$$\overline{G}_2=\frac{1}{2}G_{r2}+0.5G_c+G_c'=140+0.5\times118.770+33.744=233\text{kN}$$

作用于半榀排架的总水平地震作用：

$$F_{Ek}=0.85\zeta\alpha_1(\overline{G}_1+\overline{G}_2)=0.85\times0.85\times\left(\frac{0.30}{0.47}\right)^{0.9}\times0.16\times(228+233)=35.58\text{kN}$$

6. 柱顶水平地震作用

$$\begin{aligned}F_1&=\frac{\overline{G}_1H_1}{\overline{G}_1H_1+\overline{G}_2H_2}\cdot F_{Ek}\\&=\frac{171\times4.0}{171\times4.0+233\times8.0}\times35.58\\&=9.55\text{kN}\\F_2&=\frac{\overline{G}_2H_2}{\overline{G}_1H_1+\overline{G}_2H_2}\cdot F_{Ek}\\&=\frac{233\times8.0}{171\times4.0+233\times8.0}\times35.58\\&=26.03\text{kN}\end{aligned}$$

7. 柱截面地震内力(图 8-68)

作用于各柱底部截面和高低跨上柱底部截面的地震弯矩和剪力：

$$\begin{aligned}x_1&=F_1x_{11}-F_2x_{12}\\&=9.55\times0.881-26.03\times0.296\\&=0.709\text{kN}\end{aligned}$$

$$\begin{aligned}M_a&=\pm(F_1-x_1)H_1\\&=\pm(9.55-0.709)\times4\\&=\pm35.36\text{kN}\cdot\text{m}\end{aligned}$$

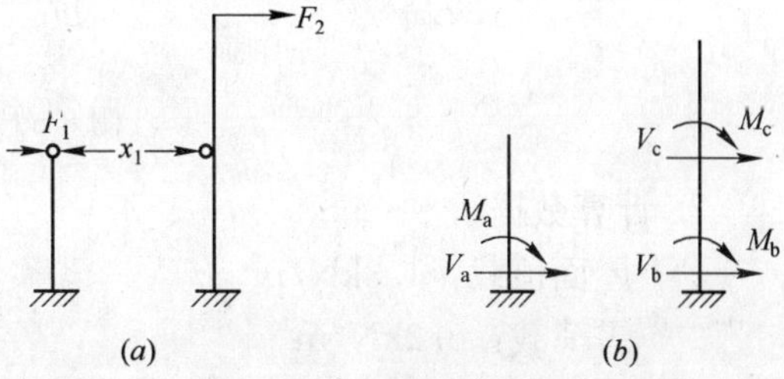

图 8-68 两侧均有休息廊的观众厅的地震内力

(a)横梁地震内力；(b)柱截面地震内力

$$V_a=\pm(F_1-x_1)=\pm(9.55-0.709)=\pm7.61\text{kN}$$

$$M_b=\pm(x_1H_1+x_2H_2)=\pm(0.709\times4.0+26.03\times8.0)=\pm186.0\text{kN}$$

$$V_b=\pm(x_1+F_2)=\pm(0.709+26.03)=\pm24.76\text{kN}$$

$$M_c=\pm(H_2-H_1)F_2=\pm(8.0-4.0)\times26.03=\pm86.96\text{kN}$$

$$V_c=\pm F_2=\pm26.03\text{kN}$$

**内 力 汇 总 表** **表 8-9**

| 柱 号 | A、D | | B、C | | | |
|---|---|---|---|---|---|---|
| 截 面 | 下 柱 底 | | 上 柱 底 | | 下 柱 底 | |
| 内力 | M(kN·m) | V(kN) | M(kN·m) | V(kN) | M(kN·m) | V(kN) |
| | ±30.44 | ±7.61 | ±86.96 | ±21.74 | ±186.00 | ±24.76 |

8. 截面承载力验算从略。

**【实例 8-4】** 单层空旷砖房截面、纵向抗震验算(大厅两侧无附属房屋)

1. 房屋简图(图 8-69)

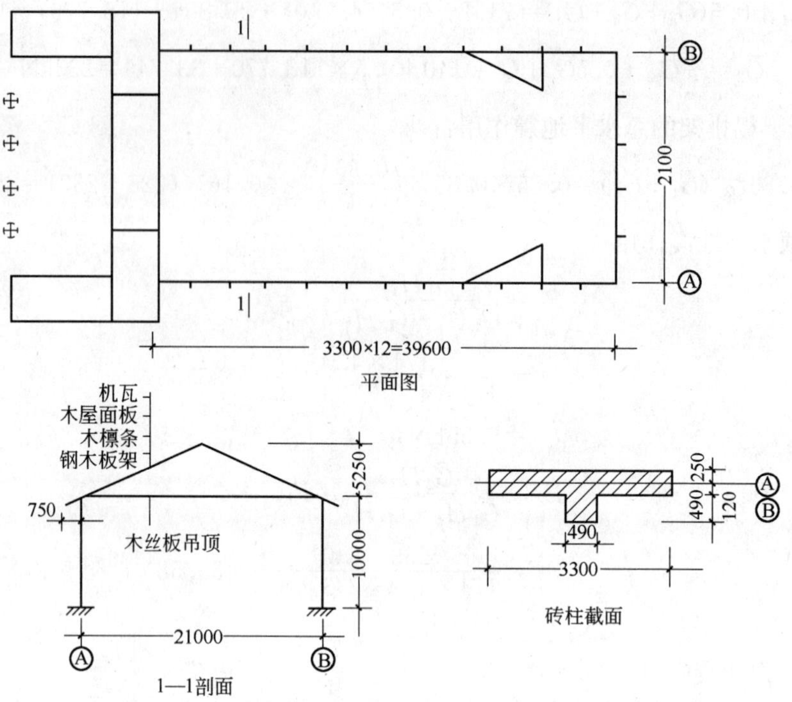


图 8-69　房屋简图

2. 计算数据

(1) 屋面恒载：1.3kN/m$^2$

雪荷载：0.2kN/m$^2$

(2) 砖强度等级采用 MU10，混合砂浆强度等级采用 M5。

(3) 设防烈度 7 度，Ⅰ类场地，设计地震分组为第二组。

3. 横向抗震验算

(1) 计算简图(图 8-70)

取大厅一个开间作为计算单元，由于结构对称于房屋纵轴，可取半榀排架进行分析。

$G_r$

$G_w$

图 8-70　计算简图

(2) 基本周期

1) 按照动能相等原则，换算集中到柱顶的半榀排架的重力荷载代表值

$$G=0.25G_w+\frac{1}{2}G_r+0.5\left(\frac{1}{2}G_{sn}\right)$$

$$=0.25\,[(3.3\times0.37+0.49\times0.49)\times10\times19-(2.1\times1.2)\times0.37\times19+(2.1\times1.2\times0.4)]+\frac{1}{2}(22.5\times3.3\times1.3)+0.5\left(\frac{22.5\times3.3\times0.2}{2}\right)$$

$$=0.25(260.9)+\frac{1}{2}(96.525)+0.5(7.425)$$

$$=117\text{kN}$$

2) 砖壁柱柔度

砖壁柱截面惯性矩：

$$I_{\mathrm{A}}=I_{\mathrm{B}}=\left[\frac{1}{12}\times3.3\times0.37^3+3.3\times0.37\times0.065^2+\frac{1}{12}\times0.49\times0.49^3+0.49\times0.49\times0.365^2\right]$$

$$=5.59\times10^{-2}\mathrm{m}^4$$

砖壁柱柔度：

$$\delta=\frac{H^3}{3EI}=\frac{10^3}{3\times2.37\times10^6\times5.59\times10^{-2}}=2.516\times10^{-3}\mathrm{m/kN}$$

3）基本周期

$$T_1=2\psi_{\mathrm{T}}\sqrt{G\delta}=2\times0.8\sqrt{117\times2.516\times10^{-3}}=0.86\mathrm{s}$$

（3）水平地震作用

1）按柱底弯矩相等原则，换算集中柱顶高度处的半榀排架的重力荷载代表值

$$\overline{G}=0.5G_{\mathrm{w}}+\frac{1}{2}G_{\mathrm{r}}+0.5\left(\frac{G_{\mathrm{sn}}}{2}\right)$$

$$=0.5(260.9)+\frac{1}{2}(96.525)+0.5(7.425)=182\mathrm{kN}$$

2）柱顶水平地震作用

$$F_{\mathrm{Ek}}=\zeta\alpha_1\overline{G}$$

$$\alpha_1=\left(\frac{T_{\mathrm{g}}}{T_1}\right)^{0.9}\alpha_{\max}$$

$$F_{\mathrm{Ek}}=1.0\left(\frac{0.30}{0.86}\right)^{0.9}\times0.08\times182=5.64\mathrm{kN}$$

3）柱底截面地震内力

$$M_{\mathrm{A}}=\pm5.64\times10.0=\pm56.4\mathrm{kN\cdot m}$$

$$V_{\mathrm{A}}=\pm5.64\mathrm{kN}$$

4. 纵向抗震验算

由于结构对称于纵轴，且舞台的宽度与大厅相同，因此取一片纵墙进行抗震验算（图 8-71）。

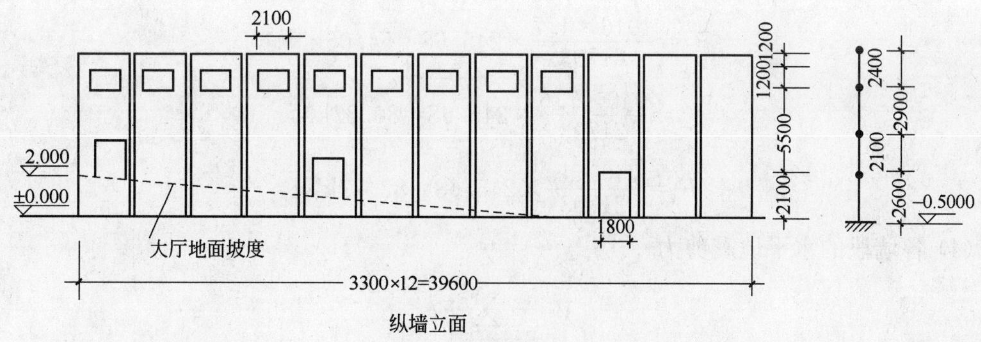


图 8-71　纵墙立面

（1）重力荷载计算

沿墙面高度分段集中为四个质点（图 8-72），各质点的重力荷载代表值 $G_i$，其数值分别为：

$G_1=\{[0.5(2.6+2.1)\times(39.6+10.5)-0.5\times2\times2.1\times1.8-2.1\times1.8]\times0.37+0.5\times(2.6+2.1)\times0.49^2\times13\}\times19+(0.5\times2\times2.1\times1.8+2.1\times1.8)\times0.4$

$=917\text{kN}$

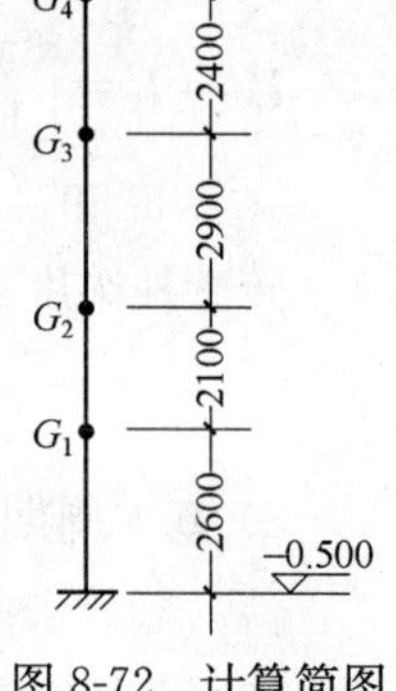

图 8-72 计算简图

$G_2=\{[0.5\times(2.1+2.9)\times(39.6+10.5)-0.5\times2.1\times1.8]\times0.37+0.5(2.1+2.9)\times0.49^2\times13\}\times19+0.5\times2.1\times1.8\times0.4$

$=1016\text{kN}$

$G_3=\{[0.5(2.9+2.4)\times(39.6+10.5)-2.1\times1.2\times9]\times0.37+0.5(2.9+2.4)\times0.49^2\times13\}\times19+2.1\times1.2\times9\times0.4$

$=940\text{kN}$

$G_4=\{[0.5\times2.4(39.6+10.5)]\times0.37+0.5\times2.4\times0.49^2\times13+0.5\times10.5\times5.25\times0.37\}\times19+52=740\text{kN}$

(2) 结构底部地震剪力

等效总重力荷载代表值：

$G_{eq}=0.85\sum_i G_i=0.85(917+1016+940+740)=0.85(4199)=3071\text{kN}$

结构总水平地震作用标准值：

$$F_{Ek}=\alpha_{max}\cdot G_{eq}=0.08\times3071=245.68\text{kN}$$

(3) 质点水平地震作用

$$F_i=\frac{G_iH_i}{\sum_{k=1}^{n}G_kH_k}\cdot F_{Ek}$$

$$F_1=\frac{917\times2.6}{917\times2.6+1016\times4.7+940\times7.6+740\times10}\times245.68$$

$$=\frac{2384.2}{21703}\times245.68=26.99\text{kN}$$

$$F_2=\frac{1016\times4.7}{21703}\times245.68=54.06\text{kN}$$

$$F_3=\frac{940\times7.6}{21703}\times245.68=80.87\text{kN}$$

$$F_4=\frac{740\times10}{21703}\times245.68=83.77\text{kN}$$

(4) 各墙段的水平地震剪力

$$V_i=\sum_{k=i}^{n}F_k$$

$$V_4=F_4=83.77\text{kN}$$

$$V_3=F_4+F_3=83.77+80.87=164.64\text{kN}$$

$$V_2=F_4+F_3+F_2=164.64+54.06=218.7\text{kN}$$

$$V_1=F_4+F_3+F_2+F_1=218.7+26.99=245.69\text{kN}$$

(5) 各墙肢的水平地震剪力

对于有门窗洞的墙段，可先计算出各墙肢的刚度，各墙肢的水平地震剪力，按墙肢刚度比例分配，然后进行墙肢抗剪承载力验算。

当整片墙上无门窗洞时，无须进行地震剪力分配，直接根据该墙段地震剪力进行抗震强度验算。

# 第九章　多层砌体房屋的隔震设计

多层砌体房屋的隔震是在上部结构和基础之间设置隔震层，隔震层对整个结构系统起到如下作用：

(1) 由于隔震层的刚度很小，使隔震结构体系的自振周期大大增长，从而减小上部结构的地震加速度反应。国内外大量试验和工程经验表明：隔震可使结构的水平地震加速度反应降低60%左右。

(2) 隔震层采用高阻尼的元件组成，使整个隔震结构体系的阻尼加大，有效地吸收地震波输入上部结构的能量，减小地震对上部结构的破坏力。

因此，采用隔震建筑可以消除或有效地减轻结构构件和非结构构件的地震破坏，提高建筑物及其内部设施和人员在地震时的安全，增加了地震后建筑物继续使用的功能。采用隔震技术，可以使抗震设防超越“小震不坏、大震不倒”的设计思想，达到更高的抗震安全可靠度水准。

## 第一节　适用范围与隔震层

### 一、适用范围

隔震和消能减震设计，主要应用于使用功能有特殊要求的建筑及抗震设防烈度为8、9度的建筑。

对于一些重要建筑，为了实现对使用功能的特殊要求，适当增加投资是必要的，因而都可采用隔震和消能减震设备。

所谓使用功能有特殊要求的，例如：要求地震时不中断使用功能(首脑、指挥机关、消防、公安、医院)；要求地震时不损坏信息系统和重要设备(银行、保险、通讯)；要求减轻次生灾害(存放有毒、爆炸等物品的建筑)；要求地震时生命安全有更大保证(幼儿园、小学、医院病房等地震时人群不便疏散的建筑)；要求用“隔震和消能减震”技术弥补某些类型结构在抗震方面的不足或满足其抗震设计要求等。

对于多层砌体房屋，隔震和消能减震设计主要用于8、9度区。这是因为试设计和试点工程表明，在6、7度区建造隔震房屋虽可提高房屋的抗震安全度，但建设投资常有增加，现阶段尚不易为一般业主接受。

### 二、隔震层

现代基础隔震技术可分为：弹性隔震、基础滑移隔震和复合隔震技术。在各种隔震技术方案中，目前国内外最普遍而广泛采用的是橡胶支座隔震技术。橡胶支座隔震技术具有以下特点：

1. 具有足够的耐久性

该项技术所使用的隔震元件应至少和建筑物具有同等寿命，在此期间其力学性能和整体的隔震效果不致发生太大的变化。目前的研究表明：在采用合理的橡胶配方的基础上，橡胶支座的寿命超过 50 年是容易做到的，有的甚至可以达到 100 年；此外目前国内外还拥有许多延长橡胶寿命的方法，有些保护涂料可以将橡胶制品的使用寿命延长几十倍。即使橡胶随时间增长产生老化，其老化层一般集中在表层部分，对橡胶支座的力学性能的影响是有限的。

2. 具有足够的安全储备

水平变形能力和竖向承载能力均应保证其在意外大震情况下的安全性，能够稳定地支撑建筑物。目前工程上采用的橡胶支座其内分层设置薄钢板，对橡胶的变形起到约束作用，使橡胶支座具有很高的竖向承载能力，能够在正常使用状态下和地震时承受建筑物的荷载，而不致于产生过大的变形。由于薄钢板水平设置，不会影响橡胶支座的水平柔性，使橡胶支座的水平刚度很低，从而使整个隔震体系的自振周期延长，达到隔震、减震的目的。

3. 设计和施工简便、维护方便

采用橡胶隔震支座的建筑设计和施工与传统建筑差别很小，一般的设计和施工单位都容易做到。橡胶隔震支座维护简单，施工完成后一般无需做现场维护和检验。

## 二、橡胶隔震器的性能要求

隔震器是隔震结构的关键部件，其性能好坏直接关系到隔震结构的隔震效果及安全性。橡胶隔震器是由多层橡胶和多层钢板交替叠置结合而成，根据需要中间也可插有铅芯(图 9-1)，其形状大多是扁圆柱形。

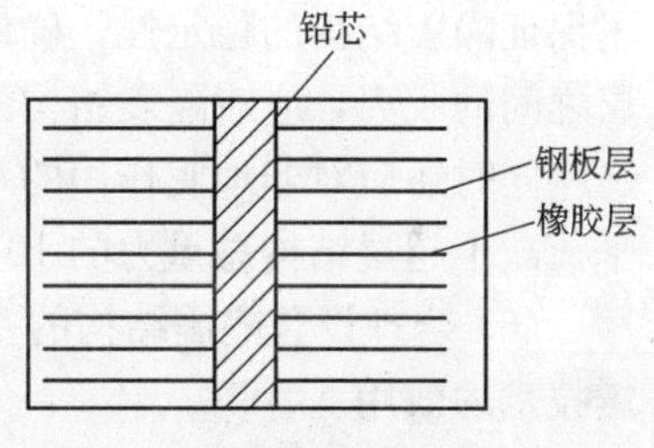

图 9-1　橡胶隔震器结构示意图

一般情况下，为了保证隔震结构的安全性和隔震效果，橡胶隔震器在使用前应进行性能质量的抽样检测。检测品样应为工程所用的各种类型和规格的原型隔震器，每种类型和每一规格不应少于 3 个，抽样合格率应为 100%。应检测的性能参数主要有：

(1) 设计竖向荷载(10MPa、12MPa 或 15MPa)时的竖向刚度和竖向变位；

(2) 竖向保持设计荷载、剪切变形为 50%时，在水平加载频率 0.3Hz 下的水平刚度和等效粘滞阻尼比；

(3) 竖向保持设计荷载、剪切变形为 100%时，在水平加载频率 0.2Hz 下的水平刚度和等效粘滞阻尼比；

(4) 竖向保持设计荷载、剪切变形为 250%时，在水平加载频率 0.1Hz 下的水平刚度和等效粘滞阻尼比；

(5) 设计竖向荷载时的极限水平变位，应大于 $0.55d$ 和 $3nt_r$；

(6) 长期使用条件下，刚度、阻尼特性变化不超过初期值的±20%；水平位移增量不大于 25mm；徐变量不超过 $0.5nt_r$ 且小于 10.0mm。

当隔震层中单独设置的阻尼器，应具有由试验确定的下列参数：

第一刚度、屈服剪力、屈服位移和第二刚度；等效黏滞阻尼比；极限水平变形。

## 第二节　隔震设计与施工的基本要求

### 一、隔震结构设计的基本要求

隔震结构的设计原则主要通过对结构的整体特性、结构布置、结构刚度的分布等的合理设置，控制结构在地震发生时的反应性能，达到减小地震反应的目的，主要包括：

(1) 隔震建筑的设防目标一般应高于非隔震建筑。合理设计的隔震建筑一般均可达到“小震不坏，中震不坏或轻微破坏，大震下不丧失使用功能”的设防目标。

(2) 隔震建筑结构的体形应基本规则；应控制隔震器的布置及结构的刚度的分布均匀，尽量使结构的刚度中心与上部结构质量中心的偏移小一些，这样做可以保证结构不致因太大的扭转作用而发生意外破坏。

(3) 基础隔震技术对低层和多层建筑最为适合，对高层建筑则效果不大，因而对隔震建筑的房屋高度和层数宜加以限制。一般情况下，不隔震时结构的基本周期不宜大于1.0s。

(4) 由于橡胶支座基础隔震技术的特点，隔震建筑一般更适合于Ⅰ、Ⅱ、Ⅲ类建筑场地，并且在结构设计中选用刚性较好的基础类型，以保证隔震层的稳定性和在地震中运动的一致性。

(5) 一般说来，隔震建筑中隔震层的抗拉能力比较薄弱，根据剪切型结构的特点，为了保证隔震结构的稳定性，确保隔震结构的抗倾覆能力及地震时有效防止上部结构与隔震层之间的脱离，应对隔震结构的高宽比加以控制。

同时还应对非地震作用的水平荷载(如风荷载)加以限制，一般来说，非地震作用的水平荷载不超过结构总重力的10%。这样做也可以有效保证隔震建筑的舒适性。

(6) 合理设置隔震结构的基本周期，避开场地周期和上部结构的周期，有效地发挥隔震技术的效用。

(7) 隔震层一般应设置在结构第一层以下的部位；隔震层在罕遇地震下应保持稳定，且不出现不可恢复的变形。控制隔震结构的节点构造，保证隔震层在地震时有效发挥作用。

(8) 穿过隔震层的设备配管和电器、通信系统的配线，应采用挠曲柔性连接等适应隔震层罕遇地震水平位移的措施；采用钢筋或钢架接地的避雷设备，应设置跨越隔震层的接地配线。

(9) 隔震建筑应具备当隔震器在地震中意外丧失稳定性而不发生严重破坏的措施，一般也应考虑隔震器的便于检查和替换措施。

(10) 对于体形复杂或有特殊要求的结构采用隔震技术，应进行模型实验。

### 二、隔震结构施工的基本要求

隔震技术发挥作用的关键是隔震支座，隔震支座的安装对于其作用的发挥是极其重要的。因此在施工过程中，应确实保证隔震支座的安装精度，施工单位应预先确定合理的施工方案。安装施工时必须严格按照要求，确保施工质量。在安装过程中应注意以下事项：

(1) 在运输和搬运过程中：隔震支座的上、下表面刷有防锈漆或包覆橡胶保护层，有的侧表面还涂有防老化涂层，须注意不得磕碰、破坏；连接钢板与螺栓均经过镀锌防锈处理，安装搬运时须注意轻拿轻放，不得损坏、划伤镀锌层。

(2) 连接件的埋设：隔震支座连接件的锚固螺栓应埋在钢筋混凝土内，锚固钢板应与支座钢板牢固连接，锚固钢筋的锚固长度应大于 20 倍锚固钢筋的直径，且不应小于 250mm。

(3) 隔震建筑施工期间应设置必要的临时支撑或连接，避免隔震层发生水平位移。应采取可靠措施保证上钢板在托梁混凝土振捣时不发生偏移或转动；上钢板螺栓应用两侧螺帽拧紧固定。

(4) 隔震支座下的混凝土：必须振捣密实，不得出现蜂窝麻面。若铺设找平层，必须确保其强度；其表面必须处于设计所要求的水平面上，应保证水平平整，其水平度要求控制在 0.2%以内，其高程允许误差为±3mm，并且相邻支座的绝对高差不得超过 3mm。

(5) 隔震支座的安装：隔震支座的平面位置应准确定位，隔震支座的连接定位，宜符合下述规定：支座底部的中心标高偏差不大于 5mm，平面位置的偏差不大于 3mm；单个支座的倾斜度不大于 1/400；安装过程中应设专人进行监督检测，安装完成后应进行复检及验收。

(6) 安装过程中及完成后，应进行完整的检测及复检、验收记录。

(7) 隔震建筑施工完成后应加强沉降观测，一旦观测到不均匀沉降发生，应立即通知各有关单位和部门进行解决。

## 第三节　隔震结构的抗震计算

现行国家标准《建筑抗震设计规范》(GB 50011—2001)提供的隔震结构抗震设计方法与国外其他国家规范相比，最大的特点是把隔震设计和传统抗震设计有机的结合起来，能够充分利用已有的抗震设计资源和认识，方便设计人员对隔震设计的熟悉和掌握。

### 一、隔震设计计算方法

对隔震结构的抗震计算分析，一般均可采用时程分析法：

(1) 计算模型　采用时程分析进行分析计算时，计算简图可采用剪切型结构模型，当上部结构体型复杂时，应计入扭转变形的影响。

(2) 输入地震波选择　时程分析用地震波应按建筑场地和所处地震环境选用不少于两条的实际记录和一条人工模拟的加速度时程曲线，其平均地震影响系数曲线应与振型分解反应谱法所采用的地震影响系数曲线在统计意义上相符。

(3) 计算结果处理　计算结果宜取多条地震波的平均值，当处于发震断层 10km 以内时，若输入地震波未考虑近场影响，对甲、乙类建筑，计算结果尚应乘以近场影响系数：5km 以内取 1.5，5km 以外取 1.25。

### 二、减震系数的确定

1. 减震系数的概念和取值

《建筑抗震设计规范》(GB 50011—2001)引入"水平向减震系数"把隔震建筑设计和传统抗震建筑设计联系起来。所谓"减震系数"是指：和不采用隔震技术的情况比较，建筑物采用隔震技术后描述其地震作用降低程度的一个系数。减震系数应通过结构隔震与非隔震两种情况下各层最大层间剪力的比值，按表 9-1 确定。

**确定水平向减震系数的比值划分** **表 9-1**

| 最大层间剪力比值 | 0.53 | 0.35 | 0.26 | 0.18 |
|---|---|---|---|---|
| 水平向减震系数 | 0.75 | 0.50 | 0.38 | 0.25 |
| 减 震 效 果 | 降 0.5 度 | 降 1.0 度 | 降 1.5 度 | 降 2.0 度 |

水平向减震系数的取值不宜低于 0.25，且隔震后结构的总水平地震作用不得低于非隔震结构在 6 度设防时的总水平地震作用，同时各层水平地震剪力也应符合规范的最小地震剪力系数的规定。

特别指出，表 9-1 中水平向减震系数是最大层间剪力比值除 0.7。按照规范隔震层以上结构设计方法，结构隔震后，隔震层以上结构的水平地震作用，仅为该结构对应于减震系数的水平地震作用的 70%。这意味着，按照规范减震系数进行设计，隔震层以上结构的水平地震作用和抗震验算、构件承载力总留有大致 0.5 个设防烈度的安全储备。

2. 减震系数的计算方法

(1) 砌体结构的水平向减震系数，宜根据隔震后整个体系的基本周期，按下式确定：

$$\Psi=\sqrt{2}\eta_2(T_{gm}/T_1)^{\gamma} \tag{9-1}$$

式中 $\Psi$——水平向减震系数；

$\eta_2$——地震影响系数的阻尼调整系数，根据隔震层等效阻尼确定；

$\gamma$——地震影响系数的曲线下降段衰减指数，根据隔震层等效阻尼确定；

$T_{gm}$——砌体结构采用隔震方案时的设计特征周期，根据本地区所属的设计特征周期分区确定，但小于 0.4s 时应按 0.4s 采用；

$T_1$——隔震后体系的基本周期，不应大于 2.0s 和 5 倍特征周期的较大值。

(2) 砌体结构及与其基本周期相当的结构，隔震后体系的基本周期可按下式计算：

$$T_1=2\pi\sqrt{G/K_h g} \tag{9-2}$$

式中 $T_1$——隔震体系的基本周期；

$G$——隔震层以上结构的重力荷载代表值；

$K_h$——隔震层的水平动刚度；

$g$——重力加速度。

3. 隔震层参数的确定

在上述计算过程中，经常使用到隔震层的水平刚度和等效黏滞阻尼比，然而设计者从橡胶隔震支座产品性能中获得的是单个支座力学特性。那么，在水平向减震系数及罕遇地震下隔震支座水平位移计算中，如何求得所需的隔震层的力学性能(水平刚度和等效黏滞阻尼比)将是一个重要问题。

隔震层的水平刚度和等效黏滞阻尼比可按下列公式确定：

$$K_h=\Sigma K_j \tag{9-3}$$

$$\xi_{eq}=\Sigma K_j\xi_j/K_h \qquad (9\text{-}4)$$

式中 $\xi_{eq}$——隔震层等效黏滞阻尼比；

$K_h$——隔震层水平刚度；

$\xi_j$——第 $j$ 个隔震支座的等效黏滞阻尼比；

$K_j$——第 $j$ 个隔震支座的水平刚度。

隔震层有单独设置的阻尼器时，式(9-3)中应包括该阻尼器等效刚度和相应阻尼比。

在按上式计算隔震层的力学参数时，有两点应引起注意：

(1) 验算多遇地震时，宜采用隔震支座剪切变形为 50%时的水平动刚度和等效黏滞阻尼比。验算罕遇地震时，对直径小于 600mm 的隔震支座，宜采用隔震支座剪切变形为 250%时的水平动刚度和等效黏滞阻尼比；对直径不小于 600mm 的隔震支座，可采用隔震支座剪切变形为 100%时的水平动刚度和等效黏滞阻尼比。

(2) 橡胶材料是非线性弹性体，橡胶隔震支座的有效刚度与振动周期有关，动静刚度的差别甚大。因此，为了保证隔震的有效性，至少需要取相应于隔震体系基本周期的动刚度进行计算。

### 三、隔震结构的分部设计方法

采用分部设计方法进行隔震结构设计及验算时，一般情况下，将隔震结构划分为隔震层以上结构、隔震层、隔震层以下结构等三部分分别进行。

1. 隔震层以上结构

(1) 当计算地震作用时，水平地震影响系数的最大值，可采用通常抗震设计的水平地震影响系数最大值和水平减震系数的乘积(表 9-2)。

**水平地震影响系数最大值**(阻尼比 0.05) **表 9-2**

| 地震影响 | 烈度 | | | |
|---|---|---|---|---|
| | 6 | 7 | 8 | 9 |
| 多遇地震 | 0.04 | 0.08(0.12) | 0.16(0.24) | 0.32 |
| 罕遇地震 | | 0.50(0.72) | 0.90(1.20) | 1.40 |

注：括号中数值分别用于设计基本地震加速度为 0.15$g$ 和 0.30$g$ 的地区。

(2) 隔震层以上结构的水平地震作用沿高度可采用矩形分布。一般情况下按等效多质点的质量分配。

(3) 隔震层上部结构的竖向地震作用一般不予降低。当 9 度且水平向减震系数为 0.25 时，隔震层以上结构应进行竖向地震作用的计算。8 度且水平减震系数不大于 0.5 时，宜进行竖向地震作用的计算。竖向地震作用标准值，8 度和 9 度时分别不应小于隔震层以上结构总重力荷载代表值的 2%和 4%。

对于砌体结构当需进行竖向地震作用的验算时，其抗剪强度的正应力影响系数，宜按减去竖向地震作用效应后的平均压应力取值。

2. 隔震层

隔震层的强度、稳定性的设计采用隔震体系在罕遇地震作用下的相关力和位移进行。此时隔震层的参数，如水平动刚度和等效黏滞阻尼应采用橡胶支座剪切变形为 25%的值。

(1) 隔震层各橡胶隔震支座压应力验算

在永久荷载和可变荷载组合作用下，隔震层各橡胶隔震支座的竖向平均压应力不应超过表 9-3 所规定的数值，且在罕遇地震情况下，均不宜出现拉应力。在进行隔震支座平均压应力验算时，对于需要验算倾覆的结构，平均压应力设计值应包括地震作用效应。

**橡胶隔震支座平均压应力限值** **表 9-3**

| 建 筑 类 别 | 甲类建筑 | 乙类建筑 | 丙类建筑 |
|---|---|---|---|
| 平均压应力(MPa) | 10 | 12 | 15 |

对需验算倾覆的结构，平均压应力设计值应包括水平地震作用效应；对需进行竖向地震作用验算的结构，平均压应力设计值应包括竖向地震作用效应；当橡胶隔震支座的第二形状系数小于 5.0 时，应降低平均压应力限值：不小于 4 时，降低 20%；小于 4 不小于 3 时，降低 40%；直径小于 300mm 的支座，其平均压应力限值对丙类建筑为 12MPa。

(2) 罕遇地震下隔震支座极限水平位移的验算

罕遇地震下各个隔震支座的水平位移应满足以下要求：

$$u_j \leqslant [u_j] \tag{9-5}$$

$$u_j = \beta_j u_c \tag{9-6}$$

式中 $u_j$——罕遇地震作用下，第 $j$ 个支座考虑扭转时的水平位移；

$[u_j]$——第 $j$ 个隔震支座的水平位移限值；对于橡胶隔震支座，不宜超过该支座橡胶直径的 0.55 倍和支座橡胶总厚度 3.0 倍两者的较小值；

$u_c$——罕遇地震作用下隔震层刚心处或不考虑扭转时的水平位移；

$\beta_i$——第 $i$ 个隔震支座扭转影响系数。

罕遇地震下隔震支座的水平位移的计算一般宜采用时程分析法进行计算。对于砌体结构及与其基本周期相当的结构，隔震层质心处在罕遇地震下的水平位移可按下式计算：

$$u_c = \lambda_s \alpha_1(\xi_{eq}) G / K_h \tag{9-7}$$

式中 $\lambda_s$——近场影响系数，距发震断层 5km 以内取 1.5；5～10km 取 1.25；10km 以远取 1.0；

$K_h$——罕遇地震下隔震层的水平刚度；

$\alpha_1(\xi_{eq})$——罕遇地震下，根据等效阻尼比调整的地震影响系数。

(3) 隔震支座的扭转影响系数

隔震支座的扭转影响系数，应取考虑扭转和不考虑扭转时 $i$ 支座计算位移的比值。当隔震支座平面布置为矩形或接近矩形时，可按下列方法确定。

1) 当隔震层以上结构的质心与隔震层刚度中心在两个主轴方向均无偏心时，边支座的扭转影响系数不宜小于 1.15。

2) 当仅考虑单方向地震作用时(图 9-2)可按下式估计：

$$\beta_j = 1 + 12 e s_i / (a^2 + b^2) \tag{9-8}$$

式中 $e$——上部结构质心与隔震层刚度中心在垂直于地震作用方向的偏心距；

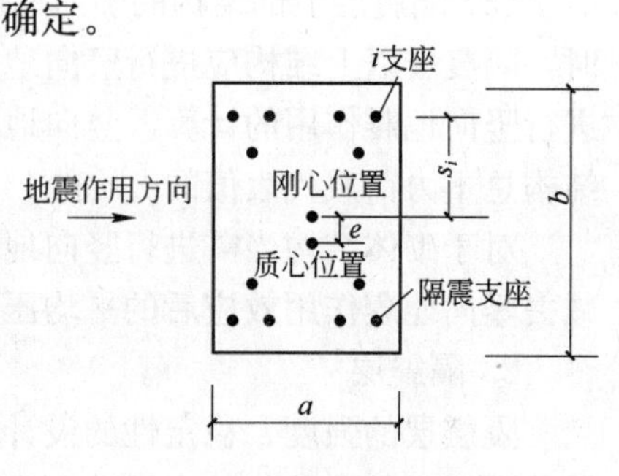

图 9-2 扭转计算示意图

$s_i$——第 $i$ 个隔震支座与隔震层刚度中心在垂直于地震作用方向的距离；

$a$、$b$——隔震层平面的两个边长。

3）同时考虑双向地震作用的扭转时，可仍按上式计算，但其中的偏心距值 $e$ 应采用下式公式中较大值替代：

$$e=\sqrt{e_x^2+(0.85e_y)^2} \tag{9-9}$$

$$e=\sqrt{e_y^2+(0.85e_x)^2} \tag{9-10}$$

式中 $e_x$、$e_y$——分别为 $y$、$x$ 方向地震作用时的偏心距。

对边支座，其扭转系数不宜小于 1.2。

应该注意除验算隔震层强度和位移外，对于支承于隔震体系的梁板体系也应给予足够重视，以保证隔震层运动中一致性。当上部结构为砌体结构时，隔震层顶部各纵、横梁均可按受均布荷载的单跨简支梁或多跨连续梁计算，当按连续梁计算得出的正弯矩小于单跨简支梁跨中弯矩的 0.8 倍时，应按 0.8 倍单跨简支梁跨中弯矩进行计算配筋。

3. 隔震层以下结构及基础验算

为保证隔震层在罕遇地震作用下保持稳定，隔震层以下结构(包括地下室)的地震作用和抗震验算，应采用罕遇地震作用下隔震支座底部的竖向力、水平力和力矩进行计算。

隔震建筑地基基础的抗震验算和地基处理仍应按本地区抗震设防烈度进行，甲、乙类建筑的抗液化措施应按提高一个液化等级确定，直至全部消除液化沉陷。

## 第四节 隔震结构的抗震措施

### 一、隔震层的抗震措施

(1) 隔震层顶部应设置梁板体系，应采用现浇或装配整体式钢筋混凝土楼板体系。现浇板厚度不宜小于 140mm，配筋现浇面层厚度不应小于 50mm。隔震支座上方的纵、横梁应采用现浇钢筋混凝土结构，且隔震层顶部梁板体系的承载力和刚度宜大于一般楼面的梁板承载力和刚度。隔震支座附近的梁、柱应考虑冲切和局部承压加密钢筋，并根据需要配置网状钢筋。

(2) 砌体结构的隔震层位于地下室顶部时，隔震支座不宜直接放置在砌体墙上，并应验算砌体的局部承压承载力。

(3) 隔震结构应采取不阻碍隔震层在罕遇地震作用下发生大变形的措施：

1）上部结构的周边应设置防震缝，缝宽不应小于各隔震支座在罕遇地震下的最大水平位移值的 1.2 倍。

2）上部结构(包括与其相连的任何构件)与地面(包括地下室和与其相连的构件)之间，宜设置明确的水平隔离缝(图 9-3)。当设置水平隔离缝有困难时，应设置可靠的水平滑移垫层。

3）在走廊、楼梯、电梯等部位，应无任何障碍物。

(4) 穿过隔震层的设备配管、配线，应采用柔性连接，以适应隔震层在罕遇地震的水平位移的要求。采用钢筋或刚架接地的避雷设备，宜设置跨越隔震层的柔性接地配线(图 9-4)。

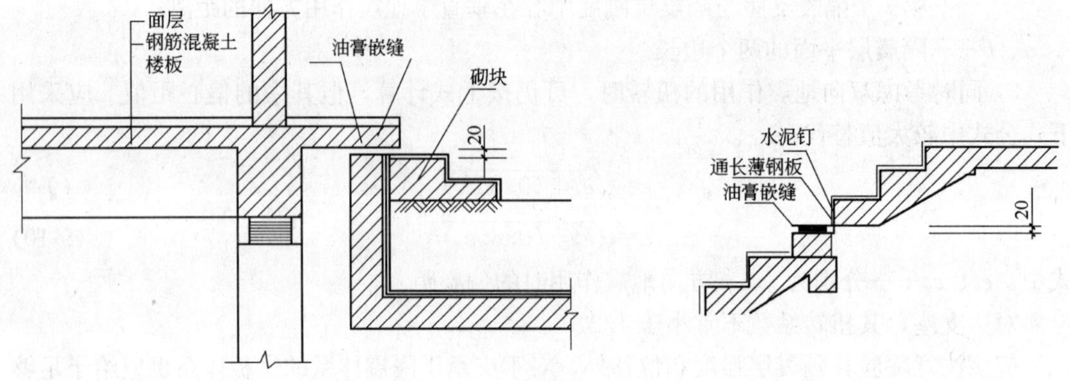

图 9-3 上部结构与下部结构在水平缝的连接

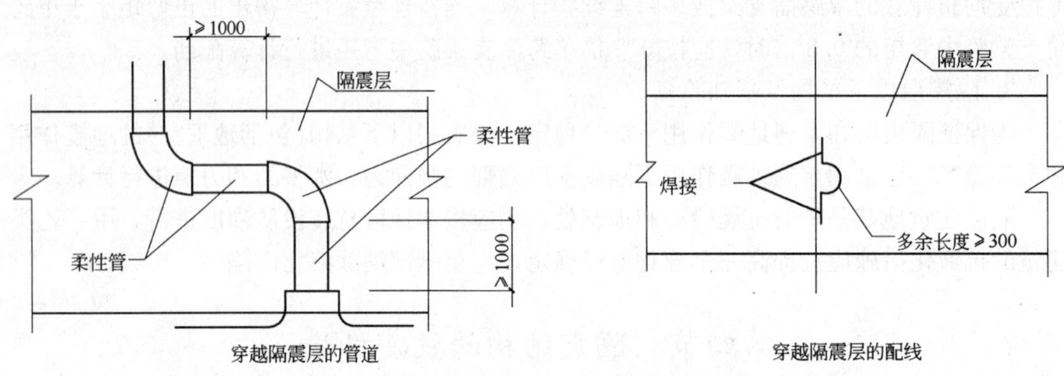

图 9-4 穿越隔震层的管道和配线

(5) 隔震支座和阻尼器应安装在便于维护人员接近的部位。隔震支座与上部结构、基础结构之间的连接件，应能传递支座的最大水平剪力。外露的预埋件应有可靠的防锈措施。锚固钢筋应与钢板牢固连接，宜采用钻孔塞焊；锚固钢筋的锚固长度应大于 20 倍锚固钢筋直径，且不应小于 250mm。

(6) 橡胶隔震支座和隔震层的其他部件，尚应根据隔震层所在位置的耐火等级，采取相应的防火措施。

## 二、隔震层上部结构的抗震措施

对于隔震后的上部砌体结构，当水平向减震系数不大于 0.5 时，丙类建筑的多层砌体结构，房屋层数、总高度和高宽比限值，可按同类抗震结构降低一度的规定采用。详细的抗震构造应符合下列要求：

(1) 承重外墙尽端至门窗洞边的最小距离及圈梁的截面和配筋构造，仍应符合第 5 章的有关规定。

(2) 多层烧结普通砖和烧结多孔砖房屋的钢筋混凝土构造柱设置，水平向减震系数为 0.75 时，仍应符合第 5 章表 5-12 的规定；7～9 度，水平向减震系数为 0.5 和 0.38 时，应符合表 9-4 的规定；水平向减震系数为 0.75 时，宜符合第 5 章表 5-12 降低一度的有关规定。

**隔震后砖房构造柱设置要求** **表 9-4**

<table>
<tr><th colspan="3">房 屋 层 数</th><th colspan="2" rowspan="2">设 置 部 位</th></tr>
<tr><th>7度</th><th>8度</th><th>9度</th></tr>
<tr><td>三、四</td><td>二、三</td><td></td><td rowspan="4">楼、电梯间四角外墙四角，错层部位横墙与外纵墙交接处，较大洞口两侧，大房间内外墙交接处</td><td>每隔 15m 或单元横墙与外墙交接处</td></tr>
<tr><td>五</td><td>四</td><td>二</td><td>每隔三开间的横墙与外墙交接处</td></tr>
<tr><td>六、七</td><td>五</td><td>三、四</td><td>隔开间横墙(轴线)与外墙交接处，山墙与内纵墙交接处；9 度四层，外纵墙与内墙(轴线)交接处</td></tr>
<tr><td>八</td><td>六、七</td><td>五</td><td>内墙(轴线)与外墙交接处，内墙局部较小墙垛处；8 度七层，内纵墙与隔开间横墙交接处；9 度时内纵墙与横墙(轴线)交接处</td></tr>
</table>

(3) 混凝土小型空心砌块房屋芯柱的设置，水平向减震系数为 0.75 时，仍应符合第 5 章表 5-19 的规定；7～9 度，当水平向减震系数为 0.5 和 0.38 时，应符合表 9-5 的规定；当水平向减震系数为 0.25 时，宜符合第 5 章表 5-19 降低一度的有关规定。

**隔震后混凝土小型空心砌块房屋芯柱设置要求** **表 9-5**

<table>
<tr><th colspan="3">房 屋 层 数</th><th rowspan="2">设 置 部 位</th><th rowspan="2">设 置 数 量</th></tr>
<tr><th>7度</th><th>8度</th><th>9度</th></tr>
<tr><td>三、四</td><td>二、三</td><td></td><td>外墙转角，楼梯间四角，大房间内外墙交接处；每隔 16m 或单元横墙与外墙交接处</td><td rowspan="2">外墙转角，灌实 3 个孔<br>内外墙交接处，灌实 4 个孔</td></tr>
<tr><td>五</td><td>四</td><td>二</td><td>外墙转角，楼梯间四角，大房间内外墙交接处，山墙与内纵墙交接处，隔三开间横墙(轴线)与外纵墙交接处</td></tr>
<tr><td>六</td><td>五</td><td>三</td><td>外墙转角，楼梯间四角，大房间内外墙交接处；隔开间横墙(轴线)与外纵墙交接处，山墙与内纵墙交接处；8、9 度时，外纵墙与横墙(轴线)交接处，大洞口两侧</td><td>外墙转角，灌实 5 个孔<br>内外墙交接处，灌实 4 个孔<br>洞口两侧各灌实 1 个孔</td></tr>
<tr><td>七</td><td>六</td><td>四</td><td>外墙转角，楼梯间四角，各内墙(轴线)与外纵墙交接处；内纵墙与横墙(轴线)交接处；8、9 度时洞口两侧</td><td>外墙转角，灌实 7 个孔<br>内外墙交接处，灌实 4 个孔<br>内墙交接处，灌实 4～5 个孔<br>洞口两侧各灌实 1 个孔</td></tr>
</table>

(4) 上部结构的其他抗震构造措施，水平向减震系数为 0.75 时仍按第 5 章的相应规定采用；7～9 度，水平向减震系数为 0.50 和 0.38 时，可按第 5 章降低一度的相应规定采用；水平向减震系数为 0.25 时，可按第 5 章降低二度且不低于 6 度的相应规定采用。

## 第五节　设 计 实 例

**【实例 9-1】** 该建筑为一住宅楼，其工程概况如下：

(1) 房屋结构形式：砖混砌体结构(带半地下室，横墙承重，烧结普通砖，外墙墙厚360mm，内墙墙厚240mm)；

(2) 房屋建筑平面图见图 9-5，主要数据见表 9-6：

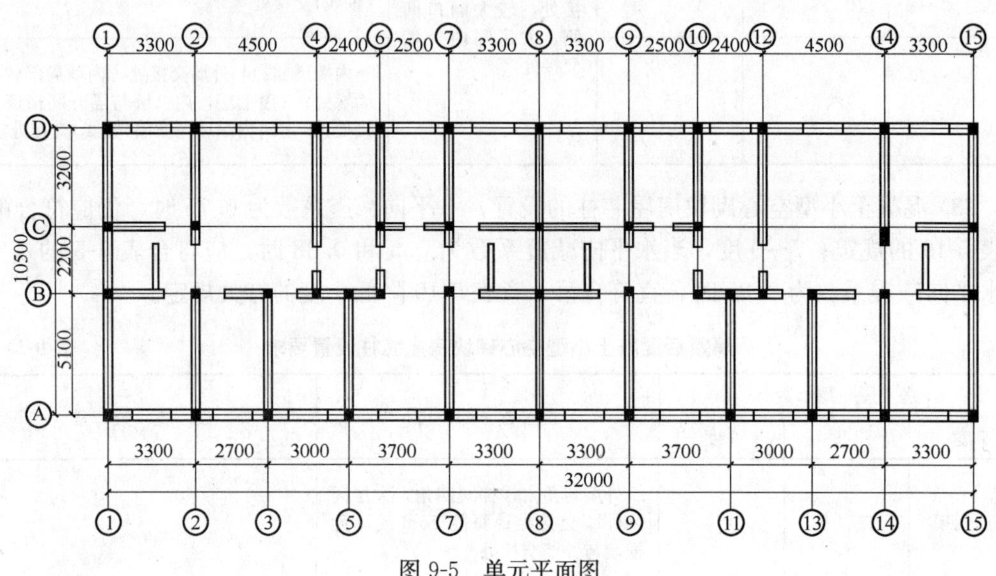


图 9-5　单元平面图

**表 9-6**

| 层　数 | 总 高 度(m) | 最大高宽比 | 层　高(m) | 平面尺寸(m×m) |
|---|---|---|---|---|
| 6 | 17.7 | 1.612 | 2.8 | 32.48×10.98 |

(3) 设防烈度：8 度；

(4) 场地类别：Ⅱ类场地；设计地震分组为一组。

**【解】** 1. 初步设计

(1) 该建筑可采用隔震方案，因为：

1) 不隔震时，该建筑物的基本周期为 0.3s，小于 1.0s。

2) 该建筑物建筑总高度为 17.7m，层数为 6 层，符合要求。

3) 建筑场地为Ⅱ类场地上，无液化。

4) 风荷载和其他非地震作用的水平荷载未超过结构总重力的 10%。

以上几条均满足关于建筑物采用隔震方案的规定。

(2) 确定隔震层位置

隔震层设在地下室顶部，橡胶隔震支座设置在受力较大的位置，其规格、数量和分布根据竖向承载力、侧向刚度和阻尼的要求通过计算确定。隔震层在罕遇地震下应保持稳定，不宜出现不可恢复的变形。隔震层橡胶支座在罕遇地震作用下，不宜出现拉应力。

(3) 经计算隔震层上部总重力$G$=54320kN，其中$G_1=G_2=G_3=G_4=G_5$=9166.5kN，$G_6$=8487.5kN。取图 9-6 所示坐标系，则质心坐标为(16000，5100)，单位：mm。

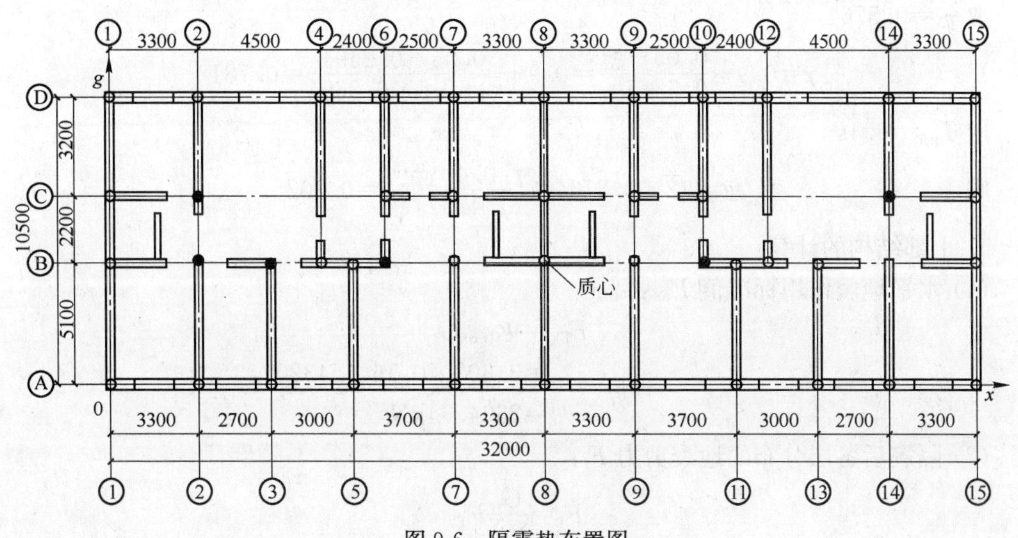


图 9-6　隔震垫布置图

其中：●—GZY350V5A；○—GZY400V5A

2. 隔震支座的选型、布置

由上部结构计算出每个支座上的轴向力，按照表 9-3 的丙类建筑隔震支座平均压应力限值应小于等于 15MPa(本建筑为丙类建筑)的规定，初步确定出每个支座的直径。隔震支座的平面布置见图 9-6。

通过反复计算，择优选用二种类型的隔震支座：GZY350V5(2 个)，GZY400V5A(44 个)的铅芯隔震支座，其刚度、阻尼比、总数及橡胶支座的第二形状系数见表 9-7。

表 9-7

| 属性 / 型号 | 设计承载力(kN) | 水平变形(50%) | | 水平变形(250%) | | 总数 | 第二形状系数 |
|---|---|---|---|---|---|---|---|
| | | 水平刚度(kN/mm) | 阻尼比(%) | 水平刚度(kN/mm) | 阻尼比(%) | | |
| GZY350V5 | 1400 | 1.55 | 25 | 0.84 | 10 | 2 | 5.15 |
| GZY400V5A | 1800 | 2.38 | 27 | 1.18 | 13 | 44 | 5.83 |

3. 水平减震系数 $\Psi$ 的计算(多遇地震时，即采用隔震支座剪切变形为 50%的水平刚度和等效黏滞阻尼比)

水平向减震系数为：

$$\Psi=\sqrt{2}\eta_2\left(\frac{T_{gm}}{T_1}\right)^{\gamma}$$

$$K_h=\Sigma K_j=1.55\times2+2.38\times44=107.82\text{kN/mm}$$

$$T_1=2\pi\sqrt{G/K_h g}=2\pi\sqrt{54320/(107820\times9.8)}=1.425\text{s}$$

$$\xi_{eq}=(\Sigma K_j\xi_j)/K_h=\frac{27\%\times2.38\times44+25\%\times1.55\times2}{107.82}=26.94\%$$

$$\eta_2=1+\frac{0.05-\xi_{eq}}{0.06+1.7\xi_{eq}}=1+\frac{0.05-0.2694}{0.06+1.7\times0.2694}=0.5764>0.55$$

取 $\eta_2=0.5764$

$$\gamma=0.9+\frac{0.05-\xi_{eq}}{0.5+5\xi_{eq}}=0.9+\frac{0.05-0.2694}{0.5+5\times0.2694}=0.781$$

取 $T_{gm}=0.4s$

则 $$\Psi=\sqrt{2}\times0.5764\times\left(\frac{0.4}{1.425}\right)^{0.781}=0.302$$

4. 上部结构的计算

(1) 水平地震作用标准值 $F_{Ek}$：

$$\begin{aligned}F_{Ek}&=\Psi\alpha_{max}G\\&=0.302\times0.16\times54320\\&=2624.74kN\end{aligned}$$

(2) 隔震后各层分布的地震剪力 $F_i$：

$$F_i=\frac{G_i}{\Sigma G_i}F_{Ek}$$

计算结果见表 9-8。

表 9-8

| 层　数 | $G_i$(kN) | $\Sigma G_i$(kN) | $F_{Ek}$(kN) | $F_i$(kN) | $V_i$(kN) |
|---|---|---|---|---|---|
| 6 | 8487.5 | 54320 | 2624.74 | 410.12 | 410.12 |
| 5 | 9166.5 | | | 442.92 | 853.04 |
| 4 | 9166.5 | | | 442.92 | 1295.96 |
| 3 | 9166.5 | | | 442.92 | 1738.88 |
| 2 | 9166.5 | | | 442.92 | 2181.8 |
| 1 | 9166.5 | | | 442.92 | 2624.72 |

结构水平地震作用计算简图及结构水平剪力图如图 9-7 所示。

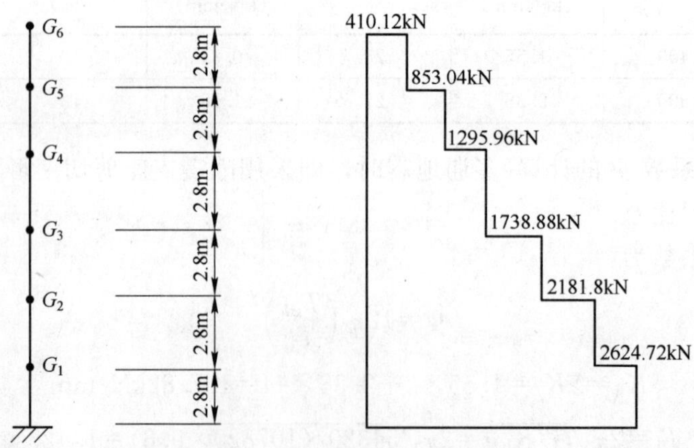


图 9-7　结构水平地震作用计算简图及水平剪力分布图(隔震后)

（3）按规范要求设防烈度为8度且水平向减震系数不大于0.5，宜进行竖向地震作用计算(略)。

5. 隔震层水平位移验算(罕遇地震时，采用隔震支座剪切变形不小于250%时的剪切刚度和等效黏滞阻尼)

（1）计算隔震层的刚心位置和偏心距 $e$

如图9-6所示，采取图示坐标系，设刚心位置坐标为$(x, y)$，则

1）求水平刚度中心横坐标 $x$：

$$\Sigma K'_{h} x_i = \Sigma K'_{h} \times x$$

$$\Sigma K'_{h} x_i = 857600 \text{kN}$$

$$\Sigma K'_{h} = 0.84 \times 2 + 1.18 \times 44 = 53.6 \text{kN/mm}$$

$$x = \frac{\Sigma K'_{h} x_i}{\Sigma K'_{h}} = \frac{857600}{53.6} = 16000 \text{mm}$$

2）求水平刚度中心纵坐标 $y$

$$\Sigma K'_{h} y_i = \Sigma K'_{h} \times y$$

$$\Sigma K'_{h} y_i = 300618 \text{kN}$$

$$\Sigma K'_{h} = 53.6 \text{kN/mm}$$

$$y = \frac{\Sigma K'_{iv} y_i}{\Sigma K'_{iv}} = \frac{300618}{53.6} = 5608.5 \text{mm}$$

则刚度中心坐标为(16000，5608.5)，单位：mm。

3）求偏心距 $e$

$$e_x = 16000 - 16000 = 0 \text{mm}$$

$$e_y = 5608.5 - 5100 = 508.5 \text{mm}$$

由于 $e_x = 0$，无偏心，故仅考虑单方向地震作用的影响。

（2）隔震层质心处的水平位移计算：

隔震层质心处在罕遇地震下的水平位移为

$$u_c = \lambda_s \alpha_1 (\xi'_{eq}) G / K'_h$$

$$\lambda_s = 1.0$$

$$T_g = 0.35 + 0.05 = 0.4 \text{s}$$

$$K'_h = \Sigma K'_j = 53.6 \text{kN/mm}$$

$$T'_1 = 2\pi\sqrt{G/K'_h g} = 2\pi\sqrt{54320/(53600 \times 9.8)} = 2.02 \text{s} > 5 \times 0.4 = 2.0 \text{s}$$

所以 $\alpha_1(\xi'_{eq}) = [\eta_2 0.2^{\gamma} - \eta_1 (T - 5T_g)]\alpha_{max}$

$$\xi'_{eq} = \frac{\Sigma K'_j \xi'_j}{K'_h} = \frac{13\% \times 1.18 \times 44 + 10\% \times 0.84 \times 2}{53.6} = 12.91\%$$

$$\gamma = 0.9 + \frac{0.05 - \xi'_{eq}}{0.5 + 5\xi'_{eq}} = 0.9 + \frac{0.05 - 0.1291}{0.5 + 5 \times 0.1291} = 0.8309$$

$$\eta_2 - 1 + \frac{0.05 - 0.1291}{0.06 + 1.7 \times 0.1291} - 0.717$$

$$\eta_1 = 0.02 + (0.05 - \xi'_{eq})/8 = 0.02 + (0.05 - 0.1291)/8 = 0.01$$

$$\alpha_{max} = 0.9$$

$$
\begin{aligned}
\alpha_1(\xi'_{eq}) &= [\eta_2 0.2^{\gamma} - \eta_1(T-5T_g)]\alpha_{max} \\
&= [0.717\times 0.2^{0.8309} - 0.01\times(2.02-5\times 0.4)]\times 0.9 \\
&= 0.169
\end{aligned}
$$

则 $u_c = 1.0\times 0.169\times 54320/53.6 = 171.27\text{mm}$

(3) 水平位移验算（验算最不利支座）

1) 验算最右上角支座 GZY400V5A（轴⑮/D）

① 扭转影响系数 $\beta_i$：

$$
\begin{aligned}
s_i &= 10500 - 5608.5 = 4891.5\text{mm} \\
\beta_i &= 1 + 12es_i/(a^2+b^2) \\
&= 1 + 12\times 508.5\times 4891.5/(32480^2+10980^2) \\
&= 1.025 < 1.15
\end{aligned}
$$

因为该支座为边支座，故取 $\beta_i = 1.15$

② 水平位移 $u_i$：

$$
u_i = \beta_i u_c = 1.15\times 171.27 = 196.96\text{mm}
$$

$$
\begin{aligned}
[u_i] &= \min\{0.55\text{倍有效直径，支座各橡胶层总厚度的 3 倍}\} \\
&= \min\{0.55\times 400 = 220\text{mm},\ 102.58\times 3 = 307.74\text{mm}\} \\
&= 220\text{mm}
\end{aligned}
$$

显然，$u_i = 196.96\text{mm} < [u_i] = 220\text{mm}$，故支座变形满足要求。

2) 验算支座 GZY350V5（轴⑥/B）

① 扭转影响系数 $\beta_i$：

$$
\begin{aligned}
s_i &= 10500 - 5100 = 5400\text{mm} \\
\beta_i &= 1 + 12es_i/(a^2+b^2) \\
&= 1 + 12\times 508.5\times 5400/(32480^2+10980^2) \\
&= 1.028
\end{aligned}
$$

② 水平位移 $u_i$：

$$
u_i = \beta_i u_c = 1.028\times 171.27 = 176.07\text{mm}
$$

$$
\begin{aligned}
[u_i] &= \min\{0.55\text{倍有效直径，支座各橡胶层总厚度的 3 倍}\} \\
&= \min\{0.55\times 350 = 192.5\text{mm},\ 100.42\times 3 = 301.26\text{mm}\} \\
&= 192.5\text{mm}
\end{aligned}
$$

显然，$u_i = 176.07\text{mm} < [u_i] = 192.5\text{mm}$，故支座变形满足要求

6. 隔震层下部的计算

(1) 隔震层在罕遇地震作用下的水平剪力的计算：

在罕遇地震作用下的水平剪力为

$$
\begin{aligned}
V_c &= \lambda_s \alpha_1(\xi'_{eq})G \\
&= 1.0\times 0.169\times 54320 \\
&= 9180.08\text{kN}
\end{aligned}
$$

(2) 隔震层的总刚度 $K'_h = 53.6\text{kN/mm}$。各隔震垫的受力情况见表 9-9。各隔震支座的水平剪力按刚度分配，即

$$
V_j = \frac{K'_j}{\Sigma K'_j} V_c
$$

各隔震垫受力情况　　表 9-9

| 隔震垫号 | 刚度(kN/mm) | 剪力(kN) | 竖向荷载(kN) |
|---|---|---|---|
| 轴①/D | 1.18 | 202.1 | 776.6 |
| 轴②/D | 1.18 | 202.1 | 1331.6 |
| 轴④/D | 1.18 | 202.1 | 1540.5 |
| 轴⑥/D | 1.18 | 202.1 | 955.8 |
| 轴⑦/D | 1.18 | 202.1 | 1074.8 |
| 轴⑧/D | 1.18 | 202.1 | 1170.8 |
| 轴⑨/D | 1.18 | 202.1 | 1074.8 |
| 轴⑩/D | 1.18 | 202.1 | 939.8 |
| 轴⑫/D | 1.18 | 202.1 | 1540.5 |
| 轴⑭/D | 1.18 | 202.1 | 1331.6 |
| 轴⑮/D | 1.18 | 202.1 | 638.8 |
| 轴①/C | 1.18 | 202.1 | 986.7 |
| 轴②/C | 1.18 | 202.1 | 1027.2 |
| 轴⑥/C | 1.18 | 202.1 | 865.2 |
| 轴⑦/C | 1.18 | 202.1 | 1250.4 |
| 轴⑧/C | 1.18 | 202.1 | 1334.7 |
| 轴⑨/C | 1.18 | 202.1 | 1250.4 |
| 轴⑩/C | 1.18 | 202.1 | 865.2 |
| 轴⑭/C | 1.18 | 202.1 | 1027.2 |
| 轴⑮/C | 1.18 | 202.1 | 830.1 |
| 轴①/B | 1.18 | 202.1 | 1123.1 |
| 轴②/B | 1.18 | 202.1 | 1616.05 |
| 轴③/B | 1.18 | 202.1 | 1181.7 |
| 轴④/B | 1.18 | 202.1 | 1145.7 |
| 轴⑤/B | 1.18 | 202.1 | 1138.35 |
| 轴⑥/B | 0.84 | 143.9 | 464.6 |
| 轴⑦/B | 1.18 | 202.1 | 1250.3 |
| 轴⑧/B | 1.18 | 202.1 | 1613.65 |
| 轴⑨/B | 1.18 | 202.1 | 1250.3 |
| 轴⑩/B | 0.84 | 143.9 | 465.2 |
| 轴⑪/B | 1.18 | 202.1 | 1139.55 |
| 轴⑫/B | 1.18 | 202.1 | 1147.2 |
| 轴⑬/B | 1.18 | 202.1 | 1183.95 |
| 轴⑭/B | 1.18 | 202.1 | 1619.05 |
| 轴⑮/B | 1.18 | 202.1 | 1046.15 |
| 轴①/A | 1.18 | 202.1 | 998.25 |

续表

| 隔震垫号 | 刚度(kN/mm) | 剪力(kN) | 竖向荷载(kN) |
|---|---|---|---|
| 轴②/A | 1.18 | 202.1 | 1348.35 |
| 轴③/A | 1.18 | 202.1 | 1331.55 |
| 轴⑤/A | 1.18 | 202.1 | 1480.2 |
| 轴⑦/A | 1.18 | 202.1 | 1430.7 |
| 轴⑧/A | 1.18 | 202.1 | 1387.05 |
| 轴⑨/A | 1.18 | 202.1 | 1430.7 |
| 轴⑪/A | 1.18 | 202.1 | 1480.2 |
| 轴⑬/A | 1.18 | 202.1 | 1331.55 |
| 轴⑭/A | 1.18 | 202.1 | 1348.35 |
| 轴⑮/A | 1.18 | 202.1 | 850.35 |

隔震层以下的柱的受力简图(以轴⑮/D为例)见图9-8。

7. 构造要求

有关隔震层和上部结构措施可按规范规定采用(略)。

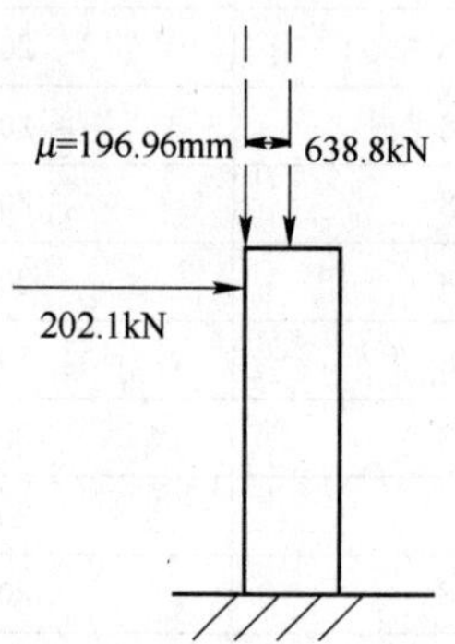


图9-8 轴⑮/D隔震基础的受力简图

# 第十章　砌体特种结构设计

砌体特种结构是指用砌体砌筑而成的特殊用途的构筑物，如烟囱、水塔、料仓、水池和挡土墙等。本章涉及的内容有：①水池；②烟囱；③挡土墙。

## 第一节　水　池

水池的用途是储存液体。从减小水池的温度变化和抗震考虑，水池最好采用地下式或半地下式。从水池的材料可分为：钢水池、钢筋混凝土水池、钢丝网水泥水池和砌体水池等。

砌体水池适用于建造在良好地基上、容积小于 200m³ 的小型水池。采用砌体水池构造简单、施工方便、就地取材、节约钢材；采用砌体结构，很难做到很好地符合设计使用标准，在抗渗漏方面难以完善达标；在经济效益上，砌体水池各部位构件截面尺寸加大、附加防水构造措施等，使工程投资效益降低，并不可取。

### 一、砌体水池的组成、材料和构造

水池常用的平面形状为圆形或矩形，水池结构一般由池壁、顶盖和底板三部分组成。

1. 顶盖和底板

水池顶盖可采用整块平板、肋形梁板结构、无梁楼盖结构、圆球或圆锥薄壳结构。水池的底板与顶盖相似，可采用钢筋混凝土平板结构、无梁楼盖结构、倒球形壳或锥形壳结构。

2. 池壁

池壁的形式主要有四种，见图 10-1。

图 10-1(*a*)、(*b*)是等截面和变截面的无筋砖石池壁，适用于小型水池，如直径为 5m 左右的圆形水池。

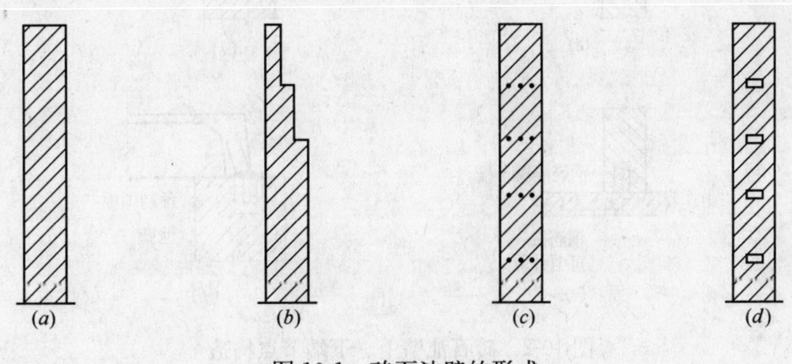


图 10-1　砖石池壁的形式

图 10-1(*c*)是配筋砖池壁，即在灰缝内配置 $\phi4\sim\phi6$ 的受拉钢筋。

图 10-1(*d*)是砖砌体与钢筋混凝土环梁组合构造的池壁，钢筋混凝土环梁一般用 12cm×25cm，间距 1.5～2.5 倍壁厚。由于砖砌体和钢筋混凝土的线膨胀系数不同，在温度变化时，两者结合处容易产生水平缝。因此，在环梁外侧，甚至内侧设半砖厚的“保护层”。浇捣环梁的混凝土时，注意不要松动了邻近的砌体。

3. 材料

水泥的砖石砌体材料，应符合下列要求：

(1) 砖应采用烧结普通砖，其强度等级不应低于 MU10；

(2) 石材强度等级不应低于 MU30；

(3) 砌筑砂浆应用水泥砂浆，并不应低于 M10。

混凝土、钢筋的设计指标，应按《混凝土结构设计规范》(GB 50010—2002)规定采用；砖石砌体的设计指标，应按《砌体结构设计规范》(GB 50003—2001)规定采用。

4. 砌体水池的构造

(1) 截面尺寸。砖砌池壁厚度 $h \geqslant 370$mm，石砌池壁厚度 $h \geqslant 500$mm；底板厚度不宜小于 200mm，且池底埋深不小于 500mm，混凝土垫层厚度不小于 70mm。

(2) 池壁防渗措施。池壁内、外可采用五层砂浆抹面：砌体表面清洗干净，勾缝湿润墙面，抹 2mm 厚素水泥浆；第二层抹 4mm 厚 1∶2 水泥砂浆基层；第三层抹 2mm 厚素水泥浆；第四层再抹 4mm 厚 1∶2 水泥砂浆；第五层抹 1mm 厚素水泥浆。

池壁内外也可采用厚度大于 20mm 的水泥砂浆抹面，砂浆中掺入 3%～5%水泥重量的防水材料。

(3) 池壁与顶板、底板的连接构造宜采用铰接或滑动连接，见图 10-2。

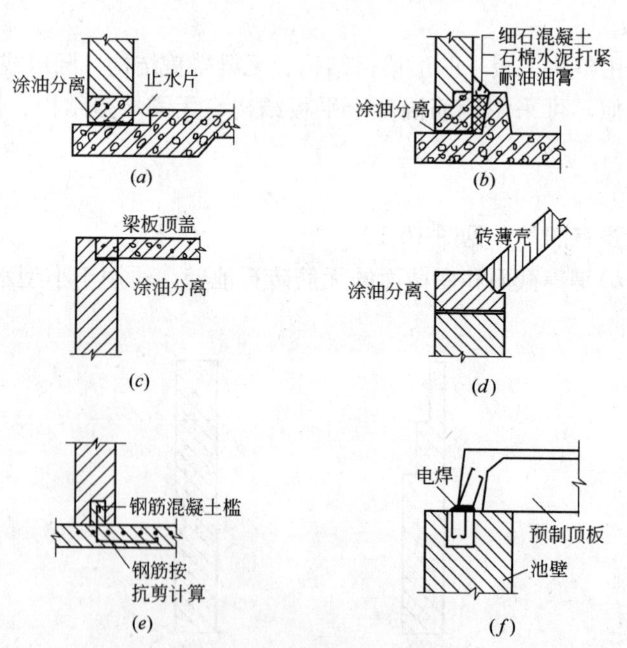


图 10-2 砖石池壁上、下端节点构造

(*a*)、(*b*)池壁下端滑动构造；(*c*)、(*d*)池壁上端滑动构造；(*e*)、(*f*)池壁两端铰接构造

(4) 砖砌体的开孔处，应按下列规定采取加强措施：

1) 砖砌体的开孔处宜采用砌筑砖券加强。砖券厚度，对直径小于 1000mm 的孔口，不应小于 120mm，对直径大于 1000mm 的孔口，不应小于 240mm。

2) 石砌体的开孔处，宜采用局部浇筑混凝土加强。

## 二、水池结构上的作用荷载

砌体水池结构上的作用荷载有：永久作用荷载；可变作用荷载。永久作用包括：结构自重、土的竖向压力和侧向压力、水池内部的水压力和地基不均匀沉降。可变作用包括：活荷载、地表或地下水的压力(侧压力、浮托力)、流水压力、结构构件的温、湿度变化作用。

1. 永久作用标准值

(1) 结构自重

结构自重的标准值，可按结构构件的设计尺寸与相应材料单位体积的自重计算确定。对常用材料和构件，其自重可按现行《建筑结构荷载规范》(GB 50009—2001)的规定采用。

(2) 竖向土压力

作用在地下构筑物上竖向土压力标准值，应按下式计算：

$$F_{sv,k}=n_s\gamma_s H_s \tag{10-1}$$

式中 $F_{sv,k}$——竖向土压力(kN/m²)；

$n_s$——竖向土压力系数，一般可取 1.0；当构筑物的平面尺寸长宽比大于 10 时，$n_s$ 宜取 1.2；

$\gamma_s$——回填土的重力密度(kN/m³)，可按 18kN/m³ 采用；

$H_s$——地下构筑物顶板上的覆土高度(m)。

(3) 侧向土压力

作用在开槽施工地下构筑物上的侧向土压力标准值，应按下列规定确定(图 10-3)：

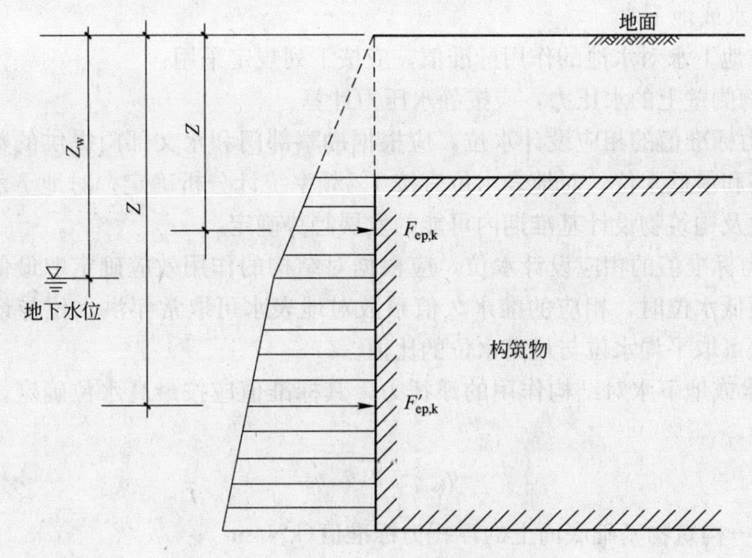


图 10-3 侧壁上的主动土压力分布图

1）应按主动土压力计算；

2）当地面平整、构筑物位于地下水位以上部分的主动土压力标准值可按下式计算（图10-3）：

$$F_{ep,k}=K_a\gamma_s z \tag{10-2}$$

构筑物位于地下水位以下部分的侧壁上的压力应为主动土压力与地下水静水压力之和，此时主动土压力标准值可按下式计算（图10-3）：

$$F'_{ep,k}=K_a[\gamma_s z_w+\gamma'_s(z-z_w)] \tag{10-3}$$

上列式中 $F_{ep,k}$——地下水位以上的主动土压力（$kN/m^2$）；

$F'_{ep,k}$——地下水位以下的主动土压力（$kN/m^2$）；

$K_a$——主动土压力系数，应根据土的抗剪强度确定，当缺乏试验资料时，对砂类土或粉土可取$\frac{1}{3}$；对黏性土可取$\frac{1}{3}\sim\frac{1}{4}$；

$z$——自地面至计算截面处的深度（m）；

$z_w$——自地面至地下水位的距离（m）；

$\gamma'_s$——地下水位以下回填土的有效重度（$kN/m^3$），可按 $10kN/m^3$ 采用。

（4）水池内水压力

构筑物内的水压力应按设计水位的静水压力计算，对给水处理构筑物，水的重度标准值可取 $10kN/m^3$；对污水处理构筑物，水的重度标准值可取 $10\sim10.8kN/m^3$。

（5）地基不均匀沉降

地基不均匀沉降引起的永久作用标准值，其沉降量及沉降差应按现行《建筑地基基础设计规范》（GB 50007—2001）的有关规定计算确定。

2. 可变作用标准值

（1）顶盖上的活荷载

水池顶盖上活荷载标准值为 $0.7kN/m^2$，尚应根据施工或运行条件，验算施工机械设备荷载或运输车辆荷载。

（2）地表水或地下水

地表水或地下水对水池的作用标准值，应按下列规定采用：

1）构筑物侧壁上的水压力，应按静水压力计算。

2）水压力标准值的相应设计水位，应根据勘察部门和水文部门提供的数据采用：可能出现的最高和最低水位，对地表水位宜按1%频率统计分析确定；对地下水位应综合考虑近期内变化及构筑物设计基准期内可能的发展趋势确定。

3）水压力标准值的相应设计水位，应根据对结构的作用效应确定取最低水位或最高水位。当取最低水位时，相应的准永久值系数对地表水可取常年洪水位与最高水位的比值，对地下水可取平均水位与最高水位的比值。

4）地表水或地下水对结构作用的浮托力，其标准值应按最高水位确定，并应按下式计算：

$$q_{fw,k}=\gamma_w h_w \eta_{fw} \tag{10-4}$$

式中 $q_{fw,k}$——构筑物基础底面上的浮托力标准值（$kN/m^2$）；

$\gamma_w$——水的重度（$kN/m^3$）；可按 $10kN/m^3$ 采用；

$h_w$——地表水或地下水的最高水位至基础底面(不包括垫层)计算部位的距离(m);

$\eta_{fw}$——浮托力折减系数，对非岩质地基应取1.0；对岩石地基，应按其破碎程度确定；当基底设置滑动层时，应取1.0。

注：1. 当构筑物基底位于地表滞水层内，又无排除上层滞水措施时，基础底面上的浮托力仍应按式(10-4)计算确定。

2. 当构筑物两侧水位不等时，基础底面上的浮托力可按沿基底直线变化计算。

3. 作用(荷载)组合

砌体水池结构采用极限状态设计方法：(1)承载能力极限状态；(2)正常使用极限状态。进行结构内力分析时，均按弹性体系计算，不考虑由弹性变形产生的塑性内力重分布。结构的安全等级考虑二级。

(1) 承载力极限状态计算

对于水池，作用效应的基本组合设计值，不计算使用荷载效应，应按下式计算：

$$S=\sum_{i=1}^{m}\gamma_{Gi}C_{Gi}G_{ik}+\gamma_{Q1}C_{Q1}Q_{1k}+\psi_c\sum_{j=2}^{n}\gamma_{Qj}C_{Qj}G_{jk} \tag{10-5}$$

式中 $G_{ik}$——第$i$个永久作用的标准值；

$C_{Gi}$——第$i$个永久作用的作用效应系数；

$\gamma_{Gi}$——第$i$个永久作用的分项系数，当作用效应对结构不利时，对结构和设备自重应取1.2，其他永久作用应取1.27；当作用效应对结构有利时，均应取1.0；

$Q_{jk}$——第$j$个可变作用的标准值；

$C_{Qj}$——第$j$个可变作用的作用效应系数；

$\gamma_{Q1}$、$\gamma_{Qj}$——第1个和第$j$个可变作用的分项系数，对地表水或地下水的作用应作为第1个可变作用取1.27，对其他可变作用应取1.40；

$\psi_c$——可变作用的组合值系数，可取0.90计算。

(2) 正常使用极限状态验算

对正常使用极限状态，结构构件应分别按作用短期效应的标准组合或长期效应的准永久组合进行验算，并应保证满足变形、抗裂度、裂缝开展宽度、应力等计算值不超过相应的规定限值。

## 三、砌体水池的结构设计

1. 砌体水池的设计步骤

砌体水池(池壁)的设计步骤：

(1) 根据各地区的实践经验，选用砌体池壁的厚度，池壁与顶盖、池壁与底板的节点构造；

(2) 根据池壁与顶盖、底板的连接构造，确定池壁的计算简图；

(3) 进行作用(荷载)计算和作用(荷载)组合；

(4) 在各种作用组合情况下，进行池壁的内力分析；

(5) 根据池壁的内力分析，进行截面承载力和抗裂验算；

(6) 满足水池的稳定性、抗渗性、抗冻性和抗侵蚀性要求。

2. 砌体圆形水池

圆形水池主要尺寸，包括水池的直径、高度、池壁厚度及顶盖、底板的形式等，根据使用要求和有关技术规定，在内力计算前已初步确定。

(1) 圆形水池的容积

水池尺寸根据使用要求贮水的体积($m^3$)而定。水池有效容积 $V$ 可按下式计算：

$$V=G_k/\gamma_w=\pi D^2(H-a)/4 \tag{10-6}$$

$$H=4V/\pi D^2+a \tag{10-7}$$

式中 $G_k$——贮水重量标准值(kN)；

$\gamma_w$——水的重度标准值，取 10kN/m³；

$H$——池壁高度，一般不超过 4m；

$a$——水面至池壁顶面的距离，一般取 0.1～0.15m；

$D$——池壁内直径(m)。

(2) 池壁的作用(荷载)和作用(荷载)组合

由图 10-4 可知，池壁荷载主要是池内的水压力和池壁外的土压力。由顶盖板传来的竖向压力对池壁的影响，可忽略不计。

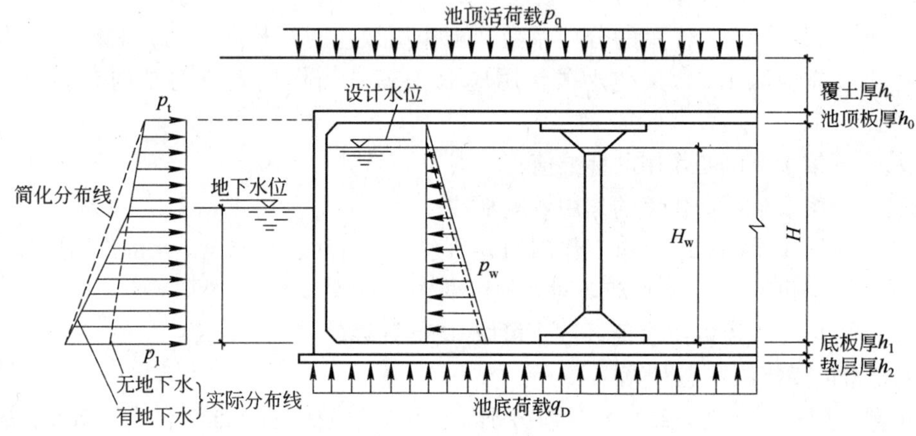


图 10-4 水池的荷载

1) 池内水压力标准值

水压力按三角形分布：

$$p_w=\gamma_w H_w \tag{10-8}$$

式中 $p_w$——水压力(kN/m²)；

$\gamma_w$——水的重度(重力密度)，取 10kN/m³；

$H_w$——设计水深(m)，近似取 $H_w=H$，$H$ 为池壁的计算高度。

2) 池壁外土压力标准值

作用在池壁外的土压力应按主动土压力计算。

地下水位以上的主动土压力按式(10-2)计算。

地下水位以下的主动土压力按式(10-3)计算。

3) 作用(荷载)组合

地下水池砌体池壁承载力计算时，有下列三种荷载组合情况：

第一种组合：池内有水、池外无土(试水阶段)；

第二种组合：池内无水、池外有土(覆土阶段)；

上述两种情况产生池壁相反的最大内力的两种不利状态；

第三种组合：池内有水、池外有土(使用阶段)，这种组合，对池壁两端为弹性嵌固的圆形水池的某些局部位置起控制作用。

(3) 池壁内力计算

1) 不考虑池壁底端约束作用的近似计算

对于小型水池可近似忽略其底板与池壁的约束作用，计算简图如图 10-5($a$)所示。其两端自由边界的圆柱壳，受沿高度线性分布的轴对称荷载作用，这种池壁是一静定圆筒，只有环向力。在距顶端为 $x$ 的水池池壁上，截取一个单位高度的圆环，作用于其上的水压力 $p_x=\gamma \cdot x$，如图 10-5($b$)所示。取半圆环为自由体，由半圆环上的外力和内力的平衡条件，可求得环向力 $N_\theta$。

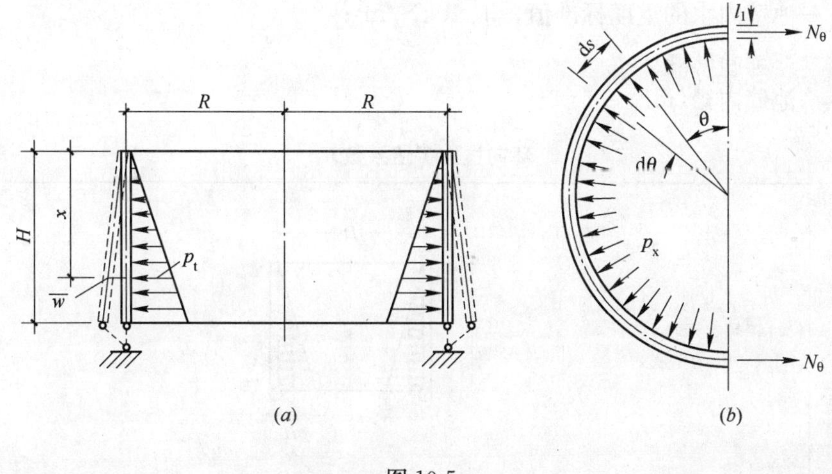


图 10-5

$$N_\theta=\int_0^{\frac{\pi}{2}} p_x R\sin\theta \mathrm{d}\theta=p_x R \tag{10-9}$$

式中 $N_\theta$——两端自由时，池壁任意高度处的环向力，以受拉为正；

$p_x$——任意高度处的侧向荷载，以由内向外压为正；

$R$——池壁的计算半径。

求得各点环拉力后，即可按轴心受拉构件计算环向配筋。一般采用分段配筋，可将池壁沿高度划分为若干区段，以每区段内的最大环拉力 $N_{\theta\max}$ 决定该区段所需的环向配筋，竖向钢筋按构造配置，在池壁与底板或顶板连接部位适当加强。

2) 池壁与底板铰接的计算

砌体圆筒形水池，将池壁与底板视作铰接，忽略底板对池壁的约束作用，避免池壁底端产生固端弯矩；池壁与顶盖视作自由端。砌体圆形水池的计算简图如图 10-6 所示。

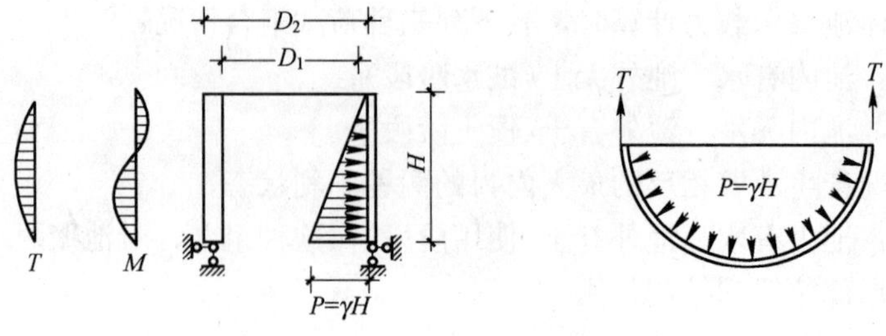


图 10-6　圆形砖砌水池计算简图

池壁沿高度方向每米环向拉力设计值为：

$$T=\gamma_G K_1 \gamma_w HR \tag{10-10}$$

式中　$T$——池壁高度方向每米环向拉力设计值(kN/m)；

$\gamma_G$——永久作用分项系数，$\gamma_G=1.27$；

$K_1$——环向拉力设计值系数，见表 10-1；

$\gamma_w$——池壁内水的重度标准值，取 10kN/m$^3$；

$H$——池壁高度(m)；

$R$——池壁内径(m)。

**环向拉力 $T$ 值系数 $K_1$**　　**表 10-1**

| $\frac{H^2}{Dt}$ | $T=\gamma_G\cdot K_1\gamma_w HR$(kN/m)<br>(正号表示拉力)<br>(1.0$H$ 为壁底)<br>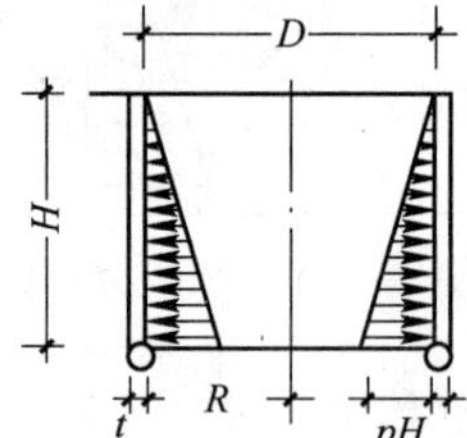<br> | | | | | | | | | |
|---|---|---|---|---|---|---|---|---|---|---|
| | 0 | 0.1$H$ | 0.2$H$ | 0.3$H$ | 0.4$H$ | 0.5$H$ | 0.6$H$ | 0.7$H$ | 0.8$H$ | 0.9$H$ |
| 0.4 | 0.474 | 0.440 | 0.390 | 0.352 | 0.308 | 0.264 | 0.215 | 0.165 | 0.111 | 0.057 |
| 0.8 | 0.423 | 0.402 | 0.381 | 0.358 | 0.330 | 0.297 | 0.249 | 0.202 | 0.145 | 0.076 |
| 1.2 | 0.350 | 0.355 | 0.361 | 0.362 | 0.358 | 0.343 | 0.309 | 0.256 | 0.186 | 0.098 |
| 1.6 | 0.271 | 0.303 | 0.341 | 0.369 | 0.385 | 0.385 | 0.362 | 0.314 | 0.233 | 0.124 |
| 2.0 | 0.205 | 0.260 | 0.321 | 0.373 | 0.411 | 0.434 | 0.419 | 0.369 | 0.280 | 0.151 |
| 3.0 | 0.074 | 0.179 | 0.281 | 0.375 | 0.449 | 0.506 | 0.519 | 0.479 | 0.375 | 0.210 |
| 4.0 | 0.017 | 0.137 | 0.253 | 0.367 | 0.469 | 0.545 | 0.579 | 0.553 | 0.447 | 0.256 |
| 5.0 | −0.008 | 0.114 | 0.235 | 0.356 | 0.469 | 0.562 | 0.617 | 0.606 | 0.503 | 0.294 |
| 6.0 | −0.011 | 0.103 | 0.223 | 0.345 | 0.463 | 0.566 | 0.639 | 0.643 | 0.547 | 0.327 |
| 8.0 | −0.015 | 0.096 | 0.208 | 0.324 | 0.443 | 0.564 | 0.661 | 0.697 | 0.921 | 0.386 |
| 10.0 | −0.008 | 0.095 | 0.200 | 0.311 | 0.428 | 0.522 | 0.666 | 0.730 | 0.678 | 0.433 |
| 12.0 | −0.002 | 0.097 | 0.197 | 0.302 | 0.417 | 0.541 | 0.664 | 0.750 | 0.720 | 0.477 |
| 14.0 | 0 | 0.098 | 0.197 | 0.299 | 0.403 | 0.531 | 0.659 | 0.761 | 0.752 | 0.513 |
| 16.0 | 0.002 | 0.100 | 0.198 | 0.299 | 0.403 | 0.521 | 0.650 | 0.761 | 0.776 | 0.543 |

池壁竖向弯矩的设计值为：

$$M=\gamma_G K_2 \gamma_w H^2 \tag{10-11}$$

式中 $M$——永久作用设计值产生的弯矩(kN·m/m)；

$K_2$——竖向弯矩设计值的系数，见表 10-2；

**竖向弯矩 $M$ 值系数 $K_2$** **表 10-2**

| $\frac{H^2}{Dt}$ | $T=\gamma_G \cdot K_2\gamma_w H^2$ (kN·m/m)<br>(正号表示壁外面受拉力)<br>(1.0$H$ 为壁底)<br>D H R t $pH_t$ | | | | | | | | | |
|---|---|---|---|---|---|---|---|---|---|---|
| | 0.1$H$ | 0.2$H$ | 0.3$H$ | 0.4$H$ | 0.5$H$ | 0.6$H$ | 0.7$H$ | 0.8$H$ | 0.9$H$ | 1.0$H$ |
| 0.4 | 0.0020 | 0.0072 | 0.0151 | 0.0230 | 0.0301 | 0.0348 | 0.0357 | 0.0312 | 0.0197 | 0 |
| 0.8 | 0.0019 | 0.0064 | 0.0133 | 0.0207 | 0.0271 | 0.0319 | 0.0328 | 0.0292 | 0.0187 | 0 |
| 1.2 | 0.0016 | 0.0058 | 0.0111 | 0.0177 | 0.0237 | 0.0280 | 0.0295 | 0.0263 | 0.0171 | 0 |
| 1.6 | 0.0012 | 0.0044 | 0.0091 | 0.0145 | 0.0195 | 0.0236 | 0.0255 | 0.0232 | 0.0155 | 0 |
| 2.0 | 0.0009 | 0.0033 | 0.0073 | 0.0114 | 0.0158 | 0.0199 | 0.0219 | 0.0205 | 0.0145 | 0 |
| 3.0 | 0.0004 | 0.0018 | 0.0040 | 0.0063 | 0.0092 | 0.0127 | 0.0152 | 0.0153 | 0.0111 | 0 |
| 4.0 | 0.0001 | 0.0007 | 0.0016 | 0.0033 | 0.0057 | 0.0083 | 0.0109 | 0.0118 | 0.0092 | 0 |
| 5.0 | 0 | 0.0001 | 0.0006 | 0.0016 | 0.0034 | 0.0057 | 0.0080 | 0.0094 | 0.0078 | 0 |
| 6.0 | 0 | 0 | 0.0002 | 0.0008 | 0.0019 | 0.0039 | 0.0062 | 0.0078 | 0.0068 | 0 |
| 8.0 | 0 | 0 | −0.0002 | 0 | 0.0007 | 0.0020 | 0.0038 | 0.0057 | 0.0054 | 0 |
| 10.0 | 0 | 0 | −0.0002 | −0.0001 | 0.0002 | 0.0011 | 0.0025 | 0.0043 | 0.0045 | 0 |
| 12.0 | 0 | 0 | −0.0001 | −0.0002 | 0 | 0.0005 | 0.0017 | 0.0032 | 0.0039 | 0 |
| 14.0 | 0 | 0 | −0.0001 | −0.0001 | 0.0001 | 0 | 0.0012 | 0.0026 | 0.0033 | 0 |
| 16.0 | 0 | 0 | 0 | −0.0001 | 0.0002 | −0.0004 | 0.0008 | 0.0022 | 0.0029 | 0 |

(4) 无筋砌体池壁承载力验算

根据圆形水池池壁的内力分析，池壁承载力按环向拉力 $T$ 和弯矩 $M$ 分别进行验算。

1) 砌体池壁环向拉抗承载力验算

无筋砌体池壁在环向拉力作用下，可按轴心受拉构件的承载力公式进行验算：

$$T \leqslant \gamma_a f_t A \tag{10-12}$$

式中 $T$——池壁高度方向每米环向拉力设计值(kN)；

$A$——池壁高度方向每米的截面积；

$f_t$——砌体轴心抗拉强度设计值，按《砌体结构设计规范》(GB 50003—2001)表 3.2.2 采用；

$\gamma_a$——砌体轴心抗拉强度设计值调整系数，当 $A<0.3m^2$ 时，$\gamma_a=0.7+A$。

2) 砌体池壁竖向受弯承载力验算

砌体池壁在竖向弯矩作用下，可按受弯构件的承载力公式进行验算：

$$M \leqslant \gamma_a f_{tm} W \tag{10-13}$$

式中　$M$——永久作用设计值产生的弯矩；

$W$——截面抵抗矩，$W=\frac{1}{6}bt^2$，$b=1000\text{mm}$，$t$ 为池壁厚度；

$f_{tm}$——砌体弯曲抗拉强度设计值，按《砌体结构设计规范》GB 50003—2001 表 3.2.2 采用；

$\gamma_a$——砌体弯曲抗拉强度设计值调整系数，当 $A<0.3\text{m}^2$ 时，$\gamma_a=0.7+A$。

(5) 水池抗浮稳定性验算

位于地下水位以下的水池，地下水对水池产生浮力。当水池内水放空时，如果地下水对水池的浮力大于水池的总重量，则水池会被浮托起来。可按下式对水池进行整体性抗浮稳定性验算：

$$G_k-1.05q_{fw,k}\geqslant 0 \tag{10-14}$$

式中　$G_k$——抗浮荷载标准值(kN)，使用阶段包括水池自重、池盖覆土重、池底外挑部分的水土重，施工阶段包括除池盖以外的全部自重；

$q_{fw,k}$——水池基础底面上的浮托力标准值，按式(10-4)进行计算。

3. 砌体矩形水池

矩形水池，根据水池的平面尺寸 $a$、$b$，与池壁高 $H$ 之比，划分为深池、浅池和一般池。

当 $H/a>2.0$，$H/b>2.0$ 时，称深池。深池在池壁内水压作用下，池壁主要在水平方向受弯，竖向作用可以忽略不计。

当 $H/a<1/2$，$H/b<1/2$，且池壁为四边支承；或 $H/a<1/3$，$H/b<1/3$，且池壁为三边支承，顶边自由时，称浅池。浅池的池壁主要沿竖向传力，水平方向的作用可以忽略不计。

当 $1/2<H/a\leqslant 2.0$，且池壁顶端铰接；或 $1/2<H/a<3$，且池壁顶端自由时，称一般池。一般池池壁水压力沿竖向和水平两个方向传力。

(1) 一般池的内力计算

一般池的池壁，在池壁内水压力作用下，按三边固定、一边自由的双向板计算，计算简图见图 10-7。计算公式如下：

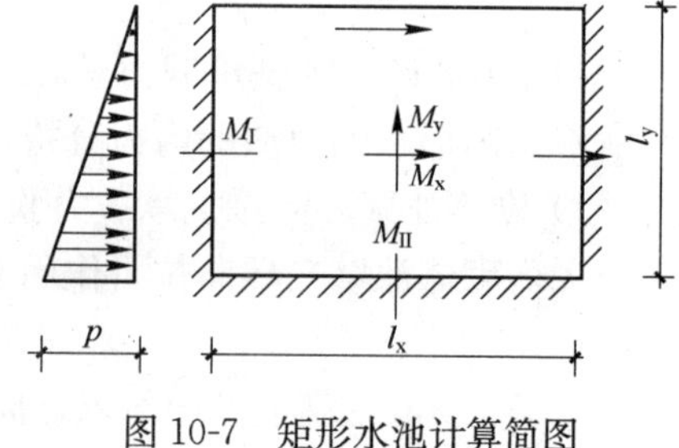

图 10-7　矩形水池计算简图

自由边上中点的水平弯矩：

$$M_{0x}=\varphi_{0x}pl_x^2 \tag{10-15}$$

池壁中心的跨中水平弯矩和竖向弯矩：

$$M_x=\varphi_x pl_x^2 \tag{10-16}$$

$$M_y=\varphi_y pl_x^2 \tag{10-17}$$

固定边上的支座弯矩：

$$M_{\text{I}}=\varphi_{\text{I}}\,pl_x^2 \tag{10-18}$$

$$M_{\text{II}}=\varphi_{\text{II}}\,pl_x^2 \tag{10-19}$$

式中　$p$——池壁下端的水压力设计值，$p=\gamma_G\gamma_w H$；

$l_x$——池壁宽度 $a$ 或 $b$；

$\varphi_{0x}$、$\varphi_x$、$\varphi_y$、$\varphi_{\text{I}}$、$\varphi_{\text{II}}$——系数，根据池壁尺寸 $l_y/l_x$ 的比值由表 10-3 查得；

$l_y$——池壁高度。

当 $a=b$ 时，只需计算其中一块池壁；当 $a<b$ 时，则需计算其中两块不同的池壁。对同一边，两块板所得 $M_{\mathrm{I}}$ 不同时，承载力计算时，取其中较大值。

**一边自由三边固定的双向板弯矩系数表** **表 10-3**

弯矩=系数×$p$×$l_x^2$，取 $\mu=\frac{1}{6}$

| $l_y/l_x$ | $\varphi_{0x}$ | $\varphi_x$ | $\varphi_y$ | $\varphi_{\mathrm{I}}$ | $\varphi_{\mathrm{II}}$ |
|---|---|---|---|---|---|
| 0.30 | 0.0019 | 0.0007 | 0.0001 | −0.0050 | −0.0122 |
| 0.35 | 0.0031 | 0.0014 | 0.0008 | −0.0067 | −0.0149 |
| 0.40 | 0.0044 | 0.0022 | 0.0017 | −0.0085 | −0.0173 |
| 0.45 | 0.0056 | 0.0031 | 0.0028 | −0.0104 | −0.0195 |
| 0.50 | 0.0068 | 0.0040 | 0.0038 | −0.0124 | −0.0215 |
| 0.55 | 0.0078 | 0.0050 | 0.0048 | −0.0144 | −0.0232 |
| 0.60 | 0.0085 | 0.0059 | 0.0057 | −0.0164 | −0.0249 |
| 0.65 | 0.0091 | 0.0069 | 0.0065 | −0.0183 | −0.0264 |
| 0.70 | 0.0095 | 0.0078 | 0.0071 | −0.0202 | −0.0279 |
| 0.75 | 0.0098 | 0.0087 | 0.0077 | −0.0220 | −0.0292 |
| 0.80 | 0.0099 | 0.0096 | 0.0081 | −0.0237 | −0.0305 |
| 0.90 | 0.0097 | 0.0114 | 0.0087 | −0.0270 | −0.0329 |
| 0.95 | 0.0096 | 0.0122 | 0.0088 | −0.0284 | −0.0340 |
| 1.00 | 0.0093 | 0.0129 | 0.0089 | −0.0298 | −0.0350 |
| 1.10 | 0.0088 | 0.0144 | 0.0088 | −0.0323 | −0.0368 |
| 1.20 | 0.0082 | 0.0156 | 0.0085 | −0.0344 | −0.0384 |
| 1.30 | 0.0075 | 0.0167 | 0.0081 | −0.0362 | −0.0398 |
| 1.40 | 0.0070 | 0.0176 | 0.0076 | −0.0376 | −0.0410 |
| 1.50 | 0.0065 | 0.0184 | 0.0071 | −0.0387 | −0.0421 |
| 1.75 | 0.0054 | 0.0197 | 0.0059 | −0.0406 | −0.0442 |
| 2.00 | 0.0047 | 0.0204 | 0.0050 | −0.0415 | −0.0458 |

池壁的水平拉力计算。组成池壁的四块板块是互相支持的整体，一池壁在水压作用下，将对其两侧平行水压方向的池壁产生水平拉力。其值可按下式计算：

宽度为 $a$ 的池壁： $T_a=pb/2$ (10-20)

宽度为 $b$ 的池壁： $T_b=pa/2$ (10-21)

(2) 池壁截面承载力验算

验算截面：取自由边中点、池壁中心、两侧边中点和底边中点四个截面。

1) 自由边中点

在水平弯矩 $M_{0x}$ 作用下，按式(10-13)验算垂直截面的受弯承载力。

2) 池壁中心

池壁中心截面内力有：弯矩 $M_x$ 或 $M_y$、水平拉力 $T_a$ 或 $T_b$、垂直压力 $N$，按水平方向偏心受拉构件和竖向偏心受压构件进行双向验算。

3) 底边中点

底边中点截面，在竖向支座弯矩 $M_{\mathrm{II}}$ 和该处池壁自重压力 $N$ 作用下，按偏心受压构件进行验算。

## 四、设计实例

**【实例 10-1】** 一圆形砖砌水池，池壁高 $H=3.0$m，外径 $D_2=5$m，内径 $D_1=4.26$m，壁厚 $t=0.37$m，采用 MU10 砖、M10 水泥砂浆砌筑。

试验算水池池壁的承载力。

**【解】** 1. 池壁内力计算

圆筒形砖砌水池，池壁与底板为铰接，池壁上端为自由端，池壁沿高度方向查表 10-1、表 10-2 可得水平环向拉力和竖向弯矩。

（1）池壁环向拉力

池壁环向拉力 $T=K_1\gamma_G\gamma_w HR_1$，沿池壁高度方向拉力 $T$ 的计算值见表 10-4。

**池壁环向拉力 $T$** **表 10-4**

| $x$ | 0 | 0.1$H$ | 0.2$H$ | 0.3$H$ | 0.4$H$ | 0.5$H$ | 0.6$H$ | 0.7$H$ | 0.8$H$ | 0.9$H$ | 1.0$H$ |
|---|---|---|---|---|---|---|---|---|---|---|---|
| $H^2/D_1t$ | 5.71 | 5.71 | 5.71 | 5.71 | 5.71 | 5.71 | 5.71 | 5.71 | 5.71 | 5.71 | 5.71 |
| $K_1$ | −0.01 | 0.107 | 0.227 | 0.347 | 0.465 | 0.565 | 0.632 | 0.632 | 0.534 | 0.317 | 0 |
| $\gamma_G\gamma_w HR_1$ | 81.15 | 81.15 | 81.15 | 81.15 | 81.15 | 81.15 | 81.15 | 81.15 | 81.15 | 81.15 | 81.15 |
| $T$(kN/m) | −0.812 | 8.683 | 18.421 | 28.159 | 37.735 | 45.850 | 51.287 | 51.287 | 43.334 | 25.725 | 0 |

（2）池壁竖向弯矩

池壁竖向弯矩 $M=K_2\gamma_G\gamma_w H^3$，沿池壁高度方向的计算值见表 10-5。

**池壁竖向弯矩 $M$** **表 10-5**

| $x$ | 0.1$H$ | 0.2$H$ | 0.3$H$ | 0.4$H$ | 0.5$H$ | 0.6$H$ | 0.7$H$ | 0.8$H$ | 0.9$H$ | 1.0$H$ |
|---|---|---|---|---|---|---|---|---|---|---|
| $H^2/D_1t$ | 5.71 | 5.71 | 5.71 | 5.71 | 5.71 | 5.71 | 5.71 | 5.71 | 5.71 | 5.71 |
| $K_2$ | 0 | 0 | 0.0003 | 0.001 | 0.0023 | 0.0044 | 0.0067 | 0.0083 | 0.0071 | 0 |
| $\gamma_G\gamma_w H^3$ | 342.9 | 342.9 | 342.9 | 342.9 | 342.9 | 342.9 | 342.9 | 342.9 | 342.9 | 342.9 |
| $M$(kN·m/m) | 0 | 0 | 0.103 | 0.343 | 0.789 | 1.509 | 2.297 | 2.846 | 2.435 | 0 |

2. 池壁截面承载力验算

在环向拉力 $T$ 作用下，按轴心受拉构件验算：

砂浆强度 M10，砖砌体轴心抗拉强度设计值 $f_t=0.19\text{N/mm}^2$

$$f_tA=0.19\times370\times1000=70.3\text{kN/m}>T=51.287\text{kN/m}$$

池壁在 $x=0.8H$ 处，最大竖向弯矩设计值 $M=2.846\text{kN}\cdot\text{m/m}$ 和池壁自重竖向压力作用下，按偏心受压构件验算：

$$\text{竖向压力设计值 } N=\gamma_G\cdot\gamma_w\cdot t\cdot0.8H$$

$$=1.2\times19\times(0.37+0.03)\times0.8\times3.0=21.89\text{kN/m}$$

上式中池壁厚度 $t$ 包括 30mm 防水层。

偏心距
$$e=\frac{M}{N}=\frac{2.846}{21.89}=0.13\text{m}$$

$$\frac{e}{h}=\frac{0.13}{0.37}=0.351$$

池壁的计算高度　　　　$H_0=2H=2\times3.0=6.0\text{m}$

高厚比　　　　$\beta=\dfrac{H_0}{h}=\dfrac{6.00}{0.37}=16.22<[\beta]=26$

用《砌体结构设计规范》(GB 50003—2001)附录D式(D.0.1-2)计算承载力的影响系数$\varphi$。

$$\varphi_0=\frac{1}{1+\alpha\beta^2}=\frac{1}{1+0.0015\times16.22^2}=0.717$$

$$\varphi=\frac{1}{1+12\left[\dfrac{l}{h}+\sqrt{\dfrac{1}{12}\left(\dfrac{1}{\varphi_0}-1\right)}\right]^2}$$

$$=\frac{1}{1+12\left[0.351+\sqrt{\dfrac{1}{12}\left(\dfrac{1}{0.717}-1\right)}\right]^2}=0.227$$

$$\varphi fA=0.227\times1.89\times370\times1000=158.74\text{kN/m}>N=21.89\text{kN/m}$$

满足要求。

**【实例10-2】** 一开口方形砖砌水池，池壁高度$H=2.4\text{m}$，池壁宽度$a=b=4\text{m}$，池壁厚度370mm，采用MU10砖、M10水泥砂浆。

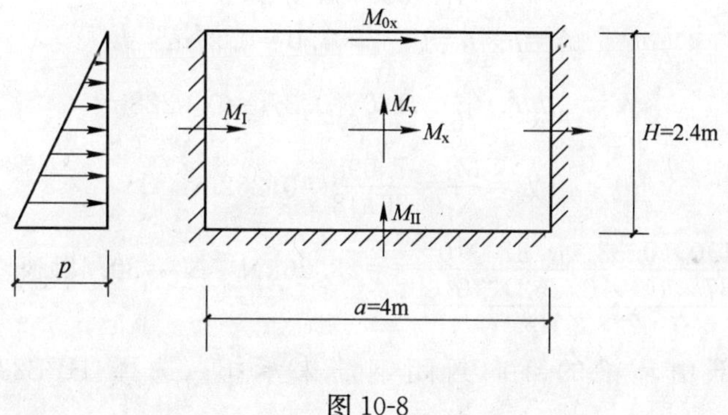


图10-8

试验算池壁承载力。

**【解】** 1. 永久作用

池壁下端水压力

$$p=\gamma_G\gamma_w H=1.27\times10\times2.4$$
$$=30.48\text{kN/m}^2$$

池壁半高处的水压力

$$p_{H/2}=\frac{1}{2}\gamma_G\gamma_w H=\frac{1}{2}\times1.27\times10\times2.4=15.24\text{kN/m}^2$$

2. 池壁水平拉力

池壁在半高处的水平拉力为

$$N=\frac{1}{2}P_{H/2}\times b=\frac{1}{2}\times15.24\times4=30.48\text{kN/m}$$

3. 池壁弯矩

$$l_y=H=2.4\text{m},\ l_x=a=b=4\text{m},\ l_y/l_x=\frac{2.4}{4}=0.6$$

查表 10-3

$\varphi_{0x}=0.0085$，$\varphi_x=0.0059$，$\varphi_y=0.0057$，$\varphi_{\text{I}}=-0.0164$，$\varphi_{\text{II}}=-0.0249$

$M_{0x}=\varphi_{0x}pl_x^2=0.0085\times30.48\times4^2=4.145\text{kN}\cdot\text{m/m}$

$M_x=\varphi_x pl_x^2=0.0059\times30.48\times4^2=2.877\text{kN}\cdot\text{m/m}$

$M_y=\varphi_y pl_x^2=0.0057\times30.48\times4^2=2.780\text{kN}\cdot\text{m/m}$

$M_{\text{I}}=\varphi_{\text{I}}pl_x^2=-0.0164\times30.48\times4^2=-7.998\text{kN}\cdot\text{m/m}$

$M_{\text{II}}=\varphi_{\text{II}}pl_x^2=-0.0249\times30.48\times4^2=-12.143\text{kN}\cdot\text{m/m}$

4. 池壁自由边中点垂直截面承载力验算

MU10 砖、M10 砂浆，$f_{tm}=0.33\text{N/mm}^2$

取 1m 高计算截面，$A=b\times h=0.37\times1.0=0.37\text{m}^2>0.3\text{m}^2$，$\gamma_a$ 取 1.0，截面抵抗矩 $W=\frac{1}{6}hb^2=\frac{1}{6}\times1.0\times0.37^2=0.0228\text{m}^3$

$\gamma_a f_{tm}W=1.0\times0.33\times0.0228\times10^9=7.524\text{kN}\cdot\text{m}>M_{ox}=4.145\text{kN}\cdot\text{m}$　满足要求。

5. 池壁中心及两侧边中点垂直截面承载力验算

三个截面均为偏心受拉，以侧边中点为最不利，先按无筋砌体偏心受拉构件验算。

水平拉力　　$N_{\text{I}}=30.48\text{kN/m}$

截面积　　$A=b\times h=0.37\times1.0=0.37\text{m}^2$

截面抵抗矩　　$W=\frac{1}{6}hb^2=\frac{1}{6}\times1.0\times0.37^2=0.0228\text{m}^3$

偏心矩　　$l_0=\frac{M_{\text{I}}}{N_{\text{I}}}=\frac{7.998}{30.48}=0.262\text{m}$

$$\frac{\gamma_a f_{tm}A}{\frac{Al_0}{w}+1}=\frac{1.0\times0.33\times0.37\times10^6}{\frac{0.37\times10^6\times0.262\times10^3}{0.0228\times10^9}+1}=23.26\text{kN}<N_{\text{I}}=30.48\text{kN}\quad\text{不满足要求}$$

水平拉力全部由环梁的环向封闭钢筋来承担，选择 HPB235 级钢筋，$f_y=210\text{N/mm}^2$。

$$A_s=\frac{N}{f_y}=\frac{30.48\times10^3}{210}=145\text{mm}^2/\text{m}$$

选择 4$\phi$8，$A_s=201\text{mm}^2$

6. 池底中点垂直截面承载力验算

无筋砖砌体：

池底中点自重压力 $N_{\text{II}}=\gamma_G\gamma_w H=1.2\times8\times2.4=23.04\text{kN/m}$

竖向弯矩　　$M_{\text{II}}=12.143\text{kN}\cdot\text{m/m}$

偏心距　　$e=\frac{M_{\text{II}}}{N_{\text{II}}}=\frac{12.143}{23.04}=0.527\text{m}>0.6r=0.6\times\frac{0.37}{2}=0.111\text{m}$

应采用配筋砖砌体，计算从略。

## 第二节　烟　　囱

常见的烟囱有：砖烟囱，钢筋混凝土烟囱和钢烟囱。本节仅介绍砖烟囱。

## 一、烟囱的组成和一般规定

1. 烟囱的组成

烟囱由筒身、内衬、隔热层、基础以及附属设施（爬梯、避雷设施、信号灯平台）等组成，见图 10-9。

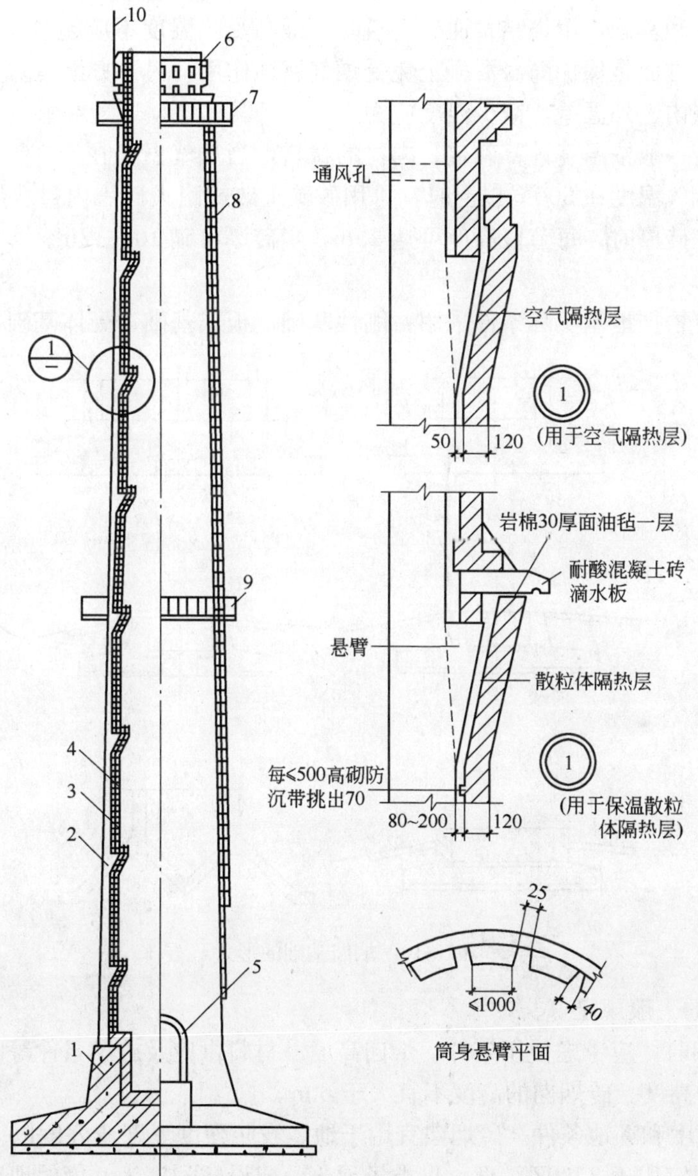


图 10-9 烟囱构造图

1—基础；2—筒身；3—隔热层；4—内衬；5—烟道口；

6—筒首；7—信号灯平台；8—外爬梯；9—休息平台；10—避雷针

(1) 筒身

砖烟囱的筒身通常为圆锥形，筒身外表坡度一般为 2%～3%。筒身采用楔形砖或烧结普通砖，经混合砂浆砌筑而成。

砖烟囱筒身的最小厚度为 240mm，筒身厚度沿高度以半砖的倍数变化。例如，筒身最高一节段壁厚为 240mm，往下为 370mm、490mm 等逐渐增加，使筒身内表面成阶梯形，每一节段高度大致为 10～25m。

(2) 内衬和隔热层

烟囱的筒壁和基础，用烧结普通砖砌筑时，最高受热温度不应超过 400℃。内衬和隔热层的作用：一方面是保护筒身混凝土免受烟气腐蚀作用；另一方面是防止筒壁受热温度过高，降低筒壁内、外温差，减少温度应力。

内衬的厚度一般按温度计算确定。内衬的材料，当烟气温度在 500℃以下时，可用烧结普通砖；当烟气温度在 500℃以上时，可用矽藻土砖或耐火砖。内衬从烟囱底部开始砌筑，当内衬为一砖厚时，每节段高度可达 25m，半砖厚可砌 10～12m。

(3) 基础

烟囱基础可根据地基实际条件采用：刚性基础、板式基础、壳体基础等，见图10-10。

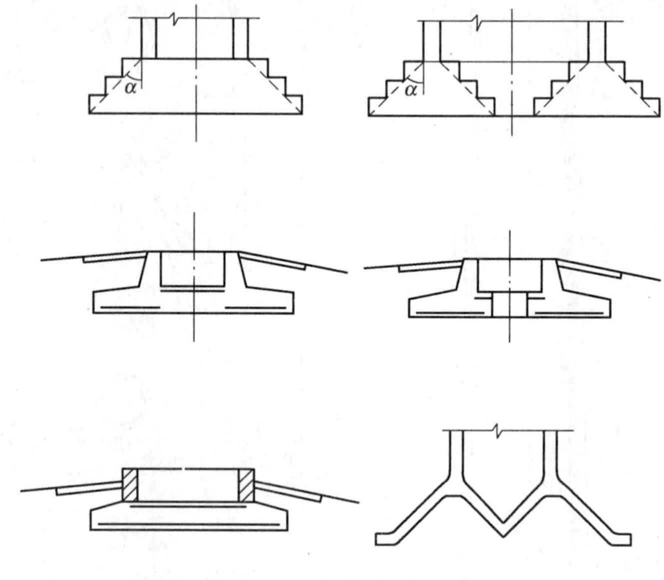


图 10-10　烟囱基础的形式

2. 砖烟囱的一般规定

设计砖烟囱时，应考虑使用条件、烟囱高度、材料供应及施工条件等因素。

(1) 烟囱的高度。砖烟囱的高度不宜大于 60m。

(2) 设防烈度和场地条件。砖烟囱宜用于地震设防烈度 8 度或 8 度以下地区，场地土为Ⅰ、Ⅱ类；不宜用于 8 度区，Ⅲ、Ⅳ类场地土，或设防烈度为 9 度的地区。

(3) 烟囱的内衬。当烟气温度大于 400℃时，内衬应沿筒壁全高设置；烟气温度小于或等于 400℃时，内衬可在筒壁下部局部设置，并应符合构造要求。

(4) 烟囱基础。烟囱基础一般宜用钢筋混凝土板式基础。板式基础可以是环形或圆形的。对于高度较小且为地上烟道入口的砖烟囱，亦可采用毛石砌体或毛石混凝土刚性基础。

## 二、烟囱的材料

砖烟囱的主要材料有：筒壁、内衬材料、基础材料、钢筋和隔热材料等。

1. 筒壁和内衬材料

筒壁用烧结普通砖，砖的强度等级不应低于MU10；用水泥、石灰混合砂浆砌筑，砂浆的强度等级不应低于M5。砖砌体在温度作用下的抗压强度设计值和弹性模量可不考虑温度的影响，按《砌体结构设计规范》(GB 50003—2001)的规定采用。

砖砌体在温度作用下的线膨胀系数$\alpha_m$，可按下列规定采用：

(1) 当砌体受热温度$T$为20～200℃时，$\alpha_m=5\times10^{-6}/℃$；

(2) 当砌体受热温度200℃$<T\leqslant$400℃时，可按下式计算：

$$\alpha_m=\left(5+\frac{T-200}{200}\right)\times10^{-6} \tag{10-22}$$

烟囱和烟道的内衬材料，可按下列规定采用：

(1) 当烟气温度低于400℃时，可采用MU10的烧结普通黏土砖和M2.5的混合砂浆。

(2) 当烟气温度为400～500℃时，可采用MU10的烧结普通黏土砖和耐热砂浆。

(3) 当烟气温度高于500℃时，可采用黏土质耐火砖和黏土质水泥泥浆，也可采用耐热混凝土。

2. 基础材料

(1) 钢筋混凝土基础

钢筋混凝土刚性基础，混凝土强度等级不应低于C15，板式基础不应低于C20，壳体基础不应低于C30。

(2) 石砌基础

石砌基础的材料应采用未风化的天然石材，并根据地基土的潮湿程度按下列规定采用：

1) 当地基土稍湿时，应采用不低于MU30的石材和不低于M5的水泥砂浆砌筑；

2) 当地基土很湿时，应采用不低于MU30的石材和不低于M7.5的水泥砂浆砌筑；

3) 当地基土含水饱和时，应采用不低于MU40的石材和不低于M10的水泥砂浆砌筑。

3. 钢筋

(1) 环向钢筋

砖筒壁的环向钢筋可采用HPB235级钢筋。HPB235钢筋的强度标准值见表10-6。

**钢筋在温度作用下的强度标准值**(N/mm²)　　**表10-6**

| 钢筋种类 | 温度(℃) | $f_{ytk}$、$f'_{ytk}$ |
|---|---|---|
| HPB235(Q235) | ≤100 | 235 |
| | 150 | 210 |
| | 200 | 200 |

注：温度为中间值时，应采用线性插入法计算

HPB235 级钢筋的强度设计值应按下列公式计算：

$$f_{yt}=\frac{f_{ytk}}{\gamma_{yt}} \tag{10-23}$$

$$f'_{yt}=\frac{f'_{ytk}}{\gamma_{yt}} \tag{10-24}$$

式中 $f_{yt}$、$f'_{yt}$——HPB235 级钢筋在温度作用下的抗拉、抗压强度设计值（$N/mm^2$）；

$f_{ytk}$、$f'_{ytk}$——HPB235 级钢筋在温度作用下的抗拉、抗压强度标准值（$N/mm^2$）；

$\gamma_{yt}$——HPB235 级钢筋在温度作用下的抗拉、抗压强度分项系数，砖筒壁竖筋 $\gamma_{yt}=1.9$，砖筒壁环筋 $\gamma_{yt}=1.6$。

（2）环箍

砖烟囱的环箍宜采用 Q235 钢。

4. 隔热材料

隔热材料应采用无机材料，其干燥状态下的重力密度不宜大于 $8kN/m^3$。常用的隔热材料有：硅藻土砖、膨胀珍珠岩、水泥膨胀珍珠岩制品、高炉水渣、矿渣棉和岩棉等。

材料的热工计算指标，应按实际试验资料确定，当无试验资料时，对几种常用的材料，干燥状态下可按表 10-7 的规定采用。在确定材料的热工计算指标时，应考虑下列因素对隔热材料导热性能的影响：

（1）对于松散型隔热材料，应考虑由于运输、捆扎、堆放等原因所造成的导热系数增大的影响。

（2）对于烟气温度低于 150℃时，宜采用憎水性隔热材料，否则应考虑湿度对导热性能的影响。

**材料在干燥状态下的热工计算指标　　表 10-7**

| 材料种类 | 最高使用温度（℃） | 重力密度（$kN/m^3$） | 导热系数［W/(m·K)］ |
|---|---|---|---|
| 烧结普通黏土砖砌体 | 500 | 18 | $0.81+0.0006T$ |
| 黏土耐火砖砌体 | 1400 | 19 | $0.93+0.0006T$ |
| 陶土砖砌体 | 1150 | 18～22 | $(0.35\sim1.10)+0.0005T$ |
| 漂珠轻质耐火砖 | 900 | 6～11 | $0.20\sim0.40$ |
| 硅藻土砖砌体 | 900 | 5 | $0.12+0.00023T$ |
| | | 6 | $0.14+0.00023T$ |
| | | 7 | $0.17+0.00023T$ |
| 普通钢筋混凝土 | 200 | 24 | $1.74+0.0005T$ |
| 普通混凝土 | 200 | 23 | $1.51+0.0005T$ |
| 耐热混凝土 | 1200 | 19 | $0.82+0.0006T$ |
| 轻骨料混凝土（骨料为页岩陶粒或浮石） | 400 | 15 | $0.67+0.00012T$ |
| | | 13 | $0.53+0.00012T$ |
| | | 11 | $0.42+0.00012T$ |
| 膨胀珍珠岩（松散体） | 750 | 0.8～2.5 | $(0.052\sim0.076)+0.0001T$ |
| 水泥珍珠岩制品 | 600 | 3.5 | $(0.058\sim0.16)+0.0001T$ |
| 高炉水渣 | 800 | 5.0 | $(0.1\sim0.16)+0.0003T$ |
| 岩棉 | 500 | 1～2 | $(0.036\sim0.05)+0.0002T$ |

续表

| 材料种类 | 最高使用温度(℃) | 重力密度(kN/m³) | 导热系数［W/(m·K)］ |
|---|---|---|---|
| 矿渣棉 | 600 | 1.2～1.5 | (0.031～0.044)+0.0002$T$ |
| 垂直封闭空气层(厚度为50mm) | | | 0.333+0.0052$T$ |
| 建筑钢 | | 78.5 | 58.15 |
| 自然干燥下： | | | |
| 砂土 | | 16 | 0.35～1.28 |
| 黏土 | | 18～20 | 0.58～1.45 |
| 黏土夹砂 | | 18 | 0.69～1.26 |

注 1. 选用陶土砖及漂珠轻质耐火砖宜按厂家提供的性能数据设计。
2. 表中 $T$——温度(℃)。

## 三、烟囱的荷载和内力

烟囱筒身承受的荷载有：结构自重、风荷载、地震作用、温度作用和附加弯矩等。

1. 结构自重和内力(图 10-11)

计算烟囱自重时，一般沿筒身高度分节段，每个节段约 10m，每个节段内的内衬和隔热层厚度应相等。水平截面应取筒壁各节段的底截面，计算水平截面以上筒身重量。烟道口、出灰口等水平截面削弱处，也应计算以上筒身重量。

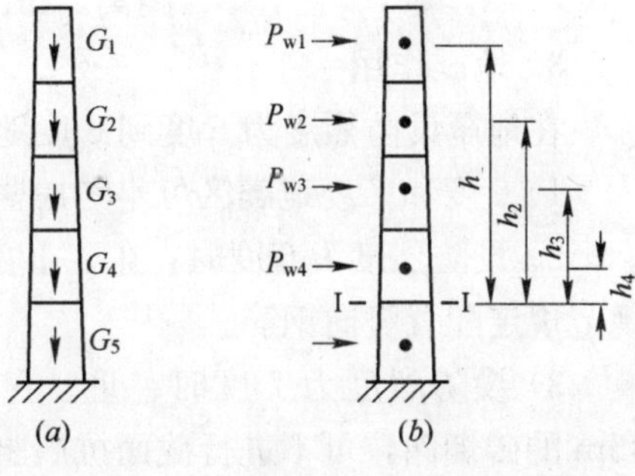


图 10-11 烟囱荷载和内力计算图
($a$)自重；($b$)风荷载(Ⅰ-Ⅰ截面为计算截面)

每一节段筒身重量可由下式计算

$$G_i = \Sigma V_i \gamma \tag{10-25}$$

式中 $V_i$——每一节段的体积，可按空心截头锥体公式计算。

$$V_i = \pi \frac{d_s + D_x}{2} \delta h_i = 1.57 \delta h_i (D_x + d_s) \tag{10-26}$$

$\delta$——分别为筒壁、隔热层或内衬的厚度；
$h_i$——第 $i$ 节段的高度；
$D_x$——第 $i$ 节段的筒壁、隔热层或内衬的下部外直径；
$d_s$——第 $i$ 节段的筒壁、隔热层或内衬的上部内直径；
$\gamma$——各层材料的干燥状态下的重度。

当内衬是由筒身支持时，烟囱的自重为筒壁、内衬以及隔热层重量的总和；当内衬是独立的，烟囱的自重仅指筒壁的重量。

作用于筒身计算水平截面上的垂直总重量等于该截面以上垂直荷载的总和，即

$$N = G_1 + G_2 + \cdots + G_n = \sum_{i=1}^{n} G_i \tag{10-27}$$

2. 风荷载和内力(图 10-11)

风荷载是烟囱的主要活荷载，它对烟囱的承载力和稳定性有重要的影响。作用在烟囱筒身每一节段上的风荷载标准值 $P_{wk}$ 可按下式计算：

$$P_{wk}=\beta_z\ \mu_s\ \mu_z W_0 h_i\left(\frac{d+d'}{2}\right) \tag{10-28}$$

式中 $W_0$——基本风压(kN/m$^2$)，基本风压按《建筑结构荷载规范》GB 50009—2001 规定的 50 年一遇的风压采用，但基本风压不得小于 0.35kN/m$^2$。对于安全等级为一级的烟囱，基本风压按 100 年一遇的风压采用；

$\beta_z$——高度 $z$ 处的风振系数；

$\mu_s$——风荷载体型系数；

$\mu_z$——风压高度变化系数；

$h_i$——第 $i$ 节段的高度；

$d$、$d'$——分别为第 $i$ 节段筒壁上、下部外直径。

作用于筒身计算水平截面上的风力产生的弯矩为

$$M_w=P_{w1}h_1+P_{w2}h_2+\cdots+P_{wn}h_n \tag{10-29}$$

式中 $P_{w1}$、$P_{w2}\cdots P_{wn}$——分别为第一节段、第二节段……第 $n$ 节段的风压力值；

$h_1$，$h_2$，$\cdots h_n$——分别为第一节段、第二节段……第 $n$ 节段的重心到设计截面的距离，m。

3. 地震作用

在地震设防烈度为 6 度到 8 度地区，砖烟囱的抗震设计应符合下列规定：

1) 6 度和 7 度地震区可不考虑竖向地震作用，8 度地震区应考虑竖向地震作用。

2) 设防烈度为 6 度时，Ⅰ、Ⅱ类场地的砖烟囱，可以仅配置环箍或环筋，否则应按规范规定配置竖向钢筋。

3) 设防烈度为 7 度时、Ⅲ、Ⅳ类场地，和 8 度时、Ⅰ、Ⅱ类场地，且高度不超过 45m 的砖烟囱，可不进行截面抗震验算，但应满足抗震构造要求。

1. 砖烟囱水平地震作用计算

砖烟囱的高度不大于 60m，按规范规定，烟囱的水平地震作用可采用简化的计算方法。独立烟囱采用简化方法进行抗震计算时，应按下列规定计算水平地震作用标准值产生的作用效应。

(1) 烟囱底部地震弯矩及剪力，应按下列公式计算：

$$M_0=\alpha_1 G_E H_0 \tag{10-30}$$

$$V_0=\eta_c\alpha_1 G_E \tag{10-31}$$

式中 $M_0$——烟囱底部由水平地震作用标准值产生的弯矩(kN·m)；

$\alpha_1$——相应于烟囱基本自振周期的水平地震影响系数，按国家标准《建筑抗震设计规范》(GB 50011—2001)采用；

$G_E$——烟囱总重力荷载代表值(kN)，取烟囱总自重荷载标准值与各层平台活荷载组合值之和，活荷载组合值系数按《烟囱设计规范》(GB 50051—2002)表 4.1.9-2 的规定采用；

$H_0$——基础顶至烟囱重心处高度(m)；

$V_0$——烟囱底部由水平地震作用标准值产生的剪力(kN)；

$\eta_c$——烟囱底部的剪力修正系数，可按表 10-8 采用。

**烟囱底部的剪力修正系数 $\eta_c$**　　**表 10-8**

| 特征周期 $T_R$(s) | 基本自振周期 $T_1$(s) | | | | | |
|---|---|---|---|---|---|---|
| | 0.5 | 1.0 | 1.5 | 2.0 | 2.5 | 3.0 |
| 0.25 | 0.75 | 1.00 | 1.10 | 1.05 | 0.95 | 0.85 |
| 0.30 | 0.65 | 0.90 | 1.10 | 1.10 | 1.00 | 0.95 |
| 0.40 | 0.60 | 0.80 | 1.00 | 1.10 | 1.15 | 1.05 |
| 0.55 | 0.55 | 0.70 | 0.85 | 1.00 | 1.10 | 1.10 |
| 0.65 | 0.55 | 0.65 | 0.75 | 0.90 | 1.05 | 1.10 |
| 0.90 | 0.55 | 0.60 | 0.65 | 0.75 | 0.85 | 0.95 |

(2) 烟囱基本自振周期 $T_1$ 可分别按下列公式确定：

高度不超过 60m 的砖烟囱

$$T_1=0.26+0.0024H^2/d \tag{10-32}$$

高度不超过 150m 的钢筋混凝土烟囱

$$T_1=0.45+0.0011H^2/d \tag{10-33}$$

式中 $H$——烟囱高度(m)；

$d$——烟囱 1/2 高度处的水平截面外径(m)；

$T_1$——烟囱的基本自振周期(s)。

(3) 烟囱各截面的弯矩和剪力，可按图 10-12 确定：

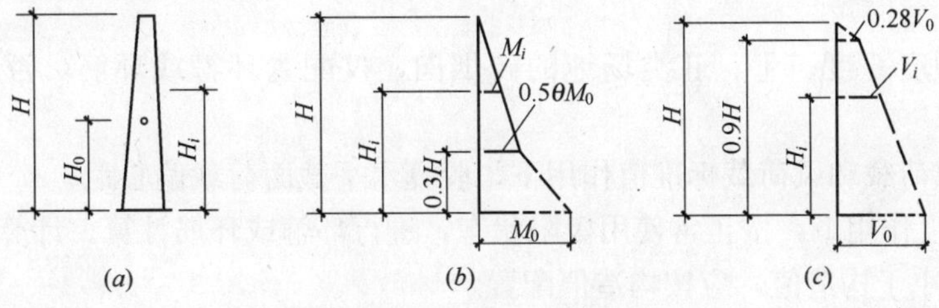


图 10-12　烟囱水平地震作用效应分布

(a)烟囱简图；(b)弯矩；(c)剪力

2. 竖向地震作用计算

在竖向地震作用下，烟囱的竖向地震作用标准值可按下列公式计算：

(1) 烟囱根部的竖向地震力取：

$$F_{Ev0}=\pm\alpha_v G_E \tag{10-34}$$

(2) 其余各截面取：

$$F_{Evik}=\pm\eta\left(G_{iE}-\frac{G_{iE}^2}{G_E}\right) \tag{10-35}$$

$$\eta=4(1+C)\kappa_v \tag{10-36}$$

式中 $F_{Evik}$——任意水平截面 $i$ 的竖向地震作用标准值(kN)，对于烟囱下部截面，当 $F_{Evik}<F_{Ev0}$ 时，取 $F_{Evik}=F_{Ev0}$；

$G_{iE}$——计算截面 $i$ 以上的烟囱重力荷载代表值(kN)，取截面 $i$ 以上的自重荷载标准值与平台活荷载组合值之和，活荷载组合值系数按《烟囱设计规范》(GB 50051—2002)表 4.1.9-2 的规定采用；

$G_E$——基础顶面以上的烟囱总重力荷载代表值(kN)，取烟囱总自重荷载标准值与各层平台活荷载组合值之和，活荷载组合值系数按《烟囱设计规范》(GB 50051—2002)表 4.1.9-2 的规定采用；

$C$——结构材料的弹性恢复系数，砖烟囱 $C=0.6$；

$\kappa_v$——竖向地震系数，按国家标准《建筑抗震设计规范》(GB 50011—2001)所规定的设计基本地震加速度与重力加速度比值的 65%采用，即：7 度取 $\kappa_v=0.065(0.1)$；8 度取 $\kappa_v=0.13(0.2)$；

$\alpha_v$——竖向地震影响系数，按国家标准《建筑抗震设计规范》(GB 50011—2001)的规定取水平地震影响系数最大值的 65%。

3. 温度作用

烟囱因烟囱内部很高的烟气温度，对筒壁、内衬和隔热层内、外表面温度进行计算，详见《烟囱设计规范》(GB 50051—2002)。

## 四、砖烟囱筒壁的设计计算

1. 计算要求

砖烟囱筒壁设计，应进行下列计算和验算：

(1) 水平截面承载力极限状态计算和荷载偏心距验算：

1) 在永久荷载(自重荷载)和风荷载设计值作用下，按规范的规定进行承载能力极限状态计算。

2) 设防烈度 6 度、Ⅰ、Ⅱ类场地的砖烟囱，仅配置环箍或环筋，否则应配置竖向钢筋。

3) 在自重荷载和风荷载标准值作用下，验算水平截面荷载偏心距。

(2) 在温度作用下，按正常使用极限状态，进行环箍或环筋计算。计算出的环箍或环筋截面积，如小于构造值，应按构造值配置。

2. 筒壁的水平截面计算

(1) 筒壁在永久荷载(自重荷载)和风荷载共同作用下，水平截面极限承载能力按下式计算：

$$N \leqslant \varphi f A \tag{10-37}$$

$$\varphi=\frac{1}{1+\left(\frac{e_0}{i}+\lambda\sqrt{\frac{\alpha}{12}}\right)^2} \tag{10-38}$$

式中 $N$——永久荷载(自重荷载)产生的轴向压力设计值(N)；

$f$——砖砌体抗压强度设计值，按国家标准《砌体结构设计规范》(GB 50003—2001)的规定采用；

$A$——计算截面面积($mm^2$)；

$\varphi$——长细比($\lambda$)及轴向力偏心距($e_0$)对承载力的影响系数；

$\lambda$——计算截面以上筒壁长细比，可取 $\lambda=1.2h_d/i$，其中 $h_d$ 为计算截面至筒壁顶端的高度(m)；

$i$——计算截面的回转半径(m)；

$e_0$——在风荷载设计值作用下，轴向力至截面重心的偏心距(m)；

$\alpha$——与砂浆强度等级有关的系数，当砂浆等级≥M5时，$\alpha=0.0015$；当砂浆强度等级为M2.5时，$\alpha=0.0020$。

(2) 在自重及风荷载标准值作用下，轴向力至截面重心的偏心距，应满足以下条件：

$$\frac{M_k}{N_k}\leqslant r_{com} \tag{10-39}$$

式中 $r_{com}$——计算截面核心距(m)，$r_{com}=W/A$；

$W$——计算截面最小弹性抵抗距($m^3$)。

注：配置竖向钢筋的截面，可不受此项限制。

(3) 在风荷载设计值作用下，轴向力至截面重心的偏心距 $e_0$，应满足以下条件：

$$e_0\leqslant 0.6a \tag{10-40}$$

式中 $\alpha$——计算截面重心至筒壁外边缘的最小距离(m)。

注：配置竖向钢筋的截面，可不受此项限制。

3. 筒壁的环箍计算

在筒壁温度差作用下，筒壁每米高度所需的环箍截面面积，可按下列公式计算：

$$A_h=500\frac{r_2}{f_{at}}\varepsilon_m E'_{mt}\ln\left(1+\frac{t\varepsilon_m}{r_1\varepsilon_t}\right) \tag{10-41}$$

$$\varepsilon_t=\frac{\gamma_t t\alpha_m\Delta T}{r_2\ln(r_2/r_1)} \tag{10-42}$$

$$\varepsilon_m=\varepsilon_t-\frac{f_{at}}{E_{sh}}\geqslant 0 \tag{10-43}$$

$$E_{sh}=\frac{E}{1+\frac{n}{6r_2}} \tag{10-44}$$

当 $\varepsilon_m<0$ 时，应按构造配箍。

式中 $A_h$——每米高筒壁所需的环箍截面面积($mm^2$)；

$r_1$——筒壁内半径(mm)；

$r_2$——筒壁外半径(mm)，用于式(10-44)时单位为m；

$\varepsilon_m$——筒壁内表面相对压缩变形值；

$\varepsilon_t$——筒壁外表面在温度差作用下的自由相对伸长值；

$\alpha_m$——砖砌体线膨胀系数($\alpha_m=5\times10^{-6}/℃$)；

$\gamma_t$——温度作用分项系数，取 $\gamma_t=1.6$；

$\Delta T$——筒壁内外表面温度差(℃)；

$t$——筒壁厚度(mm)；

$f_{at}$——环箍抗拉强度设计值，可取 $f_{at}=145N/mm^2$；

$E'_{mt}$——砖砌体在温度作用下的弹塑性模量，当筒壁内表面温度 $T\leqslant200℃$时，取 $E'_{mt}=E_m/3$；当 $T\geqslant350℃$时，取 $E'_{mt}=E_m/5$；中间值线性插入求得。$E_m$ 为砖砌体弹性模量，按国家标准《砌体结构设计规范》GB 50003—2001 的规定采用；

$E_{sh}$——环箍折算弹性模量($N/mm^2$)；

$E$——环箍钢材弹性模量($N/mm^2$)；

$n$——一圈环箍的接头数量。

4. 筒壁的环筋计算

当砖烟囱采用配置环筋的方案时，在筒壁温度差作用下，每米高筒壁所需的环筋截面面积，可按下列公式计算：

$$A_{sm}=500\frac{r_s\eta}{f_{yt}}\varepsilon_m E'_{mt}\ln\left(1+\frac{t_0\varepsilon_m}{r_1\varepsilon_t}\right) \tag{10-45}$$

$$\varepsilon_t=\frac{\gamma_t t_0\alpha_m\Delta T_s}{r_s\ln(r_s/r_1)} \tag{10-46}$$

$$\varepsilon_m=\varepsilon_t-\frac{\psi_{st}f_{yt}}{E_{st}}\geqslant 0 \tag{10-47}$$

当 $\varepsilon_m<0$ 时按构造配筋。

式中 $A_{sm}$——每米高筒壁所需的环向钢筋截面面积($mm^2$)；

$t_0$——计算截面筒壁有效厚度(mm)，取 $t_0=t-a$，$a$ 为筒壁外边缘至环筋的距离，单根环筋取 $a=30$mm，双根筋取 $a=45$mm；

$r_s$——环筋所在圆(双根筋为环筋重心处)半径(mm)；

$\Delta T_s$——筒壁内表面与环筋处温度差值；

$\eta$——与环筋根数有关的系数，单根筋(指每个断面)$\eta=1.0$，双根筋时 $\eta=1.05$；

$f_{yt}$——温度作用下，钢筋抗拉强度设计值($N/mm^2$)；

$E'_{mt}$——环筋的弹性模量($N/mm^2$)；

$\gamma_t$——温度作用分项系数，取 $\gamma_t=1.4$；

$\psi_{st}$——裂缝间环筋应变不均匀系数，当筒壁内表面温度 $T\leqslant 200$℃时，$\psi_{st}=0.6$；$T\geqslant 350$℃时，$\psi_{st}=1.0$，中间值线性插入求得。

5. 筒壁的竖向钢筋

地震区的砖烟囱竖向配筋，可按下列规定确定。

(1) 各水平截面所需的竖向钢筋截面面积，可按下式计算：

$$A_s=\frac{\beta M-(\gamma_G G_k-\gamma_{Ev}F_{Evk})r_p}{r_p f_{yt}} \tag{10-48}$$

$$M=\gamma_{Eh}M_{Ek}+\psi_{cWE}\gamma_w M_{wk} \tag{10-49}$$

$$\beta=\frac{\theta}{\sin\theta} \tag{10-50}$$

式中 $A_s$——计算截面所需的竖向钢筋总截面面积($mm^2$)；

$\beta$——弯矩影响系数(查图 10-13)；

$M_{Ek}$——水平地震作用在计算截面产生的弯矩标准值(N·m)；

$G_k$——计算截面重力标准值(N)；

$F_{Evk}$——计算截面竖向地震作用产生轴向力标准值(N)；

$r_p$——计算截面筒壁平均半径(m)；

$f_{yt}$——考虑温度作用钢筋抗拉强度设计值($N/mm^2$)；

$\gamma_{Eh}$——水平地震作用分项系数 $\gamma_{Eh}=1.3$；

$\theta$——受压区半角；

$\gamma_G$——重力荷载分项系数，$\gamma_G=1.0$；

$\gamma_{Ev}$——竖向地震作用分项系数；

$\psi_{cWE}$——地震作用时风荷载组合系数，取 $\psi_{cWE}=0.2$。

(2) 弯矩影响系数 $\beta$，可根据参数 $\alpha_c$ 由图 10-13 查得。$\alpha_c$ 按下式计算：

$$\alpha_c=\frac{M}{\varphi_0 r_p A f-(\gamma_G G_k-\gamma_{Ev}F_{Evk})r_p} \tag{10-51}$$

式中 $\varphi_0$——轴心受压承载力影响系数；

$A$——计算截面筒壁截面面积($mm^2$)；

$f$——砖砌体抗压强度设计值($N/mm^2$)。

注：$\theta=\pi\frac{\sin\theta}{\alpha_c}$。

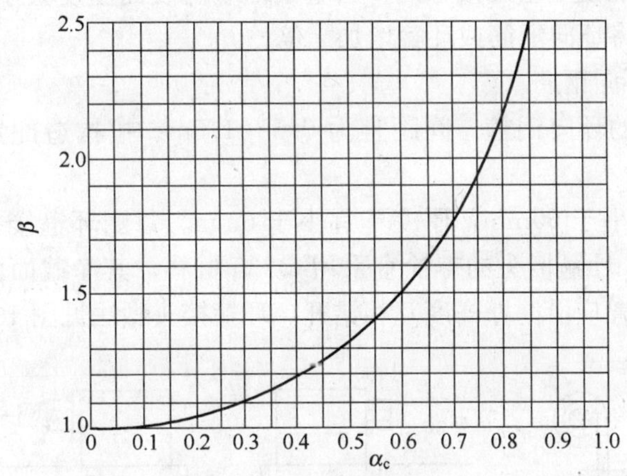


图 10-13 弯矩影响系数 $\beta$

当计算得到的配筋值小于构造配筋时，应按构造配筋。

## 五、砖烟囱的构造要求

1. 烟囱筒壁

砖烟囱筒壁宜设计成截顶圆锥形，筒壁坡度、分节高度和壁厚应符合下列规定：

(1) 筒壁坡度宜采用 2%～3%。

(2) 分节高度不宜超过 15m。

(3) 筒壁厚度应按下列原则确定：

1) 当筒壁内径小于或等于 3.5m 时，筒壁最小厚度应为 240mm；当内径大于 3.5m 时，最小厚度应为 370mm；

2) 当设有平台时，平台处筒壁厚度宜大于或等于 370mm；

3) 筒壁厚度可按分节高度自下而上减薄，但同一节厚度应相同；

4) 筒壁顶部应向外局部加厚，总加厚厚度以 180mm 为宜，并应以阶梯形向外挑出，每阶挑出不宜超过 60mm。加厚部分的上部以 1∶3 水泥砂浆抹成排水坡(图 10-14)。

(4) 内衬到顶的烟囱宜设钢筋混凝土压顶板(图 10-14)。

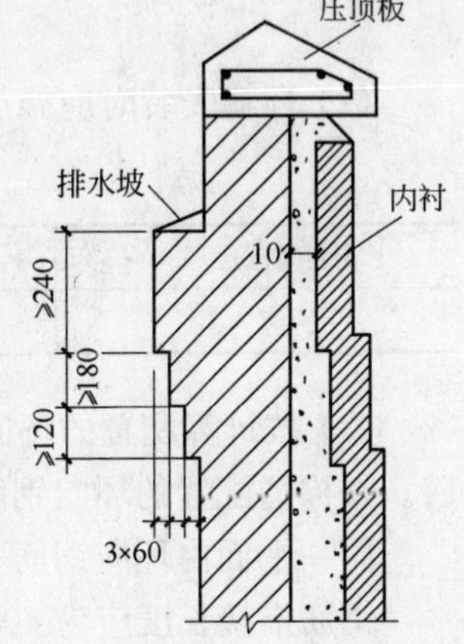


图10-14 筒首构造(单位：mm)

(5) 支承内衬的环形悬臂应在筒身分节处以阶梯形向内挑出，每阶挑出不宜超过60mm，挑出总高度应由剪切计算确定，但最上阶的高度不应小于240mm。

(6) 筒壁上孔洞设置应符合下列规定：

1) 在同一平面设置两个孔洞时，宜对称设置；

2) 孔洞对应圆心角不应超过50°。孔洞宽度不大于1.2m时，孔顶宜采用半圆拱；孔洞宽度大于1.2m时，宜在孔顶设置钢筋混凝土圈梁；

3) 配置环箍或环筋的砖筒壁，在孔洞上下砌体中应配置直径为6mm环向钢筋，其截面面积不应小于被切断的环箍或环筋截面面积；

4) 当孔洞较大时，宜设砖垛加强。

(7) 筒壁与钢筋混凝土基础接触处，当基础环壁内表面温度大于100℃时，在筒壁根部1.0m范围内，宜将环向配筋或环箍增加1倍。

2. 环向钢箍和环向钢筋

(1) 按计算配置的环向钢箍，间距宜为0.5～1.5m。按构造配置环箍，间距不宜大于1.5m。

环箍的宽度不宜小于60mm，厚度不宜小于6mm。每圈环箍接头不应少于2个，每段长度不宜超过5m。环箍接头的螺栓宜采用Q235材料，其净截面面积不应小于环箍截面面积。环箍接头位置应沿筒壁高度互相错开。环箍接头做法见图10-15。

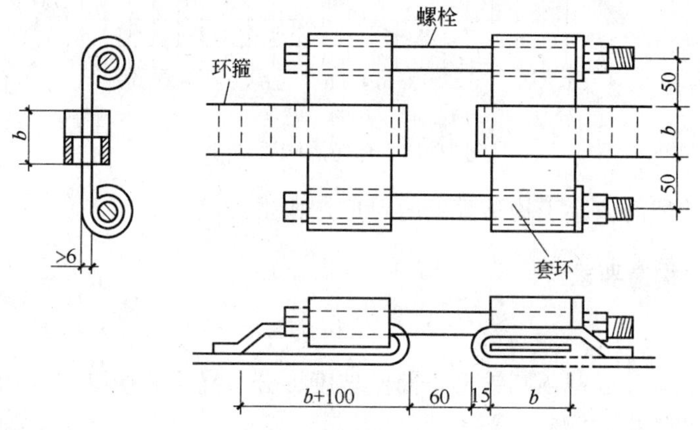


图10-15 环箍接头(单位：mm)

(2) 环箍安装时应施加预应力，预应力可按表10-9采用。

**环箍预应力值**(N/mm²) **表10-9**

| 安装时温度(℃) | $T>10$ | $10\geqslant T\geqslant 0$ | $T<0$ |
|---|---|---|---|
| 预应力值 | 30 | 50 | 60 |

(3) 按计算配置的环向钢筋，直径宜为6～8mm，间距不少于3皮砖，且不大于8皮砖。按构造配置的环向钢筋，直径宜为6mm，间距不应大于8皮砖。

同一平面内环向钢筋不宜多于2根，2根钢筋的间距为30mm。

钢筋搭接长度应为$40d$($d$为钢筋直径)，接头位置应互相错开。

钢筋的保护层为30mm(图10-16)。

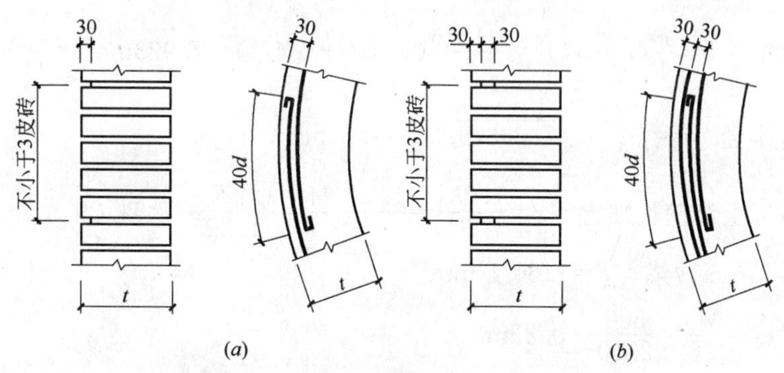


图 10-16　环向钢筋配置(单位：mm)

(a)单根环筋；(b)双根环筋

(4) 在环形悬臂和筒壁顶部加厚范围内，环向钢筋应适当增加。

3. 最小配筋

地震区的砖烟囱，其最小配筋不应小于表 10-10 的规定。

**地震区砖烟囱上部的最小配筋**　　**表 10-10**

| 配筋方式 | 烈度和场地类别 | | |
|---|---|---|---|
| | 6 度Ⅲ、Ⅳ类场地 | 7 度Ⅰ、Ⅱ类场地 | 7 度Ⅲ、Ⅳ类场地<br>8 度Ⅰ、Ⅱ类场地 |
| 配筋范围 | 0.5$H$ 到顶端 | 0.5$H$ 到顶端 | $H \leqslant 30$m 时全高<br>$H > 30$m 时由 0.4$H$ 到顶端 |
| 竖向配筋 | $\phi 8$，间距 500～700mm，且不少于 6 根 | $\phi 10$ 间距 500～700mm，且不少于 6 根 | $\phi 10$ 间距 500mm，且不少于 6 根 |

注：1. 竖向钢筋接头搭接 40 倍钢筋直径，钢筋在搭接范围内用铅丝绑牢，钢筋应设直角弯钩。

2. 烟囱顶部应设钢筋混凝土压顶圈梁以锚固竖向钢筋。

3. 竖向钢筋配置在距筒壁外表面 120mm 处。

4. 其他

砖烟囱的内衬设置、隔热层的构造、隔烟墙以及爬梯等构造要求，详见《烟囱设计规范》(GB 50051—2002)。

## 六、设计实例

**【实例 10-3】** 某砖烟囱，计算水平截面轴向力设计值 $N=2500$kN，风荷载产生的弯矩设计值 $M_w=800$kN·m，计算截面筒壁内径 $r_1=1.47$m，外径 $r_2=1.96$m，筒壁厚度 0.49m，计算水平截面至筒顶高度 $H=35$m，筒壁用 MU10 烧结普通砖和 M5 混合砂浆砌筑，冬季筒壁内、外表面温度为 $t_1=215$℃，$t_2=-15$℃。

试验算计算水平截面的承载能力和每米高筒壁所需的环筋截面积。

**【解】** 1. 计算水平截面承载力验算

烟囱计算截面面积　$A=\pi(r_2^2-r_1^2)=3.1416(1.96^2-1.47^2)=5.28\text{m}^2$

截面惯性矩　$I=\frac{\pi}{4}(r_2^4-r_1^4)=\frac{3.1416}{4}(1.96^4-1.47^4)=7.923\text{m}^4$

截面回转半径　$i=\sqrt{\frac{I}{A}}=\sqrt{7.923/5.28}=1.225\text{m}$

计算截面以上筒壁长细比　$\lambda=\frac{1.2h_d}{i}=\frac{1.2\times H}{1.225}=\frac{1.2\times 35}{1.225}=34.29$

MU10 砖、M5 砂浆　$f=1.50\text{N/mm}^2$

偏心距　$e_0=\frac{M_w}{N}=\frac{800}{2500}=0.32\text{m}$

系数　$\alpha=0.0015$

长细比 $\lambda$ 和轴向力偏心距 $e_0$ 对承载力的影响系数：

$$\varphi=\frac{1}{1+\left(\frac{e_0}{i}+\lambda\sqrt{\frac{\alpha}{12}}\right)^2}=\frac{1}{1+\left(\frac{0.32}{1.225}+34.29\sqrt{\frac{0.0015}{12}}\right)^2}$$
$$=0.707$$

$$\varphi fA=0.707\times 1.50\times 5.28\times 10^6=5599\text{kN}>N=2500\text{kN}$$

满足要求。

2. 偏心距验算

$$e_0=\frac{M_w}{N}=\frac{800}{2500}=0.32\text{m}<0.6a=0.6\times 1.96=1.176\text{m}$$

满足要求。

3. 环筋截面积计算(采用双根环筋)

(1) 筒壁外表面在温差作用下自由相对伸长值 $\varepsilon_t$ 温度作用分项系数　$\gamma_t=1.4$

计算截面筒壁有效厚度　$t_0=t-a_0=490-45=445\text{mm}$

砖砌体线膨胀系数　$\alpha_m=5\times 10^{-6}/℃$

筒壁内表面与环筋处温度差　$\Delta T_s=215℃$

环筋重心处的半径　$r_s=r_2-a=1960-45=1915\text{mm}$

$$\varepsilon_t=\frac{\gamma_t t_0\alpha_m\Delta T_s}{r_s\ln(r_s/r_1)}=\frac{1.4\times 445\times 5\times 10^{-6}\times 215}{1915\ln(1915/1470)}$$
$$=1.322\times 10^{-3}$$

(2) 筒壁内表面相对压缩变形值 $\varepsilon_m$

裂缝间环筋应变不均匀系数 $\varphi_{st}=0.64$

温度作用下，钢筋抗拉强度设计值：

选用 HRB335 级钢筋，按温度 200℃，按《烟囱设计规范》GB 50051—2002 表 3.3.2，$f_{ytk}=285\text{N/mm}^2$，

$$f_{yt}=\frac{f_{ytk}}{\gamma_{yt}}=\frac{285}{1.6}=178\text{N/mm}^2$$

环筋的弹性模量，按《混凝土结构设计规范》(GB 50010—2002)表 4.2.4 采用 $E_{st}=2.0\times 10^5\text{N/mm}^2$

$$\Sigma_m=\Sigma_t-\frac{\varphi_{st}f_{yt}}{E_{st}}=1.322\times 10^{-3}-\frac{0.64\times 178}{2.0\times 10^5}$$

$$=0.75\times10^{-3}>0\quad 满足要求$$

(3) 每米高筒壁所需的环筋截面积 $A_{sm}$

系数 $\eta$，双筋 $\eta=1.05$

砖砌体在温度作用下的弹塑性模量 $E'_{mt}$

MU10、M5 砖砌体弹性模量 $E_m=1600f=1600\times1.5=2400N/mm^2$

温度 $T=200℃$时，$E'_{mt}=\dfrac{E_m}{3}$；$T=350℃$时，$E_m=\dfrac{E_m}{5}$，现温度 $T=215℃$，用内插法得 $E'_{mt}=768N/mm^2$

每米高筒壁所需的环筋面积：

$$A_{sm}=500\frac{r_s\eta}{f_{yt}}\Sigma_m E'_{mt}\ln\left(1+\frac{t_0\Sigma_m}{r_1\Sigma_t}\right)$$

$$=500\times\frac{1915\times1.05}{178}\times0.75\times10^{-3}\times768\times\ln\left(1+\frac{445\times0.75\times10^{-3}}{1470\times1.322\times10^{-3}}\right)$$

$$=515mm^2$$

选用 2Φ18，$A_s=509mm^2$

**【实例 10-4】** 8 度地震区某砖烟囱，Ⅱ类场地土、特征周期 $T_g=0.65$ 秒，基础顶至烟囱重心处的高度 14.23m，烟囱总重力荷载代表值 $G_E=2083kN$，风荷载产生的弯矩标准值 572kN·m，其他数据同【实例 10-3】。

试计算该烟囱的竖向配筋。

**【解】** 1. 烟囱的竖向地震力

$$F_{Ev0}=\pm\alpha_v G_E$$

式中　$\alpha_v$ 为竖向地震影响系数，$\alpha_v=0.65\times0.16=0.104$

$$F_{Ev0}=\pm0.104\times2083=216.6kN$$

2. 烟囱底部地震弯矩。

烟囱 1/2 高度处水平截面的外径 $d=1.48m$

高度不超过 60m，砖烟囱的基本自振周期 $T_1$

$$T_1=0.26+0.0024H^2/d=0.26+0.0024\times\frac{35^2}{1.48}=2.246\text{ 秒}$$

烟囱基本自振周期的水平地震影响系数 $\alpha_1$，按《建筑抗震设计规范》GB 50011—2001 图 5.1.5：

$$\alpha_1=\left(\frac{T_g}{T_1}\right)^{\gamma}\eta_2\alpha_{max}$$

$$=\left(\frac{0.65}{2.246}\right)^{0.9}\times1.0\times0.16=0.0524$$

$$M_0=\alpha_1 G_E H_0=0.0524\times2083\times14.23=1553kN\cdot m$$

3. 烟囱底部地震剪力

烟囱底部剪力修正系数 $\eta_c$，查《烟囱设计规范》GB 50051—2002 表 5.5.5 得 $\eta_c=0.974$

$$V_0=\eta_c\alpha_1 G_E=0.974\times0.00524\times2083=106.3kN$$

4. 砖烟囱的竖向配筋

轴心受压承载力影响系数 $\varphi_0$（取轴向力至截面重心的偏心距 $e_0=0$）

$$\varphi_0 \frac{1}{1+\left(\frac{e_0}{i}+\lambda\sqrt{\frac{\alpha}{12}}\right)^2}=\frac{1}{1+\left(34.29\sqrt{\frac{0.0015}{12}}\right)^2}=0.872$$

计算截面筒壁平均半径$r_p=\frac{r_1+r_2}{2}=\frac{1.96+1.47}{2}=1.715\text{m}$

荷载效应基本组合计算的弯矩值$M$：

$$M=\gamma_{Eh}M_{Ek}+\varphi_{cwE}\gamma_w M_{wk}$$
$$=1.3\times1553+0.2\times1.4\times572=2179\text{kN}\cdot\text{m}$$

参数$\alpha=\frac{M}{\varphi_0 r_p A f-(\gamma_G G_k-\gamma_{Ev}F_{Evk})r_p}$

$$=\frac{2179\times10^6}{0.872\times1.715\times10^3\times5.28\times10^6\times1.5-(1.0\times2083\times10^3-1.3\times216.6\times10^3)\times1.715\times10^3}$$
$$=0.249$$

根据参数$\alpha$查表得弯矩影响系数$\beta=1.07$

选用 HPB235 级钢筋，$f_{ytk}=200\text{N/mm}^2$

$$f_{yt}=\frac{f_{ytk}}{\gamma_{yt}}=\frac{200}{1.9}=105\text{N/mm}^2$$

水平截面所需竖向钢筋截面面积$A_s$：

$$A_s=\frac{\beta M-(\gamma_G G_k-\gamma_{Ev}F_{Evk})r_p}{r_p f_{yt}}$$
$$=\frac{1.07\times2196\times10^6-(1.0\times2083\times10^3-1.3\times216.6\times10^3)\times1.715\times10^3}{1.715\times10^3\times105}$$

$<0$　按构造配筋

按构造要求，8 度Ⅱ类场地、$H>30\text{m}$的砖烟囱，由$0.4H=0.4\times35=14\text{m}$到烟囱顶端，配$\phi10@500$的竖向钢筋。

## 第三节　挡　土　墙

挡土墙是防止墙后土体坍塌的构筑物。挡土墙的结构形式可分为重力式、悬臂式和扶壁式等。重力式挡土墙通常用砖、块石或素混凝土制作，依靠挡土墙的自重来抵抗倾复和滑移。

挡土墙的受力特点是在墙背上作用有土压力。因此，设计挡土墙时，首先要确定土压力的性质、大小、方向和作用点。根据挡土墙可能的位移方向，土压力分为：主动土压力、被动土压力和静止土压力。土压力的大小与墙后填土的类型、墙背倾斜方向及墙后土坡等因素有关。

### 一、重力式挡土墙

1. 重力式挡土墙的组成

重力式挡土墙由墙顶、墙身和墙基三部分组成，见图 10-17。墙身有墙面和墙背，墙面暴露于空气，墙背与填土接触，重力式挡土墙按墙背的倾斜情况分为仰斜、垂直和俯斜三种，见图 10-18。墙基的前缘称墙趾，后缘称墙踵。

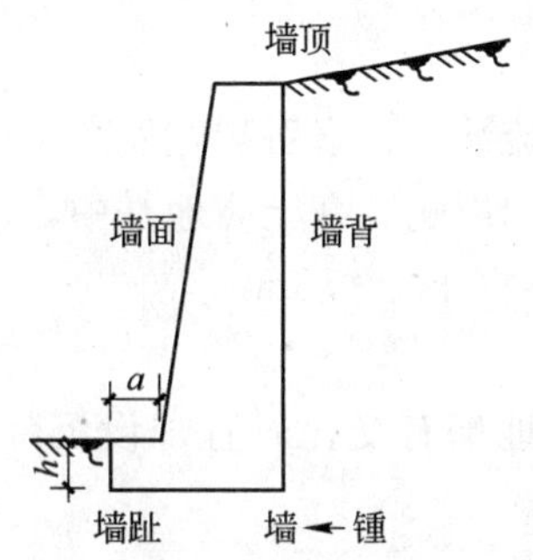

图 10-17　重力式挡土墙

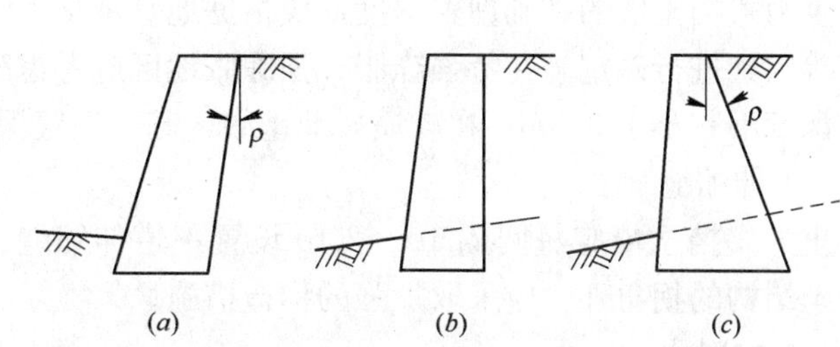

图 10-18　重力式挡土墙形式
(a)仰斜墙；(b)垂直墙；(c)俯斜墙

2. 墙背的选型

从受力情况分析，仰斜墙的主动土压力最小，而俯斜墙的主动土压力最大。

从挖填方来分析，如边坡是挖方，仰斜墙较合理，因仰斜墙墙背与临时边坡紧密贴合；若边坡是填方，则墙背为俯斜或垂直较合理，因仰斜墙墙背填土的夯实比较困难。

当墙前地形平坦，用仰斜墙较好；若地形较陡，则用垂直墙较好。

综合以上所述，重力式挡土墙应优先采用仰斜式，其次用垂直墙，而俯斜墙最差。

3. 挡土墙的构造要求

重力式挡土墙应符合下列构造要求：

(1) 重力式挡土墙适用于高度小于 6m、地层稳定、开挖土石方时不会危及相邻建筑物安全的地段。

(2) 墙面坡度

当墙前地面较陡时，墙面坡可取 1∶0.05～1∶0.2，亦可采用直立的截面。在墙前地形较平坦时，对于中、高挡土墙，墙面坡度可较缓，但不宜缓于 1∶0.4，以免增加开挖宽度。仰斜墙背坡度愈缓，主动土压力愈小，但为了避免施工困难，仰斜墙背坡度一般不宜缓于 1∶0.25，墙面坡应尽量与墙背坡平行。

(3) 基底逆坡坡度

在墙体稳定性验算中，滑动稳定常比倾覆稳定不易满足要求，为了增加墙身的抗滑稳定性，将基底做成逆坡是一种有效方法(图10-19)。但是基底逆坡过大，可能使墙身连同基底下的一块三角土体一起滑动，因此，一般土质地基的基底逆坡不宜大于 0.1∶1，对岩石地基一般不宜大于 0.2∶1。

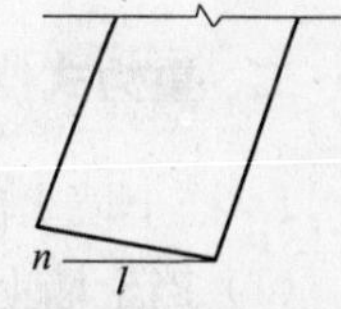

图 10-19　基底逆坡度
土质地基 $n$∶1=0.1∶1
岩石地基 $n$∶1=0.2∶1

(4) 墙趾台阶和墙顶宽度

当墙高较大时，基底压力常常是控制截面的重要因素。为了使基底压力不超过地基土的容许承载力，可加墙趾台阶(图 10-17)，以便扩大基底宽度，这对墙的倾覆稳定也是有利的。墙趾台阶的高宽比可取 $h∶a=2∶1$，$a$ 不得小于 20cm。此外，基底法向反力的偏心距应满足 $e \leqslant \frac{B_1}{4}$ 的条件($B_1$ 为无台阶时的基底宽度)。

挡土墙的顶宽，对于一般块石挡土墙不应小于 0.4m。

(5) 基础埋深

重力式挡土墙的基础埋置深度，应根据地基承载力、水流冲刷、岩石裂隙发育及风化程度等因素进行确定。在特强冻胀、强冻胀地区应考虑冻胀的影响。在土质地基中，基础埋置深度不宜小于 0.5m；在软质岩地基中，基础埋置深度不宜小于 0.3m。

(6) 伸缩缝

重力式挡土墙应每间隔 10～20m 设置一道伸缩缝。当地基有变化时宜加设沉降缝。在挡土结构的拐角外，应采取加强的构造措施。

(7) 材料强度等级

重力式挡土墙砖应采用烧结普通砖，强度等级不应低于 MU10，石材强度不应低于 MU30，砌筑砂浆应采用 M7.5 水泥砂浆。严寒地区或盐渍土地区不宜使用砖砌体。

(8) 排水措施

挡土墙应设泄水孔，纵横间距一般为 2～3m，外斜 5%，泄水孔一般根据排水量而定，可分别采用 50mm×100mm，100mm×100mm，150mm×200mm 的矩形孔，或采用直径为 50～100mm 的圆孔。墙后在泄水孔附近做滤水层和必要的盲沟，以免淤塞。应在最低泄水孔下铺设黏土层并夯实，使其不漏水，在墙前的回填土分层夯实，并设散水或排水沟，以防止墙前积水渗入基础。在墙顶地面宜做防水层。在墙后有山坡时，还应在坡下设置截水沟。如图 10-20 所示。

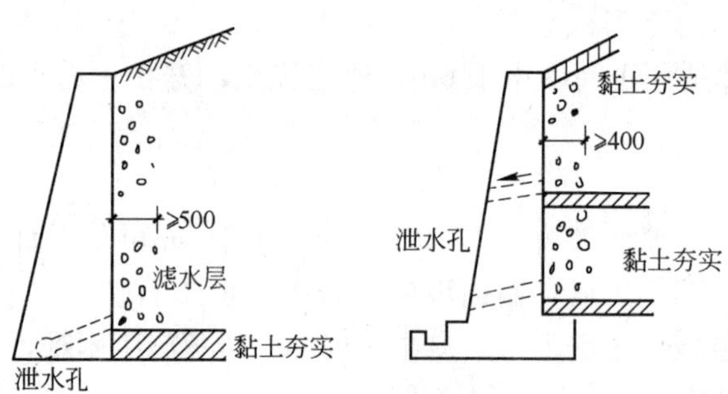


图 10-20　挡土墙排水措施

## 二、重力式挡土墙的计算

1. 挡土墙上的作用力计算

(1) 挡土墙上作用力类型

1) 土压力。根据挡土墙的位移情况，土压力可分为：静止土压力、主动土压力和被动土压力。当挡土墙刚度较大，在外力作用下不产生转动或移动，墙体保持原来位置，如图 10-21(*a*)所示，墙后土体处于弹性平衡状态，此时填土对墙背产生的土压力称为静止土压力，用 $E_0$ 表示。挡土墙在墙后土体推力的作用下向前移动或转动，如图 10-21(*b*)所示，随着位移的增加，土体中产生滑裂面，滑裂面上产生抗剪力，减小了作用在墙上的土压力，称主动土压力，用 $E_a$ 表示。挡土墙在外力作用下，墙体向后移动或转动，挤压填土使土体向后移动，如图 10-21(*c*)所示，达到极限平衡状态，土体产生滑裂面，滑裂面上的抗剪力增大了作用在挡土墙上的土压力，称被动土压力，用 $E_p$ 表示。

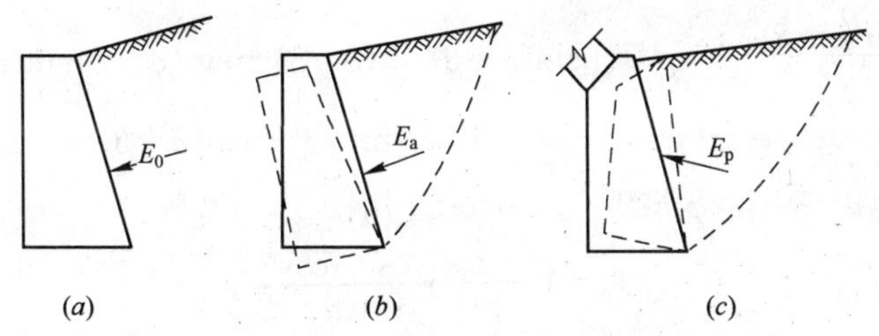


图 10-21 挡土墙土压力分类

(a)静止土压力；(b)主动土压力；(c)被动土压力

在相同条件下，主动土压力 $E_a$ 小于静止土压力 $E_0$，静止土压力 $E_0$ 小于被动土压力 $E_p$。

2）墙体自重。

3）基底反力。基底上作用有法向分力和切向分力。假定法向分力沿基底为直线分布。

4）其他作用力。当挡土墙墙背后填土上部有均布荷载时，可折算成当量土重，以计算主动土压力；当墙背后填土部分处于地下水位以下时，墙背上的侧向力由主动土压力和静水压力组成。土压力应分别按天然重度和浸水重度计算；地震设防区还要考虑地震作用所增加的土压力。

(2) 静止土压力计算

挡土墙在土压力作用下，墙身静止不动，不向任何方向移动或转动，土体处于弹性平衡状态时，土对墙的压力称静止土压力。

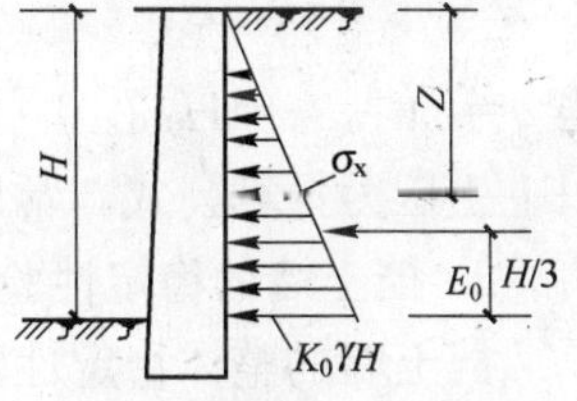


图 10-22 静止土压力

静止土压力可按下述方法计算。在离填土表面深度 $z$ 处取一微小单元体，其上作用着竖向土的自重应力 $\gamma_z$，该处的静止土压力强度为：

$$\sigma_0 = K_0 \gamma z \tag{10-52}$$

静止土压力分布呈三角形，作用点在墙高下部 $H/3$ 处，垂直墙背方向，静止土压力合力为：

$$E_0 = \gamma H^2 K_0 / 2 \tag{10-53}$$

式中 $K_0$——静止土压力系数，由试验求得；无试验资料时，砂土取 0.4～0.5；黏性土取 0.5～0.6；

$\gamma$——墙后填土重度，$kN/m^3$；

$H$——墙高。

(3) 主动土压力计算

按照库伦土压力理论，挡土墙是刚性的，墙身向后移动沿着墙踵的平面发生滑动，墙背上主动土压力的合力按下式计算：

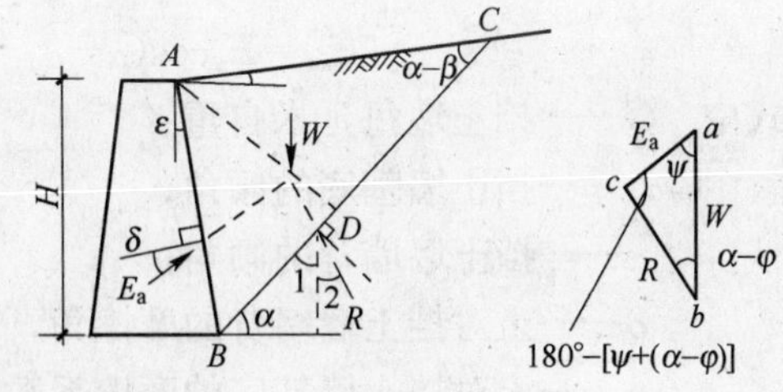


图 10-23

$$E_a = \frac{1}{2} \gamma H^2 K_a \tag{10-54}$$

式中 $\gamma$——填土重力密度，$kN/m^3$；

$H$——挡土墙高度，m；

$K_a$——主动土压力系数；

$E_a$——主动土压力合力，kN/m。

$$K_a=\frac{\sin(\alpha+\beta)}{\sin^2\alpha\sin^2(\alpha+\beta-\varphi-\delta)}\{k_q[\sin(\alpha+\beta)\sin(\alpha-\delta)+\sin(\varphi+\delta)\sin(\varphi-\beta)]$$

$$+2\eta\sin\alpha\cos\varphi\cos(\alpha+\beta-\varphi-\delta)-2[(k_q\sin(\alpha+\beta)\sin(\alpha+\beta)\sin(\varphi-\beta)+\eta\sin\alpha\cos\varphi)$$

$$\times(k_g\sin(\alpha-\delta)\sin(\varphi+\delta)+\eta\sin\alpha\cos\varphi)]^{\frac{1}{2}}\} \tag{10-55}$$

$$k_q=1+\frac{2q}{\gamma H}\cdot\frac{\sin\alpha\cos\beta}{\sin(\alpha+\beta)} \tag{10-56}$$

$$\eta=\frac{2c}{\gamma H} \tag{10-57}$$

式中 $c$——填土的黏聚力，黏性填土的黏聚力如无试验数据，可按 5kPa～30kPa 选用；

$\varphi$——填土的内摩擦角，应由试验确定，如无试验数据，建议取细砂 $\varphi=20°\sim30°$；中砂 $\varphi=30°\sim40°$；砾石、卵石和粗砂 $\varphi=40°\sim45°$；实际工程中常用黏性填土，可取 $\varphi=20°\sim30°$；

$\delta$——墙背土与墙的摩擦角，可按表 10-11 采用；

$q$——地表均布荷载，以单位水平投影面上的荷载强度计。

合力距离挡土墙底的高度 $z$ 为：

$$z=\frac{H}{3}\cdot\frac{1+3q/\gamma H}{1+2q/\gamma H}$$

当 $q=0$ 时，$z=H/3$。

以上土压力计算公式，常用于 3～6m 高的建筑工程中。

2. 挡土墙的稳定性验算

挡土墙的整体稳定性验算包括抗滑移和抗倾覆两种验算。

(1) 抗滑移稳定性验算

挡土墙抗滑移稳定性按下式进行验算(图 10-24)：

$$\frac{(G_n+E_{an})\mu}{E_{at}-G_t}\geqslant1.3 \tag{10-58}$$

$$G_n=G\cos\alpha_0$$

$$G_t=G\sin\alpha_0$$

$$E_{at}=E_a\sin(\alpha-\alpha_0-\delta)$$

$$E_{an}=E_a\cos(\alpha-\alpha_0-\delta)$$

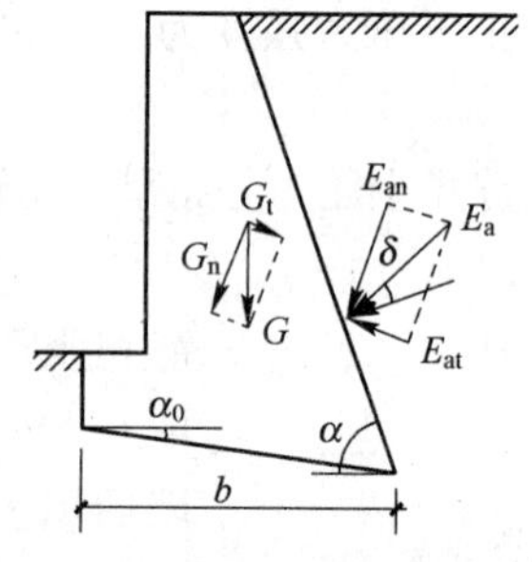


图 10-24 挡土墙抗滑稳定验算示意

式中 $G$——挡土墙每延米自重；

$\alpha_0$——挡土墙基底的倾角；

$\alpha$——挡土墙墙背的倾角；

$\delta$——土对挡土墙墙背的摩擦角，可按表 10-11 选用；

$\mu$——土对挡土墙基底的摩擦系数，由试验确定，也可按表 10-12 选用。

**土对挡土墙墙背的摩擦角 $\delta$** **表 10-11**

| 挡土墙情况 | 摩擦角 $\delta$ | 挡土墙情况 | 摩擦角 $\delta$ |
|---|---|---|---|
| 墙背平滑，排水不良 | $(0\sim0.33)\varphi_k$ | 墙背很粗糙，排水良好 | $(0.50\sim0.67)\varphi_k$ |
| 墙背粗糙，排水良好 | $(0.33\sim0.50)\varphi_k$ | 墙背与填土间不可能滑动 | $(0.67\sim1.00)\varphi_k$ |

注：$\varphi_k$ 为墙背填土的内摩擦角标准值。

**土对挡土墙基底的摩擦系数 $\mu$** 　　　　**表 10-12**

| 土的类别 | | 摩擦系数 $\mu$ |
|---|---|---|
| 黏性土 | 可塑 | 0.25～0.30 |
| | 硬塑 | 0.30～0.35 |
| | 坚硬 | 0.35～0.45 |
| 粉土 | | 0.30～0.40 |
| 中砂、粗砂、砾砂 | | 0.40～0.50 |
| 碎石土 | | 0.40～0.60 |
| 软质岩 | | 0.40～0.60 |
| 表面粗糙的硬质岩 | | 0.65～0.75 |

注：1. 对易风化的软质岩和塑性指数 $I_P$ 大于 22 的黏性土，基底摩擦系数应通过试验确定。
2. 对碎石土，可根据其密实程度、填充物状况、风化程度等确定。

(2) 抗倾覆稳定性验算

挡土墙抗倾覆稳定性按下式进行验算(图 10-25)：

$$\frac{Gx_0+E_{az}x_f}{E_{ax}z_f}\geqslant 1.6 \tag{10-59}$$

$$E_{ax}=E_a\sin(\alpha-\delta)$$

$$E_{az}=E_a\cos(\alpha-\delta)$$

$$x_f=b-z\cot\alpha$$

$$z_f=z-b\tan\alpha_0$$

式中　$z$——土压力作用点离墙踵的高度；

$x_0$——挡土墙重心离墙趾的水平距离；

$b$——基底的水平投影宽度。

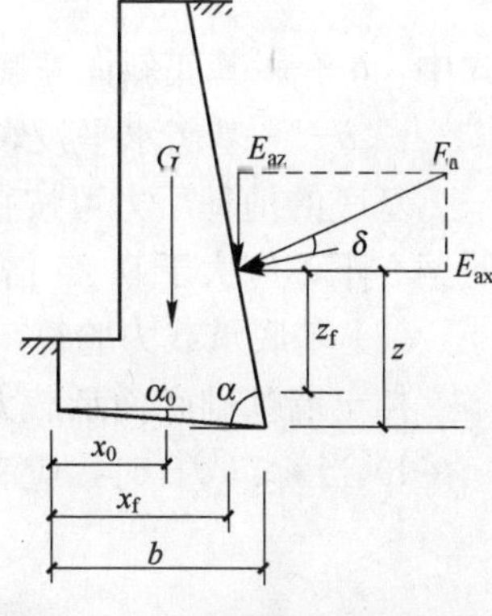


图 10-25　挡土墙抗倾覆稳定验算示意

3. 挡土墙基础底面承载力验算

挡土墙基础底面承载力验算，可按下列步骤进行。

(1) 基础底面上合力 $N$

挡土墙重力 $G$ 和主动土压力 $E_a$ 作用下，用平行四边形法则求得合力 $E$，将 $E$ 的作用线延长与基底相交于 $m$ 点，在 $m$ 点处将合力 $E$ 分解为两个分力 $E_n$ 和 $E_t$，垂直于基底的分力 $E_n$ 即基础底面上合力 $N$，平行于基底的分力为 $E_t$，见图 10-26。

$$E=\sqrt{G^2+E_a^2+2G\cdot E_a\cos(\alpha-\delta)} \tag{10-60}$$

$$\left.\begin{aligned}N=E_n=E\cdot\sin(\theta+\delta-\alpha+\alpha_0)\\ 或\quad N=E_n=E\cdot\cos(\alpha-\alpha_0-\theta+\delta)\end{aligned}\right\} \tag{10-61}$$

$$\left.\begin{aligned}E_t=E\cdot\cos(\theta+\delta+90^\circ-\alpha+\alpha_0)\\ 或\quad E_t=E\cdot\sin(\alpha-\alpha_0-\theta-\delta)\end{aligned}\right\} \tag{10-62}$$

(2) 基底合力偏心距 $e$

先将主动土压力 $E_a$ 分解为垂直分力 $E_{az}$ 和水平分力 $E_{ax}$，然后将各力 $G$、$E_{az}$、$E_{ax}$ 和 $N$ 对墙距 $O$ 点取矩，即可求出合力 $N$ 在基底的作用点 $m$ 对 $O$ 点的距离 $c$ 和偏心距 $e$。

$$C=(Gx_0+E_{az}\cdot x_f-E_{ax}\cdot z_f)/N \tag{10-63}$$

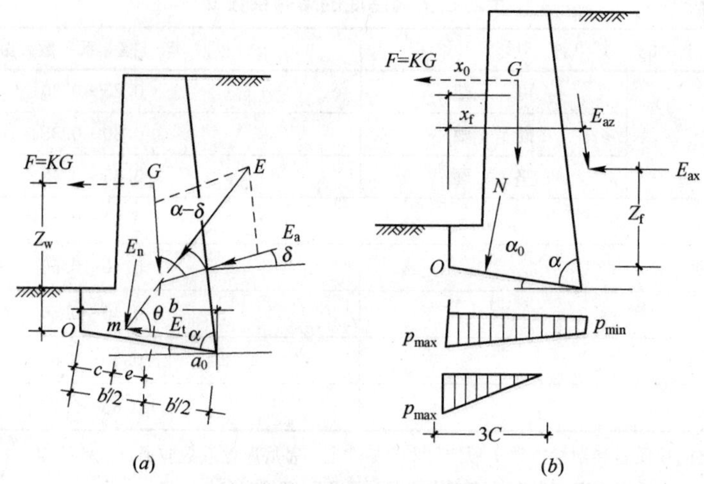


图 10-26　挡土墙基底承载力验算

$$e=b'/2-C \tag{10-64}$$

$$b'=b/\cos\alpha_0$$

式中　$b'$——基底斜向宽度；

$b$——基底水平投影宽度。

基底的地基反力可按直接分布，基底边缘的最小压力不宜出现拉力(负值)，基底合力的偏心距不应大于 0.25 倍基础的宽度。

(3) 基底承载力验算

挡土墙基础底面承载力验算时：

1) 当 $e\leqslant b'/6$ 时，应满足下式要求：

$$p_{\min}^{\max}=\frac{N}{b'}\left(1\pm\frac{6e}{b'}\right)\leqslant 1.2f_a \tag{10-65}$$

2) 当 $e>b'/6$ 时，应满足下式要求：

$$p_{\max}=\frac{2N}{3C}\leqslant 1.2f_a \tag{10-66}$$

式中　$f_a$——经深度和宽度修正后，地基承载力特征值。基底倾斜时，应乘以 0.8 的折减系数。

4. 挡土墙墙身承载力验算

重力式挡土墙选取墙身薄弱截面为计算截面，计算该截面以上墙体自重和墙体承受的主动土压力的合力及其位置，计算该截面上承受的轴向力 $N$、弯矩 $M$ 和剪力 $V$，再进行下述二项验算。

(1) 挡土墙墙体抗压承载力验算

按无筋砌体受压构件的承载力计算方法验算挡土墙墙身截面的受压承载力：

$$N\leqslant\varphi fA \tag{10-67}$$

式中　$N$——轴向力设计值；

$\varphi$——承载力影响系数，根据砂浆强度等级、$\beta$、$e/h$ 查表确定；

$\beta$——高厚比 $\beta=H_0/h$，求承载力影响系数时，应先乘以修正系数，对粗料石和毛石砌体为 1.5；$H_0$ 为计算墙高，取 $H_0=2H$，$H$ 为墙高；$h$ 为墙的平均厚度；

$e$——轴向力的计算偏心距，$e=e_k+e_a$，$e_k$ 为标准荷载产生的偏心距，$e_a$ 为附加的偶然偏心距，$e_a=H/300\leqslant 20\text{mm}$；

$A$——计算截面面积，取 1m 长度；

$f$——砌体抗压强度设计值。

(2) 墙身抗剪承载力验算

按无筋砌体受剪构件的承载力计算方法计算截面承载力：

$$V\leqslant (f_v+\alpha\mu\sigma_0)A \tag{10-68}$$

式中 $V$——截面剪力设计值；

$f_v$——砌体的抗剪强度设计值；

$\sigma_0$——永久荷载设计值产生的水平截面平均压应力；

$\alpha\mu$——按《砌体结构设计规范》(GB 50003—2001)表 5.5.1 采用。

## 三、设计实例

**【实例 10-5】** 某挡土墙墙高 $H=6\text{m}$，墙背直立($\alpha=0$)，填土面水平($\beta=0$)，墙背光滑($\delta=0$)，挡土墙用毛石砌筑，填土内摩擦角 $\varphi=40°$，黏聚力 $C=0$，填土的重度 $\gamma=19\text{kN/m}^3$，基底摩擦系数 $\mu=0.5$，地基承载力特征值 $f_{ak}=180\text{kN/m}^2$。

试设计此挡土墙。

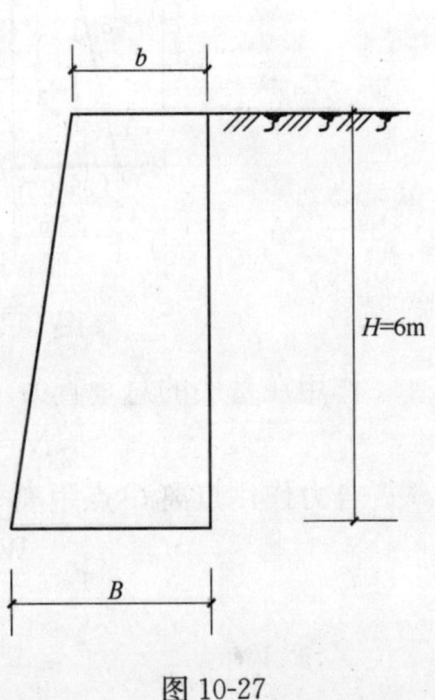

图 10-27

**【解】** 1. 材料强度和截面尺寸

毛石强度等级 MU30、砂浆强度 M7.5。

重力式挡土墙的顶宽约为 $\frac{1}{12}H$，底宽可取 $\left(\frac{1}{2}\sim\frac{1}{3}\right)H$，初步选择顶宽 $b=0.7\text{m}$，底宽 $B=2.5\text{m}$。

2. 土压力计算

$$E_a=\frac{1}{2}\gamma H^2\tan^2\left(45°-\frac{\varphi}{2}\right)$$

$$=\frac{1}{2}\times 19\times 6^2\times\tan^2\left(45°-\frac{40°}{2}\right)=74.4\text{kN/m}$$

土压力作用点离墙底的距离为

$$h=\frac{1}{3}H=\frac{1}{3}\times 6=2\text{m}$$

3. 挡土墙自重及重心

将挡土墙截面分成一个三角形和一个矩形(见图 10-28)分别计算它们的自重：

$$W_1=\frac{1}{2}(2.5-0.7)\times 6\times 22=119\text{kN/m}$$

$$W_2=0.7\times 6\times 22=92.4\text{kN/m}$$

$W_1$ 和 $W_2$ 的作用点离 $O$ 点的距离分别为

$$a_1=\frac{2}{3}\times1.8=1.2\text{m}$$

$$a_2=1.8+\frac{1}{2}\times0.7=2.15\text{m}$$

4. 倾覆稳定验算

$$K_q=\frac{W_1a_1+W_2a_2}{E_ah}=\frac{119\times1.2+92.4\times2.5}{74.4\times2}=2.99>1.6\quad 满足要求$$

5. 滑动稳定验算

$$K_h=\frac{(W_1+W_2)\mu}{E_a}=\frac{(119+92.4)\times0.5}{74.4}=1.42>1.3\quad 满足要求$$

6. 地基承载力验算(图 10-29)

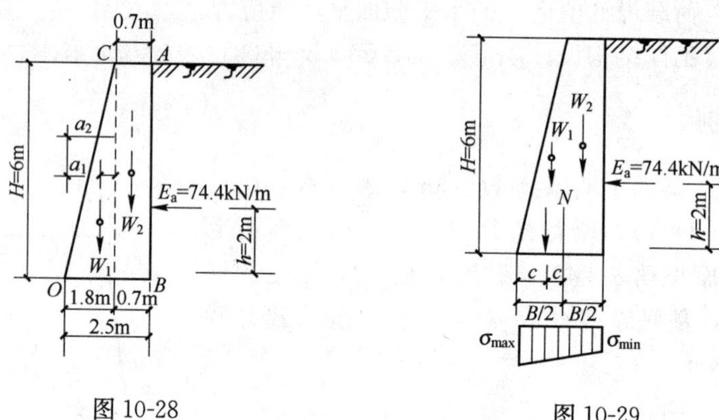


图 10-28　　图 10-29

作用在基底的总垂直力

$$N=W_1+W_2=119+92.4=211.4\text{kN/m}$$

合力作用点离 $O$ 点距离

$$c=\frac{W_1a_1+W_2a_2-E_ah}{N}$$

$$=\frac{119\times1.2+92.4\times2.15-74.4\times2}{211.4}=0.915\text{m}$$

偏心距　$e=\frac{B}{2}-c=\frac{2.5}{2}-0.915=0.335\text{m}<0.25B=0.25\times2.5=0.625\text{m}$

基底的应力

$$p_{\min}^{\max}=\frac{N}{B}\left(1\pm\frac{6e}{B}\right)=\frac{211.4}{2.5}\left(1\pm\frac{6\times0.335}{2.5}\right)$$

$$=84.6(1\pm0.804)=\frac{152.6}{16.6}\text{kN/m}$$

$p_{\max}<1.2f_a=1.2\times180=216\text{kN/m}^2$　满足要求。

7. 墙身强度验算

验算离墙顶 3m 处截面 1-1(图 10-30)，截面Ⅰ-Ⅰ以上的主动土压力：

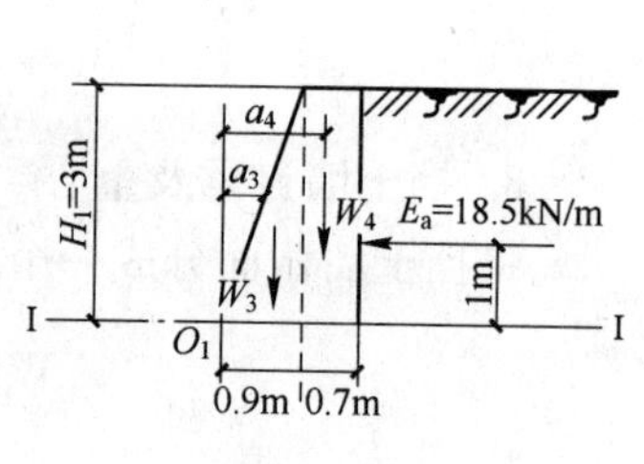


图 10-30

$$E_{a1}=\frac{1}{2}\gamma H_1^2\tan^2\left(45°-\frac{\varphi}{2}\right)$$

$$=\frac{1}{2}\times 19\times 3^2\times 0.217=18.5\text{kN/m}$$

截面Ⅰ-Ⅰ以上挡土墙自重

$$W_3=\frac{1}{2}\times 0.9\times 3\times 22=29.7\text{kN/m}$$

$$W_4=0.7\times 3\times 22=46.2\text{kN/m}$$

$W_3$和$W_4$作用点离$O_1$点的距离

$$a_3=\frac{2}{3}\times 0.9=0.6\text{m}$$

$$a_4=0.9+0.35=1.25\text{m}$$

Ⅰ-Ⅰ截面上的轴向压力

$$N_1=W_3+W_4=29.7+46.2$$

$$=75.9\text{kN/m}$$

$N_1$作用点离$O_1$点的距离

$$c_1=\frac{W_3a_3+W_4a_4-E_{a1}h_1}{N_1}$$

$$=\frac{29.7\times 0.6+46.2\times 1.25-18.5\times 1}{75.9}=0.75\text{m}$$

偏心距 $e_1=\frac{B_1}{2}-c_1=\frac{1.6}{2}-0.75=0.05\text{m}$

轴向力计算偏心距 $e=e_1+e_a=0.05+0.02=0.07\text{m}$

$$\frac{e}{h}=\frac{0.07}{1.6}=0.044$$

高厚比 $\beta=\gamma_\beta\frac{H_0}{h}=\gamma_\beta\frac{2H}{h}=1.5\times\frac{2\times 6}{1.6}=11.25$

查表得承载力影响系数 $\varphi=0.74$

MU30毛石、M7.5砂浆：$f=0.69\text{N/mm}^2$

Ⅰ-Ⅰ截面受压承载力验算：

$$\varphi fA=0.74\times 0.69\times(900+700)\times 1000=817\text{kN/m}$$

$$>1.35N_1=1.35\times 75.9=102.5\text{kN}\quad \text{满足要求}$$

Ⅰ-Ⅰ截面上剪力 $V=18.5\text{kN/m}$

MU30毛石、M7.5砂浆 $f_v=0.19\text{N/mm}^2$

Ⅰ-Ⅰ截面受剪承载力验算：

$$(f_v+\alpha\mu\sigma_0)A=f_vA=0.19\times 16\times 10^6=304\text{kN/m}$$

$$>1.35\times V=1.35\times 18.5=25\text{kN/m}\quad \text{满足要求。}$$

# 参考文献

1 中华人民共和国国家标准. 砌体结构设计规范(GB 50003—2001). 北京：中国建筑工业出版社，2002

2 中华人民共和国国家标准. 建筑抗震设计规范(GB 50011—2001). 北京：中国建筑工业出版社，2001

3 中华人民共和国国家标准. 烟囱设计规范(GB 50051—2002). 北京：中国建筑工业出版社，2002

4 中华人民共和国国家标准. 给水排水工程构筑物结构设计规范(GB 50069—2002). 北京：中国建筑工业出版社，2002

5 中华人民共和国国家标准. 建筑结构荷载规范(GB 50009—2001). 北京：中国建筑工业出版社，2002

6 孙芳垂，徐建，陈富生. 一、二级注册结构工程师专业考试复习教程(第四版). 北京：中国建筑工业出版社，2006

7 施楚贤，徐建，刘桂秋. 砌体结构设计与计算. 北京：中国建筑工业出版社，2003

8 徐建. 建筑结构设计常见及疑难问题解析. 北京：中国建筑工业出版社，2007

9 国振喜，徐建. 建筑结构构造规定及图例. 北京：中国建筑工业出版社，2003

10 徐建，裘民川，刘大海，武仁岱. 单层工业厂房抗震设计. 北京：地震出版社，2004

11 施楚贤，施宇红. 砌体结构疑难释义. 北京：中国建筑工业出版社，2004

12 施楚贤主编. 砌体结构理论与设计. 北京：中国建筑工业出版社，2003

13 苑振芳主编. 砌体结构设计手册. 北京：中国建筑工业出版社，2002

14 龚思礼主编. 建筑抗震设计手册. 北京：中国建筑工业出版社，2003

15 唐岱新，龚绍熙，周炳章. 砌体结构设计规范理解与应用. 北京：中国建筑工业出版社，2002

16 许淑芳，熊仲明. 砌体结构. 北京：科学出版社，2004

17 华南理工大学建筑结构教研组. 钢筋混凝土与砖石特种结构(第二版). 广州：华南理工大学出版社，1992

18 徐占发主编. 特殊砌体建筑结构设计与应用实例. 北京：中国建材工业出版社，1994